U0188158

国家科学技术学术著作出版基金资助出版

高端装备关键基础理论及技术丛书
·
传动与控制

极端环境下的
电液伺服控制基础理论与应用

ELECTRO HYDRAULIC SERVO CONTROL THEORY AND ITS APPLICATION UNDER EXTREME ENVIRONMENT

闫耀保

上海科学技术出版社

内 容 提 要

本书论述极端环境下的电液伺服控制基础理论与应用技术。主要内容包括概论，工作介质，飞行器电液伺服控制技术，飞机液压能源系统及其温度控制技术，伺服阀作动器自冷却技术，电液伺服阀自冷却技术，电液伺服阀衔铁组件力学模型，振动、冲击、离心环境下的电液伺服阀，偏转板伺服阀前置级压力特性预测与液压滑阀冲蚀形貌预测，电液伺服阀漏磁现象、电涡流效应与高温流量特性，高速液压气动锤击技术。本书内容翔实、图文并茂、深入浅出，侧重系统性、逻辑性、专业性、前沿性，前瞻性理论和实践试验案例紧密结合，国家重大工程任务事例丰富、翔实。

本书可供从事重大装备、重大工程、重点领域电液伺服控制系统和装置的研究、设计、制造、试验、管理的科技人员阅读，也可供航空、航天、舰船、机械、能源、海洋、交通等专业的师生参考。

图书在版编目（CIP）数据

极端环境下的电液伺服控制基础理论与应用 / 闫耀保著. -- 上海 : 上海科学技术出版社, 2024.1
（高端装备关键基础理论及技术丛书. 传动与控制）
ISBN 978-7-5478-6451-7

Ⅰ. ①极… Ⅱ. ①闫… Ⅲ. ①电液伺服系统－控制系统－研究 Ⅳ. ①TH137.7

中国国家版本馆CIP数据核字(2023)第224800号

极端环境下的电液伺服控制基础理论与应用
闫耀保　著

上海世纪出版(集团)有限公司
上 海 科 学 技 术 出 版 社 出版、发行
(上海市闵行区号景路 159 弄 A 座 9F－10F)
邮政编码 201101　　www.sstp.cn
上海颛辉印刷厂有限公司印刷
开本 787×1092　1/16　印张 22.25
字数 540 千字
2024 年 1 月第 1 版　2024 年 1 月第 1 次印刷
ISBN 978－7－5478－6451－7/TH・106
定价：220.00 元

前言 | FOREWORD

在极端环境下服役，为重大装备配套的高性能、高可靠性的电液伺服系统及其元件，必须能够在机载振动、冲击、加速度、宽温域等极端环境下完成必需的服役性能。这里所指的极端环境包括极端环境温度、极端介质温度、振动、冲击、加速度、极端尺寸、特殊流体等全寿命周期服役过程。极端环境下的电液伺服控制理论是世界性的基础难题，直接影响国家重大战略任务的完成。高端装备及高新技术，处于价值链的高端和产业链的核心环节。核心基础零部件(元器件)是国家“制造强国”战略、“工业强基”和我国高端装备制造产业的重点突破瓶颈之一。只有追根溯源，弄清定律定理的由来，阐释原理和机理机制，尤其是定律是如何发现的、元件是如何发明的，在实践中碰到新问题、新需求，才能在传承前人知识的基础上创造新原理、新元件和新装置。专注于第一线现场如极端环境背后的“真问题”并静心研究，方能取得“真成果”。电液伺服控制理论已用于火星探测、月球探测、空间站等国家重大工程任务、两机专项如航空涡扇发动机等国家重大需求。著者十年如一日潜心研究极端环境下的电液伺服控制理论与高端液压元件，这些实际经验和成果难以只从书面上学来，也不能从外国买来，只能靠自己在实践中总结并精心梳理，全面、系统地归纳在科学研究中建立和应用的基础理论与设计方法。

针对百余年来高端装备一直被国外垄断和国家重大工程需求的现状，本书著者结合多年来从事重大装备研制过程中的实践经验，包括作者所承担的国家重点研发计划、国家自然科学基金、航空科学基金、航天基金、上海市浦江人才计划、科研院所基础研究和国家重大工程型号任务，系统及时地总结了三十余年潜心研究电液伺服控制理论的基础成果与实践案例，涉及航空、航天、舰船、智能机械和桩工机械等方面。全书共分为 12 章。第 1 章着重描述电液伺服控制理论和技术的由来，读者可以了解极端环境下电液伺服元件的特征、性能重构与产品性能一致性的前沿技术。第 2 章介绍液压油、煤油、压缩气体、燃气发生剂的种类和特点。第 3 章阐述飞机、导弹与火箭液压能源、舵机系统、密封的设计方法，导弹火箭应用事例，关键技术以及未来趋势。第 4 章阐述飞机液压能源系统、热分析方法与油液温度控制技术。第 5 章阐述伺服作动器自冷却技术，涉及伺服作动器温度计算模型、冷却结构和优化措施。第 6 章介绍电液伺服阀自冷却技术，包括电液伺服阀的冷却方法、温度分析方法、冷却措施和效果。第 7 章详细介绍了各种电液伺服阀衔铁组件力学模型。第 8、9 章分别介绍了电液伺服阀在振动、冲击和离心环境下的分析方法、数学模型、优化设计技术以及耐极端环境的各种措施和工艺方法。第 10、11 章分别阐述了电液伺服阀的前置级压力特性预测与滑阀冲蚀形貌预测模型，力矩马达漏磁现象与电涡流效应，以及高温特性。第 12 章介绍大型液压气动打桩锤、液压气动破碎锤、桩基础用钢套管分析方法与案例。本书旨在为我国重大装备和武器系统的研究、设计、制造、试验和管理的专业技术人员提供有益的前沿性基础理论和实践材料，也希望为探索电液伺服控制领域目前未知的基础理论、技术途径或解决方案，提高我国核心基础零部件(元器件)的原始创新能力起到一定的促进作用。

本书由同济大学訚耀保教授根据多年来的实践经验和研究成果系统归纳撰写而成，也包括上海航天控制技术研究所傅俊勇研究员、张鑫彬研究员，航空工业金城南京机电液压工程研究中心郭生荣研究员，中国航发长春控制科技有限公司肖强研究员、徐杨高级工程师、陆畅高级工程师、郑树伟高级工程师，北京建筑机械化研究院郭传新研究员等同仁的共同研究成果。全书由同济大学訚耀保教授撰写完成，其中第1、2、3、4、8、9、12章由訚耀保撰写；第5、6、10章由訚耀保、李双路、刘小雪撰写；第7章由訚耀保、何承鹏撰写；第11章由訚耀保、郭文康撰写。同济大学訚耀保教授研究室博士毕业生李长明、原佳阳、王玉、汤何胜、张曦，硕士毕业生黄姜卿、蔡文琪、喻展祥，博士研究生李聪、张玄、王东，硕士研究生胡宏涛等协助进行资料整理工作。在出版过程中得到了上海科学技术出版社、国家科学技术学术著作出版基金、中国学位与研究生教育学会研究课题重点课题、同济大学研究生教育研究与改革项目的大力支持和帮助。

本书素材来源于我国第一线科技工作者基础理论和实践成果，力图传承作者已形成和显现的典型事实和理论体系，探索将我国科学研究成果向研究生教材转化。本书作为同济大学博士研究生教材、硕士研究生教材已在教学中连续使用，旨在立德树人，激发和培养科学精神、家国情怀和使命担当。

限于作者水平，书中难免有不妥和错误之处，恳请读者批评、指正。

著　者

2023年10月

目录 | CONTENTS

第 1 章
概　论

1.1　电液伺服控制理论的由来

从公元前到公元后人类开始认识自然，大约 5 000 年前发明了文字，逐步形成文化和自然科学，走进了文明。知识源于人们对地球生活的认知。公元前 250 年，古希腊数学家阿基米德发现了浮力定律；公元 202 年，曹冲称象。其中，阿基米德浮力定律直到 1627 年才传入中国，这距离发现该定律约 1880 年的时间。1654 年，法国物理学家帕斯卡(Blaise Pascal)发现静止流体可以传递力和功率的规律。1738 年，伯努利(Daniel I. Bernoulli)建立无黏性流体的能量方程。1821—1845 年，纳维(C. L. M. H. Navier)和斯托克斯(G. G. Stokes)导出了黏性流体的运动方程，即纳维-斯托克斯方程(Navier-Stokes equations)，又称 N－S 方程。1883 年，雷诺(O. Reynolds)提出了层流、紊流两种流态及其判定准则。1904 年，普朗特(L. Prandtl)提出边界层概念，明确了理想流体的适用范围，可用于计算实际物体运动时的阻力。至此，薪火相传，人们花了 200 多年时间就已经形成了较为完善的流体力学理论。知识和文化是可以遗传的。此后的近百年来，相继发明了各种液压元件，如径向柱塞泵与马达、斜轴式轴向柱塞泵、先导式溢流阀、皮囊式蓄能器、增压油箱。后来，发现了电、磁现象和磁材料。又发明了射流管阀原理、双喷嘴挡板式电液伺服阀、射流管伺服阀、偏转板伺服阀、气动伺服阀。1965 年以来，我国航天第 803 研究所、第 18 研究所，航空第 609 研究所等相继研制各种液压伺服机构及其电液伺服阀，并为国家重大工程任务提供了具有自主知识产权的核心元器件保障。日新月异，工程师和科学家发明各种液压元件和机器，形成工业基础并改变世界只用了 80 多年的时间。

1.1.1　液压流体力学

空气动力学家西奥多・冯・卡门(我国科学家钱学森的导师)说："科学家研究世界的本来面目，而工程师则创造不曾有的世界。""科学"的本义是知识和学问，发现、探索研究事物运动的客观规律。科学是人类在认识世界和改造世界过程中所创造的，并正确反映客观世界现象、物质内部结构和运动规律的系统理论知识。"技术"意为工艺、技能。技术是通过总结实践的经验而得到，在生产过程和其他实践过程中广泛应用的，从设计、装备、方法、规范到管理等各方面的系统知识。"工程"的本义是兵器制造、军事目的的各项劳作，后扩展到许多领域，如制造机器、架桥修路等。工程是人类有组织地综合运用多门科学技术所进行的大规模改造世界的活动，它考虑技术的先进性和可行性，考虑成本和质量，还考虑对环境的影响。图 1－1 阐述

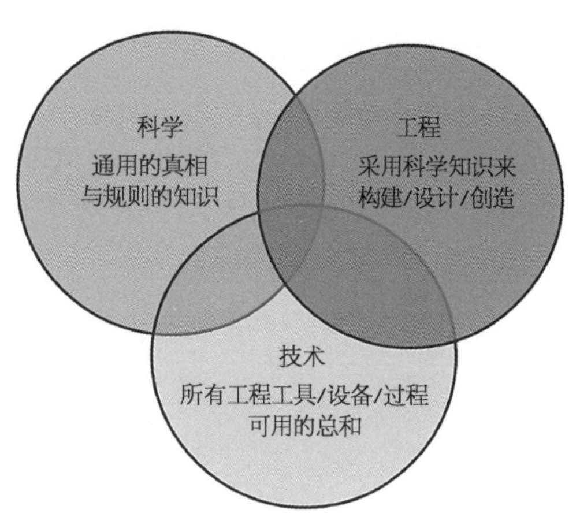

图 1-1 科学、工程、技术之间的关系

了科学、工程、技术之间的关系。科学在于探索、发现自然界的规律，并形成系统的知识；工程则是采用科学知识来构建/设计/创造；而技术则是所有工程工具、设备和过程可用的总和。

纵观世界液压元件发明史，其经历了从流体力学到流体控制、从原理到元件、从复杂高端元件到一般工业基础件的发展过程。人们从最初接触自然界中的水开始，到认识和归纳流体静力学、流体动力学的知识，形成了较为完整的液压流体力学，包括流体的物理性质，液压流体力学基础如流体连续性方程、伯努利方程、动量定理，管道中流液特征，孔口流动和缝隙流动如薄壁小孔、缝隙、平行平板间隙和圆柱环形间隙的流动，以及平行圆盘间和倾斜平板间隙的流动，气穴现象和液压冲击等典型液压流体力学现象。公元前 1500 年，古埃及人发明了用于计时的水钟，在中国也称“刻漏”“漏壶”。水钟最初用于祭祀，了解夜晚的时间；在罗马举行运动会时，水钟被用来为赛跑计时。后来，人们发明了利用虹吸现象、杠杆原理、齿轮传动来实现泄水型容器与受水型容器之间水的反馈机构，并实现连续计时，这是人类发明的第一个液压伺服机构。

流体静力学可追溯到古希腊哲学家阿基米德原理。有一天，阿基米德(公元前 287—公元前 212)在踏入澡盆发现水位随之上升后，想到可以用测定固体在水中排出水量的办法，突然悟出了浮力定律，大声喊出“Eureka”(恍然大悟、顿悟)，意思是“找到办法了”(图 1-2)。阿基米德浮力定律一直到 1627 年才传入中国。阿基米德，古希腊哲学家、数学家、物理学家、力学家，静态力学和流体静力学的奠基人，并且享有“力学之父”的美称。阿基米德和高斯、牛顿并列为世界三大数学家。阿基米德曾说过：“给我一个支点，我就能撬起整个地球。”阿基米德确立了静力学和流体静力学的基本原理，给出许多求几何图形重心，包括由一抛物线和其平行弦线所围成图形的重心的方法。阿基米德证明物体在液体中所受浮力等于它所排开液体的重量，这一结果后被称为阿基米德原理。他还给出正抛物旋转体浮在液体中平衡稳定的判据。阿基米德发明的机械有引水用的水螺旋，能牵动满载大船的杠杆滑轮机械，能说明日食、月食现象的地球-月球-太阳运行模型。但他认为机械发明比纯数学低级，因而没写这方面的著作。阿基米德还采用不断分割法求椭球体、旋转抛物体等的体积，这种方法已具有积分计算的雏形。

我国流体静力学应用事例，有秦昭王(公元前 325—公元前 251)将水灌入洞中利用浮力寻找木球的事例(图 1-3)。另还有曹冲(196—208)称象。“二十四史”之前四史《三国志》有文字记载(图 1-4)：冲少聪察，生五六岁，智意所及，有若成人之智。时孙权曾致巨象，太祖欲知其斤重，访之群下，咸莫能出其理。冲曰：“置象大船之上，而刻其水痕所至，称物以载之，则校可知矣。复称他物，则象重可知也。”太祖大悦，即施行焉。该书记载说：孙权送给曹操一头大象，成年人都想不出方法称象。曹冲有着超出其年龄的聪慧，用物理方法完成了称象。实际上，曹冲所用的方法就是利用流体力学的浮力定律和数学的等量代换法。用许多石头代替大象，在船舷上刻画记号，让大象与石头产生等量的吃水深度效果，再一次一次称出石头的重量，使“大”转化为“小”，分而治之，这一难题就得到圆满的解决。

图 1 - 2　古希腊哲学家阿基米德发现浮力定律

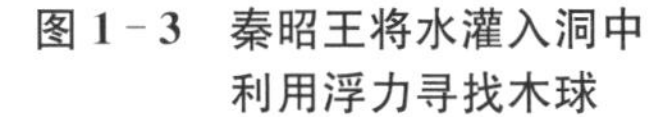

图 1 - 3　秦昭王将水灌入洞中
利用浮力寻找木球

图 1 - 4　曹冲称象

流体传动与控制技术的发源可追溯到 17 世纪的欧洲。法国人帕斯卡(1623—1662)在 1646 年表演了著名的裂桶试验。如图 1 - 5 所示,他将 10 m(32.8 ft)长的空心细管垂直插入装满水的木桶中并做好密封,之后向细管加水。尽管只用了一杯水注入垂直的空心细管,但随着管子中水位上升,木桶最终在内部压力下被冲破开裂,桶里的水就从裂缝中流了出来。这证明了所设想的静水压力取决于高度差而非流体重量,当时这个结果对许多人来说是不可思议的。在此基础上,帕斯卡在 1654 年发现了流体静压力可传递力和功率,封闭容腔内部的静压力可以等值地传递到各个部位,即帕斯卡定律。帕斯卡 1623 年出生于法国多姆山省,法国数学家、物理学家、哲学家、散文家。16 岁时发现著名的帕斯卡六边形定理:内接于一个二次曲线的六边形的三双对边的交点共线。17 岁时写成《圆锥曲线论》(1640),是研究射影几何工作心得的论文。这些工作是自希腊阿波罗尼奥斯以来圆锥曲线论的最大进步。1642 年,他设计并制作了一台能自动进位的加减法计算装置,被称为世界上第一台数字计算器。1654 年,他开始研究几个方面的数学问题，在无穷小分析上深入探讨了不可分原理，得出求不同曲线所围面积和重心的一般方法，并以积分学的原理解决了摆线问题，于 1658 年完成《论摆线》。他的论文手稿对莱布尼茨(G. Leibniz)建立微积分学有很大启发。在研究二项式系数性质时，写成《算术三角形》向巴黎科学院提交，后收入他的全集，并于 1665 年发表。其中给出的二项式系数展开后人称“帕斯卡三角形”，实际它已在约 1100 年由中国的贾宪所知。在与费马(P. Fermat)的通信中讨论赌金分配问题，对早期概率论的发展颇有影响。他还制作了水银气压计(1646)，写了液体平衡、空气的重量和密度等方向的论文(1651—1654)。自 1655 年隐居修道院，写下《思想录》(1658)等经典著作。1662 年，帕斯卡逝世，终年 39 岁。后人为纪念帕斯卡，用他的名字来命名国际单位制中压强的基本单位“帕斯卡”(Pa)，简称“帕”(1 Pa=1 N/m^2)。

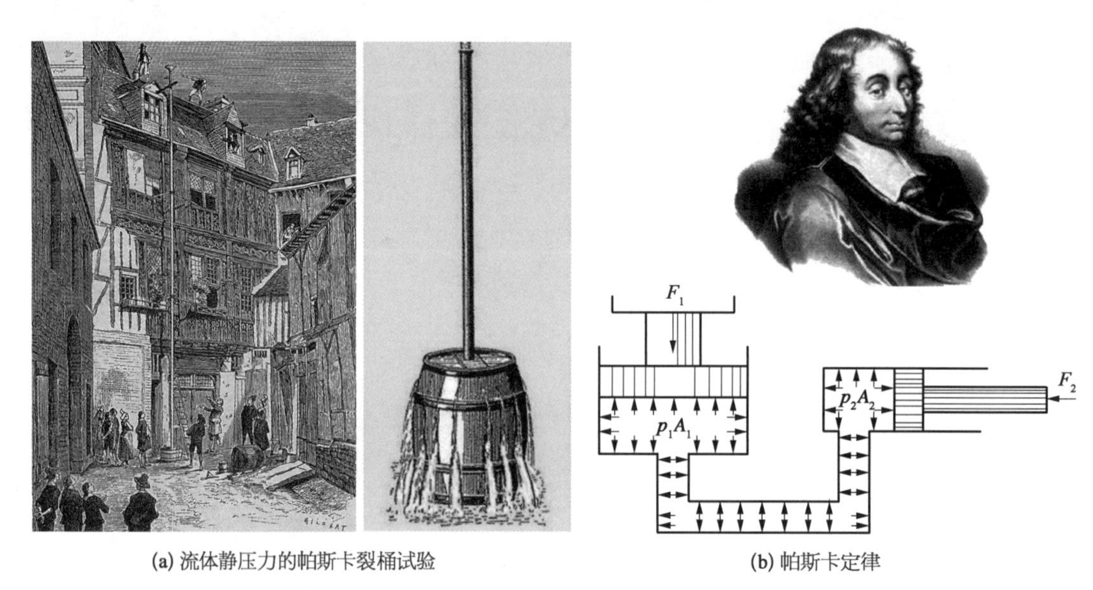

(a) 流体静压力的帕斯卡裂桶试验 (b) 帕斯卡定律

图 1-5 流体静压力传递的帕斯卡定律

流体力学是研究流体的平衡和流体的机械运动规律及其在工程实际中应用的一门学科。流体力学研究的对象是流体，包括液体和气体。流体力学在许多工业部门都有着广泛的应用。从古代流体力学来看，16 世纪以后西方国家处于上升阶段，工农业生产有了很大的发展，对于流体平衡和运动规律的认识才随之有所提高。

18—19 世纪，人们沿着两条途径建立了流体运动的系统理论。一条途径是一些数学家和力学家，以牛顿力学理论和数学分析为基本方法，建立了理想液体运动的系统理论，称为“水动力学”或古典流体力学。代表人物有瑞士物理学家伯努利(1700—1782)、瑞士数学家欧拉(L. Euler, 1707—1783)等。1738 年，伯努利给出理想流体运动的能量方程；1755 年，欧拉导出理想流体运动微分方程。1827—1845 年，纳维和斯托克斯导出纳维-斯托克斯方程，描述黏性不可压缩流体动量守恒的运动方程。黏性流体的运动方程首先由法国力学家纳维(1785—1836)在 1827 年提出，他只考虑了不可压缩流体的流动。法国数学家泊松(S. D. Poisson, 1781—1840)在 1831 年提出可压缩流体的运动方程。法国力学家圣维南(Saint-Venant, 1797—1886)与英国数学家斯托克斯(1819—1903)在 1845 年独立提出黏性系数为一常数的形式。2000 年，三维空间中的 N-S 方程组光滑解的存在性问题被美国克雷数学研究所设定为七个千禧年大奖难题之一。

另一途径是一些土木工程师，根据实际工程的需要，凭借实地观察和室内试验，建立实用的经验公式，以解决实际工程问题。这些成果被总结成以实际液体为对象的重实用的水力学。代表人物有皮托(H. Pitot)、谢才(A. de Chezy)、达西(H. Darcy)等。1732 年，皮托发明了测量流体流速的皮托管。1856 年，达西提出了线性渗流的达西定律。1883 年，雷诺发表了关于层流、紊流两种流态的系列试验结果，又于 1895 年导出了紊流运动的雷诺方程。1904 年，普朗特提出边界层概念，创立了边界层理论。这一理论既明确了理想流体的适用范围，又能计算实际物体运动时的阻力。

侧重于理论分析的流体力学称为理论流体力学，侧重于工程应用的流体力学称为工程流体力学。其中，采用各种元器件控制封闭空间内流体运动的流体力学称为液压流体力学。最早的流体力学又称为水力学，主要研究没有摩擦的理想流体的流动，且局限于数学分析，局限在水及其应用领域。经典分析理想流体运动的水力学与实际流体(液体和气体)研究相结合，形成流体力学。现代流体力学是水动力学的基本原理与试验数据的结合，试验数据可以用来验证理论或为数学分析提供基础数据。

1.1.2 流体控制元件

典型的液压传动系统，由能源部分、控制部分、执行机构、辅助装置和工作介质五个部分组成。其中，能源部分由电动机、柴油机或燃气轮机等初级能源、液压泵组成，将电能等能源转换为机械能驱动液压泵，再转换为液压能，电动机等驱动液压泵高速旋转并从油箱吸油，通过液压泵的出口排出液压油，将承载能量和信息的流体工作介质输送至控制部分。控制部分，即流体控制元件由各种控制阀组成，如溢流阀、单向阀、减压阀、分流阀、节流阀等，实现液压负载需要的流体的参数控制，包括压力、流量、方向。执行机构主要有与负载直接相连接的液压马达、液压油缸等，用于传递液体压力或流量，实现负载的运动控制。辅助装置由油箱、油滤、管件、蓄能器、冷却器、密封件等组成。工作介质是指液压系统中传递能量和信息的液压油。按照工作介质分类，流体传动系统可分为液压系统(日本等地也称为油压系统)、水压系统和气动系统。与机械传动、电传动相比，液压传动具有重量轻、结构紧凑的特点，例如采用相同功率的液压马达的体积只有电动机的 12%～13%。液压泵转速 2 500～3 000 r/min，额定压力 24 MPa，其功率重量比为 1.5～2 N/kW，而相同功率的电动机的功率重量比为 15～20 N/kW，液压泵功率重量比只有电动机的 10%。此外，液压传动转动惯量小，快速性好，可以实现大范围的无级调速，传递运动平稳、安全，便于实现自动化，具有溢流阀过载保护，安全性高。

1911 年，英国 H. S. Hele Shaw 申请径向柱塞泵与马达专利。1931 年，美国 Harry F. Vickers 发明了先导式溢流阀(美国专利 2053453，1931—1936)，用于压力的精确和平滑控制。先导式溢流阀由主阀和先导阀组成，通过先导阀控制主阀的开启。1934 年，Harry F. Vickers 将双级溢流阀用于压力控制系统，控制液压泵出口压力，然后再将稳定压力的液压油输送至换向阀和液压缸负载。1935 年，瑞士 Hans Thoma 发明斜轴式轴向柱塞泵。后来，人们发现了电、磁现象以及磁材料。1940 年，德国 Askania 发明射流管阀原理。1942 年，美国 Jean Mercier 发明皮囊式蓄能器。1946 年，英国 Tinsiey 获得两级阀专利。1950 年，美国发明自增压油箱与冷气挤压式液压能源为飞行器供油。1950 年，美国 W. C. Moog 发明双喷嘴挡板式电液伺服阀。1957 年，R. Atchley 研制两级射流管伺服阀。1970 年，Moog 公司开发两级偏转板伺服阀。1996 年，日本 K. Araki 研制气动伺服阀。1995 年，S. Hayashi 研究双级溢流阀的稳定性与现象。1965 年以来，我国航天第 803 研究所、第 18 研究所，航空第 609 研究所等相继研制了各种液压伺服机构及其电液伺服阀。

1.1.3 流体传动与控制

从古希腊数学家阿基米德发现浮力定律，15 世纪初法国物理学家帕斯卡发现静止流体可以传递力和功率的规律以来，欧洲国家和美国从 16 世纪末至 20 世纪中叶相继发明了各种液压元件。近代历史上，欧美相继发明的典型流体控制元件即液压元件相继问世，英国等地发明了典型水液压元件和径向柱塞液压泵，后来美国陆续发明了轴向柱塞泵、溢流阀、蓄能器、电液伺服阀。如 1795 年，英国 Joseph Braman 利用水作为工作介质，发明了基于帕斯卡原理的水压机；1905 年，其将工作介质由水改为油，从此诞生了以液压油作为介质的液压传动技术。1911 年，英国 H. S. Hele Shaw 申请径向柱塞泵与马达专利。1935 年，瑞士 Hans Thoma 发明斜轴式轴向柱塞泵与马达。1931 年，美国 H. F. Vickers 发明先导式溢流阀并用于液压泵的压力控制。1942 年，美国 Jean Mercier 发明皮囊式蓄能器用于吸收液压泵出口的压力波动。1950 年，美国发明自增压油箱与冷气挤压式液压能源为飞行器供油。1950 年，美国 Moog 发明了喷嘴挡板式电液伺服阀。这些流体控制元件的发明，为液压元件的诞生、应用乃至流体传动与控制专业的形成奠定了良好的基础。

流体传动与控制专业是以流体(液体、气体)作为工作介质，进行液、气、机、电的能量与信息一体化传递和控制的交叉学科。机械学是利用物理定律研究各类机械产品功能综合、定量描述和性能控制，应用机械系统相关知识和技术，发展新的设计理论与方法的基础技术科学。从流体传动与控制专业的历史看，美国麻省理工学院(MIT)的 Blackburn 等总结前人所做的大量液压技术和实践的成果，1960 年撰写了液压理论和技术专著《流体动力控制》，为后继液压产品的基础研究和应用研究做了良好的铺垫，从此开始可以在大学课堂上集中讲授流体传动与控制的相关知识，教育史上首次直接通过高校来培养液压专业的技术人才，并形成了流体传动与控制专业。

从我国流体传动与控制专业历史来看，1981 年开始招收和培养该专业硕士研究生，1983 年开始招收和培养该专业博士研究生，上海交通大学、西安交通大学、华中科技大学、哈尔滨工业大学、浙江大学成为我国第一批流体传动与控制专业博士学位授权点。我国高校和工业界，最初是将苏联、美国、德国、日本等地的著作翻译成中文版，同时我国科技工作者结合自己所取得的科研成果和大学人才培养需要，组织集体撰写和编著了一些代表性著作和专业教材，这些初期的著作和教材为我国专业人才培养和我国工业进步发挥了重要的作用。西安交通大学史维祥从苏联留学回国后，以苏联军工机床与工具中的液压传动为例，撰写了关于流体传动控制方面的专著《液压随动系统》(上海科学技术出版社，1965)；上海交通大学严金坤编写教材《液压元件》(1979)，还将非对称阀、蓄能器与管路系统科研成果撰写编著成《液压动力控制》(1986)；曲以义翻译日本荒木献次论文并撰写专业教材《气动伺服系统》(1986)；陆元章以煤炭机械为主编著《液压系统的建模与分析》(1989)；哈尔滨工业大学李洪人参考美国 H. E. Merritt 书籍主编教材《液压控制系统》(1981)；北京航空航天大学王占林等编写专业教材《飞机液压传动与伺服控制》(1979)；浙江大学盛敬超编写《液压流体力学》(1980)。我国航天科技工作者，在中华人民共和国成立以来坚持独立自主、自力更生方针，走出了自己的技术道路，形成了重要的理论体系与实践经验。20 世纪 80 年代，国家组织工程师和专业技术人员，编著了《导弹与航天丛书》；宇航出版社出版了液体弹道导弹与运载火箭系列丛书，包括流体传动与控制专业的经典著作《电液伺服机构制造技术》(1992)、《电液伺服阀制造工艺》(1988)、《推力矢量控制伺服系统》(1995)等。

近年来，上海科学技术出版社出版了极端环境下电液伺服控制理论与技术系列著作。作者理论与实践相结合，结合科研工作系统地归纳、编写的学术著作包括《极端环境下的电液伺服控制理论及应用技术》(2012)、《高速气动控制理论和应用技术》(2014)、《高端液压元件理论与实践》(2017)、《先进流体动力控制》(2017)、《极端环境下的电液伺服控制理论与性能重构》(2023)、《High Speed Pneumatic Theory and Technology Volume Ⅰ Servo System》(Springer Nature, 2019)、《High Speed Pneumatic Theory and Technology Volume Ⅱ Control System and Energy System》(Springer Nature, 2020)、《Electro Hydraulic Control Theory and its Applications Under Extreme Environment》(Elsevier Inc., 2019)等。

1.2　电液伺服系统与电液伺服元件

1.2.1　电液伺服系统

第二次世界大战期间及战后，军工需求促使伺服机构和伺服系统的问世，喷嘴挡板元件、反馈装置、两级电液伺服阀相继诞生。20 世纪 50—60 年代，电液伺服控制技术在军事应用中大显身手，如雷达驱动、制导平台驱动及导弹发射架控制，以及后来的导弹飞行控制、雷达天线定位、飞机飞行控制、雷达磁控管腔动态调节及飞行器的推力矢量控制等。电液伺服作动器用于空间运载火箭的导航和控制。电液伺服控制装置如带动压反馈的伺服阀、冗余伺服阀、三级伺服阀及伺服作动器等均在这一时期有了大的发展。20 世纪 70 年代，集成电路及微处理器赋予机器数学计算研究和处理能力，电液控制技术向信息化、数字化方向发展。

伺服机构(servo mechanism)也称为液压动力机构，通常是由液压控制元件、伺服作动器(执行机构)、负载等部件组合而成的液压驱动装置。伺服系统(servo system)通常由控制器、控制元件、伺服作动器、传感器、负载等部件构成，通过闭环回路控制方式实现负载的位置、速度或加速度控制的机械系统。图 1-6 为电液伺服阀控作动器的飞行器舵面控制框图。输入信号按照作动器一定比例输入至电子放大器，驱动电液伺服阀带动液压放大器，从而驱动飞行器舵面作动器，通过线形位置反馈构成闭环控制回路控制飞行器舵面偏转和飞行方向。作动器也有如图 1-7 所示的电液伺服阀控旋转作动器。控制对象可以是机床刀具、枪炮转台、舰船舵机、雷达天线等。电液伺服阀和作动器用于多种控制

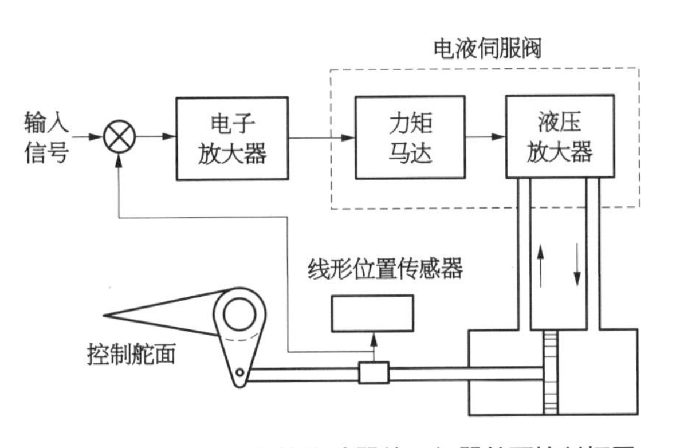

图 1-6　电液伺服阀控作动器的飞行器舵面控制框图

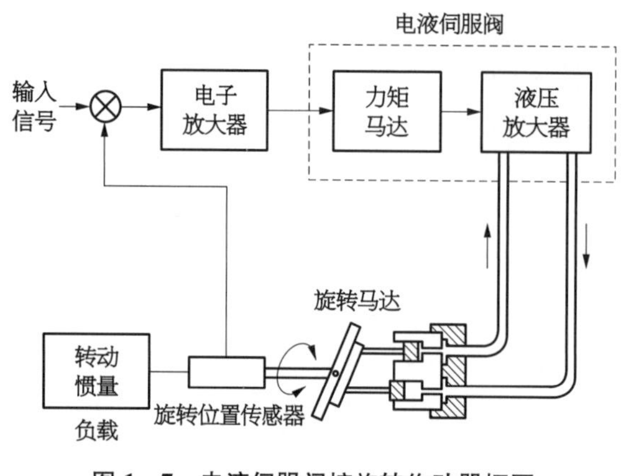

图 1-7　电液伺服阀控旋转作动器框图

用途。液压驱动和电动机驱动相比较,液压驱动具有较快的动态响应、较小的体积、较大的功率重量比,这些显著特点也促成了液压技术广泛用于飞机控制。

随着液压产品的应用和技术理论的发展,航空领域出现了一批具有代表性的航空航天液压产品专业制造单位,如飞控系统作动器 Moog/GEAviation 公司、起落架 Messier-Dowty 公司、液压系统 Parker/Hamilton Sundstrand 公司、A380 液压系统 Vickers 公司等。尤其是近年来,波音 787 飞机应用的新技术——液压和刹车系统,包括将液压系统的工作压力由以往的 3 000 psi(1 psi=0.006 895 MPa)增加到 5 000 psi,提高了工作压力,有效地降低了机载液压产品的重量。采用左系统、中央系统、右系统三套独立的系统构成,中央系统完全由两个电增压泵提供压力,特别是该飞机还采用了一套冲压空气涡轮驱动泵紧急液压能源系统等新技术。液压元件的几何参数与性能关系的代表性研究中,日本荒木献次(1971,1979)研究了具有力反馈的双级气动/液压伺服阀,采用弹簧和容腔补偿方法将频宽从 70 Hz 提高到 190 Hz,特别进行了滑阀不均等重合量(正重合、零重合及负重合)和阀控缸频率特性的系列研究。作者进行了一系列液压伺服阀和气动伺服阀的几何结构重叠量的专题研究,取得了部分结构参数与性能之间的关系。1980 年以来,针对非对称油缸两腔流量的非对称性及其换向压力突变,各地学者陆续研究了非对称液压缸及其系统特性(如 T. J. Viersma),采用非对称节流窗口、非对称增益、现代控制等方法实现伺服阀和非对称油缸的匹配。1990 年以来,国内学者还将非对称液压伺服阀控非对称液压缸系统应用于人造板生产线、航空航天领域和车辆控制。

1.2.2　电液伺服元件

18 世纪末至 19 世纪初,欧洲人发明了单级射流管阀原理以及单级单喷嘴挡板阀、单级双喷嘴挡板阀(图 1-8)。第二次世界大战期间,随着新材料的出现,人们发明了螺线管、力矩马达,之后双级电液伺服阀、带反馈的双级电液伺服阀相继问世。例如,Askania 调节器公司及 Askania-Werke 发明并申请了射流管阀的专利;Foxboro 发明了喷嘴挡板阀并获得专利。如今这两种结构多数用于电液伺服阀的前置级,控制功率级滑阀的运动。德国 Siemens 发明了一种具有永磁马达及接收机械及电信号两种输入的双输入阀,并开创性地使用在航空领域。第二次世界大战末期,伺服阀阀芯由螺线管直接驱动,属于单级开环控制。随着理论和技术的成熟,特别是军事需要,电液伺服阀发展迅速。1946 年,英国 Tinsiey 获得了两级阀的专利;美国 Raytheon 和 Bell 航空发明了带反馈的两级电液伺服阀;MIT 采用力矩马达代替螺线管,驱动电液伺服阀需要的消耗功率更小,线性度更好。1950 年,W. C. Moog 发明了单喷嘴两级伺服阀。1953—1955 年,T. H. Carson 发明了机械反馈式两级伺服阀;W. C. Moog 发明了双喷嘴两级伺服阀;Wolpin 发明了干式力矩马达,消除了原来浸在油液内的力矩马达由油液污染带来的可靠性问题。1957 年,R. Atchley 利用 Askania 射流管阀原理研制了两级射流管伺服阀,并于 1959 年研制了三级电反馈伺服阀。

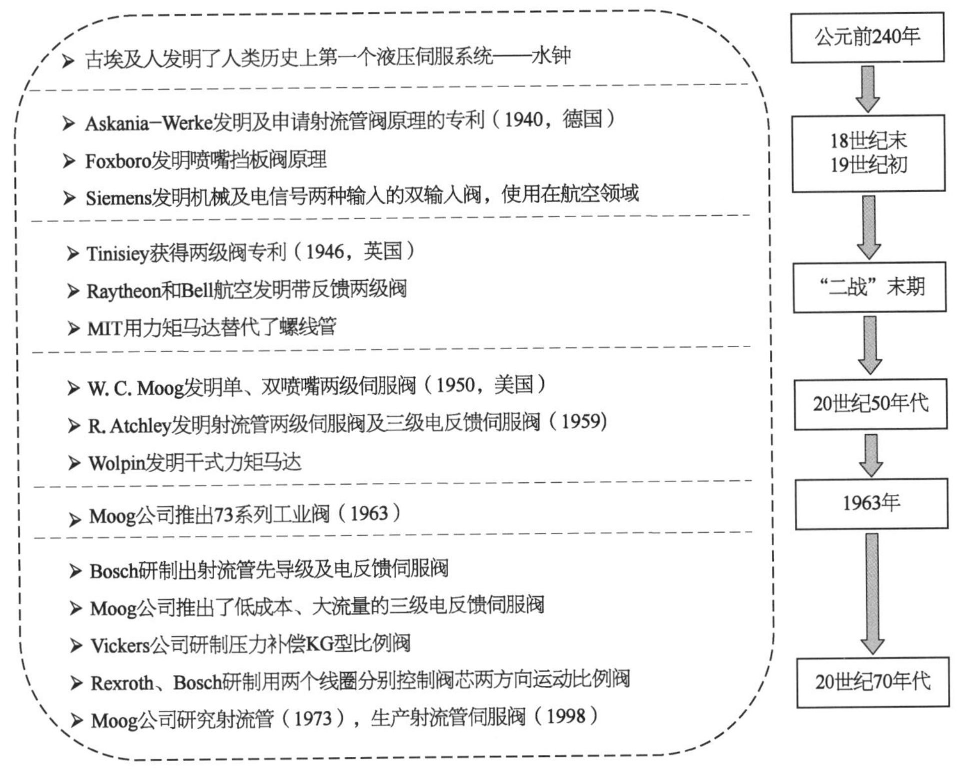

图1-8　电液伺服阀的历史

20世纪60年代，电液伺服阀大多数为具有反馈及力矩马达的两级伺服阀。第一级与第二级形成反馈的闭环控制；出现弹簧管后产生了干式力矩马达；第一级的机械对称结构减小了温度、压力变化对零位的影响。航空航天和军事领域出现了高可靠性的多余度电液伺服阀。Moog公司在1963年起陆续推出了工业用电液伺服阀，阀体多采用铝材或钢材；第一级独立，方便调整与维修；工作压力有14 MPa、21 MPa、35 MPa。Vickers公司研制了压力补偿比例阀。Rexroth、Bosch研制了用两个线圈分别控制阀芯两方向运动的比例阀。20世纪80年代之前，电液伺服阀力矩马达的磁性材料多为镍铝合金，输出力有限。目前多采用稀土合金磁性材料，力矩马达的输出力大幅提高。

电液伺服阀种类较多，目前主要有双喷嘴挡板式电液伺服阀、射流伺服阀、直动型电液伺服阀、电反馈电液伺服阀，以及动圈式/动铁式/单喷嘴电液伺服阀。喷嘴挡板式电液伺服阀的主要特点表现在结构较简单、制造精密、特性可预知、无死区、无摩擦副、灵敏度高、挡板惯量小、动态响应高；缺点是挡板与喷嘴间距小、抗污染能力差。射流伺服阀的主要特点表现在喷口尺寸大、抗污染性能好、容积效率高、失效对中、灵敏度高、分辨力高；缺点是加工难度大、工艺复杂。表1-1为喷嘴挡板式电液伺服阀和射流伺服阀的先导级最小尺寸比较情况。图1-9为喷嘴挡板式电液伺服阀、射流管伺服阀和偏转板伺服阀的最小尺寸图。可见，喷嘴挡板式电液伺服阀性能好，对油液清洁度要求高，常用在导弹、火箭等的舵机电液伺服机构场合。射流伺服阀抗污染能力强，特别是先通油或先通电均可，阀内没有喷嘴挡板阀那样的碰撞部件，只有一个喷嘴，即使发生堵塞也能做到“失效对中”和“事故归零”，即具有“失效→归零”“故障→安全”的独特能力，广泛应用于各种舰船、飞机以及军用战斗机的作动器控制。

表 1-1　喷嘴挡板式电液伺服阀和射流伺服阀的先导级最小尺寸

先导级最小尺寸	位　置	大　小	油液清洁度要求	堵塞情况
喷嘴挡板式电液伺服阀	喷嘴与挡板之间的间隙	0.03～0.05 mm	NAS6 级	污染颗粒较大时易堵塞
射流伺服阀(射流管伺服阀与偏转板伺服阀)	喷嘴处	0.2～0.4 mm	NAS8 级	可通过 0.2 mm 的颗粒大小

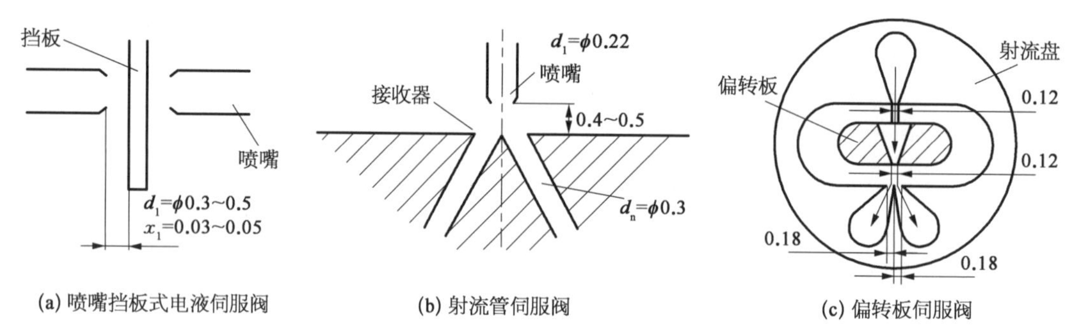

图 1-9　喷嘴挡板式电液伺服阀、射流管伺服阀、偏转板伺服阀的最小尺寸(单位：mm)

美国在第二次世界大战前后，考虑军事用途和宇宙开发的需要，美国空军先后组织四十余个早期机构开发和研制各种形式的单级电液伺服阀和双级电液伺服阀，撰写了各种内部研究报告，并详细记录了美国 20 世纪 50 年代电液伺服阀研制和结构演变的过程。这期间电液伺服阀的新结构多、新产品多、应用机会多，涉及电液伺服元件新结构、新原理、各单位试制产品，以及各类电液伺服元件的数学模型、传递函数、功率键合图、大量的试验数据。美国空军近年解密的资料显示，1955—1962 年先后总结了 8 本电液伺服阀和电液伺服机构的国防科技报告，详细记载了美国空军这一时期各种电液伺服阀的研究过程、原理、新产品及其应用情况，由于涉及军工顶级技术和宇航技术机密，保密期限长达五十多年。例如，1958 年，美国 Cadillac Gage 公司开发了 FC-200 型喷嘴挡板式电液伺服阀(图 1-10)。1957 年，美国 R. Atchley 将干式力矩马达和射流管阀组合，发明了 Askania 射流管原理的两级射流管电液伺服阀。如图 1-11 所示，通过力矩马达组件驱动一级射流管阀，一级阀驱动二级主阀，在一级组件和二级组件之间，设有机械反馈弹簧组件来反馈并

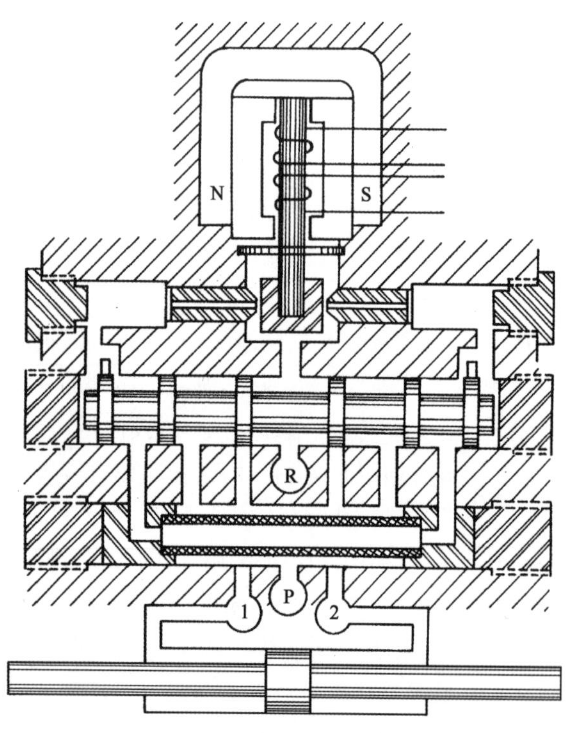

图 1-10　喷嘴挡板式电液伺服阀(Cadillac Gage, FC-200, 1958)

稳定主阀芯的运动状态。1970年,Moog公司开发两级偏转板射流伺服阀,提高抗污染能力,如图1-12所示。通过力矩马达驱动一级偏转板射流阀,一级阀驱动二级主阀,两级阀之间设有用于反馈的锥形弹簧杆。偏转板伺服阀的核心部分是射流盘和偏转板两个功能元件,射流盘是一个开有人字孔的圆片,孔中包括射流喷嘴、两个接收通道和回油腔,两个接收通道由分油劈隔离,分油劈正对射流喷嘴出口的中心。力矩马达控制带V形槽的偏转板摆动来改变接收器射流流束的分配,从而控制主阀。1973年,Moog公司开始研究射流管阀原理,直到1998年才批量制造射流管伺服阀。

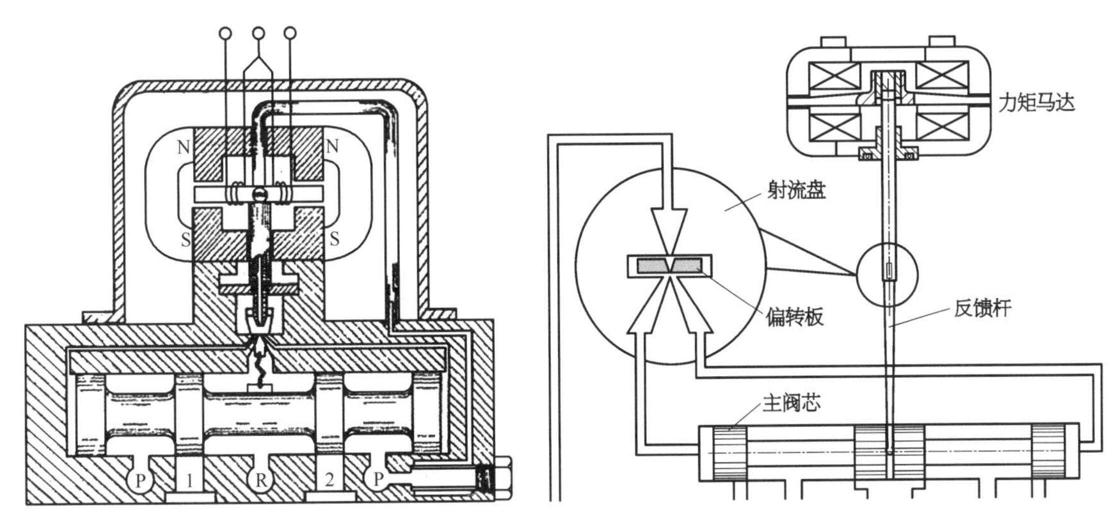

图1-11 射流管伺服阀(R. Atchley, 1957)　　**图1-12 偏转板伺服阀(Moog, 1970)**

电液伺服阀及伺服机构应用于导弹与火箭的姿态控制。当时的电液伺服阀由一个伺服电机拖动。由于伺服电机惯量大,电液伺服阀成为控制回路中响应最慢但最重要的元件。20世纪50年代初,出现了快速反应的永磁力矩马达,形成了电液伺服阀的雏形。电液伺服机构有机结合精密机械、电子技术和液压技术,形成了控制精度高、响应快、体积小、重量轻、功率放大系数高的显著优点,在航空航天、军事、舰船、工业等领域得到了广泛的应用。图1-13为我国自行研制的长征系列运载火箭伺服阀控制伺服作动器。图1-14为我国自行研制的载人航天运载火箭的三余度动压反馈式伺服阀,它将电液伺服阀的力矩马达、反馈元件、滑阀副做成多套,万一发生故障时可以随时切换,保证液压系统正常工作。冗余动压反馈电液伺服阀为带双余度动压反馈结构和三余度前置级的两级式力反馈电液伺服阀,其可靠性高,阻尼与刚度性能好,动作响应快,控制精度高,适用于可靠性要求高、负载惯性大的高精度液压伺服控制系统。图1-15所示的电液伺服阀是液压伺服控制系统中的电液转换元件,用于将输入的微小电气信号转换为流量输出。小流量电液伺服阀系列产品采用壳体-阀套一体式设计,具有体积小、重量轻、响应快、精度高等优点,适用于各类小流量需求液压伺服控制系统。图1-16为我国自行研制的航天中小型推力电液伺服机构,作为运载火箭控制系统中的执行机构,它根据输入的电信号指令输出一定比例的机械力和位移,用于推摆发动机,实现火箭飞行的姿轨控制,适用于中小型推力的运载火箭控制系统。

高端液压元件是指在极端环境下完成必需的服役性能的核心基础液压元件。这里所指的极端环境包括极端环境温度、极端工作介质温度、特殊流体、极端尺寸与极端空间、振动、冲击、加速度、辐射等特殊服役环境。高端液压元件主要指为重大装备配套的、影响关键技术性能的高性能液压元件。国外高端液压元件主要由国家和行业组织联合研究、开发并形成国家制造能力,以及装备本国核心装备。例如电液伺服元件,美国空军在1950年前后组织四十余家机构联合研制,形成了系列电液伺服元件产品,并已装备航空航天领域。当时归纳凝练了一系列包括元件与系统的数学模型、传递函数、功率键合图以及大量实践和试验结果等丰富内容的科技报告。由于这些科技报告设置了国家保密期限50年,国外只能购买个别产品,无法得知其产品机理和工作过程的细节。目前,美国的电液伺服元件水平至少领先其他国家三十余年。

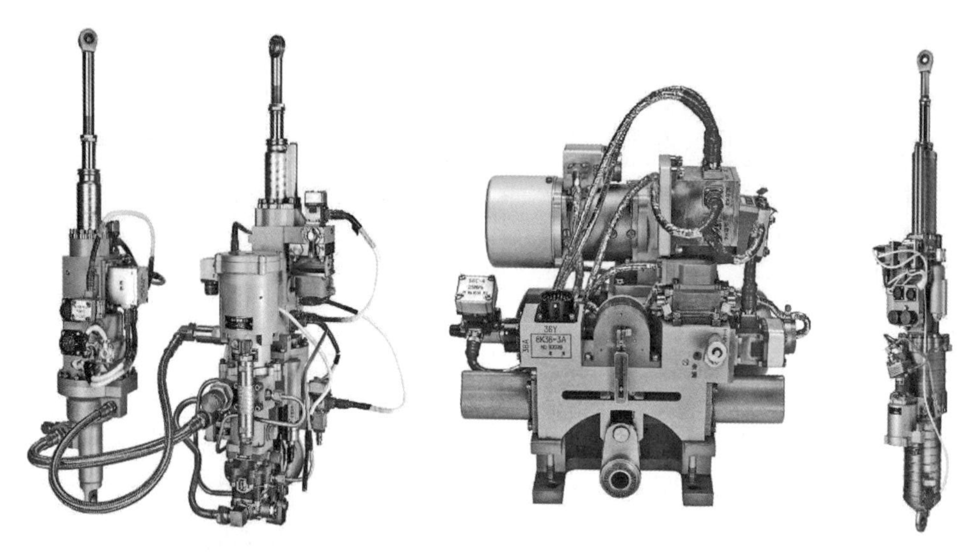

图1-13　中国长征系列运载火箭伺服阀控制伺服作动器

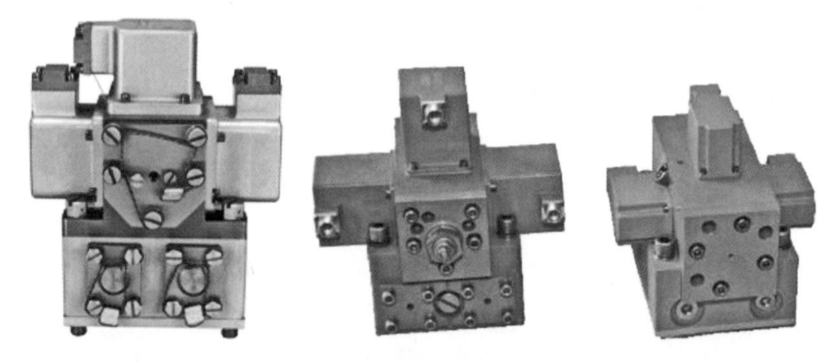

图1-14　中国航天运载火箭的三余度动压反馈式电液伺服阀

图1-15　中国航天小流量电液伺服阀

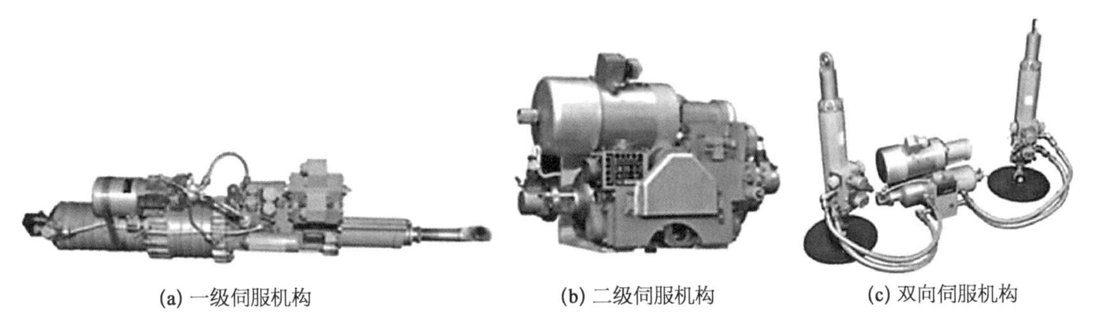

(a) 一级伺服机构　　(b) 二级伺服机构　　(c) 双向伺服机构

图1-16　中国航天中小型推力的电液伺服机构

我国对基础件尤其是高端液压元件重要地位的认识较晚，长期缺乏机理研究和工匠制作工艺的系列探索。液压元件产品主要集中在低端产品上，在高端液压元件产品领域，甚至在工程机械的液压元件关键基础件上，几乎被美国、德国、日本等机械强国所垄断。在高端液压件、气动元件、密封件领域，目前我国仍需大量进口。例如，挖掘机行业所需的液压件（双联变量柱塞泵、柱塞马达、整体式多路阀、高压油缸、先导比例阀及回转接头等）几乎全部依靠进口；大型冶金成套设备的大型液压系统基本上由用户指定或者选用进口液压元件。从目前发展现状看，我国高端产品的技术对外依存度高达50%以上，95%的高档数控系统，80%的芯片，几乎100%的高档液压件、密封件和发动机都依靠进口。为此，2015年5月8日，国务院正式颁布《中国制造2025》，实施制造强国战略第一个十年的行动纲领，已经将核心基础零部件（元器件）列为工业强基工程核心部分与工业基石。未来的环境友好型重大装备、飞行器用电液伺服元件将面临复杂的极端环境，如在极端尺寸、高加速度、高温、高压、高速重载、辐射等极端环境复合作用下，能否正常工作以及如何工作，涉及诸多目前未知的流体控制基础理论与关键核心工艺技术，流体控制的性能和机制将是复杂多样的。为此，面向世界科技前沿和国家重大工程任务，探讨极端环境下高端液压元件目前未知的诸多关键基础问题是十分迫切的。

1.3　极端环境下的电液伺服控制技术

1.3.1　极端环境下电液伺服元件的特征

百余年来，我国重大工程急需的高端装备一直被国外垄断。高端电液伺服阀是指在极端环境下服役、为重大装备配套的高性能、高可靠性的电液伺服元件，要求其能够在机载振动、冲击、极端温度等特殊环境下完成必需的服役性能。这里所指的极端环境包括极端环境温度、极端介质温度、振动、冲击、加速度、热辐射、极端尺寸、特殊流体等特殊服役过程。高端电液伺服元件是进行信息与能量转换的多领域（机-电-液-磁-热-控等）物理综合集成元件，其具有零件复杂、偶件精密、尺寸链多维等特点。电液伺服阀作为液压伺服系统核心控制元件，服役工况复杂，包含电-磁-力-位移-液压等多种信息与能量转换过程，伺服机构流道复杂，配合偶件精密。核心基础零部件（元器件）是我国“制造强国”战略、“工业强基”和我国高端装备制造产业的重点突破瓶颈之一。国外高端液压元件最初由国家组织研究并形成国家制造能力，装备本国核心装备。例如,美国空军先后组织研制电液伺服阀,并装备航空航天领域,但实施严格的保密和封锁。

高端装备高新技术处于价值链的高端和产业链的核心环节。高端液压元件随着航空、航天、舰船以及军事用途而诞生。飞行器、舰船、重大装备往往需要承受各种服役环境的考验,甚至要求长期在各种极端环境下正常工作。重大装备高端液压阀要求在宽温域即极端低温至极端高温的大温度范围下服役。宽温域是指由整机环境、高端液压阀部件及其内部流体所构成的热力学温度场。一般地面电子器件的环境温度在−20～55℃或者−50～60℃。地面液压系统的油温一般在80℃或105℃以下。但是,航空发动机燃油温度2 000℃,波音737环境温度达−72～54℃,军用飞机液压阀的环境温度在−55～250℃,液压油温度可达140℃。新一代运载火箭采用液氧煤油作为燃料,煤油温度3 600℃(图1-17)。导弹舵机试验或遥测油温达到160℃,运载火箭电液伺服机构的油温甚至达到250℃。美国空军科技报告显示,1958年美国空军电液伺服阀的试验温度已经达到340℃,瞬时高达537℃(图1-18)。油液温度的界限已经远远超出人们目前的想象。摩擦和磨损对高端制造等领域影响深远,据统计,约80%的机械部件失效由于磨损和泄漏造成。防空导弹的最大加速度为85g,固体火箭发动机的加速度达250g。电液伺服阀射流管直角处流体质点的离心加速度高达1 160g。导弹或火箭的可靠性和安全性要求极高,例如伺服系统可靠性要求0.999,而液压阀则高达0.999 9,载人航天更高达0.999 99。据不完全统计,伺服机构中70%～80%的故障是由于电液伺服阀在各种极端环境下无法保持性能而引起的。关键器件及其可靠性是未来5～10年的重要任务之一。

图1-17 载人航天运载火箭伺服机构与低温冰冻试验飞行器

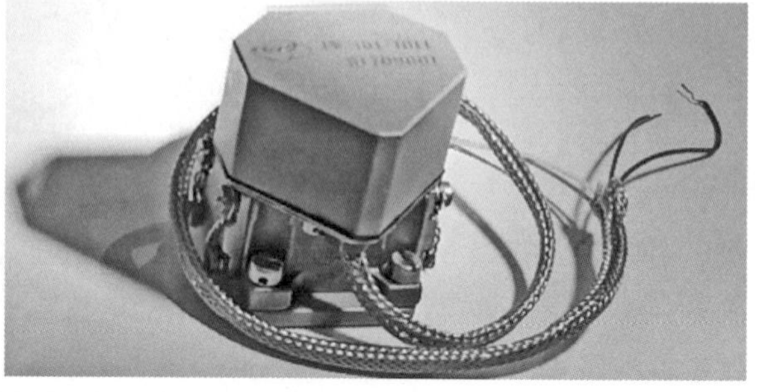

(a) 飞机起落架及其制动压力伺服阀

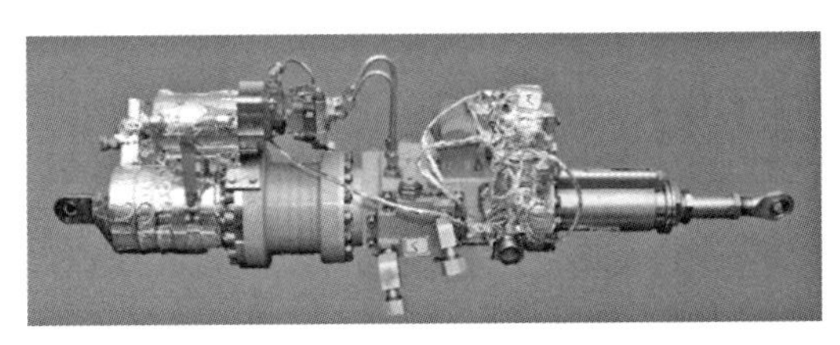
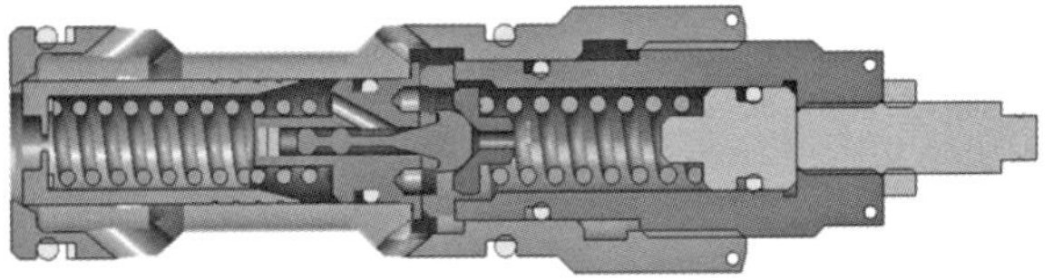

(b) 运载火箭煤油介质伺服机构及整体集成式大流量多级溢流阀

图 1-18　典型伺服机构及其高端液压阀

1.3.1.1　力矩马达电磁材料及其性能演化

力矩马达是高端电液元件的核心驱动部件。19世纪人们开始认识磁与电现象，英国法拉第发现电磁感应定律，麦克斯韦建立电磁场的理论。第二次世界大战期间，Bell、Moog、Cadillac、Hughes、Wolpin 等基于电、磁、力、位移转换原理研制力矩马达，促进了电液伺服阀的诞生(图 1-19)。电-磁-力-位移转换器件的性能取决于磁材料性能。磁场是由磁性材料原子内的电子运动和基本粒子(质子、中子、电子)的自旋而产生的。磁性方向一致的原子所聚集的磁性材料区域称为磁畴，它是磁性材料的基本单元。永磁体性能取决于磁畴结构(图 1-20)。天然永磁体由各向异性的小型磁畴组成，磁能小，通过充磁可实现强磁性。充磁时，在外磁场作用下，磁畴同向平行排列，对外呈现强磁性，如图 1-21 所示。1931年，日本 T. Mishima 开发镍铝合金永磁材料 AlNiCo，功率密度较低。1967年，美国出现稀土永磁材料，如矫顽力较高的 $SmCo_5$ 和 Sm_2Co_{17}，磁能积和磁极化强度较大的钕铁硼永磁体 NdFeB，并相继用于力矩马达。

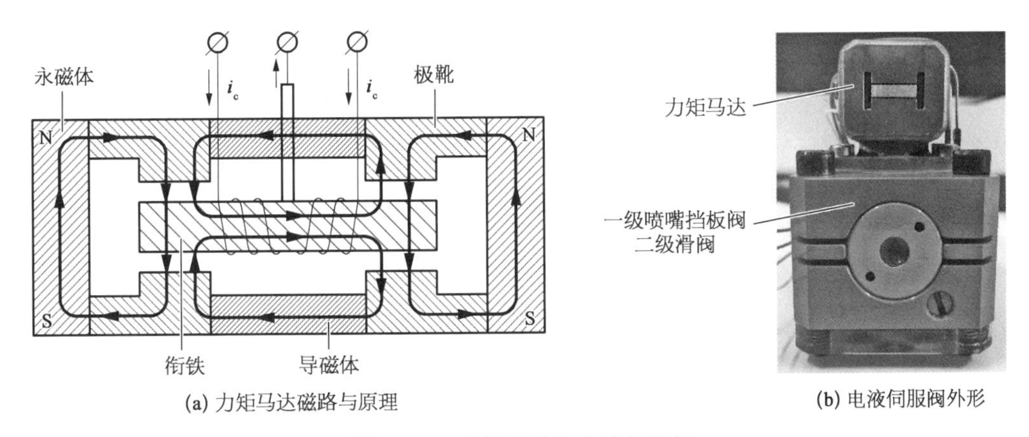

(a) 力矩马达磁路与原理　　(b) 电液伺服阀外形

图 1-19　力矩马达与电液伺服阀

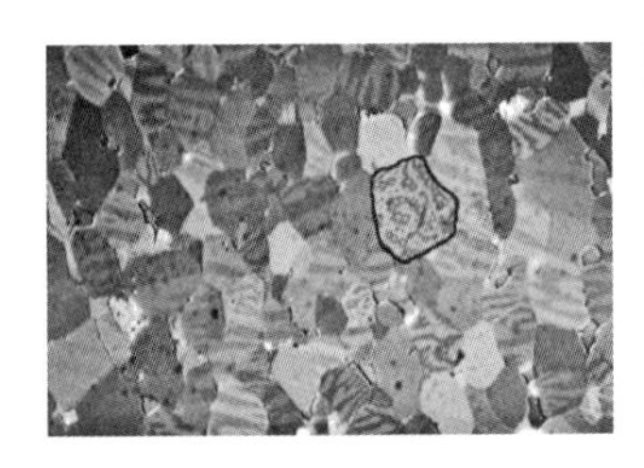

图 1-20　NeFeB 磁畴结构(灰度表示磁性方向)

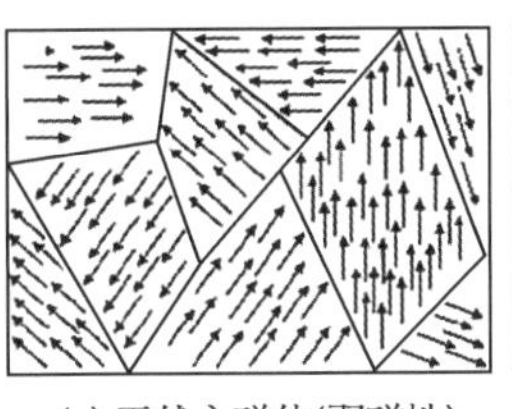
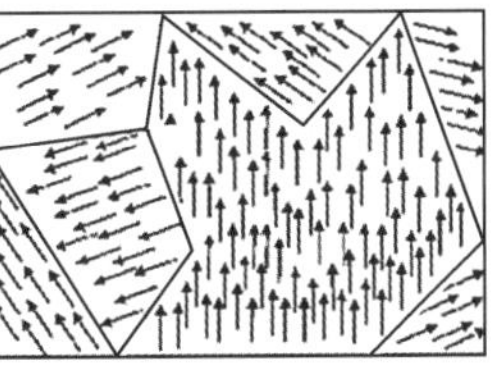
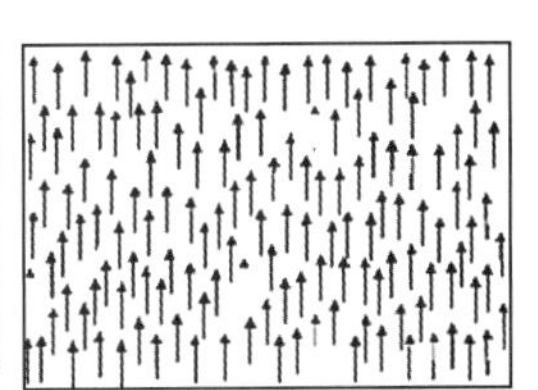

(a) 天然永磁体(弱磁性)　　(b) 磁化过程　　(c) 强磁性

图 1-21　永磁体充磁强化过程

高温、外磁场、振动、时效、机械应力等极端环境容易导致磁畴杂乱无章地排列和永磁体的磁性能衰退(图 1-22),甚至出现不可逆退磁。19 世纪末,法国居里发现高温下永磁体磁性退化现象,尤其是铁磁性的临界温度即居里温度,超过该温度时将出现不可逆退磁并失去磁性,如 NdFeB 的居里温度为 312℃。1995 年,美国空军将工作温度超过 400℃的 Sm_2TM_{17} 高温永磁材料应用于新一代飞行器。2001 年,德国 M. Katter 发现氢能使磁性材料局部的晶间相脆化,Nd 氢氧化物易引起体积膨胀,导致永磁体基质颗粒剥落腐蚀,引起磁性退化。外磁场和辐射的作用将打乱原有磁畴结构,导致磁性减弱。2004 年,清华大学试验发现交变磁场频率越高,NdFeB 失磁越多;2008 年,芬兰 Ruoho 建立交变磁场下失磁的经验模型。在室温下长期放置,磁畴也会发生局部偏转,导致磁性能下降。1960 年,美国 Kronenberg 发现铝镍钴和钡铁氧体材料永磁体的矫顽力高,且细长形状时磁性退化较弱。1998 年,Della 得到了时效磁性退化过程的试验模型。目前,经过特殊处理后的永磁体在更高服役温度下性能可得到保证。考虑冲击、时间效应、极端高低温、应力等诸多综合效应,需要从分子晶格层面来分析磁畴变化与永磁体综合性能。电-磁-力-位移转换器全寿命周期的性能如何演变,可从分子晶格、磁畴、电-磁机理、服役环境来研究磁性材料充磁和磁性演化过程,建立材料磁性演变特性的表征与模型。

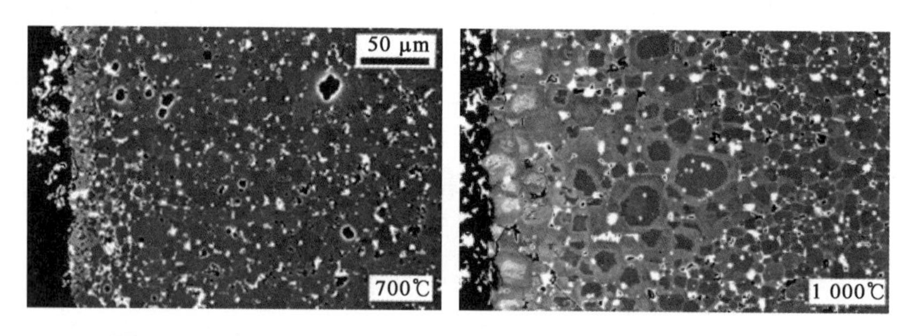

图 1-22 高温导致 NdFeB 材料的磁畴分布杂乱无章和磁性减弱

1.3.1.2 高端液压元件的磨损

全寿命周期中,零件磨损导致尺寸链微观或宏观变化,直接影响电液伺服阀性能。磨损是一种由固体、液体或气体相互接触时机械和化学作用引起材料迁移或剥落的一种固体表面损坏现象。磨损有五种形式。

磨粒磨损指颗粒物或硬的微突体颗粒物与零件表面相互作用而造成的材料流失现象(图 1-23)。电液伺服阀滑阀副的阀芯与阀套相对运动次数超过 1 000 万次,1～3 μm 的配合间隙中嵌入固体颗粒后将导致滑阀副磨损、泄漏增加、倾斜、卡滞等问题。1961 年,美国 Rabinowicz 提出磨粒磨损量的物理模型;1987 年,G. Sundararajan 试验证实磨粒滚动形成塑性变形和磨损。

黏着磨损指两个零件相对运动时,由于固相焊合作用使材料从一个表面转移到另一个表面,最后断裂、疲劳或腐蚀而脱落的现象(图 1-24)。1973 年,美国 Suh 提出表面剪切分层的黏着磨损量计算方法。1992 年,美国陆军在燃油介质中添加重芳烃去除溶解的氧和水来增加油液润滑,提高了液压泵柱塞副的抗黏着磨损能力。

腐蚀磨损指零件与介质发生化学或电化学作用的损伤或损坏现象。2005 年,美国航天局发现含碳氢的燃料对铜有严重腐蚀作用。高端液压元件采用燃油、水等特殊介质,腐蚀问题突出(图 1-25)。

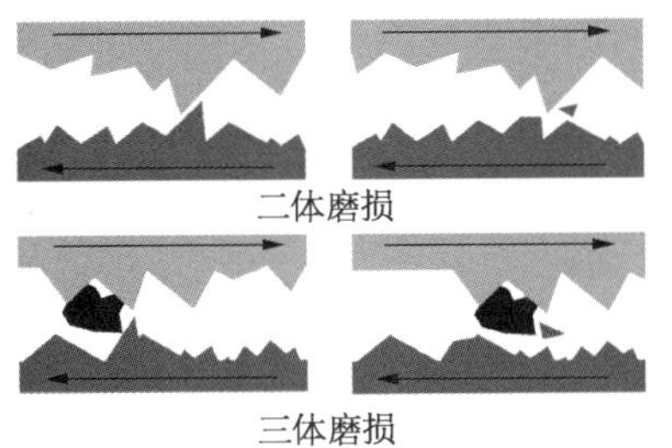

图 1-23　磨粒磨损机理

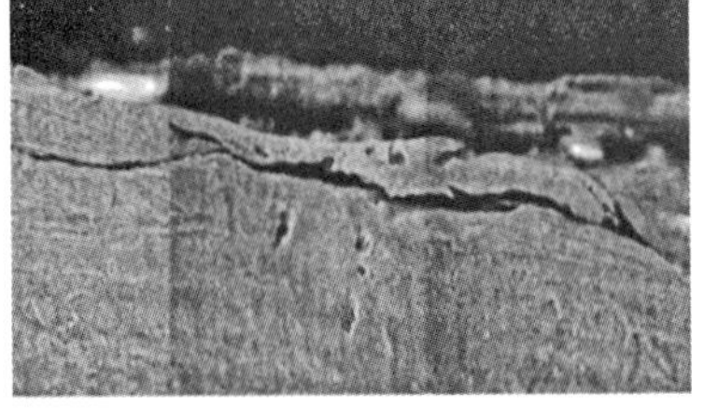

图 1-24　黏着磨损造成材料片状脱落

图 1-25　燃油阀阀芯的腐蚀磨损

疲劳磨损指材料由于循环交变应力引起晶格滑移而脱落的现象。1993 年，美国 Wilbur 通过类金刚石薄膜涂层来提高钢材抗疲劳磨损性能。2012 年，Moog 公司采用硬质合金和蓝宝石材料替代不锈钢，制作伺服阀反馈杆球头，并提出采用球头和滑阀的“球-孔”配合替代原来的“球-槽”配合方案，增加接触面积，提高寿命，球头磨损的高频循环试验次数高达 10 亿次(图 1-26)。

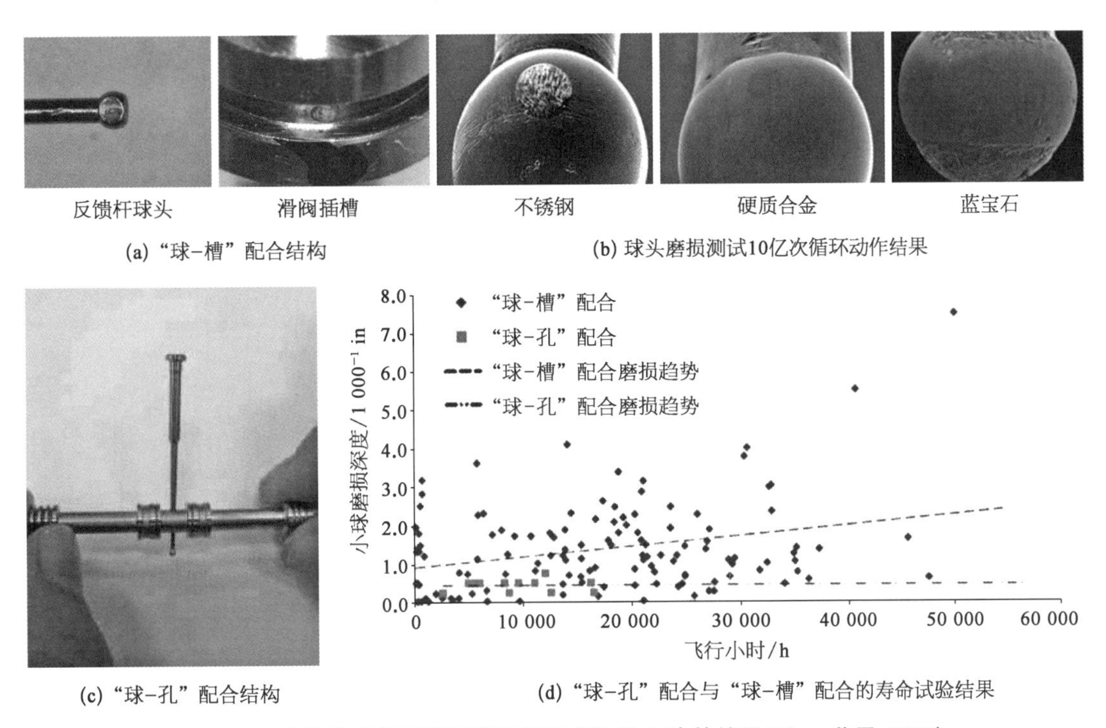

(a) “球-槽”配合结构　(b) 球头磨损测试10亿次循环动作结果

(c) “球-孔”配合结构　(d) “球-孔”配合与“球-槽”配合的寿命试验结果

图 1-26　电液伺服阀反馈杆球头磨损试验 10 亿次的结果(Moog 公司，2012)

冲蚀磨损指高速流体携带固体或气体粒子对靶材冲击而造成表面材料流失的现象(图 1-27)。1960 年，Finnie 提出冲蚀微切削理论。1963 年，Bitter 提出切削磨损和塑性变形磨损复合的冲蚀磨损理论。20 世纪 70 年代，人们开始研究液压元件的冲蚀磨损，美国 Tabakoff 试验研究涡轮叶片的冲蚀磨损和抗蚀措施。1998 年，英国巴斯大学试验观测了滑阀副冲蚀磨损和节流锐边的钝化过程。国内同济大学、西北工业大学、兰州理工大学、燕山大学等探索电液伺服阀内部冲蚀磨损量的计算方法，发现使用清洁度 14/11 级油液 200 h 后，滑阀节流锐边冲蚀磨损最大深度可达 4 μm，磨损质量 20 mg(图 1-27)。电液伺服阀零件精密、流道复杂，滑阀节流口、射流喷嘴、接收器、挡板等部位因固体颗粒高速冲击而发生形状和尺寸的改变,进而造成性能衰退。目前,有待研究的有高温、高压、高污染等极端环境下关键零件冲蚀磨损的分析方法与精确模型。

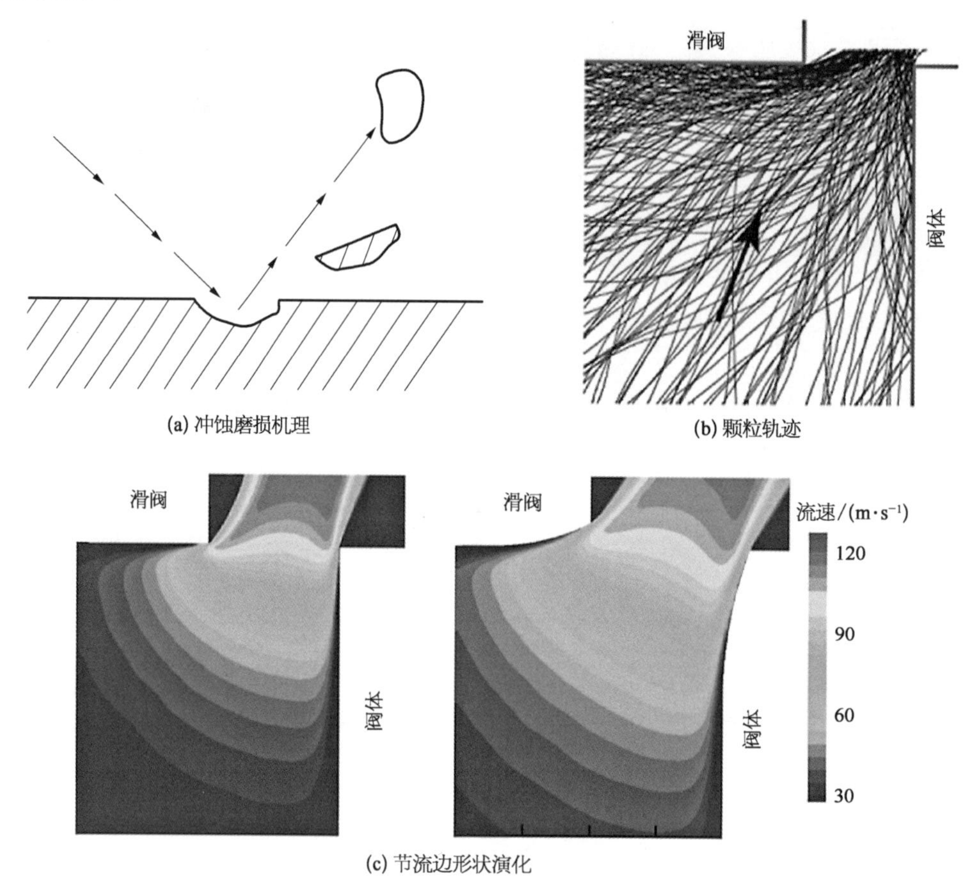

图 1-27　滑阀节流锐边冲蚀磨损(同济大学,2017)

1.3.1.3　电液伺服阀的疲劳寿命与宽温域下的服役性能

疲劳破坏是指材料某点或某些点承受扰动应力或应变,在足够多的循环扰动作用之后形成裂纹或完全断裂的局部、永久结构变化的过程。德国 Wöhler 提出应力幅和极限循环次数的疲劳寿命 S-N 曲线。20 世纪以来,相继出现了线性累积损伤理论、弹塑性疲劳裂纹扩展理论。2015 年,Sticchi 提出在结构件薄弱部位引入残余应力来抵消工作应力,延长薄弱部位疲劳寿命。在温度冲击下,材料自由膨胀和收缩受到约束而产生交变应力,造成损伤并断裂的过程称为热疲劳。热疲劳受温度梯度、温度频率、材料热膨胀系数以及零件几何结构约束条件的影响,亟待深入研究其机理。金属在高温和应力同时作用下,应力保持不变时,随时间延长其非弹性变形量缓慢增加,即热疲劳蠕变现象。美国宇航局研究了高温合金材料 B1900+HF 热机疲劳即热应力疲劳行为。国军标规定了电液伺服阀疲劳寿命试验要求,我国工业界近年才开始着手压力冲击下的疲劳寿命试验,某型铝合金阀体寿命 4.9 万次(图 1-28)。目前通过有限元计算,对复杂零部件如阀体、阀套进行网格划分和加载模型、材料特性如应力疲劳寿命 S-N 曲线参数设定,计算得到冲击载荷下的应力分布、应变分布、疲劳寿命分布图(图 1-28)。弹簧管是一级阀与二级阀之间信息传递的核心部件,但其为厚度仅有 60 μm、直径 2.6 mm 的细长薄壁结构，通油后短时间内极易破裂并导致伺服阀漏油失效(图 1－29)。长期处于极端温度、振动、冲击、极端尺寸等环境下服役，高端电液伺服阀整体集成式复杂零件和精密偶件尤其容易遭遇疲劳破坏(图 1－28)。目前亟待解析高端电液伺服阀在温度冲击、压力冲击、振动冲击及其多物理场耦合时的疲劳机理与疲劳寿命预测模型。

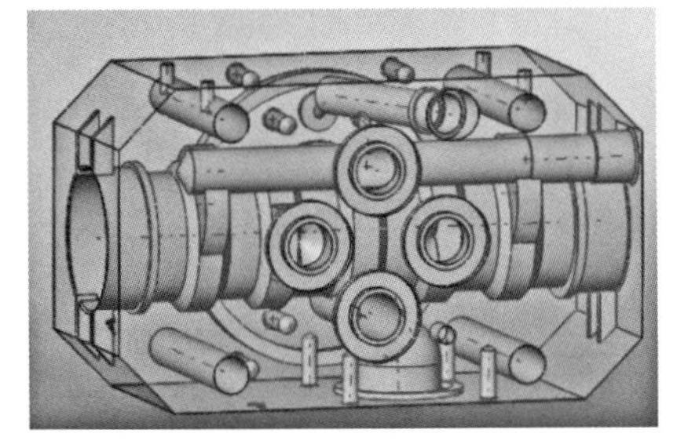

(a) 整体集成式阀体复杂油路

(b) 疲劳裂纹与油液泄漏（4.9万次压力脉冲试验）

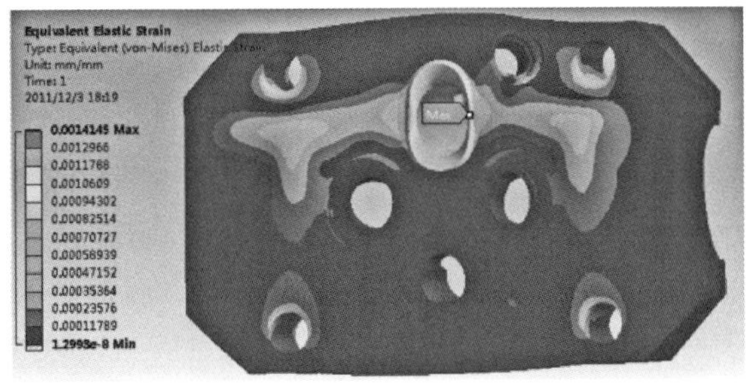

(c) 阀体底面应变（对称分布，最大寿命次数4万～5万次）

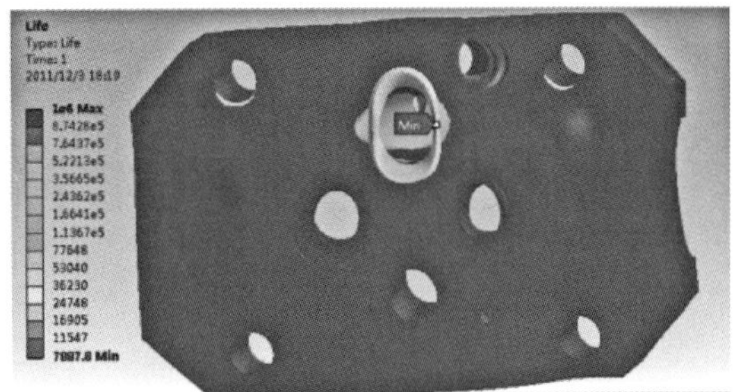

(d) 阀体底面疲劳寿命（供油口约1 mm处，应变1.297 μm）

图 1－28　电液伺服阀在压力冲击下的疲劳寿命试验结果(7075 铝阀体，42 MPa)

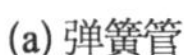

(a) 弹簧管

(b) 弹簧管在高压与热应力下泄漏

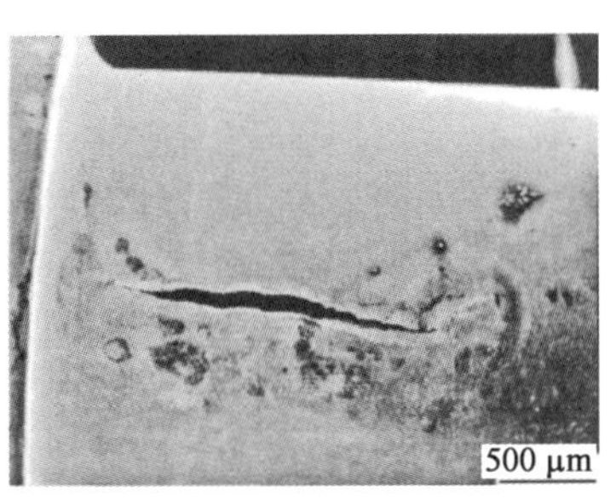

(c) 弹簧管的疲劳破坏(工作50 h)

图 1－29　电液伺服阀弹簧管在交变应力与热应力作用下的疲劳破坏试验

宽温域服役要求对高端液压阀的工作流体、密封件和精密部件材料提出了更高的要求(图 1－30)。温度升高，液压油黏度急剧下降，润滑性能急剧下降，同时还易析出固体颗粒或释放腐蚀性物质。油液热膨胀系数即温度每上升 1℃，液压油的体积膨胀量约为 7/10 000。RP－3 航空煤油在－30～120℃时运动黏度从 6.7 mm^2/s 变为 0.67 mm^2/s，相差 10 倍。YH－10 液压油在－50～150℃时运动黏度从 1 200 mm^2/s 变为 2 mm^2/s，相差数百倍。高温加速了 O 形密封圈如丁腈橡胶的化学降解，高温导致金属材料疲劳寿命降低。浙江大学、浙江工业大学、南京机电液压中心等引入断裂力学分析航空作动器 O 形密封材料失效。美国对 NiCrMoV 钢进行疲劳裂纹扩展试验，发现 24～400℃时疲劳裂纹扩展速率显著增加；日本通过试验发现环境温度影响碳钢材料的疲劳寿命。极端温度、宽温域的温度冲击将引起零部件材料、流体介质的物理化学性质变化，有待深入研究材料特性与复杂零部件性能之间的关系、流体热力学性能与流体控制特性的关系。

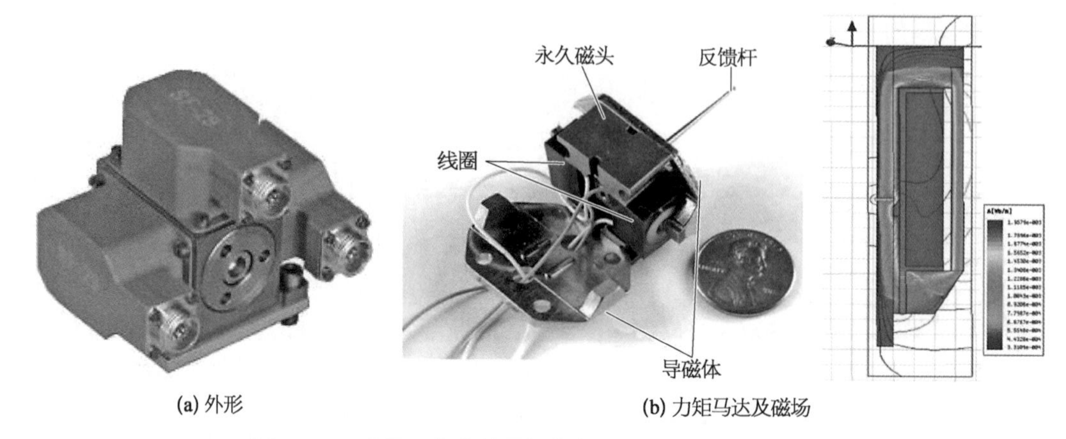

(a) 外形　　(b) 力矩马达及磁场

图 1-30　采用三余度前置级的电液伺服阀及其力矩马达

电液伺服阀在温度场中服役。导弹与火箭的环境温度在−40～60℃，国军标《飞机电液流量伺服阀通用规范》(GJB 3370—1998)中飞机环境温度在−55/−30～T℃。空客 A320 环境温度在−68～52℃，波音 737 环境温度达−72～54℃(图 1-31)。地面液压系统一般油温在 80℃或 105℃以下。飞机液压系统油温达到−55～135℃，如：空客 A320 油温为−54～121℃；Moog 公司 G761 射流管伺服阀使用油温为−40～135℃。导弹舵机系统的试验和遥测油温高达 160℃，火箭伺服机构的油温达到 250℃。美国空军科技报告显示，1958 年电液伺服阀的试验温度就已经达到 340℃。宽温域下高端液压阀性能重构是指液压阀在宽温域及多物理场(包括温度场、压力场、磁场、流场、几何形状等)下诸精密零部件的性能参数与几何尺寸相互协同、达成一种新的平衡状态，即宽温域下复杂零部件形貌形性重构，零件与零件之间协同平衡，构成新的几何尺寸与力学关系，液压阀实现性能重构。液压元件制造、装配、调试完成后，在极端低温、极端高温、温度冲击下能否正常工作，直接决定了飞行器的服役性能和飞行任务的成

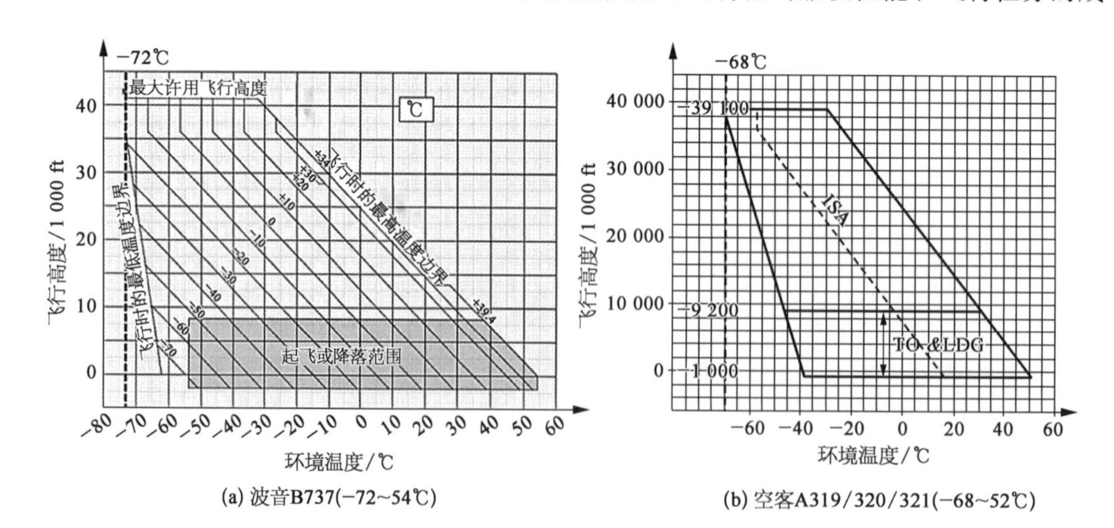

(a) 波音B737(−72～54℃)　　(b) 空客A319/320/321(−68～52℃)

图 1-31　飞机的环境温度

败。极端低温、极端高温、温度冲击将引起精密零件微观尺寸链的不确定性与重构，进而造成电液伺服阀形貌形性的结构与性能演化，导致“跑冒滴漏”、零偏零漂，甚至特性不规则、不可重复现象(图1-32)。该现象背后的物理机制亟待深入研究。

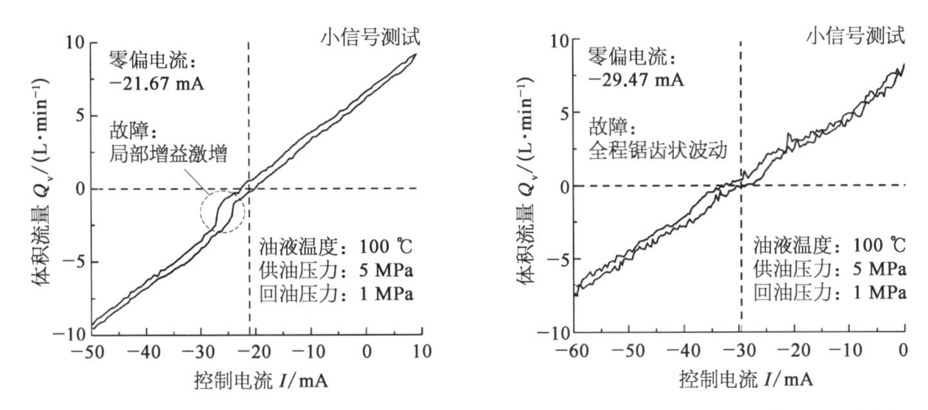

图1-32 飞行器电液伺服阀高温试验中出现的特性不规则、不可重复现象(同济大学)

高端液压阀在宽温域下控制高压流体的运动，其复杂零部件承受热环境和应力载荷的双重作用。1840年前后，欧洲Duhamel和Neumann提出热弹性理论。物体受热时温度升高而向外膨胀变形，各部分之间位置相互制约而产生应力即热应力，如燃气涡轮盘及涡轮叶片等。物体在温度场与外部应力场共同作用时，采用热力学、弹性力学即热弹性力学理论可求解温度场得到热应力，可在几何约束条件下进行物体热传导方程和热弹性运动方程的求解。磁性物质在外磁场作用下由于磁畴结构和磁化状态发生改变，其体积和形状发生变化，称为磁弹性效应现象。磁性物质温度随磁场强度的改变而变化，发生磁热效应现象。

波兰Jasinski分析了液压阀的间隙随热冲击温度的动态变化过程，意大利Rito通过试验研究了−40℃和70℃时飞机电传液压操纵系统及液压阀油液温度、环境温度的敏感性。哈尔滨工业大学李松晶通过流场发现温度升高导致油液黏度降低，加剧了喷嘴挡板伺服阀前置级空化现象，严重时引发高频自激振荡。北京交通大学试验测试了油温在−40～150℃喷嘴挡板阀固定节流孔的流量系数。同济大学、燕山大学分析了流体120℃时喷嘴挡板式电液伺服阀的温度场分布与内泄漏原因(图1-33)，以及电液伺服阀入口油温−40℃、150℃时阀腔的流体温度与速度分布规律，发现阀腔内流体温度和速度呈漩涡状且局部温升5～8℃(图1-34和图1-35)。高端液压阀处于复杂的电、磁、热、流、力环境下，各精密零部件及电磁铁受力状态复杂，宽温域下复杂零部件的多场耦合行为将造成服役性能随环境而发生变化，亟待采用热/磁弹性理论进行精密零部件力学表征研究。

近年来有学者研究电液伺服阀零件在温度场作用下的形貌形性关系。弹簧管材料铍青铜QBe2-CY在120℃时的应力松弛性能即残余应力与时间有关。温度及温升率影响1Cr18Ni9Ti不锈钢材料的强度，21～400℃下摩擦因数和磨损率随温度升高而先增大、后减小；当温升率大于1℃/10 min时出现明显的热膨胀滞后现象。钛合金TC4的摩擦系数随温度升高而降低。阀体阀套的加工残余应力在温度场作用下将得到释放，使装配尺寸链重构，引发电液伺服阀零偏漂移或卡滞。目前亟待研究在温度冲击和压力冲击复合作用下整体集成式复杂零件的疲劳寿命特征与计算方法，分析温度场与零件残余应力、复杂零件尺寸链、形貌形性的关系，建立在温度场作用下液压元件的性能演化模型，寻找控形控性设计方法与措施。

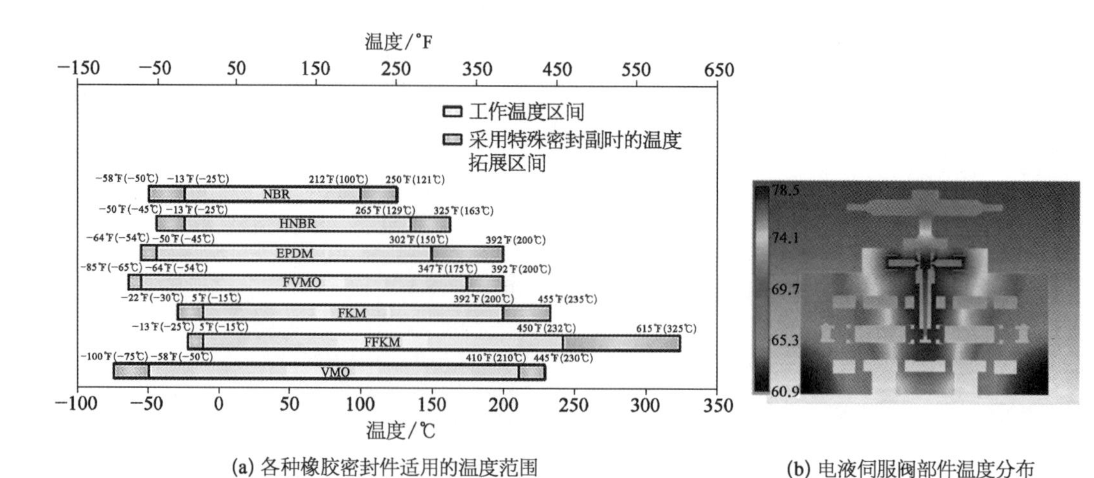

(a) 各种橡胶密封件适用的温度范围　(b) 电液伺服阀部件温度分布

图 1-33　油液入口温度 120℃时电液伺服阀各部件的温度场分布

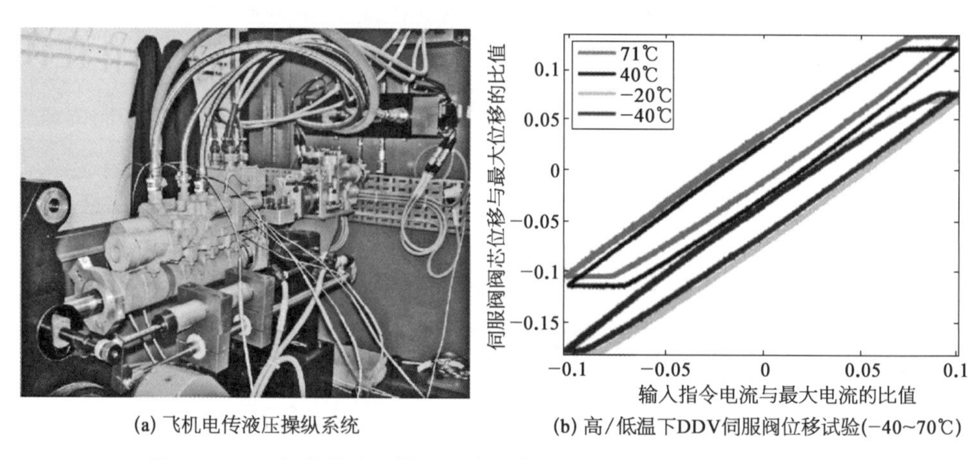

(a) 飞机电传液压操纵系统　(b) 高/低温下DDV伺服阀位移试验(−40~70℃)

图 1-34　飞机电传液压操纵系统及高/低温下 DDV 伺服阀试验结果

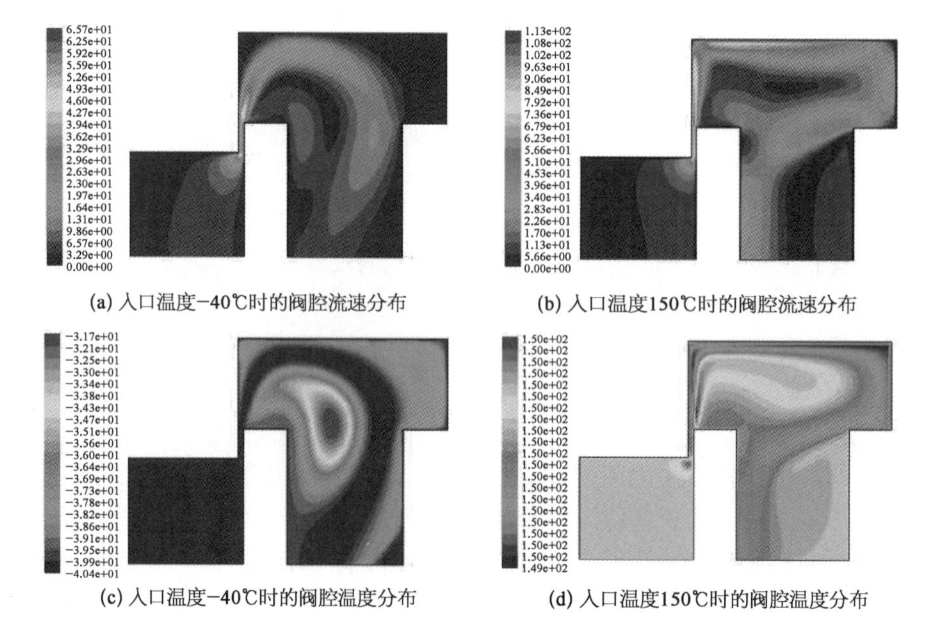

(a) 入口温度−40℃时的阀腔流速分布　(b) 入口温度150℃时的阀腔流速分布

(c) 入口温度−40℃时的阀腔温度分布　(d) 入口温度150℃时的阀腔温度分布

图 1-35　电液伺服阀高/低温供油时节流口两侧阀腔内流体流速分布与温度分布

1.3.1.4 复杂运动环境下的流体控制

复杂运动环境是指整机具有高加速度、振动、冲击、离心或者复合运动的复杂条件。当电液伺服阀随整机作复杂运动时，阀体在作复杂运动，滑阀阀芯作复杂运动的同时还相对于阀体作某种有规则的相对运动，流体质点随整机作复杂运动，还按照控制信号作某种有规律的运动，即动系相对于定系的牵连运动(图1-36)。流体在运动环境下的特性研究由来已久。1905年，人们开始认识由地球自转引起的地球物理现象，如河岸冲刷、洋流、漩涡等。后来研究旋转机械如旋转弯管内流体的流动。1951年，德国Ludwieg求解考虑流体质点惯性的边界层方程，发现管道旋转时实际压力损失大；1954年，英国Barua发现旋转直管中的流体因科氏力产生二次流，并造成涡旋。日本Ishigaki分析小曲率弯管内二次流场与结构参数的关系。近年来，同济大学、西安交通大学、华中科技大学提出在整机振动、冲击、加速度环境下电液伺服阀各零部件受到阀体牵连运动时的分析方法，并得到了工作时的数学模型、基本特性。目前的研究考虑了阀芯、阀套、弹簧等零件在运动环境下的牵连运动及其对流体控制的影响，没有考虑流体质点的加速度力。某射流伺服阀射流管转角半径4.8 mm，流体流速7.4 m/s，则流体质点在该转角处的离心加速度高达1 160g。电液伺服阀随整机处于复杂运动环境时，阀腔内的流体除本身流动加速度外，还受到环境附加牵连运动的高达上百g的惯性加速度，影响弹簧管容腔油液惯性力和综合刚度，严重影响滑阀两端容腔油液的运动和阀芯位置的精确控制。为了取得复杂运动环境对高端液压元件性能的影响，需要研究考虑流体质点加速度时流体运动方程的建立方法、求解方法和流动特性。

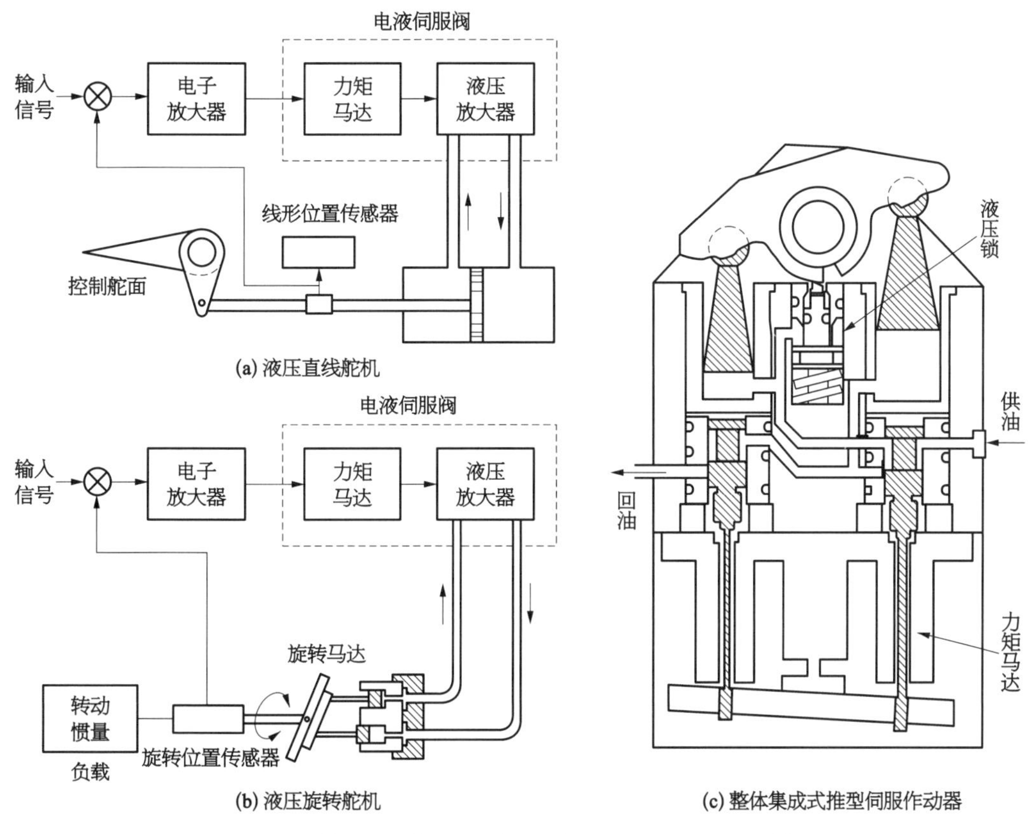

图1-36 整体集成式一体化电液伺服机构(两个双边阀控作动器/麻雀导弹)

复杂运动环境下射流伺服阀射流前置级处的环状负压现象和卡门涡街现象将更加复杂。高速射流射入静止液体，速度梯度导致产生紊流边界层，流体相互卷吸产生涡旋并造成环状负压现象；射流流经偏导板后出现不稳定的边界层分离，在偏导板的下游产生一系列漩涡，即卡门涡街；卡门涡街、负压区域、旋涡、大旋涡等与壁面和可动件相互耦合，产生自激振荡，将引发整阀的啸叫和不稳定。20 世纪 60 年代，美国空军试验研究射流管阀以及射流放大器结构与静动态性能。1997 年，中航工业 609 所试验发现偏转板阀存在啸叫和振动现象；近年来，同济大学、浙江大学、哈尔滨工业大学、巴斯大学研究表明，偏转板增加圆角可以有效降低由负压现象、旋涡和空化导致的压力波动和反馈杆组件振动现象，采用矩形截面挡板可以提高结构稳定性。目前，喷嘴射流涡旋、负压现象产生机理和抑制措施的理论极其缺乏，亟待研究复杂运动环境下射流流场振荡、啸叫的分析方法。

1.3.1.5　高端液压阀尺寸链重构

高端液压阀由若干精密零部件组成，其结构复杂，尺寸精度高，批产性能一致性要求高。关键尺寸和空间尺寸链决定了阀的基本性能。尺寸链是指装配过程中各按一定顺序排列而成的封闭尺寸组。尺寸链按其构成空间位置可分为线性尺寸链、平面尺寸链、空间尺寸链。高端液压阀电-磁-力-位移-液压的信息与能量转换器件主要包括四个部分，即电磁铁/力矩马达等电-磁-力-机械转换器，喷嘴挡板阀、射流管阀、偏转板阀等前置级液压放大器，滑阀、球阀、锥阀等功率级主阀，以及在前置级和功率级之间起信息反馈作用的力反馈组件。各部分零部件结构复杂、精度要求高，配合尺寸多为微米尺度（如喷嘴挡板式电液伺服阀最小间隙为 0.03～0.05 mm，射流管伺服阀和偏转板伺服阀的最小间隙分别为 0.22 mm 和 0.12 mm，阀芯阀套重叠量和间隙仅数微米，弹簧管壁厚仅有数十微米，力传递组件反馈小球与阀芯之间几乎要求零间隙配合），空间尺寸形状、装配精度要求极高，射流管即使仅仅 1 μm 的安装误差也会引起两腔压力高达 0.12 MPa 的不对称性。高端液压阀尺寸链组成环多，空间结构复杂，形位公差和尺寸公差并存。零部件设计制造后经检验合格，其尺寸与公差（即尺寸范围）是确定的。液压阀的每个精密零部件尺寸是确定的，具有确定性；装配后液压阀关键配合尺寸链（如间隙值）的名义值和公差具有确定性。批产液压阀装配后的每个精密零部件尺寸按某种规律分布，公差范围内的具体尺寸各不相同，具有不确定性；关键配合尺寸链（如间隙值）的具体尺寸各不相同，具有不确定性。

极端环境如宽温域下服役时由于热胀冷缩、压力载荷等多场耦合，高端液压阀精密零部件将在不确定条件下进行尺寸链重构，诸精密零部件相互协同的情况将变得更为复杂。液压阀具有多种关键尺寸，如阀芯阀套轴向重叠量、径向间隙、节流口开度、固定容腔与可变容腔、各种配合如过盈配合等。液压阀最小配合间隙处于微米级，如伺服阀 1～4 μm，普通液压阀 1～23 μm。根据加工方法、加工位置和加工者不同，零部件尺寸和形位误差按一定概率分布，如正态分布、三角分布、均匀分布、瑞利分布和偏态分布等。近年来，采用计算机辅助技术研究公差累积对尺寸链的影响，分析装配尺寸链的公差设计方法以及装配偏差的传递模型及质量评价方法，并用于机床、汽车车身、航空发动机等。日本 E. Urata 通过试验测试电液伺服阀装配误差引起四个气隙不均等时的力矩马达性能，归纳了装配要求（图 1－37）；图 1－38 为考虑零部件尺寸公差及其按正态分布时，30 余套力矩马达的零偏值分布规律试验结果。1998 年，法国 Samper 提出考虑弹性变形的三维公差模型。浙江大学谭建荣、徐兵建立了装配特征参数与伺服阀弹簧管刚度性能的映射关系与高温优化方法。图 1－39 所示为某飞机液压滑阀采用

通径 ϕ13 mm 的阀套，在油液温度−40～150℃作用下阀套径向轮廓最大变形量为 2.9 μm，在压力油 24 MPa 作用下最大变形量为 2.2 μm。液压阀精密零部件三维结构复杂，偶件配合形式多样，可以引入概率论和数理统计学理论与方法，建立各关键零部件的尺寸链数学表达和误差分布规则，探索高端液压阀的误差传递过程，研究宽温域、复杂零部件公差与尺寸链及其分布概率、批量制造工艺和阀性能尤其是一致性之间的映射关系和规律。

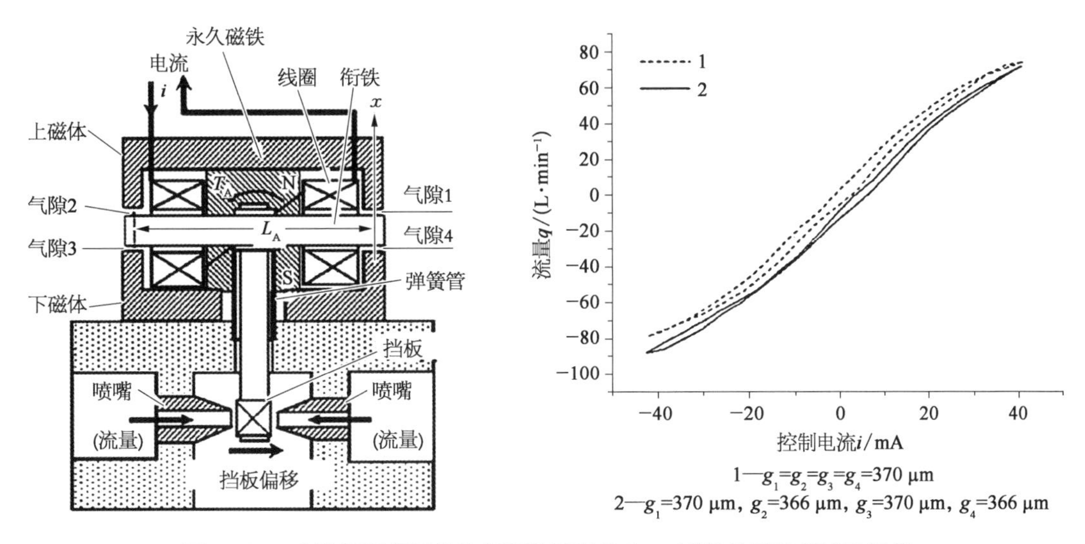

图 1-37　电液伺服阀不均等气隙装配误差 3 μm 时的输出流量试验结果

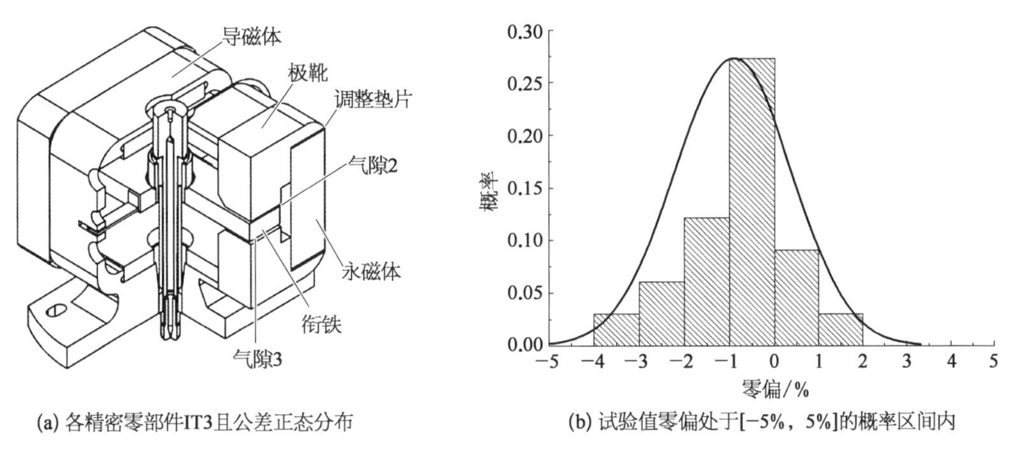

图 1-38　力矩马达零部件尺寸公差及其分布规律对零偏影响的试验结果

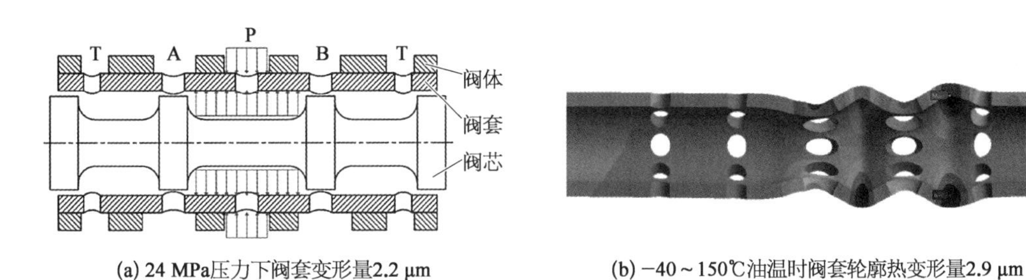

图 1-39　高/低温油液和压力作用下某飞机液压滑阀(ϕ13 mm)的配合间隙

零件制造过程中，材料的晶格与晶相在力或温度作用下状态变化不一致时，会产生应力；零件加工成型后，材料内部的晶格与晶相一般无法回到原来的状态，这种残留作用与影响产生的应力，称为残余应力。1951 年，Henriksen 发现机械和热效应作用形成残余应力，材料内部温度场、应力场发生激烈非均匀瞬变，使得整体热膨胀/收缩不均匀、内部微观组织演化不均匀、点阵畸变等，从而产生自平衡。加工和热处理过程不同，形成的残余应力不同。可以通过热力学和弹性力学方法进行规则形状零件的热变形计算，如将滑阀副简化为同心圆柱和圆筒得出轴向和径向的变形量表达式，用于电液伺服阀零漂定量分析，还可通过有限元计算油温升高时的阀芯和阀套径向间隙值。液压阀零部件形状复杂，经过切削、拉拔、焊接等多种加工与装配工艺过程，残余应力构成复杂。对于复杂零部件的热变形，目前尚无定量模型与精确计算方法。亟待研究宽温域下温度场、压力场、残余应力场等多场耦合下复杂零部件形性表征、数学模型和尺寸链重构规律。

高端液压阀复杂零部件之间的约束状态复杂，涉及压配（如衔铁与弹簧管、弹簧管与反馈杆之间）、紧固偶件、整体集成式诸零件、焊接（如力矩马达的永磁体和导磁体之间）等多种工艺的几何形貌与力学关系。宽温域下服役时，复杂零部件处于机-电-液-磁-热等耦合状态，阀芯阀套在径向和轴向均受到温度场和压力场的复合作用而构成新的平衡状态，如通径 ϕ13 mm 的阀套，在油液温度−40～150℃作用下阀套径向轮廓变形量 2.9 μm，在压力油 24 MPa 作用下变形量 2.2 μm；弹簧管作为两级阀之间信息传递的核心零件，弹簧管颈部壁厚仅 60 μm，在高压油和宽温域下径向尺寸以及过盈量变化数，部件协同关系重构；某飞机电磁阀磁铁推杆和杆套的缝隙仅为 100 μm，在温度场、预应力和压力下曾发生滞后、卡顿现象；力矩马达四个气隙尺寸 0.37 mm，宽温域下微米级误差造成气隙左右或上下不对称/不均等配合时，将导致漏磁和零偏现象，永磁体磁通的实际利用率仅 20%，甚至 5%。复杂零部件在加工、装配过程后材料内部的晶格与晶相无法回到原来的状态，会产生残余应力，如阀芯阀套表面的切削残余应力、力矩马达焊接点的焊接残余应力、采用拉拔工艺加工的射流管的残余应力。阀体为 7075 铝材，阀套、阀芯为 90Cr18MoV 钢，弹簧管为铍青铜 QBe2；如阀套淬火半精磨时的残余应力值 450 MPa，内孔精磨珩磨加工的残余应力值 900 MPa，磨削时散热较差，烧伤产生的残余应力值 1 200 MPa，各个方向的残余应力复合构成阀套的残余应力；阀芯外圆淬火精磨加工的残余应力值 850 MPa。液压阀装配时各零部件达成配合状态时会形成预应力，如螺纹紧固件造成阀套、阀体的预应力。宽温域下各复杂零部件由于材料热胀冷缩产生变形造成热应力。宽温域下高端液压阀零部件之间的尺寸链重构以及协同规则与温度场、预应力、残余应力、交变应力等密切相关。可深入研究复杂零部件的加工方法与残余应力等应力场的关系，并准确掌握复杂零部件及其各部位相应的加工工艺措施。更进一步，建立残余应力在宽温域下的释放特征以及零部件尺寸链的定量模型，形成诸复杂零部件在残余应力等复合应力场下形貌形性的协同规则。

1.3.2 极端环境下的电液伺服系统性能重构与产品性能一致性

1.3.2.1 极端环境下的电液伺服系统性能重构

高端电液伺服阀是航空航天、舰船和重大装备的核心基础零部件（元器件）。航空要求“一次故障工作，二次故障安全”，飞行器发射要求真正做到“稳妥可靠，万无一失”。导弹或火箭电液伺服阀的可靠度指标高达 0.999 9，载人航天更高达 0.999 99。只有把所有的科学问题都认识清楚，才能彻底解决问题。全寿命过程电液伺服阀的服役性能尤其是极端环境下的性能演化规律所涉及的基础理论一直是一个悬而未决的问题。力矩马达的电-磁-力-位移的信息与能量转换过程涉及复杂的服役工况，需要准确的特征表达与定量的物理模型。目前力矩马达用钕铁硼稀土永磁材料 NdFeB 常温性能优异，但高温性能较差，强振动冲击、外界交变磁场会使永磁体发生不可逆退磁。磁材料、磁畴、磁体加工工艺(固溶/热磁/回火处理、精加工、振动、充磁、稳磁)、磁路设计、力矩马达气隙不对称不均等结构都严重影响力矩马达性能。可以着重从分子晶格层面分析磁畴变化与永磁体综合性能，研究温度场、磁场、振动冲击、时间效应的服役环境下力矩马达的电-磁-力-位移-液压的信息与能量转换机理以及性能演化规律。

据统计，当今工业化国家依然有高达约 80%机械部件失效由于磨损造成，约 25%能源因摩擦消耗掉。高端液压元件越来越高功率密度化、高压化、小型化，流体速度更快，响应频率更高，导致精密偶件、运动副间隙、节流口、复杂流道的磨损问题与元件疲劳寿命问题越来越突出。电液伺服阀核心部件磨损，如反馈杆末端小球磨损(10 亿次)、前置级磨损、功率级滑阀磨损(1 000 万次以上)，急需建立分析方法和预测模型。弹簧管是一级阀与二级阀之间信息传递的核心部件，但其厚度仅有 60 μm，直径 2.6 mm，细长薄壁结构极易破裂并导致伺服阀失效。需要深入研究磨粒磨损的材料去除机理、接触表面相对滑动速度和法向载荷与黏着磨损量的映射关系、交变接触应力与疲劳磨损的关系、冲蚀磨损的定量计算方法，尤其是研究复合磨损的计算方法和数学模型。探索磨损增长过程与元件服役性能演化的关系，建立全寿命过程抗磨耐蚀的性能调控措施。国军标规定了电液伺服阀疲劳寿命试验要求，工业界近年才开始着手压力冲击下的疲劳寿命试验，某型铝合金阀体寿命 4.9 万次。目前亟待探索高端电液伺服阀在温度冲击、压力冲击、振动冲击下的失效条件、失效模式、疲劳破坏机理与寿命预测模型，尤其是建立不确定条件下多种冲击复合作用时的疲劳寿命演化模型。

高端电液伺服阀的极端低温/环境温度−40℃，甚至−72℃；极端高温/油温 160℃，甚至达到 250℃或 340℃。极端低温、极端高温、温度冲击将引起精密零件尺寸链微观尺度的不确定性重构，造成电液伺服阀形貌形性的结构和性能演化，导致“跑冒滴漏”、零偏零漂，甚至特性不规则、不可重复或者卡滞现象。亟待研究在温度场作用下整体集成式复杂零件的疲劳特征，研究温度场对残余应力、复杂零件形貌形性表征、航空煤油与航天煤油流体控制特性和元件性能演化的作用规律，探索电液伺服阀的控形控性设计方法与措施。

阀控缸动力机构的特性研究由来已久。美国 H. R. Merrit 提出阀控缸数学模型以来，各地学者相继研究采用不对称阀或软件补偿方法控制不对称缸，即使是对称阀控对称缸，大多没有考虑工作介质热力学问题。航空发动机燃油温度 2 000℃，伺服作动器及液压阀受热辐射后环境温度达 250℃。宽温域下流体与流体之间、流体与形成流动空间的金属零部件之间、液压阀与环境之间存在实质性的动态热交换。目前的研究考虑流体之间的自身产热和传热，以及温度对阀芯、阀套、弹簧、阀体等零件的影响，但没有考虑宽温域环境对流体控制方程的影响。为了掌握宽温域下高端液压阀的性能，需要考虑流体、阀体和外界环境之间的热交换(图 1－40)，研究考虑热交换时流体运动方程的建立方法、求解方法和流动特性，研究考虑热交换时伺服作动器和电液伺服阀的自冷却措施、负压现象和卡门涡街、振荡啸叫现象的成因和抑制措施。

电液伺服阀如何在极端环境下工作一直是导弹与火箭姿态控制中很棘手的问题。飞行器加速度达到 85g 甚至 250g。电液伺服阀射流管直角处的流体质点加速度高达 1 160g。电液伺服阀处于复杂运动环境时，流体质点除本身流动加速度外，还受到运动环境附加牵连的高达

上百 g 的惯性加速度，影响弹簧管容腔油液惯性力与综合刚度，严重影响滑阀两端容腔油液的惯性运动与阀芯位置的精确控制。为此，急需探索如何建立考虑流体质点加速度时的流体运动方程、求解方法；考虑环境振动，研究振动环境下电液伺服机构的数学模型；考虑环境牵连运动、流体质点加速度，研究离心环境下电液伺服机构的数学模型；研究元件级、系统级整体集成式一体化电液伺服机构设计方法。复杂运动环境下射流环状负压现象和卡门涡街现象变得更加复杂，引起射流流场的振荡、啸叫。弄清射流放大器自激振荡的机理以及负压现象和卡门涡街现象的产生条件，取得振动、冲击、加速度环境下电液伺服阀性能偏移漂移和全寿命周期性能演化规律，可为研制高可靠性和高适应性的高端元件提供基础理论，对未来更为苛刻环境条件下的电液伺服阀性能作出定性分析和定量预测。

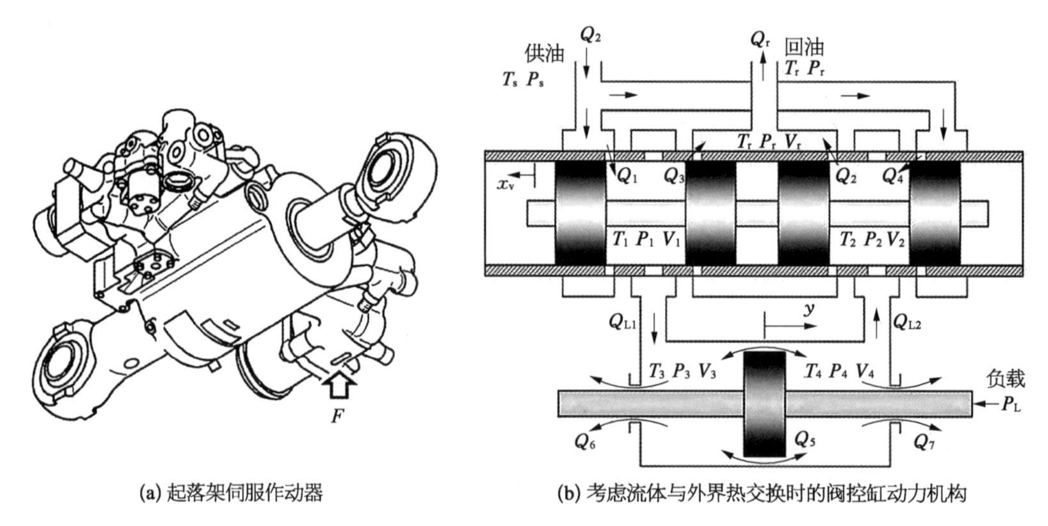

(a) 起落架伺服作动器　　(b) 考虑流体与外界热交换时的阀控缸动力机构

图 1-40　起落架伺服作动器阀控缸动力机构(考虑流体与外界热交换)

高端液压阀的极端低温环境为－40℃，甚至－72℃；极端高温油液温度为 160℃，甚至 250℃或 340℃。宽温域下阀套阀芯的轴向遮盖量与径向间隙将发生变化，阀体与阀套、阀套与阀芯的径向配合尺寸和轴向配合尺寸均会产生显著变化。液压油的热膨胀系数，即温度每上升 1℃时其体积膨胀量约为 7/10 000，宽温域下如温差 200℃时的体积膨胀量为 14%；如果不采取其他措施，封闭容腔的压强将上升约 200 MPa，导致材料失效而漏油。热辐射环境下，需要考虑环境与阀体、零部件、工作介质之间的热传递，建立考虑传热学的流体运动方程。极端低温、极端高温、温度冲击将引起诸零部件协同不均衡以及精密零部件尺寸链微观尺度的不确定性重构，造成液压阀形貌形性的结构和性能演化，导致“跑冒滴漏”、零偏零漂，甚至特性不规则、不可重复或者卡滞现象。亟待研究在温度场作用下整体集成式复杂零部件的疲劳特征及疲劳寿命分析方法，研究温度场对残余应力、复杂零部件形貌形性表征、疲劳寿命和高端液压阀性能重构的作用机制和规律，探索高端元件的控形控性设计方法与措施。

1.3.2.2　电液伺服系统产品性能一致性

以电液伺服阀为例，产品性能一致性是指批量生产并合格的电液伺服阀不同产品，是否能够保持相同的性能水平，例如压力流量特性、泄漏量特性、频率特性等。即使都是合格的批量生产产品，不同产品个体性能在合格范围内也相互存在一定的差异，即合格范围内诸产品性能存在分布概率。提高合格产品的性能一致性，是高性能电液伺服阀、电液伺服系统设计与制造，衡量国家技术水平高质量发展的重要标志。

传统的精密制造正在向高性能制造转变。传统制造是以尺寸精度为主的精密制造，高性能制造是以服役性能为主，满足元件在服役环境、复杂工况下高性能的可靠服役需求的先进制造。高性能制造中，精度是为了保证性能在设计中提出的制造要求，性能是最终目标，精度是过程中的因素。高性能电液伺服阀产品性能一致性的研究刚刚起步，高性能电液伺服阀的材料、加工方法、各零件几何尺寸分布概率、配合尺寸分布概率、服役环境及其与综合性能之间的映射关系尚不明确，尤其缺乏指导批量生产的产品一致性设计与制造基础理论和关键技术，严重制约了我国高端电液伺服阀的源头创新和未来复杂环境下服役的重大装备的研制。航空航天电液伺服阀合格产品的性能一致性问题，涉及高性能电液伺服阀材料、设计、制造、零部件性能、产品性能之间的映射关系以及诸概率事件的数学问题，亟待研究高性能电液伺服阀设计与制造过程各要素与产品性能一致性关系的数学模型，突破航空航天电液伺服阀设计制造的关键科学问题与技术问题，形成相应的理论和分析方法，可为高性能装备的自主可控、促进我国极端环境下的电液伺服系统产品设计水平快速提升提供新原理、新方法。

参考文献

[1] 訚耀保.高端电液伺服元件性能衰减与强化的基础研究[R].国家自然科学基金资助项目结题报告(51775383)，2022.

[2] 訚耀保.极端环境下飞行器电液伺服阀特性研究[R].国家自然科学基金资助项目结题报告(50775161)，2011.

[3] 訚耀保.偏转板射流伺服阀和射流管伺服阀的基础理论研究[R].国家自然科学基金资助项目结题报告(51475332)，2019.

[4] 訚耀保.射流伺服阀流场分析[R].航空科学基金项目结题报告(20120738001)，2014.

[5] 訚耀保.液压产品几何参数、工艺方法与产品性能之间的映射关系研究[R].航空科学基金项目结题报告(20090738003)，2012.

[6] 訚耀保.45 MPa以上的氢气增压、压力控制和调节技术研究[R].国家高技术研究发展计划(863计划)课题验收报告(2007AA05Z119)，2010.

[7] 訚耀保.燃料电池汽车车载超高压减压阀组集成设计理论研究[R].上海市白玉兰科技人才基金总结报告(2008B110)，2009.

[8] 訚耀保，等.地下连续墙与复杂地层桩基础施工关键装备研发与产业化[R].国家科技支撑计划总结报告(2011BAJ02B06-05)，2016.

[9] 訚耀保.飞行器舵机系统关键基础理论研究[R].上海市浦江人才计划(A类)总结报告(06PJ14092)，2008.

[10] 訚耀保，原佳阳，李长明.极端环境下的电液伺服控制理论与性能重构[M].上海：上海科学技术出版社，2023.

[11] 訚耀保.高端液压元件理论与实践[M].上海：上海科学技术出版社，2017.

[12] 訚耀保.极端环境下的电液伺服控制理论及应用技术[M].上海：上海科学技术出版社，2012.

[13] 郭生荣，訚耀保.先进流体动力控制[M].上海：上海科学技术出版社，2017.

[14] 訚耀保.高速气动控制理论和应用技术[M].上海：上海科学技术出版社，2014.

[15] 訚耀保.海洋波浪能综合利用——发电原理与装置[M].上海：上海科学技术出版社，2013.

[16] YIN Y B. High speed pneumatic theory and technology: volume Ⅱ: control system and energy system[M]. Switzerland A G: Springer Nature Singapore Pte Ltd, Shanghai Scientific & Technical Publishers, 2020.

[17] YIN Y B. High speed pneumatic theory and technology: volume Ⅰ: servo system[M]. Switzerland A G: Springer Nature Singapore Pte Ltd, Shanghai Scientific & Technical Publishers, 2019.

[18] YIN Y B. Electro hydraulic control theory and its applications under extreme environment[M]. United Kingdom: Butterworth-Heinemann Elsevier Inc, Shanghai Scientific & Technology Publishers, 2019.

[19] 訚耀保，李双路，章志恒，李文顶.力反馈电液伺服阀反馈小球磨损特性研究[J].华中科技大学学报(自然科学

版),2020,48(11):37 - 42.
[20] 訚耀保,李聪.射流管伺服阀前置级不对称性对零偏的影响[J].华南理工大学学报(自然科学版),2021,49(5):111 - 119.
[21] 訚耀保,郭文康,李锐华.考虑漏磁的力矩马达磁路建模方法及特性分析[J].哈尔滨工程大学学报,2020,41(12):1840 - 1846.
[22] 訚耀保,郭文康,胡云堂,李锐华.考虑电涡流效应的射流管伺服阀建模及频率特性[J].航空动力学报,2020,35(8):1777 - 1785.
[23] 訚耀保,李双路,陆畅,原佳阳,肖强.并联双杆液压缸偏载力和径向力分析[J].中南大学学报(自然科学版),2020,51(6):1509 - 1517.
[24] 訚耀保,李聪.极端低温下电液伺服阀温漂特性分析[J].飞控与探测,2020,3(1):80 - 85.
[25] 訚耀保,邹为宏,刘洪宇.振动环境下小尺寸减压阀的建模与分析[J].飞控与探测,2019,2(6):74 - 81.
[26] 訚耀保,谢帅虎,原佳阳,何承鹏.宽温域下三位四通电磁液动换向阀的几何尺寸链与卡滞特性[J].飞控与探测,2019,2(3):95 - 102.
[27] 訚耀保,李聪,李长明.力矩马达气隙误差对电液伺服阀零偏的影响[J].华中科技大学学报(自然科学版),2019,47(3):55 - 61.
[28] 訚耀保,王玉.3 维离心环境下射流管伺服阀的零偏特性[J].上海交通大学学报,2017,51(8):984 - 991.
[29] 訚耀保.喷嘴挡板式电液伺服阀结构的演变过程[J].流体传动与控制,2017(1):54 - 59,61.
[30] 訚耀保.射流管伺服阀欧美专利分析[J].液压气动与密封,2012,32(2):68 - 73.
[31] 訚耀保,李长明,江金林.三维离心环境下的电液伺服阀特性分析[J].机械工程学报,2015,51(2):169 - 177.
[32] 訚耀保,付嘉华,金瑶兰.射流管伺服阀前置级冲蚀磨损数值模拟[J].浙江大学学报,2015,49(12):2252 - 2260.
[33] 訚耀保,范春红山,张曦.Dynamic stiffness spring analysis foe feedback spring pole in a jet pipe electro-hydraulic servovalve[J].中国科学技术大学学报,2012,42(9):699 - 705.
[34] 訚耀保,原佳阳,傅俊勇.先导阀前腔串加阻尼孔的新型双级溢流阀特性分析[J].吉林大学学报,2017,47(1):129 - 136.
[35] 訚耀保,水野毅,乌建中,荒木献次.具有不均等负重合量的非对称气动伺服阀压力特性研究[J].中国机械工程,2007,18(18):2169 - 2173.
[36] YIN Y B, YUAN J Y, GUO S R. Numerical study of solid particle erosion in hydraulic spool valves[J]. Wear, 2017, 392: 174 - 189.
[37] YIN Y B. Analysis and modeling of a compact hydraulic poppet valve with a circular balance piston[C]// Proceedings of the SICE Annual Conference, SICE 2005 Annual Conference in Okayama, Society of Instrument and Control Engineers (SICE), Tokyo, 2005: 189 - 194.
[38] 訚耀保,张丽,傅俊勇.一种高压气动减压阀:201110011195.6[P].2014 - 03 - 05.
[39] 訚耀保,张玄,李双路.一种双向快速作动的大流量液压动力机构:ZL202110344909.9[P].2021 - 12 - 07.
[40] 訚耀保,张玄,刘小雪.一种大流量轴配流伺服阀:ZL202110307359.3[P].2021 - 12 - 31.
[41] 訚耀保,李双路,原佳阳,谢帅虎,黄姜卿.一种空投物体下落过程仿真方法:ZL201910900309.9[P].2021 - 07 - 20.
[42] 訚耀保,李长明,夏飞燕.一种适应变温度场的射流管电液伺服阀:ZL201810094948.6[P].2020 - 06 - 02.
[43] 訚耀保,夏飞燕,李长明.一种可调试喷嘴轴线位置的射流管伺服阀及调试方法:ZL201710177608.5[P].2018 - 07 - 03.
[44] 訚耀保,李长明,夏飞燕,原佳阳.一种双冗余反弹射流偏导板伺服阀:ZL201710072977.8[P].2018 - 05 - 08.
[45] 訚耀保,李长明,张阳.一种射流管伺服阀喷嘴与接收孔对中检验方法:ZL201610534415.6[P].2018 - 02 - 09.
[46] 訚耀保,郭文康,陆亮.一种耐高压动磁式双向比例电磁铁:ZL201811253579.7[P].2019 - 10 - 18.
[47] 訚耀保,章志恒,李双路,张小伟,蔡文琪.一种液压回中锁紧作动缸结构:ZL201911190343.8[P].2020 - 11 - 27.
[48] 訚耀保,李双路,李长明.一种设有四棱锥台状导流槽的偏转板伺服阀放大器:ZL201922093924.1[P].2020 - 10 - 02.
[49] 訚耀保,李双路.一种液压缸位移传感器冷却流量控制装置:ZL201910555488.7[P].2020 - 07 - 07.
[50] 李长明.射流式电液伺服阀基础理论研究[D].上海:同济大学,2019.
[51] 原佳阳.极端环境下高端液压阀性能及其演变的基础研究[D].上海:同济大学,2019.
[52] 王玉.射流管伺服阀静态特性和零偏零漂机理研究[D].上海:同济大学,2019.
[53] 张曦.极限工况下电液伺服阀特性研究[D].上海:同济大学,2013.

[54] WANG Y, YIN Y B. Performance reliability of jet pipe servo valve under random vibration environment[J]. Mechatronics, 2019(64): 1-13.

[55] JOHNSON B A, AXELROD L R, WEISS P A. Hydraulic servo control valves: part 4: research on servo valves and servo systems[R]. United States Air Force, WADC Technical Report 55-29, 1957.

[56] AXELROD L R, JOHNSON D R, KINNEY W L. Hydraulic servo control valves: part 5: simulation, pressure control, and high-temperature test facility design[R]. United States Air Force, WADC Technical Report 55-29, 1957.

[57] VIERSMA T J. Analysis, synthesis and design of hydraulic servosystems and pipelines[M]. Elsevier Scientific Publishing Company, 1980.

[58] 荒木獻次,閻耀保,陳剣波. Development of a new type of relief valve in hydraulic servosystem(油圧サーボシステム用の新しいリリーフ弁)[C]//日本機械学会. Proceedings of Dynamic and Design Conference 1996 (D&D 1996),機械力学・計測制御講演論文集:Vol A, No 96-5 Ⅰ.福岡,1996: 231-234.

[59] 荒木献次.具有不均等负重合阀的气动圆柱滑阀控气缸的频率特性(第1、2、3、4报)(日文)[J].油压与空气压,1979,10(1): 57-63;10(6): 361-367;1981,12(4): 262-276.

[60] 严金坤.液压动力控制[M].上海:上海交通大学出版社,1986.

[61] 屠守锷.液体弹道导弹与运载火箭(电液伺服机构、电液伺服机构制造技术)[M].北京:中国宇航出版社,1992.

[62] 朱忠惠,陈孟荦.推力矢量控制伺服系统[M].北京:中国宇航出版社,1995.

[63] 曾广商,沈卫国,石立,张小莎.高可靠三冗余伺服机构系统[J].航天控制,2005,23(1): 35-40.

[64] 航天工业总公司.空空导弹制导和控制舱通用规范: GJB 1401—1992[S].1992.

[65] 航天工业总公司.运载火箭通用规范: GJB 2364—1995[S].1995.

[66] 马瀚英.航天煤油[M].北京:中国宇航出版社,2003.

[67] 《中国航空材料手册》委员会.中国航空材料手册[M].北京:中国标准出版社,2002.

[68] 费业泰.机械热变形理论及应用[M].北京:国防工业出版社,2009.

[69] URATA E. Influence of unequal air-gap thickness in servo valve torque motors[J]. Proceedings of the Institution of Mechanical Engineers: Part C: Journal of Mechanical Engineering Science, 2007, 221(11): 1287-1297.

[70] VAUGHAN N D, POMEROY P E, TILLEY D G. The contribution of erosive wear to the performance degradation of sliding spool servovalves[J]. Proceedings of the Institution of Mechanical Engineers: Part J: Journal of Engineering Tribology, 1998, 212(6): 437-451.

[71] 冀宏,张硕文,刘新强,等.固体颗粒对射流偏转板伺服阀前置级冲蚀磨损的影响[J].兰州理工大学学报,2018,44(6): 44-48.

[72] 朱姗姗,李德才,崔红超,等.空间飞行器磁性液体阻尼减振器减振性能的研究[J].振动与冲击,2017(10): 121-126.

[73] 徐兵,宋月超,杨华勇.复杂出口管道柱塞泵流量脉动测试原理[J].机械工程学报,2012,48(22): 162-167.

[74] 李松晶,彭敬辉,张亮.伺服阀力矩马达衔铁组件的振动特性分析[J].兰州理工大学学报,2010,36(3): 38-41.

[75] 权凌霄,孔祥东,俞滨,等.液压管路流固耦合振动机理及控制研究现状与发展[J].机械工程学报,2015,51(18): 175-183.

[76] 欧阳小平,刘玉龙,薛志全,等.航空作动器O形密封材料失效分析[J].浙江大学学报(工学版),2017,51(7): 1361-1367.

第 2 章
工作介质

不同用途的电液伺服系统为适应不同整机的服役环境而采用不同的工作介质，电液伺服阀、作动器、传感器等部件通过工作介质完成必要的服役性能。航空发动机燃油温度2 000℃；新一代运载火箭采用液氧煤油作为燃料，煤油温度3 600℃。如飞行器液压系统往往采用储气瓶储存气体，发射或飞行时通过电爆活门接通，给增压油箱气腔或蓄能器供气；导弹控制舱舵机系统采用燃气涡轮泵液压能源系统，采用缓然火药作为能源，燃烧后产生约1 200℃的高温燃气介质，通过燃气调节阀控制燃气的压力和流量，从而实现稳定的燃气涡轮液压泵液压能源和电源供给。本章着重介绍液压系统、气动系统包括燃气系统的工作介质。根据整机的功能与环境要求，液压与气动系统主要使用的工作介质分为液压油、磷酸酯液压油、航空煤油即喷气燃料(燃油)、航天煤油、自然水(淡水与海水)、压缩气体、燃气发生剂。

2.1 液压油

航空液压油和抗磨液压油是目前液压系统广泛使用的液压介质。

1) 主要牌号

我国生产和使用的航空液压油主要有三个牌号：10号航空液压油、12号航空液压油和15号航空液压油。其中10号航空液压油是20世纪60年代初参照苏联的航空液压油研制的，在飞机上使用较多，使用成熟；12号航空液压油生产困难，目前已经较少使用；15号航空液压油应用于飞机发动机液压系统、导弹与火箭的舵机和电液伺服机构。

2) 工作介质性能

(1) 10号航空液压油(SH 0358—1995)工作介质性能(表2-1)。

表 2-1　10号航空液压油工作介质性能

参　　数	数　　值
工作温度/℃	−55～125
密度(25℃)/(kg・m^{-3})	≤850

续　表

参　　数		数　　值
运动黏度/($mm^2 \cdot s^{-1}$)	50℃	≥10
	−50℃	≤1 250
闪点(闭口)/℃		≥92
凝点/℃		≤−70
酸值/($mgKOH \cdot g^{-1}$)		≤0.05
水分/($mg \cdot kg^{-1}$)		≤60

(2) 12 号航空液压油(Q/XJ 2007—1987)工作介质性能(表 2-2)。

表 2-2　12 号航空液压油工作介质性能

参　　数		数　　值
工作温度/℃		−55～125
密度(25℃)/($kg \cdot m^{-3}$)		≤850
运动黏度/($mm^2 \cdot s^{-1}$)	150℃	≥3
	50℃	≥12
	−40℃	≤600
	−54℃	≤3 000
闪点(闭口)/℃		≥100
凝点/℃		≤−65
酸值/($mgKOH \cdot g^{-1}$)		≤0.05

(3) 15 号航空液压油(GJB 1177—1991)工作介质性能(表 2-3)。

表 2-3　15 号航空液压油工作介质性能

参　　数		数　　值
工作温度/℃		−55～120
密度(25℃)/($kg \cdot m^{-3}$)		833.3
运动黏度/($mm^2 \cdot s^{-1}$)	100℃	5.54
	40℃	14.2

续 表

参　数		数　值
运动黏度/(mm^2 · s^{-1})	−40℃	369.5
	−54℃	1 344
闪点(闭口)/℃		83
凝点/℃		−74
固体颗粒污染物/(个 · 100 ml^{-1})	5～15	872
	16～25	126
	26～50	10
	51～100	0
	>100	0
水分质量分数/10^{-6}		44

(4) YB－N 68 号抗磨液压油(GB 2512—1981)工作介质性能(表 2－4)。

表 2－4　YB－N 68 号抗磨液压油工作介质性能

参　数		数　值
工作温度/℃		−55～120
密度(25℃)/(kg · m^{-3})		833.3
运动黏度(cSt)	50℃	37～43
	40℃	61.2～74.8
闪点(开口)/℃		>170
凝点/℃		<−25

(5) L－HM 46 号抗磨液压油(ISO 11158,GB 11118.1—2011)工作介质性能(表 2－5)。

表 2－5　L－HM 46 号抗磨液压油工作介质性能

参　数	数　值
工作温度/℃	−55～120
密度(25℃)/(kg · m^{-3})	833.3
运动黏度(cSt，40℃)	41.4～50.6

续　表

参　数	数　值
黏度指数	≥95
闪点(开口)/℃	≥185
倾点/℃	≥−9

3) 特点与应用

(1) 主要特点。

① 黏度大。在零上温度时，黏度随温度变化率较大，即黏-温特性较差，对伺服阀的喷挡特性、射流特性、节流特性影响较大。航空液压油黏-温特性较好。

② 低温下黏度较高，易增加伺服阀滑阀副等运动件阻力。

③ 润滑性好。

④ 剪切安定性较好。

⑤ 密度值较大。

(2) 应用。冶金和塑料行业等地面设备液压伺服系统、各类工程机械液压伺服系统上采用抗磨液压油和普通矿物质液压油；各类飞行器液压系统上电液伺服阀一般采用 15 号航空液压油等液压油作为工作介质。

(3) 使用注意事项。因与液压油相容性问题，液压元件及管道内密封件胶料不能使用乙丙橡胶、丁基橡胶。

2.2　磷酸酯液压油

1) 主要牌号

磷酸酯液压油主要牌号有 Skydrol LD－4(SAE as 1241)、4611、4613－1、4614。

2) 工作介质性能

磷酸酯液压油工作介质性能见表 2－6。

表 2－6　磷酸酯液压油工作介质性能

参　数		数　值
工作温度/℃		−55～120 (4614 磷酸酯液压油可在较高温度下使用)
密度(25℃)/($kg \cdot m^{-3}$)		1.000 9
运动黏度/($mm^2 \cdot s^{-1}$)	38℃	11.42

续 表

参　数		数　值
运动黏度/($mm^2 \cdot s^{-1}$)	100℃	3.93
	4613－1(cSt，50℃)	14.23
	4614(cSt，50℃)	22.14
闪点/℃		171
着火点/℃		182
弹性模量/MPa		2.65×10^3

3）特点与应用

(1) 主要特点。

① 抗燃性好。

② 氧化安全性好。

③ 润滑性好。

④ 密度大。

⑤ 黏度较大。在零上温度时，黏度随温度变化率较大，即黏-温特性较差，这对伺服阀的喷挡特性、射流特性、节流特性影响较大。

⑥ 抗燃性好。

(2) 应用。民用飞机、地面燃气轮机液压系统上电液伺服系统采用磷酸酯液压油作为工作介质。

(3) 使用注意事项。因与磷酸酯液压油相容性问题，液压元件及管道内密封件胶料目前应选取8350、8360－1、8370－1、8380－1、H8901三元乙丙橡胶，以及氟、硅等橡胶，不能使用丁腈橡胶、氯丁橡胶。

2.3　航空煤油：喷气燃料（燃油）

航空发动机燃油的输送与控制，常常采用液压阀、电液伺服阀、伺服作动器。喷气燃料(jet fuel)，即航空涡轮燃料(aviation turbine fuel，ATF)，是一种应用于航空飞行器(包括商业飞机、军机和导弹等)燃气涡轮发动机(gas-turbine engines)的航空燃料，通常由煤油或煤油与汽油混合而成，俗称航空煤油。航空煤油燃烧用氧取自周围的大气，燃烧温度一般不超过2 000℃。

航空煤油是石油产品之一，别名无臭煤油，主要由不同馏分的烃类化合物组成。

航空煤油密度适宜，热值高，燃烧性能好，能迅速、稳定、连续、完全燃烧，且燃烧区域小，积碳量少，不易结焦；低温流动性好，能满足寒冷低温地区和高空飞行对油品流动性的要求；热安定性和抗氧化安定性好，可以满足超音速高空飞行的需要；洁净度高，无机械杂质及水分等有害物质，硫含量尤其是硫醇性硫含量低，对机件腐蚀小。

航空煤油适用于燃气涡轮发动机和冲压发动机，用于超音速飞行器，没有低饱和蒸气压，具有良好的热安定性。此外，因为煤油不易蒸发、燃点较高，燃气涡轮发动机起动时多用汽油，航空燃油中也加有多种添加剂，以改善燃油的某些使用性能。

航空煤油多采用一次通过部分转化的工艺，加工过程中采用共凝胶型催化剂，催化剂量装填多，分子筛含量少，芳烃饱和能力强，油品具有密度大、燃点高、热值高、芳烃低的特点。除航空煤油外，各国还在研究合成烃燃料和其他高能燃料，但尚未获得广泛使用。

1）主要牌号

（1）典型美国牌号。

① Jet A/Jet A－1（煤油型喷气燃料）/ASTM specification D1655。自 20 世纪 50 年代以来，Jet A 型喷气燃料就在美国和部分加拿大机场使用，但世界上的其他国家（除苏联采用本国 TS－1 标准以外）均采用 Jet A－1 标准。Jet A－1 标准是由 12 家石油公司依据英国国防部标准 DEFSTAN 91－91 和美国试验材料协会标准 ASTM specification D1655（即 Jet A 标准）为蓝本而制定的联合油库技术规范指南。

② Jet B（宽馏分型喷气燃料）/ASTM specification D6615－15a。相比 Jet A 喷气燃料，Jet B（由约 30％煤油和 70％汽油组成）在煤油中添加了石脑油（naphtha），增加了其低温时的工作性能（凝点不大于－60℃），常用于极端低温环境下。

③ JP－5（军用煤油型喷气燃料，高闪点）/MIL－DTL－5624a 和 British Defence Standard 91－86。最早于 1952 年应用于航空母舰舰载机上，由烷烃、环烷烃和芳香烃等碳氢化合物构成。

④ JP－8（军用通用型喷气燃料）/MIL－DTL－83133 和 British Defence Standard 91－87。于 1978 年由北大西洋公约组织（NATO）提出（NATO 代号 F－34），现在广泛应用于美国军方（飞机、加热器、坦克、地面战术车辆以及发电机等）。JP－8 与商业航空燃料 Jet A－1 类似，但其中添加了腐蚀抑制剂和防冻添加剂。

（2）国内牌号。

① RP－3（3 号喷气燃料，煤油型）/GB 6537—2006。中国的 3 号喷气燃料是于 20 世纪 70 年代为了出口任务和国际通航的需要而开始生产的，产品标准也有当初的石油部标准 SY1008，它于 1986 年被参照采用 ASTM D1655 标准（即 Jet A－1 标准）制定的国家强制标准 GB 6537—1986 所替代。中国的 3 号喷气燃料与国际市场上通用的喷气燃料 Jet A－1 都属于民用煤油型涡轮喷气燃料。

② RP－5（5 号喷气燃料，普通型或专用试验型）/GJB 560A—1997。中国石油炼制公司出口用高闪点航空涡轮燃料，性质与美国 JP－5 类似，闪点不低于 60℃，适应舰艇环境的要求，主要用于海军舰载飞机，但其实际使用性能不如 RP－3。

③ RP－6（6 号喷气燃料，重煤油型）/GJB 1603—1993。其为一种高密度型优质喷气燃料，主要用来满足军用飞机的特殊要求。

2）工作介质性能

（1）Jet A/Jet A－1（美国煤油型喷气燃料）工作介质性能（表 2－7）。

表 2-7　Jet A/Jet A-1 工作介质性能

参　　数	数　　值
密度(15℃)/(kg・m^{-3})	820/804
运动黏度(−20℃)/(mm^2・s^{-1})	≤8
冰点/℃	−40/−47
闪点/℃	38
比能/(MJ・kg^{-1})	43.02/42.80
能量密度/(MJ・L^{-1})	35.3/34.7
最大绝热燃烧温度/℃	2 230(空气中燃烧 1 030)

(2) JP-5(美国军用煤油型高闪点喷气燃料)工作介质性能(表 2-8)。

表 2-8　JP-5 工作介质性能

参　　数	数　　值
密度(15℃)/(kg・m^{-3})	788～845
运动黏度(−20℃)/(mm^2・s^{-1})	≤8.5
冰点/℃	−46
闪点/℃	≥60
比能/(MJ/kg^{-1})	42.6

(3) 中国 RP-3(3 号喷气燃料,煤油型)工作介质性能(表 2-9)。

表 2-9　中国 RP-3 工作介质性能

参　　数		数　　值
密度(25℃)/(kg・m^{-3})		786.6
运动黏度/(mm^2・s^{-1})	20℃	1.55
	−20℃	3.58
冰点/℃		−47
闪点/℃		45
腐蚀性(铜片腐蚀,100℃,2 h/级)		1a 级占 84%
固体颗粒污染物/(mg・L^{-1})		0.31

3）特点与应用

（1）主要特点。

① 黏度小。

② 润滑性差。

③ 热安定性较差，易受铜合金的催化作用对材料带来热稳定性不利影响，增加油液的恶化率。

④ 有一定的腐蚀性，易腐蚀与燃油接触的铜合金、镀镉层等。

⑤ 冰点较高，低温下易出现絮状物。

（2）应用。各型亚音速和超音速飞机、直升机、舰载机发动机及辅助动力、导弹、地面燃气轮机、坦克、地面发电机等的电液伺服系统采用喷气燃料作为工作介质。

（3）使用注意事项。

① 以喷气燃料（煤油）为工作介质的液压系统，其内部与燃油接触的零件不得采用铜、青铜、黄铜等铜合金。

② 与燃油接触的零件不得采用镀镉、镀镍等镀层工艺。

③ 与燃油接触的运动副零部件不宜采用钛合金。

④ 考虑黏度小特点，电液伺服系统动静态试验测试设备中应采用适合燃油介质的流量测试计或频率测试油缸。

2.4　航天煤油

航天煤油是一种液态火箭推进剂（liquid rocket propellant），与航空煤油外观相似，但组成和性质不同。航空煤油适用于在大气中飞行的各类航空发动机，其燃烧用氧取自周围的大气，燃烧温度不超过 2 000℃。航天煤油则适用于在大气层外飞行的火箭发动机，其氧化剂（通常为液氧）同燃烧剂一样由火箭本身携带，燃烧温度可达 3 600℃。

我国新一代运载火箭助推级采用大推力液氧煤油发动机与伺服系统组成的推力矢量控制系统。针对液氧煤油运载火箭对箭上设备高功重比的苛刻要求，我国采用液动机引流式伺服机构的能源系统方案，研制了火箭发动机高压煤油驱动的伺服机构，包括限流阀、溢流阀、液控单向阀、单向阀、油滤、电液伺服阀、零位锁、作动器、反馈电位器等，减少了原来单独配置的航空液压油介质的液压泵能源。煤油介质直接引流伺服机构，配合伺服控制器实现火箭的姿态稳定与控制。其采用了先进的恒压恒流控制技术，直接引自发动机涡轮泵后的高压煤油进行工作。伺服阀、反馈电位器采用三冗余设计，作动器采用先进的组合密封技术，设计的液压锁具有任意位置锁定功能。与常规发动机相比，采用引流式液氧煤油伺服机构具有高可靠、连续工作时间长、无毒、低污染等优点，液氧和煤油都是环保燃料，而且易于存储和运输，可重复使用和多次试车。

1）主要牌号

美国航天煤油牌号有美国 RP－1（火箭液体推进剂）/MIL－P－25576A

RP－1 是美国专为液体火箭发动机生产的一种煤油，它不是单一化合物，而是符合美国军用规格(MIL-P-25576A)要求的精馏分,其中芳香烃和不饱和烃含量很低,馏程范围在195～275℃,有优良的燃烧性能和热稳定性,是液体火箭中应用很广的一种液体燃料。Saturn Ⅴ、Atlas Ⅴ和 Falcon、the Russian Soyuz、Ukrainian Zenit 以及长征 6 号等火箭均采用 RP-1 煤油作为第一级燃料。

我国近年来研制高密度、低凝点、高品质的大型火箭发动机用煤油,目前尚未制定国家标准,还没有相应牌号。

2) 工作介质性能

美国 RP-1(火箭液体推进剂)工作介质性能见表 2-10。

表 2-10　美国 RP-1 工作介质性能

参　数		数　值
密度(25℃)/($kg \cdot m^{-3}$)		790～820
运动黏度/($mm^2 \cdot s^{-1}$)	−34℃	16.5
	20℃	2.17
	100℃	0.77
闪点/℃		43
冰点/℃		−38
颗粒物/($mg \cdot L^{-1}$)		≤1.5
弹性模量理论值/MPa		1 400～1 800

3) 特点与应用

(1) 主要特点。

① 黏度很低,渗透性强,容易泄漏,造成液压系统容积损失增加。

② 润滑性差,支撑能力不强,容易导致相对运动表面材料的直接接触,造成混合摩擦甚至干摩擦。

③ 闪点低,摩擦过程中对于静电防爆等要求要特殊考虑。

④ 有一定的腐蚀性,易腐蚀与燃油接触的铜合金、镀铬层等。

(2) 应用。火箭推力矢量控制液压系统中的工作介质,直接采用加压的燃油进入液压伺服机构,不再配备电机泵等能源装置。

(3) 使用注意事项。

① 航天煤油能与一些金属材料发生氧化还原反应,这些材料包括碳钢、不锈钢、铝、铜、镍、钛等金属及其合金,而钒、钼、镁等金属对煤油的氧化有抑制作用。

② 液压元件及管路中的密封元件应选用氟橡胶、氟硅橡胶、丙烯酸酯橡胶、丁腈橡胶和聚硫橡胶等耐煤油介质性能较好的材料;避免选用丁苯橡胶、丁基橡胶、聚异丁烯橡胶、乙丙橡胶、硅橡胶和顺丁橡胶等在煤油中易老化的材料。

③ 考虑黏度小特点,电液燃油伺服阀动静态试验测试设备中应采用适合煤油介质的流量

测试计或频率测试油缸。

④ 航天煤油闪点较低，暴露在空气中可能发生燃烧爆炸。采用煤油作为介质时，所有液压设备和管道均应良好密封，同时储罐、容器、管道和设备均应接地，接地电阻不超过 25 Ω。

2.5　自然水(淡水与海水)

以矿物油作为液压传动介质的传统液压行业受到环境保护的制约，而以自然水(含淡水和海水)作为工作介质的新型液压行业具有无污染、安全和绿色等优点，可以很好地解决环境问题。

1) 工作介质性能

(1) 淡水工作介质性能(表 2－11)。

表 2－11　淡水工作介质性能

参　数		数　值
工作温度/℃		3～50
密度(25℃)/($kg \cdot m^{-3}$)		1 000
运动黏度/($mm^2 \cdot s^{-1}$)	5℃	1.52
	25℃	0.80
	50℃	0.55
	90℃	0.32
闪点(闭口)/℃		
冰点/℃		0
弹性模量/MPa		2 400
比热/[$kJ \cdot (kg \cdot ℃)^{-1}$]		约 4.2

(2) 海水工作介质性能(表 2－12)。海水主要盐分见表 2－13。

表 2－12　海水工作介质性能

参　数	数　值
工作温度/℃	3～50
密度(25℃)/($kg \cdot m^{-3}$)	1 025
运动黏度(50℃)/($mm^2 \cdot s^{-1}$)	约 0.6

续 表

参　数	数　值
闪点(闭口)/℃	
冰点/℃	−1.332～0
弹性模量/MPa	2 430

表 2-13　海水主要盐分

盐类组成成分	每千克海水中的克数/g	百分比/%
氯化钠	27.2	77.7
氯化镁	3.8	10.86
硫酸镁	1.7	4.86
硫酸钙	1.2	3.5
硫酸钾	0.9	2.5
硫酸钙	0.1	0.29
溴化镁及其他	0.1	0.29
总　计	35	100

2) 特点与应用

(1) 主要特点。

① 价格低廉,来源广泛,无须运输仓储。

② 无环境污染。

③ 阻燃性、安全性好。

④ 黏-温、黏-压系数小。

⑤ 黏度低、润滑性差。

⑥ 导电性强,能引起绝大多数金属材料的电化学腐蚀和大多数高分子材料的化学老化,使液压元件的材料受到破坏。

⑦ 汽化压力高,易诱发水汽化,导致气蚀。

(2) 应用。水下作业工具及机械手;潜器的浮力调节,以及舰艇、海洋钻井平台和石油机械的液压传动;海水淡化处理及盐业生产;冶金、玻璃工业、原子能动力厂、化工生产、采煤、消防等安全性高的环境;食品、医药、电子、造纸、包装等要求无污染的工业部门。

(3) 使用注意事项。

① 水液压系统中,摩擦副对偶面上液体润滑条件差、电化学腐蚀严重(特别是海水中大量的电解质加速了电化学腐蚀速度)。为提高液压元件使用寿命,相对运动表面应进行喷涂陶瓷材料、镀耐磨金属材料(铬、镍等)、激光熔覆等处理。

② 水压传动无法在低于零度的环境下工作。

2.6　压缩气体(空气、氮气、惰性气体)

1) 工作介质性能

(1) 空气工作介质性能(表 2-14)。

表 2-14　空气工作介质性能

参　数		数　值
密度/($kg \cdot m^{-3}$)	0℃,0.101 3 MPa,不含水分(基准状态)	1.29
	20℃,0.1 MPa,相对湿度 65%(标准状态)	1.185
动力黏度(受压力影响较小)/(10^{-6} Pa·s)	-50℃	14.6
	0℃	17.2
	100℃	21.9
	500℃	36.2
液化		临界温度为-140.5℃,临界压力为 3.766 MPa
比热/[kJ·(kg·℃)$^{-1}$]		约 1.01
导热系数/[W·(m·℃)$^{-1}$]		2.593(20℃)

(2) 氮气工作介质性能(表 2-15)。

表 2-15　氮气工作介质性能

参　数		数　值
密度/($kg \cdot m^{-3}$)	0℃,0.101 3 MPa,不含水分(基准状态)	1.251
	20℃,0.1 MPa,相对湿度 65%(标准状态)	1.14
动力黏度(受压力影响较小)/(10^{-6} Pa·s)	0℃	16.6
	50℃	18.9
	100℃	21.1
液化		临界温度为-146.9℃,临界压力为 3.39 MPa

(3) 氢气工作介质性能(表2-16)。

表2-16 氢气工作介质性能

参数		数值
密度[0℃,0.101 3 MPa,不含水分(基准状态)]/($kg \cdot m^{-3}$)		0.089 9
动力黏度(受压力影响较小)/(10^{-6} Pa·s)	−100℃	6.0
	0℃	8.3
	100℃	10.4
	500℃	16.9
液化		临界温度为−240.21℃, 临界压力为1.285 8 MPa
比热/[kJ·(kg·℃)$^{-1}$]		约14.3
导热系数/[W·(m·℃)$^{-1}$]		0.180 5(20℃)

(4) 氦气工作介质性能(表2-17)。

表2-17 氦气工作介质性能

参数		数值
密度[0℃,0.101 3 MPa,不含水分(基准状态)]/($kg \cdot m^{-3}$)		0.178 6
动力黏度(受压力影响较小)/(10^{-6} Pa·s)	0℃	1.87
	100℃	2.32
	500℃	3.84
液化		临界温度为−268.0℃, 临界压力为0.229 MPa
比热/[kJ·(kg·℃)$^{-1}$]		约5.19
导热系数/[W·(m·℃)$^{-1}$]		0.151 3(20℃)

2) 特点与应用

(1) 主要特点。

① 可随意获取,且无须回收储存。

② 黏度小,适于远距离输送。

③ 对工作环境适应性广,无易燃易爆的安全隐患。

④ 具有可压缩性。

⑤ 压缩气体中的水分、油污和杂质不易完全排除干净，对元件损害较大。

(2) 应用。石油加工、气体加工、化工、肥料、有色金属冶炼和食品工业中具有管道生产流程的比例调节控制系统和程序控制系统；交通运输中，列车制动闸、货物包装与装卸、仓库管理和车辆门窗的开闭等。

(3) 使用注意事项。

① 压缩气体不具有润滑能力，在气动元件使用前后应当注入气动润滑油，以提高其使用寿命。

② 压缩机出口应当加装冷却器、油水分离器、干燥器、过滤器等净化装置，以减少压缩气体中的水分和杂质对气动元件的损害。

2.7 燃气发生剂

燃气发生器中的“燃气发生剂”点火燃烧后，产生高温高压的燃气；通过某种装置例如燃气涡轮、推力喷管、涡轮及螺杆机构、叶片马达等，将燃气的能量直接转变成机械能输出。

1) 工作介质性能

在固体推进剂中，一般将燃温低于 1 900℃、燃速小于 19 mm/s 的低温缓燃推进剂称为“燃气发生剂”。20 世纪 40 年代以来，国外首先研制了双基气体发生剂，随后研制了硝酸铵(AN)型气体发生剂；70 年代还开发了 5-氨基四唑硝酸盐(5-ATN)型气体发生剂和含硫酸铵(AS)的对加速力不敏感的推进剂；80 年代以来，出现了具有更高性能的气体发生剂，它们比过去的燃气发生剂更清洁、残渣更少、燃速调节范围更宽，如无氯“清洁”复合气体发生剂(如硝酸铵 ANS-HTPB 推进剂)、平台气体发生剂、聚叠氮缩水甘油醚(GAP)高性能气体发生剂等。典型燃气发生剂的优缺点见表 2-18。

表 2-18　典型燃气发生剂的优缺点

类　型	优　点	缺　点
硝酸铵(AN)型	残渣很少，燃烧产物无腐蚀性，燃温低(约 1 200℃)	燃速低(6.89 MPa下约2.54 mm/s)，不能很快产生大量气体，达到所需压力，吸湿性大
5-氨基四唑硝酸盐(5-ATN)型	残渣少，燃速可调范围大(6.89 MPa下 9～20 mm/s)，燃温低	
平台型	压强指数低，$n \leqslant 0$，对加速力不敏感	燃烧产物有腐蚀性气体 HCl
聚叠氮缩水甘油醚(GAP)型	比冲高，燃温适中	压强指数高

2) 特点与应用

(1) 主要特点。

① 功率-质量比大，固体推进剂单位质量含较高的能量。

② 储存期间(固态形式)安全,无泄漏。

③ 相对于普通气动系统,工作状态的燃气温度较高、压力较大。

(2) 应用。适用于一次性、短时间内工作的飞行器装置(如导弹、火箭)姿态控制,如各种军用作战飞机(如B-52轰炸机)和飞机的应急系统(如紧急脱险滑门、紧急充气系统)、导弹上的机构、MX导弹各级上的燃气涡轮、弹体滚控用的燃气活门以及发射车的竖立装置等。

(3) 使用注意事项。

① 燃气中存在固体火药和燃烧残渣,因此燃气介质的伺服控制系统应采用抗污染能力强的射流管阀。

② 考虑到导弹、火箭等飞行器携带的燃料质量受到严格限制,需选用耗气量小的膨胀型燃气叶片马达作为执行机构。

③ 由于燃气温度极高,气动元件(包括密封件)应采用耐高温材料。

参考文献

[1] 訚耀保,原佳阳,李长明.极端环境下的电液伺服控制理论与性能重构[M].上海:上海科学技术出版社,2023.
[2] 訚耀保.高端液压元件理论与实践[M].上海:上海科学技术出版社,2017.
[3] 訚耀保.高速气动控制理论和应用技术[M].上海:上海科学技术出版社,2014.
[4] 訚耀保.高端电液伺服元件性能衰减与强化的基础研究[R].国家自然科学基金资助项目结题报告(51775383),2021.
[5] 訚耀保.偏转板射流伺服阀和射流管伺服阀的基础理论研究[R].国家自然科学基金资助项目结题报告(51475332),2018.
[6] 訚耀保.极端环境下飞行器电液伺服阀特性研究[R].国家自然科学基金资助项目结题报告(50775161),2011.
[7] 訚耀保.飞行器舵机系统关键基础理论研究[R].上海市浦江人才计划(A类)总结报告(06PJ14092),2008.
[8] 訚耀保.燃料电池汽车车载超高压减压阀组集成设计理论研究[R].上海市白玉兰科技人才基金总结报告(2008B110),2009.
[9] 訚耀保.45 MPa以上的氢气增压、压力控制和调节技术研究[R].国家高技术研究发展计划(863计划)课题验收报告(2007AA05Z119),2010.
[10] 航天工业总公司.空空导弹制导和控制舱通用规范:GJB 1401—1992[S].1992.
[11] 航天工业总公司.运载火箭通用规范:GJB 2364—1995[S].1995.
[12] 中国石油化工股份有限公司科技开发部.10号航空液压油[SH 0358—1995(2005)][G]//石油产品行业标准汇编2010.北京:中国石化出版社,2011.
[13] 国家质量监督检验检疫总局,中国国家标准化管理委员会.3号喷气燃料:GB 6537—2006[S].北京:中国标准出版社,2007.
[14] 国防科学技术委员会.高闪点喷气燃料规范:GJB 560A—1997[S].1997.
[15] 国防科学技术委员会.大比重喷气燃料规范:GJB 1603—1993[S].1993.
[16] 国防科学技术委员会.宽馏分喷气燃料规范:GJB 2376—1995[S].1995.
[17] 马瀚英.航天煤油[M].北京:中国宇航出版社,2003.
[18] 邓康清,陶自成.国外气体发生剂研制动向[J].固体火箭技术,1996(3):34-40.
[19] 朱忠惠,陈孟莘.推力矢量控制伺服系统[M].北京:中国宇航出版社,1995.
[20] Coordinating Research Council Inc. Handbook of aviation fuel properties[Z].1983.
[21] 乔应克,鲁国林.导弹弹射用低温燃气发生剂技术研究[C].中国宇航学会固体火箭推进年会,2005.

第 3 章 飞行器电液伺服控制技术

本章介绍飞行器电液伺服控制技术，包括飞行器极端环境下弹性密封的原理、材料和方法，飞行器电液伺服技术的特点和关键技术。论述防空导弹控制执行系统设计方法，包括综合要求、论证过程、主要准则、性能试验。以防空导弹辅助能源为例，结合典型应用情况对弹上能源进行分类，归纳飞行器燃气涡轮泵液压能源应用技术，包括燃气初级能源、燃气涡轮泵、燃气涡轮泵液压系统工作区域等。介绍液压舵机系统功率匹配设计方法，根据负载模型进行伺服机构输出特性与负载轨迹最佳匹配，达到最佳能源配置。

3.1 电液控制技术

从电液控制技术的发展过程可以看到在目前技术水平的基础上未来的发展前景，即大功率、高压、高温、高速、高可靠性、信息化管理的发展趋势。

3.1.1 电液控制技术概要

液压控制技术的历史最早可以追溯到公元前 240 年，当时一位古埃及人发明了人类历史上第一个液压伺服机构，即水钟。此后，液压控制技术在漫长的历史过程中一直裹足不前，直至 18 世纪欧洲的工业革命时期。工业革命给液压控制技术注入了相当大的活力，许多实用的发明涌现出来，多种液压机械装置特别是液压阀的出现，使液压技术的影响力大增。18 世纪末出现了泵、水压机及水压缸等液压元件。19 世纪初液压技术取得了一些重大的进展，包括利用油作为工作介质以及利用电来驱动方向控制阀。

在第二次世界大战期间及战后，电液控制技术加快发展。两级电液伺服阀、喷嘴挡板元件以及反馈装置都是这一时期的产物。20 世纪 50—60 年代则是电液元件和技术发展的高峰期，电液伺服控制技术在军事应用中大显身手，特别是航空航天应用。这些应用最初包括雷达驱动、制导平台驱动及导弹发射架控制等，后来又扩展到导弹的飞行控制、雷达天线的定位、飞机飞行控制系统的稳定性、雷达磁控管腔的动态调节以及飞行器的推力矢量控制等。电液伺服作动器用于空间运载火箭的导航和控制。电液控制技术在非军事工业上的应用也越来越多，主要用于机床工业。数控机床的工作台定位伺服装置中采用电液系统，通过液压伺服马达代替人工操作。然后是工程机械应用。此后的几十年中，电液控制技术的工业应用进一步扩展到工业机器人控制、塑料加工、地质和矿藏探测、燃气或蒸汽涡轮控制及可移动设备的自动化等领域。电液伺服控制应用于试验领域则是军事应用对非军事应用影响的直接结果。

电液伺服控制装置的开发成果累累，如带动压反馈的伺服阀、冗余伺服阀、三级伺服阀及伺服作动器等。电液比例控制技术及比例阀在20世纪60年代末、70年代初出现。比例阀研制的目的是降低成本，通常比例阀的成本仅为伺服阀的几分之一。比例阀的性能不及伺服阀，但先进的控制技术和电子装置弥补了比例阀固有的不足，使其性能和功效逼近伺服阀。迅速发展的电子技术和装置对电液控制技术的进化起到了推动作用。20世纪70年代集成电路的问世及微处理器的诞生赋予机器数学计算和处理能力。集成电路构成的电子(微电子)器件和装置体积微小但输出功率高，信号处理能力极强，复现性和稳定性极好，而价格却很低廉。有了这样的电子(微电子)控制装置的支持，电液控制技术正在向新的高度迈进。

3.1.2 机载电液控制技术

许多电液控制阀本身带有电子装置，即所谓“机载”(on-board)电子装置。这种把驱动器和信号调节电路直接安装在阀体上的组合安装法的优点在于能减少阀与中央控制系统间的连线数量，因为按照传统的布局，阀总是紧邻作动机构而中央控制装置往往位于距作动机构较远处的电操纵台内。其间需要用许多长电缆、电气接插件连接，而它们恰恰是电液控制系统中可靠性最差的部分。芯片内藏的组合安装因简化和省略了电缆连接和接插件而使可靠性明显提高。单一一台电液装置可以具有许多功能，从而省却了许多装置并使系统和操作简化。唯一须做的事是把正确的信号发送给它们。举例来说，只要为伺服阀提供相应的传感器、反馈装置及控制逻辑/处理装置，它就可以控制速度、位置、加速度、力或压力。

阀和泵的“机载”电子线路除了使可靠性提高之外，还能形成一种分布控制与集中控制并存的方式。对工业应用来说，优选的设备配置是可编程控制器(PLC)。它可向几个阀和泵发送指令。多种“机载”功能元件，特别是适于开环控制的“机载”功能元件应运而生。一些元件能给出可调节的成斜坡变化的接通和断开即柔性变换，使加速度和减速度受控，从而缓和开关式阀控制带来的系统冲击。这些装置一般都是一体集成式，可以在线调节。用于要求较高的运动控制时，通常辅以一个工业运动控制装置以实现加速度、速度和位置的同时控制。这个装置可以是一台独立应用的控制器，也可以作为PLC扩充总线的插件。由于串接通信总线标准的实施，大量的电液装置如阀、泵、螺线管等可以只用一对导线来控制。

3.1.3 发展动向

1) 超高压化

液压技术以其输出力大、功率密度高而著称，其关键在于采用高压。继续向超高压化发展是趋势，然而液压系统工作压力的增高受到许多因素的制约。过高的压力意味着风险，因而多数人对此望而却步：高压下腐蚀、污物将在流路内造成较严重的磨损；为了适应极高的工作压力，零部件的强度和壁厚势必大大增加，致使体积和重量增大或者工作面积和排量减小；在给定负载的情况下，工作压力过高导致的排量和工作面积减小将致使液压机械的共振频率下移，给控制带来困难。因此，可以预计，为大幅度提高工作压力，需要解决一系列关键基础理论。

2）节能增效

效率一向是人们最关注的问题之一。液压驱动能够轻易地为负载提供足够高的功率使其运动，特别是作直线运动，这是它相对电驱动的明显优势。但由于存在节流损失及容积损失，其能耗较大，效率不是很高。液压驱动虽然相对传统的机械传动具有自己独特的优点，然而应当看到电驱动工业正在飞速进步，正朝小体积、高功率方向发展，使用的导线越来越细而工作电流越来越大。室温超导材料的开发与应用对电驱动的应用是一大推动，它意味着省能，而这正是今后的发展方向。如果液压系统不朝节能增效方向发展，电驱动很可能会侵占目前液压驱动的专属应用领域，特别是那些要求大作用力、高速度、线性运动的应用部门。

3）敏感元件/传感器一体化

敏感元件或传感器帮助实现对电液系统的参数进行监测、控制和调整，还在液压技术与微电子控制相结合上起着重要的作用。一体化的传感器结构是发展方向，因为这种结构有助于提高系统的动态响应和可靠性。电液装置提供配套敏感元件或传感器。电液系统使用的传感器自身具有存储校正数据能力。微电子控制装置下载这些数据并进行判读和翻译。多用途接口装置的开发使用户能选用任何种类的敏感元件；主计算机将辨别所用敏感元件的型式，如数字还是模拟，串行还是并行等，并译出其输出。采用现代控制理论，如状态变量反馈控制可以有效地提高电液系统的响应，在阀和其他元件动态特性的基础上，这一技术除需测量和反馈被控输出外，还需要系统内的一些关键变量，比如内部压力等。这些状态变量都要靠敏感元件来感知并实现反馈。在某些系统中，采用最佳化的降阶状态变量反馈可使回路的稳定时间缩短。

4）采用计算机软件

软件对未来电液控制技术的发展至关重要。带传感器和双向通信接口的液压元件或装置能够借助软件与所有其他元件或装置以及主计算机对话。液压元件的关键参数可储存在一个能直接为计算机所用的自带存储器内。计算机进行仿真（模拟）以及其他的计算，以确定元件之间是否彼此相容。主计算机可以利用询问软件向配备双向数据传输线的外围设备询问它的设定参数，然后用这些参数来完成通信协议，使用户便于设置新的外围设备。一旦所有的泵、电动机、阀和液压缸等液压元件都带有传感器和双向数据传输线时，计算机就不仅可以通过它们对液压机械进行控制和监视，还能赋予机器完全的自诊断能力。液压元件的基本性能及合格性能数据储存在控制/监视计算机内的庞大数据库中。计算机以预定的时间间隔测定所有元件的现时性能并将其与基本性能进行比较。如果性能在合格窗口之外，计算机将发出警告，情况危急时还会把机器关闭。全自动诊断能力，即健康诊断对未来的机器来说是必需的，因为机器的复杂程度越来越高，无法用一般手段来检查和排除机器故障。

5）控制和消除泄漏

泄漏是流体动力系统特有的且长期难以解决的问题。液压系统的内部泄漏会导致能量的浪费、容积效率及机械效率降低并影响系统的动、静态性能，而外部泄漏则更令人关注，因为它可能污染环境。客观地说，泄漏范围往往是极其有限的，不会给环境带来显著的危害。然而泄漏毕竟是一件令人尴尬的事，有损液压技术的形象。多年来，泄漏一直被作为与环境污染有关的话题，而公众对环境清洁的要求日益提高。这就要求专业学科内采取有效措施进一步减少或杜绝泄漏或消除泄漏流体可能带来的危害。这些措施包括完善和提高密封防泄漏技术，选用合适的液压系统管路,有关人员在维护保养液压设备方面接受专业技术培训,开发和采用有利于环境的流体取代石油基流体作为工作介质,如纯水或可生物降解流体。消除泄漏是当前液压技术面临的最重大挑战之一。当液压系统不再为泄漏问题困扰时,液压技术的竞争力就会显著增加。

6) 应用计算机辅助工程

20 世纪 80 年代,计算机辅助工程(CAE)的崛起使液压技术迈上了一个新的台阶。利用计算机模拟,液压系统回路和元件的设计者可对自己的构思和方案作快捷而经济的检查,这样既节约了大量的时间又能得到直观的最佳结果。计算机辅助设计(CAD)在早期多被作为绘制液压回路图和液压元件图的一种简便手段,今天它们的作用已远不止此,现在它正向性能预测领域发展。采用实体建模法不仅能绘出实体图,还能评定诸如强度、重量、重心及惯性矩等性能数据。通过推敲流体力学关系式并进行虚拟试验即仿真试验,液压元件的设计者将能对元件的力学性能作出预测。这种先于原型样机之前的评定技术现已被广泛应用。液压系统的计算机辅助设计需要有效的 CAD 程序组。系统中各元件都有它自己的独立数学模型,程序包含一个容量很大的元件模型库。建立元件模型库需要大量参数数据,这些数据通常不能从制造商那里获得。因此,尽管目前世界上有许多液压系统 CAD 程序,但尚未得到广泛应用。软件供应商的模型通常不够完善,但自行制作模型则需要专门的技能,何况从数学表达式过渡到真实的硬件特性并消除模型和实际硬件之间的差异并非易事。这些模型除了必须包括稳态结果外,还必须包括构成动态响应基础的微分方程。动态性能评估是对一个系统进行模拟所必需的一项工作,不进行动态性能评估将会导致不完善的模拟结果。液压回路设计前,需要作高水平的工程分析,这是原始设备制造商和液压设备的用户所需要的。缺少专门用来建立数学模型的有意义的数据,数学模型就难以建立。伺服阀是具有适于建立数学模型的例子。液压元件数学模型的建立需依赖实验室试验,否则难以实现。泵和液压马达建立数学模型要求制造商能提供泄漏和摩擦系数。其他关键建模数据诸如计量曲线所需的连续方程、随温度和压力变化的泄漏系数,甚至传递函数或非线性微分方程等也应由制造商提供给用户。一旦这些观点和要求得到制造商的普遍认同和响应并付诸实践,液压元件的数学模型就会变得像装配图一样平常。这也是对模拟或仿真技术的一个巨大贡献。

3.1.4 新材料

新材料的问世和应用进一步促使电液技术发生进化性的变化。就液压系统中用得最多的钢铁材料来说,如能在不提高成本、不降低机加工性能的前提下具有更高的强度,液压机械将会更有力、更可靠。陶瓷材料在液压系统中的使用已尝试过,并取得了一定的成功。磁性材料(磁铁)性能的提高对促进电液技术的发展更是效果显著。如能提高磁性材料的磁饱和电流,则同一匝数的线圈或螺线管就能产生更大的电磁作用力。作为电液阀的电气机械接口,螺线管产生更大的力意味着可以在几乎没有什么附加成本的情况下制作出流量更大的直动阀。高性能磁铁的磁饱和电流大、磁通密度高,允许大电流驱动,生成的电磁力更大。这个力可被有效地用来使滑阀加速,导致更大的动态带宽或更高的频响。电液阀采用能给出更大作用力的螺线管作电气机械接口时,先导级将可以省却不用。这为发展大流量、快速作用、低成本的电液阀创造了条件。

3.1.5 电流变流体技术

电流变流体(ER流体)在自由状态下为可自由流动的混悬液体。一旦处于电场作用下，它会迅速固化，根据电场强弱的程度分别显现黏稠、胶凝或坚硬的性状。这种特性使它能理想地适用于液压系统和机械系统的阀、阻尼器及动力传输装置等。ER流体对电信号的响应极快，能在不到1 ms的时间内实现液态—固态或固态—液压的状态变化，固化度与场强成比例。这使其适于由快速的电子装置直接控制，比如微计算机。这是它最重要的优点。ER流体技术应用的可能性主要基于其两个特色，即低输入电功率和高响应速度。虽然工作电压高达数千伏，但电流密度却十分低，通常在10 mA/cm^{2}以下，可用普通的固态电子器件来处理。由于工作电流很小(不超过2 mA)，输入电功率很低。ER流体的小信号响应近似一阶环节，其转角频率约为1 kHz。这个值比大多数电磁装置包括电液伺服阀的转角频率高一个数量级，而且还避免了磁性线圈特有的电磁效应。ER流体适于采用脉宽调制控制，可降低能耗；能简化设计，省却运动部件，减少磨损，延长寿命。然而，ER流体也存在着一些实用上的问题。首先是固化强度不够高，通常抗剪强度在5 kPa/mm以下，故传递力矩受到限制。进一步提高固化强度需要更高的电场强度(比如由2 kV提高到4 kV)或增大流体的自由黏度，但高场强对应大的消耗电流，无论从安全的角度还是从经济的角度考虑都存在一定的问题。流体的自由黏度过大则装置表面磨蚀加重，且易发生颗粒沉积现象。因此，场强和自由黏度的增加受到限制，流体固化强度的提高也因而没有更多的余地。其次是ER流体(尤指含水ER流体)的温度稳定性差，故工作温度通常被限制在0～80℃过样一个较窄的范围内。虽然这些缺陷曾使ER流体技术的应用受到限制，但近二十余年来，这一技术已取得有意义的进步，无水ER流体已接近实用。电流变流体技术有着巨大的应用潜力，有可能代表液压技术的未来。

当今的流体动力技术是包括驱动、控制与检测在内的自动化技术。液压技术与微电子技术相结合的液电一体化进程正在加快。电液控制技术发展到今天，仍然有可能取得一些进化性的变化和发展，取得最显著的进展有可能在电子设备、控制策略、软件和材料方面。

3.2 弹性O形圈密封技术

弹性O形密封圈(以下简称O形圈)从1939年首次用于密封流体防止泄漏已有70余年的历史。这里论述这种形式的密封圈及密封关键技术，重点分析密封圈的选取、设计、防护以及密封技术的进展。

流体传动和控制的应用大多需要解决棘手的泄漏问题。流体系统的泄漏不仅浪费能量，降低容积效率和机械效率，还会影响系统的静、动态性能。流体外泄会造成环境的污染，这在环保意识越来越强的今天被认为是一种公害。泄漏是不安全或危险的隐患，它会导致事故乃至灾难的发生。20世纪80年代中期，震惊世界的两起重大事故——苏联切尔诺贝利核电站因阀门密封失灵引起的核泄漏，以及美国航天飞机的爆炸失事，皆由泄漏引起，损失和影响巨大。从另一个角度看，许多精密的产品和设备处于不洁净的环境中都有可能因周围夹带粉尘污物的流体渗入内部而受损。因此，防止泄漏是一项重要的课题。泄漏历来靠采用密封手段来防止。密封的形式多样，有间隙密封、弹性体压缩变形密封、机械密封及铁磁流体密封等。弹性体压缩变形是用得最多的密封形式，O 形圈则是其中最常见的构型。20 世纪 40 年代和 50 年代早期，O 形圈主要用于军事领域如飞机的液压系统中，此后迅速扩展到其他工业领域。今天它的踪迹遍及世界各地及几乎所有的行业，从钟表、珠宝饰物到航天飞机。70 余年来密封技术在不断发展，但 O 形圈的基本构型始终保持不变，足见其生命力之强大。

3.2.1 O 形圈的构型和密封原理

顾名思义，O 形圈是一种断面为标准圆形的弹性环，它靠受压缩时产生弹性变形紧贴在被密封构件表面上形成压配合来阻止流体通过从而实现密封，如图 3-1 所示。密封的关键要素即 O 形圈在嵌入状态下的压缩量或压缩率必须与构件足寸、应用类型、流体压力及 O 形圈自身材料性相协调，否则无法实现有效的密封，还会导致 O 形圈损坏。

除直接受压弹性变形密封外，O 形圈还可以用作 U 形组合密封圈的弹性赋能元件。O 形圈嵌入聚合物 U 形圈断面的 U 形槽内，迫使 U 形圈的唇口张大紧贴于被密封表面从而实现密封，如图 3-2 所示。这种密封结构中 O 形圈的弹性力作用在 U 形圈的唇口内侧，提供低压密封力。高压密封力则由流体提供。O 形圈密封的原理如图 3-3 所示。

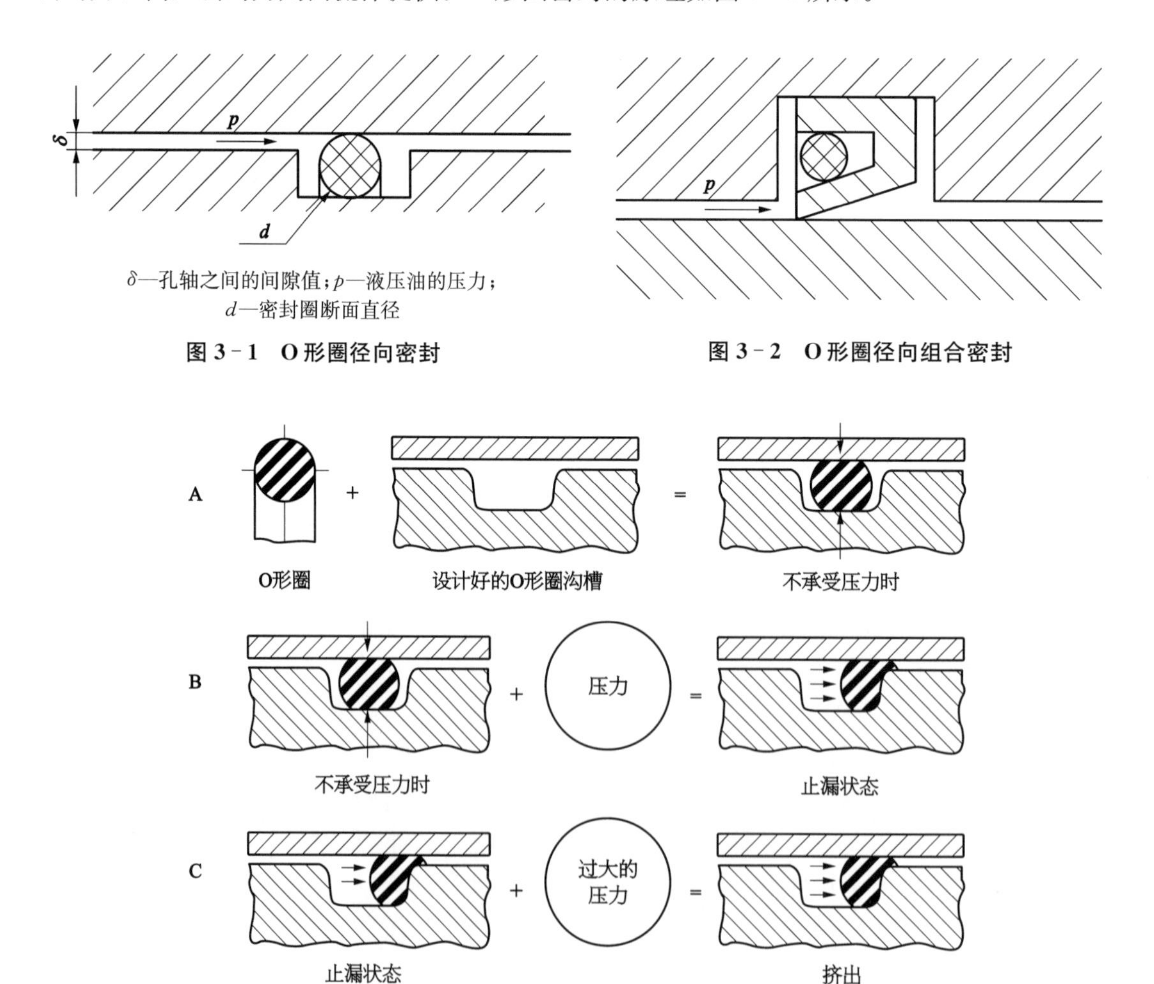

δ—孔轴之间的间隙值；p—液压油的压力；d—密封圈断面直径

图 3-1　O 形圈径向密封

图 3-2　O 形圈径向组合密封

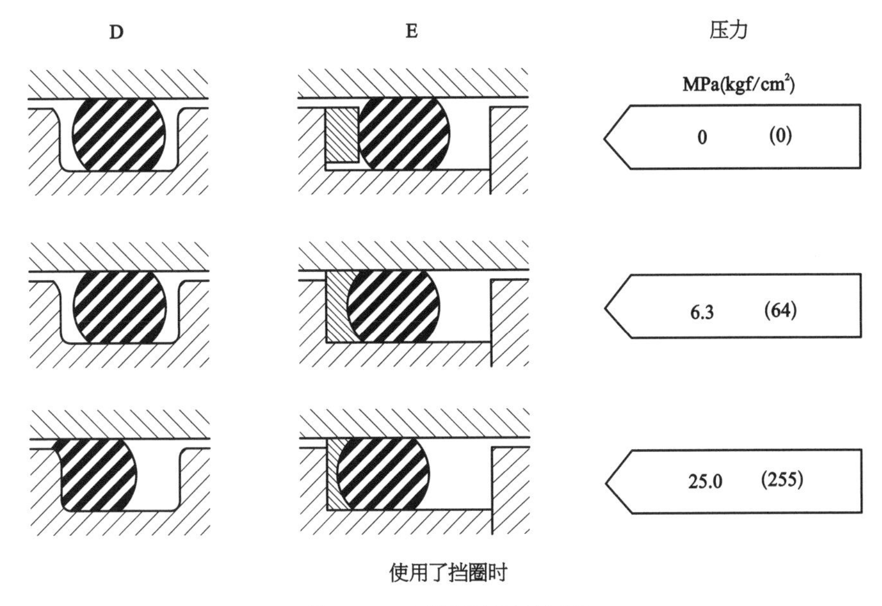

图 3-3　O 形圈密封的原理

3.2.2　O 形圈密封的特点

(1) 结构简单,可靠性好。

(2) 价格低廉,经济实用,且批量生产,能保证批量供应。

(3) 能补偿允差范围内的径向跳动。

(4) 可全向密封(径向、轴向或沿任一角度方向)。

(5) 适用性广,适合于所有类型的密封应用(面密封、径向密封、静态密封和动态密封)。

(6) 在极限工作范围(压力、温度、速度和周期)内可反复使用。

(7) 不需防护涂层。

(8) 可根据应用选材。

(9) 易安装,通常不需要专用工具。

(10) 无须紧固。

3.2.3　O 形圈材料

O 形圈通常用富有弹性的天然橡胶或合成橡胶制成。合成橡胶由多种化学配料组合经固化处理而成。配料一般分为以下几类：聚合物(弹性体);惰性填充剂(炭黑或矿物填料等);增强剂;催化剂、活化剂、缓凝剂及固化剂;防降解剂;增塑剂;促进成型用的工艺辅助剂;专用添加剂(颜料、阻燃剂等)。

选用特定的配料组合和配比可以制成适合于工程应用的合成橡胶材料。目前使用较为广泛的橡胶材料主要有十几种,而每种材料可以有不同的配方和配比,因而材料的特性也不尽相同。下面概括性的归纳这些橡胶材料的性能和特点：

(1) 延伸性。以天然橡胶为最。

(2) 回弹性。最好的仍属天然橡胶。

(3) 抗拉强度。天然橡胶、尿烷和聚氯酯橡胶的抗拉强度高,丁苯、聚丙烯胶酯和氟硅橡胶的抗拉强度稍差。

(4) 耐撕扯性。以天然橡胶、尿烷和聚氨酯为好,硅酮橡胶和氟硅橡胶的耐撕扯性较差。

(5) 抗压缩永久变形性。以尿烷、聚氨酯、硅酮、氟硅和氟碳橡胶为好,聚丙烯酸酯和氯丁橡胶稍差。

(6) 耐腐蚀性。天然橡胶、丁苯、丙烯、乙烯、氯丁、腈、尿烷和聚氨酯橡胶都有极好的耐腐蚀性,而硅酮橡胶和氟硅橡胶则不太耐腐蚀。

(7) 耐寒和耐热性。最好当属丙烯、乙烯、硅铜和氟硅橡胶,聚丙烯酸酯和氟碳橡胶虽耐热却不耐寒,天然橡胶、丁苯、尿烷和聚氨酯橡胶有很好的耐寒性但耐热性稍差。

(8) 耐气候老化性。天然橡胶最差,丁苯及腈橡胶一般,其余大多很好。

(9) 耐火性。氟碳橡胶最好,其次是氯丁、氟硅和硅酮橡胶,其余大多不耐火。

(10) 耐水和蒸汽性。丙烯、乙烯橡胶最好,尿烷及天然橡胶、丁苯、腈和氟碳橡胶次之,聚丙烯酸酯和聚氨酯橡胶耐水和蒸汽性差。

(11) 耐酸性。氟碳橡胶最好,聚丙烯酸酯、尿烷及聚氨酯橡胶耐酸性差。

(12) 耐油性。聚丙烯酸酯、腈、尿烷及氟碳橡胶耐油性极好,天然橡胶、丁苯、丙烯、乙烯橡胶不耐油。

(13) 耐臭氧性。除天然橡胶、丁苯、腈及尿烷橡胶外,其余大多有极好的耐臭氧性。

3.2.4 O 形圈的选取和设计

O 形圈的密封及其应用看似简单,实际上要达到良好的密封效果并不容易,这要求选取得当、设计正确。O 形圈的选取和设计必须以具体应用的环境为依据,确保 O 形圈与密封构件尺寸、密封类型、流体介质、流体压力以及环境温度等应用环境要素相协调或适应。为此,必须遵循下述原则:

(1) O 形圈规格和尺寸必须与被密封构件相协调,保证 O 形圈压缩恰当,从而达到有效的密封和良好的系统工作性能。如果二者不协调,其结果必然是不合适的压缩量或压缩率(过大或过小)。压缩量过小,O 形圈与被密封表面的接触应力不够,起不到密封作用;压缩量或压缩率过大,则 O 形圈所受应力过大,易产生永久性压缩变形。在动态密封情况下,O 形圈会受到很大的摩擦作用力并产生较高的温升。这不仅会使 O 形圈很快磨损和老化,还会影响系统的动态性能,在高速高频应用条件时后果尤为严重。压缩量或压缩率(即相对压缩量)是 O 形圈压缩变形的量度。压缩量是绝对变形量而压缩率是 O 形圈绝对变形量相对其断面直径的百分比值,是较压缩量更为科学合理地反映压缩状态的一个尺度,也是惯常使用的量值。O 形圈的压缩率应随不同类型的应用而异,以下是在大量调查统计基础上得到的经验数据,可供选用和设计参考:

① 静态密封取较大的压缩率:15%~25%;特殊用途可达 34%。

② 往复式径向动态密封应取稍小的压缩率:12%~17%。

③ 旋转式动态密封则取最小的压缩率:5%~10%。

放置 O 形圈的沟槽深度应与 O 形圈的压缩率相协调,宽度应不小于 O 形圈断面直径的 1.25 倍。O 形圈不使用挡圈时的直径游隙($2g$)的最大值见表 3-1。

表 3-1　O 形圈不使用挡圈时的直径游隙(2g)的最大值　　单位：mm

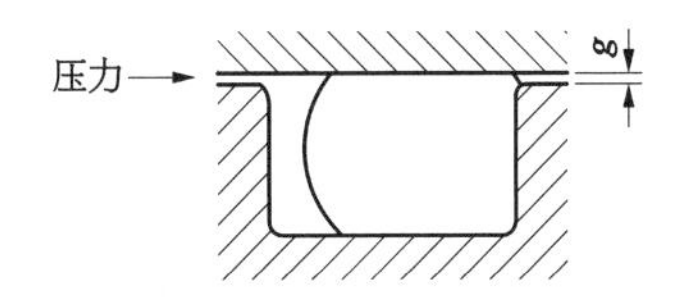

O 形圈的硬度(弹簧硬度，HS)	游隙(2g)				
	使用压力/MPa(kgf·cm^{-2})				
	4.0(41)以下	4.0(41)以上 6.3(64)以下	6.3(64)以上 10.0(102)以下	10.0(102)以上 16.0(163)以下	16.0(163)以上 25.0(255)以下
70	0.35	0.30	0.15	0.07	0.03
90	0.65	0.60	0.50	0.30	0.17

(2) 选用 O 形圈的规格、尺寸和材料必须与应用类型相适应。如面密封取较大的压缩率，而径向密封取较小的压缩率；静态密封取较大的压缩率，而动态密封取较小的压缩率；往复式动态密封取较大的压缩率，而旋转式动态密封取较小的压缩率。用于动态密封的 O 形圈材料必须有适中的硬度和良好的耐磨性和耐热性。若选用的 O 形圈材料的耐磨性不够好，则应考虑加以适量的润滑剂来减少摩擦。若流体介质为矿物油，其本身即能起到润滑作用，无须另加润滑剂。

(3) O 形圈材料必须与流体压力相适应。在趋向超高压化的今天，流体压力可高达 30～40 MPa，这对密封技术来说是一个挑战。许多问题将会伴随高压而来，其中最主要的问题之一就是密封圈能否承受住这么高的压力而安然无损。径向密封情况下，O 形圈会被高压流体强力挤入密封间隙中，导致挤压破损，如图 3-4 所示。材料越软，间隙越大，挤压破坏就越容

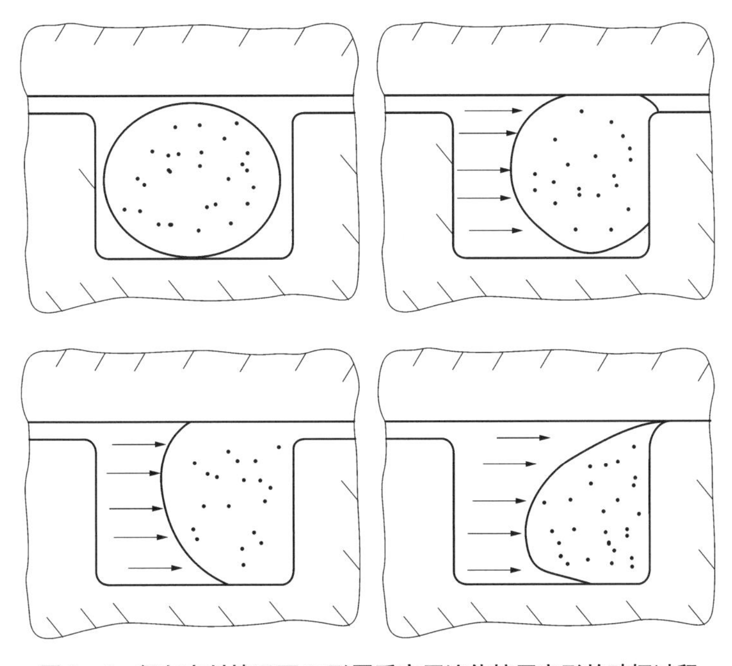

图 3-4　径向密封情况下 O 形圈受高压流体挤压变形的破坏过程

易发生。在高压流体作用下，缸筒将产生不可忽略的膨胀，使密封间隙增大，挤压加剧。因此，为防止O形圈受高压流体挤压而损坏，必须选用硬度较高、抗挤压变形能力较强的弹性材料。图3－5所示为三种肖氏硬度(70HS、80HS和90HS)的O形圈分别对应的流体压力与允许径向间隙关系特性曲线。这些曲线实际上就是O形圈的挤压极限。曲线下方是无挤压区，是O形圈正常工作的区域；曲线上方是挤压发生区，O形圈工作在这一区域将受挤压。由图3－5可看出流体压力、径向间隙和O形圈硬度三者的相互关系：流体压力越高，允许径向间隙越小；而O形圈硬度越高，其对高压流体的承受力就越强，允许径向间隙就越大，即抗挤压能力越强。图中曲线是在流体压力以1 Hz的频率由零到最大值周而复始地进行10万次循环试验所得结果的基础上绘制而成的，试验温度在70℃以下。需要说明的是，以硅酮橡胶和氟橡胶制成的O形圈不能照搬图3－5所示的曲线，其对应的流体压力值应减半。

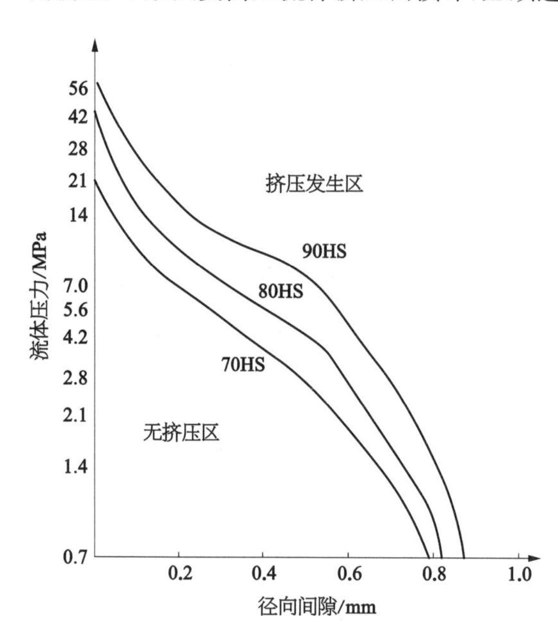

图3－5 不同硬度材料的流体压力与允许径向间隙关系曲线

在因故不能采用高硬度材料时，可以采用摩擦系数较低的塑料保护圈来防止O形圈被挤入间隙中，如图3－6所示。保护圈可以在O形圈的一侧，也可以在两侧，视压力作用方向而定。保护圈材料多为聚四氟乙烯PTFE。O形圈长期处于流体高压力作用下也可能会产生压缩永久变形，故应选用回弹性较好的材料。

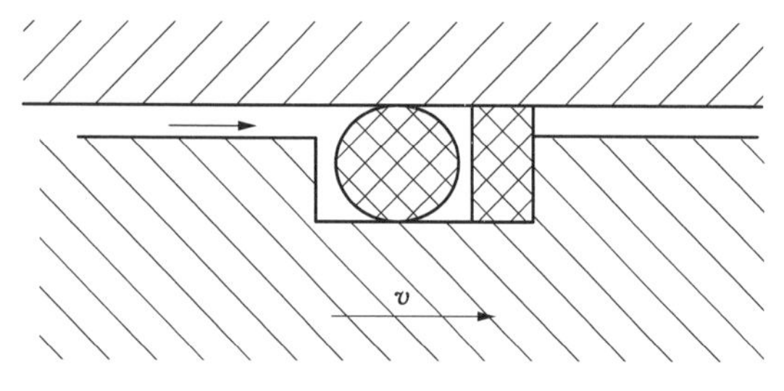

图3－6 保护挡圈防止O形圈挤入径向间隙内

(4) O形圈材料必须与应用温度相适应，即材料的温度极限或允许温度范围必须覆盖应用温度范围。O形圈工作在其材料温度极限外时，将会丧失密封效能。在过低温度下O形圈的弹性明显降低，呈现僵化状态，难以产生密封所必需的弹性压缩变形。虽然当恢复到常温时O形圈一般都能恢复原有性能状态，但相比而言高温的影响更为严重。在过热的温度下弹性材料会变硬、老化和氧化，致使O形圈很快失去弹性，表面出现凹痕和裂纹，产生永久性压缩变形和磨蚀现象，从而导致密封失效。除了过热的环境温度外，高速运动和过大的压缩量导致的运动摩擦也会造成局部过热致使O形圈受损。因此，必须根据具体应用的温度范围选取能与其相适应的O形圈材料。

(5) O形圈材料必须与流体相容。O形圈长时间处于流体介质作用下，若O形圈材料与流体介质不相容，O形圈可能会因溶胀、收缩、软化或脆化而失去弹性，从而丧失密封能力。因此，选取O形圈材料应保证在应用的流体介质作用下性能无明显变化。

以上所述是O形圈选取和设计应遵循的几项基本原则。显然，这些原则是互不关联的。对一个具体应用来说，通常只能遵循其中部分原则而无法兼顾所有原则。这就需要综合考虑、有所侧重以及必要的折衷。

3.2.5 O 形圈的保护和故障防止

健全的 O 形圈才能保证好的密封功效，因此必须对 O 形圈加以保护。遵循上述原则，可避免因选用和设计不当导致的密封失效和 O 形圈的永久性压缩变形、磨损、挤压破坏、老化、氧化和弹性丧失等故障。除此以外，还必须从其他方面着手保护 O 形圈不受损害：

(1) O 形圈橡胶材料应充分硫化，提高回弹性以增强抗永久性压缩变形的能力。

(2) 过于粗糙的金属构件表面、锐利的边缘以及不当的装配方法容易造成 O 形圈的损伤。应保证金属构件表面光整，给锐边倒角或倒圆，并在装配过程中予以更多的小心，必要时采用保护套套在金属构件外以防 O 形圈受切割损坏，还可以考虑在装配过程中加一些润滑剂。

(3) 提高构件的同心度，减小偏心造成的径向间隙不规则程度，使 O 形圈受挤压得以缓解。

(4) 流体中夹带磨蚀性杂质污物是导致 O 形圈磨蚀的另一个原因。必须用过滤装置滤去这些杂质污物，或者采用耐磨蚀的 O 形圈材料如碳化腈和尿烷之类。

(5) O 形圈可因臭氧的侵蚀而产生垂直于应力方向的许多微小裂纹。这就要求采用耐臭氧侵蚀的材料。

采用 O 形圈的根本目的在于有效地实现密封、防止流体泄漏。只有在正确选取和设计的基础上加以悉心的保护，O 形圈才能长期有效且无故障地完成它的使命。

3.2.6 本节小结

如前所述，O 形圈的基本构型 70 余年来始终如一，然而 O 形圈密封技术却在不断进步，特别是在材料的开发与改良，O 形圈的设计、制造、试验和鉴定方面。在材料的研究和开发方面，最显著的成果当属工程聚合物密封剂。它的耐磨蚀、耐挤压及耐高低温能力都胜过橡胶弹性体，采用专门的配方组合可制成满足于一个具体应用所要求的工程特性的工程聚合物密封剂。聚合物密封剂至今已开发出 20 多种。其中用得最多的当数聚氨酯。用于密封的聚氨酯材料主要有三类，即二苯基甲烷二异氰酸酯(MDI)、二甲基联苯二异氰酸酯(TODI)及对苯二异氰酸酯(PPDI)，其中以 PPDI 材料的性能最为优异。PPDI 弹性材料有很高的压缩变形阻抗和良好的回弹性，温度范围也较橡胶材料更宽，其寿命更是橡胶材料的近 10 倍。

材料在原有基础上的改良也取得了显著的成效。比如通过改变氟碳基聚合物中氟的百分比含量来改善聚合物的化学稳定性和热稳定性。多种多样的弹性材料可用作密封剂以满足不同应用环境下的密封要求。

随着计算机技术的发展，密封圈的选材、设计和试验特性分析等已经可以借助计算机来进行。已开发出多种以 PC 机为基础的软件包，用以实现多种功能。如美国最大的流体动力产品公司之一的派克·汉尼芬公司开发的 InPHorm 系列软件包能帮助设计人员完成健全的 O 形圈设计。工程计算可以利用软件程序来检查，O 形圈选择也可借助软件包完成。冗余技术已应用在许多密封设计方案中以提高密封的可靠性。

非线性有限元分析法已成功地应用于弹性密封设计。各种各样的有限元分析软件包使弹性材料的非线性能更精确地被探查出来。弹性材料的特性分析也取得了相当的进展。该技术已用于预测分析及故障-模式-效应分析。特性分析获得的信息是决定合适的密封方法的重要依据。更复杂的试验目的在于更精确地描述不利环境对弹性材料的有害影响，尤其是模拟使用工况的功能型试验台。通过改进已有试验技术和设备，可以进行弹性材料的应力-松弛试验。特性分析的目的在于在故障发生前能更精确地进行先期预测弹性材料的潜在故障模式，此外还可进行密封寿命预测分析。

O形圈密封是一种低成本、多用途的密封形式。它之所以如此富有生命力是因为它具有其他形式的密封不能比拟的综合优势。正确地选取和设计以及适当的保护是O形圈长期有效工作的保证，本节前面所述的原则和细节正是围绕这一主题。另外，必须明确O形圈密封并非在任何情况下都是最佳选择，有时选用其他形式可能更为合适。密封技术虽不属于尖端技术但却是关键技术，常常会决定一项工程的成败。先进的密封技术是基础研究与现代高科技手段的产物。O形圈密封技术继续发展的目标是实现人们期盼的零泄漏。

3.3 飞行器电液伺服技术

电液伺服技术从20世纪60年代中期开始迅速发展，21世纪初渐臻成熟，并广泛应用于各个工业领域。航空航天对电液伺服控制技术的要求高，大体上反映了电液伺服控制技术的专业水平。电液伺服技术的发展涉及许多方面，诸如系统与元件设计研究、材料、测试、制造技术等。从专业总体来看，大功率、高压、高温、高速、高可靠、机电一体化已成为贯穿发展过程的一条主线，而且取得了历史性的成果。本节分析航空航天电液伺服技术发展需求以及民用工业应用中的专业技术特点。

3.3.1 大功率

航空航天飞行器及近代的现代化生产装备具有大容量、高效、高可靠的显著特点。电液伺服系统作为传动和操纵装置，相应地出现了向大功率发展的趋势。以美国民航DC系列客机(美国的道格拉斯，后并入麦克唐纳・道格拉斯，即麦道)为例，DC-6(1950年)、DC-7(1955年)、DC-8(1960年)、DC-10(1971年，300座位级)，其液压系统的功率分别为19 kW、24 kW、67 kW、340 kW，20年间增长了17倍。在航天领域，液压系统功率的增长更是突飞猛进，例如V-2土星火箭(1940年)液压系统的功率为0.42 kW，而土星-V火箭(1969年)第一级的液压系统功率达到462 kW。表3-2列举了一些液压系统大功率水平的应用事例。

表3-2 液压系统大功率应用事例

系　　统	功率/kW
美国的土星-V火箭子级液压系统	462
航天飞机主发动机摆动液压系统	447
B-1B轰炸机液压系统	746
航天飞机起飞-分离过载模拟器液压系统	1 790
3万t钢管轧机液压系统	746

系统液压功率向大容量发展过程中解决了一系列的技术问题。

1）减轻重量

限制结构重量，降低系统的功率重量比，使系统获得优良的技术性能和经济效果。为此，要求合理的设计（如元件、油路的集成化，结构参数优化），采用高强度轻合金（如铝合金、钛合金）、高磁能级的磁性材料（如稀土磁钢）等。这方面的技术进步显著。表 3－3 列出了美国的 DC 系列客机液压泵主要技术指标的更新情况。

表 3－3　美国的 DC 系列客机液压泵主要技术指标的更新情况

客　机	泵功率/kW	重量/kg / 功率/kW	检修/h	每千瓦成本百分比/%
DC－6	19	0.43	1 500	100
DC－7	24	0.36	1 500	70
DC－8	67		1 600	
DC－10	340	0.29	8 000	50

巨型火箭（如土星-Ⅴ第一级）的大功率液压系统，其液压泵（4×350 L/min）从发动机推进剂（RP－1 煤油）输送系统引流，采用工作压力 13.7 MPa，工作介质为 RP－1 煤油，简化了系统结构，减轻了重量。

2）节约能耗

液压能的供给通过液压泵流量适应负载的变化进行自动调节以达到功率匹配，能量损失最小，降低系统发热量，延长工作寿命。民航客机液压功率达到 60 kW 以上时都采用变量液压泵以代替定量泵。在民用工业方面，开展液压泵调节型式和特性的研究，开发了各种型式的节能泵。在重型工业液压方面，设备采用微机控制变量泵流量，其输入是负载，即相应的压力、流量的工况谱。同时还发展了多压力液压系统。例如美国的 DC－80 客机液压系统的工作压力为 20.6/10.3 MPa，其低压挡用于飞机巡航状态。美国的 A. O. Smith 公司的 3 万 t 压机，其液压系统有三种压力模式，即 20.6/24/44 MPa。快速空程时采用低压大流量，重载慢速时转到高压小流量工作模式。

3）液压元件

研制大容量液压元件，如三级电液伺服阀。土星-Ⅴ火箭用的三级电液伺服阀，其功率级的滑阀阀芯直径为 24.4 mm，行程±2.79 mm，流量 510 L/min。为摆动大功率火箭发动机喷管（质量 4 000～8 000 kg），研制并应用了动态压力反馈电液伺服阀，对控制大惯量负载运动实现动态阻尼，抑制系统谐振，保证有较宽的通频带。

4）制造技术

大功率系统大型件的加工要求高，需解决如大件离心铸造、热处理、内孔精密加工、表面处理、静压强度及密封试验等技术。巨型火箭起竖转运车液压承重平台的作动筒（16 对），其筒体尺寸最大为 680 mm×534 mm×2 540 mm（内径×外径×长）。作动器（单件）加试验静载荷 22 701 t（2 306 t），在 24 h 内油腔压力无下降，活塞位置无漂移。

3.3.2 高压、高温

3.3.2.1 高压

从 20 世纪 40 年代到现在，液压系统的常用工作压力从 5 MPa 提高到了 27.4 MPa。20 世纪 80 年代，美国为 F－14 战斗机研制了 55 MPa 工作压力的液压系统并替代原有的 20.6 MPa 工作压力，完成了全系统地面仿真试验和单通道飞行试验，样机运转 520 h。系统工作压力提高以后，重量减轻 30％，体积缩小 40％（表 3－4）。

表 3－4 美国 F－14 战斗机高压化后的液压部件重量

项 目	重量/kg	
	压力 20.6 MPa	压力 55 MPa
液压泵、液压马达	66.7	41.7
作动器	399.7	332
油 箱	71.3	42.2
导 管	185	90.7
管接头	16.3	10.8
支 座	40.4	26.3
其 他	124.3	89

国外航空工业对工作压力的研究认为，飞机液压系统的最佳工作压力为 27.4 MPa，比以前通用的标准压力 20.6 MPa 并没有提高多少。所谓最佳工作压力，仍然是一个有争议的问题。为缩小结构尺寸，降低系统重量/功率比，军用飞机及地面设备相继发展了高压液压系统，表 3－5 列出了一些例子。表 3－6 列出了按工作压力 1988 年欧美液压行业液压泵和电液伺服阀产品品种的分布情况。

表 3－5 典型液压系统工作压力

名 称	工作压力/MPa
F－14 歼击机	55
B－1 轰炸机	27.4
土星-Ⅴ火箭起竖转运车	34～35.8
航天飞机起飞-分离过载模拟器	27.4
25 t 液压挖掘机	34
海洋采矿船液压平台	34
矿坑液压顶柱	41～69

表 3－6 液压泵和电液伺服阀工作压力分布比例

工作压力/MPa	工作压力分布比例/％	
	液压柱塞泵	电液伺服阀
＜20.6	25	31.4
20.6～34	46.8	60
＞34	28.2	8.6

3.3.2.2 高温

高温工作环境(例如发动机舱、冶金设备)及液压系统高速、重载、长时间运转的发热温升，由于受到结构重量和空间位置的限制，单靠强制冷却或绝热难以维持地面的正常工作温度，近年来发展高温液压系统已经成为现实。三叉戟导弹液压系统油温为 204～260℃；美国 SR－71 高空侦察机液压系统的工作温度范围为－54～315℃。安装在发动机舱(不低于 538℃)的液压件用外皮由铬镍铁合金箔制成的防热套(7.6 mm 厚)包覆，用来限制液压油的油温，使其低于 315℃。

3.3.2.3 高压、高温带来的问题和关键技术

1) 密封材料

在高压下橡胶密封圈会加速拉伸老化、挤压破损，可靠性和使用寿命降低。在高温下，橡胶密封材料将加速老化，降低韧性，发生小片剥蚀。为此，发展了金属细管 O 形密封圈，材料有不锈钢、镍铬铁合金。另一个途径是研制尺寸高稳定性、低摩擦系数的耐热材料，如添加玻璃纤维和二硫化钼的氟塑料(工作温度允许 315℃)。美国的航天飞机液压系统(204℃)使用维丁 E60C 合成橡胶密封件。

2) 液压油

液压油在高压、高温下抗剪切稳定性降低、黏度降低、润滑性变差，加速零件磨损，影响油路阻尼特性。为提高液压油抗剪切稳定性、热稳定性和抗燃性，美国研制了 MIL－H－83282 合成烃液压油，并应用于 F－14 飞机和航天飞机的液压系统。通常使用 MIL－H－5606 液压油的液压系统，对这种新油是兼容的。表 3－7 列出了这两种液压油的主要指标。

表 3－7　MIL－H－5606 液压油和 MIL－H－83282 合成烃液压油主要指标

指　标	液　压　油	
	MIL－H－5606	MIL－H－83282
闪点温度/℃	93.3	210
自燃温度/℃	243.3	371
黏度(54℃)/($mm^2 \cdot s^{-1}$)	10	10.28
最大黏度温度/℃	－53.9	－40
抗剪稳定性、黏度变化率(54℃)/%	－14.28	－0.69

3) 泄漏损失和使用寿命

提高工作压力和温度，势必增加液压系统的泄漏损失，降低容积效率。为限制泄漏损失，必须减小零件配合间隙，提高制造精度，但要兼顾零件在受力和受热变形下不至于使精密活动偶件卡紧。在高温下，由于液压油润滑性变差，或零件硬化表面产生退火效应，导致活动件加速磨损。美国曾对飞机液压泵作改进设计，为使油液工作温度从 135℃提高到 204℃，更改了零件结构和材料，采用高温耐磨镀层，试验样机重量增加了 10%，而工作寿命仅为原来的 1/5。

4) 结构机械性能

结构在高温、高压下容易变形，材料发生高温蠕变，弹性元件产生高温松弛。摩擦在高温下加速材料磨损。

3.3.3 高速

关于液压泵的高转速问题，当液压泵每分钟输出流量一定时，提高转速则可降低每转排量，从而缩小液压泵的几何尺寸，达到减重目的。另外，原动机向高转速发展也向液压泵提出了高转速要求。火箭电液伺服系统典型的动力传动形式为涡轮—泵(动力系统推进剂输送)的输出轴—减速器—液压泵。为了缩小体积、减轻重量、提高效率，要求去掉减速器，从而提高液压泵转速与之相匹配。在提高液压泵转速的同时，要求保持工作寿命不至于降低，则必须解决零件的耐过热和磨损，例如研制耐热、耐磨密封材料和金属镀层，采用高速精密轴承等。为了保证液压泵在高速下吸油充分，要提高泵的吸油压力，必须给油箱增压或增加一级前置泵预增压，前置泵可以以较低转速工作。表 3-8 列出了不同转速液压泵的应用事例，从中可见采用高转速对减轻重量的优越性。

表 3-8 飞行器不同转速液压泵的重量和应用事例

液压系统	涡轮转速/(r·min^{-1})	液压泵参数			
		转速/(r·min^{-1})	压力/MPa	流量/(L·min^{-1})	重量/kg
导弹液压系统	90 000	13 000	24	12.5	0.75
火箭液压系统	10 000	5 000	20.7	38	9.5
飞机液压系统		11 200	20.7	14.4	1.5
		10 000	20.7	36.1	2.17

3.3.4 高可靠性

极端环境下的电液伺服系统可能有各种各样的故障模式，例如伺服阀(喷嘴、节流孔)阻塞、滑阀卡紧、输入断路、反馈开路、零漂超限、密封失效等。首先必须从设计上采取提高可靠性的措施，确保绝对安全工作。

3.3.4.1 元件集成化

液压集成块已普遍采用，减少甚至省去了导管及连接件。用插装式元件提高了可维修性，整体式组合简化了安装，提高了对振动、冲击环境的适应性。

3.3.4.2 用机械反馈代替电反馈

美国的民兵导弹、土星-Ⅴ火箭、航天飞机、阿波罗登月模拟器所用的电液伺服作动器，其位置反馈都是机械反馈。这种装置具有“失效→归零”“故障→安全”的能力，和电位计反馈和差动变压器式反馈相比省去了数量可观的连接电缆、接线焊点和相应的电子线路，提高了可靠性，但其结构制造精度要求较高。

3.3.4.3 关键部位采用冗余设计

一般在液压能源、电液伺服阀、作动器这些部位采用冗余设计。

1) 并联液压系统

大型飞机和航天飞机无一例外地采用并联液压系统。美国航天飞机轨道器有 4 个独立的液压源,通过中央液压组合供油给操纵系统的各个单机,组成全机系统。每个液压能源有50%(全机液压源)的工作能力。若有一个液压能源失效,全机系统仍可正常工作,当第二个液压能源失效后,能保证安全返航,即具有故障工作/故障安全能力。

2) 双重串联结构

双重串联结构用于美国的航天飞机轨道器舵面、起落架的电液伺服作动器。舵面由4个作动器(按双重串联布局)驱动,每个作动器提供舵面所需控制力的50%。当其中两个作动器失效后,舵面仍有100%的驱动力。

3) 检测-校正(误差-校正)结构

美国的F-111战斗轰炸机余度式阻尼伺服作动器即这种类型结构。它的工作、备用、基准三个通道的信息两两成对比较,以检测通道之间的失配程度(例如设定零漂、增益、工作限值等),当其差值超过设定值时,系统由工作(故障)通道切换到备用通道。这种结构比较复杂,其比较、监控元件应有很高的可靠性。若用单板计算机及其软件代替基准通道及比较器(硬件),则更为简便可靠。

4) 多余度电液伺服阀

美国的航天飞机电液伺服系统,采用了四余度电液伺服阀,土星-Ⅴ火箭三子级的电液伺服系统,采用三余度电液伺服阀,都是Moog公司生产的。它由3(4)个电液伺服阀控制一个功率级滑阀,各伺服阀的输出在滑阀上代数相加,合成阀芯的位移。只要伺服阀的增益和反馈增益足够高,当某个通道发生故障输出(干扰位移)时,通过反馈可由其他正常工作的通道给出输出相抵消,修正故障的影响。这种形式结构紧凑,几乎不增加系统重量和功率消耗。

导弹与航天运载器液压伺服系统根据输入信号的极性和大小,按比例或继电方式操纵导弹和运转器的摆动发动机、舵面、可动喷管或扰流器的编转角度,产生一定的控制力或力矩,控制导弹和运载器的运动和姿态。早期导弹液压伺服机构比较简单,如"二战"中德国研制的Ⅴ-1和Ⅴ-2导弹液压伺服机构,由一台直流电动机驱动齿轮泵作为能源,控制信号输入至湿式力矩马达,带动一个天平式的杠杆,两个针阀分别挂在杠杆两端控制高低压液压油,输入至作动器两腔,作动器输出一定的力矩推动负载运动。20世纪50年代初出现干式力矩马达和双喷嘴伺服阀,60年代电液伺服系统日趋完善。随着航天和导弹技术的发展,对运载器的可靠性要求越来越高。目前世界上先进的运载器,其总体可靠度为0.99,这就要求控制系统的可靠度接近0.999,而伺服机构作为控制系统的关键性元件,其可靠度要求在0.999以上,这样的可靠度量级是常规的液压伺服机构无法达到的,所以必须从本质上提高伺服机构的可靠性。在20世纪60年代初,美国在发射大力神Ⅰ型导弹时,曾因位置传感器电缆断线,使伺服系统处于开环状态,导致导弹失控,最终造成发射失败。事后为了改善导弹和运载器伺服系统的可靠性,伺服作动器由电反馈改为机械反馈。航天飞机和运载器的电液伺服机构采用全度技术和多余度液压伺服机构,美国已用于土星Ⅴ号S-ⅣB、大力神Ⅲ-M和航天飞机。图3-7所示为美国的航天飞机助推器四余度伺服机构原理图。

与常规伺服机构相比,图3-7所示的航天飞机助推器四余度伺服机构的特点如下:

(1) 液压伺服机构的大功率机械部件可靠性高,小功率电气和液压放大器部分可靠性较低,伺服放大器和伺服阀采用四余度,作动器无余度。进行减轻重量、缩小体积的合理布局。

(2) 采用机械反馈将位置信号反馈到四个伺服阀的力矩马达,构成闭合回路。

(3) 每个伺服阀的滑阀上设置动压反馈通道,降低伺服阀的压力增益;每个伺服阀的输出端安装压差传感器，其输出信号反馈到伺服放大器的输入端，减缓各余度通道间的力作用，提高伺服机构的动态性能，确保以压差为基础的余度管理正常进行。

(4) 余度伺服机构的能源采用二余度，通过一个换向阀在两个能源中自动选择一个供给伺服作动器，任何一个能源失效，整个伺服机构仍能正常工作。

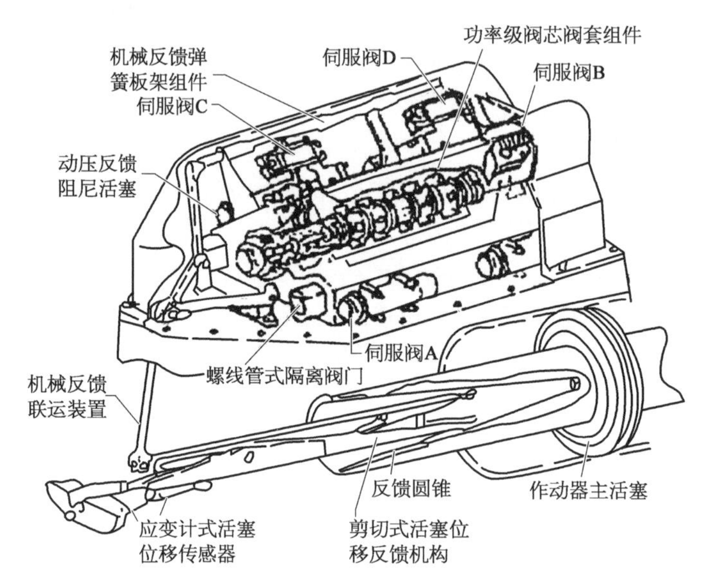

图 3-7 美国的航天飞机助推器四余度伺服机构原理图

3.3.5 数字化、信息化

传统的液压技术引进了近代微电子技术和计算机技术而步入了现代化的阶段，计算机已经在液压设备上得到了较为普遍的应用。

1) 计算机控制

和模拟式伺服系统相比较，数字式电液伺服系统具有更高的控制精度、更强的抗干扰能力和更广泛、更灵活的功能。以美国的航天飞机结构疲劳试验协调加载系统为例，该系统共有374件电液伺服加载作动器、209个伺服回路、5 000余件各种传感器，由一台Xcrox530计算机及各通道下位机按各种载荷谱(模拟40种载荷条件)控制加载程序对各通道协调加载，具有工作模式选择、数据实时处理及监测保护等功能。我国航空工业部门于1988年研制成功了计算机控制的100通道液压加载系统。

2) 计算机辅助测试及故障诊断

美国的Moog公司的电液伺服阀调试系统采用计算机后，大大提高了测试自动化程度：自动测试阀的流量特性、压力特性、零位泄漏特性、压力-流量特性，给出特性曲线和数据(如流量增益、压力增益、线性度、对称性、分辨率、磁滞率、动态响应等)；对液压系统的运行实现在线监测，例如国内外开展了液压泵气蚀诊断，利用计算机分析液压泵压力脉动谱图和壳体振动功率谱图，根据压力谱图低频分量判断气蚀发生状况，研究振动功率谱频率成分、各频率振动能量与气蚀的关系。

3) 计算机辅助设计与分析

从国外引进或自行开发了比较完整的液压CAD软件系统、仿真分析和设计软件，应用于液压元件及系统设计计算,液压系统动态仿真、辨识及性能优化,机构综合及应力分析等。

4) 数字控制液压元件

数字型液压控制元件(例如脉冲调宽电磁阀)可直接(必要时加放大器)接收计算机信息实现动作。它简化了接口,但频率响应较低,用在控制要求不高的场合。著者曾经在东京计器参与开发的数字控制流量阀、压力阀,可以通过阀体上的按钮和内藏芯片直接进行流量和压力的数值设定与计量。此外,"步进马达-减速器-丝杆/螺母套-液压滑阀"组合,其输入是脉冲序列,输出是滑阀线性位移,其优点是抗污染能力较强、成本低,但滞后时间较长、分辨率较低、动态性能较差。

电液伺服系统与电子技术、计算机技术紧密结合,形成了高可靠、高效益、数字化的液压伺服机构。美国空军航空推力实验室和美国空军人工导航实验室 1980 年和 1987 年先后发表"先进导弹用的数字电液伺服机构",它由控制器、伺服阀、动力矢量电动机和传动机构组成,其最大输出力矩 28 kgf·m(275 N·m),最大空载速度 250°/s,舵偏角最大可达±35°,用于机载多用途高性能导弹。数字电液伺服机构工作原理如图 3-8 所示。动力矢量电动机为无旋转叶片的小惯量高速电动机。四个伺服阀接收控制器数字电信号,控制动力矢量电动机的 8 个工作腔,可正负摆动,通过传动机构带动舵面。无反馈装置,制导和控制直接应用计算机,环境温度化的零位漂移小。

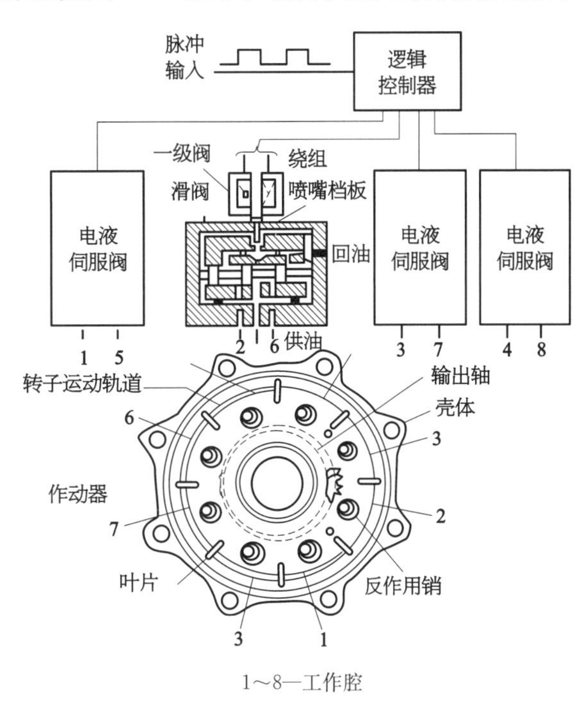

图 3-8　数字化电液伺服机构原理图

综上所述,近代电液伺服技术实现了大功率、高压、高温、高速、高可靠、计算机融合应用。我国电液伺服技术的发展起步较迟,但发展较快,现已掌握了国际上一些单项先进技术。就总体而言,在上述几个方面,我国飞行器电液伺服控制技术同世界最先进水平相比差距不大,但是基础理论还有一定的差距。在新技术、高技术的发展中,电液伺服技术不可或缺,尤其在一些特殊场合无法用其他技术替代,必然要进一步得到发展。特别是在上述几个方面,要有比较大的技术和基础理论突破,方能缩短与世界先进水平的差距。

3.4　防空导弹控制执行系统

防空导弹控制执行系统(control actuation system, CAS),是指导弹控制系统的执行系统,其主要由舵机及其能源、操纵机构与控制面,又称舵机操纵系统等部分组成。其工作原理如图 3-9 所示。

防空导弹控制执行系统的中制导指令、末制导指令形成装置产生的指令控制信号与加速

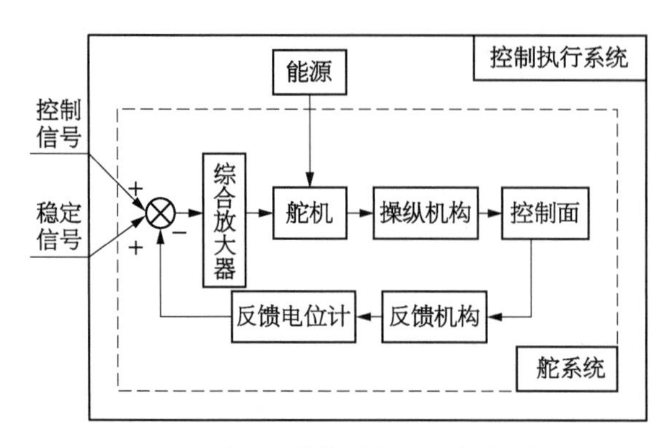

图 3-9　防空导弹控制执行系统原理框图

度、阻尼、滚动回路反馈的自动稳定信号叠加后作为舵系统的输入信号，它与舵系统自身反馈信号相比较形成误差信号，然后经综合放大器综合放大，并输送给舵机，舵机在弹上能源的输入功率作用下，提供操纵力矩，经操纵机构传动并克服负载力矩，按控制指令极性与幅值控制控制面偏转，使导弹按预定的控制弹道飞行，直至命中目标。

控制执行系统作为控制与结构的统一体，作为信号流与功率流的结合部，它既是控制系统的执行系统，又是导弹结构的组成部分。作为导弹控制系统的主要硬件设备，控制总体对它的比性能、比功率要求很高，因为它的性能不仅影响导弹控制系统的频率特性，同时还影响辅助能源与操纵机构的频率耦合以致控制面气动弹性的动态颤振与静态发散。所以，它的设计在整个导弹设计中占有相当重要的地位。

导弹控制执行系统设计所寻求的目标是综合性能优化，而且确实可行。达到此目标，主要取决于两方面：一方面取决于总体对执行系统要求指标的合理性与方案选择的可行性；另一方面则取决于执行系统所采用的技术先进性与设计方法有效性。本节从总体角度概述防空导弹控制执行系统的设计思想与设计方法。关键要点在于：明确综合要求，弄清限制条件和极端环境工况，进行论证分析，确定主要准则以及验证性能指标。

3.4.1　设计综合要求

1）设计基本要求

设计基本要求见表 3-9。

表 3-9　防空导弹控制执行系统设计基本要求

序号	参　数	说　　明	备　注
1	失速力矩	控制面速度接近零时的舵机最大制动力矩	
2	铰链力矩	控制面气动铰链力矩	
3	反操纵力矩	控制面反操纵时的力矩	
4	控制面速度	空载及满载时控制面的偏转角速度	
5	控制面惯量	控制面执行机构绕控制面转轴的惯量	
6	控制面载荷	控制面承受气动载荷的额定值与最大值	
7	控制面偏角	控制面综合偏角	
8	舵机类型	按舵机所采用的能源划分的类型	
9	舵系统频宽	在频率域内，舵系统降至−3 dB 时的频率范围	
10	舵系统阶跃响应	在时间域内，舵系统对阶跃信号的响应特性	
11	舵系统静态刚度	控制面偏角在舵系统中静态扭转刚度	
12	舵系统动态刚度	控制面偏角在舵系统中动态扭转刚度	
13	舵系统死区	舵系统的不灵敏区	

续 表

序号	参　数	说　明	备 注
14	舵系统无效行程	舵系统的传动间隙	
15	舵系统定位精度	舵系统的随动精度	
16	工作时间	执行系统在飞行中的最长时间	
17	使用寿命	执行系统在使用期内的总寿命	
18	环境条件	执行系统储运、执勤、飞行时的环境条件	
19	可靠性	执行系统使用期内平均无故障运行时间	
20	可维护性	执行系统检测、维修的勤务处理限制程度	
21	有效尺寸	执行系统的有效结构尺寸	
22	有效重量	执行系统的有效结构重量	
23	制造成本	执行系统的研制生产经费	

2）设计附加条件

设计附加条件见表 3 - 10。

表 3 - 10　防空导弹控制执行系统设计附加条件

序号	区 分	参　数	说　明	备注
1	控制弹道	控制面偏角变化规律	典型控制弹道的控制面偏角变化	
2		控制面力矩变化规律	典型控制弹道的控制面力矩变化	
3		制锁力矩变化规律	典型控制弹道的制锁力矩变化	
4		能源级间转换时间	能源Ⅰ、Ⅱ级的级间转换时间	
5	频率耦合	控制执行机构弯扭频率比	控制面执行机构弯曲与扭转的自振频率比	
6		机构自振与能源特征频率比	控制面执行机构扭转自振频率与能源特征频率比	
7	发控系统	能源启动时间	能源启动至建立压力的时间	
8	遥测系统	舵系统综合放大器输出信号	采用相应遥测附加器	
9		控制面力矩	采用相应遥测传感器及其放大器	
10		控制面偏角	采用相应遥测传感器或附加器	
11		能源特征参数	如气、液能源的压力、流量、温度、振动，或电源的电流、电压、频率等	

3.4.2　必要性、可行性论证过程

导弹控制系统、发控系统和遥测系统对控制执行系统提出设计要求前，需经过必要性论

证;而控制执行系统在接受研制任务之前,必须作出可行性分析。论证和分析的重要问题大致如下:

(1) 执行系统的级数取决于导弹的级数是否采用燃气舵进行垂直发射控制(如美国“海麻雀”虽为单级导弹,但采用垂直发射控制,故仍为两级)。执行系统的数目取决于舵和副翼的设置(有舵和副翼分开的,如法国“响尾蛇”、苏联“萨姆 6”;也有舵和副翼合一的,如美国“海麻雀”、意大利“阿斯派德”),以及舵和副翼的差动方式(机械差动,如苏联“萨姆 2”;电差动,如美国“海麻雀”),执行系统的安装空间取决于导弹部位的安排、气动布局以及所采用的固体火箭发动机喷管的结构型式。

(2) 舵系统类型是采用角位置反馈还是角速度反馈或铰链力矩反馈,主要取决于导弹类型、控制方式、舵机类型与品质要求。常见的绝大多数防空导弹大多采用角位器反馈(如美国“海麻雀”、苏联“萨姆 2”),其特点是定位精度高,控制刚性好。铰链力矩反馈常用于小型导弹,并与燃气舵机联用(如美国“小槲树”),主要是为了简化弹载控制系统。

(3) 舵机类型取决于舵系统的控制响应与负载功率,并在很大程度上与弹载辅助能源的综合利用、飞行时是否出现反操纵及舵机舱结构空间等有关。通常,液压舵机是提供高响应、大功率的优选类型,美国“爱国者”“霍克”及“海麻雀”均采用此类舵机。如能考虑到弹载辅助能源的综合利用,则能有效减小导弹的重量。另外,飞行试验实践证明,如采用冷气舵机,应绝对避免飞行时出现控制面反操纵现象。至于舵扭结构组成中的作动筒、伺服阀与反馈电位器是采用整体结构还是散装结构,一般来说取决于舵机舱所能提供的结构空间的形状与大小。

(4) 操纵机构类型同舵机结构类型一样,主要取决于舵机舱所提供的结构空间。通常,整体式舵机直线反馈结构与推拉式连杆机构相配套,安装在中空的较大的圆柱形结构空间内(如苏联“萨姆 2”“萨姆 3”);分散式舵机角度反馈结构与推推式杠杆机构相配套,安装在中空的较小的圆柱形结构空间内(如美国“海麻雀”、意大利“阿斯派德”)。而中实的(装有发动机长喷管)环柱形结构空间,根据传统与需要既有装整体式舵机推拉式机构的(如英国“海标枪”),又有装分散式舵机推推式机构的(如美国“爱国者”)。同样,由于受到有效空间的限制,俯仰与偏航的两路操纵机构的安装对整体式舵机来说往往是前后反对称的。这样,在两路导引控制系统完全对称的情况下,则必须改变其中一路的舵机极性(或制导指令的极性)才能使两路控制面极性相协调。不论舵系统采用机械差动还是电差动,均可与整体式或分散式舵机交叉配套使用。

(5) 控制执行系统的舵机能源是与导引头天线能源共源还是分源,是与其他弹载辅助能源一起综合利用还是独立提供?从减小重量、缩小体积、使设计更经济更合理来看,一般来说,只要条件许可,在不影响能源用户分系统工作性能的情况下,应尽量采用共源式方案和弹载辅助能源综合利用。当然,由于特殊要求和条件限制实际上往往不能完全如此。

(6) 控制面的偏转速度取决于控制指令和稳定信号的瞬时变化率及舵机的速度负载特性。前者与控制弹道设计工况有关,后者则为所选定舵机的固有特性。控制面偏转速度通常与导弹气动布局有关,鸭舵(如法国“响尾蛇”)较低,正常舵(如苏联“萨姆 2”)与尾舵(如美国“爱国者”和“标准”)适中,全动弹翼(如美国“海麻雀”、意大利“阿斯派德”)较高。实际上,对线性化导弹控制体来说,首要的是限制导弹的滚动角,要求滚动回路的副翼舵机有较高的速度。至于为保证导弹机动过载变化率,要求俯仰与偏航回路的舵机也要有适当的速度。通常,后者要比前者低。若采用电差动方案独立副翼舵,在保证舵机的俯仰速度时则也能满足偏航速度。问题是应该允许负载速度比空载速度有较大的下跌,即使如美国“爱国者”的舵机,其负载速度也只有空载速度的 1/7 左右。当然，对有特殊要求的，则舵偏速度不能任意降低。

(7) 控制面(含舵和副翼)的负载力矩取决于控制弹道上最大飞行速压、导弹气动布局和导弹最大攻角与控制面最大综合偏角。最大飞行速压由导弹最大飞行马赫数与最低飞行高度确定；导弹气动布局则直接决定了控制面的当量面积与转轴位置(即气动压心与转轴的作用力臂)；最大攻角与最大舵偏角则由导弹最大许用过载确定。为减小控制面铰链力矩，尽量不采用全动弹翼，而优先采用如法国"响尾蛇"的"组合鸭舵"，或者美国"爱国者"那样允许有较大的反操纵。"组合鸭舵"不仅当量面积小，而且气动压心随导弹飞行速度变动极小，因此舵面上铰链力矩很小，对抗反操纵能力较强的液压舵机与电动舵机，允许有较大的反操纵力矩，即改变作用力臂的极性与大小，尽量减小最大的正操纵力矩。以美国"爱国者"为例，正反操纵力矩之比约为 5∶4，如图 3-10 所示。

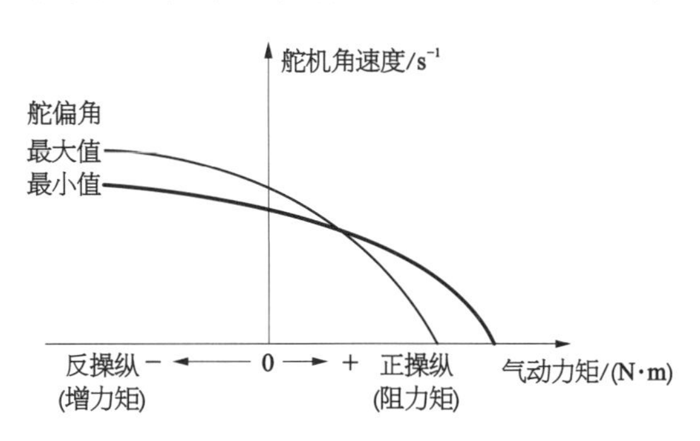

图 3-10　舵机角速度随气动力矩变化曲线

(8) 控制面(含舵和副翼)综合偏角取决于最大许用舵偏角和等效的最大副翼偏角。前者受控制弹道最大许用过载的限制，后者由滚动回路最大许用干扰所决定。不论采用机械差动还是电差动，不论采用推拉式舵机还是推推式舵机，控制面综合偏角都不能太大，一般在 20°～30°范围内，尤其是全动弹翼的综合偏角最大不超过 22°，其他气动布局也很少有超过 35°的，否则易使导弹失控，气动阻力增大，还会使操纵机构非线性与不对称性增大，并使机构的部位安排增加难度。

(9) 控制执行系统的质量、体积、可靠性与成本等指标对防空导弹控制系统总体性能影响极大。因此，在控制执行系统总体设计时，必须对上述指标进行充分论证、全面分析与综合比较。图 3-11 所示为以时间为横坐标、重量为纵坐标、功率为参照指标、负载循环百分比为条件的控制执行系统重量优选工作带。同样，可以得到体积、可靠性与成本的优选工作带。对上述指标优选工作带用叠合法求其交集，再考虑抗反操纵能力与弹载辅助能源综合利用及其他一些特殊因素，最终可以确定最佳或次佳的控制执行系统基本类型。

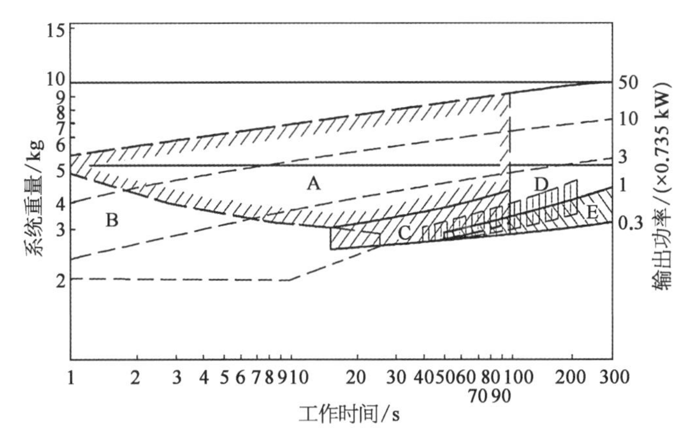

A—燃气执行系统(固体燃气发生器尺寸按 100%负载循环)和冷气执行系统；B—燃气和冷气增压排泄式液压执行系统；C—燃气涡轮泵循环式液压执行系统；D—电池电机泵循环式液压执行系统；E—燃气电机泵循环式液压执行系统(能源综合利用)

图 3-11　控制执行系统重量优选工作带(1/3 负载循环)

（10）全面评估控制执行系统的相对标准有复杂性、可靠性、可维护性、成本、性能和发展潜力六项。通常，最关注的是相对性能。而技术性能好的系统往往会复杂些、可靠性差些、成本则高些，但对重量与体积的影响却并不明显，这是由于重量与体积主要取决于系统体制、设计技术、结构材料及制造工艺，而可靠性与成本对体积甚至重量均不敏感，它们是复杂性和零件数的函数，并与可维护性有关。因此，在全面评估控制执行系统时应综合考虑。

3.4.3 设计准则

3.4.3.1 舵系统

1）舵系统频宽

舵系统实质上是一个低通滤波器。为保证舵系统的一定频宽，尽量不采用无限制地提高综合放大器增益、舵机速度和增大操纵机构传动比的办法来解决。因为这样会使系统工作不稳定、能源功率变得很大、等效力臂变得过小。可以考虑引入惯性反馈网络的办法来解决。

2）电差动同步

舵副翼系统由于两个舵系统不同步，必然会引起附加效应，即附加的副翼效应或舵效应。一般来说，这类附加效应较小，而控制面综合偏角有一定的余量，舵回路不会堵塞，所以问题不大。当附加效应较大，而综合偏角余量较小，舵回路可能堵塞。此时，为改善电差动引起两个舵系统的不同步，可在舵系统设计时，采用诸如特性选配、斜率调整和对舵系统进行和差交叉反馈等技术措施。

3）电零位制锁

利用归零信号作控制面制锁的舵系统，其条件为舵系统已处于正常工作状态、失速力矩必须大于最大制锁力矩、定位精度相当高、无效行程足够小。这样才能确保控制面可靠而又精确地锁定在零位。

4）抗反操纵能力

为减小控制面气动力矩，现代防空导弹都会在反操纵状态工作，因此舵系统必须具有抗反操纵能力。这里的关键是选择合适的舵机类型，这方面液压舵机将获得优选。飞行试验表明，控制面转轴位置采取“补偿”或“过补偿”气动布局的防空导弹，在亚、跨音速飞行段，控制面处于反操纵状态，冷气舵机的舵系统出现失控发散现象，而液压舵机的舵系统则仍能正常工作。

3.4.3.2 舵机

1）舵机频宽

舵机频宽由舵系统频宽分配决定，应该尽量压缩。研制实践证明，过宽的频宽必然要求舵机速度增益增大，从而使舵机及其能源功率明显增加。过宽的频宽易受电子噪声等干扰，在某些诱因激励下，控制面甚至会产生自激振荡，引起系统不稳定。

2）舵机速度

舵机速度主要取决于舵机频宽与机构等效力臂。除在控制面反操纵、导弹静不稳定控制等特殊情况下，要求舵机有较大的负载速度，分别对控制面舵回路、阻尼回路进行深度的负反馈外，通常情况下，舵机速度不宜过大，以保证系统稳定性，减小能源功率，获得合适的机构等效力臂。

3）舵机力矩

舵机力矩应能克服控制面的铰链力矩、惯性力矩、阻尼力矩和摩擦力矩等综合负载力矩，并在额定负载力矩作用下，能提供一定的控制面速度。即使在最大铰链力矩作用下，为可靠工作起见，舵机仍应保持最小的控制面速度。

4）负载特性分析

图3－12为典型全动弹翼式气动布局防空导弹控制面的负载特性曲线，其主要特征是弹性负载。速度力矩特性曲线的轨迹为一旋转的、轴线略带倾斜的、稍有畸变的错位椭圆，箭头方向表明负载的主要特征性质。对采用空气舵控制的绝大多数防空导弹，刚度（即铰链力矩）项起主导作用，箭头方向为顺时针，而对采用推力向量控制（TVC）的极个别防空导弹，则惯性（即转动惯量）项起主导作用，箭头方向为逆时针。相应的功率曲线在四个象限内呈∞形交叉旋转。

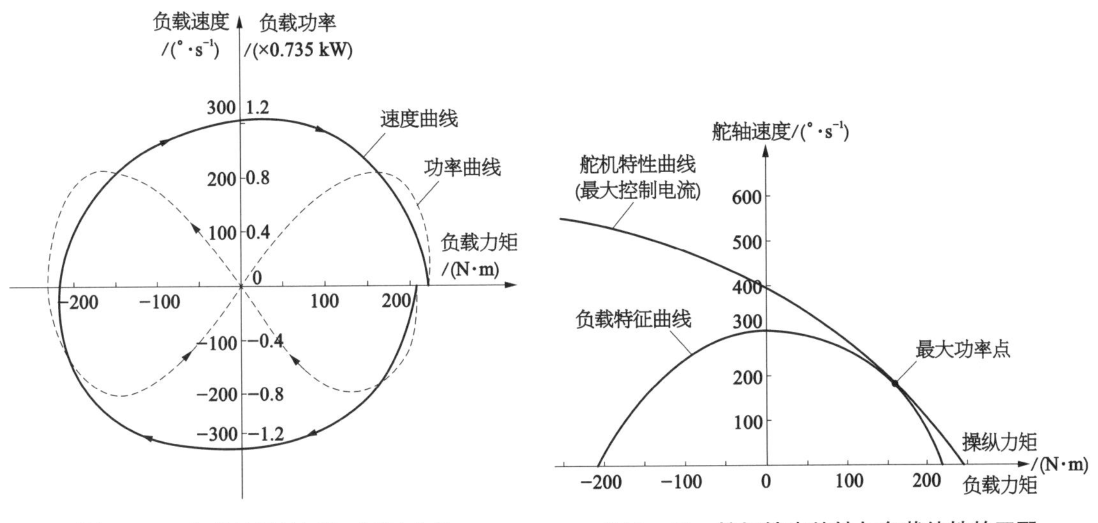

图3－12　负载特性（速度、功率）曲线

图3－13　舵机输出特性与负载特性的匹配

5）舵机输出特性

不论何种类型舵机，其输出特性曲线必须包容负载特性，现以液压舵机为例，按最大功率点原则考虑，其匹配情况如图3－13所示。从图中明显可见，舵机曲线刚好包容负载曲线，两者在最大功率点处相切；正反操纵（或阻助力矩）两种状态均有良好的匹配关系。

3.4.3.3　操纵机构

1）操纵机构动态特性

近似于振荡环节，它实质上是一个具有一定刚度、惯量、阻尼、摩擦和活动间隙的准弹性系统，其典型的频率特性如图3－14所示。控制面操纵机构要有合适的自振频率与结构阻尼、较小的摩擦和活动间隙。它既要满足舵系统频宽，又要防止控制面颤振。研制实践证明，操纵机构过低的自振频率会使它在舵系统频率特性试验时因结构共振振幅过大而破坏。

2）操纵机构静态特性

它要求控制面偏角与舵机行程呈线性传动关系，以满足舵系统的直线度与副翼差动的对称度要求。其典型的传动特性如图3－14所示，主要由设计保证。传动比是操纵机构的特征参数，它取决于机构的等效力臂。等效力臂能调节操纵机构传动比，改变力矩与速度的分配关系。等效力臂一旦确定，舵机行程与控制面偏角、舵机推力与控制面操纵力矩、舵机速度与控制面速度之间的传动、转换关系也随之而定。因此，它是操纵机构极其重要的参数，只有精心设计才能获得机构最佳传动比。

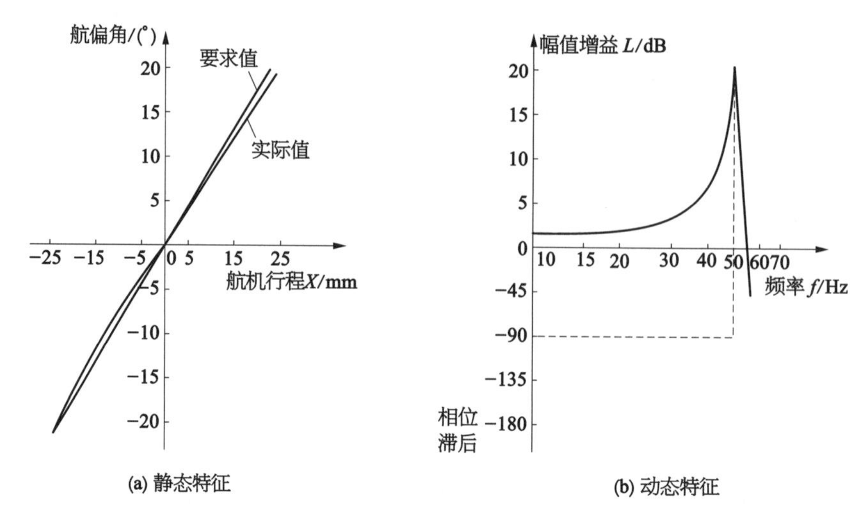

图 3-14 舵机系统操纵机构特性

3）操纵机构频率规范

操纵机构兼有运动转换与功率传递双重作用，它的设计除按强度、刚度规范外，主要应按频率规范进行，满足控制面操纵机构动态特性，保证舵系统频宽，防止舵操纵结构共振破坏，避免舵操纵可能出现的气动弹性问题。如舵操纵扭转刚度不足，在反操纵条件下引起静态发散；舵操纵扭弯频率耦合在气动与能源交连情况下引起动态颤振。

4）反馈机构安装调整与间隙

反馈机构仅用于分散式舵机，常采用齿轮机构或连杆机构，以一定的放大系数将控制面偏角传递给舵机反馈电位器，使舵系统回路闭合。要求反馈机构安装极性正确，有足够的直线度与对称度，便于精确调整（如齿轮副中心距、连杆机构杆长、电位器转轴等均可无级调整）、检查，并能可靠锁紧。对机构的连接、电位器的安装，尤其要注意组合的整体动态刚度和抗振强度，采用各种技术措施（如带环形扭力弹簧的双片齿轮、带游丝扭簧的齿轮、补偿式球铰链等）消除机构的活动间隙，保证舵系统的稳定性。

5）制锁机构的设置与类型

制锁机构用于在特定时间内，如导弹储运过程直至发射前，或起控前，或二级导弹一、二级分离前，可靠地锁住暂不工作的控制面，并且在需要时能可靠地解锁。通常，当舵系统归零线路的电制锁精度因受到舵系统零位误差与活动间隙或能源工作状态的限制而无法采用时，则必须采用专门的控制面制锁机构。二级导弹控制面制锁机构必须保证：一级飞行时，在最大铰链力矩下仍应可靠锁住；分离时，在相应铰链力矩下必须可靠解锁。历史教训表明，制锁力矩不足，控制面会提前解锁，最终导致导弹空中解体。

3.4.3.4 控制面

1）控制面的转动惯量

为保证舵系统具有足够的频宽，为防止舵操纵机构过低的自振频率引起的结构共振破坏，若用增大操纵机构刚度的办法，同时也增大操纵机构的重量，简单而有效的方法是在不影响控制面气动外形的前提下，用改变材料或剖面具体结构形式来减小控制面转动惯量，提高舵操纵机构的自振频率。

2）控制面的“平衡”或“过平衡”

为防止舵操纵机构动态颤振，除用改变控制面平面或剖面几何形状、结构材料及其质量分布外，常用的主要方法是在控制面转轴前安装适量的配重，用来调整质心与转轴的相对位置，使之处在转轴上或转轴前，以达到“平衡”或“过平衡”。美国“海麻雀”与意大利“阿斯派德”等即如此。

3）控制面的“补偿”或“过补偿”

相关内容见上述章节。

3.4.3.5　能源

能源有供控制执行系统专用的，也有与导引头天线共用的，甚至同时为全弹电网供电的，涉及面广，内容复杂，需要探讨的问题也多，现摘要分列如下。

1）能源设计的弹道函数

弹载能源与地面能源不同，其功率与总功均是有限的，因此弹载能源额定功率，以控制执行系统为例，并非按所有控制弹道中可能出现的最大铰链力矩与最大舵偏速度的乘积来确定，其总功更非该功率与最长飞行时间的乘积。能源设计依据控制弹道函数，求取实际可能出现的功率频谱与总功时间曲线，并由此确定能源的额定功率与总功。

2）控制弹道的工况研究

对控制执行系统，主要研究控制面偏角变化规律，控制面角速度与铰链力矩随飞行时间变化曲线；对导引头天线，主要研究天线偏角变化规律、天线摆动角速度与惯性力矩随飞行时间变化曲线。而对全弹电网则主要研究所有供电分系统的电流消耗与电压、频率随飞行时间变化曲线。由此分别得到三组功率频谱与总功时间曲线作为舵机、天线、全弹电网的能源设计依据。如果全弹辅助能源综合利用，则尚需对三组曲线进行再次拟合成总的功率频谱与总功。国外为了研究导弹典型工况的真实性与控制执行系统的适应性，专门发射控制执行系统试验飞行器(CTV)。

3）恒功率能源与变功率能源的选择

控制执行系统能源必须与控制弹道工况相匹配。“匹配”的含义通常指“包容”，作为特例的“重合”就是“适应”。与包容、重合相对应的是“恒功率能源”与“变功率能源”。通常，对小弹而言，大多采用恒功率能源，如美国“小槲树”、苏联“萨姆 7”的燃气执行系统，既简单适用，成本又低。对大弹而言，应优先采用与弹道工况变动相适应的变功率能源，如美国“爱国者”电池电动变量泵液压执行系统、英国“海标枪”燃气电机变量泵液压执行系统、美国“海麻雀”氮气增压蓄油器液压执行系统。但实际上仍有不少大弹仍采用恒功率能源，如苏联“萨姆 2”“萨姆 6”系列冷气执行系统及意大利“阿斯派德”燃气涡轮定量泵液压执行系统等，其原因除考虑弹道工况与负载循环百分比外，还与历史继承性、设计风格密切相关。

4）排泄式能源与循环式能源的考虑

就目前所知，凡是燃气舵机(如美国“小槲树”、苏联“萨姆 7”)、冷气舵机(如苏联“萨姆 2”“萨姆 6”)与电动舵机(如法国“响尾蛇”、美国“尾刺”)所使用的燃气能源、冷气能源与电源均是排泄式的，工质一次使用不回收。对液压舵机所使用的液压能源就有非循环式(排泄式)与循环式之分。前者基本型为气体(燃气或冷气)增压蓄油器，后者随初级能源不同有固体火药的燃气涡轮定量泵、液态单元剂(流量可控)的燃气电机变量泵以及化学电池的电机变量泵等不同类型。它们的适用性如图 3 - 11 有关的优选工作带。

5）共源与综合利用时能源间交连的隔离

在共源与综合利用时，必须采取有效的技术措施对“交连”进行“隔离”限制。意大利“阿斯派德”就是共源与弹载能源综合利用的典型例子(图 3-15)。为了防止液压控制执行系统大流量工作时对天线液压能源的“交连”,在分源交接处设置限流阀进行调控隔离,限制进入控制执行系统的流量,确保导引头天线能源具有足够的流量。为防止液压系统空载对涡轮发电机的“交连”,在液压泵出口处设置加载阀(或称阻遏阀)进行调控隔离,阻遏进入液压系统的流量对泵加载,防止涡轮空载超转,确保发电机的转速、频率与电压不超限。当然,对涡轮发电机转速调控的方法还可采用阻尼盘(如美国“海麻雀”燃气涡轮发电机)、调节器(如苏联“萨姆 6”冷气涡轮发电机)。

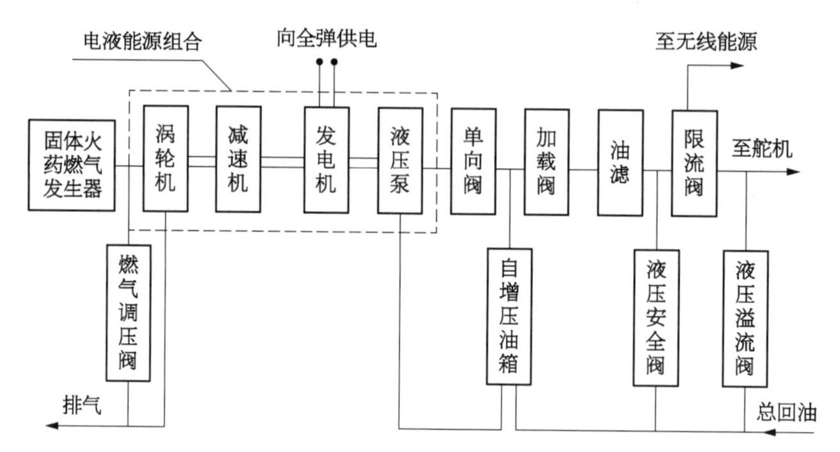

图 3-15　液压共源与弹载电液能源综合利用框图

6) 弹道峰值功率的瞬时提供方法

在不大的额定功率的电动机选定后,如何获得更大的瞬态功率,对循环式液压系统可以采用气体增压蓄压器方法。在瞬时大舵偏速度时,以一定的压力变化率转换为蓄压器补充流量,与液压泵一起共同提供导弹弹道的瞬时峰值流量。例如,美国“爱国者”液压执行系统(图 3-16),当导弹突然机动时,系统负载流量猛增,压力陡降,压力反馈使变量泵斜盘偏到最大位置,提供最大流量;与此同时,氮气增压液压蓄压器迅速提供瞬时补充流量。对离合器控制驱动电动机的电动舵机系统,由于存在大功率离合器与减速齿轮系统,故可利用其飞轮效应,在瞬时失速力矩时,以一定的速度变化率转换为飞轮补充力矩,与电动机一起共同提供导弹弹道的瞬时峰值力矩,如美国“标准”导弹电动执行系统。

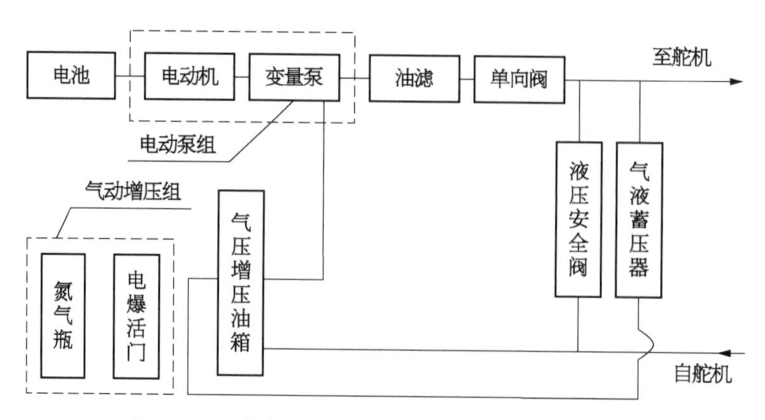

图 3-16　带气液蓄压器的电池电动机变量泵框图

3.4.4 性能试验

控制执行系统在研制过程中需作多次地面试验，最后经飞行试验考核通过。性能试验旨在验证设计思想与制造质量，并通过结果分析使之进一步完善与提高。现以如图3-17所示的二级导弹燃气涡轮能源综合利用为例，相应的性能试验主要项目如图3-18所示。

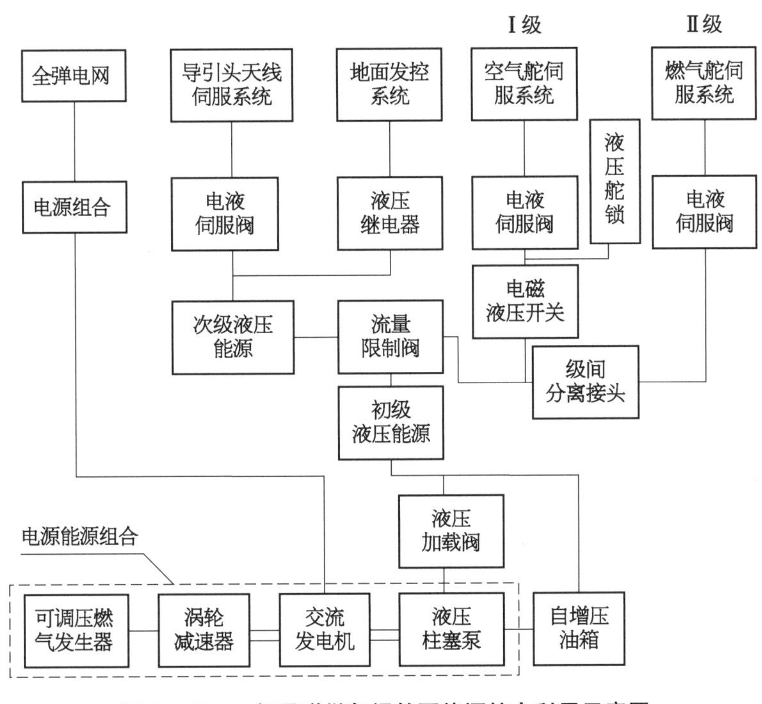

图3-17　二级导弹燃气涡轮泵能源综合利用示意图

这里简要概述其中有代表性的特征试验项目。

1）频率特性试验与结构共振试验

舵系统工作状态，用舵机正弦激振。如以综合放大器前的信号作为输入，舵偏角遥测传感器作为输出，即可获得舵系统幅相频率特性。又如对整体舵机长传动链推拉式连杆机构，则以反馈电位器作为输入信号，舵偏角遥测传感器作为输出信号，则可获得操纵机构幅相频率特性。若在操纵机构自振点保持一定时间的共振，此即操纵机构抗结构共振试验。振动后的机构和舵机支臂均应保持完好无损。

2）模拟负载试验与系统抗反操纵试验

舵系统工作状态，舵机按一定的频率、幅值正弦激振，采用负载模拟器给舵面施加线性负载或恒值负载，要求舵偏运动平滑无阻滞现象，波形不失真，相移在一定范围内。同时可改变加载的极性，产生助力矩模拟反操纵状态，利用亚、跨音速下弹道特征点参数作舵系统抗反操纵能力试验，应满足控制系统回路特性的诸项要求。

3）控制执行系统振动模态特性试验

舵操纵系统与弹载液压能源处于工作状态，对综合放大器输入归零信号将舵面钳制在零位，用宽频带的电磁激振器对舵面激振，用精密传感器测量舵面各特征点的位移或速度，获得舵面各阶自振频率与振型，从而确定扭弯频率比，为舵操纵颤振分析提供计算依据。同时通过振动频谱分析可测定弹载能源高速旋转部件(如涡轮、发电机与液压泵等)的频率响应特性。

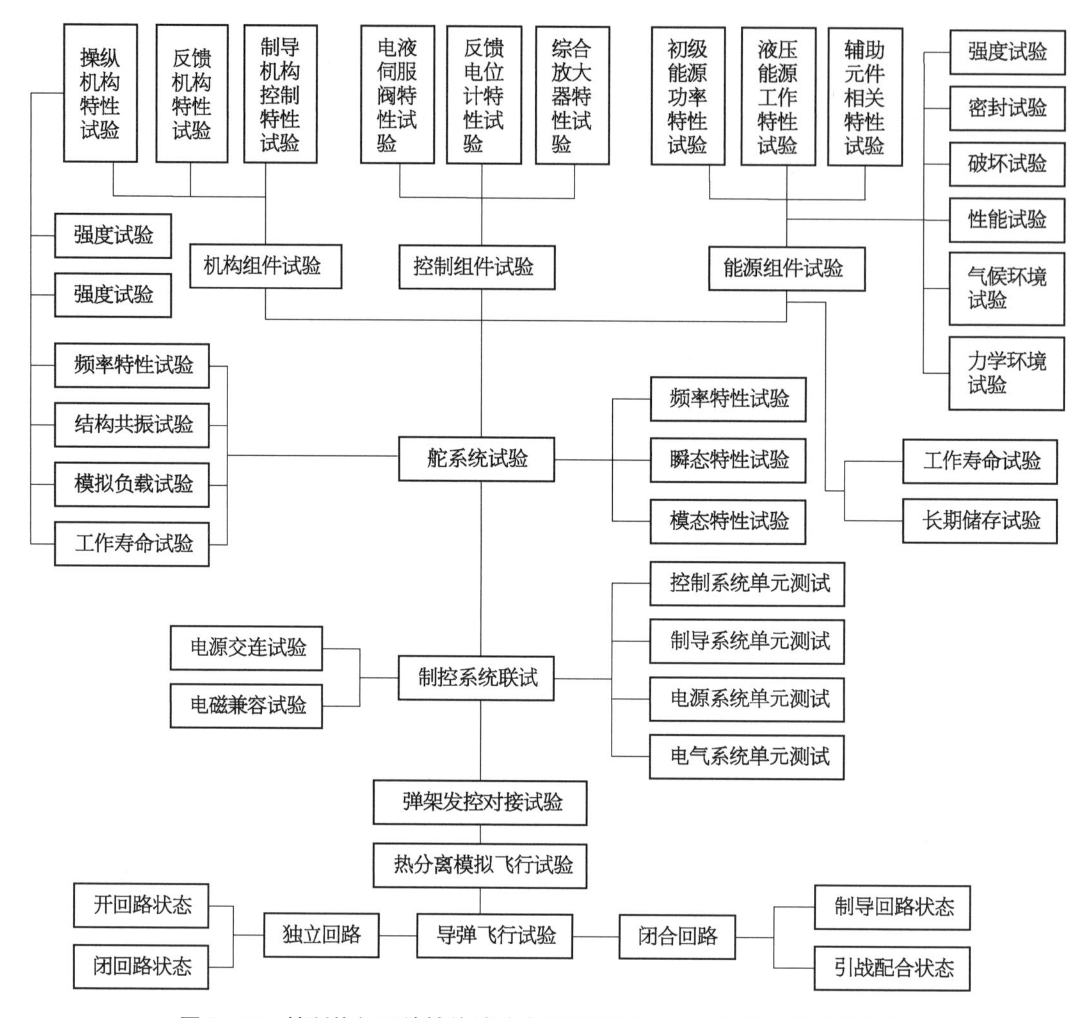

图 3-18　控制执行系统性能试验主要项目框图(未含执行系统遥测部分)

4) 工作寿命试验

工作寿命通常指空载测试总时间,应满足制导控制系统测试循环的要求。此时,舵系统处于工作状态,弹载能源处于地面测试状态。

5) 能源交连试验与电磁兼容试验

制导控制系统均处于联试状态。

(1) 能源间交连隔离试验。对弹载综合能源,模拟液压系统瞬态空载低压,检验液压加载阀的调控隔离作用,模拟舵机瞬态空载大流量,检验液压限流阀的调控隔离作用。当瞬态干扰除去后,两阀均应在短时间内解除隔离。

(2) 执行系统与弹载电子设备间电磁兼容试验。当弹载设备全部开机工作时,要求执行系统的电气成品,如电爆管、电点火器、涡轮发电机、电磁弹簧锁钩、压力继电器、电磁液压开关、电液伺服阀、线性电位器与综合放大器等能不受弹载电子设备射频干扰的影响而正常工作。同样,要求本系统的电气成品的工作也不应影响弹载电子设备,特别是计算机、捷联惯导组合与导引头及电引信等的正常工作。

6）飞行试验

与控制执行系统有关的飞行试验是独立回路状态与闭合回路状态的导弹飞行试验。独立开回路是指阻尼回路与加速度回路处于断开状态。由于无阻尼稳定与加速度反馈，其弹道变化激烈，对控制执行系统来说，从铰链力矩与舵偏速度来看均是最严重的工况。而独立闭回路由于阻尼稳定与加速度反馈，其弹道变化平缓，弹道工况变化也随之轻缓。闭合回路是指导弹制导回路处于闭合状态，与实战最接近的状态是战斗遥测状态，旨在对导弹进行引战配合研究。独立回路主要考核执行系统的信号响应特性、功率驱动特性、抗反操纵能力与相应能源的弹道工况适应能力。同时进一步校验执行相关的发射控制与飞行控制时序的正确性。闭合回路主要考核本系统的电磁兼容能力、能源交连隔离能力，以及控制执行系统在真实的气候、力学环境下，在复杂的飞行、电子环境下工作的可靠性。

3.4.5　本节小结

1）控制执行系统

控制执行系统已经与数字式自动驾驶仪及捷联惯导组合(均由弹载计算机控制)联用。舵系统仍以位置控制伺服系统为主，向适合数字化控制方向发展。舵系统大多能在控制面反操纵状态下工作，对舵机速度要求也适当降低。舵机类型仍呈多样性与传统性。大弹以液压舵机居多，冷气舵机其次；小弹则燃气舵机与电动舵机并举。电动舵机由于使用方便、没有泄漏、符合弹载能源单元化要求，已由小弹开始向大弹特别是舰载防空导弹发展。控制面差动方案大多为电差动，很少采用机械差动。美国大多采用液压舵机，俄罗斯采用冷气舵机，法国采用电动舵机。一种是为控制执行系统单独提供能源的方式，另一种是全弹弹载辅助能源的综合利用的方式。

2）控制弹道工况

为使执行系统及其能源设计得经济、合理，必须从控制信号流与能源功率流两方面来综合研究系统的工况变动。其内容主要包括：控制面偏角运动规律及相应的负载力矩变化规律；执行系统动力特性与空气动力弹性；导引头天线角变化规律及相应的负载力矩变化规律；弹载电网负载电流、频率、电压随弹道变化的规律。上述这些参数均是控制弹道的函数，所以综合研究涉及总体、制导、控制、气动、载荷、气动弹性与结构等有关专业，只有大力协同、密切配合才能奏效。工况研究可采用数字计算，必要时可以与导弹飞行试验相结合。

3）总体论证与系统分析

导弹总体方案必要性论证是执行系统技术可行性分析的重要前提，执行系统技术可行性分析则是实施导弹总体技术要求的可靠保证。两者应该通力合作、交叉参与。既允许系统向总体提出“反要求”与“反建议”，也允许总体修改要求向系统提出技术攻关课题。只有做到有机结合，实行反馈控制的设计方法，才能获得最佳、最适用的系统方案。

3.5　防空导弹辅助能源系统

结合防空导弹控制执行系统设计方法，探讨防空导弹弹载辅助能源及其初级能源分类形式，分析典型实例。就导弹能源的单元与多元、单独设置与综合利用、分源与共源、恒功率与变功率、定量泵与变量泵、排泄式与循环式、初级能源类型等一系列重要问题进行阐述，取得方案选择的要点以及弹载辅助能源的预测。

随着防空导弹的发展，对弹载设备的小型化、轻便化的要求越来越高。就弹载电子设备而言，由于电子元器件所需的控制功率较小，问题相对容易解决；而对弹载辅助能源而言，由于气液机电设备所需的驱动功率很大，相应的发热、强度、材料等问题相对较难解决，其途径有加强弹道工况的研究，提出切合实际的能源要求，关键在于如何在弹载辅助能源的方案上进行合理配置与综合利用，尽量使方案具有最佳特性。

防空导弹弹载能源广义上应包括主能源(动力装置推进剂)和辅助能源(全弹电源、制导控制系统的能源以及动力装置推进剂输送系统增压能源等)两大部分，本节探讨弹载辅助能源方案配置和综合利用问题。

3.5.1 能源方案分类

1) 动力装置推进剂输送系统与执行系统能源的综合利用形式

(1) 冷气源。既用来增压液体火箭发动机推进剂储箱，又用来给控制执行系统冷气舵机供气。如苏联“萨姆 2”地空导弹系列如图 3-19 所示。

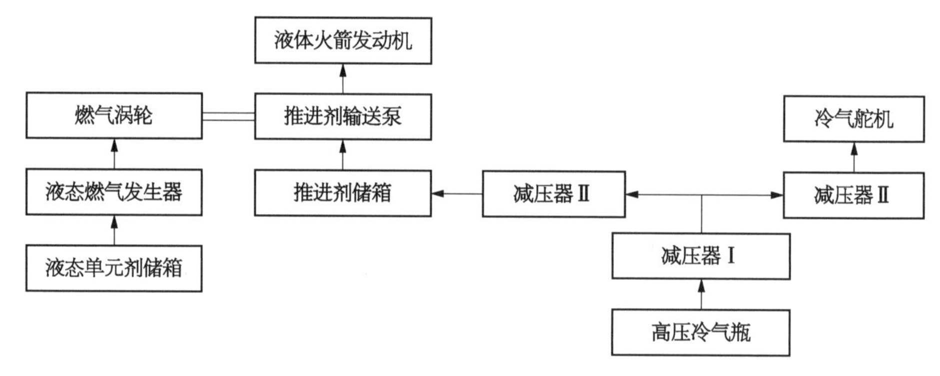

图 3-19 苏联“萨姆 2”地空导弹系列冷气源与燃气源共源配置图

(2) 燃气源。用液态单元剂(如 I.P.N 异丙基硝酸盐)分解产生的燃气经减压后增压冲压发动机燃油箱的挠性胶袋，同时驱动燃气电机液压泵给液压舵机供油。如英国“海标枪”舰空导弹如图 3-20 所示。

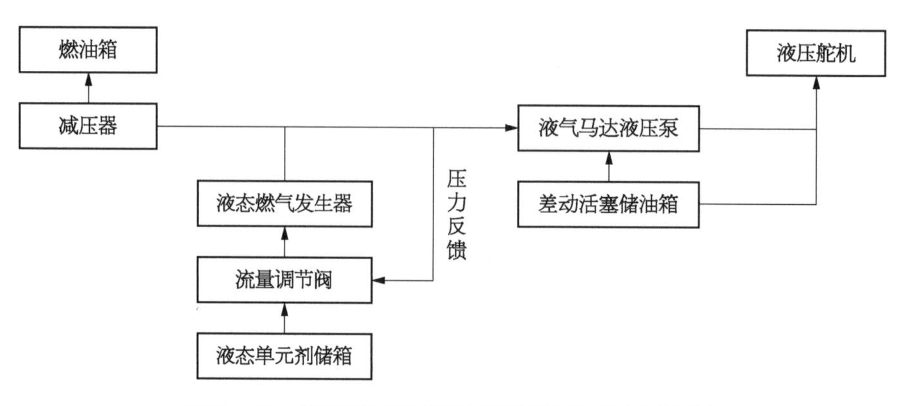

图 3-20 英国“海标枪”舰空导弹燃气源共源配置图

(3) 冲压空气源。来自冲压发动机进气道的高速冲压空气经冲压涡轮同时驱动燃油输送泵与液压泵，分别给冲压发动机供燃油，给液压舵机供液压油。它们常用于某些冲压发动机作动力装置的海防导弹或防空导弹，如图 3－21 所示。

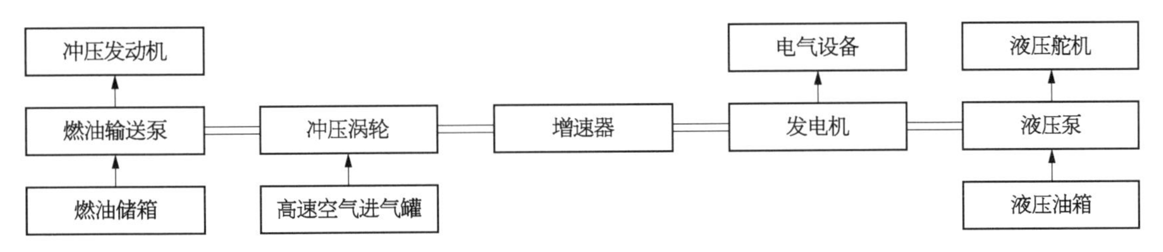

图 3－21　某型导弹冲压空气源共源配置图

2) 电源与执行系统能源的综合利用

(1) 直流电源。弹上电池既向电气设备又向电动舵机供电。如美国“尾刺”“标准”、法国“响尾蛇”等防空导弹如图 3－22 所示。

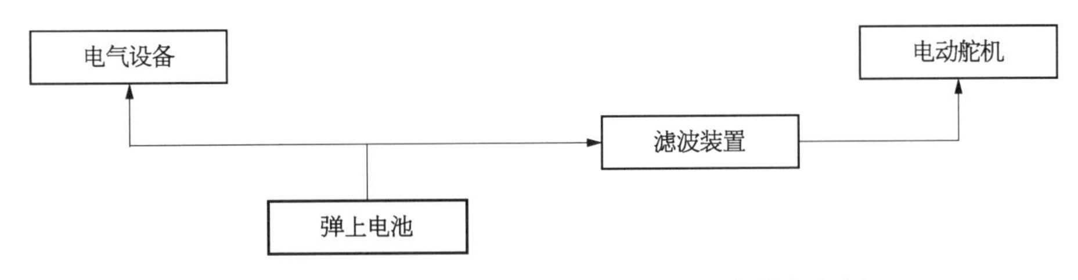

图 3－22　美国“尾刺”“标准”、法国“响尾蛇”全弹直流电源

(2) 交流电源。弹上涡轮发电机按其工质及驱动对象不同，可分为以下几类：

① 燃气涡轮同时驱动交流发电机与液压泵，如意大利“阿斯派德”三军通用防空导弹(图 3－23)。

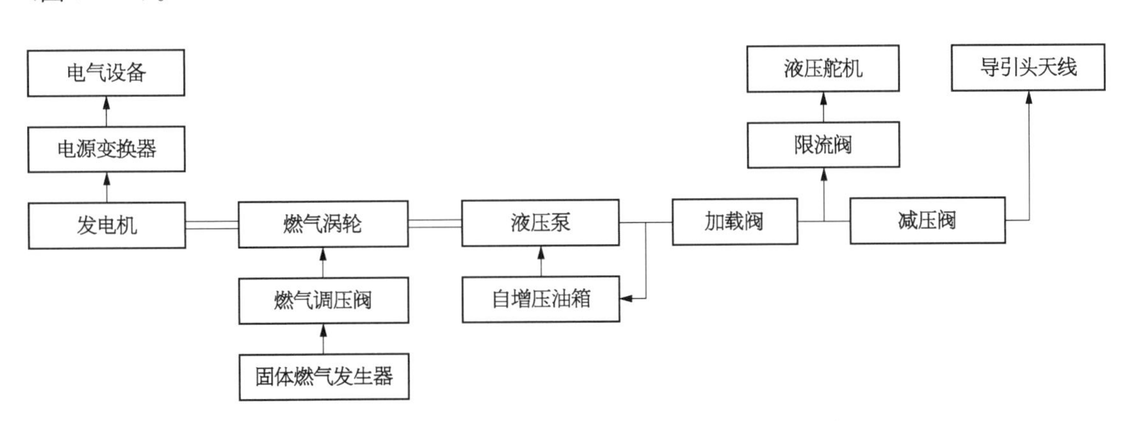

图 3－23　意大利“阿斯派德”燃气涡轮驱动交流发电机与液压泵

② 冷气涡轮驱动交流发电机，冷气又向舵机供气，如苏联“萨姆 3”“萨姆 6”地空导弹(图 3－24)。

③ 冲压空气涡轮既驱动燃油输送泵，又经增速后驱动交流发电机与液压泵。它们常用于某些冲压发动机作动力装置的海防导弹或防空导弹，如图 3－21。

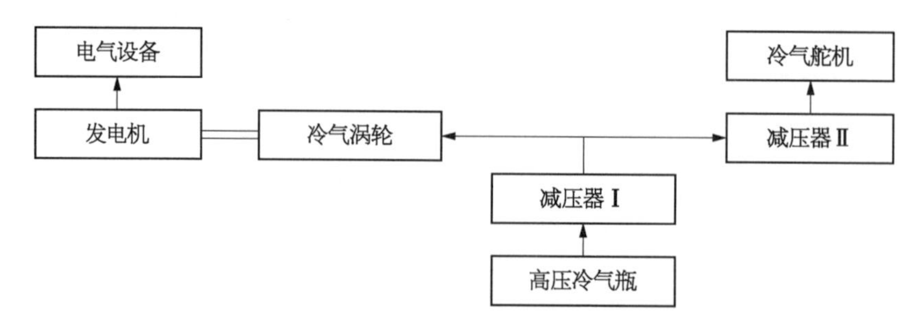

图 3-24　苏联“萨姆 3”“萨姆 6”冷气涡轮驱动交流发电机和气动舵机

3) 弹载辅助能源的配置形式

弹上能源有两种基本配置形式：共源与分源。共源通常与综合利用密切相关，分源也自有其具体条件限制，现按不同能源类型描述。

(1) 液压源。意大利“阿斯派德”导引头天线与自动驾驶仪舵机是共源的，如图 3-23 所示；而美国“麻雀”系列导弹却是分源的，导引头天线能源另用固体装药燃气增压的活塞式液压蓄油器，驾驶仪舵机则用高压氮气增压，带有气体减压器的胶囊式液压蓄压器，如图 3-25 所示。

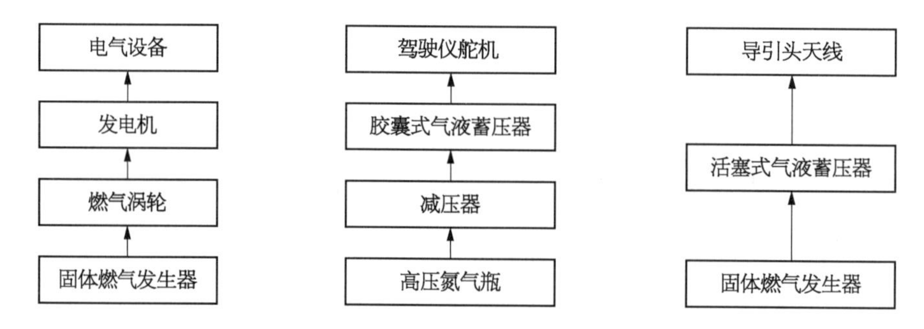

图 3-25　美国“麻雀”弹上能源的分源体制

(2) 燃气源。美国“小槲树”地空导弹驱动燃气涡轮发电机的燃气与向燃气舵机提供的燃气是共源的，如图 3-26 所示；而美国“麻雀”系列驱动涡轮发电机的燃气与导引头天线液压能源增压用的燃气则是分源的，如图 3-25 所示。

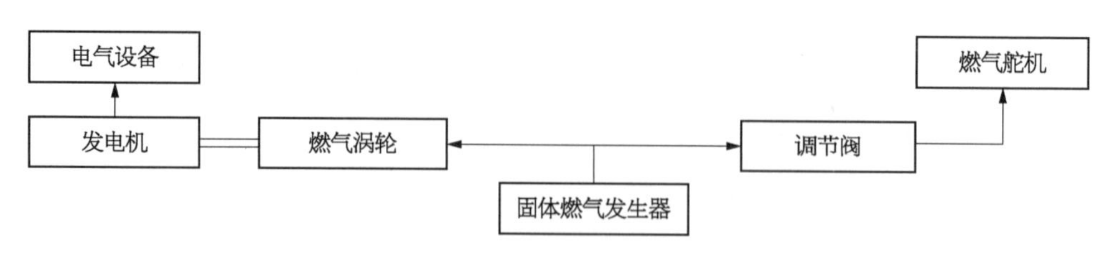

图 3-26　美国“小槲树”弹上能源的共源体制

(3) 冷气源。苏联“萨姆 3”“萨姆 6”所用的冷气涡轮发电机与冷气舵机是共源的，如图 3-24 所示；而分源的冷气在防空导弹上极少见。

(4) 电源。法国“响尾蛇”是共源的，弹上电池向全弹电气设备包括电动舵机在内统一供电，如图 3-22 所示；而美国“爱国者”则是分源的，即由专用电池对电动变量泵单独供电，如图 3-27 所示。

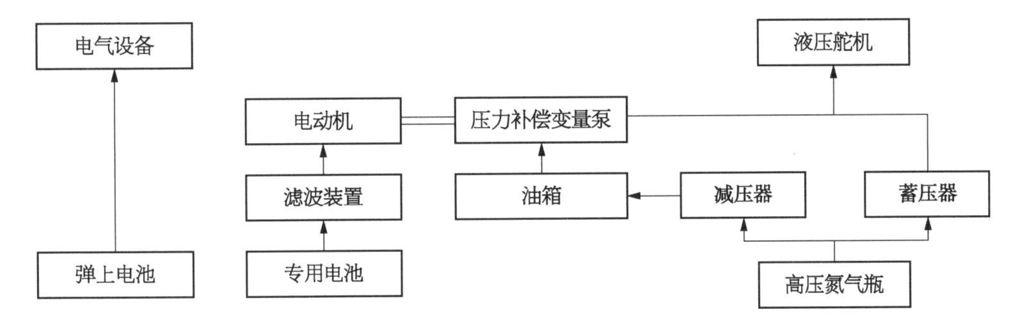

图 3-27　美国“爱国者”弹上能源的分源体制

(5) 单元剂。英国“海标枪”冲压发动机燃油箱熔压用的燃气和执行系统燃气电机液压泵驱动用的燃气是共源的，均是单元剂 I.P.N，如图 3-20 所示；而苏联“萨姆 2”系列的单元剂 I.P.N 所产生的燃气则专门用来驱动液体火箭发动机推进剂的输送泵，不用来对推进剂储箱进行泵前增压，如图 3-19 所示。

4) 弹载辅助能源及其初级能源的分类

(1) 按辅助能源工质元素分类。

① 多元化辅助能源，如：美国“爱国者”为电、气、液三元，分源式；意大利“阿斯派德”为燃、电、液三元，共源式；美国“小槲树”为燃、电二元，共源式；苏联“萨姆 3”“萨姆 6”为气、电二元，共源式。

② 单元化辅助能源，如法国“响尾蛇”、美国“标准”均为单元化，共源式。

(2) 按电液能源所采用初级能源工质分类。

① 固体燃气发生器所产生的燃气作为初级能源，如：美国“麻雀”系列的燃气涡轮发电机、燃气增压蓄油器；意大利“阿斯派德”的燃气涡轮驱动发电机-液压泵。

② 液态燃气发生器所产生的燃气作为初级能源，如：苏联“萨姆 2”系列的燃气涡轮推进剂输送泵；英国“海标枪”燃气电机液压泵。

③ 高压冷气作为初级能源，如：苏联“萨姆 3”“萨姆 6”的冷气涡轮发电机；美国“麻雀”系列的高压氮气增压蓄压器。

④ 冲压空气作为初级能源，如某些型号的冲击涡轮驱动交流发电机-燃油输送泵。

⑤ 电池作为初级能源，如美国“爱国者”直流电动机驱动压力补偿变量液压泵。

3.5.2　应用实例

1) 基本原则

(1) 弹载辅助能源与主能源(动力装置推进剂)之间、弹载辅助能源内部之间必须在满足导弹总体性能指标前提下进行一体化综合考虑，这是弹载辅助能源类型确定的前提。

(2) 从减轻重量、缩小体积、压缩能源种类、方便操作使用，使设计更经济合理来看，一般说来，只要条件许可，在不影响有关分系统(能源用户)工作性能的情况下，应尽量采用弹载辅助能源综合利用和共源式，这是弹载辅助能源方案选择的基础。

(3) 在有关分系统(能源用户)存在相关交连影响时，弹载辅助能源必须采取有效的技术措施来除去交连或改善交连情况，为综合利用及共源的实现创造条件。

(4) 如有特殊要求和限制(包括非技术因素在内)，弹载辅助能源只能考虑单独配置，采用分源方案。

2) 从美国“麻雀”系列到意大利“阿斯派德”的演变看弹载辅助能源的技术发展

美国“麻雀”系列弹载辅助能源中，电源(燃气涡轮发电机)、导引头天线液压能源(燃气增压活塞蓄油器)与驾驶仪舵机液压源(氮气增压胶囊蓄压器)三源分立，自给自足，如图 3-25 所示。这类自足式能源的优点是各能源完全独立，互不干扰，不存在能源间相互交连问题，功率与工况达到最佳匹配，装前检测方便，管路损失很小，能源自带，可靠性由部件保证。其缺点是部件自带能源造成重复设置，重量、体积、成本均不经济，各分系统能源间功率不能相互调剂，结构布局不甚合理。

意大利“阿斯派德”弹载辅助能源中，弹上电源(燃气涡轮发电机与加载阀)、驾驶仪舵机液压源(燃气涡轮液压泵与限流阀)与导引头天线液压源(燃气涡轮泵与减压阀)的初级能源均为固体装药燃气涡轮机，三源合一，综合利用，如图 3-23 所示。这类组合式能源的优点是重重、体积、成本均较经济，各分系统间功率在一定程度上可以相互调剂，结构布局较为合理。其缺点是分系统能源因初级共源各不独立，能源间易产生相互干扰，存在交连问题，必须采用隔离措施，使系统组成比较复杂，在一定程度上影响可靠性；另外，功率与工况不易达到最佳匹配，装前检测不便，管路损失较大。意大利“阿斯派德”弹载辅助能源不沿用其原型机美国“麻雀”系列独立分源排泄式旧体制而采用综合共源循环式新体制，其主要理由如下：

(1) 任务需要。这主要是指飞行时间增长，与美国“麻雀”系列相比，意大利“阿斯派德”固体火箭发动机增长后，其推力相应增大，再考虑载机初速，导弹最长工作时间达到 60 s，从弹载能源最佳工作带图来看，采用泵式液压循环体制较挤压式液压排泄体制更为合理。

(2) 现实可能。意大利“阿斯派德”能源系统设计师紧紧抓住弹载辅助能源综合利用与弹载设备小型化两点，在美国“麻雀”系列原有燃气发生器、燃气涡轮、交流发电机、燃气增压蓄油器等技术基础上，使燃、电、液、机有机结合，研制出集中统一的小型化电液能源组合，连同其他小而精巧的液压附件，不仅空间装得下，而且重量比独立分散的要小。

(3) 性能保证。这主要是对三个分系统之间交连采取一定的隔离措施以改善其交连情况，确保各自的性能，这些措施是：

① 为防止液压泵空载对发电机超转的交连影响，在液压泵出口处设置加载阀(或称阻遏阀)进行调控隔离，利用泵出口压力反馈，减小加载阀开口，阻遏进入液压系统的流量，节流升压对泵进行加载，避免涡轮空载飞转，确保发电机的转速、频率与电压不超限。

② 为防止驾驶仪液压舵机大流量工作时对导引头天线液压伺服系统随动速度的交连影响，在液压系统与分支交接处设置限流阀进行调控隔离，利用压力差负反馈减小限流阀开口，限制进入舵机的流量，确保导引头天线随动速度以便瞬时快速搜索或跟踪目标。

3) 液态单元剂在苏联“萨姆 2”与英国“海标枪”上的应用

苏联“萨姆 2”系列液态单元剂(异丙基硝酸盐)作为液体火箭发动机推进剂输送系统(要求低压大流量)设置的专用辅助能源，从储箱经液态燃气发生器分解产生的燃气驱动涡轮机同轴带动氧化剂泵与燃烧剂泵，向液体火箭发动机燃烧室提供推进剂。涡轮机的起动是靠火药起动筒，它是一个小型的、短时工作的固体装药燃气发生器。

英国“海标枪”的液态单元剂(I.P.N)分解产生的燃气作为初级能源是两个系统共用的，如图 3-20 所示。一路输向自动驾驶仪的液压舵机系统，另一路经减压器增压冲压发动机燃油箱。其主要供给对象为前者，图中燃气电机液压泵向液压舵机供油(要求高压小流量)，该直线往复电机泵实质上是一种以行程为周期，由燃气液压联动分配阀控制，同时具有燃气压力补偿的、能连续工作的、可变流量输出的燃气增压液压蓄油器，它具有效率高、响应快(惯量小、加速性好)、可靠(无旋转部件)以及起动时间短等一系列优点。另有差动活塞式储油器，既作燃气电机液压泵的泵前增压供油以防气蚀，又作系统泄漏的容积补偿和温度补偿，实质上是一种具有双重补偿能力的自身增压油箱。该辅助能源系统采用控制执行系统和动力输送系统公用的共源式体制。其主要特点如下 ：

(1) 随弹道工况变动能变流量输出。其主要是通过燃气压力反馈，由流量调节阀对液态单元剂(I.P.N)流量进行自动调节与弹道工况变动相匹配。

(2) 整个系统需用总功小、油量少、系统温升低。由于初级能源与弹道工况相匹配的变流量输出，不存在恒流量输出需经溢流阀旁路溢流引起的油液发热温升，实际油量仅 355 mL 左右，最大动力射程远达 80 km。

(3) 初级能源装置复杂，单元剂装填使用不便且毒性较大是该体制的缺点，在具体选择时必须充分考虑工况条件、弹道控制措施及能源综合利用等方面有关问题统筹权衡利弊后确定。

4) 弹载涡轮发电机的调控方法

采用涡轮发电机作为电源的优点是功率重量比大、测试检查方便，易实现弹载辅助能源综合利用与共源方案。为保证交流发电机输出稳定的频率与电压，需对涡轮的转速进行一定的限制。对涡轮发电机转速调控的方法很多，现举例如下：

(1) 在与发电机同轴驱动液压泵系统中设置液压加载阀(或阻遏阀)，防止液压泵空载对发电机超转的交连影响，如前所述的意大利“阿斯派德”燃气涡轮发电机。

(2) 在发电机中设置涡流阻尼盘，利用涡流阻尼与转速成正比的原理来稳定转速，如美国“海麻雀”燃气轮发电机。

(3) 在发电机中设置离心调速器，利用离心节流与转速的关系控制进气量来稳定转速，如苏联“萨姆 3”“萨姆 6”的冷气涡轮发电机。

5) 弹载辅助能源方案选择的要点

(1) 单元与多元。冷气能源刚性差，气瓶结构尺寸大及环境温度效应影响大，而液压能源尽管刚性好，功率大及控制特性硬，但它装置复杂，能源多元，使用维护不便。至于电源，国际上有关专家认为，电池驱动导弹控制面的相对性能(尤其可靠性)比液压气动系统高。因此，从战术使用维护及可靠性角度考虑，最好采用单元化弹载辅助能源。唯一方案是弹载热电池或高效电池，如美国“标准”舰空导弹、“尾刺”便携式地空导弹与法国“响尾蛇”野战防空导弹均由弹载电池统一对包括电动舵机在内的弹载电气设备提供电源。当然，从战术技术性能与综合利用角度考虑，若必须采用其他工质舵机，则不论冷气、燃气与液压舵机均属多元化弹载辅助能源的范畴。

(2) 单独设置与综合利用。前提是导弹动力装置、控制执行与电源的方案及其组合形式。只有采用液体火箭发动机或冲压发动机方案时，才有可能考虑控制执行系统与动力输送系统的辅助能源进行综合利用。也只有采用非电动舵机或初级能源采用气体(燃气或冷气)，同时弹上电源采用涡轮发电机时，才有可能考虑控制执行系统与全弹电源进行综合利用。作为辅助能源最大限度综合利用的典型例子，英国早期的“海参”舰空导弹利用液态单元剂异丙基酸盐(I.P.N)生产的燃气，既增压液体火箭发动机两推进剂储箱，又驱动涡轮同时带动推进剂输送泵、控制执行系统液压泵与交流发电机。反之，若采用固体火箭发动机方案时，则不存在与动力输送系统辅助能源的综合利用问题，若为了避免分系统之间能源性能交连、电磁干扰与结构限制等，则采用辅助能源单独设置的方案。作为这方面的两个典型例子是：① 美国“波马克”由两个独立电池分别供给电动变量液压泵的电源及弹上电源(交流通过交流机提供)；② 美国“海麻雀”分别由两个独立的固体装药发生器产生的燃气分别驱动涡轮发电机向全弹供电与增压液压蓄油器向导引头天线供油。

(3) 综合利用的得与失。关于辅助能源综合利用的利弊得失分析，既要考虑正面效果，又要考虑负面影响。以燃气涡轮电液能源方案为例，其正面效果是明显的，而其负面影响则往往易被忽视。这些可能产生的负面影响有：

① 电源与液压回路之间、共源液压回路之间的性能交连及为此而采取复杂的改善措施在一定程度上影响其相对可靠性。

② 电源与液压回路、共源液压回路以及各回路单独改进及其试验维护的“相悖性”以及为此所作的交叉协调往往使通用性变得折中平庸。

③ 燃气涡轮排气口背压随导弹飞行高度与攻角变化的影响会引起能源输出功率与发电机频率有相当范围变化，在一定程度上限制了适用性。

(4) 分源与共源。分源是指分系统自足式能源，与单独设置一样，它可按自身工况进行最佳功率匹配设计，不存在能源交连干扰，设备安装、性能改进、试验维护均具有较大的灵活性。共源通常与综合利用密切相关，并且需具备一定的条件，如各分系统间能源的“相容性”、结构安装的可能性等。另外，还与传统设计的继承性、研制技术的成熟性有关。美国防空导弹辅助能源设计就有单独设置与分源的传统，除早期的“波马克”外，近期的“爱国者”也如此，为防止驱动变量液压泵的电动机对弹上设备产生的射频干扰，它的电源与弹上电源是分开的，并在相关电路上配有特殊的滤波器。再如美国“海麻雀”导引头与驾驶仪的液压能源也是分源的，而意大利“阿斯派德”则是共源的。

(5) 恒功率与变功率。这是对控制执行系统能源来说的，与导弹控制弹道工况相匹配是它设计选择的基本准则。“匹配”的含义通常指“包容”，作为特例的“重合”就是“适应”。与“包容”“重合”相对应的是“恒功率”与“变功率”。从弹道工况考虑，对小型导弹及负载循环百分比高的导弹，大多采用恒功率能源，如美国“小槲树”、苏联“萨姆 7”、英国“海狼”的燃气执行系统，既简单合用，又降低成本。对较大导弹及负载循环百分比低的导弹，由于全空域弹道工况变动大，优先采用与弹道工况变动相适应的变功率能源，如美国“爱国者”电池电动变量泵液压系统、英国“海标枪”燃气电机变量泵液压系统。对于中型导弹及中等负载循环百分比的导弹，则两种体制都有，既有恒功率的意大利“阿斯派德”燃气涡轮泵液压系统，又有变功率的美国“海麻雀”氮气增压蓄油器液压系统。鉴于历史原因传统风格，一些大弹如苏联“萨姆 2”“萨姆 3”“萨姆 6”冷气系统仍采用恒功率体制。

(6) 定量泵与变量泵。这两种均用于循环式液压系统，分别与恒功率及变功率相对应，是该两种体制的关键液压部件。通常，定量泵与燃气涡轮联用，并配有液压阀，不一定设置蓄压器(视工况匹配情况而定)，属定压恒流量体制；变量泵与直流电动机或燃气电机联用，并配有较大蓄压器以补充瞬时峰值流量的不足，因采用压力补偿式变量泵，故不需要液压定压阀，属定压变流量体制。两种体制均需设置液压安全阀以保安全溢流。

(7) 排泄式与循环式。这两种均对液压源而言。因为燃气源、冷气源与电源均属排泄式，工质都是一次使用不回收。排泄式基本型为气体(燃气或冷气)增压蓄油器，结构简单，加速性好，常用于工作时间不太长、工况变动较急剧的导弹。循环式随初级能源不同有三种常见的基本类型：固体火药的燃气涡轮定量泵、液态单元剂(流量可控)的燃气电机变量泵以及电池的电动变量泵。从控制执行系统及其能源的"重量-功率-时间"优选工作带来看，其液压能源适用性方案分别为：① 近程为燃气或冷气增压蓄油器排泄式液压能源；② 中近程为燃气涡轮定量泵循环式液压能源；③ 中远程为电池电动变量泵循环式液压能源；④ 中远程冲压式发动机为燃气电机驱动变量泵的循环式液压能源。

(8) 初级能源。

① 燃气增压与冷气增压。液体火箭发动机或冲压发动机的推进剂输送系统增压方式主要取决于传统的设计思想，苏联惯用冷气(空气)增压(如"萨姆 2")，英国惯用燃气(液态单元剂分解)增压(如"海参""海标枪")。导引控制执行系统的液压蓄油器或蓄压器增压方式主要取决于供油流量与压力等级，小流量、低压采用燃气增压，如美国"麻雀"系列导引头的燃气增压液压蓄油器；大流量、高压采用冷气(氮、氦)增压，如美国"麻雀"系列驾驶仪的氮气增压液压蓄压器，又如美国"爱国者"驾驶仪的氦气同时向液压蓄压器与液压油箱增压。就安全可靠性而言，气体化学稳定性序列依次为氦气、氮气、空气。

② 燃气驱动与冷气驱动。对推进剂输送系统的涡轮泵，通常采用燃气驱动；对涡轮发电机，两种驱动方式都有。前者较后者功率大、工效高。苏联在传统上较多采用冷气轮机与冷气舵机综合利用，如"萨姆 3""萨姆 6"；美国在传统上较多采用燃气轮机(如"麻雀"系列)，或燃气轮机与燃气舵机综合利用(如"小槲树")。对控制执行系统的液压泵，通常采用燃气驱动并进行辅助能源综合利用。英国在传统上较多采用燃气驱动涡轮或电机泵、发电机，同时向推进剂储箱增压，如"雷鸟""海参""海标枪"；意大利继承英国"雷鸟"的方案使"阿斯派德"燃气涡轮电液能源组合获得很大的成功。

③ 固体装药燃气与液态单元剂燃气。从控制执行系统的要求来看，前者适用于负载循环百分比较高、工作时间不太长、燃气流量不可调的恒功率输出能源，如意大利"阿斯派德"；后者适用于负载循环百分比较低、工作时间较长、燃气流量可调的变功率输出能源，如英国"海标枪"。固体装药燃气发生器的突出特点是成本低、结构简单、可靠性高、功率重量比大，可同时驱动涡轮发电机与液压泵。液态单元剂尽管流量可调，但装置复杂、成本较高，若单独设置则是不经济的。

④ 燃气涡轮与燃气电机。它们系液压循环系统的两种燃气驱动装置，分别与固体燃气恒功率体制与液态燃气变功率体制相匹配，是该体制主要驱动部件。通常，燃气涡轮与交流发电机、液压定量泵联用，设有燃气安全阀与过滤器，属恒流量体制；燃气电机与液压变量泵组合成燃气电机液压变量泵，不设燃气安全阀与过滤器，属变流量体制。

⑤ 电源。燃气涡轮发电机与早期的化学电池相比，其主要优点是在重量与尺寸方面具有较大的比功率且不需要庞大的变流机。自从有了高可靠性、大比功率的银锌电池与精巧的换流器后，燃气涡轮发电机就相对逊色了。随着高效热电池与先进换流器的出现，调控装置较复杂、实际可靠性不太高的燃气涡轮发电机将逐步被取代。

⑥ 冲压空气。其仅适用于冲压发动机作动力的导弹，且要进行综合利用。

防空导弹弹载辅助能源方案典型示例见表 3-11。

表 3-11 防空导弹弹载辅助能源方案典型实例

序号	国家	型号	类型	主动力	舵机	辅助能源/初级能源	特 点
1	苏联	萨姆 2	中高空	液体火箭发动机	冷气	电源：化学电池 燃气源：液压单元剂，驱动燃气涡轮泵输送推进剂 冷气源：压缩空气，增压推进剂储箱，向Ⅰ、Ⅱ机舵机供气	多元，综合利用，恒功率，排泄式
2		萨姆 3	中低空	固体火箭发动机	冷气	冷气源：压缩空气，驱动空气涡轮发电机，向Ⅰ、Ⅱ机舵机供气	多元，综合利用，恒功率，排泄式
3		萨姆 6	中低空	固冲发动机	冷气	冷气源：压缩空气，驱动空气涡轮发电机，向Ⅰ、Ⅱ机舵机供气	多元，综合利用，恒功率，排泄式
4	美国	尾刺	超低空便携式	固体火箭发动机	电动	电源：热电池，向全弹电气设备(含电动舵机)供电	单元，综合利用，共源，变功率，排泄式
5		小槲树	低空	固体火箭发动机	燃气	燃气源：固体装药发生器，驱动燃气涡轮发电机，向舵机供气	多元，综合利用，共源，恒功率，排泄式
6		麻雀	中低空	固体火箭发动机	液压	电源：固体装药发生器，驱动燃气涡轮发电机 燃气源：固体装药发生器燃气增压蓄油器，向导引头天线供油 冷气源：氮气，增压蓄压器，向驾驶仪舵机供油	多元，单独设置，分源，变功率，排泄式
7		标准	中程舰空	固体火箭发动机	电动	电源：热电池，向全弹电气设备(含电动舵机)供电	单元，综合利用，共源，变功率，排泄式
8		爱国者	中远程	固体火箭发动机	液压	电源：一个电池向发电机供电，驱动变量泵向舵机供油；另一个电池向弹上其他电气设备供电 冷气源：氦气，向油箱泵前增压，向气液蓄能器充气	多元，单独设置，分源，变功率，循环式
9	英国	海标枪	中程舰空	冲压发动机	液压	电源：热电池 燃气源：液态单元剂，燃气增压燃油箱，同时驱动燃气电机变量泵，向Ⅰ、Ⅱ机舵机供油	多元，综合利用，共源，变功率，循环式
10	法国	响尾蛇	低空	固体火箭发动机	电动	电源：电池，向全弹电气设备(含电动舵机)供电	单元，综合利用，共源，变功率，排泄式

续　表

序号	国家	型号	类型	主动力	舵机	辅助能源/初级能源	特　点
11	意大利	阿斯派德	中低空三军通用	固体火箭发动机	液压	燃气源：固体装药发生器，向涡轮供燃气，同时驱动发电机与液压泵，分别向全弹供电，向液压舵机和导引头供油	多元，综合利用，共源，恒功率，循环式

3.5.3　本节小结

防空导弹弹载辅助能源的发展趋向取决于防空导弹及其有关分系统的发展趋向。现代防空导弹的主要发展趋向是动力固体化、制导双模化（雷达、红外）、导引头主动化（主动雷达）、引信激光化、控制双重化（空气动力与推力矢量）、传输数字化、执行电动化、电源电池化（大量采用热电池与换流器）、发射简捷化（倾向采用箱式垂直发射方式或发射后不管式发射方式）。这些就是防空导弹弹载辅助能源发展的大背景与大前提。科学技术的飞速进步与历史传统的巨大惯性，展望防空导弹弹载辅助能源领域的未来，仍将是百花齐放、推陈出新、有所适应、有所侧重的共存局面，而非大一统局面。

（1）随着防空导弹发动机的固体化，在很少采用冲压发动机、几乎不采用液体火箭发动机的情况下，从导弹主推进系统中获取所需辅助能源的方法用得越来越少，几近消亡。控制执行系统与动力输送系统驱动与增压的综合利用，包括从进气道引入高速冲压空气增压驱动，如苏联“萨姆 2”、英国早期“海参”“海标枪”等，已不再是防空导弹辅助能源的发展方向。

（2）对中程防空导弹而言，采用固体燃气发生器与涡轮作为初级能源的电液能源组合，电源向全弹供电，液压源为驾驶仪与导引头共用的意大利“阿斯派德”是弹载辅助能源综合利用与液压共源的成功典范。它代表该类型防空导弹弹载辅助能源当前发展的最高水平。现代防空导弹对辅助能源的性能要求越来越高，能源综合利用的适用性将越来越受到限制。

（3）对小型野战防空导弹与较大型舰空导弹，随着高效热电池、先进电动舵机的出现，为方便作战使用与提高工作可靠性，大多采用单一电源方案，实现弹载辅助能源单元化。如法国“响尾蛇”、美国“尾刺”与“标准”等，从其潜在优势来看，由于无需复杂的初级能源及电液、气液多元化的能量转换以及由此带来的能量损失，因此它的应用将逐步扩大到整个防空导弹领域。

（4）对中远程防空导弹，目前循环式液压能源仍占传统优势，随着相关技术的发展，电池-电动机-液压变量泵-蓄压器体制（如美国“爱国者”）已取代该空域的固体燃气发生器-涡轮-液压定量泵-定压阀体制（如英国“雷鸟”）和液态燃气发生器-电机-液压变量泵-自增压油箱体制（如英国“海标枪”）。它潜在的主要竞争对手将是电池直接驱动舵机的单元化能源。

（5）对中小型防空导弹推力矢量控制或垂直发射防空导弹，固体燃气能源-燃气舵机与燃气控制仍有相当潜力。燃气系统由于中间没有复杂的能量转换机构，因此系统简单可靠，如美国“小槲树”、英国“海狼”、苏联“萨姆 7”“道尔”均采用固体燃气源直接驱动燃气舵。燃气推力矢量控制一例是德法联合研制的“罗兰特”，通过对称安装在发动机喷管周围的两个喷流偏转器来实现自旋稳定导弹的单轴控制。垂直发射燃气控制一例是苏联“道尔”，由固体装药产生的高压燃气经舱体孔进入空气舵内，再利用空气舵表面(左或右)喷射产生的反作用力进行垂直冷发射导弹的姿态控制，完成倾斜拐弯与弹道交接，由另一固体装药产生的中压燃气通过燃气舵机操纵空气舵相应偏转(向左或右)至某固定偏转角来实现燃气力的方向控制。

(6) 传统的影响是根深蒂固的，在相当一段时期内，对中小型防空导弹来说，苏联的冷气源以及冷气涡轮发电机、美英的排泄式或循环式液压源以及热电池、法国的电源单元化仍然是它们各自改进型号与后继型号弹载辅助能源的主要类型。

(7) 弹载辅助能源是防空导弹研制中值得花费大力气精心研究的重要项目，其方案选择适当与否直接影响导弹有关分系统以致整个导弹的成败，必须认真对待。方案选择不仅取决于防空导弹总体对能源的自身性能要求，而且在很大程度上取决于其他分系统，如控制系统、导引系统、电气系统、动力系统、发控系统及其环境条件，因此方案选择工作必须要与有关分系统同步地交叉进行。重量与空间是方案选择的基本问题。就辅助能源而言，提高机械效率、减少能量损失则是达到上述目的的重要手段，其主要途径是优化系统组合与研究先进元器件。

3.6 飞行器燃气涡轮泵液压能源应用技术

3.6.1 燃气初级能源的应用

在导弹控制执行系统中，燃气技术应用广泛，除了燃气伺服机构及其能源外，主要作为导弹液压系统的初级能源，直接增压液压油箱或通过涡轮、电机间接驱动液压油泵，前者属于挤压式液压系统，后者则属于循环式液压系统。燃气作为初级能源，应用于战术防空导弹的循环式液压系统，可分为两类：一类是较常见的燃气涡轮定量泵(图 3-28)；另一类是较少见的燃气电机变量泵(图 3-29)。

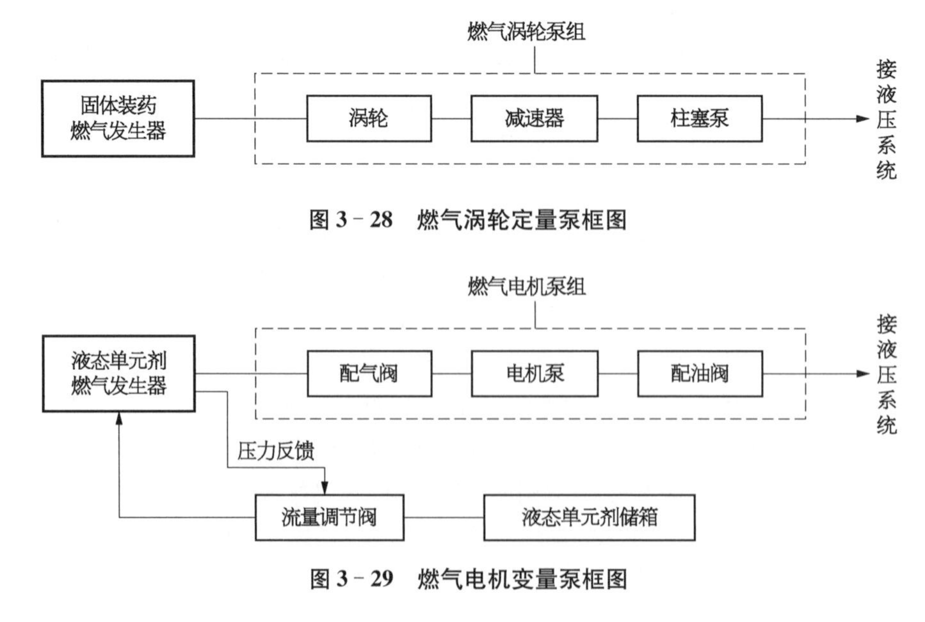

图 3-28 燃气涡轮定量泵框图

图 3-29 燃气电机变量泵框图

燃气涡轮泵通常采用固体装药燃气发生器，液压柱塞泵是定量泵。其优点是组成简单、使用方便，适用于弹道工况较复杂、负载循环百分比较高、平均功率较大、工作时间不太长的液压伺服机构。缺点是恒功率输出，燃气参数不可调节。对弹道工况较轻、负载循环百分比较低、平均功率较小、工作时间较长的液压伺服机构则不经济，大量剩余功率转换成系统发热浪费。意大利三军通用的“阿斯派德”防空导弹采用此方案。

燃气电机泵通常用液态单元剂燃气发生器，燃气电机泵是变量泵，这种燃气驱动的直线(往复)电机泵，实质上是一种以行程为周期、连续工作的燃气增压蓄油器。它具有效率高、响应快(惯量小、加速性好)、可靠(无高速旋转部件)以及起动时间短等优点。工作时，液态单元剂分解产生的燃气驱动电机泵向液压系统供油，负载工况的变化通过燃气压力反馈由流量调节阀对液态单元剂流量进行自动调节。其优点是变功率输出，输出功率与负载功率相匹配，适用于弹道平滑、负载循环百分比与平均功率小、工作时间长的液压伺服机构。缺点是组成复杂、使用不方便，液态单元剂有一定毒性，单独使用成本较高。英国海军使用的“海箭”舰空导弹就采用此方案。

应该指出，燃气电机泵方案即使在国外也属罕见，这是由于应用此方案是有条件的。这些条件包括：① 工作时间足够长；② 要求弹道平滑，负载循环百分比和平均功率尽量小；③ 液态单元剂产生的燃气能在全弹辅助能源中得到综合利用；④ 有成熟的技术与经验。

3.6.2 燃气涡轮泵的应用

燃气涡轮泵具有组成简单、使用方便、可靠性高等优点，在国内外获得广泛应用。战术防空导弹的燃气涡轮泵分为两类：一类是带蓄压器、气体增压油箱，燃气部分不带燃气溢流阀(图 3-30)；另一类是带燃气溢流阀、液压加载阀、限流阀和自增压油箱(图 3-31)。

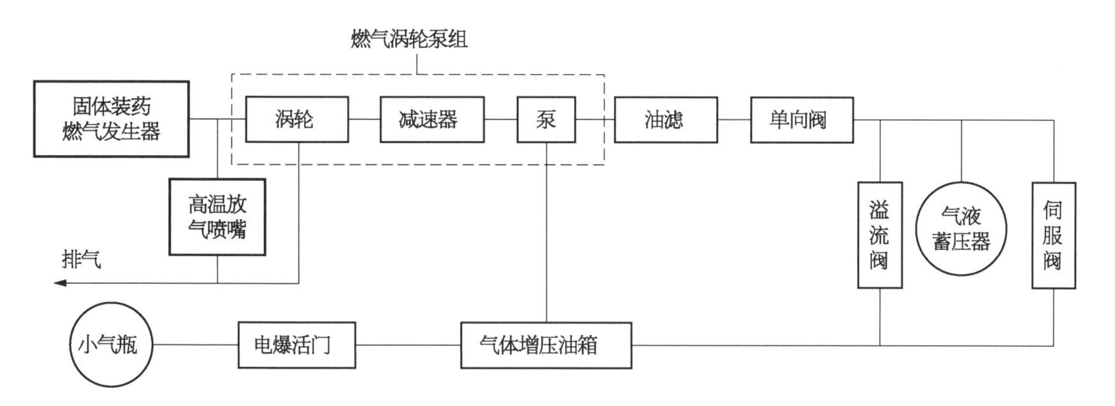

图 3-30　带燃气喷嘴和气体增压油箱的燃气涡轮泵框图

图 3-30 所示为带燃气喷嘴和气体增压油箱的燃气涡轮泵系统。其优点是组成简单，液压系统引入蓄压器后压力恒定，除能吸收系统液压冲击和平稳泵的压力脉动外，还能向系统提供较大的瞬时补充流量，在发射时采用电爆活门控制小气瓶向油箱增压的方案解决了油箱在长期存放条件下气、油的泄漏问题。其缺点是使用不方便，需要向蓄压器与小气瓶供气，高温环境下临发射前需换装适合气候条件的放气喷嘴给燃气发生器溢流卸压，增加勤务操作的内容和时间，由于不带燃气溢流阀和液压加载阀，在伺服阀空载时，涡轮泵可能会有短时间的超转。该系统适用于系统压力恒定要求较高、瞬时舵偏速度要求较高、技术阵地备有气源装置、

勤务处理条件较好以及涡轮泵有一定超转能力的液压系统。我国某型垂直发射飞行试验器即采用带蓄压器燃气涡轮泵方案。

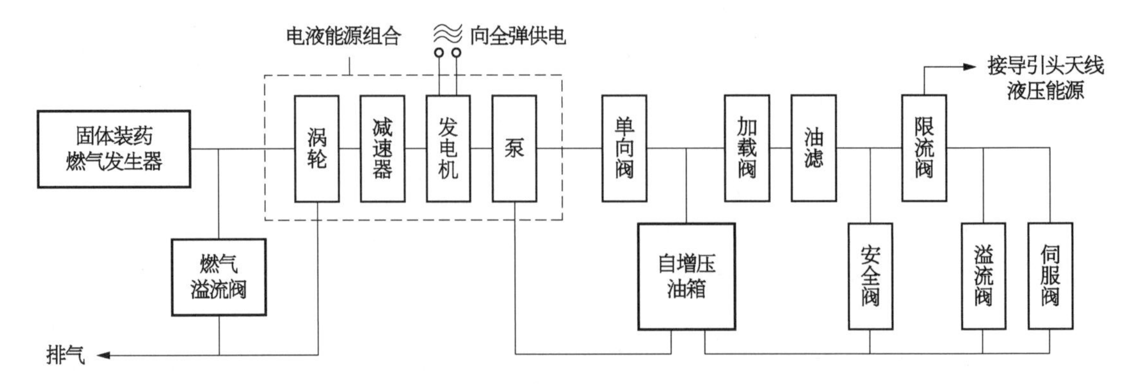

图 3-31　带燃气溢流阀和自身增压油箱的燃气涡轮泵系统框图

图 3-31 所示为带燃气溢流阀、液压加载阀和自身增压油箱的燃气涡轮泵系统。其优点是燃气发生器压力控制稳定，勤务处理简单，在伺服阀空载时，涡轮不会出现超转；涡轮同轴驱动发电机和液压泵向全弹提供电源和液压能源，使弹上辅助能源得到综合利用。其缺点是没有蓄压器，压力不够恒定，不能提供较大的瞬时补充流量。该系统适用于系统压力恒定要求与瞬时舵偏速度要求均不高、技术阵地不备有气源装置、勤务处理条件较差以及涡轮泵基本上不具有超转能力的液压系统。意大利三军通用的"阿斯派德"防空导弹即属于带燃气溢流阀、自增压油箱的燃气涡轮泵方案。

值得注意的是，没有蓄压器的循环式液压系统，国内外均不多见，除英国"海箭"与意大利"阿斯派德"外，基本上都有蓄压器，连美国"爱国者"电动变量泵液压系统都带有一个很大的气液蓄压器。不带蓄压器是有条件的：① 电液伺服阀工作压力允许有一定范围的波动；② 控制系统对舵偏速度要求不高，基本上不要求系统提供瞬时补充流量；③ 采用高压反馈自增压油箱可以起到一点蓄压器的作用；④ 要求液压系统设计者进行综合性的最佳设计，合理确定工况参数，并对弹道选择与控制系统设计提出建设性的反要求。

国外在先进导弹设计过程中，为了研究弹道工况做了大量的工作。美国为研究"爱国者"防空导弹的飞行控制特性以及导弹对典型工况的适应能力，不惜代价地专门发射了操纵系统试验飞行器。为减小舵面铰链力矩，大多数西方国家都允许舵面反操作，"爱国者"的反操纵力矩竟高达正操纵力矩的 80%。控制系统设计者对舵偏速度都采取比较现实的态度，考虑到有源网络的影响，尽量缩减舵系统其他环节的时间常数，而尽量放宽舵机的时间常数，尽管伺服阀频带很宽，但实际上为防止电子噪声和其他干扰信号传到负载而影响系统正常工作，甚至引起系统不稳定，都选用较窄的频带，舵偏速度也降低到控制系统能容忍的极限。英国"海箭"舰空导弹为了提高飞行控制性能和改善弹道工况程度，不单是操纵、动力两个系统共用的液态单元剂，更主要的还包括冲压发动机的燃料消耗在内，对控制弹道采用变系数的分段跟踪：初中段采用松跟踪、大导引系数，接通超低通的中段滤波器；末段采用紧跟踪、小导引系数，关闭超低通中段滤波器。意大利"阿斯派德"防空导弹除采用变系数分段跟踪外，还对高度、速度和导弹与目标接近速度等飞行参数进行自动调节，改善了舵偏变化规律，从而也改善液压系统的工况。这些技术措施的实现都为最佳、最经济、最接近实际弹道工况的液压系统设计技术的应用创造了条件。

3.6.3　燃气涡轮泵液压系统工作区域

燃气涡轮泵具有起动迅速、比功率高、使用方便、可靠性好、易实现弹上辅助能源的综合利用的特点，适用于高负载循环百分比、工作时间为中等以上的战术防空导弹，目前在国内外已得到广泛应用。但它并不是唯一的理想方案，从液压系统工作带（图 3－32）来看，可供选择的方案尚有其他三种，包括工作时间短时采用气体增压蓄压油箱，工作时间长时采用电池电机变量泵（图 3－33）。

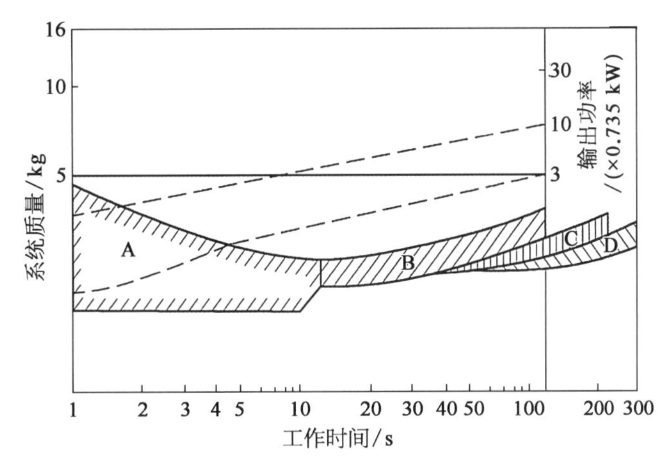

A—气体增压蓄油器；B—燃气涡轮定量泵；C—电池电机变量泵；D—燃气电机变量泵

图 3－32　液压系统工作区域

液压系统工作区域是以工作时间为横坐标、系统质量为纵坐标，由一系列等功率曲线组成的图形，主要供总体与系统进行方案论证时分析参考。图示为质量工作带，同样也可列出体积、成本和可靠性的工作带。应该说明：图示各类方案中，仅单元剂燃气电机泵考虑了弹上辅助能源综合利用。

从图 3－32 可知，不同战术防空导弹液压系统相应的优选方案分别如下：① 近程为气体增压蓄油器；② 中近程为燃气涡轮定量泵；③ 中远程为电池电动变量泵；④ 中远程冲压发动机型为燃气电机变量泵。

图 3－33 所示为美国“爱国者”防空导弹的电池电动变量泵液压系统。电池采用高电流密度、高电压银锌电池；电机采用特殊设计的直流复激全闭防爆式电动机，并配有射频干扰滤波器；变量泵采用轴向柱塞式压力补偿变量泵；气液蓄压器与气体增压油箱用专门的氦气瓶增压，临发射前由电爆活门控制；液压安全阀用于稳定系统压力安全溢流。设计者保证在总体给出的五条典型弹道时，随着弹道工况要求不同，液压系统功率能自动匹配。当导弹突然机动时，系统负载流量猛增，系统压力陡降，压力反馈使变量泵斜盘偏转到最大位置，提供最大流量，与此同时蓄压器迅速提供瞬时补充流量，保证舵面快速偏转；当导弹不作机动时，系统负载流量极小，系统压力上升，压力反馈使变量泵斜盘偏转到较小位置，提供较小流量补充伺服阀的泄漏、伺服噪声以及向蓄压器充油储存。这样使电池耗电量大大减少，仅在导弹作最大机动时才使用大的电功率，从而避免了采用定量泵恒流路旁溢流带来的系统发热、油箱温升等问题。电动变量泵方案适用于低负载循环、长时间工作的战术防空导弹。

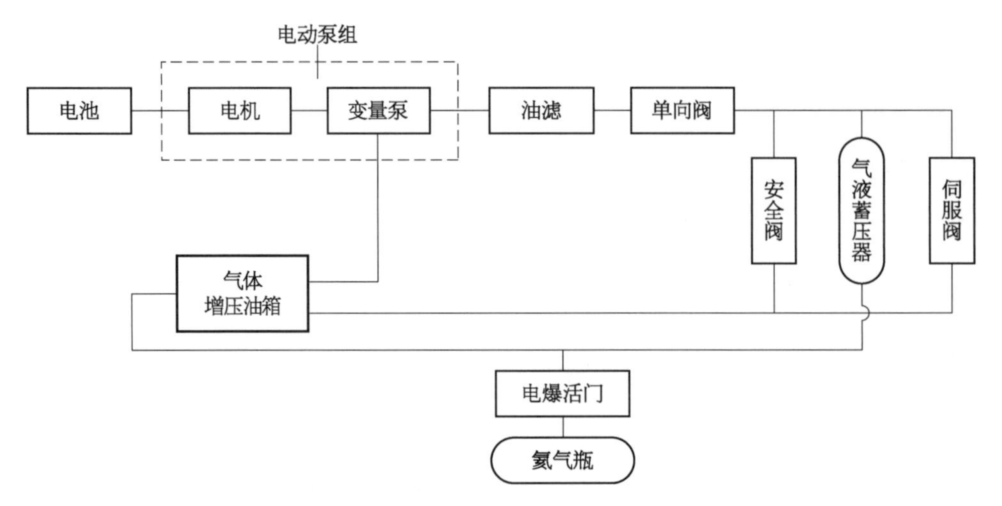

图 3-33　美国“爱国者”防空导弹的电池电动变量泵液压系统框图

电动变量泵的最大特点是能实现能源与弹道工况的自动匹配，最大缺点是仍需要供气和电池质量太大。至于工作时间是个有争议的问题，国外有些专家认为它一般不适用于工作时间较短的战术导弹，关键是随着小型化、高性能化学电池或热电池的解决，用于短时间工作的导弹完全是有可能的。

燃气涡轮泵的应用前景取决于固体装药和涡轮的研制水平，取决于总体与系统设计者能否摸透、改善弹道工况。燃气涡轮泵液压系统和电动系统各有特点，从使用维护方便、可靠性和弹上辅助能源单一化来看，采用电动舵机合适，特别是小型野战防空导弹、舰载防卫导弹尤其如此。

3.7　液压舵机系统功率匹配设计

3.7.1　液压舵机系统负载模型

液压舵机系统需要克服的负载主要有以下几种形式：一是舵面空气动力产生的力矩，即铰链力矩，它与导弹飞行高度、马赫数、攻角大小、舵偏角及舵面角速度等有关，在飞行过程中是一个可变的参数；二是舵面及传动机构的惯性力矩，它与舵面转动惯量、舵轴、活塞及传动机构转动惯量有关；三是传动机构产生的摩擦力矩，包括干摩擦力矩等。此外，还有黏性阻尼力矩，即气动阻尼力矩，它与舵面角速度、质量有关；连接件的刚度也产生一定的影响。液压舵机系统正常工作时，既要克服上述负载力，同时还需要达到一定的负载速度，负载力和负载速度之间的关系称为负载特性。这里分析典型的负载形式为惯性负载，以及惯性负载与弹性负载叠加形式的负载，忽略阻尼力和摩擦力。

1）负载轨迹

液压作动器需要克服的负载力为

$$F = m\ddot{Y} + KY \tag{3-1}$$

式中　m —— m_1+m_2，m_1 为活塞质量，m_2 为舵面及传动机构的折算等效质量(kg)；

K——综合弹性系数(N/m)；

Y——活塞位移(m)。

系统动态指标常常以频率形式给出，故设活塞位移量为

$$Y=R\sin wt \tag{3-2}$$

则有

$$\dot{Y}=RW\cos wt=\dot{Y}_{max}\cos wt \tag{3-3}$$

$$\ddot{Y}=-RW^2\sin wt \tag{3-4}$$

式中　R——活塞运动幅值，即最大位移量(m)；

W——系统频宽(rad/s)。

将式(3-2)、式(3-4)代入式(3-1)，得

$$F=(-mRW^2+KR)\sin wt=F_{max}\sin wt \tag{3-5}$$

图3-34所示为由式(3-3)、式(3-5)得到的负载速度、负载力时间历程曲线。

将式(3-3)、式(3-5)联立，可写成

$$\left(\frac{F}{-mRW^2+KR}\right)^2+\left(\frac{\dot{Y}}{RW}\right)^2=1 \tag{3-6}$$

如图3-35所示，上式对应的负载轨迹为正椭圆。当考虑舵面及传动机构的摩擦力矩时，负载轨迹如图3-36所示。当考虑黏性阻尼力矩时，负载轨迹发生畸变(图3-37)，可参阅有关文献。

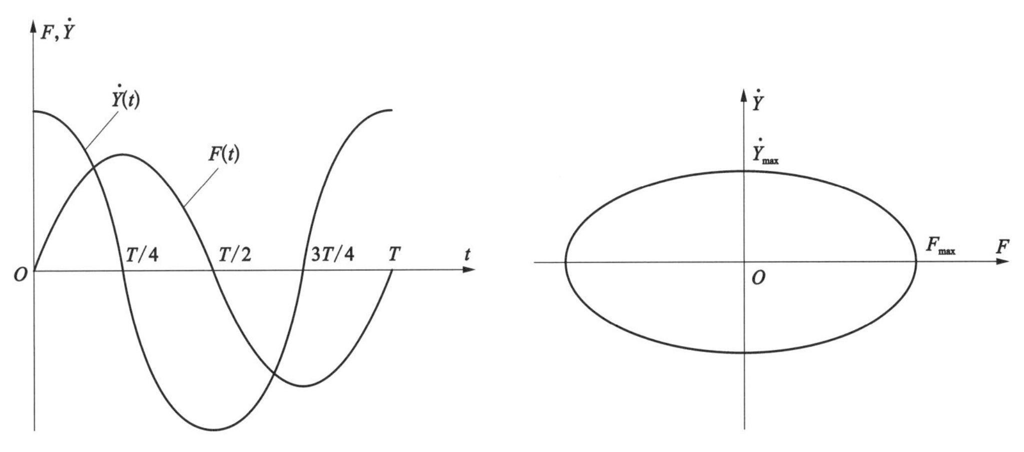

图3-34　负载力、负载速度的时间关系曲线图　　　图3-35　典型负载轨迹图

2) 负载最大功率点

负载输出功率可写成

$$N=F\cdot\dot{Y}=\frac{1}{2}RW(-mRW^2+RK)\sin 2wt$$

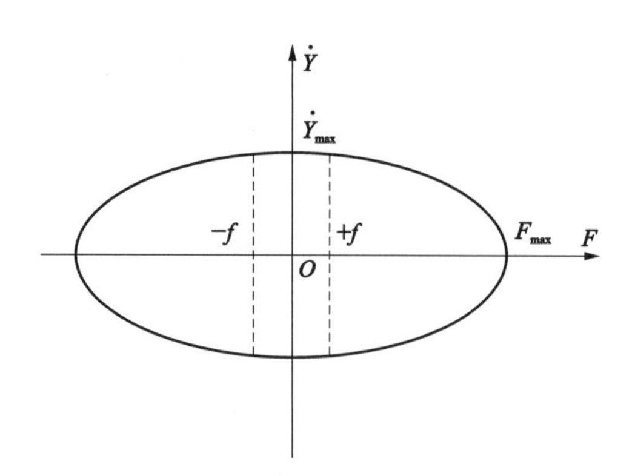

图 3-36 考虑舵面及传动机构的摩擦力矩时的负载轨迹图

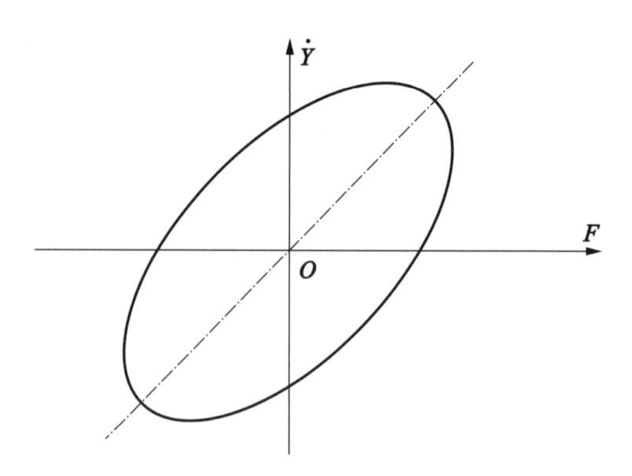

图 3-37 考虑黏性阻尼力矩时的负载轨迹图

在最大输出功率点处有 $\mathrm{d}N/\mathrm{d}t=0$，可得 $\tan wt=1$，此时，$\sin wt=\cos wt=\dfrac{1}{\sqrt{2}}$，故

$$\begin{aligned}\dot{Y}&=\frac{\dot{Y}_{max}}{\sqrt{2}}\\ N_{max}&=\frac{1}{2}RW(-mRW^2+RK)=F_{max}\cdot\frac{\dot{Y}_{max}}{2}\end{aligned}\tag{3-7}$$

3) 负载轨迹特征

(1) 由图 3-34 可知，负载速度和负载力是同频率、相位差为 90°的正弦规律曲线。最大负载力和最大负载速度并不是同时出现的，而是相差半个运动周期。

(2) 如图 3-38 所示，典型负载力和负载速度组成的负载轨迹为正椭圆形式，负载速度最大值 $\dot{Y}_{max}=RW$，负载力最大值 $F_{max}=KR-mRW^2$。

(3) 负载轨迹的最大功率点在系统频宽的 1/4 位置出现，最大负载功率为 $N_{max}=F_{max}\cdot\dfrac{\dot{Y}_{max}}{2}$，最大功率点处负载速度 $\dot{Y}_N=\dfrac{\dot{Y}_{max}}{\sqrt{2}}$，负载力 $F_N=\dfrac{F_{max}}{\sqrt{2}}$。

(4) 只要知道舵面最大空载速度和最大输出力矩，舵机系统在典型负载工况下的负载特性就已基本确定了。图 3-39 所示为某舵机系统的实际负载特性，在 N 点处具有最大输出负载功率。

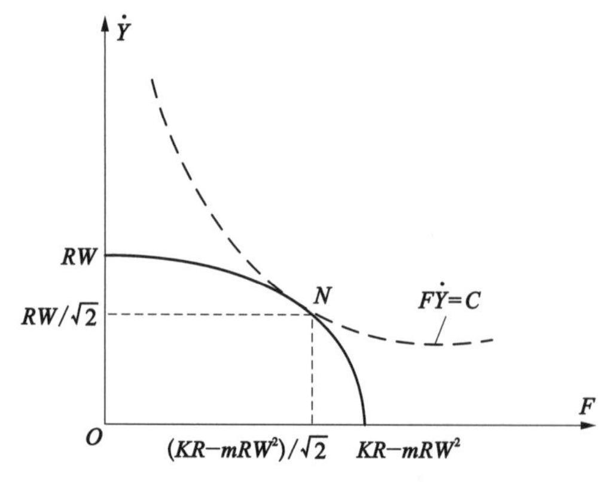

图 3-38 典型负载力和负载速度组成的负载轨迹图

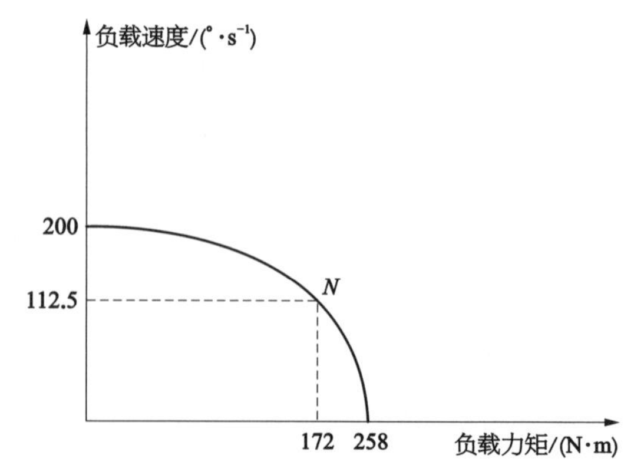

图 3-39 某舵机系统的实际负载特性

3.7.2 伺服机构输出特性与负载轨迹最佳匹配

1）能源工作压力

通常液压舵机系统安装空间是很有限的，因此尽量选用较高的工作压力。因为压力越高，克服相同的负载力时活塞面积越小，此时伺服阀需要的流量越小，因而液压能源、动力机构的体积和重量都会大大减小。但压力增加对液压元件的强度要求也增加，反过来又有增加元件体积、重量的趋势；另外，压力增加还会增大泄漏量和流动噪声，油温也会随之升高。目前常用的工作压力规格有 32 MPa、21 MPa、14 MPa、7 MPa 四个等级，可以根据体积、重量、噪声等综合因素要求确定液压舵机系统工作压力。

2）最佳功率匹配设计

根据负载轨迹和液压能源系统的压力，就可以得到最佳匹配设计条件下的伺服阀空载流量和作动器活塞有效面积。动力控制元件输出特性和负载轨迹特性相适应，达到负载匹配，一方面是指动力控制元件输出特性完全包络负载特性，满足完全拖动负载的要求；另一方面是指动力控制元件输出特性与负载特性在最大功率位置相互匹配，即实现最佳功率匹配设计，提高功率利用率，降低能耗，对于系统结构和元件可以尽可能减小体积和质量。

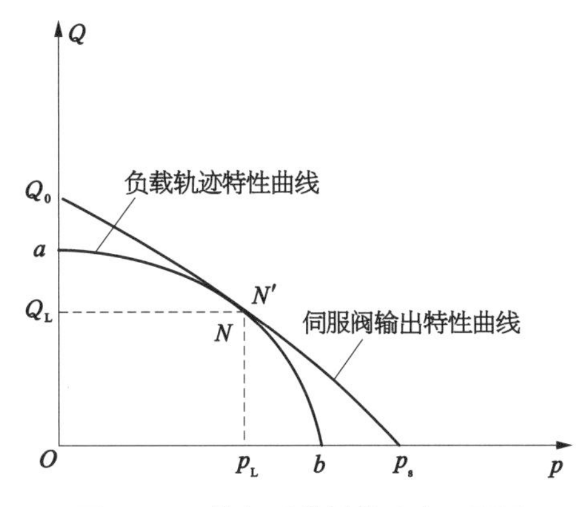

图 3-40 舵机系统最佳功率匹配图

设电液伺服阀为零开口四通伺服阀，作动器为对称式，忽略泄漏和流体压缩性。图 3-40 所示为伺服阀输出特性曲线。最大功率位置 N 点处有

$$\text{负载流量：} Q_L = \frac{Q_0}{\sqrt{3}} \tag{3-8}$$

$$\text{负载压力：} p_L = \frac{2}{3} p_s \tag{3-9}$$

式中 Q_0——伺服阀空载流量，即 $p_L = 0$ 时的流量(m^3/s)；

p_s——伺服阀入口工作压力(Pa)。

当伺服阀最大输出功率点 N' 与负载轨迹最大功率点 N 相互重合时，达到最佳功率匹配，液压能源消耗最小。由式(3-6)～式(3-9)，得

$$Q_L = \frac{Q_0}{\sqrt{3}} = \frac{a}{\sqrt{2}}$$

$$p_L = \frac{2}{3} p_s = \frac{b}{\sqrt{2}}$$

式中 a——最大负载流量(m^3/s)；

b——最大负载压力(Pa)。

$$a = A\dot{Y}_{max} = AR\dot{\delta}_{max}$$

$$b=\frac{F_{\max}}{A}=\frac{M_{\max}}{(RA)}$$

$\dot{\delta}_{\max}$——舵面空载角速度(rad/s)；

$M_{\max}$——舵面失速铰链力矩(N·m)。

故
$$A=\frac{3}{2\sqrt{2}}\cdot\frac{F_{\max}}{p_s} \tag{3-10}$$

$$Q_0=\sqrt{\frac{3}{2}}A\dot{Y}_{\max} \tag{3-11}$$

式(3-10)、式(3-11)为最佳功率匹配条件下作动器活塞有效面积 A 和伺服阀空载流量 Q_0 的设计计算公式。工程实际中，往往还要根据上述计算结果，作圆整或者根据现有产品样本选用合适规格作动器或伺服阀等元件后，再进行校核。

3.7.3 实际舵机系统能源需求状况

地空、空空导弹液压舵机系统多数采用四个舵面共用一个液压能源的方式。在导弹的整个飞行弹道上，其能源消耗水平是不均衡的，大部分工作时间内，能源的功率消耗水平是较低的，只是在起始段的某点以及接近目标时才可能出现比较大的功率需求。另外，四个舵面一般都不是同时工作的，出现四个舵面同时需求最大功率的概率更是极小。基于上述两个方面的原因，结合型号产品遥测飞行结果和设计经验，推荐能源功率设计成最大功率的67%～75%。这样既满足实际工况需求，又可以大大减小舵机系统及零件的规格、体积与质量，便于系统设计的微型化和集成化。

3.7.4 工作压力变化因素与系统频率特性

1) 工作压力影响因素

舵机系统设计一般都是以恒定工作压力和最佳条件为前提的，这种情况实际上是很少有的，因此分析系统在变化压力下的工作情况具有重要意义。电液伺服阀式液压舵机系统的核心关键部件，其技术性能对整个系统的影响很大，伺服阀传递函数是伺服阀动态特性的近似线性解析表达式。伺服阀的实际动态特性与输入信号幅值、供油压力、油温、环境温度、负载条件等许多因素有关。通常阀系数都是在假设恒定不变的供油压力条件下取得的。飞行器舵机系统实际工作过程是一个复杂多变的过程，伺服阀入口压力不稳定因素主要有以下几个方面：

(1) 弹道工况和外界负载的变化。

(2) 并联的多个回路或分系统之间的相互影响。

(3) 初级能源工作不稳定，包括电源特性、燃气能源高温、低温状态性能差异、液压泵变量特性及工作过程容积效率下降等。

(4) 溢流阀实际工作点与调整工作点之间的差异，即工作点偏差。

2) 幅相频率特性仿真结果

以工作压力变化波动为例，分析舵机系统频率特性。结合某伺服阀样本中给出的不同工作压力条件下频宽等方面的动态技术指标，按照实际使用条件，在工作压力变化范围内拟合电液伺服阀的三个系数值。图 3－41 所示为某舵机系统在变化压力条件下的幅、相频率特性仿真结果。当系统工作压力下降时，伺服阀系数变化，导致输出频率响应的幅值下降。在进行液压舵机系统设计时，应当保证在最低允许工作压力范围内，输出频率特性均能满足实际使用要求。

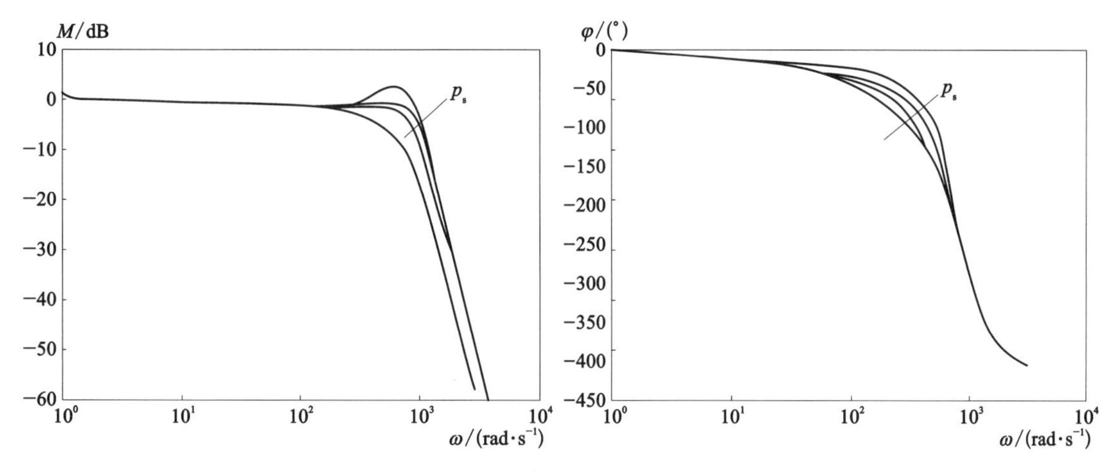

图 3－41　液压舵机系统闭合回路的幅、相频率特性图

3.7.5　本节小结

（1）对于承受惯性负载为主，或者惯性负载与弹性负载相叠加的液压舵机系统，最大负载速度和最大负载力并不是同时出现的，负载力和负载速度的时间曲线相差半个运动周期。其负载轨迹形式为正椭圆。

（2）舵机系统在最佳负载功率匹配条件下，可以按式（3－10）和式（3－11）设计作动器活塞的有效面积和电液伺服阀的空载流量。采用多个舵面共用液压能源方案时，液压能源系统的实际功率可以按照最大功率的 67%～75%进行设计。

（3）系统工作压力的稳定性受到多重因素的制约。当工作压力变化时，系统输出频率特性亦发生变化，舵机系统设计与分析时应当保证在一定工作压力范围内输出频率特性均能满足舵机系统的频宽使用要求。

参考文献

［1］　訚耀保，原佳阳，李长明．极端环境下的电液伺服控制理论与性能重构[M]．上海：上海科学技术出版社，2023.
［2］　訚耀保．高速气动控制理论和应用技术[M]．上海：上海科学技术出版社，2014.
［3］　訚耀保．高端电液伺服元件性能衰减与强化的基础研究[R]．国家自然科学基金资助项目结题报告（51775383），2021.
［4］　訚耀保．偏转板射流伺服阀和射流管伺服阀的基础理论研究[R]．国家自然科学基金资助项目结题报告（51475332），2018.
［5］　訚耀保．极端环境下飞行器电液伺服阀特性研究[R]．国家自然科学基金资助项目结题报告（50775161），2011.
［6］　訚耀保．射流伺服阀流场分析[R]．航空科学基金项目结题报告（20120738001），2014.
［7］　訚耀保．液压产品几何参数、工艺方法与产品性能之间的映射关系研究[R]．航空科学基金项目结题报告（20090738003），2012.

[8] 阎耀保.飞行器舵机系统关键基础理论研究[R].上海市浦江人才计划(A类)总结报告(06PJ14092),2008.
[9] 阎耀保.气阻气容的气动非对称性机理与高速气动控制的基础研究[R].国家自然科学基金资助项目结题报告(51175378),2015.
[10] 阎耀保,侯冰柠,郭传新,等.气动液压打桩锤替打构件的分析与设计[J].液压气动与密封,2023,43(7):1-6.
[11] 阎耀保,赵帅峰,王东,金桦涛,简洪超.极端低温下外啮合齿轮泵流量脉动特性分析[J].流体测量与控制,2023,4(3):1-6,23.
[12] 阎耀保,郭文康.高温下射流管伺服阀流量特性分析[J].中南大学学报(自然科学版),2023,54(1):113-123.
[13] 阎耀保,李长明,江金林.三维离心环境下的电液伺服阀特性分析[J].机械工程学报,2015,51(2):169-177.
[14] 阎耀保,刘敏鑫,刘小雪,李文顶,刘洪宇,纪宝亮.插装式液控能源选择阀的设计与分析[J].飞控与探测,2021,4(6):45-53.
[15] 阎耀保,刘小雪,李双路,李万业,陆畅,肖强.具有回油冷却结构的航空伺服作动器热力学建模与分析[J].北京理工大学学报,2023,43(2):143-150.
[16] 阎耀保.带平衡活塞固定节流器单级溢流阀机理与特性分析[J].上海航天,1995,12(3):14-17.
[17] 阎耀保,陈振华.液压舵机系统功率匹配设计[J].自动驾驶仪与红外技术,1995(80):37-41.
[18] 阎耀保,俞丛义,陆泰琳,陈洁萍.飞行器液压控制系统气腔压力特性研究[J].自动驾驶仪与红外技术,2006(2):8-12.
[19] 阎耀保.溢流阀工作点对导弹电液能源系统频率特性影响的研究[J].自动驾驶仪与红外技术,1996(82):38-43.
[20] 赖元纪.电液伺服技术发展的几个问题[J].自动驾驶仪与红外技术,1989(4):1-7.
[21] 舒芝芳.防空导弹控制执行系统设计方法概述[J].自动驾驶仪与红外技术,1992(4):1-13.
[22] 舒芝芳.防空导弹辅助能源方案探讨[J].自动驾驶仪与红外技术,1995(1):25-36.
[23] 舒芝芳.燃气涡轮泵液压能源在战术防空导弹中的应用分析[J].自动驾驶仪与红外技术,1991(1):18-22.
[24] 朱梅骝.电液控制技术的回顾与展望[J].自动驾驶仪与红外技术,1999(2):37-41.
[25] 朱梅骝.弹性O形圈密封技术概述[J].自动驾驶仪与红外技术,2000(4):35-40.

第 4 章
飞机液压能源系统及其温度控制技术

现代飞机的操纵系统，如副翼、升降舵、方向舵、起落架收放、舱门开闭、制动、襟翼、缝翼和扰流板操纵、减速板收放及前轮转弯操纵等都采用液压操纵。随着液压伺服技术特别是电液伺服技术的发展和应用，机电液作动系统已成为飞机作动系统的主要形式。绝大多数现代飞机作动系统都采用电液伺服系统，如作为主要系统的飞机舵面全部采用电液伺服系统驱动。电液伺服作动系统随着航空、航天技术的发展和需要，随着电子技术和其他相关技术的发展而逐渐成熟。

本章主要介绍飞机液压能源系统、空客 A320 飞机液压系统特点、飞机电液伺服控制系统热分析技术（包括静态温度分析模型、动态温度分析模型、计算实例）、飞机液压系统温度主动控制技术。

4.1　飞机液压能源系统概述

液压能源系统为飞机的各液压用户提供液压能源。为了保证安全可靠，现代飞机普遍采用了余度设计，具有几个相互独立的液压能源系统，以保证供给液压能源的安全可靠。所谓独立的液压能源系统是指每个液压源都有独立的液压元件，可以独立向用油系统提供液压动力。双发动机飞机一般有三个独立的液压源系统，如空客 320、波音 737、波音 757、波音 767。而波音 747 则有四台发动机，它有四个独立的液压源系统。不同机型上液压源系统的名称有所不同。几种民航客机的液压源系统液压泵的分配情况见表 4－1。

表 4－1　几种民航客机的液压源系统液压泵的分配情况

机　型	液 压 源 系 统		
空客 A320	绿液压系统	蓝液压系统	黄液压系统
	EDP(1)	ACMP(1)RAT(1)	EDP(1)ACMP(1) 辅助手摇泵(1)
波音 737-300	A 液压系统	备用液压系统	B 液压系统
	EDP(1)ACMP(1)	ACMP(1)	EDP(1)ACMP(1)

续 表

<table>
<tr><th>机 型</th><th colspan="12">液 压 源 系 统</th></tr>
<tr><td rowspan="2">波音 757</td><td colspan="4">左液压系统</td><td colspan="4">中央液压系统</td><td colspan="4">右液压系统</td></tr>
<tr><td colspan="4">EDP(1)ACMP(1)</td><td colspan="4">ACMP(2)RAT(1)</td><td colspan="4">EDP(1)ACMP(1)</td></tr>
<tr><td rowspan="2">波音 767</td><td colspan="4">左液压系统</td><td colspan="4">中央液压系统</td><td colspan="4">右液压系统</td></tr>
<tr><td colspan="4">EDP(1)ACMP(1)</td><td colspan="4">ACMP(2)
ADP(1)RAT(1)</td><td colspan="4">EDP(1)ACMP(1)</td></tr>
<tr><td rowspan="2">波音 777</td><td colspan="4">左液压系统</td><td colspan="4">中央液压系统</td><td colspan="4">右液压系统</td></tr>
<tr><td colspan="4">EDP(1)ACMP(1)</td><td colspan="4">ACMP(2)
ADP(2)RAT(1)</td><td colspan="4">EDP(1)ACMP(1)</td></tr>
<tr><td rowspan="2">波音 747</td><td colspan="3">系统 1</td><td colspan="3">系统 2</td><td colspan="3">系统 3</td><td colspan="3">系统 4</td></tr>
<tr><td colspan="3">EDP(1)
ADP(1)
辅助电动泵(1)</td><td colspan="3">EDP(1)
ACMP(1)</td><td colspan="3">EDP(1)
ACMP(1)</td><td colspan="3">EDP(1)
ADP(1)
辅助电动泵(1)</td></tr>
</table>

注：EDP—engine driven pump(发动机驱动泵)；ACMP—alternating current motor pump(交流电动泵)；RAT—ram air turbine(冲压空气涡轮泵)；ADP—air driven pump(空气驱动泵)。

4.2 空客 A320 飞机液压系统

A320 飞机是欧洲空中客车公司研制的具有双发动机、中短程距离、单过道、150 座级的客机，其主要创新在于它具有宽座椅、宽敞的客舱空间、更好的使用经济性和更高的可靠性。A320 系列客机采用了“以新制胜”的设计方针，采用了先进的生产技术以及结构材料、数字式机载电子设备，是首先使用电传操纵(fly-by-wire)飞行控制系统的大型客机，即将飞行员的操纵动作转换成电子信号，经过计算机处理后再驱动液压和电气装置来控制飞行。

4.2.1 飞机液压系统功能

A320 飞机能源液压系统的主要液压用户有升降舵、方向舵、平尾配平、偏航阻尼器、襟翼、扰流板、收放起落架、前轮转弯、制动、货舱门等部件。

A320 飞机安装有三个相互独立的液压系统(没有液压油的交换)，分别称为绿系统、黄系统和蓝系统。每一系统都有各自的液压油箱(引气增压)。三个系统正常工作压力采用传统的 3 000 Psi(20.6 MPa)压力等级(冲压空气涡轮作动时为 2 500 Psi)。液压系统功能如图 4 - 1 所示。其中，黄、绿系统为主系统，蓝系统为备用系统。这种系统配置保证了在任何两个子系统失效的情况下，飞机能继续进行安全飞行和着陆。

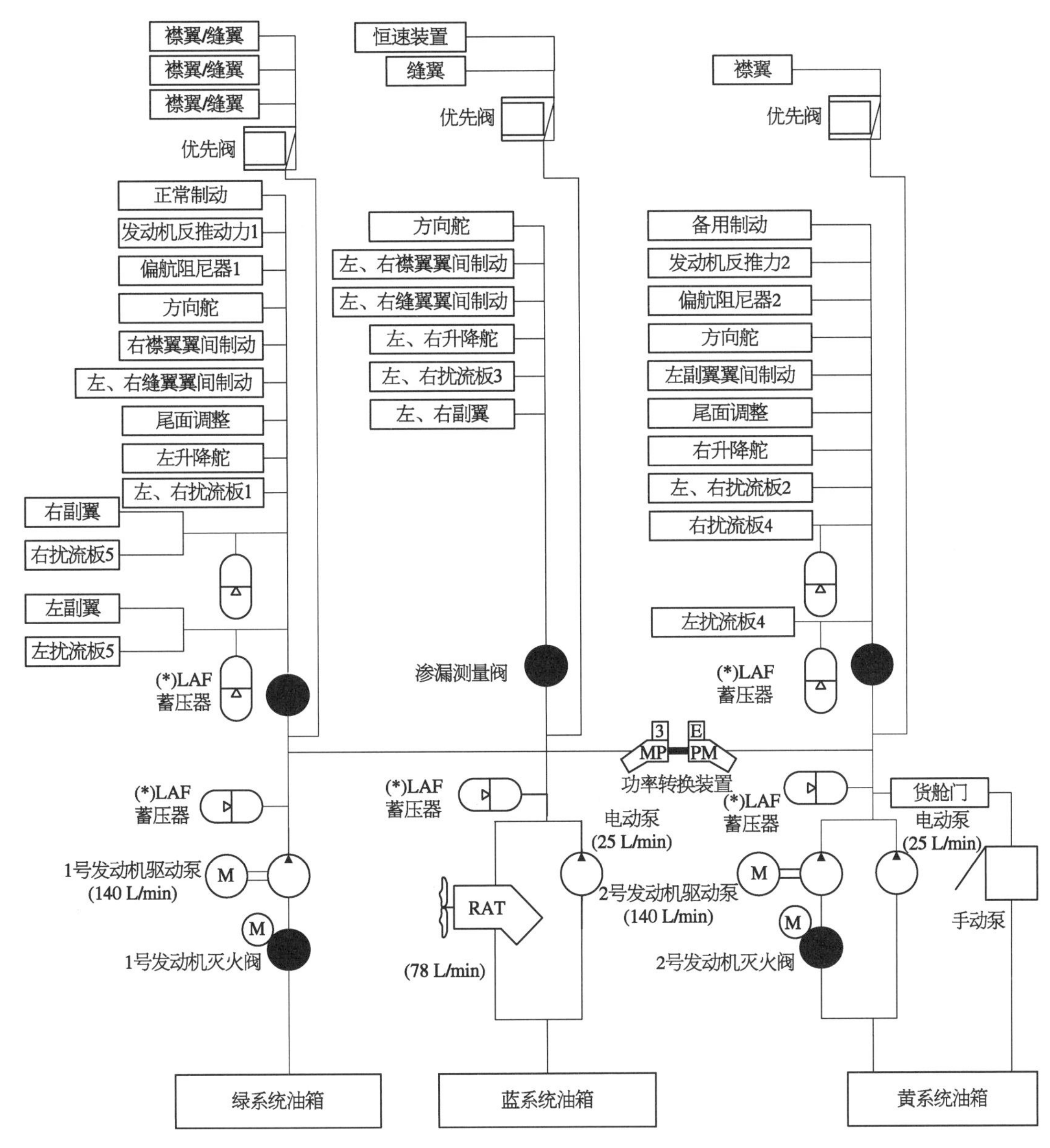

图 4-1　A320 液压系统结构功能框图

从 A300 到 A320，黄、绿两个主液压系统相互独立，且各采用一台压力补偿型发动机驱动变量泵(EDP)提供主液压源，同时通过动力转换装置(PTU)实现能源互补；其中黄系统还配备有电动泵(EMP)，在主液压源故障后提供辅助液压源；黄系统还配备有手动泵，需要时提供液压能源操作货舱门的开启与关闭。蓝液压系统采用一台交流电动泵(EMP)提供备用液压能源，同时配置冲压空气涡轮(RAT)液压泵，用于双发动机失效的紧急情况下提供备用液压能源。在正常工作(无故障)情况下，绿/黄系统的发动机驱动泵和蓝系统的电动泵为各系统提供液压能源。系统中的辅助泵将在主泵故障后启动。

绿、蓝、黄三个液压系统都配置有发动机提供引气的气体增压油箱以及增压蓄能器。A320 两套主液压系统采用了防火切断阀，在紧急情况下，切断主液压泵的供油，保证系统的安全。

液压装置采用新结构以及功率分配新技术，保证了在发动机故障(含所有发动机故障)、发动机解体(一个发动机)、机轮破裂、雷电袭击、火灾、装置外部损伤和蓄能器破裂等紧急情况下仍能提供足够的液压能源和电能以确保继续飞行和着陆。此外,还能保证在局部破裂、局部火灾、热辐射(如发动机区)、飞行临界值(最大高度、最大加速度等)和环境变化(温度、冰、污染、振动)等情况下液压系统的基本功能和工作安全不受影响。

4.2.2 主液压系统

主液压系统是绿系统、黄系统和蓝系统这三个系统,向飞机的用户系统提供液压动力。A320 飞机的三个液压系统分别采用各自的气体增压油箱给各自的液压泵增压,左发动机驱动绿系统的液压泵,右发动机驱动黄系统的液压泵。当发动机运转时,绿、黄两个主液压系统的液压泵各自供给液压能源。当任何一个发动机运转时,蓝系统的电动泵自动起动提供备用液压能源。三个系统主泵通常均处于同时工作状态。三个系统的液压能源和主要控制部件分别布置在三个液压舱中。绿系统的能源部件布置在主起落架处,黄系统的能源部件布置在右机腹整流罩的液压舱内,蓝系统的能源部件布置在左机腹整流罩的液压舱内;两个液压舱(蓝和黄)分别位于主起落架舱的前部。

如图 4-1 所示,绿系统由左(1 号)发动机驱动泵(EDP)供压,黄系统由右(2 号)发动机驱动泵(EDP)供压,蓝系统由电动泵供压,当发动机工作时这三个主系统自动供压。两个 EDP 通过附件机匣直接连接在对应的发动机上,任何一个发动机运转时,蓝系统的电动泵都会自动起动。所有系统的正常工作压力均为 3 000 Psi。

绿系统主要提供液压动力给起落架(包括前轮转向操纵)、正常制动、左(1 号)发动机反推、部分飞行操纵系统、动力转换组件等。系统的大多数部件都安装在主起落架舱内,与另外两个系统完全隔离。

黄系统主要提供液压动力给货舱门、备用制动、右(2 号)发动机反推、部分飞行操纵系统以及动力转换组件等。黄系统的大部分组件都安装于机腹整流罩右侧的黄液压舱上,位于主轮舱前方。黄系统随右(2 号)发动机启动自动工作,必要时可以在驾驶舱对系统进行操作。

蓝系统主要给部分飞行操纵系统以及恒速电动机等提供液压动力。蓝系统舱位于机腹整流罩左侧的主起落架舱前方,系统大多数部件安装于此舱,只有油箱和低压过滤器安装于主起落架舱尾部的机腹整流罩左侧。

4.2.3 辅助液压系统

当主泵不能供压时,由辅助液压系统对飞机供压。辅助液压系统及相关的部件有蓝辅助系统(RAT)、动力转换组件(PTU)、对黄系统供压的电动泵,以及一个仅对货舱门供压的手动泵。

1) 黄系统的动力转换组件(PTU)

绿、黄系统的 PTU 安装在主起落架舱内。在两个液压系统之间没有液压连接件。当绿、黄两个系统的压力差在 500 Psi(35 bar)时 PTU 自动操作,实现两个系统之间能源互补。动力转换系统双向 PTU 在绿系统和黄系统之间传输动力。当绿系统和黄系统的压力差超过设定值时,压力大的系统通过 PTU 将压力传输给另一个系统。绿、黄系统分别使用电磁阀来打开或关闭 PTU,另外还有机械隔离接头用于防止 PTU 在维修时意外工作导致危险。

2) 蓝系统的冲压空气涡轮(RAT)

蓝系统的 RAT 安装在左机腹整流罩舱内,主起落架舱的前面。如果全部故障时,RAT

自动弹出，在气流作用下涡轮带动液压泵旋转，提供液压源。同时，涡轮还带动恒速电动机/发电机(CSM/G)，为飞机提供紧急电源。当两个发动机都出现故障，或者一个发动机出现故障而另一个发动机的发电机出现故障，或者飞机电源失效时，RAT 能自动展开，但只有在飞机飞行速度大于 100 kn 时自动功能有效。飞行和维修人员亦可在驾驶舱内人工展开 RAT，一旦展开，只有在地面时才能进行收回。

3) 黄系统的电动泵和手动泵

黄系统的电动泵安装在右机腹整流罩的液压舱内。当发动机或发动机泵故障时，电动泵启动并给黄系统提供液压能源，该电动泵给黄系统提供液压动力作动其所有部件，且可以通过 PTU 向绿系统供压。飞机在地面操作货舱门时，也由黄系统的电动泵提供液压能源。黄系统还配备有手动泵，在没有电源时可以通过黄系统的手动泵提供液压能源操作货舱门的开启与关闭。

4.2.4　液压系统性能和特点

1) A320 液压系统的主要性能指标

A320 液压系统基本性能指标主要包括如下这些：

(1) 系统压力：3 000 Psi(20.6 MPa)。

(2) 工作介质：AS1241，合成阻燃液压油。

(3) 液压油工作温度：−54～+107℃。额定功率时为−55～60℃；最高温度范围为−60～110℃。

(4) 环境温度：工作区域为−55～90℃；非工作区域为−65～110℃。

(5) 油液过滤精度：NAS1638 清洁度 8 级。滤芯精度为高压 15 μm，低压 3 μm。

(6) 系统总容积：约 240 L。

(7) 能源系统总重量：410 kg(不包括液压油和固定装置)，其中元件约 193 kg。

(8) 能源系统元件：约 110 种类型，253 个液压元件。

(9) 装置实测最大飞行高度：13 716 m。

(10) 工作寿命：20 年。

飞机液压系统必须在高可靠性前提下减轻重量；液压系统装置失效的概率为 1/(10^9 飞行小时)，超过飞机设计寿命；除泵和电动机外，所有元件寿命的设计时间和飞机工作时间相同，大约 20 年即 60 000 工作小时。A320 飞机液压系统的功率分配见表 4－2。主飞行操纵系统的能源需求功率最大。飞机的维护包括整机的功能测试时采用机上设备提供液压能源，飞机功率测试时采用地面液压能源与电源。

表 4－2　A320 飞机液压系统的功率分配

液压泵		系统			最大功率时调节压力
		绿	黄	蓝	
数量		2	3	2	
主泵	发动机驱动泵 EDP	48 kW 150 L/min	48 kW 150 L/min		

续 表

液压泵		系统			最大功率时调节压力
		绿	黄	蓝	
主泵	电动泵 EMP		7.4 kW 23(32)L/min	7.4 kW;2 840 Psi, 6.1 gal/min(23 L/min); 2 175 Psi, 8.5 gal/min(32 L/min)	19.5 MPa 15 MPa
辅助泵	电动泵 EMP		7.4 kW 23(32)L/min	7.4 kW;2 840 Psi, 6.1 gal/min(23 L/min); 2 175 Psi, 8.5 gal/min(32 L/min)	19.5 MPa 15 MPa
	能量转换装置 PTU	26 kW 90 L/min	15 kW 50 L/min		18 MPa
	冲压涡轮驱动泵 RAT-P			22 kW 80 L/min	17 MPa

2) 液压系统显示与警报系统

A320 飞机通过驾驶舱内的中心电子系统完成液压能源和执行系统的检查和监视。通过操纵盘动作,检查发动机启动、液压泵自动起动以及液压能源系统的状态参数。操纵盘还显示系统故障的部位,驾驶员可以通过操纵盘切断出现严重故障的液压系统。所有系统故障在电子式"飞机监视系统"中进行并行处理,同时在"飞机中央监控面板 ECAM"上显示。A320 飞机三个液压系统均装有各类传感器,用于监控油箱的油量、系统的压力、泵的输出压力、液压油的温度以及油箱内的压力等。这些数据用于系统告警指示、操作、维护。告警包括音频警报、灯光警报以及由 ECAM 显示警告信息。

在出现故障时,由飞行安全单元开始根据事先确定的优先等级自动调用对应的系统显示状态,此外驾驶员也可以调用任何系统的显示界面。作为出现故障时驾驶员操纵飞机和控制系统的参考,屏幕将显示驾驶员的操作指令。飞行中出现的故障将被存储记录,以便地面维修时按故障记录采取相应的措施来排除故障。

3) A320 液压系统重量

A320 飞机液压系统的总体质量与分布是影响飞机重量及分布的重要因素。在保证有效性与安全性的前提下,运用各种新材料、新液压技术(如提高系统工作压力)减轻液压能源系统的质量,有效提高了飞机的燃油经济性。A320 飞机在保证飞机液压能源系统相互备份的前提下,实现了飞机液压操纵控制特性与最大限度燃油经济性的统一。

A320 飞机液压能源系统共采用液压元件的类型达 110 余种,数量 253 个。液压能源系统总重量约为 410 kg(不含液压油和固定装置),其中液压元件约 193 kg。

4) 液压系统可靠性及维修性

可靠性与维修性是飞机的重要性能指标之一,对飞机的安全使用及全寿命成本有着重要影响。在现代化大飞机制造过程中,研究人员在设计阶段就将可靠性与维修性指标列入方案,进行充分论证,以确保未来飞机投入使用时不会花费高昂的维修保障成本,从而显著降低飞机的全寿命周期费用。

高的可靠性意味着低的故障率，A320 设定的可靠性指标是飞机在投入运行两年内使用可靠性达 99%，这意味着故障率必须限制在 1%范围内。为此，设计人员将 1%的故障率在各个系统中进行分解，从而确定液压系统的故障率范围。按照计算，整个液压装置失效的概率为 1/(10^9 飞行小时)，超过飞机寿命。飞机工作时间大致为 20 年，约 60 000 工作小时，近似 48 000 飞行小时，除泵和马达外，所有元件按照这个寿命进行设计。

良好的维修性主要是指，使用过程中排除故障以及地面维护的时间效率，具体包括主系统液压元件更换时间、备份系统液压元件更换时间、辅助系统液压元件更换时间以及液压相关附件等。高的可靠性与良好的维修性相辅相成。大型飞机液压系统的维修性主要是指飞机液压系统的地面维护和检查装置。

A320 飞机液压系统(包括执行机构)的地面维护和检查(发动机驱动泵不工作)配备以下装置：

(1) 机外供压接头。三个系统的压力管路和回油管路都安装有自封接头。

(2) 通过黄/蓝系统的电动泵以及 PTU 配置，可以实现不需启动发动机及地面液压源的情况下实现系统维护和调试。

(3) 快卸接头和单向阀保证了泵的迅速更换而不产生实质性的液压流体泄漏。

(4) 为了方便系统检测和调整，在易于接近的地方设置控制面板且将主要维护设施集中于“维护板”上。

(5) 借助于机外供油的油箱加油接头。

(6) 随机配备的系统加油手动泵以及具有油箱状态监视的选择阀使得系统维护易于实现。

(7) 每个蓄压器都安装有氮气充气阀和用于压力监视的压力表。

(8) 油滤都装有污染指示器。污染油滤的更换可在不用工具和无液压流体损耗的情况下进行。

(9) 每个系统都安装一个液压油采样阀。

(10) 借助于开关阀和一个机外测量装置可检查每个执行机构(特别是伺服操纵系统)的内部泄漏。

(11) 系统具有正常工作下自动排气功能和油箱增压系统管路中的液体分离器，使得系统具有较高的污染度自控制能力。

(12) 每个系统安装了一个手动操纵的油箱卸压阀。

(13) 各种连接和元件的物理结构保证了安装和更换时不会混淆。

(14) 通过一个安装在维护板上的装置实施 RAT 功能测试和收回。

(15) 为减少更换元件的工作量，在有必要的位置空间时，元件总是安装在分体座上。

(16) 在使用标准工具情况下安装元件，不必移开相邻元件即可进行更换。

(17) 可通过手动泵或者黄系统的电动泵打开或关闭货舱门。

A320 飞机液压系统采用主液压系统、辅助液压系统和备用液压系统，以及冲压空气涡轮泵和单机故障时的动力转换单元，保证了飞机液压系统一次故障安全、二次故障工作的可靠性要求，可以看出 A320 飞机液压系统配置合理、系统简洁，具有一定的先进性。即使在民用机载液压系统较为充分发展的今天，对发展与 A320 系列相似的民用机型来说，A320 的液压系统仍具有重要的参考意义。

4.3 飞机液压系统热分析与油液温度控制技术

4.3.1 飞机液压系统热分析基础理论

飞机液压系统用来满足各种飞行操纵的需要，从能量传递和转换的角度而言，是一个“机械能—液压能—机械能”的传递过程。工作时，根据需要控制液体的压力、流速和流动方向。在能量传递和转换的过程中，不可避免造成能量损失，这些损失的能量最终转化为热量，导致工作介质液压油的温度上升。同时，液压系统与外界环境之间还存在着热交换的过程。因此，液压系统的热分析和温度控制问题涉及液压传动、传热学和热动力学的相关理论。内容包括：液压传动部分相关理论，包括流量连续性方程、运动部件力平衡方程及各种损失计算等；传热学部分相关理论，包括导热、对流、辐射的相关理论和工程应用的复合传热方程式；热动力学部分相关理论，包括能量方程式（热力学第一定律）和卡诺循环表达式（热力学第二定律）。可以通过合理布局液压系统的管路、油箱、回油过程等实现油液温度的有效控制。飞机液压系统负载分布如图 4-2 所示。

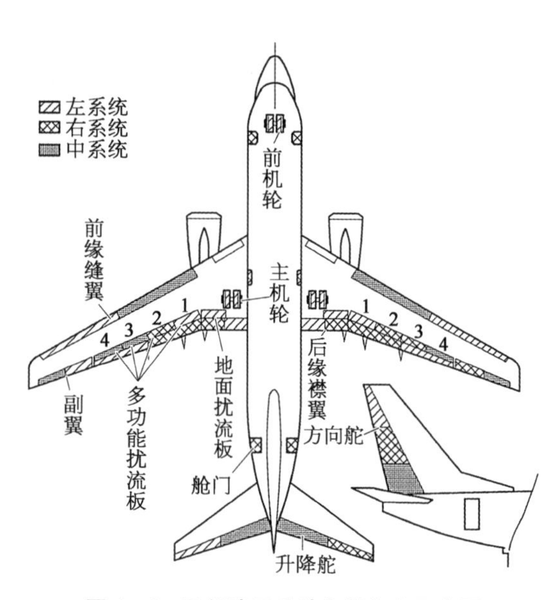

图 4-2 飞机液压系统负载分布示意图

4.3.2 飞机液压系统静态热分析建模与静态温度计算方法

4.3.2.1 飞机液压系统静态热分析建模

飞机液压系统的机械损失和容积效率损失组成了总的能量损失，这些能量都转变成热能，使油液和元件的温度升高。

1) 液压泵产生的发热功率 P_1(kW)

$$P_1 = N(1-\eta_p)$$
$$N = pq/\eta_p \tag{4-1}$$

式中 N ——液压泵的输入功率(kW)；

p ——液压泵的输出压力；

q ——液压泵的输出流量；

η_p ——液压泵的效率，可从产品样本中查出。

2) 通过阀节流孔引起的发热功率 P_2(kW)

$$P_2 = \Delta p \cdot q \times 10^3 \tag{4-2}$$

式中　Δp ——对溢流阀而言，Δp 为其调整压力(MPa)，对其他阀而言，Δp 应为液流通过该阀的压力降(MPa)；

q ——流经阀孔的流量(m^3/s)。

3) 由管路及其他损失而产生的发热功率 P_3(kW)

油液在管道以及阀口流动时，系统损失了压力能。这些损失的压力能用于克服油液与管壁的摩擦力以及油液流束之间的摩擦力，结果使油液温度上升。静态计算方法中，一般认为由于管道的散热面积比较小，并且油液在管道中流动时间不是很长，由功率损失产生的热量散逸很少，可以忽略不计。

油液在管路中流动会形成管路沿程压力损失和局部压力损失。静态发热计算时忽略系统的局部压力损失，仅考虑系统沿程压力损失。由经验可知，一般油路大概占全部消耗损失能量的 0.03～0.05，即

$$P_3 = (0.03 \sim 0.05)PQ/\eta \tag{4-3}$$

式中　P ——泵的输出压力；

Q ——输出流量；

η ——液压泵的效率。

4) 液压执行元件的发热功率 P_4(kW)

当只考虑通常情况下时的液压缸的发热功率，可得

$$P_4 = P_A(1 - \eta_V) \tag{4-4}$$

式中　P_A ——执行元件的有效功率；

η_V ——执行元件的效率，液压缸的效率一般按 0.95 计算。

5) 系统总发热功率 P(kW)

系统总发热量 P 为上述各部位发热量之和，即

$$P = P_1 + P_2 + P_3 + P_4 \tag{4-5}$$

系统在一个动作循环内的平均发热功率 $\bar{P}$ (kW)，可按下式估算：

$$\bar{P} = \sum P_i t_i / T \tag{4-6}$$

式中　T ——循环周期(s)；

t_i ——各工作阶段所经历的时间(s)；

P_i ——各工作阶段内单位时间的发热量(kW)。

液压系统的静态发热量计算没有考虑因温度的升高而引起的油液的物理特性变化，诸如换热系数 a_f、密度 ρ、导热系数 λ_f、定压比热容 c_i 等。另外，液压系统的管壁及元件材料的温度特性也会发生变化。以上这些参数的变化会直接影响液压系统的节点压力和支路的流量分配，从而改变系统的散热、吸热情况。

4.3.2.2　飞机液压系统静态温度计算方法

飞机液压系统静态温度计算方法是采用平均油温计算方法进行静态工况下系统油箱温度的计算的。所谓平均油温计算方法是考虑液压系统自身发热、环境温度影响及散热器散热等因素，认为当系统发热和散热相等时，液压系统油液在一个热容量充分大的容积(通常为油箱)内达

到热平衡,油温不再变化。热平衡下,油液所达到的温度即为该条件下的系统油液平均温度。

假设系统满足如下条件:

(1) 导管与附件的温度与元件内部的油温相同,且假设等于 $T_{平均}$。

(2) 将系统按环境温度不同分割成几个区,每一个区的热容量为 C_iG_i,该区的局部总传热系数为 U_i。

(3) 系统总热容量 $\sum_{i=1}^{n} C_iG_i$(以下简称 $\sum C_iG_i$)、局部总传热系数 U_i、局部环境温度 $T_{i环}$、油泵生热率 $Q_生$ 及散热率 $Q_散$,在一微元时间 $d\tau$ 内考虑不随时间变化。

根据热力学第一定律,对液压系统可得

$$(Q_生 - Q_散) \cdot d\tau = Q_{交换} \cdot d\tau + \sum C_iG_i dT_{平均}$$

同时,由传热学可得

$$Q_{交换} = \sum_{i=1}^{n} U_iA_i(T_{平均} - T_{i环})$$

式中 U_i、A_i、$T_{i环}$ ——第 i 区的传热系数、传热面积和环境温度。

假设

$$Q = Q_生 - Q_散$$

由上述计算式推导可得

$$d\tau = \frac{\sum C_iG_i dT_{平均}}{Q - \sum U_iA_i(T_{平均} - T_{i环})} \tag{4-7}$$

设当时间 $\tau = 0$,则平均温度为 T_0;$\tau = \Delta\tau$,则平均油温为 $T_{平均}$。$\Delta\tau$ 微元时间后的系统平均温度可得

$$T_{平均} = \frac{Q + \sum U_iA_iT_{i环}}{\sum U_iA_i}\left(1 - e^{-\frac{\sum U_iA_i}{\sum C_iG_i}\cdot\Delta\tau}\right) + T_0 \cdot e^{-\frac{\sum U_iA_i}{\sum C_iG_i}\cdot\Delta\tau} \tag{4-8}$$

4.3.3 飞机液压系统动态热分析建模与动态温度计算方法

4.3.3.1 飞机液压系统动态热分析建模

飞机液压系统动态热分析的理论基础是热力学第一定律。由热力学第一定律可知,自然界一切物质具有能量,能量不能创造,也不能消灭,而只能在一定条件下从一种形式转换成另一种形式。在转换中,能量的总值恒定不变。

热力学中能量的转换是在热力系与环境之间进行的,转换中,热力系可从环境中获得一部分能量,也可向环境输出一部分能量。根据守恒原则,环境中能量的减少量应该等于热力系能量的增加量。对热力系统而言,有

$$输入能量 - 输出能量 = 热力系能量的增量 \tag{4-9}$$

热力系与环境之间通过相互作用进行能量交换的途径只有三条:

(1) 热交换,即传热的形式传递热量 Q。

(2) 功交换,即通过做功的形式传递能量 W。

(3) 质量交换,即通过质量的转移带进或带出一部分能量,这部分能量称为物质迁移能,以 ψ 表示。

因此,式(4-9)也可表达为

$$Q_{入}+W_{入}+\psi_{入}-(Q_{出}+W_{出}+\psi_{出})=\Delta E_{系} \tag{4-10}$$

式中　$\Delta E_{系}$——热力系能量的增量。

令 $Q=Q_{入}-Q_{出}$,$W=W_{出}-W_{入}$,$\psi_{出}=\psi_2$,$\psi_{入}=\psi_1$,则式(4-10)可写成

$$Q=\Delta E_{系}+W+\psi_2-\psi_1 \tag{4-11}$$

该式为热力学第一定律的总表达式,在这个式子中对 Q、W 的符号有规定:当 $Q_{入}>Q_{出}$,$Q>0$,符号为正,表示热力系吸收了热量;当 $W_{出}>W_{入}$,$W>0$,符号为正,表示热力系对外输出功;反之亦然。

4.3.3.2　飞机液压系统动态温度计算方法

对于飞机液压系统进行动态温度计算时,将系统内流体的流动视为一维非稳定流动。根据热力学第一定律建立的一维非稳定流动的能量方程是飞机液压系统动态温度计算的理论依据。

对于一维非稳定流动的流体,选取控制体(图 4-3),不考虑控制体内部动能和势能的变化,依据热力学第一定律,可写出控制体的能量方程如下:

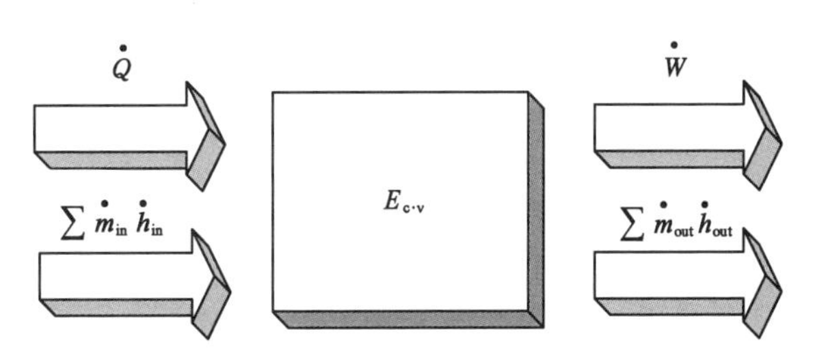

图 4-3　控制体简化模型

$$\frac{\mathrm{d}Q}{\mathrm{d}t}=\frac{\mathrm{d}E_{c\cdot v}}{\mathrm{d}t}+\frac{\mathrm{d}W}{\mathrm{d}t}+\sum\frac{\mathrm{d}m_{out}h_{out}}{\mathrm{d}t}-\sum\frac{\mathrm{d}m_{in}h_{in}}{\mathrm{d}t} \tag{4-12}$$

式中　Q——外界传给控制的热流量;
　　$E_{c\cdot v}$——控制体内的能量变化量;
　　W——控制体对外做的净功;
　　m——控制体的质量;
　　h——流体的焓值;
　　out、in——控制体出口和进口。

假设控制体内液压油性质均匀,节流产生的热量全部进入液压油中。忽略液压油动能和势能的变化,控制体内能量可表示为

$$E_{c\cdot v}=mu \tag{4-13}$$

式中　m——控制体内流体质量;
　　u——流体的比内能。

上式对时间求导有

$$\frac{\mathrm{d}E_{c\cdot v}}{\mathrm{d}t}=\frac{\mathrm{d}(mu)}{\mathrm{d}t}=m\frac{\mathrm{d}u}{\mathrm{d}t}+u\frac{\mathrm{d}m}{\mathrm{d}t} \tag{4-14}$$

由比焓的定义可知

$$u = h - p\nu \tag{4-15}$$

式中 u——流体比内能；
h——流体比焓；
p——流体压力；
ν——流体比容。

比焓的微分形式为

$$\frac{\mathrm{d}h}{\mathrm{d}t} = c_{\mathrm{p}} \frac{\mathrm{d}T}{\mathrm{d}t} + (1 - \alpha T)\nu \frac{\mathrm{d}p}{\mathrm{d}t} \tag{4-16}$$

式中 c_{p}——流体比定压热容；
T——流体温度；
α——流体体积膨胀系数。

将式(4-14)、式(4-15)代入式(4-16)，整理得

$$c_{\mathrm{p}} m \frac{\mathrm{d}T}{\mathrm{d}t} = \alpha T m v \frac{\mathrm{d}p}{\mathrm{d}t} + p \frac{\mathrm{d}mv}{\mathrm{d}t} - h \frac{\mathrm{d}m}{\mathrm{d}t} + \frac{\mathrm{d}Q}{\mathrm{d}t} - \frac{\mathrm{d}W}{\mathrm{d}t} + \sum \frac{\mathrm{d}m_{\mathrm{in}} h_{\mathrm{in}}}{\mathrm{d}t} - \sum \frac{\mathrm{d}m_{\mathrm{out}} h_{\mathrm{out}}}{\mathrm{d}t} \tag{4-17}$$

式中 m——控制体内流体初始质量；
h——控制体内流体初始比焓。

其中，W 一般由轴功和边界功两部分组成，其微分形式为

$$\frac{\mathrm{d}W}{\mathrm{d}t} = \frac{\mathrm{d}W_{\mathrm{s}}}{\mathrm{d}t} + p \frac{\mathrm{d}mv}{\mathrm{d}t} \tag{4-18}$$

将式(4-18)代入式(4-17)，化简并移项后可得

$$\frac{\mathrm{d}T}{\mathrm{d}t} = \frac{1}{c_{\mathrm{p}} m}\left(\alpha T m v \frac{\mathrm{d}p}{\mathrm{d}t} - h \frac{\mathrm{d}m}{\mathrm{d}t} + \frac{\mathrm{d}Q}{\mathrm{d}t} - \frac{\mathrm{d}W_{\mathrm{s}}}{\mathrm{d}t} + \sum \frac{\mathrm{d}m_{\mathrm{in}} h_{\mathrm{in}}}{\mathrm{d}t} - \sum \frac{\mathrm{d}m_{\mathrm{out}} h_{\mathrm{out}}}{\mathrm{d}t}\right) \tag{4-19}$$

式中 $\frac{\mathrm{d}m}{\mathrm{d}t}$——容腔内质量变化率。

油液密度是随着压力和温度的变化而变化，即

$$\mathrm{d}\rho = \frac{\partial \rho}{\partial p}\mathrm{d}p + \frac{\partial \rho}{\partial T}\mathrm{d}T \tag{4-20}$$

由式(4-20)可得

$$\frac{\mathrm{d}p}{\mathrm{d}t} = \beta\nu \frac{\mathrm{d}\rho}{\mathrm{d}t} + \alpha\beta \frac{\mathrm{d}T}{\mathrm{d}t} \tag{4-21}$$

式中 α——流体体积膨胀系数，$\alpha = -\frac{1}{\rho}\frac{\partial \rho}{\partial T}$；

β——流体体积弹性模量，$\beta=\frac{\rho}{\frac{\partial\rho}{\partial p}}$；

ν——流体比容，$\nu=\frac{1}{\rho}$。

对于控制体内油液的密度变化有

$$\frac{\mathrm{d}\rho}{\mathrm{d}t}=\frac{\frac{\mathrm{d}m}{\mathrm{d}t}-\rho\frac{\mathrm{d}m\nu}{\mathrm{d}t}}{m\nu} \tag{4-22}$$

将式(4-21)、式(4-22)代入式(4-19)，可得容腔内油液温度变化算式，即飞机液压系统动态温度计算式为

$$\begin{aligned}\frac{\mathrm{d}T}{\mathrm{d}t}=\frac{1}{m(c_{\mathrm{p}}-\alpha^{2}\beta T\nu)}\Big(&\alpha\beta T\nu\frac{\mathrm{d}m}{\mathrm{d}t}-\alpha\beta Tm\frac{\mathrm{d}m\nu}{\mathrm{d}t}-h\frac{\mathrm{d}m}{\mathrm{d}t}-\frac{\mathrm{d}W_{\mathrm{s}}}{\mathrm{d}t}\\&+\frac{\mathrm{d}Q}{\mathrm{d}t}+\sum\frac{\mathrm{d}m_{\mathrm{in}}h_{\mathrm{in}}}{\mathrm{d}t}-\sum\frac{\mathrm{d}m_{\mathrm{out}}h_{\mathrm{out}}}{\mathrm{d}t}\Big)\end{aligned} \tag{4-23}$$

式中　c_{p}——流体比定压热容；

T——流体温度；

α——流体体积膨胀系数；

β——流体体积压力系数；

m——控制体内流体质量；

$\frac{\mathrm{d}m}{\mathrm{d}t}$——容腔内质量变化率；

h——流体比焓；

ν——流体比容；

Q——外界传给控制的热流量；

W——控制体对外做的净功。

4.3.3.3　飞机液压系统动态温度计算实例

以某型飞机液压系统的设计过程为例说明动态温度计算过程。首先确定飞机的飞行过程、各阶段飞行时间以及液压负载；然后列出基本热力学方程。该飞机液压能源系统主要用户包括：

(1) 主飞行操纵系统：升降舵、方向舵、副翼等。

(2) 副飞行操纵系统：飞行扰流板及地面扰流板、缝翼、襟翼等。

(3) 起落架控制系统：起落架收放、前轮转弯等。

(4) 制动系统：主制动、备用制动。

(5) 反推力装置：左、右发动机反推。

该型飞机液压系统分左、中、右三个独立的系统。其中，左系统主要液压用户为升降舵、方向舵、副翼、襟翼、缝翼、多功能扰流板、地面扰流板、起落架系统、主制动、左发动机反推等；右系统主要液压用户为升降舵、方向舵、副翼、襟翼、多功能扰流板、舱门、备用制动、右发动机反

推等;中系统主要液压用户为升降舵、方向舵、副翼、缝翼、多功能扰流板等。表 4-3 为各系统液压用户配置。

表 4-3 某型飞机各系统液压用户配置

序 号	左 系 统	中 系 统	右 系 统
1	方向舵	方向舵	方向舵
2	左升降舵	左、右升降舵	右升降舵
3	左副翼	左、右副翼	右副翼
4	多功能扰流板	多功能扰流板	多功能扰流板
5	地面扰流板	前缘缝翼	地面扰流板
6	左发动机反推装置		右发动机反推装置
7	主制动		备用制动
8	后缘襟翼		舱门
9	前缘缝翼		后缘襟翼
10	前轮转弯		
11	主起落架		
12	前起落架		

该飞机液压能源左、中、右系统功率配置如图 4-4 所示。

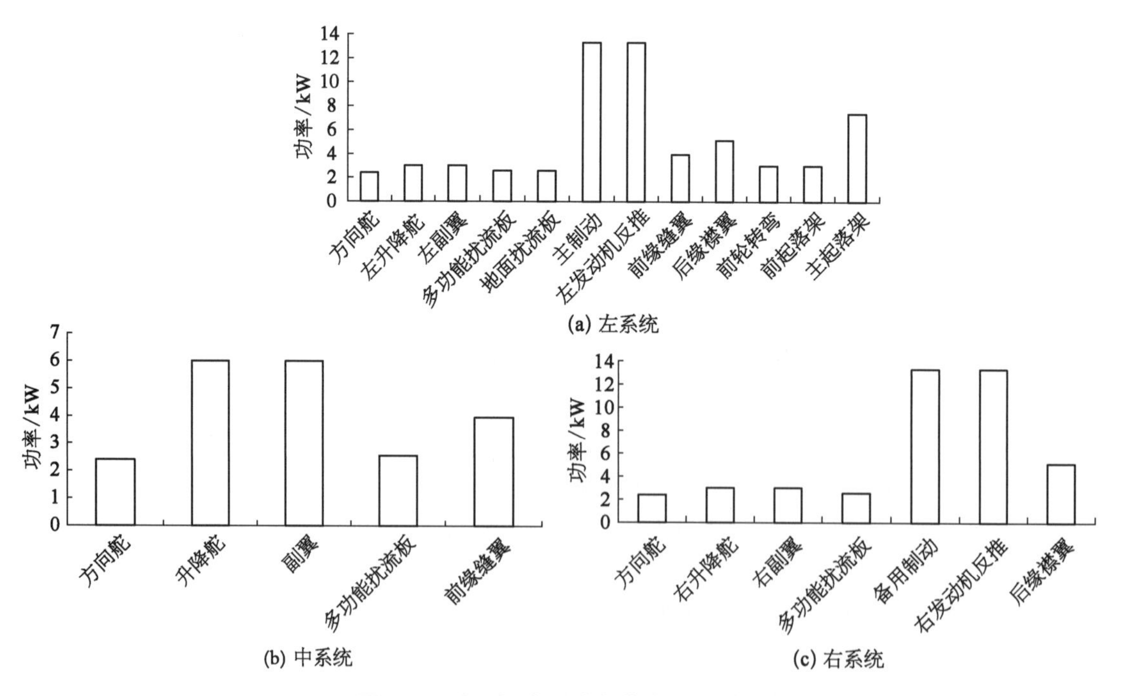

图 4-4 左、中、右系统负载功率配置图

其飞行状态分为九个阶段,见表 4-4。

表 4－4　飞机飞行状态划分

序 号	飞 行 状 态	功能说明	时　间
1	起飞(地面阶段)		22 s
2	起飞转向至 35 m		8 s
3	爬升 35～400 m		15 s
		收起落架	7.5 s
4	爬升 400～20 000 m		13 min
5	巡航 20 000 m 以上		45 min
6	下降 20 000～1 500 m		15 min
7	进场 1 500～100 m		4 min
		放起落架	10 s
8	着陆 100～0 m		10 s
9A	着陆滑行	扰流板动作	1.1 s
9B	着陆滑行	发动机反推	2～4 s
9C	着陆滑行	制动和转弯	15 s

以右系统为例进行动态温度计算。环境及初始温度设为 20℃，按飞行剖面进行全剖面计算(时间 4 700 s)，得到液压系统各部分动态温度分布与变化曲线如下。

1) 泵源处温度

图 4－5 为右系统泵源处动态温度变化曲线。可以看出，在飞行剖面的前四个阶段，系统负载流量相对较大，液压系统负载发热大于系统的管道散热，液压用户管道回油的温度高于油箱的温度。当飞机进入巡航阶段后，系统负载流量较小，系统液压用户处的发热功率降低，但由于壳体回油发热影响，泵源部分的温度仍然呈上升态势。进入降落阶段后，襟翼等开始动作，负载流量加大，对系统温度变化影响较大。当飞机进入着陆阶段后，发动机反推及减速板开始工作，低温油液进入系统会使系统的总回油温度有较大下降，然而系统总发热功率仍然大于散热功率，受泵源处油温的影响，液压用户管道总回油温度快速上升。

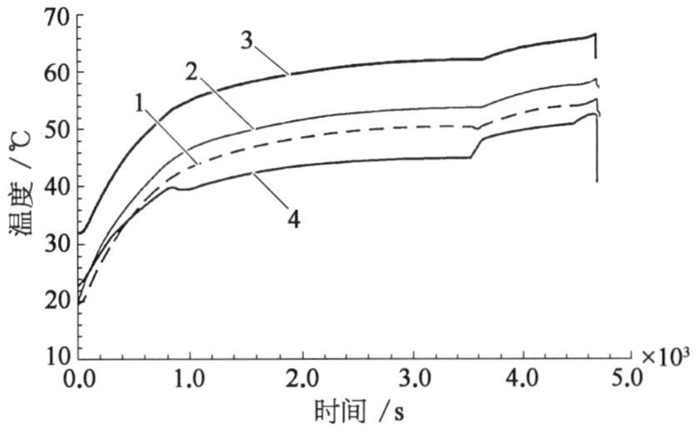

1—油箱出口温度；2—泵出口温度；3—壳体回油温度；4—液压用户管道总回油温度

图 4－5　泵源处动态温度变化曲线

2) 液压用户处温度

图 4－6 为右系统各液压用户处动态温度变化曲线。方向舵、升降舵、副翼和多功能扰流

板在系统各个阶段均动作，其所在位置的温度由于管道散热的作用，会低于泵出口处油液温度。在不同阶段，各负载的流量、功率不同，其温度变化速度存在差异。由于各负载所处位置位于飞机的不同位置，液压油流经管道长短不同，散热差异使得同一时刻各负载的温度差别较大，以 3 000 s 时(巡航阶段)的液压用户出口温度作比较，温度最高的为多功能扰流板处，温度约 55℃，副翼次之，约 53℃，温度最低的是方向舵和升降舵处，温度约 48℃。

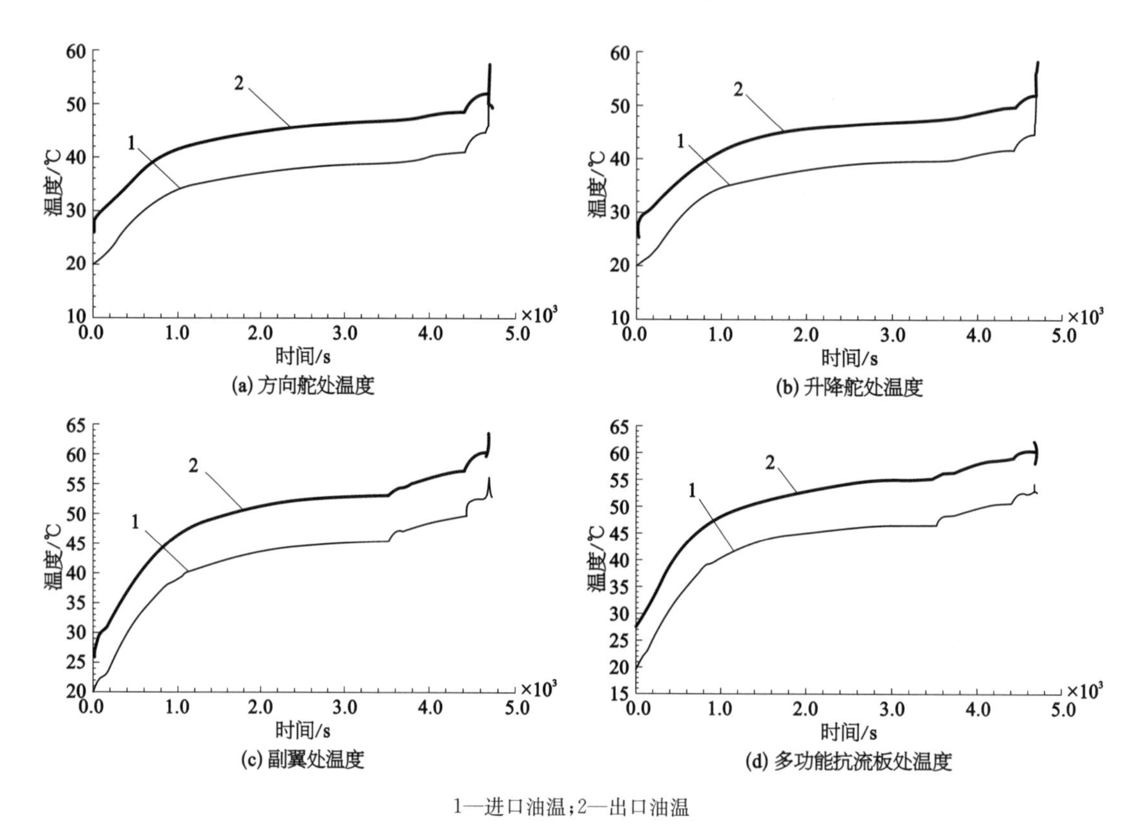

1—进口油温；2—出口油温

图 4-6　液压用户处动态温度变化曲线

4.4 本章小结

以空客 A320 飞机液压系统为例，结合民用飞机液压能源系统的结构与功能，现代客机主流机型采用余度设计，即三套相互独立的液压能源系统，配备能源动力转换装置以及各种应急能源。同时，针对现代飞机液压系统向高压轻量化发展的特点和要求，采用基于温度控制的飞机电液伺服控制系统热分析技术，包括静态温度分析模型、动态温度分析模型、计算实例，通过计算结果分析得到合理控制液压泵壳体回油的发热。

有效利用大型客机液压能源与液压用户之间距离长的特殊环境和液压系统管道布局复杂的特点，充分利用环境散热方式，合理配置散热器，是民用飞机液压系统温度主动控制技术的关键。温度主动控制方法包括：

(1) 自然散热方案，即飞机液压系统的散热主要通过系统自身管道进行散热，达到液压系统温度的平衡。能源系统到执行机构的供压管道以及执行机构的回油管道有足够的散热面积进行散热，这种方案不采用额外的散热装置。

(2) 燃油散热器温度控制方案，即利用散热器对液压系统温度进行控制，散热器一般安装在飞机燃油箱里，以提高散热效果。

(3) 管道散热温控方案，即通过系统自身管道散热，以及通过改变液压系统管道设置的方式，如加长管道安装在飞机燃油箱内进行散热。

自然散热方案在系统应用中存在潜在风险，散热器散热方案和管道散热方案都能对系统温度控制达到很好的效果，且在采用管道散热方案中，壳体回油管道散热方案略优于总回油管道散热方案。

参考文献

[1] 訚耀保，徐娇珑，胡兴华，李晶.飞机液压系统油液温度分析[J].液压与气动，2010(9)：55-58.
[2] 訚耀保.射流管伺服阀在飞机液压系统中的应用[J].液压气动与密封，2012(7)：8-12.
[3] 訚耀保，王智勇，李晶，汤何胜.民用飞机液压系统恒压变量泵温度特性分析[J].流体传动与控制，2016(1)：11-15.
[4] 訚耀保，陈梁洁，李晶，邬根发，王磊，郭生荣.飞机用千斤顶的试验装置分析[J].液压气动与密封，2012(3)：47-52.
[5] 訚耀保，王康景，陈昀，李晶.大型船舶调距桨液压系统温度控制分析[J].流体传动与控制，2013(4)：1-5.
[6] 訚耀保，肖其新，闫世敏.温度对电液伺服阀的影响分析[J].流体传动与控制，2008(6)：23-26.
[7] 訚耀保，俞丛义，陆泰琳，陈洁萍.极端温度环境下飞行器液压蓄能器与气瓶特性研究[J].流体传动与控制，2006(5)：10-13.
[8] 訚耀保，俞丛义，陆泰琳，陈洁萍.飞行器液压控制系统气腔压力特性研究[J].自动驾驶仪与红外技术，2006(2)：8-12.
[9] YIN Y B, LI Y J, FU J Y, GUO S R. Fluid power transmission characteristics of aviation kerosene[C]//Proceedings of the 2011 International Conference on Advances in Construction Machinery and Vehicle Engineering. Shanghai: Shanghai Scientific & Technical Publishers, 2012: 406-412.
[10] LI J, XU J L, ZHANG X, YIN Y B. An estimation method of the fluid temperature for commercial aircraft hydraulic systems[C]//2010 International Conference on Mechanic Automation and Control Engineering (MACE). Piscataway: IEEE Press, 2010: 2962-2965.
[11] LI J, ZHANG X, YIN Y B, ZHANG J B. Dynamic temperature simulation of an accumulator in aircraft hydraulic systems[C]//2011 International Conference on Fluid Power and Mechatronics (FPM). Piscataway: IEEE Press, 2011: 653-657.
[12] Airbus Industrie. A320 aircraft maintenance manual[Z]. 1997.
[13] SAE. Aerospace-commercial aircraft hydraulic systems: SAE AIR 5005—2000[S]. 2000.
[14] 李晶，訚耀保.大型客机项目液压系统温度控制及脉动技术研究——温度控制技术研究总结报告(TJME-09-290)[R].同济大学，2009.
[15] 张建波，朴学奎.空客A320液压系统研究[J].民用飞机设计与研究，2010(2)：53-55.
[16] 《飞机设计手册》总编委会.飞机设计手册：第12册[M].北京：航空工业出版社，2003.

第 5 章
伺服阀作动器自冷却技术

飞机航空矢量喷管作动器由于受发动机热辐射的影响严重,伺服阀作动器及其部件常采用回油自冷却方式进行温度控制。本章考虑发动机与伺服阀作动器的对流、辐射以及作动器各部件之间的传热过程,介绍真实工况下基于集总参数法的矢量喷管作动器热力学建模方法,并以某航空伺服阀作动器为例,分析活塞处于中位附近和往复运动时作动器各部件的温度分布规律及其影响因素和自冷却效果。

航空发动机燃油温度 2 000℃,波音 737 环境温度达−72～54℃,军用飞机液压阀的环境温度在−55～250℃,液压油温度可达 140℃以上。新一代运载火箭采用液氧煤油作为燃料,煤油温度 3 600℃。地面液压系统的油温一般在 80℃或 105℃以下,但是导弹舵机试验或遥测油温达到 160℃,运载火箭的油温甚至达到 250℃,美国空军液压试验系统的油温达 340℃,瞬时高达 537℃。据统计,约 80%机械部件失效由于磨损和泄漏造成。导弹或火箭的可靠性和安全性要求极高,例如伺服系统可靠性要求 0.999,而液压阀则高达 0.999 9,载人航天更高达 0.999 99。关键器件及其可靠性是未来 5～10 年的重要任务之一。航空发动机是飞机的“心脏”,它直接影响飞机的性能和可靠性,直接关系飞机的飞行安全。矢量喷管是实现发动机推力矢量技术的关键,通过作动器等使扩散段在全周向偏转一定角度,实现俯仰、偏航、滚转。但因工作环境的高温特性,为对其实现精准控制,宽温域内的可靠性与稳定性尤为重要。伺服阀作动器位于发动机机闸内部,机闸温度约 400℃,通过热辐射作用,周围环境温度高达 120～185℃,油液的最高温度达 100～110℃。位移传感器所能耐受的最高工作温度为 165℃,超过此温度,位移传感器将不能正常工作。为保证航空伺服阀作动器的工作性能,需分析其高温环境下的热交换机理,然后采取措施进行温度控制。

国外在高温条件下矢量喷管性能研究资料较少公开。国内航空发动机矢量喷管研究集中在热分析方法,有文献对轴对称矢量喷管进行三维传热计算,矢量状态下的喷管壁温明显高于非矢量状态,认为最高温度出现在喷管扩张段。也有文献基于 N－S 方程求解轴对称收扩喷管内外流一体化的流场,建立考虑导热、对流换热和辐射作用的喷管各层壁温分布计算模型。矢量喷管伺服阀作动器作为驱动装置,其高温下的性能至关重要。著者提出采用具有冷却结构活塞杆的液压缸,活塞杆中心孔内藏传感器,在活塞和活塞杆形成的拟合孔的内端之间形成间隙,通以循环冷却液,并设计了一套传感器主动冷却结构,介绍作动器活塞杆完全伸出时结构内部冷却介质温度、压强、对流换热系数等参数分布情况。目前的其他研究尚未考虑作动器各部件间以及与外部环境之间传热的情况。

本章介绍航空发动机矢量喷管作动器整体传热规律以及伺服阀作动器温度控制方法。采用集总参数法,建立综合考虑对流换热和辐射换热的矢量喷管作动器的回油冷却热分析模型,分析作动器热平衡温度影响因素，可作为伺服阀作动器热力学分析与设计的参考。

5.1　伺服阀作动器回油冷却结构与原理

图 5-1 所示为某型采用回油冷却结构的航空发动机矢量喷管作动器。该伺服阀作动器处于发动机机闸内高温环境，活塞杆采用套层结构，形成传感器定子与活塞杆内筒的环形缝隙、活塞杆内筒与活塞杆外筒之间的环形缝隙、活塞杆外筒内部细长孔的三级串联冷却通道。活塞杆内部通过冷却流道与作动器的有杆腔和无杆腔相通，活塞杆伸出时油液经由无杆腔流入位移传感器周围的冷却流道，油液通过热传导作用将传感器周围的热量带走进入有杆腔。该回油冷却结构使油液从作动器内部流过，降低伺服阀作动器各部件的温度，保证作动器及传感器的正常工作。现代航空发动机燃油燃烧温度高达 2 000℃，发动机闸的温度高达 400℃，液压作动器周围空气温度高达 120～185℃。为了保证液压作动器及其内部线位移传感器的正常工作，活塞杆由内筒和外筒两部分构成(图 5-2)，其中内筒与传感器的定子、内筒与外筒之间分别形成了两个环形缝隙，活塞杆外筒上还开有一细长的冷却孔。两个环形缝隙加上细长的冷却孔构成了液压缸的冷却流道，通过冷却流道使低温油液可以从液压缸内部流过，降低液压缸各部件的温度，但同时冷却孔的存在也导致液压缸存在着泄漏，增加了系统的功耗。

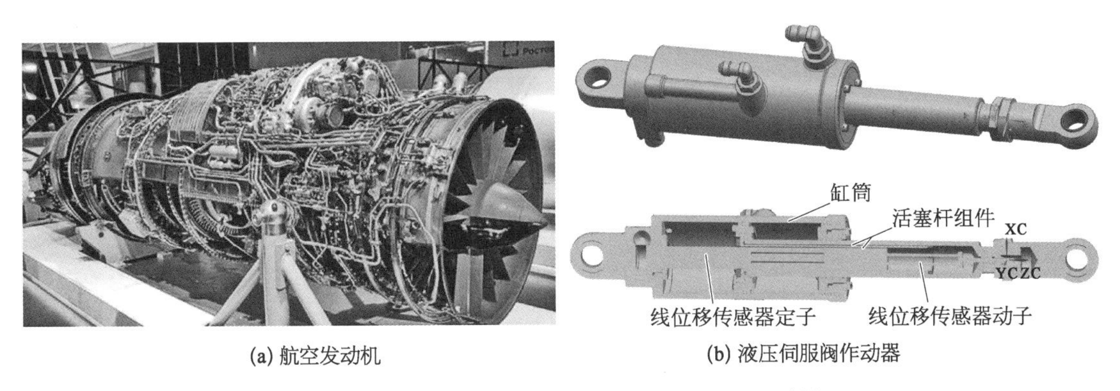

(a) 航空发动机　　(b) 液压伺服阀作动器

图 5-1　采用内冷却回油结构的液压伺服阀作动器

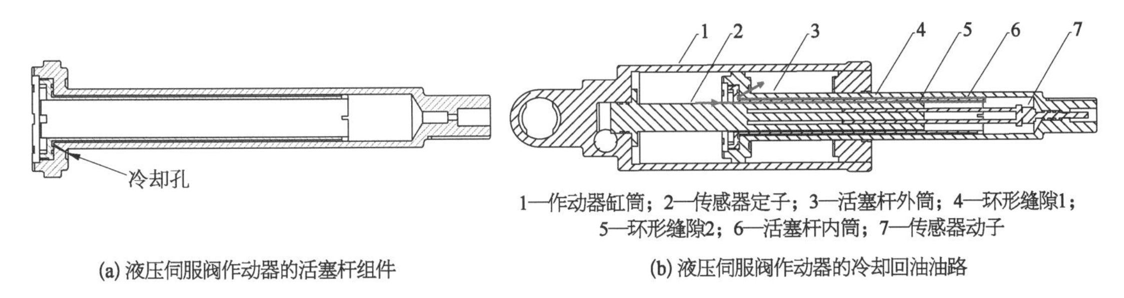

1—作动器缸筒；2—传感器定子；3—活塞杆外筒；4—环形缝隙1；5—环形缝隙2；6—活塞杆内筒；7—传感器动子

(a) 液压伺服阀作动器的活塞杆组件　　(b) 液压伺服阀作动器的冷却回油油路

图 5-2　某型伺服阀作动器结构示意图

为了合理设计冷却孔的结构和尺寸，需要建立液压作动器冷却回油的液压模型和热仿真模型，分析结构尺寸对冷却散热和系统功耗的影响。本章在热力学和传热学基础上，结合液压作动器的实际工作环境，介绍液压作动器的热仿真和液压仿真模型，作为作动器性能优化的基础。

5.2　伺服阀作动器数学模型

5.2.1　流体控制模型

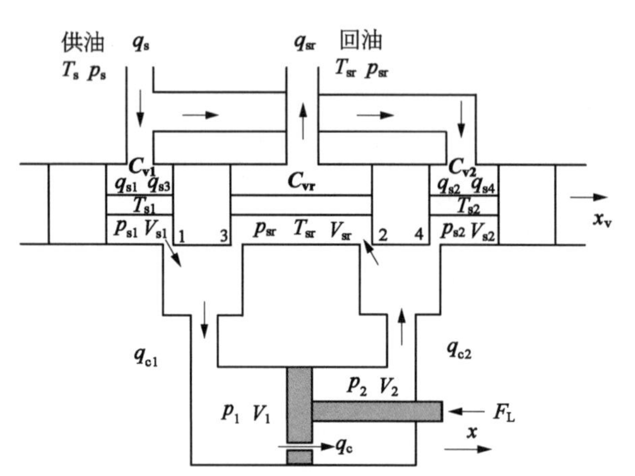

图 5-3　伺服阀作动器结构原理示意图

如图 5-3 所示，将阀内液压油分为阀左腔油液、阀右腔油液、阀回油腔油液三个部分，x_v 为阀芯位移。伺服阀的进口压力、流量和温度分别为 p_s、q_s、T_s，回油压力、流量、温度和阀回油腔油液体积分别为 p_{sr}、q_{sr}、T_{sr}、V_{sr}，p_1、T_{s1}、V_{s1} 分别为阀左腔油液的压力、温度、体积，p_2、T_{s2}、V_{s2} 分别为阀右腔油液的压力、温度、体积。阀芯四个节流口处的流量分别为 q_{s1}、q_{s2}、q_{s3}、q_{s4}，阀出口与作动器连接的两端的流量分别为 q_{c1}、q_{c2}。

液压阀四个节流口的流量方程分别为

$$q_{s1}=c_d w_1 x_v \sqrt{\frac{2(p_s-p_1)}{\rho}} \tag{5-1}$$

$$q_{s2}=c_d w_2 x_v \sqrt{\frac{2(p_2-p_{sr})}{\rho}} \tag{5-2}$$

$$q_{s3}=c_d w_3 x_v \sqrt{\frac{2(p_1-p_{sr})}{\rho}} \tag{5-3}$$

$$q_{s4}=c_d w_4 x_v \sqrt{\frac{2(p_s-p_2)}{\rho}} \tag{5-4}$$

式中　c_d——流量系数；

w_1、w_2、w_3、w_4——四个节流口的面积梯度。

根据图 5-3 中的流量关系，建立作动器无杆腔、有杆腔的流量连续性方程：

$$q_{c1}-q_c-A_1\dot{x}=\frac{V_1}{\beta_e}\frac{dp_1}{dt} \tag{5-5}$$

$$q_c-q_{c2}+A_2\dot{x}=\frac{V_2}{\beta_e}\frac{dp_2}{dt} \tag{5-6}$$

式中　p_1、p_2——作动器无杆腔、有杆腔压力；

q_c——冷却流量；

A_1、A_2——无杆腔活塞有效面积、有杆腔活塞有效面积；

β_e——体积弹性模量；

$\dot{x}$——活塞运动速度。

假定活塞杆向右运动为正方向，活塞杆的力平衡方程为

$$p_1A_1 - p_2A_2 - F_L - f = m_d\ddot{x} \tag{5-7}$$

式中　F_L——作动器受到的外负载；

$\ddot{x}$——活塞运动加速度；

f——摩擦力；

m_d——活塞及负载折算到活塞上的总质量。

假设作动器两腔之间的冷却油液为紊流流动，其冷却流量方程为

$$q_c = c_d\pi\frac{d_0^2}{4}\sqrt{\frac{2(p_1 - p_2)}{\rho}} \tag{5-8}$$

作动器无杆腔、有杆腔两腔油液质量、体积和作动器缸筒两侧质量及各零件的接触面积都是随着活塞杆位置变化而变化的变量，其与活塞杆位置关系近似如下：

无杆腔、有杆腔油液的体积分别为

$$V_1 = (x + x_{10}) \cdot A_1 \tag{5-9}$$

$$V_2 = (L - x - x_{10}) \cdot A_2 \tag{5-10}$$

无杆腔、有杆腔油液质量 m_1、m_2，左侧缸筒、右侧缸筒质量 m_{t1}、m_{t2}分别为

$$m_1 = V_1 \cdot \rho \tag{5-11}$$

$$m_2 = V_2 \cdot \rho \tag{5-12}$$

$$m_{t1} = \frac{\pi r_1^2 + 2\pi r_1 x}{2\pi r_1^2 + 2\pi r_1 L} m_t \tag{5-13}$$

$$m_{t2} = m_t - m_{t1} \tag{5-14}$$

式中　x_{10}——初始状态位置；

L——作动器总行程；

x——运动位移；

m_t——缸筒总质量。

作动器无杆腔、有杆腔两腔油液和作动器左、右两侧缸筒的接触面积分别为 A_{1-t1}、A_{2-t2}，作动器无杆腔和传感器的接触面积 A_{1-c}，作动器有杆腔和活塞杆的接触面积 A_{2-h}，作动器左、右两侧缸筒和空气的接触面积 A_{t1-k}、A_{t2-k}，活塞杆与空气的接触面积 A_{h-k} 分别为

$$A_{1-t1} = \pi(r_1^2 - r_3^2) + 2\pi r_1 x \tag{5-15}$$

$$A_{2-t2} = \pi(r_1^2 - r_2^2) + 2\pi r_1(L - x) \tag{5-16}$$

$$A_{1-c} = 2\pi r_2 L_c \tag{5-17}$$

$$A_{2-h}=2\pi(R_{h1}+R_{h2}+R_{h3})L_{h1}+2\pi R_{h3}(L_h-L_{h1})+\pi R_{h3}^2 \tag{5-18}$$

$$A_{t1-k}=\pi(r_1+2\delta)^2+2\pi(r_1+2\delta)(x+x_{10}) \tag{5-19}$$

$$A_{t2-k}=\pi(r_1+2\delta)^2+2\pi(r_1+2\delta)(L-x-x_{10}) \tag{5-20}$$

$$A_{h-k}=2\pi r_3(x_0+x)+\pi r_3^2 \tag{5-21}$$

式中 r_1、r_2、r_3——作动器缸筒内侧半径、传感器半径、活塞杆半径；
δ——缸筒壁厚；
L_c——传感器长度；
L_{h1}——活塞杆可冷却的长度；
L_h——活塞杆长度；
R_{h1}——活塞杆内筒的半径；
R_{h2}——活塞杆外筒的内半径；
R_{h3}——活塞杆外筒的外半径；
x_0——活塞在缸筒底部时的活塞杆伸出长度。

5.2.2 热力学模型

5.2.2.1 热传递关系

热力学是从宏观角度来研究物质的热运动性质及其规律，而传热学主要是研究热量传递过程，有热传导、热对流和热辐射三种基本方式。采用集中参数法对液压作动器某一容腔内的流体进行热分析，并作如下假设：① 油液为一维流动；② 控制体内油液性质均匀；③ 节流发热全部进入油液中；④ 忽略油液动能和势能的变化。取控制体如图 5-4 所示，根据热力学第一定律，控制体的能量变化率为

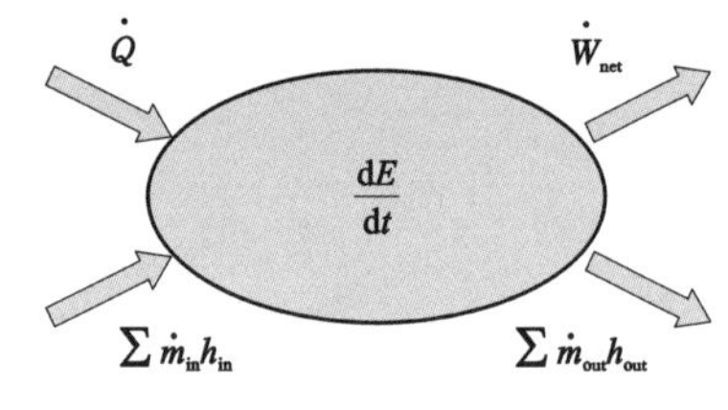

图 5-4 控制体的热力学关系模型

$$\frac{dE}{dt}=\sum\dot{m}_{in}h_{in}-\sum\dot{m}_{out}h_{out}+\dot{Q}-\dot{W}_{net} \tag{5-22}$$

式中 E——控制容腔内储能量；
t——时间；
Q——外界与控制体热交换率；
W_{net}——净功率；
m_{in}、m_{out}——进出控制体的液压油质量流量；
h_{in}、h_{out}——进出控制体的液压油比焓。

5.2.2.2 热力学方程

一般情况下，近似认为流出控制体的油液温度与控制体内油液的平均温度相同，可得到热力学微分方程以及焓变为

$$\frac{dT}{dt}=\frac{1}{c_p m}\left[\sum\frac{dm_{in}}{dt}(h_{in}-h)+\dot{Q}+\alpha T v m\frac{dp}{dt}\right] \tag{5-23}$$

$$h_{in}-h=c_p(T_{in}-T)+(1-\alpha_p\cdot\bar{T})v(p_{in}-p) \tag{5-24}$$

式中　c_p——流体定压比热容；

p——流体压力；

v——比体积；

T——流体温度；

α——流体体积膨胀系数。

伺服阀作动器工作时，可分为伺服阀阀体、阀左腔油液、阀右腔油液、阀回油腔油液、无杆腔油液、有杆腔油液、左侧缸筒部分、右侧缸筒部分、传感器、活塞杆十个部分。考虑伺服阀作动器各个部件与周围环境的对流换热和辐射换热，得到伺服阀作动器热力学交换模型示意如图 5-5 所示。图中箭头表示两个部件之间的热交换，某伺服阀作动器的结构参数见表 5-1。

表 5-1　某伺服阀作动器主要结构参数

参　数	符　号	数　值	单　位
缸筒半径	r_1	4×10^{-2}	m
传感器半径	r_2	1.2×10^{-2}	m
活塞杆半径	r_3	2.05×10^{-2}	m
冷却孔直径	d_0	0.4×10^{-3}	m
油液密度	ρ	778	kg/m^3
供油压力	p_s	10	MPa
回油压力	p_0	0	MPa
油液黏度	μ	1.14×10^{-3}	$(N\cdot s)/m^2$
缸筒质量热容	c_{pt}	620	$J/(kg\cdot K^{-1})$
传感器质量热容	c_{pc}	450	$J/(kg\cdot K^{-1})$
活塞杆质量热容	c_{ph}	620	$J/(kg\cdot K^{-1})$
流量系数	C_d	0.61	
油液体积膨胀系数	α_p	9×10^{-4}	
缸筒发射率	ε_1	0.8	

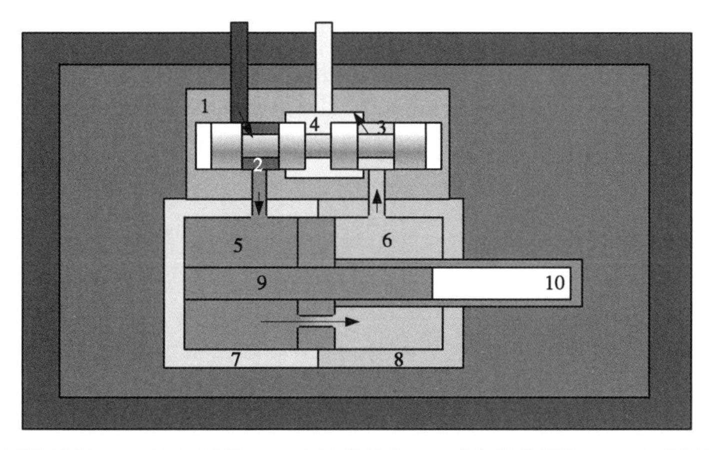

1—伺服阀阀体；2—阀左腔油液；3—阀右腔油液；4—阀回油腔油液；5—无杆腔油液；6—有杆腔油液；7—左侧缸筒部分；8—右侧缸筒部分；9—传感器；10—活塞杆

(a) 作动器与工作环境之间的传热学过程（无杆腔供油）

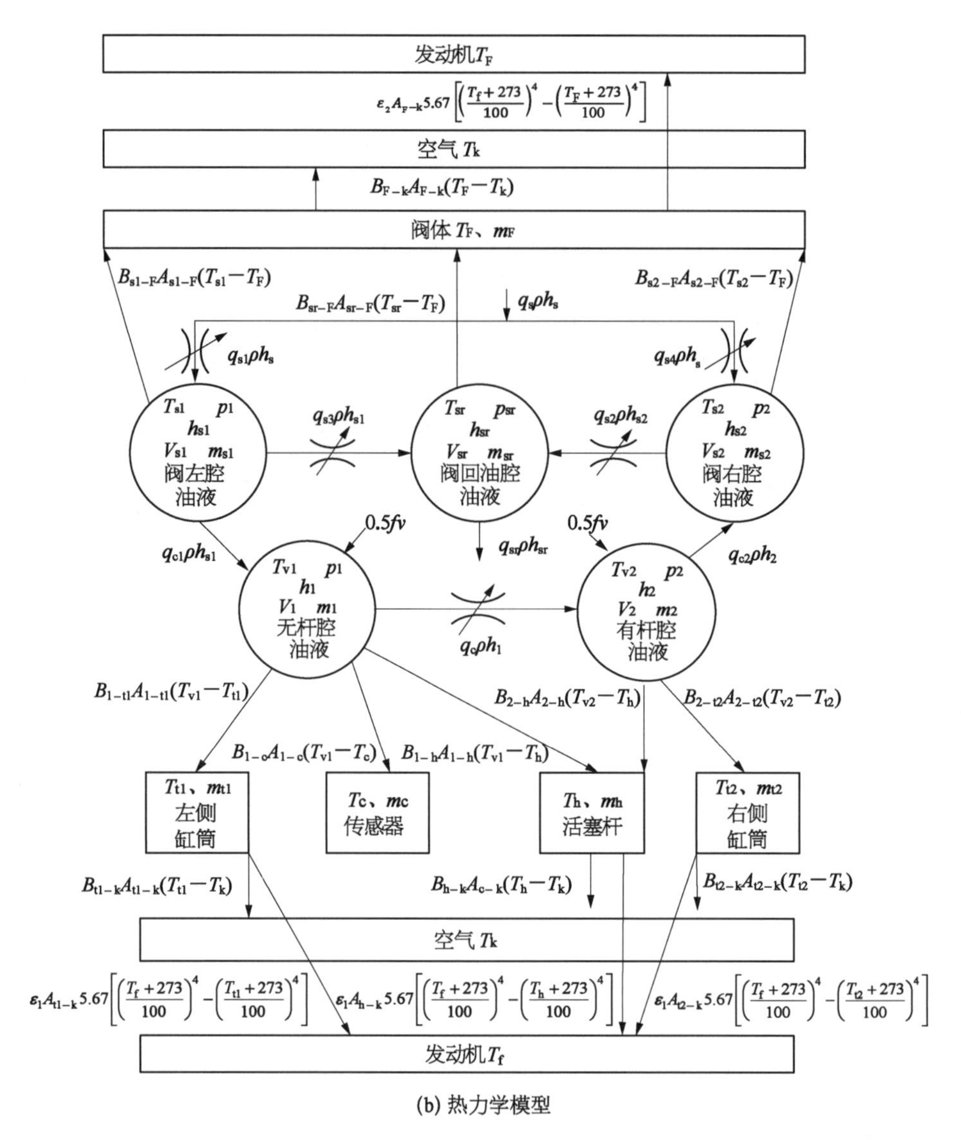

(b) 热力学模型

图 5-5 伺服阀作动器与发动机的热交换模型示意图

对于阀左腔油液、阀右腔油液、无杆腔油液、有杆腔油液四部分，考虑油液比焓不同，在活塞杆伸出、缩回过程中，油液流向不同即导致热力学方程不同，由上述分析得各个部分的热力学方程。

1）阀体热力学方程

$$\frac{\mathrm{d}T_F}{\mathrm{d}t}=\frac{1}{c_{pF}m_F}\Big\{-B_{s1-F}A_{s1-F}(T_{s1}-T_F)+B_{sr-F}A_{sr-F}(T_{sr}-T_F)+B_{s2-F}A_{s2-F}(T_{s2}-T_F)+\varepsilon_2A_{F-k}5.67\Big[\Big(\frac{T_f+273}{100}\Big)^4+\Big(\frac{T_F+273}{100}\Big)^4\Big]-B_{F-k}A_{F-k}(T_F-T_k)\Big\} \tag{5-25}$$

2）阀左腔油液热力学方程

（1）活塞杆伸出。

$$\begin{aligned}\frac{\mathrm{d}T_{\mathrm{s1}}}{\mathrm{d}t}=&\frac{1}{c_{\mathrm{ps1}}m_{\mathrm{s1}}}\left\{\rho q_{\mathrm{s1}}\left[c_{\mathrm{ps1}}(T_{\mathrm{s}}-T_{\mathrm{s1}})+\frac{(p_{\mathrm{s}}-p_{1})}{\rho}\left(1-\alpha_{\mathrm{p}}\frac{T_{\mathrm{s}}+T_{\mathrm{s1}}}{2}\right)\right]\right.\\&\left.+\alpha_{\mathrm{p}}T_{\mathrm{s1}}V_{\mathrm{s1}}\frac{\mathrm{d}p_{1}}{\mathrm{d}t}-B_{\mathrm{s1-F}}A_{\mathrm{s1-F}}(T_{\mathrm{s1}}-T_{\mathrm{F}})\right\}\end{aligned}\tag{5-26}$$

（2）活塞杆缩回。

$$\begin{aligned}\frac{\mathrm{d}T_{\mathrm{s1}}}{\mathrm{d}t}=&\frac{1}{c_{\mathrm{ps1}}m_{\mathrm{s1}}}\left\{\rho q_{\mathrm{s1}}\left[c_{\mathrm{ps1}}(T_{\mathrm{s}}-T_{\mathrm{s1}})+\frac{(p_{\mathrm{s}}-p_{1})}{\rho}\left(1-\alpha_{\mathrm{p}}\frac{T_{\mathrm{s}}+T_{\mathrm{s1}}}{2}\right)\right]\right.\\&\left.+\alpha_{\mathrm{p}}T_{\mathrm{s1}}V_{\mathrm{s1}}\frac{\mathrm{d}p_{1}}{\mathrm{d}t}-\rho q_{\mathrm{c1}}[c_{\mathrm{ps1}}(T_{\mathrm{s}}-T_{\mathrm{s1}})]-B_{\mathrm{s1-F}}A_{\mathrm{s1-F}}(T_{\mathrm{s1}}-T_{\mathrm{F}})\right\}\end{aligned}\tag{5-27}$$

3）阀右腔油液热力学方程

（1）活塞杆伸出。

$$\begin{aligned}\frac{\mathrm{d}T_{\mathrm{s2}}}{\mathrm{d}t}=&\frac{1}{c_{\mathrm{ps2}}m_{\mathrm{s2}}}\left\{\rho q_{\mathrm{s4}}\left[c_{\mathrm{ps2}}(T_{\mathrm{s}}-T_{\mathrm{s2}})+\frac{(p_{\mathrm{s}}-p_{2})}{\rho}\left(1-\alpha_{\mathrm{p}}\frac{T_{\mathrm{s}}+T_{\mathrm{s2}}}{2}\right)\right]\right.\\&\left.+\alpha_{\mathrm{p}}T_{\mathrm{s2}}V_{\mathrm{s2}}\frac{\mathrm{d}p_{2}}{\mathrm{d}t}+\rho q_{\mathrm{c2}}[c_{\mathrm{ps2}}(T_{\mathrm{V2}}-T_{\mathrm{s2}})]-B_{\mathrm{s2-F}}A_{\mathrm{s2-F}}(T_{\mathrm{s2}}-T_{\mathrm{F}})\right\}\end{aligned}\tag{5-28}$$

（2）活塞杆缩回。

$$\begin{aligned}\frac{\mathrm{d}T_{\mathrm{s2}}}{\mathrm{d}t}=&\frac{1}{c_{\mathrm{ps2}}m_{\mathrm{s2}}}\left\{\rho q_{\mathrm{s4}}\left[c_{\mathrm{ps2}}(T_{\mathrm{s}}-T_{\mathrm{s2}})+\frac{(p_{\mathrm{s}}-p_{2})}{\rho}\left(1-\alpha_{\mathrm{p}}\frac{T_{\mathrm{s}}+T_{\mathrm{s2}}}{2}\right)\right]\right.\\&\left.+\alpha_{\mathrm{p}}T_{\mathrm{s2}}V_{\mathrm{s2}}\frac{\mathrm{d}p_{2}}{\mathrm{d}t}-B_{\mathrm{s2-F}}A_{\mathrm{s2-F}}(T_{\mathrm{s2}}-T_{\mathrm{F}})\right\}\end{aligned}\tag{5-29}$$

4）阀回油腔油液热力学方程

$$\begin{aligned}\frac{\mathrm{d}T_{\mathrm{sr}}}{\mathrm{d}t}=&\frac{1}{c_{\mathrm{p}}m_{\mathrm{sr}}}\left[\rho q_{\mathrm{s3}}(h_{\mathrm{s1}}-h_{\mathrm{sr}})+\rho q_{\mathrm{s4}}(h_{\mathrm{s2}}-h_{\mathrm{sr}})+\alpha_{\mathrm{p}}T_{\mathrm{sr}}V_{\mathrm{sr}}\frac{\mathrm{d}p_{\mathrm{sr}}}{\mathrm{d}t}\right.\\&\left.-B_{\mathrm{sr-F}}A_{\mathrm{sr-F}}(T_{\mathrm{sr}}-T_{\mathrm{F}})\right]\end{aligned}\tag{5-30}$$

5）无杆腔油液热力学方程

（1）活塞杆伸出。

$$\begin{aligned}\frac{\mathrm{d}T_{\mathrm{V1}}}{\mathrm{d}t}=&\frac{1}{c_{\mathrm{p1}}m_{1}}\left\{\rho q_{\mathrm{c1}}[c_{\mathrm{p1}}(T_{\mathrm{s1}}-T_{\mathrm{V1}})]-B_{1-\mathrm{t1}}A_{1-\mathrm{t1}}(T_{\mathrm{V1}}-T_{\mathrm{t1}})+0.5fv\right.\\&\left.-B_{1-\mathrm{c}}A_{1-\mathrm{c}}(T_{\mathrm{V1}}-T_{\mathrm{c}})+\alpha_{\mathrm{p}}T_{\mathrm{V1}}V_{1}\frac{\mathrm{d}p_{1}}{\mathrm{d}t}\right\}\end{aligned}\tag{5-31}$$

(2) 活塞杆缩回。

$$\begin{aligned}\frac{dT_{V1}}{dt}=&\frac{1}{c_{p1}m_1}\left\{\rho q_c\left[c_{p1}(T_{V2}-T_{V1})+\frac{(p_2-p_1)}{\rho}\left(1-\alpha_p\frac{T_{V2}+T_{V1}}{2}\right)\right]\right.\\&+0.5fv-B_{1-t1}A_{1-t1}(T_{V1}-T_{t1})+\alpha_pT_{V1}V_1\frac{dp_1}{dt}\\&\left.-B_{1-c}A_{1-c}(T_{V1}-T_c)\right\}\end{aligned}\tag{5-32}$$

6) 有杆腔油液热力学方程

(1) 活塞杆伸出。

$$\begin{aligned}\frac{dT_{V2}}{dt}=&\frac{1}{c_{p2}m_2}\left\{\rho q_c\left[c_{p2}(T_{V1}-T_{V2})+\frac{p_1-p_2}{\rho}\left(1-\alpha_p\frac{T_{V1}+T_{V2}}{2}\right)\right]\right.\\&+0.5fv-B_{2-t2}A_{2-t2}(T_{V2}-T_{t2})+\alpha_pT_{V2}V_2\frac{dp_2}{dt}\\&\left.-B_{2-h}A_{2-h}(T_{V2}-T_h)\right\}\end{aligned}\tag{5-33}$$

(2) 活塞杆缩回。

$$\begin{aligned}\frac{dT_{V2}}{dt}=&\frac{1}{c_{p2}m_2}\left\{\rho q_{c2}[c_{p2}(T_{s2}-T_{V2})]-B_{2-t2}A_{2-t2}(T_{V2}-T_{t2})\right.\\&\left.+0.5fv+\alpha_pT_{V2}V_2\frac{dp_2}{dt}-B_{2-h}A_{2-h}(T_{V2}-T_h)\right\}\end{aligned}\tag{5-34}$$

7) 左侧缸筒热力学方程

$$\begin{aligned}\frac{dT_{t1}}{dt}=&\frac{1}{c_{pt}m_{t1}}\left\{B_{1-t1}A_{1-t1}(T_{V1}-T_{t1})+\varepsilon_1A_{t1-k}5.67\left[\left(\frac{T_f+273}{100}\right)^4\right.\right.\\&\left.\left.-\left(\frac{T_{t1}+273}{100}\right)^4\right]+B_{t1-k}A_{t1-k}(T_{t1}-T_k)\right\}\end{aligned}\tag{5-35}$$

8) 右侧缸筒热力学方程

$$\begin{aligned}\frac{dT_{t2}}{dt}=&\frac{1}{c_{pt}m_{t2}}\left\{B_{2-t2}A_{2-t2}(T_{V2}-T_{t2})+\varepsilon_1A_{t2-k}5.67\left[\left(\frac{T_f+273}{100}\right)^4\right.\right.\\&\left.\left.-\left(\frac{T_{t2}+273}{100}\right)^4\right]+B_{t2-k}A_{t2-k}(T_{t2}-T_k)\right\}\end{aligned}\tag{5-36}$$

9) 传感器热力学方程

$$\frac{dT_c}{dt}=\frac{1}{c_{pc}m_c}B_{1-c}A_{1-c}(T_{V1}-T_c)\tag{5-37}$$

10）活塞杆热力学方程

$$\frac{\mathrm{d}T_{\mathrm{h}}}{\mathrm{d}t}=\frac{1}{c_{\mathrm{ph}}m_{\mathrm{h}}}\left\{B_{2-\mathrm{h}}A_{2-\mathrm{h}}(T_{\mathrm{V2}}-T_{\mathrm{h}})-B_{\mathrm{h-k}}A_{\mathrm{h-k}}(T_{\mathrm{h}}-T_{\mathrm{k}})\right.$$
$$\left.+\varepsilon_{1}A_{\mathrm{h-k}}\times 5.67\left[\left(\frac{T_{\mathrm{f}}+273}{100}\right)^{4}-\left(\frac{T_{\mathrm{h}}+273}{100}\right)^{4}\right]\right\} \tag{5-38}$$

式中　h_{s}、h_{sl}、h_{s2}、h_{sr}、h_{1}、h_{2}——供油油液、阀左腔油液、阀右腔油液、阀回油腔油液、无杆腔油液、有杆腔油液的比焓；

m_{F}、m_{sl}、m_{s2}、m_{sr}、m_{1}、m_{2}、m_{c}、m_{h}——阀体、阀左腔油液、阀右腔油液、阀回油腔油液、无杆腔油液、有杆腔油液、传感器、活塞杆的质量；

T_{F}、T_{k}、T_{f}——阀体、发动机、外部环境的温度；

T_{V1}、T_{V2}、T_{t1}、T_{t2}、T_{c}、T_{h}——无杆腔油液、有杆腔油液、左侧缸筒、右侧缸筒、传感器、活塞杆的温度；

c_{p1}、c_{p2}——无杆腔油液、有杆腔油液的质量热容，与温度呈线性关系，即 $c_{\mathrm{p}}=2\,000+\frac{1\,000}{120}T$；

$B_{1-\mathrm{t1}}$、$B_{2-\mathrm{t2}}$——无杆腔油液、有杆腔油液分别与左、右两侧缸筒的对流换热系数，取值 200 W/(m^2·K)；

$B_{1-\mathrm{c}}$、$B_{2-\mathrm{h}}$——无杆腔油液与传感器以及有杆腔油液与活塞杆的对流换热系数，取值 200 W/(m^2·K)；

$B_{\mathrm{t1-k}}$、$B_{\mathrm{t2-k}}$、$B_{\mathrm{h-k}}$——左、右侧缸筒，活塞杆与空气的对流换热系数，取值 10 W/(m^2·K)。

5.3　伺服阀作动器回油冷却过程热分析仿真模型与效果

根据上述伺服阀作动器数学模型，搭建伺服阀作动器热力学分析 MATLAB/Simulink 计算平台，设置仿真步长为 Variable-step，求解器选择 ode15s，仿真精度相对误差 0.001 进行计算。研究活塞杆在中位附近以及往复运动时作动器各部件的温度分布规律，分析回油冷却结构的冷却效果以及伺服阀作动器热平衡状态的影响因素。为了验证回油冷却结构的冷却效果，利用 Fluent 建立伺服阀作动器模型进行数值模拟分析。

5.3.1　回油冷却效果

假定发动机机闸温度 400℃，环境温度 120℃，输入流体初始温度 40℃，各个节点初始温度 25℃。根据伺服阀作动器的热力学模型，分析活塞杆运动到中位附近、往复运动两种典型工况下，有回油冷却结构的作动器各个节点的温度变化。

由于伺服阀作动器各个部件之间以及与周围环境存在对流换热和辐射换热，在不改变外界环境、工作介质、负载等因素的情况下，在一定时间内伺服阀作动器各个节点温度达到稳定值，此时各部分以及与外界之间不再进行热量交换，达到热平衡，该温度为伺服阀作动器各个节点的热平衡温度。

有、无冷却结构下，活塞运动到中位附近作动器各节点温度见表 5-2。有冷却时运动到中位附近作动器节点的温度曲线如图 5-6 所示，约 2 000 s 后各部件的温度基本达到热平衡。右侧缸筒由于直接接触外界环境，热平衡温度最高，为 134.52℃。由于传感器浸在无杆腔油液中，达到热平衡时温度与无杆腔油液温度一致。此工况下，相比无冷却结构时热平衡温度，回油冷却结构可起到很好的冷却效果。

表 5-2　活塞运动到中位附近作动器各节点温度　　单位：℃

冷却情况	结构					
	左侧缸筒	右侧缸筒	无杆腔	有杆腔	传感器	活塞杆
有冷却	121.17	134.52	70.90	86.21	70.90	84.03
无冷却	353.00	353.00	352.97	352.98	352.95	352.98

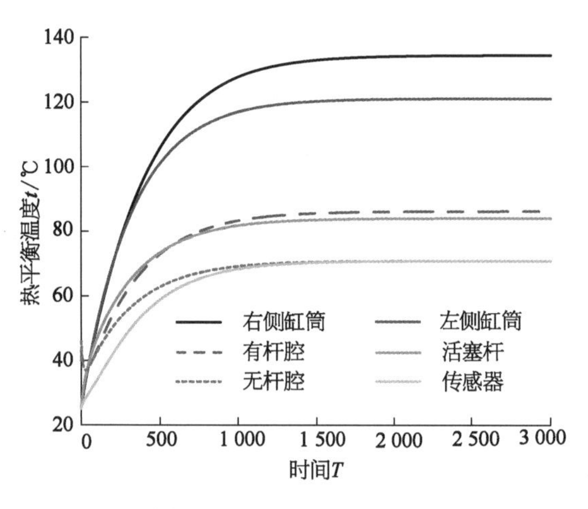

图 5-6　有冷却时运动到中位作动器各个节点的温度

根据式(5-22)～式(5-35)可得，有冷却时作动器往复运动各节点的温度曲线如图 5-7 所示。约 1 200 s 后，各节点温度达到稳定波动状态，由于油液不断进出有杆腔和无杆腔，并与其余各部件进行热交换，因此无杆腔油液以及有杆腔油液温度的波动幅值较大，其余结构件的波动幅值较小。由于不断有来自油源的“新鲜”油液，各部件的温度较活塞杆处于中位附近热平衡温度均有所降低。由于活塞杆往复运动时，其温度始终处于波动状态，图 5-8 展示作动器达到稳定时，在 1 950～2 000 s 的温度变化曲线。

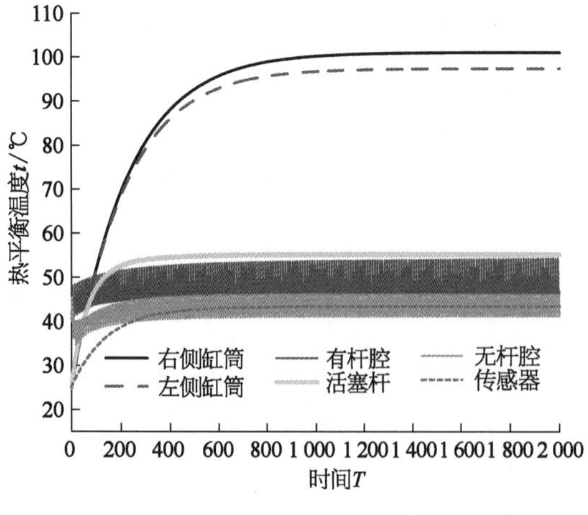

图 5-7　有冷却时往复运动作动器各个节点的温度

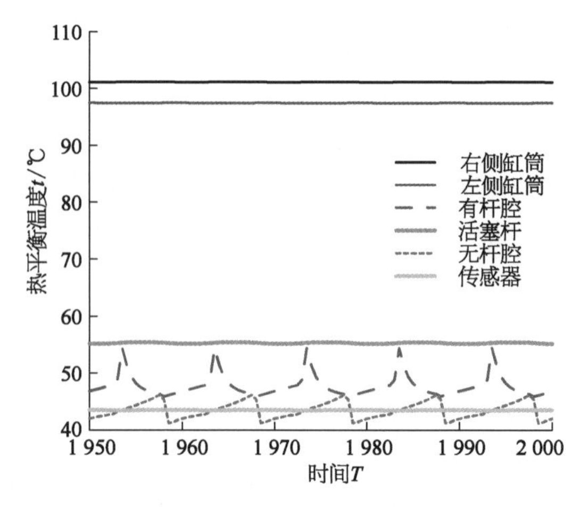

图 5-8　有冷却时往复运动作动器热平衡温度(稳定状态)

5.3.2　热平衡状态影响因素

由图 5－6 可知，活塞运动到中位附近工况下，传感器温度与无杆腔温度几乎相同，为准确分析故选择作动器左侧缸筒、右侧缸筒、有杆腔、传感器及活塞杆作为典型对象。保持其他参数与典型工况相同，研究辐射温度 T_k、环境温度 T_f 及油液温度 T_s 对作动器各个部件热平衡温度的影响。

1）辐射温度对作动器热平衡温度的影响

假定四种辐射温度 120℃、200℃、300℃、400℃，可得作动器各个部件热平衡温度与发动机机闸温度的关系如图 5－9 所示。

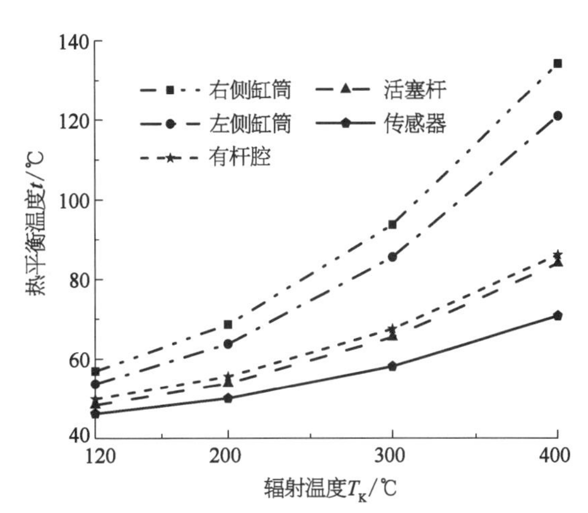

图 5－9　不同辐射温度下作动器热平衡温度

由图 5－9 可知，随着辐射温度的增加，各个节点的热平衡温度增加较明显，故辐射温度对于各个节点的平衡温度至关重要。缸筒直接受机闸热辐射作用，其温度受机闸温度的影响最为显著，机闸温度从 300℃升至 400℃时，左、右两侧缸筒温度升高约 40℃。

2）环境温度对作动器热平衡温度的影响

不考虑辐射温度，假定五种环境温度 －55℃、0℃、60℃、120℃、185℃，可得作动器各个部件热平衡温度与环境温度的关系如图 5－10 所示。

由图 5－10 可知，随环境温度的升高，由于对流换热作用，各个节点的热平衡温度均呈线性升高。缸筒与环境直接接触进行热交换，右侧缸筒、左侧缸筒的温度受环境温度的影响较大，随环境温度升高上升较快，而其他三个节点的热平衡温度随温度的变化相对较缓。

3）油液温度对作动器热平衡温度的影响

不考虑辐射温度，假定五种初始油液温度－40℃、0℃、40℃、80℃、110℃，可得作动器各个部件热平衡温度与油液温度的关系如图 5－11 所示。

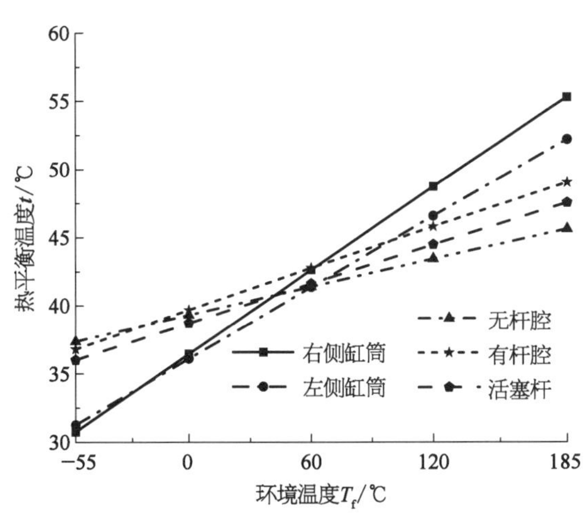

图 5－10　不同环境温度下作动器热平衡温度

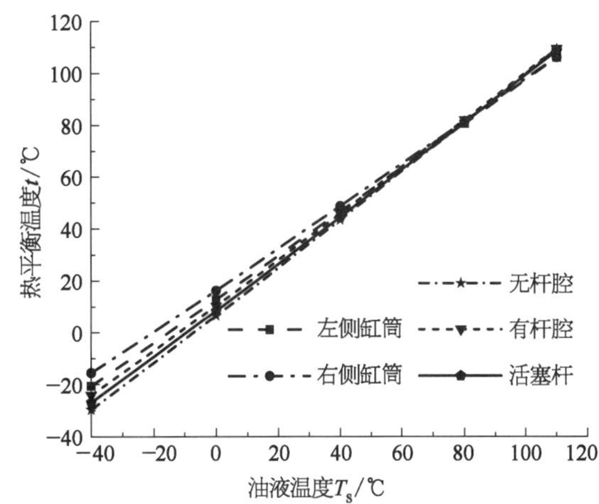

图 5－11　不同油液温度下作动器热平衡温度

由图 5－11 可知，由于油液与各部件的对流换热作用，随着油液温度的升高，各个节点的热平衡温度均呈线性升高，且各个节点的热平衡温度随温度的变化较接近，故说明油液对于各个节点的温度影响近似。

综上可知，当活塞杆处于中位附近时，作动器各节点温度随着发动机机闸辐射温度、环境温度和油液温度上升而升高，其中发动机机闸的辐射温度影响最为明显，环境温度和油液温度的影响呈线性关系。以上分析对于矢量喷管作动器隔热防护设计具有重要意义。

5.3.3 数值模拟结果

为验证理论推导的伺服阀作动器热分析模型的可靠性，并进一步分析作动器的温度分布及冷却回油效果，采用 Fluent 进行数值模拟分析。为模拟作动器的实际高温工作环境，结合作动器高温环境模拟试验条件，设置作动器在 1 m^3 立方体中，表面为辐射壁面，温度 250℃。工作介质为航天煤油 RP3，温度 140℃。作动器热仿真属于热流耦合仿真，需开启能量方程。考虑传动介质黏度低、冷却孔流速大，为高雷诺数湍流流动，选择 $k-\varepsilon$ 湍流模型。无杆腔和有杆腔的压力分别设定为 21 MPa 和 0.6 MPa，本次仿真的物理模型属于封闭空间，选择 Surface to Surface 模型作为辐射模型。仿真得到无冷却结构时伺服阀作动器的温度分布云图如图 5－12a 所示，有冷却结构时伺服阀作动器温度分布云图如图 5－12b 所示，作动器及各部件的温度范围见表 5－3。

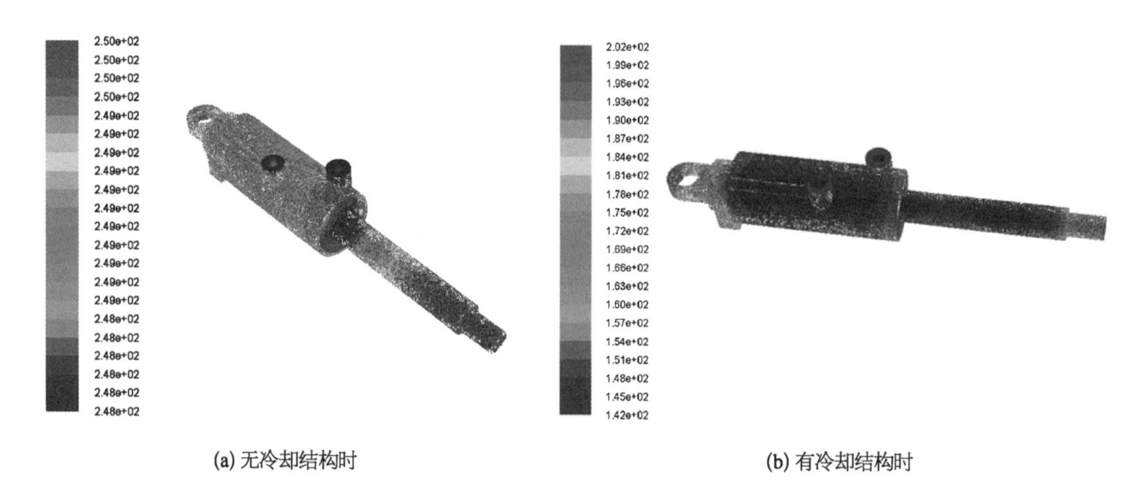

(a) 无冷却结构时　　(b) 有冷却结构时

图 5－12　伺服阀作动器温度分布云图

表 5－3　作动器各部件温度范围

单位：℃

冷却情况	结构				
	传感器定子	传感器动子	活塞杆外筒	活塞杆内筒	缸　筒
无冷却	248～250	248～250	248～250	248～250	248～250
有冷却	142～149	143～160	143～168	142～143	142～186

通过上述仿真分析得到，活塞杆伸出部分以及缸筒耳环部分，不接触油液，温度较高。传感器置于活塞杆中，传感器动子的平均温度高于传感器定子的平均温度，活塞杆外筒的平均温度高于活塞杆内筒的平均温度。有冷却结构时，工作介质在环形缝隙中流动，增大接触面积带

走热量，明显降低作动器整体温度，具有良好的冷却效果。

针对某带有冷却结构的液压缸在该仿真模型中输入发动机温度 400℃、空气温度 120℃、流体初始温度 40℃、零部件初始温度 25℃、冷却孔直径 0.4 mm，得到该作动器在活塞杆处于往复运动时各节点约在 1 200 s 达到稳定波动，缸筒右侧热平衡温度约为 101℃，缸筒左侧热平衡温度约为 97℃，无杆腔油液热平衡温度为 40～45℃，有杆腔油液热平衡温度为 45～55℃，传感器热平衡温度约为 43℃，活塞杆热平衡温度约为 55℃。当液压缸活塞杆固定在中位时，1 500 s后各部件的温度基本达到稳定，缸筒右侧热平衡平均温度为 134.5℃，缸筒左侧热平衡平均温度为 121.2℃，无杆腔油液和传感器热平衡平均温度为 70.9℃，有杆腔油液热平衡平均温度为 86.21℃，活塞杆热平衡平均温度为 84.03℃。

5.4　本章小结

液压伺服阀作动器处于发动机的高温辐射环境下工作时，可采用本章提出的冷却结构，通过油液的循环冷却作用带走热量，将伺服阀作动器及其电子核心器件的温度控制在合理范围内。考虑作动器容腔内流体流入流出形成的净质量与热量交换、节流生热、作动器与环境之间的热交换、作动器做功等因素，可建立伺服阀作动器各容腔的温度随时间的变化规律模型。

(1) 综合考虑矢量喷管作动器各部件与周围环境的对流换热和辐射换热，建立矢量喷管作动器的热分析数学模型，可确立作动器各部件之间以及与周围环境之间热交换关系，以便提高作动器热平衡温度分析的精度。

(2) 分析作动器的回油冷却结构的冷却效果，伺服阀作动器处于中位附近时，油液从作动器冷却流道流过，降低伺服阀作动器各部件的温度。往复运动的工况下，由于油液不断进出有杆腔和无杆腔，并与其余各部件进行热交换，各节点温度达到稳定波动状态，较中位附近工况热平衡温度均有所降低。

(3) 当活塞杆处于中位附近时，作动器各节点温度随着发动机机闸辐射温度、环境温度和油液温度升高均上升。缸筒直接受发动机热辐射作用，其温度受机闸温度的影响最为显著。通过对流换热作用，环境温度、油液温度对作动器各个节点的温度影响呈线性关系。

(4) 采用 Fluent 对伺服阀作动器进行数值模拟，进一步得到伺服阀作动器的温度分布以及验证了回油冷却结构的冷却效果。缸筒直接受机闸热辐射作用，某机闸温度从 300℃升至 400℃时，左、右两侧缸筒温度升高约 40℃。通过对流换热作用，随环境温度、油液温度的升高，作动器各节点的温度呈线性升高。本章介绍的航空伺服阀作动器热力学理论建模与分析方法，可用于矢量喷管作动器隔热防护设计及其运行可靠性分析。

参考文献

[1]　訚耀保，刘小雪，李双路，李万业，陆畅，肖强.具有回油冷却结构的航空伺服作动器热力学建模与分析[J].北京

理工大学学报,2023,43(2): 143 - 150.
[2] 闫耀保,刘小雪,王东,郭文康,李双路,李万业.一种伺服作动器热力学分析方法及系统: CN116050165A[P]. 2023 - 05 - 02.
[3] 闫耀保,徐娇珑,胡兴华,李晶.飞机液压系统油液温度分析[J].液压与气动,2010(9): 55 - 58.
[4] 闫耀保,王智勇,李晶,汤何胜.民用飞机液压系统恒压变量泵温度特性分析[J].流体传动与控制,2016(1): 11 - 15.
[5] 闫耀保.射流管伺服阀在飞机液压系统中的应用[J].液压气动与密封,2012(7): 8 - 12.
[6] 闫耀保,李双路,陆畅,原佳阳,肖强.并联双杆液压缸偏载力和径向力分析[J].中南大学学报(自然科学版), 2020,51(6): 1509 - 1517.
[7] 闫耀保,张小伟,陆畅,徐扬,肖强.集成式伺服作动器压力损失特性及其影响因素[J].飞控与探测,2021(3): 58 - 66.
[8] 闫耀保,张小伟,徐杨,贾涛,肖强.液压作动器回中锁紧协同作用特性分析[J].液压与气动,2021,45(5): 44 - 49.
[9] YIN Y B, LI W Y, LI S L. Thermodynamic simulation and analysis of aeronautical servo actuator[C]//2021 4th World Conference on Mechanical Engineering and Intelligent Manufacturing. Shanghai: Shanghai University of Engineering Science, 2021: 10 - 14.
[10] 闫耀保,谢帅虎,原佳阳,何承鹏.宽温域下三位四通电磁液动换向阀的几何尺寸链与卡滞特性[J].飞控与探测,2019,2(3): 95 - 102.
[11] 闫耀保,刘敏鑫,刘小雪,李文顶,刘洪宇,纪宝亮.插装式液控能源选择阀的设计与分析[J].飞控与探测,2021, 4(6): 45 - 53.
[12] 闫耀保,郭文康.高温下射流管伺服阀流量特性分析[J].中南大学学报(自然科学版),2023,54(1): 113 - 123.
[13] 闫耀保,李聪.极端低温下电液伺服阀温漂特性分析[J].飞控与探测,2020,3(1): 80 - 85.
[14] 闫耀保,赵帅峰,王东,金桦涛,简洪超.极端低温下外啮合齿轮泵流量脉动特性分析[J].流体测量与控制, 2023,4(3): 1 - 6,23.
[15] 闫耀保,李天宇,李聪,江金林,张鑫彬,傅俊勇,等.两级滑阀式电液伺服阀建模与特性研究[J].流体测量与控制,2023,4(1): 1 - 5.
[16] 闫耀保,梁俊哲,原佳阳,曹静.气动伺服机构特性的影响因素分析[J].华南理工大学学报(自然科学版),2019, 47(12): 17 - 24.
[17] 闫耀保,李磊,原佳阳,郭生荣.喷嘴挡板式三通气动阀控缸特性分析[J].飞控与探测,2018,1(2): 44 - 48.
[18] 闫耀保,李双路.一种液压缸位移传感器冷却流量控制装置: 201910555488.7[P].2020 - 07 - 07.
[19] 章志恒,闫耀保,李双路,肖强,徐杨,陆畅.液压作动器工作点自动回中特性分析[J].哈尔滨工程大学学报, 2021,42(9): 1380 - 1386,1394.
[20] 刘小雪,訾惠宇,严成坤,闫耀保.极端高温下偏转板伺服阀的温度场分析[J].流体测量与控制,2023,4(4): 1 - 5.
[21] 张宏伟,陶文铨,何雅玲,等.再生冷却推力室耦合传热数值模拟[J].航空动力学报,2006(5): 930 - 936.
[22] 刘友宏,丁玉林,罗一夫.航空发动机矢量喷管作动器伺服阀非稳态热分析[J].南京航空航天大学学报,2017, 49(3): 313 - 319.
[23] 高春伦,段富海,关文卿,等.基于集总参数的电静液作动器液压系统热分析[J].液压气动与密封,2020,40(6): 47 - 50,54.
[24] 王岩,郭生荣,杨乐.电动静液作动器热力学建模方法及油液温升规律[J].北京航空航天大学学报,2018, 44(8): 1596 - 1602.
[25] 陶文铨.传热学[M].北京: 高等教育出版社,2006.

第 6 章
电液伺服阀自冷却技术

航空航天等发动机工作时常常对周边部件产生高温热辐射，热辐射直接作用于发动机的控制装置，如电液伺服机构及其电液伺服阀。电液伺服阀内部的电子传感器热敏感部件、反馈杆等往往无法承受极端高温辐射，因此需要采取冷却或隔热措施。本章介绍电液伺服阀的有源冷却措施、无源冷却措施以及隔热涂层和真空隔热方法，分析极端高温和宽温域下偏转板伺服阀的温度场分布方法，取得电磁转换器件、反馈杆组件等核心部件的温度分布规律；进一步介绍电液伺服阀自冷却技术，包括降低电液伺服阀敏感部位温度的措施，提出电液伺服阀自冷却结构和优化方法。

6.1 绪　　论

电液伺服阀的零部件、电磁部件在一定温度范围内能正常工作。电液伺服阀在高温环境下工作时，往往需要采取各种冷却措施或隔热措施。根据冷却方式，可分为有源式冷却结构和无源式冷却结构。此外，还可采取散热、真空隔热以及隔热涂层等方式，降低外部辐射至电液伺服阀的热量，有效控制伺服阀热敏感部件的温度，提高工作寿命及稳定性。

有源式冷却结构是通过引入外部冷却源的冷却介质如冷却气体等对被冷却对象进行冷却的方式，冷却效果好，但一般需要外部冷却设备，增加了尺寸和重量，不适用于空间和重量有严格限制的场合。无源式冷却结构是利用自身的工作介质作为冷却源进行冷却的方式。散热是一种被动冷却方式，如通过散热片促进热量排到空气中，来降低工作温度。真空隔热以及隔热涂层主要是隔绝环境热源与零部件之间的热传递。真空隔热结构已应用于真空隔热阀，如直列式真空夹套控制阀的执行器、隔热管道的电磁阀附件结构等元器件。隔热涂层通过涂层来降低材料导热，大多以高聚物为基料，并加入填料、助剂研磨分散而成，广泛应用于各类飞行器。

如图 6-1 所示，偏转板伺服阀由力矩马达、前置级、反馈杆组件和滑阀等部件构成。前置级偏转板上开有 V 形导流槽，射流盘和盖板内部空腔形成大字形的射流区域，射流口与伺服阀的供油腔相通，两个接收腔与阀芯两侧端面相连。当力矩马达无输入电流时，偏转板处于中位，射流均等地射入两个接收腔中，滑阀两端形成相同的恢复压力，阀芯保持静止；当力矩马达有输入电流时，偏转板发生偏转，射流通过 V 形导流槽后不均等地射入两个接收腔，产生不同的恢复压力，继而推动阀芯运动。阀芯的运动通过反馈杆反馈到前置级处，偏转板反向偏转，构成滑阀与前置级之间的力反馈。当力矩马达、反馈杆组件之间达到力矩平衡时，阀芯停止移动，阀芯的位移与控制电流成比例。本章以偏转板伺服阀为例，介绍电液伺服阀自冷却技术。

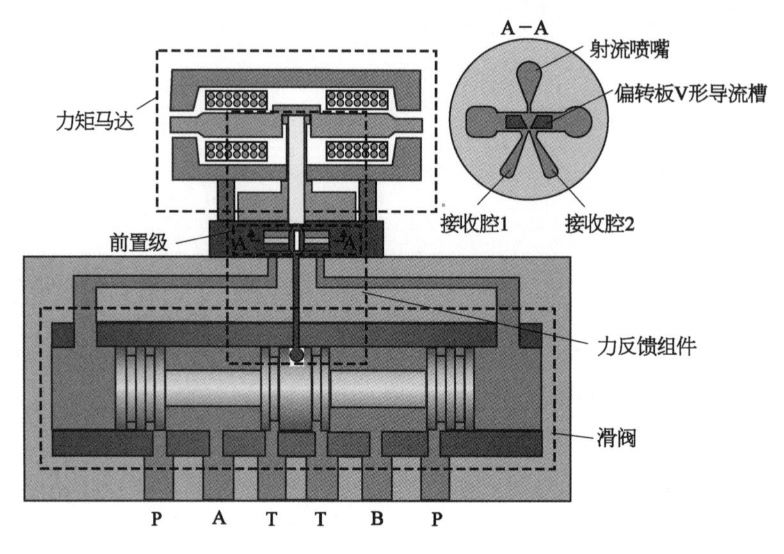

图 6－1　偏转板电液伺服阀工作原理

6.1.1　有源式冷却结构

有源式冷却是通过引入外部冷却源的引入冷却介质如冷却气体、冷却液体等对需要冷却的部位进行冷却，该方式具有良好的冷却效果，但一般会增加设备的尺寸和重量。

1）伺服阀整体冷却

2013 年汉密尔顿松德斯特兰公司(Hamilton Sundstrand Corp)申请了伺服阀整体冷却的美国专利 US20130283815，用于发动机伺服阀的冷却。如图 6－2 所示，该结构包括阀体(12)、

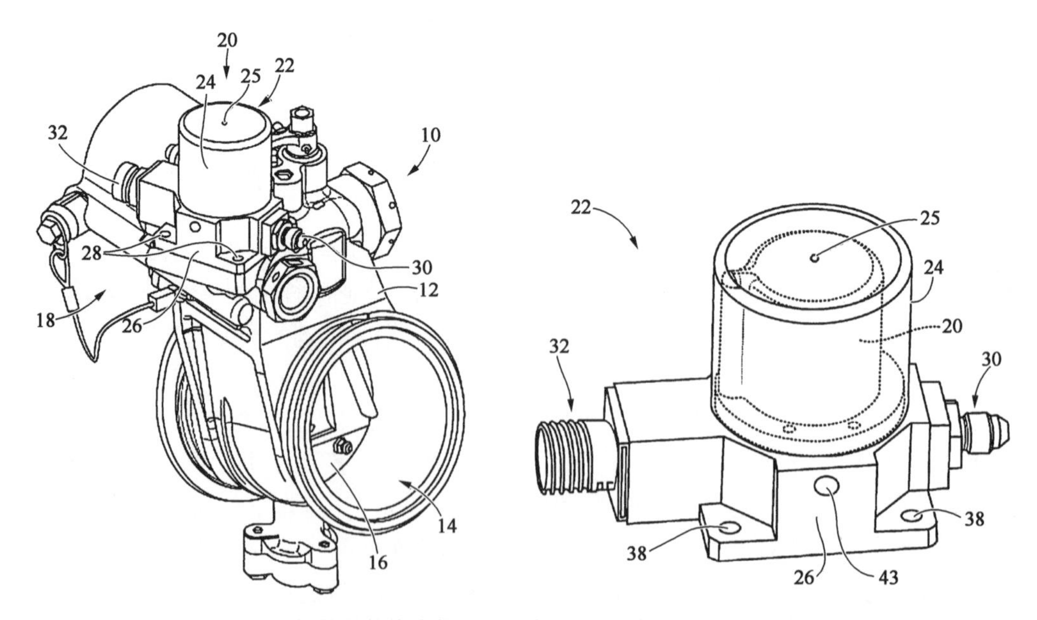

图 6－2　伺服阀整体冷却结构示意图(美国专利 US20130283815)

阀门通道(14)、阀盘(16)、执行器(18)、伺服阀(20)和冷却结构(22)。其中，冷却结构(22)包括带排气端口(25)的护罩(24)和带进口端口(30)的底座(26)，电连接器(32)以及环境排气口(43)。伺服阀的冷却方式为：冷却结构(22)通过入口端口(30)接收冷却空气，通过底座(26)和护罩(24)形成的冷却室在伺服阀(20)附近循环冷却空气，然后将冷却空气排出通风口(25)，以保持连续流动。冷却结构(22)可有效和高效地冷却伺服阀的电气部件。

2) 高温蒸汽阀和汽轮机装置冷却

2004年东芝公司申请了一种高温蒸汽阀的欧洲专利EP1635097B1，如图6-3所示。提出采用冷却结构来冷却的高温蒸汽阀，以及具有高温蒸汽阀的汽轮机装置。在阀壳体(2)的顶部，冷却蒸汽从设置在阀盖(12)中的冷却蒸汽入口孔(19)进入环形冷却蒸汽管(18)中，然后分流到冷却蒸汽孔(20)，围绕衬套(14)进行冷却。然后冷却蒸汽经由冷却蒸汽出口孔(21)朝向阀箱(5)内的阀杆(10)排出，阀杆(10)由排出的冷却蒸汽直接冷却。之后，冷却蒸汽与从主蒸汽入口(3)喷射的主蒸汽混合，并且最终通过阀元件(7)和(8)与阀座(6)之间的间隙从主蒸汽出口(4)排出。

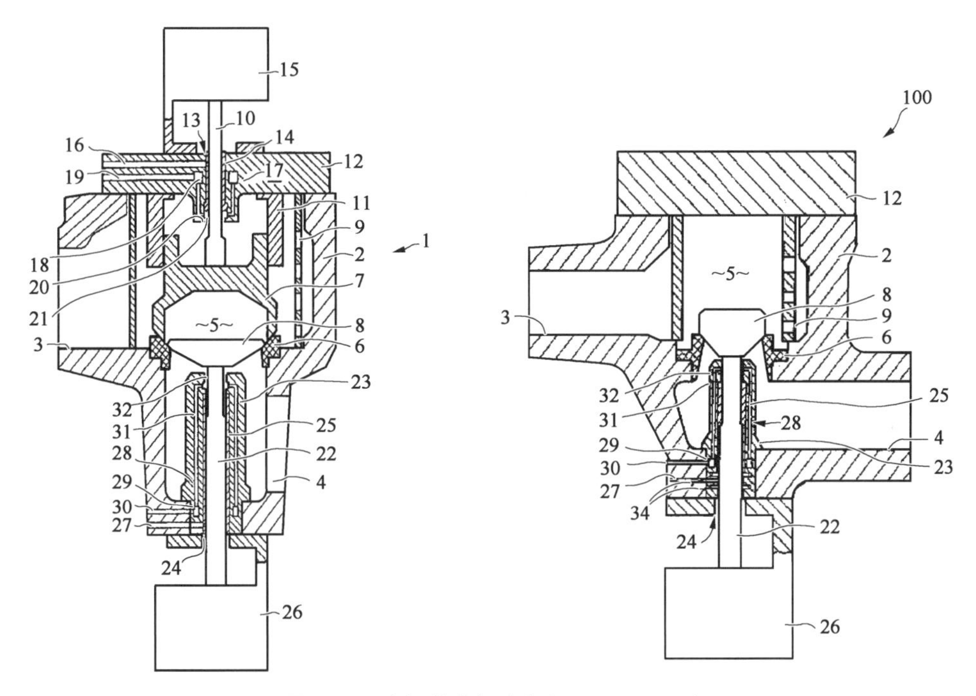

图6-3 高温蒸汽阀冷却(EP1635097B1)

在阀壳体(2)的底部处，冷却蒸汽从阀壳体(2)底部的冷却蒸汽入口孔(30)和圆柱形引导部分(23)供应到环形冷却蒸汽管(29)中。之后从冷却蒸汽管(29)分流到周向分布的冷却蒸汽孔(31)，以便围绕衬套(25)，从而使衬套(25)和阀杆(22)在圆周方向上均匀地通过引导部分(23)进行冷却。之后冷却蒸汽经由冷却蒸汽出口孔(32)朝向阀箱(5)内的阀杆(22)排出。阀杆(22)由排出的冷却蒸汽直接冷却。此后，将冷却蒸汽与通过阀元件(7)，(8)与阀座(6)之间的主蒸汽混合，并且最终从主蒸汽出口(4)排出。

3) 一种蒸汽阀作动器冷却装置

2001年Aimo Juha申请国际专利WO2001062059A1一种作动器冷却装置，如图6-4所示。该蒸汽阀作动器包括主体部分(9)和(6)，在主体部分(6)的壳体(1)的表面通过固定部件

(2)紧固在壳体中,在壳体中装有借助于齿轮(7)旋转的电动机(3)。通过调节壳体中的电子器件来控制阀和电子恒温器元件,进而调节空气流或压力。冷却流量通过入口(4)沿着通道(10)和(11)在壳体进行传导,通过出口(5)从壳体排出。在壳体(1)的底部与主体部分(6)之间具有隔热材料,用于隔绝热量。通过与入口(4)或出口(5)连接的调节元件可以确定流量,并且通过壳体中的温度传感器或恒温器元件来进行调节。为防止蒸汽沿着阀主轴和轴朝向壳体泄漏,冷却流的压力应调节成小于阀中的蒸汽压力。

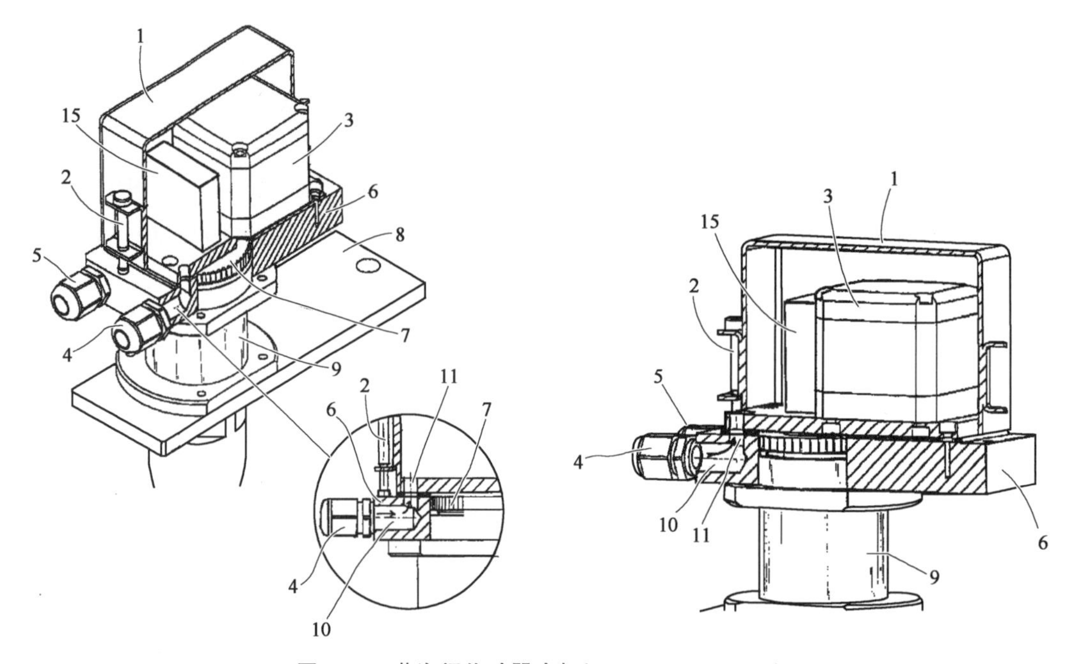

图 6-4 蒸汽阀作动器冷却(WO2001062059A1)

6.1.2 无源式冷却结构

无源式冷却是利用内部工作介质进行冷却,无须再引入外部能源作为冷却介质,该方式不需额外增加设备,可用于对空间和重量有要求的装备。

1) 航空发动机矢量喷管液压伺服作动器伺服阀冷却

2016 年美国 AIAA 论文,提出一种伺服阀的冷却方法,如图 6-5 所示。在伺服阀外部建立一个流道,冷却介质在顶部通道和侧通道中流动。通过对流道的三维计算流体动力学模拟和传热分析,分析入口工作介质温度和环境温度等对伺服阀温度的影响,认为这种冷却方法有效。

2) 航空发动机推力矢量喷管液压伺服作动器电磁阀冷却

2017 年美国 AIAA 论文,提出一种电磁阀固定螺套外形成流道的冷却方法,如图 6-6 所示。通过对流道的三维计算流体动力学模拟和传热分析,研究冷却介质入口温度、环境温度和冷却介质入口流量对电磁阀温度的影响。随着进口流量的增大,流场速度增大,导致对流换热系数增大。在相同条件下,有冷却方式的电磁阀的温度低于无冷却方式的电磁阀,当进口流量从 0.127 L/min 提高到 0.45 L/min 时,电磁阀的温度降低了 17%。当进口流量为 0.3 L/min,环境温度为 215~250℃,冷却介质入口温度为 70~110℃时,在环境温度不变的情况下,冷却介质入口温度升高 10℃,电磁阀温度升高 8.9℃。

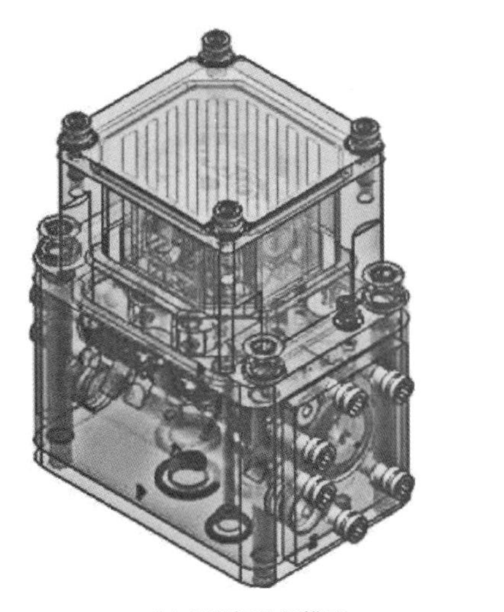

(a) 伺服阀几何模型

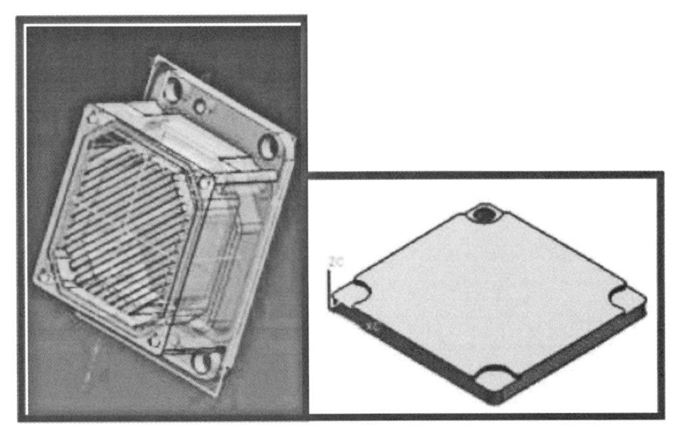

(b) 力矩马达壳体

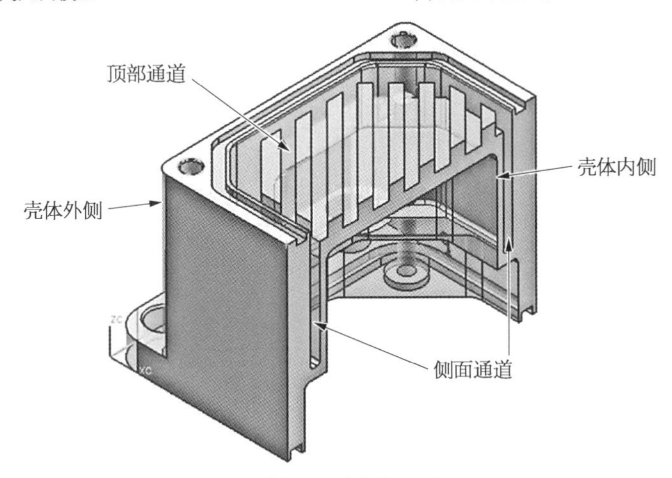

(c) 力矩马达壳体剖面图

图 6 - 5　一种伺服阀的冷却方法

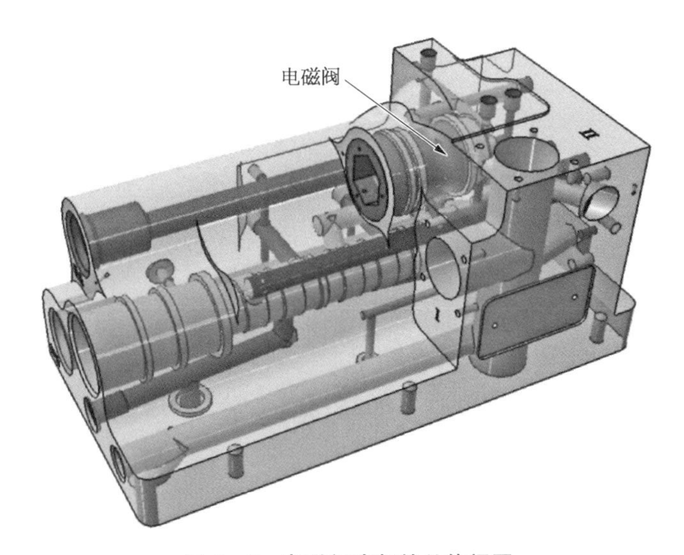

图 6 - 6　电磁阀冷却的总体视图

6.2 极端高温下偏转板伺服阀的温度场特性

电液伺服阀集机械、电子、液压、控制等多学科技术于一体，具有精度高、响应快的特点，广泛应用于航空、航天、舰船等领域。作为控制系统的核心元件，其通过输入的电信号控制输出压力/流量，实现电液伺服控制。例如，某飞机的电液伺服阀位于航空发动机机闸内部，电液伺服阀常在高温工况下服役，周围环境温度高达 250℃，工作介质温度高达 140℃，极端高温环境下电液伺服阀零件材料性能及几何尺寸极易发生变化，严重影响服役性能及可靠性。高温环境下精密零件各偶件之间的配合状态发生重构，如阀芯阀套之间的径向间隙减小，易发生卡滞；力矩马达固有频率降低，易引发共振；高温影响磁性材料性能，导致永磁体极化磁动势改变；材料受热膨胀，造成力矩马达气隙变化，进而影响力矩马达磁阻。此外，工作介质黏性、密封性能均受温度影响显著。电液伺服阀长时间处于极端高温工况下，极易引发不可逆转的性能重构，服役性能降低。现有研究大多针对电液伺服阀某一部件进行热分析，而整阀温度分布规律的研究较少。图 6-1 所示为偏转板伺服阀结构示意图。本节介绍极端高温下偏转板伺服阀的温度分布模型，分析航空发动机机闸内热环境下伺服阀部件的温度分布规律，为极端高温下电液伺服阀的设计提供依据。

6.2.1 偏转板伺服阀温度场分析

某航空发动机偏转板伺服阀工作在环境温度 250℃，工作介质温度 140℃的极端高温环境下。通过 Fluent 仿真软件可建立偏转板伺服阀热仿真模型，分析各部件的温度分布规律。

6.2.1.1 温度场仿真分析基础——传热学

传热学相关理论是进行电液伺服阀温度场分析的基础，偏转板伺服阀的热传递包括三种基本方式：热传导、对流换热和热辐射。

1) 热传导

热传导是指物体各部分之间不发生相对位移或不同物体直接接触时依靠物质分子、原子及自由电子等微观粒子热运动而进行的热量传递过程。它是因物质直接接触产生的能量从高温部分传递到低温部分，其间没有明显的物质转移，或没有物质的相对位移。以均匀大平板的导热为例，两侧温度分别为 T_{w1} 和 T_{w2} 的平板之间传导的热量 Q 为

$$Q = \lambda \frac{T_{w1} - T_{w2}}{\delta} F \tag{6-1}$$

式中 F——两侧的表面积；

δ——平板的厚度；

λ——比例系数，又称导热系数[W/(m·K)]。

2) 对流换热

对流换热是指流体流过与其温度不同的固体壁面时所发生的热交换过程。对流换热是流体的热对流和热传导综合作用的结果。单位时间对流换热的热量，即牛顿冷却定律的表

达式为

$$Q = \alpha F \Delta T \tag{6-2}$$

式中　α——对流换热系数[W/(m^2 · K)]。

3) 热辐射

物体通过电磁波来传递能量的过程称为辐射,因热的原因发射辐射能称为热辐射。只要物体的温度高于绝对零度,物体将不断地向空间发射辐射能,同时又不断吸收其他物体发出的辐射能。辐射能可以在真空中传播且最为有效。对于两个表面(包裹面 A_2 远大于被包裹面 A_1,且 A_1 为非凹面)组成的封闭系统,单位时间内的辐射换热量为

$$Q = \varepsilon_1 A_1 \times 5.67\left[\left(\frac{T_1}{100}\right)^4 - \left(\frac{T_2}{100}\right)^4\right] \tag{6-3}$$

式中　ε_1、A_1——被包裹物体的发射率和表面积,这种情况下的辐射传热与包裹物体的发射率和表面积无关;

T_1、T_2——两个表面的温度。

6.2.1.2　偏转板伺服阀温度场仿真模型设置

1) 偏转板伺服阀的流体流道抽取

偏转板伺服阀零件多,结构复杂。为保证仿真时间和质量,进行流固热耦合仿真时,忽略如螺钉、螺栓、密封圈等小型等温体对温度影响,对电液伺服阀进行结构简化。网格划分前,将伺服阀仿真模型导入到 Geometry 模块,进行流道抽取,得到流体部分(图 6-7)。含抽取流道的偏转板伺服阀如图 6-8 所示。抽取流道后,对流体的进口和出口进行命名定义,如图 6-9 所示。

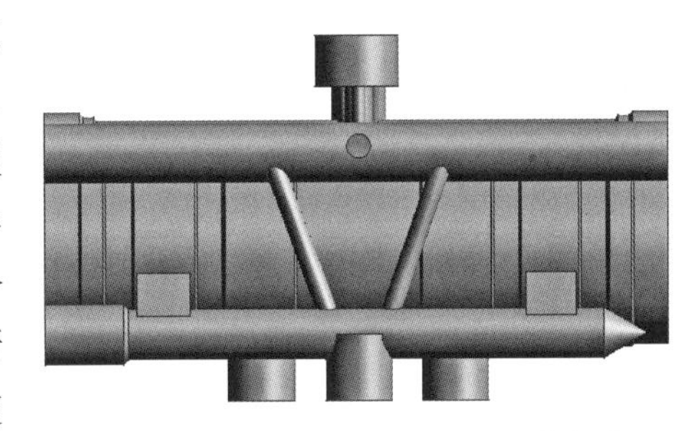

图 6-7　偏转板伺服阀流体流道部分

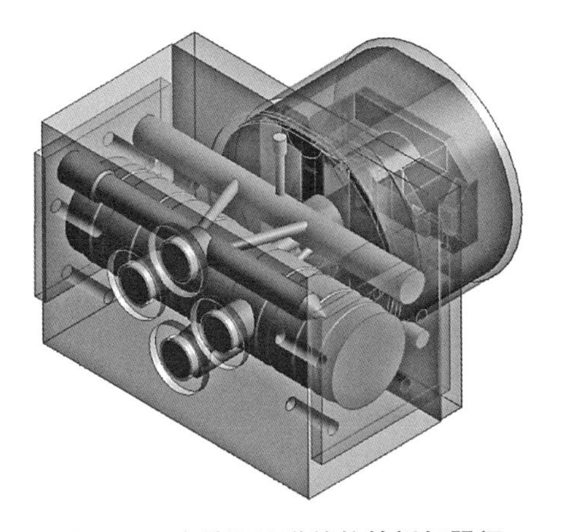

图 6-8　含抽取流道的偏转板伺服阀

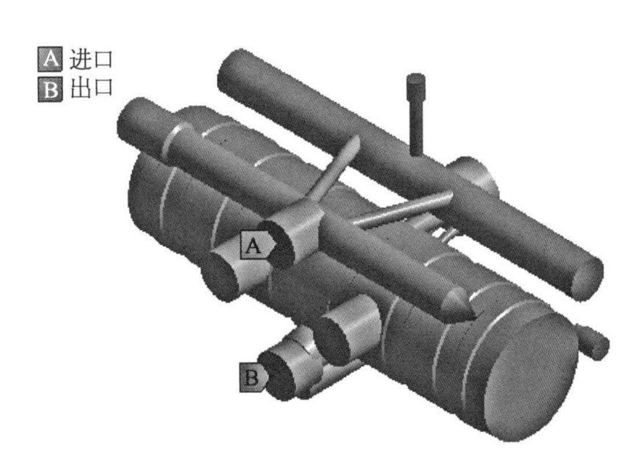

图 6-9　偏转板伺服阀流道进出口

2) 网格划分

如图 6-10 所示,将偏转板伺服阀的几何结构导入到 Meshing 进行网格划分,考虑到偏转板伺服阀结构复杂性,采用非结构化网格对计算域进行网格划分。选择基于接近度和曲率的

网格尺寸函数，边界层的层数为 3 层，增长率为 1.2，比例为 0.27。由于流体域中部分尺寸较小，需进行网格加密，设定尺寸为 3×10^{-4} m，得到流体域网格如图 6－11 所示。其余网格尺寸为 6×10^{-4} m，最终偏转板伺服阀的网格数量为 2 581 万。

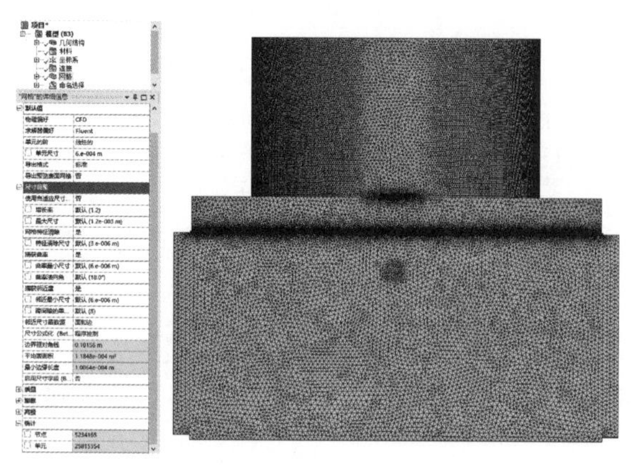

图 6－10　偏转板伺服阀整体网格划分设置及网格

图 6－11　偏转板伺服阀流体域网格

3）零件材料参数及边界条件设置

偏转板伺服零部件以及工作介质的参数设定见表 6－1。

表 6－1　某偏转板伺服阀零部件及工作介质参数

零 部 件	材 料 名 称	密度/($kg\cdot m^{-3}$)	导热率/[$W\cdot(m\cdot K)^{-1}$]	比热容/[$J\cdot(kg\cdot K)^{-1}$]
阀体	铝合金	2 800	168	879
力矩马达上盖	铝合金	2 800	142	880
两侧端盖	马氏体不锈钢	7 750	21.8	460
力矩马达下壳体	马氏体不锈钢	7 750	22.2	460
上下导磁体	软磁铁镍合金	8 250	15	515
永磁体	铝镍钴永磁材料	7 300	15	450
油液介质	航空燃油	780	0.095 8	2 537

由于本仿真属于热流耦合仿真，需开启能量方程，考虑到传动介质黏度低，冷却孔流速大，属于高雷诺数湍流流动，故仿真中选择 $k-\varepsilon$ 标准模型。流体入口和出口压力分别设定为 21 MPa、0.6 MPa；为分析高温工况时偏转板伺服阀的温度分布，设定流体进、出口温度为 140℃，环境温度 250℃，对流换热作用于阀体、力矩马达上盖、两侧端盖的外表面，对流换热系数为 800 W/($m^2\cdot$℃)。

6.2.2　偏转板伺服阀温度场计算结果与分析

偏转板伺服阀在环境温度 250℃、工作介质温度 140℃的高温工况下，采用 Fluent 流固热耦合仿真分析，得到偏转板伺服阀的温度分布如图 6－12 所示，各精密零部件的温度分布如图 6－13 所示。

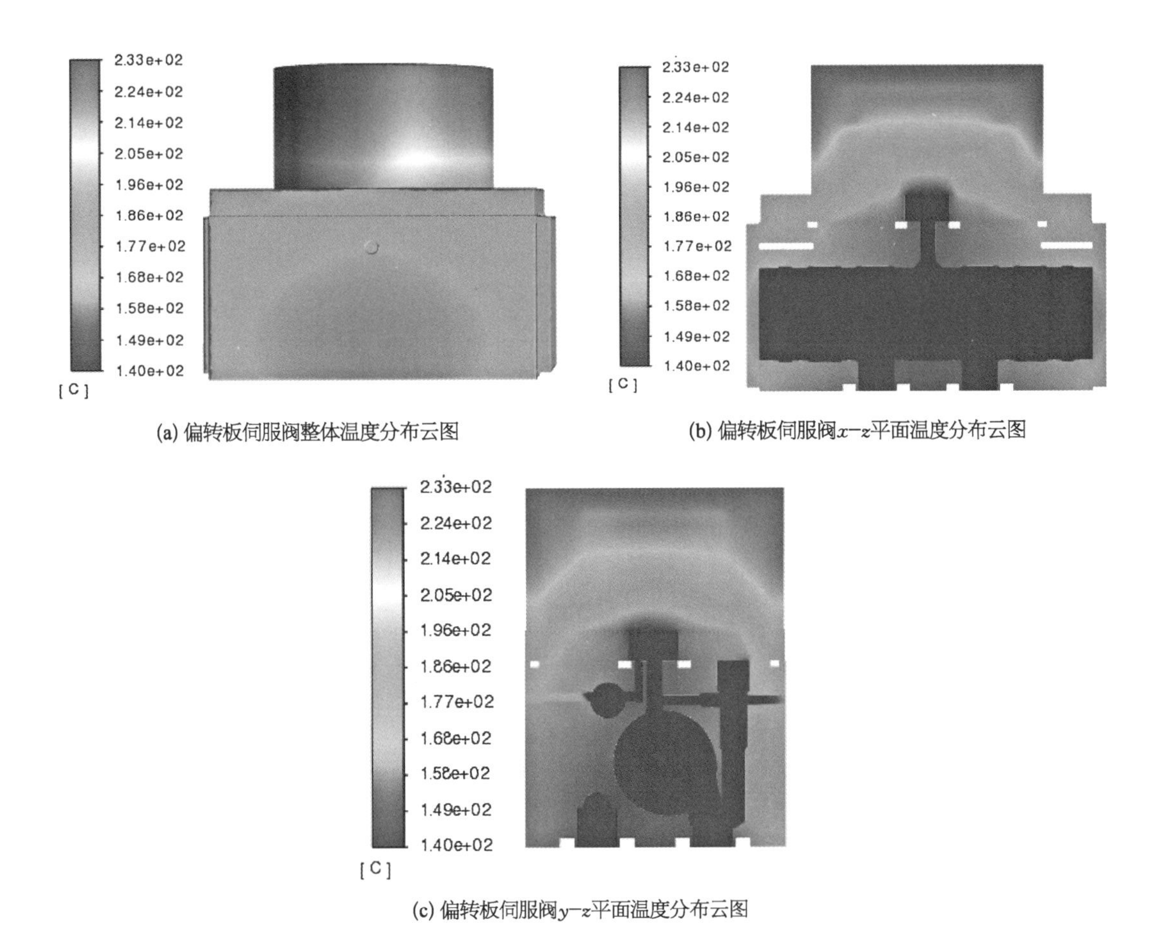

(a) 偏转板伺服阀整体温度分布云图

(b) 偏转板伺服阀x–z平面温度分布云图

(c) 偏转板伺服阀y–z平面温度分布云图

图 6－12　极端高温下偏转板伺服阀的温度场(环境温度 250℃，工作介质温度 140℃)

由计算结果(图 6－12、图 6－13)可知，偏转板伺服阀在环境温度 250℃、工作介质温度 140℃的高温环境下，达到热平衡后，整阀的温度在 140～233℃；最高温度点出现在力矩马达壳体的上端，最低温度点为工作介质，温度 140℃。阀体的整体温度呈现外高内低的温度梯度，温度范围为 143～182℃。力矩马达壳体温度呈现上高下低的温度梯度，温度范围为 170～233℃。高温冲击易造成阀体、力矩马达壳体疲劳破坏，降低服役寿命。

力矩马达精密零部件的温度处于外界环境温度与工作介质温度之间，呈现越靠近上端、温度越高的趋势。其中，上导磁体的温度范围为 210～222℃，下导磁体的温度范围为 170～200℃；永磁体的温度范围为 180～215℃；力矩马达下壳体的温度范围为 143～180℃，其最外端处温度较高。考虑力矩马达组件整体温度较高，对磁性材料、气隙、线圈均具有较大影响，故在高温下可选择耐高温材料或者对力矩马达采取冷却措施，以保证必需的服役性能。

6.2.3　本节小结

(1) 航空发动机常常工作在极端高温环境中。针对服役工况下电液伺服阀复杂零件温度难以测量的问题，考虑外部环境热传递，可建立电液伺服阀各零件之间的热传递模型以及回油冷却方式的热传递过程，进行高温下偏转板伺服阀温度场分析，获得极端高温下的温度分布规律。

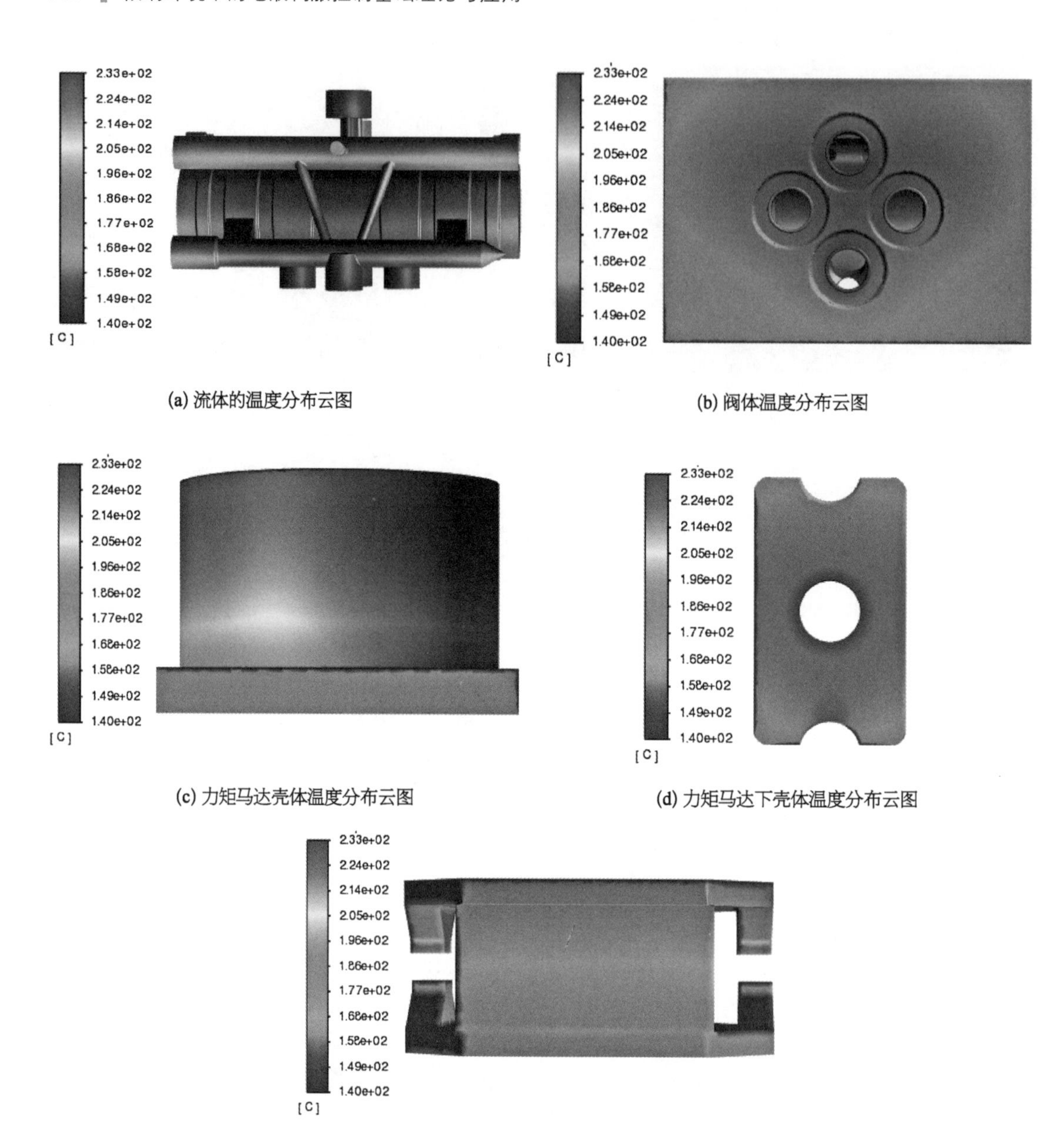

(a) 流体的温度分布云图

(b) 阀体温度分布云图

(c) 力矩马达壳体温度分布云图

(d) 力矩马达下壳体温度分布云图

(e) 力矩马达温度分布云图

（环境温度 250℃，工作介质温度 140℃）

图 6-13 极端高温下偏转板伺服阀精密零部件的温度场

（2）建立偏转板伺服阀温度场分析模型，获得了偏转板伺服阀在环境温度 250℃、介质温度 140℃高温下整阀及其精密零部件的温度分布规律。所建立的偏转板伺服阀温度场分析方法和研究结果，可作为极端高温下电液伺服阀设计与优化的依据。

（3）高温下偏转板伺服阀的温度范围为 140～233℃，最高温度点在力矩马达壳体的上端，最低温度为工作介质温度。阀体整体温度呈现外高内低的温度梯度，温度范围为 143～182℃；力矩马达壳体温度呈现上高下低的温度梯度，温度范围为 170～233℃；力矩马达温度呈现上下的温度梯度，温度范围为 143～222℃；上下导磁体、永磁体的温度较高，可选择耐高温材料或者力矩马达采取冷却措施，以保证必需的服役性能。

6.3　宽温域下偏转板电液伺服阀温度场特性

针对燃油伺服阀滑阀级卡死现象，有文献采用数值模拟方式分析高温工况下滑阀副传热过程及热变形情况，提出射流管伺服阀通油冷却结构，并分析正常工况以及四种油路故障状态下的伺服阀热场分布特征。温度对电液伺服阀的前置级性能、阀芯阀套配合间隙、磁性材料，以及油液黏性等都会产生影响，进而影响电液伺服阀的服役性能。已有研究大多针对某一具体温度下电液伺服阀进行热分析和性能分析，关于宽温域下电液伺服阀的温度场分布规律的研究较少。本节以航空发动机机闸内部热环境为例，介绍某型偏转板电液伺服阀的温度场仿真模型，分析极端高温、极端低温环境以及极端油温工况下电液伺服阀的温度分布规律，研究环境温度、介质温度对电液伺服阀精密部件温度场的影响。

6.3.1　偏转板电液伺服阀热分析模型

1）电液伺服阀热分析仿真模型及网格划分

偏转板电液伺服阀原理如图 6－1 所示。传热学相关理论是进行电液伺服阀温度场分析的基础。航空发动机机闸内部的热传递包括三种基本方式：热传导、对流换热和热辐射。电液伺服阀结构较为复杂，为方便分析进行三维几何模型结构简化，忽略密封圈、圆角、倒角等结构，图 6－14 为简化后的力矩马达组件。将电液伺服阀三维实体模型导入 Geometry 进行流道抽取，得到流体域部分，如图 6－15 所示。考虑到电液伺服阀结构复杂性，采用非结构化网格对计算域进行网格划分，划分网格尺寸为 3.5×10^{-4} m，最终计算模型网格如图 6－16 所示，总数约为 230 万。

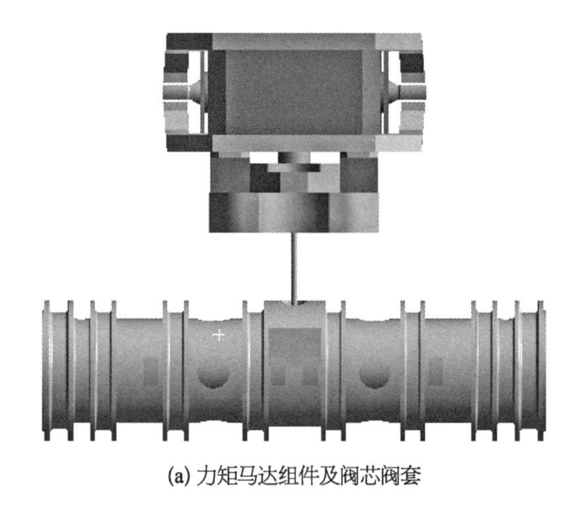

(a) 力矩马达组件及阀芯阀套

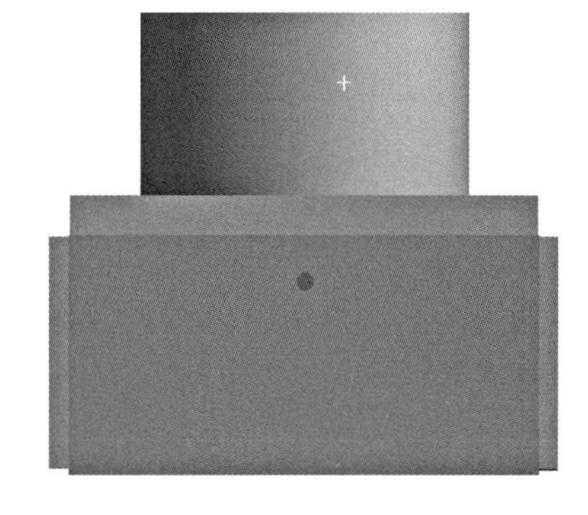

(b) 电液伺服阀整阀

图 6－14　电液伺服阀模型

2）材料参数及边界条件设定

电液伺服阀零件及工作介质的参数设定见表 6－2。

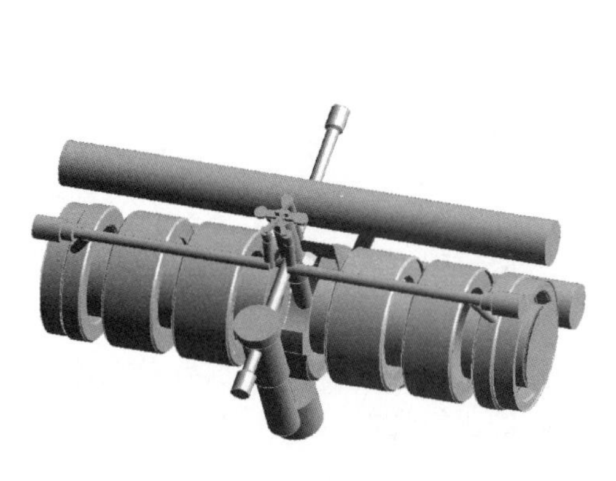
(a) 电液伺服阀流道

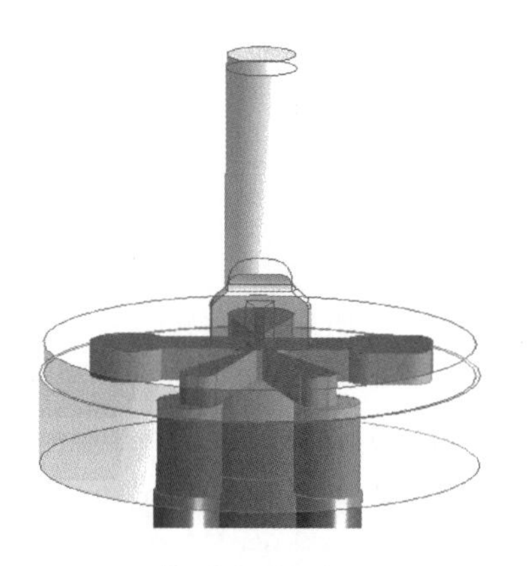
(b) 前置级流道部分

图 6－15　电液伺服阀流道部分

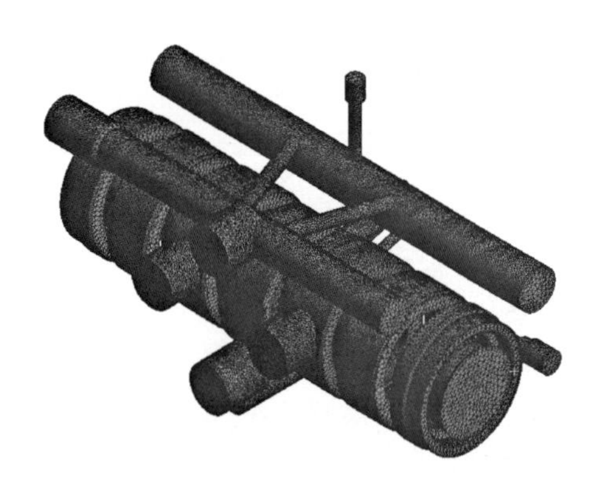
(a) 电液伺服阀流道部分网格

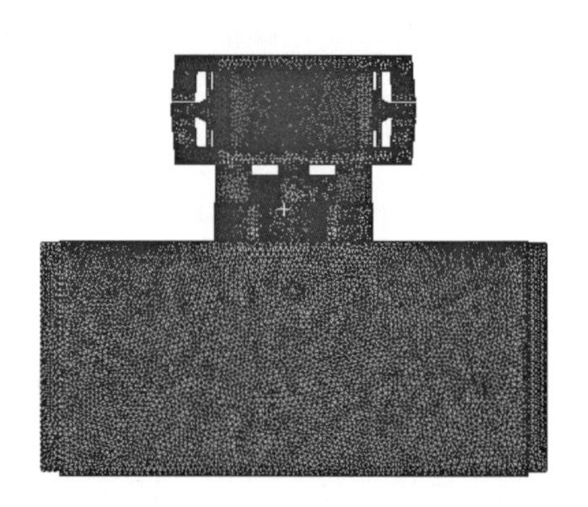
(b) 除力矩马达壳体外的电液伺服阀网格

图 6－16　电液伺服阀网格划分

表 6－2　某电液伺服阀零件与材料参数

元　　件	材 料 名 称	密度/(kg·m^{-3})	导热率/[W·(m·K)$^{-1}$]
上下导磁体、衔铁	软磁铁镍合金	8 250	15
阀芯、阀套、喷嘴	不锈轴承钢	7 700	16
力矩马达外罩	铝合金	2 800	142
壳体	铝合金	2 800	159
盖板	马氏体不锈钢	7 750	20.9
磁钢	铝镍钴永磁材料	7 300	12.5
反馈杆	高弹性合金	8 000	19.68
弹簧管	沉淀硬化不锈钢	7 760	14
油液介质	燃油	780	0.095 8

热传导是因物质直接接触产生的能量从高温部分传递到低温部分，由电液伺服阀各零件的导热系数决定。在电液伺服阀工作过程中，有三部分对流换热，一部分是工作介质和与之接

触的阀芯、阀套、阀体等之间的热交换。由于供油压力为21 MPa属于强制对流，对流换热系数设定为500 W/(m²·℃)。另一部分为外界空气对电液伺服阀外表面之间的对流换热，对流换热系数为20 W/(m²·℃)。第三部分为力矩马达壳体内空气与力矩马达内零部件之间的对流换热，对流换热系数为20 W/(m²·℃)。热辐射也是影响电液伺服阀温度的重要因素之一，考虑外界热源对电液伺服阀的辐射影响，由于电液伺服阀工作环境为封闭环境，设定电液伺服阀外表面的辐射率为0.6。

6.3.2 电液伺服阀温度场特性

通过上述设置，可在Ansys Workbench中对电液伺阀进行稳态热分析，分析宽温域下电液伺服阀的温度分布规律及关键影响因素，为电液伺服阀的温度控制提供基础。

6.3.2.1 电液伺服阀温度场仿真结果

电液伺服阀在工作中承受极端环境温度和极端介质温度的宽温域考验，以极端低温工况(环境温度−55℃、介质温度−40℃)和极端高温工况(环境温度250℃、介质温度140℃)为例，分析电液伺服阀的温度分布情况。

1) 介质温度−40℃、环境温度−55℃下的温度场

设定环境壁面的温度为−55℃，工作介质温度为−40℃，稳态热仿真分析得到电液伺服阀的温度分布云图如图6-17所示，各零部件的温度云图如图6-18所示。

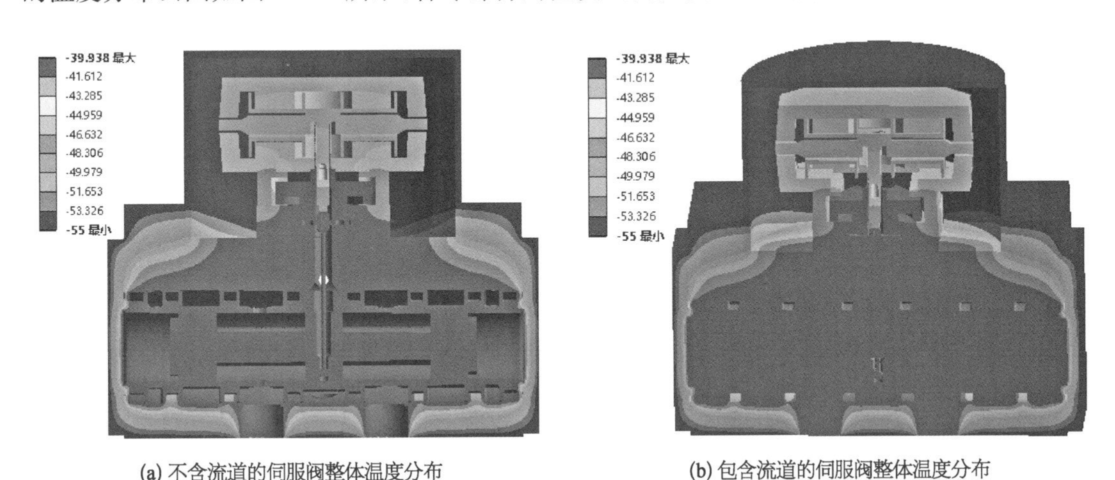

(a) 不含流道的伺服阀整体温度分布　　(b) 包含流道的伺服阀整体温度分布

图6-17 工作介质温度−40℃与环境温度−55℃时伺服阀温度场分布云图

由图6-17可知，由于电液伺服阀外表面与外界环境直接接触，故力矩马达壳体以及阀体的外表面的温度最低，接近环境温度−55℃，低温冲击易造成阀体、力矩马达壳体疲劳破坏，降低服役寿命。工作介质与阀芯、阀套之间强制对流换热，阀芯、阀套的温度接近工作介质温度−40℃。如图6-18a、b所示，力矩马达零部件主要与阀体之间进行热传导以及与力矩马达壳体内空气热对流，温度处于外界环境温度与工作介质温度之间，呈现越靠近下端，温度越高的趋势。如图6-18c所示，阀体与工作介质对流换热，与阀套之间热传导，与外界环境之间的对流换热以及热辐射，使得阀体的温度呈现外低内高的温度梯度。如图6-18d所示，衔铁两端由于靠近力矩马达壳体，受外界环境温度影响较大以及受弹簧管等热传导影响较小，故两端温度最低，约为−48℃。

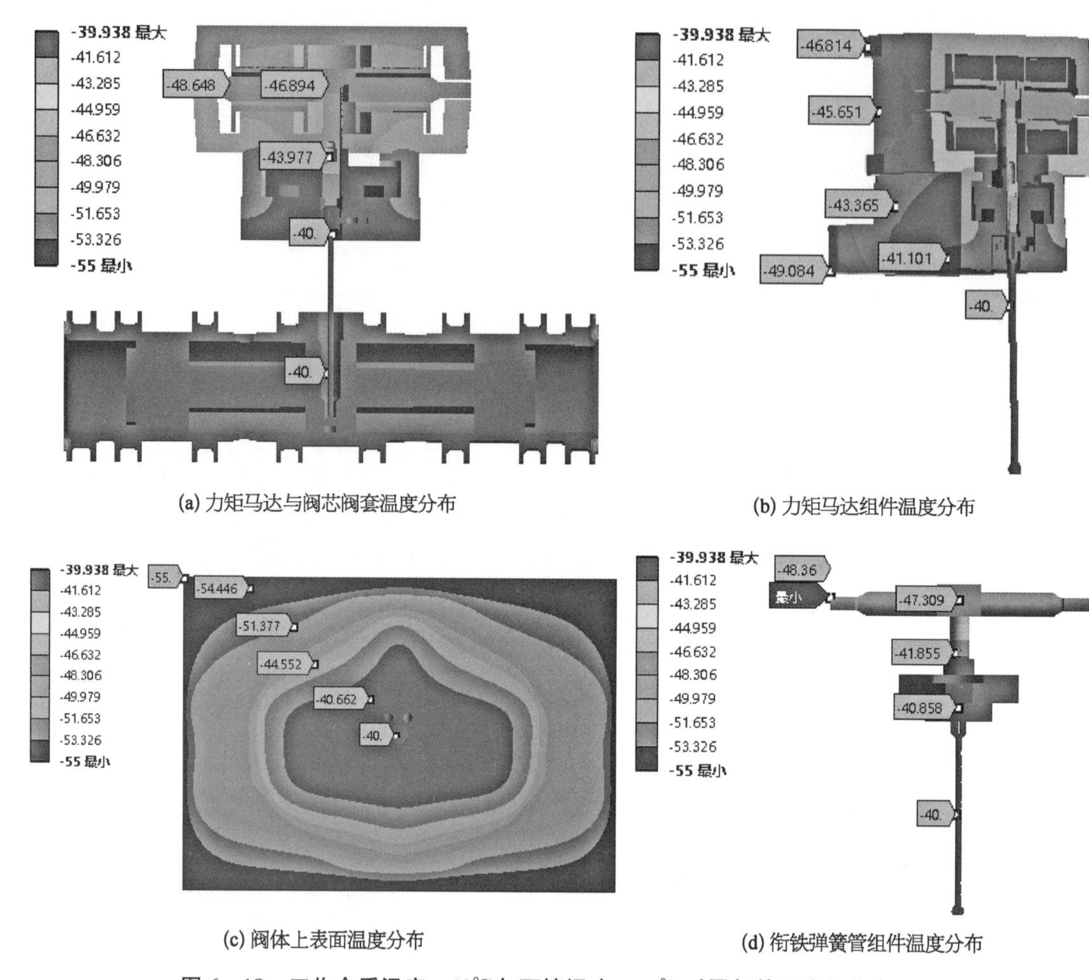

(a) 力矩马达与阀芯阀套温度分布

(b) 力矩马达组件温度分布

(c) 阀体上表面温度分布

(d) 衔铁弹簧管组件温度分布

图 6-18　工作介质温度−40℃与环境温度−55℃时零部件温度场分布云图

2）介质温度 140℃、环境温度 250℃下的温度场

设定环境壁面的温度为 250℃，工作介质温度为 140℃，稳态热仿真分析得到电液伺服阀的温度分布云图如图 6-19 所示，各零部件的温度云图如图 6-20 所示。

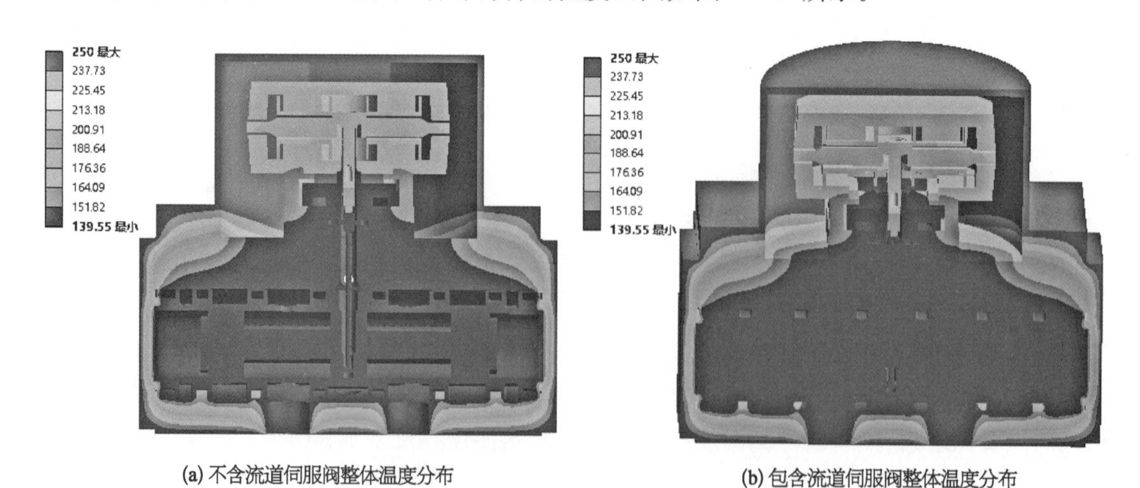

(a) 不含流道伺服阀整体温度分布

(b) 包含流道伺服阀整体温度分布

图 6-19　工作介质温度 140℃与环境温度 250℃时伺服阀温度场分布云图

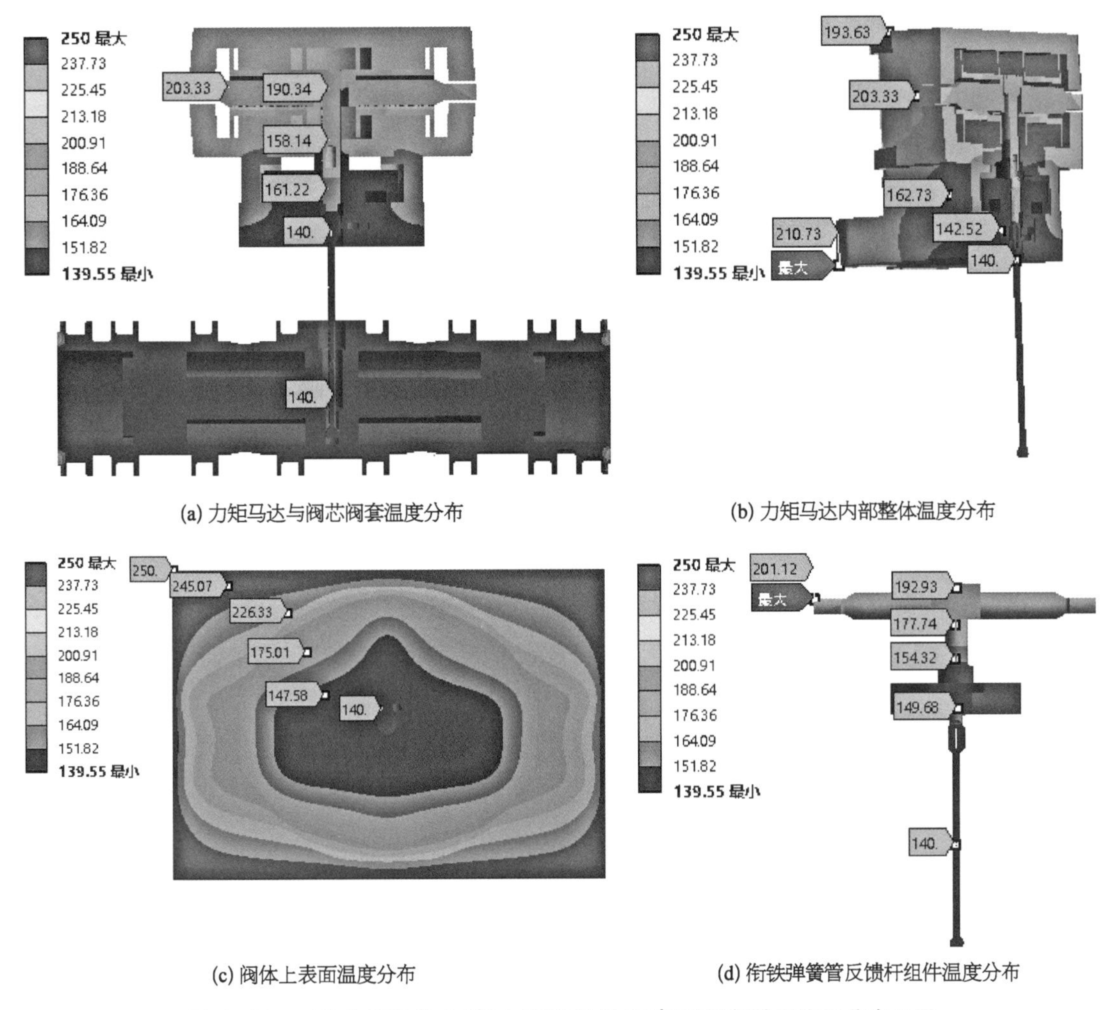

(a) 力矩马达与阀芯阀套温度分布

(b) 力矩马达内部整体温度分布

(c) 阀体上表面温度分布

(d) 衔铁弹簧管反馈杆组件温度分布

图 6－20　工作介质温度 140℃与环境温度 250℃时零部件温度场分布云图

电液伺服阀外表面与外界环境直接接触，故力矩马达壳体以及阀体的外表面的温度最高，接近环境温度 250℃。阀体整体温度呈现外高内低的温度梯度，温度变化范围为 140～250℃。高温冲击易造成阀体、力矩马达壳体疲劳破坏，降低服役寿命。阀芯、阀套与工作介质之间强制对流换热，其温度接近工作介质温度 140℃。

如图 6－20a、b 所示，对于力矩马达零部件的温度，其主要与阀体之间热传导以及与力矩马达壳体内空气热对流，温度处于外界环境温度与工作介质温度之间，呈现越靠近下端，温度越低的趋势，温度范围为 140～206℃。其中弹簧管温度为 147～192℃、反馈杆温度为 140～166℃，温度梯度较大，易造成材料刚度、偶件配合精度等变化，影响服役性能。如图 6－20d 所示，衔铁两端，受外界环境温度影响较大以及受弹簧管等热传导影响较小，两端温度最高，约为 201℃。力矩马达上端温度较高，对磁性材料、气隙、线圈均具有较大影响，故在高温工况下可选择耐高温材料或者对力矩马达部分进行冷却，来保证良好的服役性能。

综上可得：① 电液伺服阀的力矩马达壳体以及阀体的外表面的温度接近环境温度，阀体从外表面到里面呈现温度梯度，高、低温冲击易造成阀体、力矩马达壳体疲劳破坏，降低服役寿命。阀芯、阀套的温度接近工作介质温度。② 力矩马达温度呈现上下的温度梯度，温度梯度较大易造成材料刚度、偶件配合精度等变化，影响服役性能。其中弹簧管、反馈杆下端温度接近工作介质温度，而衔铁、线圈等受外界环境温度影响较大。故在力矩马达部分在材料选择上要充分考虑温度的影响。

6.3.2.2 电液伺服阀零件温度分布范围

宽温域工况下，为更好地识别电液伺服阀温度分布规律及影响因素，现将其分为以下六组温度组合进行分析：① 介质温度－40℃、环境温度－55℃；② 介质温度－40℃、环境温度22.5℃；③ 介质温度－40℃、环境温度 100℃；④ 介质温度－40℃、环境温度 250℃；⑤ 介质温度 40℃、环境温度 250℃；⑥ 介质温度 140℃、环境温度 250℃。研究环境温度、介质温度对电液伺服阀温度分布的影响。

1）环境温度对电液伺服阀精密部件温度场的影响

工作介质温度－40℃时，四种环境温度－55℃、22.5℃、100℃、250℃下的电液伺服阀温度范围见表 6－3。

表 6－3 工作介质温度－40℃时不同环境温度下电液伺服阀零件的温度分布范围 单位：℃

零件	环境温度			
	－55℃	22.5℃	100℃	250℃
阀芯	(－40,－40)	(－40,－40)	(－40,－40)	(－40,－40)
阀套	(－48,－40)	(－40,－7)	(－40,44)	(－40,133)
阀体	(－55,－40)	(－40,22.5)	(－40,100)	(－40,250)
弹簧管	(－47,－41)	(－36,－10)	(－31,26)	(－21,97)
反馈杆	(－44,－40)	(－40,－25)	(－40,－6)	(－40,30)
衔铁	(－48,－47)	(－11,－5)	(25,38)	(96,121)
上导磁体	(－48,－46)	(－13,－8)	(19,31)	(83,107)
下导磁体	(－45,－43)	(－27,－16)	(－10,12)	(21,69)
射流盘	(－41,－40)	(－40,－38)	(－40,－35)	(－40,－30)
偏转板	(－41,－40)	(－40,－38)	(－40,－35)	(－40,－28)
马达下壳体	(－50,－40)	(－40,3)	(－35,55)	(－36,155)

由图 6－17～图 6－20 以及表 6－3 的对比分析可知，阀芯与油液接触，基本不受环境温度的影响，其温度主要取决于介质温度；阀套两端的温度受环境温度影响较大，除两端外，其余部分温度接近工作介质温度；阀体、马达下壳体从外表面到里面呈现温度梯度，其温度梯度取决于环境温度以及工作介质温度的大小以及温差；射流盘、偏转板由于与工作介质直接接触，接近工作介质温度；环境温度主要影响力矩马达组件中不与工作介质接触的部分，对磁性材料性能、气隙、线圈均产生影响。

2）工作介质温度对电液伺服阀精密部件温度场的影响

环境温度 250℃时，三种工作介质温度－40℃、40℃、140℃下的电液伺服阀温度范围见表 6－4。

表 6-4　环境温度 250℃时不同工作介质温度下电液伺服阀的零件温度分布范围　单位：℃

零　件	工 作 介 质 温 度		
	−40℃	40℃	140℃
阀芯	(−40,−40)	(40,40)	(140,140)
阀套	(−40,133)	(40,166)	(140,206)
阀体	(−40,250)	(40,250)	(140,250)
弹簧管	(−21,97)	(54,139)	(147,192)
反馈杆	(−40,30)	(40,91)	(140,166)
衔铁	(96,121)	(138,157)	(192,201)
上导磁体	(83,107)	(129,146)	(187,196)
下导磁体	(21,69)	(84,119)	(163,181)
射流盘	(−40,−30)	(40,46)	(140,143)
偏转板	(−40,−28)	(40,48)	(140,144)
马达下壳体	(−36,155)	(43,171)	(146,215)

由图 6-17～图 6-20 以及表 6-4 的对比分析可知，工作介质温度对电液伺服阀各零件的温度场分布均具有较大的影响。其中对于阀芯、阀套、偏转板、射流盘等零件由于与工作介质接触，其温度与介质温度接近。

6.3.3　本节小结

(1) 针对电液伺服阀在极端温度服役环境下复杂零件各部位的温度分布规律无法测量的难题，例如在工作介质温度−40～140℃和环境温度−55～250℃的宽温域工况下，可建立考虑传热过程的电液伺服阀及其精密部件的温度分析方法，取得各零部件的温度分布规律及其影响因素。

(2) 力矩马达壳体以及阀体的外表面温度最为恶劣，温度状况接近环境温度。阀体从外表面到里面呈现温度梯度，高、低温冲击易造成阀体、力矩马达壳体疲劳破坏，降低服役寿命。阀芯、阀套与工作介质直接接触，温度状况较好。

(3) 力矩马达从上至下呈现较大温度分布梯度，如弹簧管、反馈杆上下温差大，弹簧管、反馈杆下端温度接近工作介质温度，而衔铁、线圈等受外界环境温度影响较大。温度梯度较大容易造成材料刚度、偶件配合精度等变化，显著影响服役性能，故力矩马达材料选择上需要充分考虑温度的影响。

(4) 环境温度显著影响力矩马达组件中不与工作介质接触的部分，且对磁性材料性能、气隙、线圈均产生明显影响。介质温度通常低于环境温度，与工作介质接触的零部件受环境温度影响较小。此分析方法和结果可用于宽温域下电液伺服阀的设计与分析。

6.4　偏转板电液伺服阀自冷却技术

电液伺服阀应用于航空航天、舰船以及国防重大装备，如矢量喷管系统、舵面控制等装备。

例如,某型偏转板伺服阀位于航空发动机机闸内部,周围环境温度高达 250℃,工作油液的最高温度达 140℃。电液伺服阀服役过程中需要承受极端环境温度和极端油液温度的考验,高温环境影响内部各偶件之间的配合状态,如阀芯阀套之间的径向间隙减小。高温环境影响力矩马达工作性能,如固有频率降低,易引发共振,影响磁性材料性能,导致永磁体磁动势改变,材料受热膨胀,造成力矩马达工作气隙变化,进而影响力矩马达磁阻。此外,工作介质黏性、密封件的密封性能均随着温度升高而变化。

电液伺服阀长时间处于极端高温工况下,极易引发不可逆转的性能变化,影响电液伺服阀静动态特性及服役寿命。因此可采取冷却措施对电液伺服阀的关键温度敏感部位进行冷却,实现电液伺服阀的温度控制并提升服役性能。

6.4.1 电液伺服阀的自冷却措施

电液伺服阀的冷却措施可根据冷却介质及冷却原理不同主要分为有源式冷却结构、无源式冷却结构、增加散热、真空隔热以及隔热涂层等方式,来降低工作部件温度,提高工作寿命。偏转板伺服阀结构如图 6-1 所示。考虑到电液伺服阀的实际工况条件,可采取如图 6-21 所示的一种电液伺服阀自冷却结构。相比于无冷却的电液伺服阀,增加了马达外壳体、节流器,将工作介质引入马达外壳体以及马达壳体之间,形成冷却流道进行电液伺服阀自冷却。在进口处设置节流器是通过节流作用降低冷却容腔内部压力,避免冷却容腔压力过大造成破裂等危险,其余零部件与无冷却的电液伺服阀相同。该电液伺服阀自冷却结构直接引入电液伺服阀的工作介质至力矩马达壳体与外壳体之间,通过油液循环流动进行冷却,无须再引入额外介质,无须再额外增加其他部件及相关结构,在减少能耗及控制装备整体重量的同时,实现电液伺服阀的自冷却。

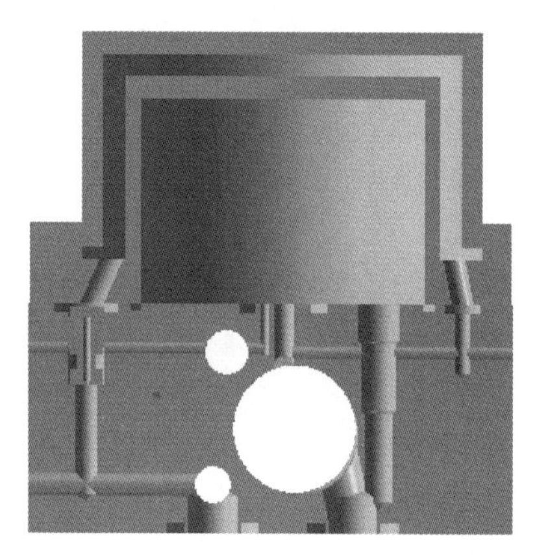

图 6-21 有自冷却结构的部分电液伺服阀剖面图

6.4.2 自冷却结构电液伺服阀热力学仿真

在介质温度 140℃、环境温度 250℃的极端高温工况下,高温会影响电液伺服阀的工作性能如温漂等,因此有必要研究电液伺服阀的冷却措施,分析极端高温工况下的冷却效果,为电液伺服阀的设计、制造提供理论依据。

6.4.2.1 电液伺服阀自冷却结构与仿真模型设置

1) 流道抽取

含自冷却结构的电液伺服阀 Fluent 仿真分析,与无冷却结构的电液伺服阀仿真分析流程相同。首先将含自冷却结构的电液伺服阀模型导入几何结构中,进行流道抽取,得到流体部分如图 6-22 所示,含抽取流道的电液伺服阀如图 6-23 所示。对流体的进口与出口进行命名定义如图 6-24 所示。

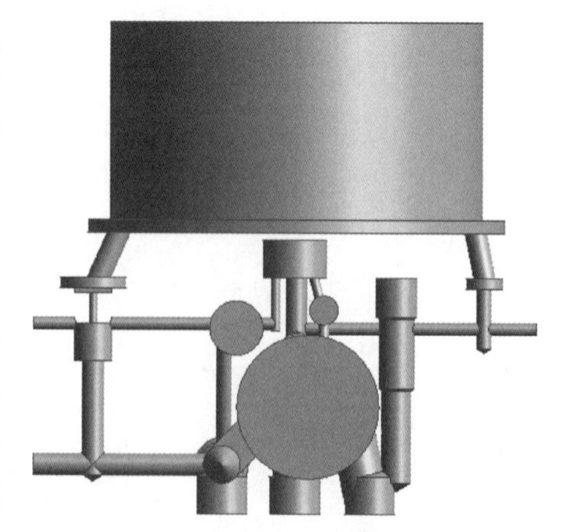

图 6-22 含自冷却结构的电液伺服阀的流道部分

图 6-23 含抽取流道的电液伺服阀

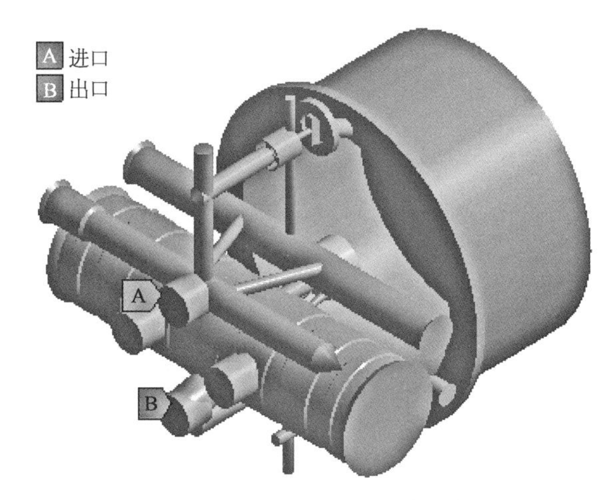

图 6-24 电液伺服阀流道进出口

2）网格划分

在 Mesh 模块进行网格划分时，网格尺寸为 6×10^{-4} m，考虑到节流器、节流孔的尺寸较小，为保证网格质量，故对其进行网格加密，设定面网格尺寸为 6×10^{-5} m，其余流体域体网格尺寸为 3×10^{-4} m。其他网格参数设置中选择基于接近度和曲率(Proximity and Curvature)的网格尺寸函数，边界层的层数为3层，增长率为1.2，比例为0.27。最终含有自冷却结构的电液伺服阀的网格数量为4 092万。电液伺服阀流体域网格如图6-25所示，电液伺服阀节流孔网格剖面图如图6-26所示。

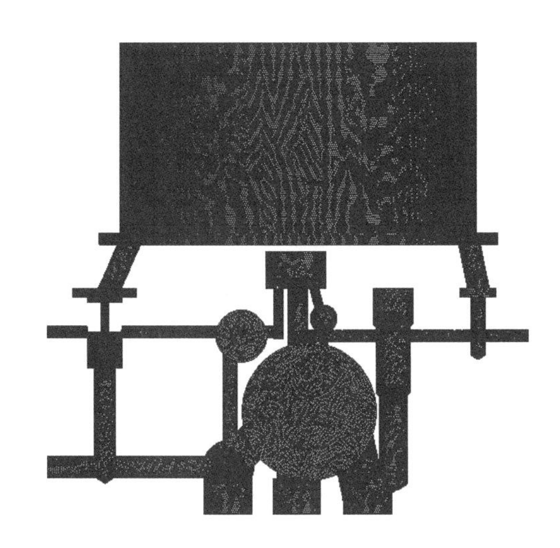

图 6-25 电液伺服阀流体域网格

图 6-26 电液伺服阀节流孔网格剖面图

6.4.2.2 含自冷却结构的电液伺服阀仿真结果分析

上述主要根据含自冷却结构的电液伺服阀实际结构，进行了结构简化、流道抽取以及网格划分工作，其材料参数及边界条件的设置与电液伺服阀仿真设置相同。同样设定环境温度250℃，工作介质温度140℃，电液伺服阀进口压力21 MPa，回油压力0.6 MPa。采用Fluent 流固热耦合仿真分析，得到含自冷却结构的电液伺服阀的温度分布如图6-27～图6-30所示。

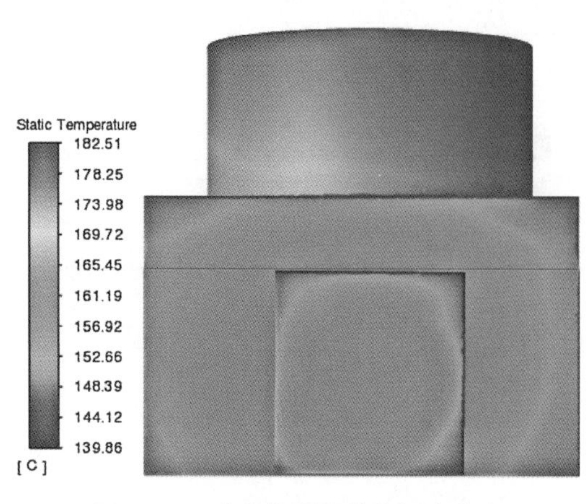

图 6 - 27　电液伺服阀整体温度分布

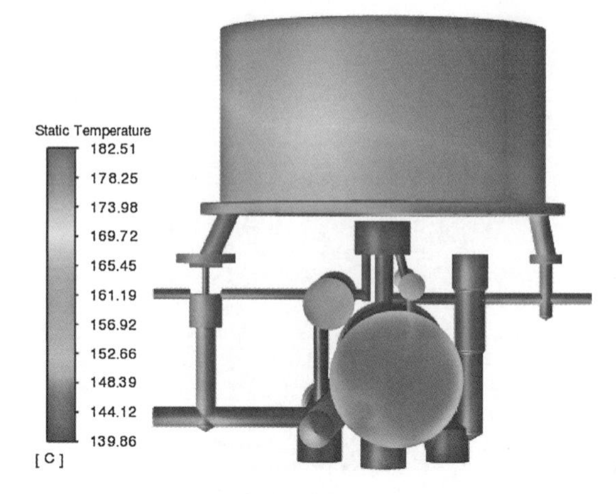

图 6 - 28　电液伺服阀流体温度分布

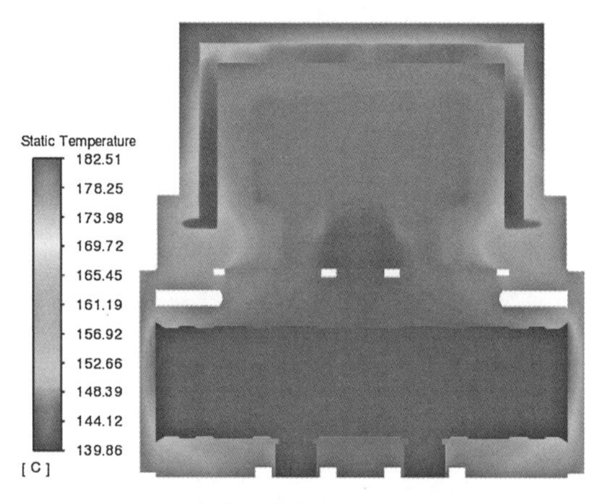

图 6 - 29　电液伺服阀 $x-z$ 平面温度分布

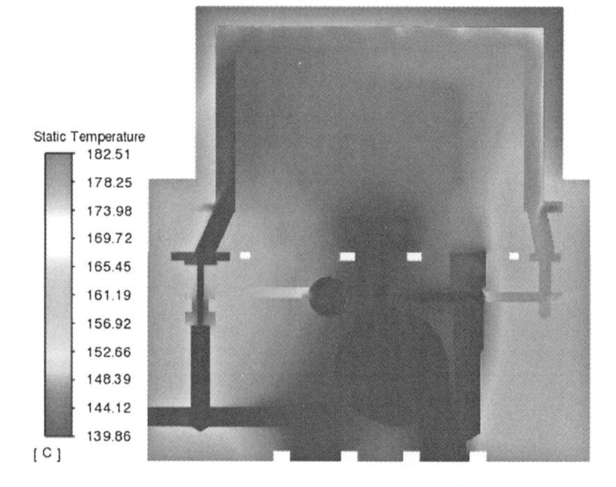

图 6 - 30　电液伺服阀 $y-z$ 平面温度分布

根据上述电液伺服阀温度分布云图，可得到含自冷却结构的电液伺服阀的温度范围为 140～183℃，最高温度出现在力矩马达外壳体部分。其中，上导磁体温度为 146～147℃，永久磁钢温度为 145～147℃，力矩马达下壳体温度为 140～157℃，阀体温度范围为 140～175℃，力矩马达外壳体温度范围为 157～183℃，力矩马达壳体温度范围为 145～173℃，节流器温度范围为 144～155℃。

6.4.3　电液伺服阀自冷却结构的冷却效果对比分析

上述建立了环境温度 250℃、工作介质温度 140℃的高温工况下的电液伺服阀仿真分析模型，得到了无冷却结构的电液伺服阀以及含有自冷却结构的电液伺服阀的温度分布，得到各关键核心部件的温度范围见表 6 - 5。

结合各部件的温度分布及温度范围，可见含自冷却结构的电液伺服阀各部件温度明显降低，尤其是力矩马达部分得到良好的冷却。通过自冷却油路，由力矩马达外壳体与力矩马达壳体之间的油液流动带走热量，进一步阻隔了外界高温环境对力矩马达组件的影响，有效降低了力矩马达组件的温度。

表 6-5　环境温度 250℃、油液温度 140℃的高温工况下电液伺服阀温度范围　　单位：℃

部　件	温度范围	
	无冷却结构的电液伺服阀	含有自冷却结构的电液伺服阀
电液伺服阀	140～233	140～183
工作介质	140～177	140～180
上导磁体	210～222	146～147
下导磁体	170～200	145～147
永久磁钢	180～215	145～147
力矩马达下壳体	143～180	140～157
阀体	143～182	140～175
力矩马达外壳体		157～183
力矩马达壳体	170～233	145～173
节流器		144～155

6.4.4　本节小结

(1) 高温环境工作工作的电液伺服阀，可采取自冷却结构，即在力矩马达壳体上设置冷却油道。采用 Fluent 仿真软件可分析高温工况条件下的电液伺服阀的温度分布规律，结合实际工况对比分析自冷却结构的冷却效果。

(2) 采用所提出的自冷却结构电液伺服阀，环境温度 250℃、介质温度 140℃为例，电液伺服阀整体温度可控制在 140～182℃，其中力矩马达部分温度 140～157℃，接近工作介质温度，温度明显降低。自冷却结构可以起到良好的冷却效果。

(3) 通过上述改进前后的电液伺服阀的温度分布及温度范围对比，得到含有自冷却结构的某型电液伺服阀在冷却节流孔直径为 0.5 mm、管路 3 mm，进油压力 21 MPa、回油压力 0.6 MPa，并且电液伺服阀的外表面涂有隔热涂层时，整体温度范围 140～217℃，其最高温度 217℃为电液伺服阀的外表面，主要是因为外界环境温度对其外表面的影响。由于隔热涂层隔绝外界高温环境，使得电液伺服阀内部温度较低，其中上下导磁体、永久磁钢以及力矩马达下壳体温度较有冷却结构时降低。有冷却结构有隔热涂层时可以很好地降低电液伺服阀敏感部位温度，有利于提升高温工况下电液伺服阀性能。

6.5　散热结构、真空隔热和隔热涂层

1) 散热结构

增加散热面积是一种常用的冷却方式，即通过增加散热片促进热量排到空气中，来降低工作温度。2016 年詹森飞机系统控制有限公司(Jansen's Aircraft Systems Controls. Inc.)美国专利 US10072768 提出一种热分层被动冷却伺服阀。散热器壳体具有多个散热片，热分布是

分层的，将伺服阀特别是力矩电机线圈组件的热量排到周围环境。

2）真空隔热

真空的含义是指在给定的空间内低于一个大气压力的气体状态，是一种物理现象。电液伺服阀也有采用真空隔热。2005 年，日本富士金属公司发明的真空隔热阀申请了欧洲专利EP1707858，用于半导体制造或化工厂的供气、排气管道中的真空隔热阀。该真空隔热阀由阀体和作动器构成阀以及容纳该阀的真空隔热箱。某型电液伺服阀将力矩马达外壳体与力矩马达壳体之间形成密闭的真空空间隔层，可通过仿真分析具有真空隔层的电液伺服阀的冷却效果。

3）隔热涂层

隔热涂层作用在壳体外部降低材料导热从而实现防热隔热效果，现广泛应用于各类飞行器中。目前，大部分是以高聚物为基料，并加入填料、助剂研磨分散而成，在高温环境下发生物理和化学吸热反应来达到隔热防护的目的。以环氧树脂和热分解填料为例，填料快速加热过程中分解成气体，以气泡的形式分散在树脂中，降低热导率。可选择以环氧改性有机硅树脂作为涂料的基料，以氢氧化铝、硼酸、结晶水合物等作为散热无机填料的隔热涂层材料，其热导率为 0.24 W/(m·K)，作用于电液伺服阀的外表面。

可采用自冷却结构和隔热涂层的复合方式对电液伺服阀进行冷却和温度控制。无冷却结构有隔热涂层的工况下，某电液伺服阀整体温度范围 140～233℃，其最高温度 233℃为电液伺服阀的外表面，主要是因为外界环境温度对其外表面的影响。而隔热涂层在一定程度上隔绝了外界高温环境的影响，电液伺服阀内部温度相比于无冷却时明显降低，其中力矩马达部分的上下导磁体、永久磁钢的温度降低约 20℃。

电液伺服阀含有真空隔层的工况下，真空隔层可以更好地隔绝从力矩马达外壳体传递到力矩马达壳体的热量，因此力矩马达外壳体部分温度较高，对于力矩马达部分上下导磁体、永久磁钢的温度最高约 155℃，相比于有自冷却结构温度略高。

有自冷却结构且有隔热涂层的工况下，整体温度范围 140～217℃，其最高温度 217℃为电液伺服阀的外表面，主要是因为外界环境温度对其外表面的影响。由于隔热涂层隔绝外界高温环境，使得电液伺服阀内部温度较低，其中上下导磁体、永久磁钢以及力矩马达下壳体温度较有冷却结构时降低。有自冷却结构且有隔热涂层时可以很好地降低电液伺服阀敏感部位温度，有利于提升高温工况下电液伺服阀性能。

参 考 文 献

[1] 訚耀保，刘小雪，李双路，李万业，陆畅，肖强.具有回油冷却结构的航空伺服作动器热力学建模与分析[J].北京理工大学学报，2023，43(2)：143-150.

[2] 訚耀保，郭文康.高温下射流管伺服阀流量特性分析[J].中南大学学报(自然科学版)，2023，54(1)：113-123.

[3] 訚耀保，李聪.极端低温下电液伺服阀温漂特性分析[J].飞控与探测，2020，3(1)：80-85.

[4] 訚耀保.极端环境下的电液伺服控制理论与性能重构[M].上海：上海科学技术出版社，2023.

[5] 訚耀保，赵帅峰，王东，金桦涛，简洪超.极端低温下外啮合齿轮泵流量脉动特性分析[J].流体测量与控制，2023，4(3)：1-6，23.

[6] 訚耀保，郑云平.油温对射流管式伺服阀力矩马达振动特性的影响[J].流体传动与控制，2016(5)：7-11.

[7] 闾耀保，张曦.固定节流孔长度对双喷嘴挡板阀低温零位性能的影响[J].中国机械工程，2012，23(19)：2275-2279.
[8] 闾耀保，刘小雪，王东，郭文康，李双路，李万业.一种伺服作动器热力学分析方法及系统：CN116050165A[P]. 2023-05-02.
[9] 闾耀保，李双路.一种液压缸位移传感器冷却流量控制装置：ZL201910555488.7[P].2020-07-07.
[10] 闾耀保，李长明，夏飞燕.一种适应变温度场的射流管电液伺服阀：ZL201810094948.6[P].2020-06-02.
[11] 闾耀保，夏飞燕，李长明.一种可调试喷嘴轴线位置的射流管伺服阀及调试方法：ZL201710177608.5[P].2018-07-03.
[12] 李长明，闾耀保，汪明月，王法全.高温环境对射流管伺服阀偶件配合及特性的影响[J].机械工程学报，2018，54(20)：251-261.
[13] 刘小雪，訾惠宇，严成坤，闾耀保.极端高温下偏转板伺服阀的温度场分析[J].流体测量与控制，2023，4(4)：1-5.
[14] 贾涛，郑树伟，耿伟，等.某燃油电液伺服阀滑阀级热变形分析[J].北京理工大学学报，2020，40(5)：496-500.
[15] 陶文铨.传热学[M].北京：高等教育出版社，2006.

第 7 章

电液伺服阀衔铁组件力学模型

电液伺服阀进行电、磁、力、位移、压力、流量等多种形式的能源和信息转换。衔铁组件连接液压放大器和电-机械转换器，是电液伺服阀服役过程中力-位移的信息传递和能量传递的关键结构部件，有强度、刚度和疲劳寿命的基本要求。但衔铁组件作为电液伺服阀内主要承载构件，其载荷-位移定量关系、加速度冲击条件下结构强度、长服役时间下疲劳寿命等力学特性尚缺少有效的理论模型，制约了极端环境下电液伺服阀零漂机理和服役寿命预测研究。本章主要介绍电液伺服阀挡板与反馈杆分离式衔铁组件的弹性梁等价模型与弹簧管、挡板、反馈杆等精密零件刚度和该类型衔铁组件综合刚度解析计算方法、综合刚度理论计算式，建立复杂运动工况下伺服阀零偏漂移分析模型，探讨安装倾角、衔铁质量、阀芯质量和供油压力对重力场中零漂值的影响规律，提出耐久性测试工况下衔铁组件外载荷计算方法，介绍电液伺服阀衔铁组件疲劳寿命实例计算与分析方法，最后分析加速度冲击下衔铁组件过载问题与对策。

7.1 电液伺服阀结构基础

电液伺服阀是连接电气和液压部分的桥梁，它接收电控制信号，输出与控制信号成比例的压力/流量信号。电液伺服阀集电子、机械、液压、控制等多学科技术于一体，具有控制精度高、响应速度快、功率密度比大等优点，在冶金、航空航天、舰船及国防军工中应用十分广泛，飞机舵面控制、重载机器人、汽车/飞机负载模拟器、火箭用万向发动机、重型工程机械、飞行器燃料控制系统、冶金制纸设备等控制系统都装备有电液伺服阀。“二战”期间，在自动炮台瞄准等军事需求下，电液伺服阀初具雏形。随后，在战术导弹、运输飞机等重大项目引领下，高性能电液伺服阀因具备高负载下精确定位控制面的能力，获得了广阔的应用。美国组织了包含美国空军、麻省理工学院在内的四十余家机构，集中攻关具有高环境适应性的高端电液伺服阀，并实现了产品化、系列化。经过近 60 年的发展，国外伺服阀产品性能、可靠性和成本经受住了实践的考验，研制单位积累了大量研发制造经验，始终处于世界领先水平。由于涉及军工领域，高性能电液伺服阀被严格禁运和封锁。我国通过吸收 Moog 等知名制造商产品，已有厂所实现电液伺服阀国产化。电液伺服阀机械部分是承受载荷并输出位移的可动部件。多级电液伺服阀中，可动部件主要由衔铁组件和功率滑阀阀芯组成。衔铁组件承担着力-位移转换功能，是伺服阀服役过程信息转换的重要一环。但衔铁组件的结构强度、刚度、疲劳等设计理论欠缺，现有力学模型未考虑复杂运动工况带来的附加作用力，国产电液伺服阀在性能稳定性、服役寿命、恶劣环境适应性等方面与国外产品有较大差距。

7.1.1　电液伺服阀结构演变

电液伺服阀由电-机械转换器、液压放大器组成，存在电、磁、力、位移、压力、流量等多种形式的信息转换过程。电-机械转换器接收控制电流，经过软磁体/压电陶瓷/超磁致伸缩材料等输出力(矩)。液压放大器通过机械运动来控制流体动力传输，将输入的机械信号(位移/转角)转换为液压信号(流量/压力)输出，进而实现功率放大。柔性构件连接着电-机械转换器和液压放大器，受到外力(矩)作用，经弹性变形输出关键点位移。关键点位移决定了液压阀口节流面积，进而控制液压放大器的输出压力/流量。

图 7-1 所示的带机械反馈的双喷嘴挡板电液伺服阀是最常见的电液伺服阀，它由力矩马达、双喷嘴挡板阀、功率滑阀三部分组成。力矩马达作为电-机械转换器，双喷嘴挡板阀和功率滑阀分别作为一级和二级液压放大器。力矩马达负责将较小的电流信号按比例地转换成机械运动量。双喷嘴挡板阀中，挡板的偏转改变了挡板至喷嘴间的可变液阻间距，进而转化为液压量，可以控制二级液压放大器。力矩马达实现电-磁-力转换，衔铁组件连接力矩马达、双喷嘴挡板阀和功率滑阀。衔铁组件是由衔铁、弹簧管、反馈杆组成的一体式组件，反馈杆末端嵌入功率滑阀阀芯中部并跟随阀芯移动。挡板位移控制着双喷嘴挡板阀的输出压力。双喷嘴挡板阀控制着阀芯左右两腔压力。反馈杆末端随阀芯运动，而阀芯位移控制着滑阀阀口节流面积。阀芯位移经反馈杆，形成反馈力至衔铁组件上。

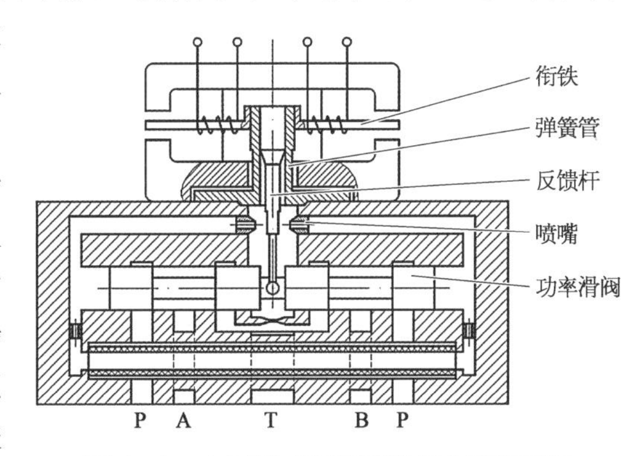

图 7-1　力反馈式双喷嘴挡板电液伺服阀

根据液压放大器级数，可将电液伺服阀分为直驱阀(含滑阀、转阀两种形式)、两级阀(喷嘴挡板阀与滑阀、射流管阀与滑阀、偏转板阀与滑阀等组合形式)、三级阀(喷嘴挡板阀和滑阀与滑阀、喷嘴挡板阀和双滑阀与滑阀)。多级阀中，常采用滑阀作为功率放大级，用喷嘴挡板阀、射流管阀、偏转板阀作为前置级来控制功率主阀。根据输出形式，可分为压力伺服阀、流量伺服阀、压力流量伺服阀(P-Q 阀)。图 7-2 对常见的电液伺服阀进行了归纳分类。

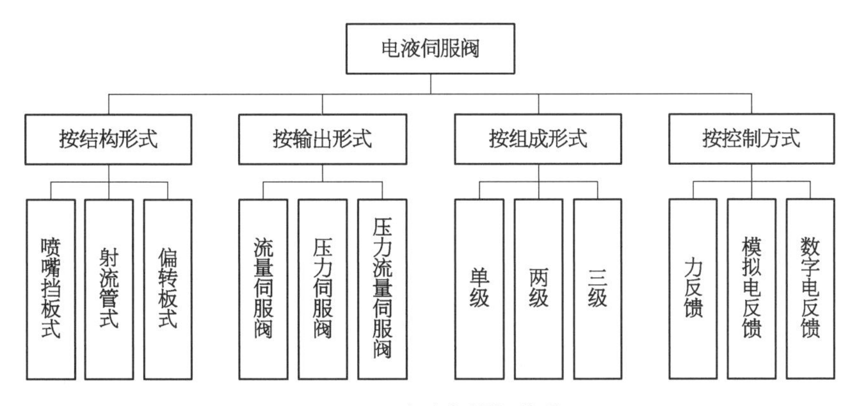

图 7-2　电液伺服阀分类

力马达和力矩马达是最常见的电-机械转换器。麻省理工学院在1948年提出了力矩马达早期构型，衔铁中间插有销轴作为旋转中心。考虑磁通和磁，可提高力矩马达输出力矩计算的准确性。1965年，麻省理工学院设计音圈驱动型电-机械作动器，以驱动板式射流放大器。韩国机械与材料研究院开发音圈型力马达，进行了螺线管驱动器耐久性试验并提出驱动器疲劳寿命计算方法。除螺线管式电-机械转换器外，压电材料、超磁致伸缩材料等智能材料的应用一直受研究人员青睐。压电材料具有响应快、制造成本低等优点，但滞环大、高温性能欠佳。1971年，东京工业大学提出在顶端固定的挡板两侧添加压电片、使用PWM控制的伺服阀。英国巴斯大学开发了如图7-3所示的航空用压电驱动偏转板阀；德国亚琛工业大学开发了电反馈式压电驱动伺服阀，采用压电驱动器控制喷挡阀节流孔开口。仁荷大学的研究学者利用"直线型压电驱动＋杠杆位移放大机构"驱动滑阀，该阀能适应150℃高温环境，－3 dB频宽达200 Hz。超磁致伸缩材料能量密度大、响应迅速，也被学者们用于制作电-机械转换器。2001年，横滨国立大学开发了伺服阀用超磁致伸缩驱动器，最大位移50 μm。同年，Moog（日本）联合早稻田大学研制了增益可调的超磁致伸缩直驱阀。有文献设计了如图7-4所示的超磁致伸缩驱动器来控制四喷嘴挡板阀。1985年，明治大学试制了电致伸缩陶瓷作动器，2000年推出了受光辐射变形材料制成的微驱动器。磁控形状记忆合金是近年来新兴的一种智能材料，兼具传统智能材料响应快以及温控形状记忆合金应变大的特点，适合作为高性能驱动元件。利用介电弹性体制成的薄膜驱动器在伺服阀驱动中也有较大应用潜力。

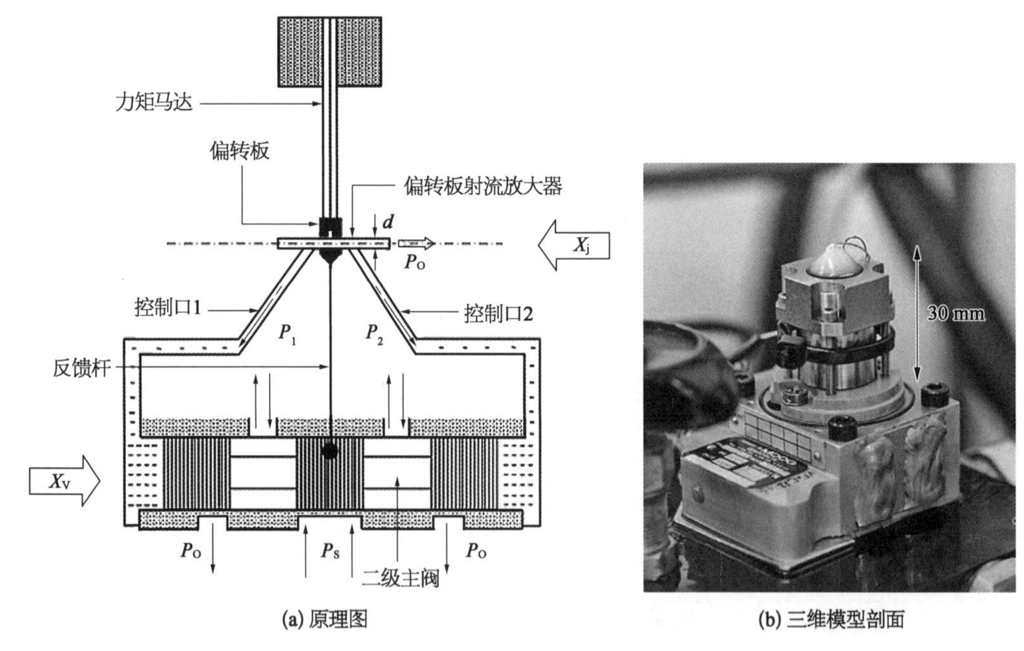

(a) 原理图

(b) 三维模型剖面

图7-3 航空用压电驱动偏转板阀

美国赖特-帕特森空军基地曾于1969年总结了常见液压放大器的静态特性和两级液压放大器结构形式及流量/压力反馈机构，主要包括滑阀、双喷嘴挡板阀、四喷嘴挡板阀、三通射流管阀、四通射流管阀、偏转板阀。除上述射流放大器外，开发人员还尝试了盘型阀、旋流阀、球阀等。通过电-液类比，学者们提出了基于康达效应的液压比例放大器，但该放大器流道加工复杂，仅适合微流体控制。

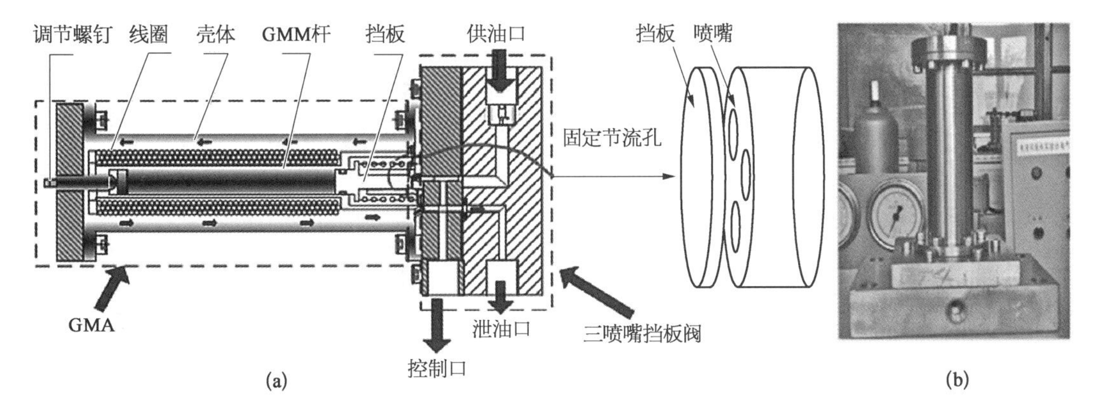

图 7-4　超磁致伸缩喷嘴挡板伺服阀先导级

特殊环境/介质用伺服阀的研究也取得了一定进展。针对空天环境，日本东京工业大学精密工学研究所开发了多层压电片直驱伺服阀，通过杠杆机构放大驱动器输出位移，用波纹管防止滑阀副间隙油液外泄漏，阀芯最大位移为 100 μm，频带宽度约 300 Hz。目前，有关水压伺服阀的研究主要集中在华中科技大学、名城大学、神奈川大学等少数高校，和传统两级电液伺服阀相比，需要着重解决密封问题。电流变液等智能液体也应用于新型伺服阀，可直接驱动滑阀，组成如图 7-5 所示的电流变直驱阀，适用于减振场合。

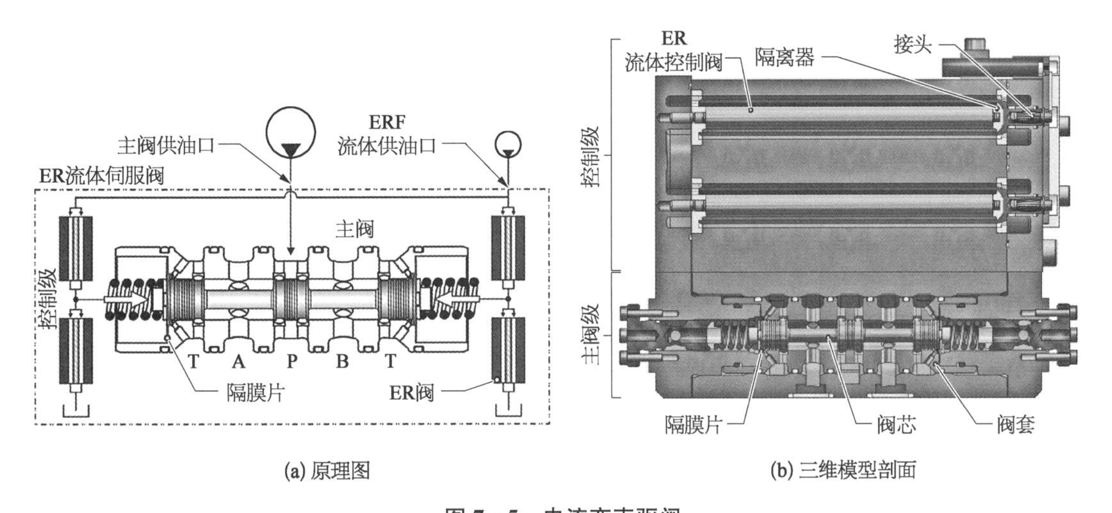

(a) 原理图　　(b) 三维模型剖面

图 7-5　电流变直驱阀

7.1.2　电液伺服阀柔性结构件

柔性体的变形具有无限个自由度，对该变形的精确描述和控制是机械设计及优化领域的普遍问题。柔性构件是指在承载后具有明显易变形特征的构件，它在电液伺服阀中应用已久，建立力信号和位移信号间联系。早期的柔性构件通过创造性试凑，依赖于设计者的创作灵感，缺乏设计理论。我国电液伺服阀制造已从初始仿制逐步走向自主研制，弹性构件的设计理论便是其中需要突破的一项关键技术。

常见的两级电液伺服阀包括双喷嘴挡板伺服阀、射流管伺服阀和偏转板伺服阀，这些阀中，力(矩)-线(角)位移转换功能主要通过衔铁组件的结构变形来实现。除此之外，衔铁组件还建立了衔铁角位移和挡板/阀芯线位移之间的转换关系。因此，衔铁组件是两级电液伺服阀中主要的柔性构件。衔铁组件一般先通过压装与衔铁形成过盈配合，然后使用钎焊加固连接，形成无隙结构，运动时摩擦接触副少。弹簧管是衔铁组件中必不可少的精密件，主要功能有：阻止压力油进入力矩马达气隙，防止带电污染物颗粒聚集在衔铁边缘；起着挡板/射流管/偏转板的导向作用；将压力油分隔密封，保证压力油中无磁场。衔铁组件连接着力矩马达、一级射流放大器和二级功率放大器。二级功率放大器常采用滑阀形式，滑阀阀芯中间设计有通孔/凹槽，以便和反馈组件实现点/线接触。

偏转板伺服阀使用偏转板阀作为一级射流放大器，其衔铁组件结构如图 7-6 所示，主要包括连杆、弹簧管、偏转板、反馈杆、衔铁等零件。反馈杆中部设计了偏转板结构。偏转板中部开有 V 形接收槽，和射流片三个油口相连，接收射流束并分发至两个接收孔。连杆起着中间件作用，提供和衔铁、弹簧管、反馈杆的装配面。连杆外形呈阶梯状，大端形成阶梯的两个圆柱面，分别与衔铁内孔、弹簧管内孔形成过盈配合，连杆内孔与反馈杆大端圆柱面形成过盈配合。反馈杆小端存在锥形段，是实现力反馈的主要变形区域；反馈杆末端通过焊接/一体式加工了反馈小球，可以与功率滑阀阀芯形成接触配合。

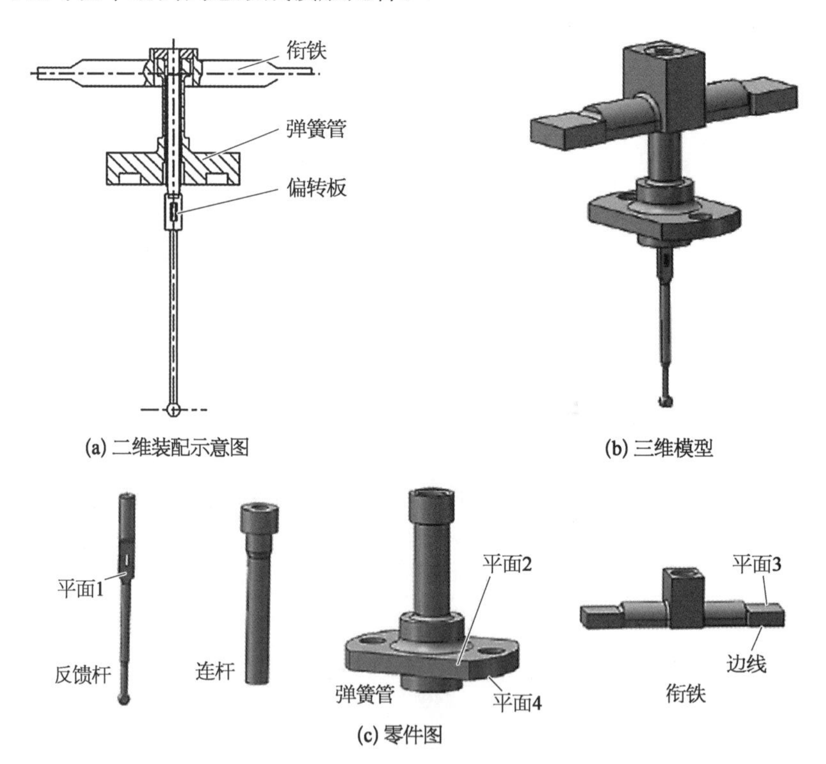

图 7-6　射流偏转板电液伺服阀衔铁组件

前述电液伺服阀都使用力矩马达作为电磁式电-机械转换器，使用衔铁组件的柔性变形完成力-位移信息转换。随着压电材料、超磁致伸缩材料、功能流体等新型材料的不断发现，研究人员陆续开发了压电驱动器、超磁致伸缩驱动器等新型驱动装置，但这些装置输出功率不足，导致输出作用力及行程都不足。图 7-7 示出了压电驱动器的结构类型，主要有柱形、矩形板、环形膜等，利用压电材料自身的变形来传递力，但末端输出位移较有限。

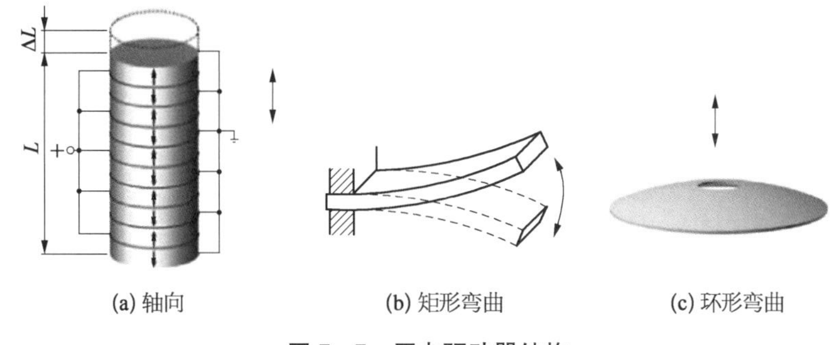

图 7-7　压电驱动器结构

为弥补位移输出小的缺陷，可采取串联多个驱动器的方法，实现输出位移的线性叠加，其原理如图 7-8 所示。除此之外，人们开始关注微位移放大机构，柔性结构件形式呈多样化，主要分为机械放大或液压放大两类。图 7-9 为近年开发的微位移放大机构，分别利用了杠杆原理、柔性铰链机构变形和差动活塞原理。

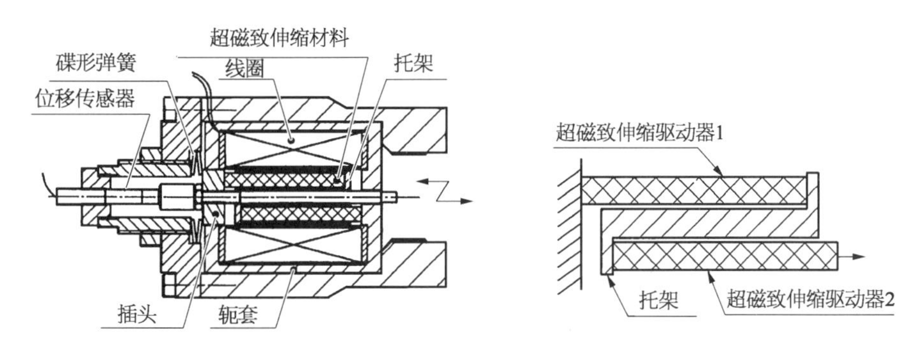

图 7-8　串联型超磁致伸缩驱动器原理及串联形式

柔性构件的静刚度特性分析是进行电-机械转换器、液压放大器间匹配优化的基础。中航工业第 625 研究所通过理论和试验确定了弹簧管、反馈杆的刚度计算式，未从整体上考虑结构变形场，计算精度不足。有文献利用等截面积分法和有限元法分析电反馈式电液伺服阀衔铁组件的静力学特性，并设计刚度加载试验验证理论模型。柔性构件的动力学模型是建立整阀动态模型的基础。Merrit 用衔铁刚体转动方程表征整个结构的动态特性，该模型使用方便，但仅适用于早期设计有旋转中心的湿式力矩马达结构。

7.1.3　极限环境下电液伺服阀结构与性能

电液伺服阀常面临不同服役环境考验，如振动、冲击、离心、高加速度及其复合运动的复杂运动环境，以及油液极端温度、环境极端温度、辐射等恶劣工况。极限环境下电液伺服阀的失效主要包括密封件蠕变、液压放大器冲蚀、摩擦副磨粒磨损和柔性件疲劳破坏等缓变失效，以及失稳啸叫、零偏超出允许范围等瞬态失效。各国学者从不同角度对单因素作用下电液伺服阀的性能偏移现象展开理论、仿真或试验研究。

“二战”后的 15 年内，战斗机和飞行器迅速发展，液压伺服系统随之进入高速发展期。飞行设备流体控制系统采用液压油、润滑油和燃油三类流体介质，用于主液压系统、发动机控制系统、冷却系统。冷却系统用液压油温度较高，为提高能源利用率，这部分油液也用来驱动其

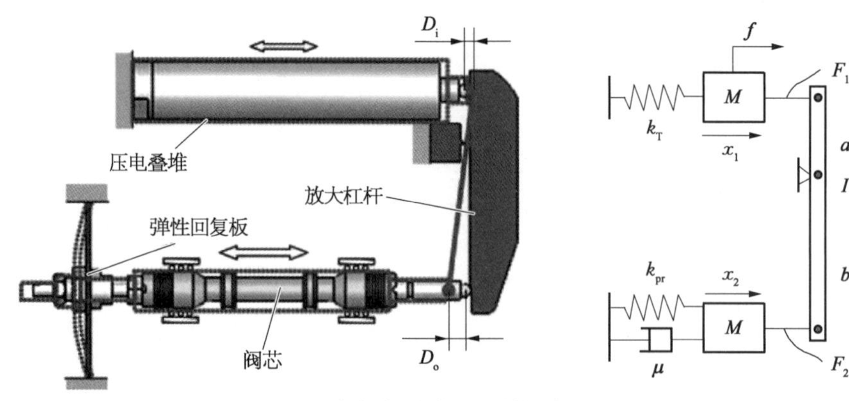

(a) 杠杆放大机构原理及简化模型

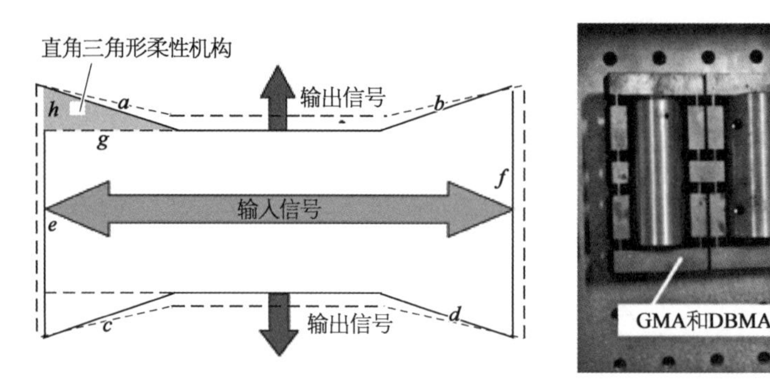

(b) 双弓型放大机构原理及样机

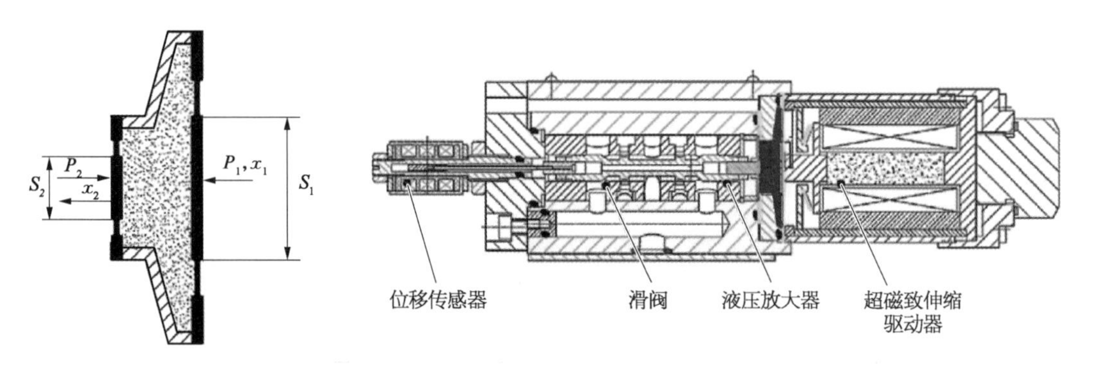

(c) 膜式液压放大机构原理及其在超磁致伸缩直驱阀中的应用

图 7-9 微位移放大机构

他执行机构。高温液压技术应运而生，应用于超音速运输飞机、航天飞行器等。美国国家航空航天局、波音公司等在 20 世纪 50—60 年代开展极端环境下流体工作介质性能测试。液压系统最高油温从 165℉(74℃)(使用石油基材料)发展到 400℉(204℃)(使用二硅氧烷型液体)，1963 年已研制 1 000℉(537℃)液压试验系统。

极端温度影响流体介质物化性质、密封橡胶本构模型、弹性结构件疲劳特性。Vickers 化学实验室通过试验发现，高温会降低油液稳定性，析出固体颗粒或释放腐蚀性物质，引起间隙配合副卡滞或改变零件尺寸。文献通过加速老化试验研究了高温液压油和空气环境中 O 形密封圈用丁腈橡胶的降解现象。高温部件试验成本高、危险性强，可用有限元模拟代替高温试验，采用本构模型耦合损伤规则来描述材料的应力-应变响应。低温环境条件下电液伺服系统冷启动后，热工作介质和冷部件间形成热冲击。1990年，巴斯大学开发液压系统热力学建模分析软件，建立流体温变特性和内泄漏、黏性摩擦的联系。特殊工况下电液伺服阀需要输出大瞬时流量，阀内温度会在短时间内达到120℃，与环境温度形成较大温差，通过对阀体进行热-流-固耦合有限元分析，有文献发现配合间隙变化是引起内泄漏和阀芯阻力增加的主要原因。宽温域下钕磁铁的可逆退磁和绕组电阻温变特性会影响永磁电机在额定速度下的最大转矩能力和效率；但对电液伺服阀而言，喷嘴流量系数变化是影响伺服阀控制误差的主要原因，喷嘴直径变化和永磁体磁动势退磁为次要原因。航空发动机的高温环境会使燃油伺服计量系统阶跃响应变慢，燃油温度变化可使燃油利用率下降5.2%。

除极端高/低温外，振动环境下伺服阀性能漂移也备受关注，如工作条件变化引起的伺服阀零位变化的零漂现象。电液伺服阀两级液压放大器间的细长管路对外部振动较为敏感。考虑随机参数均值和标准差，采用蒙特卡罗方法抽样，可确定随机振动环境下伺服阀零漂关键影响参数。离心环境中，离心力影响单喷嘴挡板阀液动力和负刚度，从而影响双喷嘴挡板伺服阀的零漂。

结合工程实际应用，下面介绍衔铁组件的数学模型，建立尺寸参数、载荷类型、材料力学特性、服役工况等因素与衔铁组件结构强度、刚度和疲劳特性的函数关系。综合电液伺服阀多物理场信息与能量转换过程，建立复杂运动工况与衔铁组件载荷之间的联系，明确整阀零位变动机理，为提高电液伺服阀极端环境适应性和长服役寿命期间可靠性提供优化路径。

7.2　双喷嘴挡板式电液伺服阀衔铁组件力学模型

衔铁组件零部件刚度被用来表征力-位移间转换的定量关系，它是影响伺服阀动/静态特性的重要因素，也是各精密零件加工一致性的重要表征量。综合刚度测量是评价组件加工质量的重要手段，而高精度刚度计算方法是进行刚度标定的重要理论基础。本节将研究喷嘴挡板式力反馈电液伺服阀中衔铁组件力-位移转换机理，建立结构参数、材料特性与零组件刚度的映射关系。

7.2.1　双喷嘴挡板式电液伺服阀衔铁组件结构

常见的双喷嘴挡板式电液伺服阀衔铁组件结构有两种：挡板和反馈杆分为两件的分离式结构、挡板和反馈杆为一体的整体式结构。图7-10所示为挡板与反馈杆分离式衔铁组件结构。衔铁组件各部件采用过盈配合，如反馈杆大端外径与挡板内孔、挡板大端外径与弹簧管内孔、弹簧管小端外径与衔铁中孔等。反馈杆末端设计有反馈小球，小球嵌入滑阀阀芯中部的凹槽。一般采用一体式加工/焊接/黏结等方式实现反馈小球和反馈杆的一体化。分离式结构中，挡板和反馈杆是两个独立的零件，常规分析模型将这两个独立零件视为一

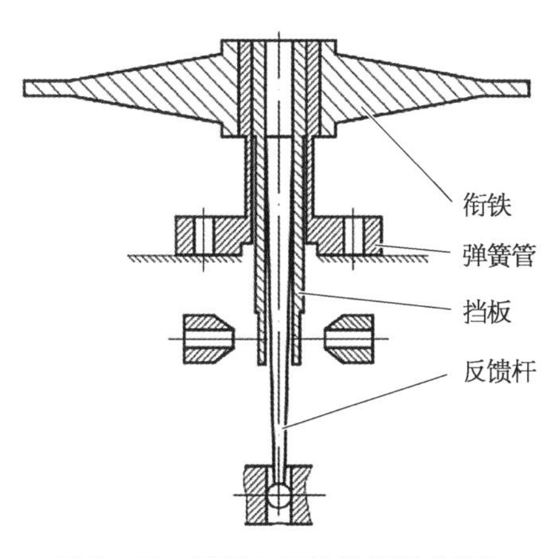

图7-10　挡板与反馈杆分离式衔铁组件结构示意图

体，与结构实际受力变形有差异，故本节着重研究该衔铁组件的力-位移精确转换关系。

7.2.2 挡板与反馈杆分离式衔铁组件力学模型

为便于分析，作以下假设：① 衔铁的横截面积较大，抗弯能力强，将衔铁作为刚体处理；② 不考虑组件内部过盈配合处的装配应力对组件变形的影响，不考虑焊接连接处残余应力，不考虑回油压力对结构变形的影响；③ 各零件材料均匀、连续且各向同性，其中弹簧管颈部壁厚约为 60 μm，抗弯能力最弱，故分析弹簧管变形时仅考虑颈部薄壁部分的变形；④ 不计零件重力。

根据上述假设，可将弹簧管等效成等截面梁，将挡板和反馈杆等效为变截面梁，三者形成嵌套状结构，得到如图 7-11a 所示的弹性梁等价模型。部分型号的双喷嘴挡板伺服阀设计有回油阻尼孔，通过提高弹簧管内部油液压力来提高整阀稳定性。高压油液均匀作用在弹簧管内壁，不会影响衔铁组件在对称面内的弯曲变形。因此，工作状态下该类型衔铁组件承受的外载荷主要包括力矩马达电磁力矩 M_a、喷嘴出流在挡板上的液动力 F_f（此处指两个挡板两侧受到的液动力矢量和）、滑阀阀芯的反馈力 F_s。在三个载荷共同作用下，组件发生平面弯曲变形，直至外力（矩）和内力（矩）达到平衡，实现力（矩）-位移信息转换。本节考虑衔铁组件的复杂形状，着重分析衔铁转角 φ、挡板位移 x_f、反馈杆球端位移 x_s 与电磁力矩 M_a、射流液动力 F_f、阀芯处反作用力 F_s 间的关系。简化后，变截面梁结构尺寸参数及截面形状如图 7-11b 所示。其中，字母 A～F 表示梁截面编号，用以标识截面形状或尺寸过渡处。挡板的 C-D 段截面为中空鼓形，其余截面形状为环形。弹簧管横截面为环形，反馈杆横截面为圆形。

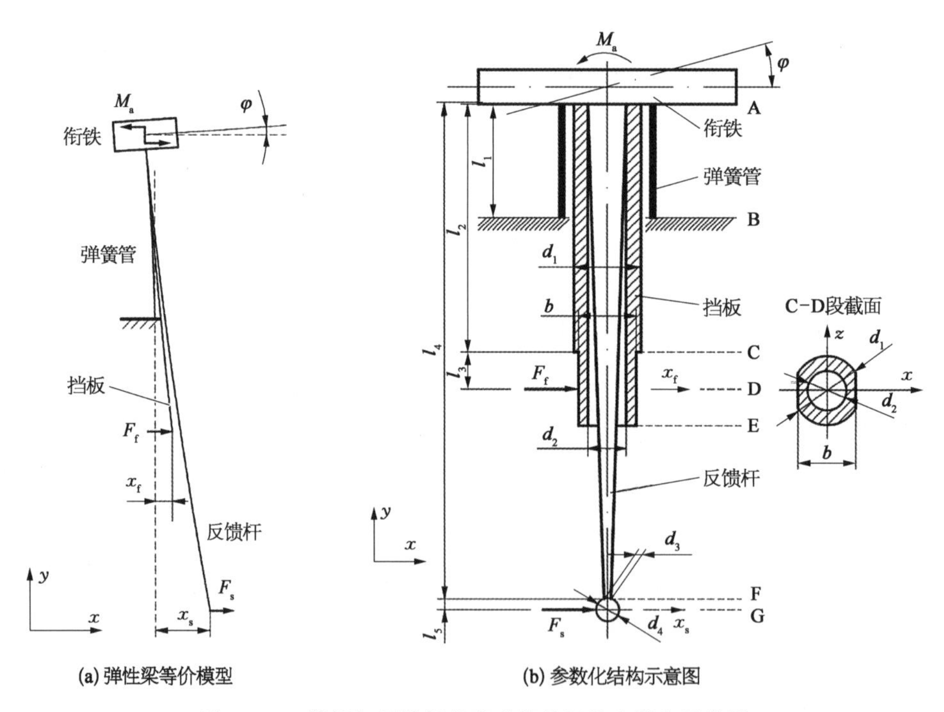

图 7-11 挡板与反馈杆分离式衔铁组件力学分析模型

将图 7-11 所示的衔铁组件分为反馈杆、挡板和弹簧管三个部分，与之相关的物理量符号的下标分别为 r、f、s。对反馈杆，将杆件局部坐标系原点置于反馈小球中心，在截面坐标为 y 处取下端部分为隔离体，利用力（矩）平衡条件，可得到反馈杆内力和内弯矩分别为

$$\left.\begin{aligned} F_r(y) &= F_s \\ M_r(y) &= F_s y \end{aligned}\right\} \tag{7-1}$$

反馈杆是细长变截面杆件，不计剪力引起的变形能项，其应变能 U_r 为

$$U_r = \int_0^{l_5} \left[\frac{M_r^2(y)}{2E_r I_{r1}(y)} + \frac{\alpha_c F_r^2(y)}{2G_r A_{r1}(y)} \right] dy + \int_{l_5}^{l_4+l_5} \left[\frac{M_r^2(y)}{2E_r I_{r2}(y)} + \frac{\alpha_c F_r^2(y)}{2G_r A_{r2}(y)} \right] dy \tag{7-2}$$

$$I_{r1}(y) = \frac{1}{4}\pi\left(\frac{d_4^2}{4} - y^2\right)^2,\ A_{r1}(y) = \pi\left(\frac{d_4^2}{4} - y^2\right)$$

$$I_{r2}(y) = \frac{1}{64}\pi\left[\frac{(y-l_5)(d_2-d_3)}{l_4} + d_3\right]^4,\ A_{r2}(y) = \frac{1}{4}\pi\left[\frac{(y-l_5)(d_2-d_3)}{l_4} + d_3\right]^2$$

式中　I_{r1}、A_{r1}——反馈杆 F－G 段截面惯性矩和面积；

I_{r2}、A_{r2}——反馈杆 A－F 段截面惯性矩和面积；

E_r——反馈杆材料弹性模量；

G_r——反馈杆材料剪切模量；

α_c——圆形截面剪切形状系数，其值为 10/9；

l_4、l_5、d_2、d_3、d_4——结构尺寸链的参数。

将挡板的杆件局部坐标系原点置于挡板液动力作用点，挡板的应变能 U_f 为

$$U_f = \int_0^{l_3} \left[\frac{(F_f y)^2}{2E_f I_{f1}} + \frac{\alpha_g F_f^2}{2G_f A_{f1}} \right] dy + \int_{l_3}^{l_3+l_2} \left[\frac{(F_f y)^2}{2E_f I_{f2}} + \frac{\alpha_r F_f^2}{2G_r A_{f2}} \right] dy \tag{7-3}$$

$$I_{f1} = \frac{b(d_1^2 - b^2)^{\frac{3}{2}}}{12} + 2\int_{b/2}^{d_1/2} \left(z^2 \sqrt{\frac{d_1^2}{4} - z^2} \right) dz - \frac{\pi d_2^4}{64}$$

$$A_{f1} = \frac{d_1^2}{4}\left[\pi - \frac{\arccos(b/d_1)}{2} + \sqrt{1 - \left(\frac{b}{d_1}\right)^2}\right] - \frac{\pi d_2^2}{4},\ I_{f2} = \frac{\pi(d_1^4 - d_2^4)}{64},\ A_{f2} = \frac{\pi(d_1^2 - d_2^2)}{4}$$

式中　E_f——挡板材料弹性模量；

I_{f1}、I_{f2}——挡板 C－D 段和 A－C 段截面惯性矩；

A_{f1}、A_{f2}——挡板 C－D 段和 A－C 段截面面积；

α_r——环形截面剪切形状系数，取 2；

α_g——C－D 段截面剪切形状系数，取 1.6；

l_1、l_2、l_3——尺寸链参数。

弹簧管薄壁部分长径比较小，需要考虑剪力引起的变形能。将弹簧管的局部坐标系原点置于 A 截面几何中心，弹簧管的应变能 U_s 为

$$U_s = \int_0^{l_1} \frac{[M_a + F_s(l_4 + l_5 - y) + F_f(l_2 + l_3 - y)]^2}{2E_s I_s} dy + \int_0^{l_1} \frac{\alpha_r (F_s + F_f)^2}{2G_s A_s} dy \tag{7-4}$$

$$I_s = \pi(d_o^4 - d_i^4)/64,\ A_s = \pi(d_o^2 - d_i^2)/4$$

式中 E_s——弹簧管弹性模量；

I_s——弹簧管薄壁部分截面惯性矩；

l_4、l_5——尺寸链参数；

d_o、d_i——弹簧管薄壁部分外径、内径。

衔铁组件总应变能 U_e 是反馈杆、挡板和弹簧管的应变能之和，其计算式为

$$U_e = U_r + U_s + U_f \tag{7-5}$$

卡氏第二定理阐释了应变能和载荷作用点位移间的关系，其使用简便而且力学概念明确。弹性结构应变能 U 对作用在结构上的某个载荷 F_i 的偏导数就等于该载荷作用点沿该载荷作用方向的位移 δ_i：

$$\delta_i = \frac{\partial U}{\partial F_i} \tag{7-6}$$

将式(7-1)和式(7-2)代入式(7-5)，再代入式(7-6)，采用分部积分法，可得挡板与反馈杆分离式衔铁组件的载荷-位移关系式：

$$\left.\begin{aligned} \varphi &= c_{11}M_a + c_{12}F_f + c_{13}F_s \\ x_f &= c_{21}M_a + c_{22}F_f + c_{23}F_s \\ x_s &= c_{31}M_a + c_{32}F_f + c_{33}F_s \end{aligned}\right\} \tag{7-7}$$

$$c_{11} = \frac{l_1}{E_s I_s},\ c_{12} = \frac{2(l_2+l_3)l_1 - l_1^2}{2E_s I_s},\ c_{13} = \frac{2(l_4+l_5)l_1 - l_1^2}{2E_s I_s},\ c_{13} = \frac{2(l_4+l_5)l_1 - l_1^2}{2E_s I_s},\ c_{21} = c_{12},$$

$$c_{22} = \frac{l_3^3}{3E_f I_{f1}} + \frac{(l_2+l_3)^3 - l_3^3}{3E_f I_{f2}} + \frac{\alpha_g l_3}{G_r A_{f1}} + \frac{\alpha_r l_2}{G_r A_{f2}} + \frac{(l_2+l_3)^3}{3E_s I_s} - \frac{(l_2+l_3-l_1)^3}{3E_s I_s} + \frac{\alpha_r l_1}{G_s A_s},$$

$$c_{23} = \frac{6(l_2+l_3)(l_4+l_5)l_1 - 3(l_2+l_3+l_4+l_5)l_1^2 + 2l_1^3}{6E_s I_s} + \frac{\alpha_r l_1}{G_s A_s},\ c_{31} = c_{13},\ c_{32} = c_{23},$$

$$c_{33} = \frac{C_1}{E_r} + \frac{\alpha_c}{G_r}C_2 + \frac{\alpha_c}{G_r}\int_{l_5}^{l_4+l_5} \frac{1}{A_{r2}(y)}\mathrm{d}y + \frac{(l_4+l_5)^3 - (l_4+l_5-l_1)^3}{3E_s I_s} + \frac{\alpha_r l_1}{G_s A_s},$$

$$C_1 = \int_0^{l_5} y^2/I_{r1}(y)\mathrm{d}y + \int_{l_5}^{l_4+l_5} y^2/I_{r2}(y)\mathrm{d}y,\ C_2 = \int_0^{l_5}[A_{r1}(y)]^{-1}\mathrm{d}y$$

其中，c_{ij} ($i=1, 2, 3$; $j=1, 2, 3$)表示由材料特性及结构决定的常数，具有柔度含义，表示单位第 j 个载荷作用下第 i 个载荷作用点位移。$i=1, 2, 3$ 分别表示衔铁转角、挡板位移、反馈杆球端位移；$j=1,2,3$ 分别表示电磁力矩、射流液动力、阀芯反作用力。由 c_{ij} 组成的矩阵为衔铁组件柔度矩阵。

由式(7-7)可知，载荷前的系数 c_{ij} ($i=1, 2, 3$; $j=1, 2, 3$)由组件结构尺寸、材料力学性能、截面特征决定。已知衔铁组件结构参数时，无须假设旋转中心位置，可直接使用柔度矩阵模型进行双喷嘴挡板式电液伺服阀静态特性分析。

7.2.3 挡板与反馈杆分离式衔铁组件有限元分析

为验证式(7-7)衔铁组件载荷-位移关系的有效性，基于 ANSYS Workbench 16.0 有限元

分析平台，建立衔铁组件有限元模型(图 7-12)。将衔铁设置为刚体，弹簧管和反馈杆设置为弹性体，尺寸参数列于表 7-1。反馈杆和挡板材料牌号为 3J1，弹性模量 190 GPa，泊松比 0.3；弹簧管材料牌号为 QBe1.9，弹性模量 125 GPa，泊松比 0.35。将弹性体部分作为整体进行四面体网格划分，以保证网格连续。

将反馈杆大端外圆柱面与挡板内孔、挡板大端外圆柱面与弹簧管内孔、弹簧管小端外圆柱面与衔铁内孔三处的接触设置为黏结接触。弹簧管法兰端设计了两个通孔，方便通过螺钉将整个衔铁组件固定于主阀阀体上，故将弹簧管下端面设置为固定约束。电磁力矩施加在衔铁下端面，射流液动力施加于挡板侧面，阀芯反馈力施加于反馈杆小球球心处。喷嘴出流孔孔径较小，射流液动力可视为集中力；阀芯和反馈小球为点接触，两零件间的接触力可视为集中力。

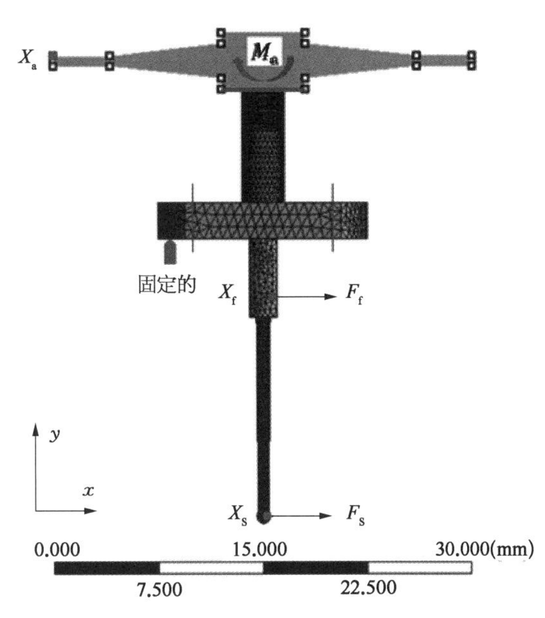

图 7-12　挡板与反馈杆分离式衔铁组件有限元模型与网格划分

表 7-1　有限元仿真所需尺寸参数

项　目	内　容											
物理量	l_1	l_2	l_3	l_4	l_5	d_1	d_2	d_3	d_4	d_o	d_i	b
参数值/mm	8	8	5.5	29.67	0.33	2.8	1.5	0.75	1	3.12	3	2

挡板与反馈杆分离式衔铁组件的载荷-位移关系式中，载荷前的系数 $c_{ij}(i=1,\ 2,\ 3;\ j=1,\ 2,\ 3)$ 构成结构柔度矩阵，该矩阵为对称阵，仅需对比验证柔度矩阵的上三角元素。仅施加电磁力矩 $\widetilde{M}_a$，仿真后可得到衔铁左端面 y 方向最大位移 X_{a1}、挡板位移 X_{f1} 和反馈小球位移 X_{s1}；仅施加喷嘴出流液动力 $\widetilde{F}_f$，仿真后可得到挡板位移 X_{f2} 和反馈小球位移 X_{s2}；仅施加阀芯反作用力 $\widetilde{F}_s$，仿真后可得到反馈小球位移 X_{s3}。再利用柔度矩阵各元素的物理意义[式(7-8)]求解各元素仿真值：

$$\left.\begin{aligned} \tilde{c}_{11} &= (X_{a1}/L_a)/\widetilde{M}_a \\ \tilde{c}_{12} &= X_{f1}/\widetilde{M}_a \\ \tilde{c}_{13} &= X_{s1}/\widetilde{M}_a \\ \tilde{c}_{22} &= X_{f2}/\widetilde{F}_f \\ \tilde{c}_{23} &= X_{s2}/\widetilde{F}_f \\ \tilde{c}_{33} &= X_{s3}/\widetilde{F}_s \end{aligned}\right\} \tag{7-8}$$

式中　L_a——衔铁长度的一半，15 mm。

上述电磁力矩、喷嘴出流液动力、阀芯反作用力分别取 0.01 N/m、1 N、1 N，经有限元仿真后根据式(7-8)计算得到柔度矩阵元素仿真值,列于表7-2第二列。表7-2第三列还列出了由式(7-7)计算得到的 c_{ij} 理论值。由该表可知,c_{ij} 理论值与仿真值的最大相对误差为8.61%,说明所建立的衔铁组件载荷-位移关系是有效的。弹簧管薄壁部分长径比小于3,为明确剪力对结构静力特性的影响程度,令式(7-7)中 α_r 和 α_g 为零,可得到未考虑剪力影响的各柔度矩阵元素理论值。考虑剪力时,柔度矩阵元素 c_{ij} ($i=1, 2, 3$; $j=1, 2, 3$)的理论结果更接近仿真结果。

表7-2 c_{ij} 理论值与仿真值对比

柔度矩阵元素	仿真值	理论值(不计剪力)	理论值(考虑剪力)
c_{11}	0.100 9	0.094 76	0.094 76
c_{12}	0.000 945 6	0.000 900 2	0.000 900 2
c_{13}	0.002 610	0.002 780	0.002 780
c_{22}	0.000 011 75	0.000 010 75	0.000 011 44
c_{23}	0.000 025 26	0.000 026 91	0.000 027 51
c_{33}	0.000 667 6	0.000 610 1	0.000 610 7

7.2.4 挡板与反馈杆分离式衔铁组件零部件刚度理论模型

电液伺服阀生产商在制造弹簧管、反馈杆等精密弹性元件时,通过相应刚度测量设备测量刚度,若刚度不符合设计要求,则调整加工余量、再加工、再测量,直至刚度测量值满足公差要求。如此往复,可间接限制衔铁组件刚度分散性,进而保证电液伺服阀批产性能稳定。刚度表示载荷与位移之比,是柔度的倒数。本节从推导的载荷-位移转换关系式出发,建立衔铁组件弹簧管、反馈杆、挡板三类零件刚度和整个衔铁组件的综合刚度,解析零组件刚度与材料性能、结构尺寸间的定量关系。

1) 弹簧管刚度

根据外载荷施加方式,常用的弹簧管刚度有力矩-转角刚度 k_{s1} 和力-位移刚度 k_{s2}。弹簧管力矩-转角刚度 k_{s1} 表示弹簧管头部力矩载荷与头部偏转的角度之比,与式(7-7)中的 c_{11} 互为倒数,据此可直接得到弹簧管刚度力矩-转角刚度计算式:

$$k_{s1}=c_{11}^{-1} \tag{7-9}$$

因力矩加载比较困难,实际多采用砝码重力(图7-13)或带力传感器的进给机构进行力加载。图7-14示出了弹簧管加载变形示意图。固定弹簧管底座,在弹簧管头部某点 M 处吊挂一重量为 m 的砝码(相当于施加集中力 F_m,$F_m=mg$)。或者通过直线进给机构,在 M 点施加力载荷,通过力传感器获取加载力 F_m。在砝码重力或进给机构作用下,弹簧管发生弯曲变形,变形后 M 点挠度为 x_m。则弹簧管力-位移刚度 k_{s2} 可表示为

$$k_{s2}=\frac{F_m}{x_m} \tag{7-10}$$

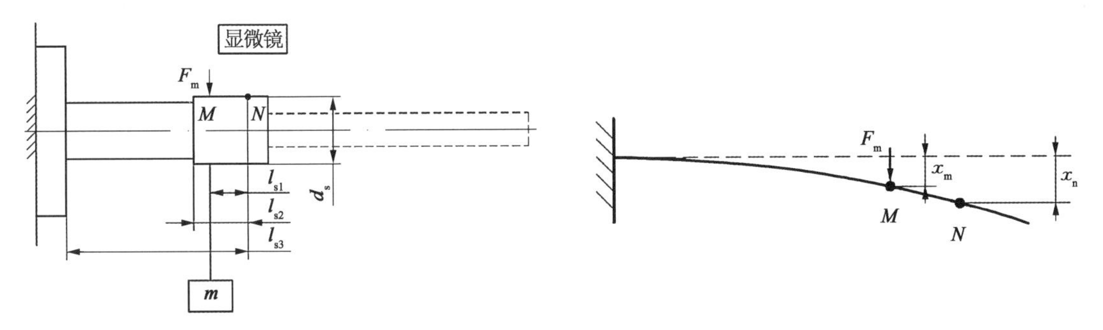

图 7－13　弹簧管力-位移刚度测量装置

图 7－14　弹簧管变形示意图

出于测量方便性和可重复性考虑，使用显微镜或工业相机获得 N 点处的位移。N 点可能与 M 点重合，也可能位于弹簧管头部异于 M 点的另一点。该弹簧管刚度加载方式与其实际工作时受力不一致，而且测量的位移也不一定是加载点的位移，需要将 N 点的位移 x_n，转换为 M 点位移 x_m。可推导出 x_n、x_m 与 F_m 间的函数关系为

$$\left.\begin{aligned} x_n &= c_n F_m \\ x_m &= \left[c_n + \frac{l_{s1}^2}{E_s}\left(\frac{l_{s2}-l_{s1}}{I_{sr}} + \frac{l_{s3}-l_{s2}}{I_s}\right)\right]F_m \end{aligned}\right\} \tag{7-11}$$

$$c_n = \frac{l_{s2}^3 - l_{s1}^3}{3E_s I_{sr}} - l_{s1}\frac{l_{s2}^2 - l_{s1}^2}{2E_s I_{sr}} + \frac{l_{s3}^3 - l_{s2}^3}{3E_s I_s} - l_{s1}\frac{l_{s3}^2 - l_{s2}^2}{2E_s I_s} + \frac{\alpha_r(l_{s2}-l_{s1})}{G_s A_{sr}} + \frac{\alpha_r(l_{s3}-l_{s2})}{G_s A_s}$$

式中　l_{s1}——M、N 点间距离；

l_{s2}——N 点到弹簧管头部下端面的距离；

l_{s3}——N 点到弹簧管法兰部上端面的距离；

d_s——弹簧管头部外径；

I_{sr}、A_{sr}——弹簧管头部截面惯性矩、横截面面积，$I_{sr}=\pi(d_s^4-d_i^4)/64$，$A_{sr}=\pi(d_s^2-d_i^2)/4$。

由式(7－11)可进一步得到 x_n、x_m 间转换式：

$$x_m = \left[1 + \frac{l_{s1}^2}{E_s}\left(\frac{l_{s2}-l_{s1}}{I_{sr}} + \frac{l_{s3}-l_{s2}}{I_s}\right)\Big/ c_n\right]x_n \tag{7-12}$$

实际测量弹簧管刚度时，可先测量 N 点变形量，使用式(7－12)转换得到 M 点处弹簧管变形量，再利用式(7－10)计算得到弹簧管力-位移刚度。

2）挡板刚度

挡板刚度 k_f 定义为挡板射流冲击点处的垂直力与载荷施加点的弹性位移之比。式(7－7)中，c_{22} 表示单位射流液动力下挡板位移，但该元素考虑了射流液动力下弹簧管的变形。为从 c_{22} 表达式得到挡板刚度，可将弹簧管视为刚体(将弹性模量 E_s 取无穷大)，得到挡板柔度。对挡板柔度取倒数，可得到挡板刚度，计算式为

$$k_f = \left[\frac{l_3^3}{3E_f I_{f1}} + \frac{(l_2+l_3)^3 - l_3^3}{3E_f I_{f2}} + \frac{\alpha_g l_3}{G_r A_{f1}} + \frac{\alpha_r l_2}{G_r A_{f2}}\right]^{-1} \tag{7-13}$$

3) 反馈杆刚度

锥形段是反馈杆的主要变形部分，在磨削锥形体部分前要初测反馈杆刚度，以确定磨削加工余量。反馈杆末端小球处的垂直力与载荷施加点的弹性位移之比即反馈杆刚度 k_{r}。式(7-7)中，c_{33}表示单位滑阀反作用力作用下反馈小球位移，但该元素考虑了阀芯反馈力作用下弹簧管的变形。为从 c_{33}表达式得到反馈杆刚度，可将弹簧管视为刚体(将弹性模量 E_{s} 取无穷大)，得到反馈杆柔度。对反馈杆柔度取倒数，可得到反馈杆刚度，计算式为

$$k_{\mathrm{r}}=\left[\frac{C_1}{E_{\mathrm{r}}}+\frac{\alpha_{\mathrm{c}}}{G_{\mathrm{r}}}C_2+\frac{\alpha_{\mathrm{c}}}{G_{\mathrm{r}}}\int_{l_5}^{l_4+l_5}\frac{1}{A_{\mathrm{r2}}(y)}\mathrm{d}y\right]^{-1} \tag{7-14}$$

4) 挡板与反馈杆分离式衔铁组件综合刚度

当衔铁组件装配完成后，在衔铁一侧施加垂直于表面的作用力，形成力矩载荷，该力矩与反馈小球位移之比即组件综合刚度。式(7-7)中，c_{31}表示单位电磁力矩作用下反馈小球位移，取倒数后可得到组件综合刚度计算式：

$$k_{\mathrm{t}}=c_{31}^{-1} \tag{7-15}$$

7.2.5 弹簧管力-位移刚度测量试验装置及结果分析

为验证零组件刚度解析式的正确性，对某型号电液伺服阀弹簧管进行刚度测量。测量基本原理如图 7-15 所示。使用螺栓固定弹簧管，再打开透射光源。弹簧管遮挡部分光线，遮挡部分轮廓被电荷耦合器件(charge coupled device, CCD)相机采集到。先使用 CCD 相机拍摄弹簧管变形前的图像，再使用微进给机构对弹簧管头部中间位置进行力加载，并通过进给头上的力传感器获取加载力。当加载力为 5.88 N 时，再次使用 CCD 相机拍摄变形后的图像。通过计算机对采集的图像进行处理，提取边界，经运算得到轮廓边界点的坐标值，根据坐标值可以得出弹簧管头部边界位置变化量，进一步得到弹簧管头部中间位置位移。重复上述步骤，对同一弹簧管重复测量三次位移。

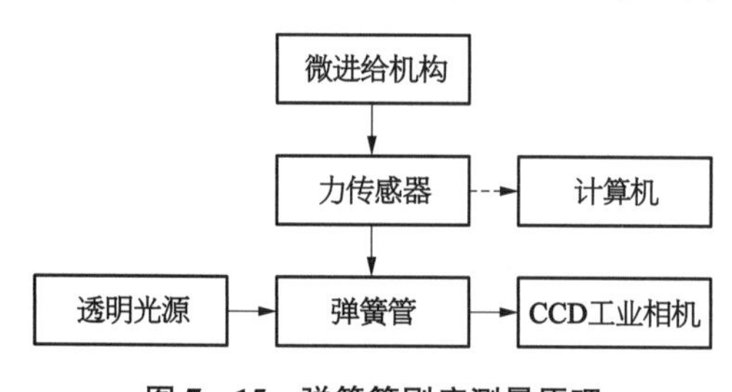

图 7-15　弹簧管刚度测量原理

图 7-16 所示为弹簧管刚度测量试验台。该试验台使用 AVT Prosilca GT1920 型彩色工业相机(分辨率为 1 936×1 456，像元尺寸 4.54 μm×4.54 μm)。在 10 万级净化车间中进行刚度测试，室内温度 20℃，湿度控制在 30%～45%。图 7-17 所示为测试对象为某型电液伺服

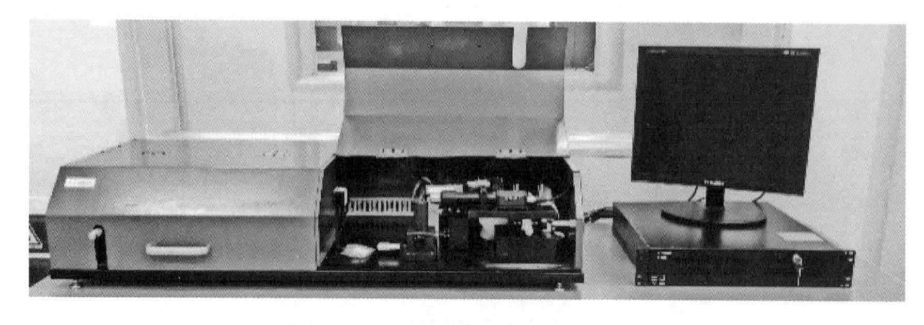

图 7-16　弹簧管刚度测量试验台

阀弹簧管实物图。本测试数据由上海航天控制技术研究所提供，对该弹簧管重复进行三次位移测量，三次位移测量结果分别为 9.77 μm、9.93 μm 和 9.82 μm。表 7－3 列出了测试对象的结构参数及材料力学性能。

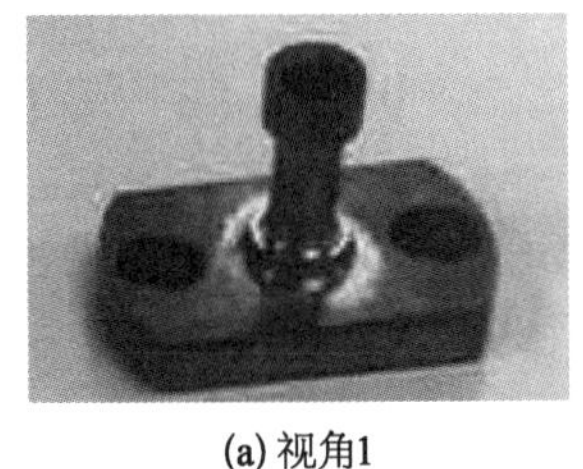

(a) 视角1

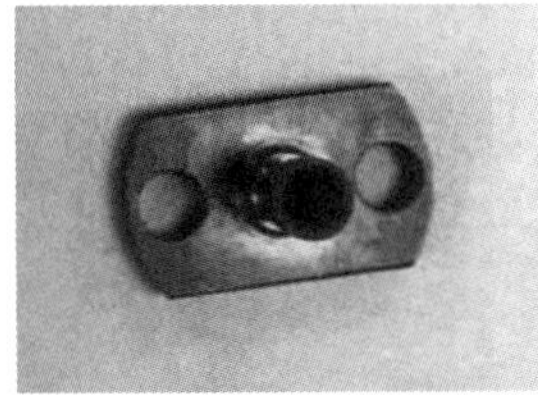

(b) 视角2

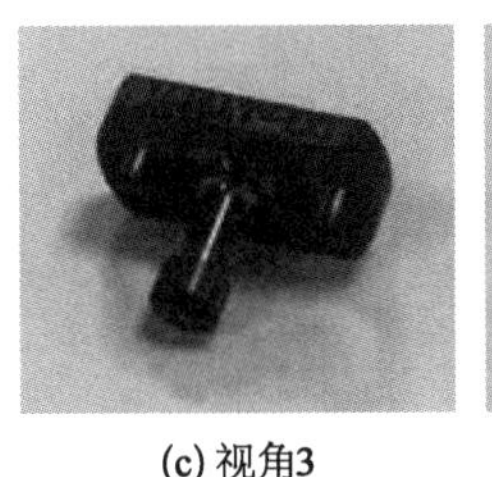

(c) 视角3

(d) 视角4

图 7－17　测试对象某型电液伺服阀弹簧管

表 7－3　测试对象某型弹簧管结构参数及材料力学性能

项　目	内　　容							
物理量	l_{s1}/mm	l_{s2}/mm	l_{s3}/mm	d_o/mm	d_i/mm	d_s/mm	E_s/GPa	υ_s
参数值	1.6	1.6	6.4	2.52	2.4	3	125	0.35

取三次位移测量结果的平均值作为载荷施加位置位移的最终测量值，再利用式(7－10)换算得到弹簧管的实测力-位移刚度，列于表 7－4 第二列。将表 7－3 中的参数代入式(7－10)，可计算弹簧管力-位移刚度理论值。弹簧管实测刚度和理论刚度相对误差为 4.01%，二者较吻合。若不考虑剪力影响，则计算得到的弹簧管刚度值为 0.778 N/μm，与实测刚度相对误差为 30.06%，可见剪力对弹簧管变形的影响不能忽略。

表 7－4　弹簧管力-位移刚度实测值与理论值

位移测量平均值/μm	实测刚度/(N・μm^{-1})	理论刚度/(N・μm^{-1})
9.84	0.598	0.574

7.2.6　反馈杆柔度理论结果与试验结果

以 YF－19 双力矩马达驱动双喷嘴挡板式力反馈电液伺服阀为例，该型伺服阀组成零件中，YF－19－3 型反馈杆尺寸参数为：$l_4=20$ mm，$l_5=0.286$ mm，$d_2=1.2$ mm，$d_3=0.56$ mm，$d_4=0.8$ mm。该型反馈杆使用弹性合金 3J01。3J01 弹性模量和泊松比分别为 195 GPa 和 0.3。由式(7－14)计算得到该型反馈杆刚度，取倒数后作为反馈杆柔度理论值，计算结果为 304.81 μm/N。该反馈杆柔度实测值为 310.84 μm/N。反馈杆柔度实测值与理论值相对误差仅 1.94%。不考虑剪力影响，则计算得到的反馈杆柔度值为 304.24 N/μm，与实测柔度相对误差为 2.12%。可见，考虑剪力对反馈杆变形的影响能提高反馈杆刚度计算准确性，但效果不明显，因为反馈杆呈细长状，和弯矩引起的挠度相比，剪力引起的变形量较小。采用理论、仿真、试验等手段研究服役状态下该类型衔铁组件载荷-位移信息转换机理和零组件刚度

计算方法,主要结论如下:

(1) 挡板与反馈杆分离式衔铁组件中,挡板和反馈杆分为两个零件,分别承受喷嘴挡板阀液动力和阀芯反作用力。针对该结构,提出了一种变截面弹性梁等价模型,考虑剪力对衔铁组件变形的影响,建立了基于能量守恒原理的衔铁组件柔度矩阵静力学解析模型,给出了柔度矩阵各元素解析表达式,结合有限元工具进行了有效性验证。分析模型可为电液伺服阀动静态特性研究提供基础。

(2) 提出了弹簧管、挡板、反馈杆等精密零件刚度和该类型衔铁组件综合刚度解析计算式。基于所提出的弹簧管刚度计算式,计算得到某型弹簧管理论刚度为 0.574 N/μm,与实测结果(0.598 N/μm)的相对误差为 4.01%;基于所提出的反馈杆刚度计算式,计算得到 YF－19－3 型反馈杆柔度为 304.81 μm/N,与实测值(310.84 μm/N)相差 1.94%。通过对比某型弹簧管刚度和反馈杆柔度的理论和测量结果,验证了两类精密件刚度计算模型的准确性。相关研究适用于衔铁组件零件尺寸和公差设计、刚度标定。

(3) 不考虑剪力作用时,计算得到的某型弹簧管刚度值为 0.778 N/μm,与实测弹簧管刚度相对误差达 30.06%;反馈杆柔度理论计算结果为 304.24 N/μm,与实测结果的相对误差仅 2.12%。力-位移刚度测量过程中,横向加载力引起的剪力显著影响弹簧管变形。不考虑剪力作用时,反馈杆柔度理论计算结果与实测结果的相对误差仅 2.12%,剪力对反馈杆变形的影响较为有限。

7.3 射流管压力伺服阀衔铁组件综合刚度模型

电液伺服阀衔铁组件的综合刚度特性反映了输入载荷与输出位移的比例函数关系。综合刚度过大,需要大电流驱动,降低了伺服阀功率密度比;刚度过小易造成组件失稳。和双喷嘴挡板式电液伺服阀相比,射流管压力伺服阀衔铁组件结构更复杂,尚缺少成熟的刚度计算方法,在使用时多作为软参数。本节分析射流管压力伺服阀衔铁组件结构和承载特点,提出简化力学模型,得到综合刚度计算方法。

压力伺服阀接收模拟量电信号,输出随电控信号大小及极性变化的液压压力信号。图 7－18 所示为某射流管压力伺服阀的工作原理。J、P、T 分别为射流管阀控制口、供油口和回油口,L 口输出压力。J 口控制油经过导油管进入射流管,从喷嘴高速射出。线圈不通电时射流管处于中位,两接收孔接收的流量相同,阀芯两端压力相等,在弹簧作用下阀芯位于左位,T、L 口相连。线圈通电后,衔铁受到电磁力矩作用,衔铁逆时针旋转,带动射流管向左偏转,左接收孔压力大于右接收孔压力,当左右接收孔压差克服弹簧力时,阀芯向右移动,P、L 口相通,向刹车盘供油。

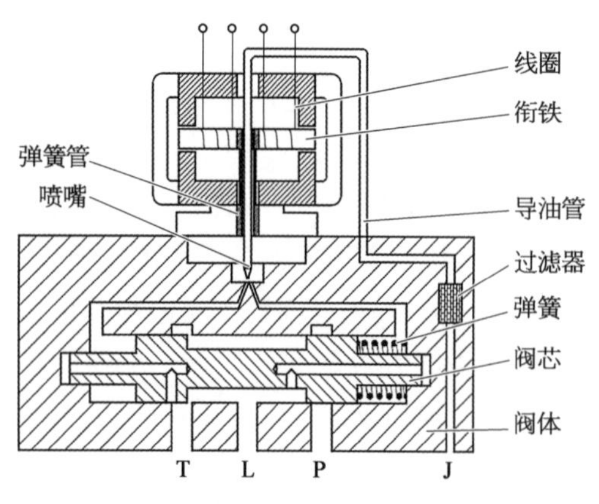

图 7－18 射流管压力伺服阀工作原理

射流管压力伺服阀的衔铁组件指的是除滑阀阀芯外的运动部件(图 7－19a),由调零丝、导油管、射流管、衔铁、压环、弹簧管和喷嘴组成。调零丝和导油管的一端固定在力矩马达外壳上，另一端通过点焊与射流管上端连接。射流管颈部外套弹簧管，弹簧管上端再外套压环，压环下端再压入衔铁内孔。弹簧管下端固定在力矩马达壳体上。喷嘴先通过螺纹与射流管连接，然后在连接面处点焊固定。图 7－19b 所示为力矩马达部分外观，可观察到调零丝、导油管和衔铁。

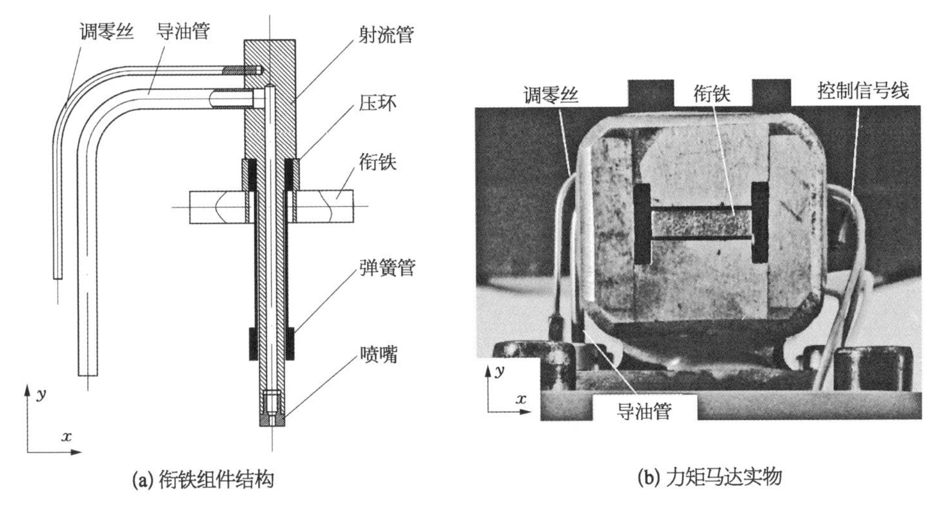

图 7－19　射流管压力伺服阀衔铁组件结构及其实物

7.3.1　射流管压力伺服阀衔铁组件力学模型

7.3.1.1　力学分析模型

为便于分析，作出以下假设：① 因为尺寸长度远大于变形量，假设变形足够小，各零件材料均匀且各向同性；② 组件均经过人工时效，忽略残余应力，过盈配合力沿周向均匀分布，分析形变时不予考虑；③ 射流管部分仅发生滑阀阀芯轴线和射流管轴线形成的平面内弯曲变形。

射流管压力伺服阀衔铁组件为超静定结构，除衔铁外的零件均为细长杆状结构，简化为变截面杆件处理。弹簧管上端、压环、衔铁视为射流管颈部的一部分，但只保持几何连续性。简化后的组件结构如图 7－20 所示。A～F 表示各处截面，视角 1 中 z 轴向垂直纸面向外。

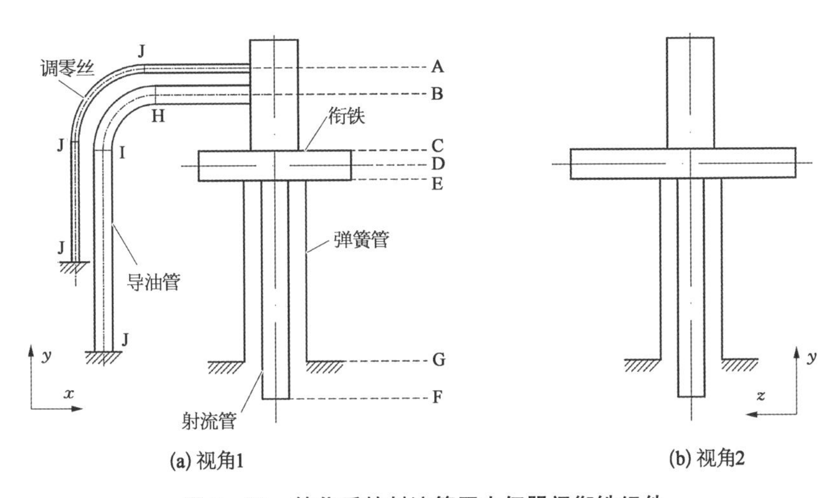

图 7－20　简化后的射流管压力伺服阀衔铁组件

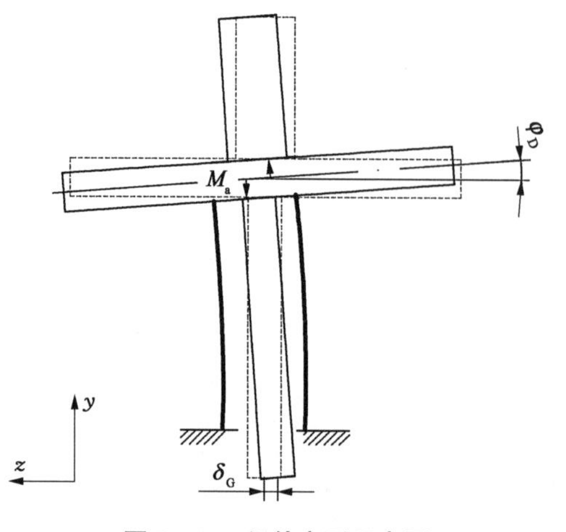

图 7-21　组件变形示意图

射流管压力伺服阀衔铁组件受到的外载荷仅包括电磁力矩 M_a，作用在衔铁几何中心。因为衔铁组件中射流管部分的横向运动为主要运动形式，故不考虑轴向力引起的轴向变形。在电磁力矩作用下，整个结构将发生如图 7-21 所示的形变，其中关键点位移包括衔铁转角 φ_D 和喷嘴位移 δ_G。衔铁转角 φ_D 和电磁力矩磁弹簧部分密切相关，喷嘴位移 δ_G 控制着射流管阀的输出压力。

为便于分析，在导油管与射流管连接处（A 截面）、调零丝与射流管连接处（B 截面）截开，形成如图 7-22 所示的静定基。静定基包括调零丝、导油管和射流管三部分。截开处呈对内力（F_A 和 F_B）和内力矩（T_A 和 T_B）以外力形式出现。电磁力矩 M_a 为作用在衔铁上下对称面（D 截面），F_G 作用在喷嘴下端面，是使用卡氏第二定理求解射流喷嘴位移时的假设力，取值为 0。

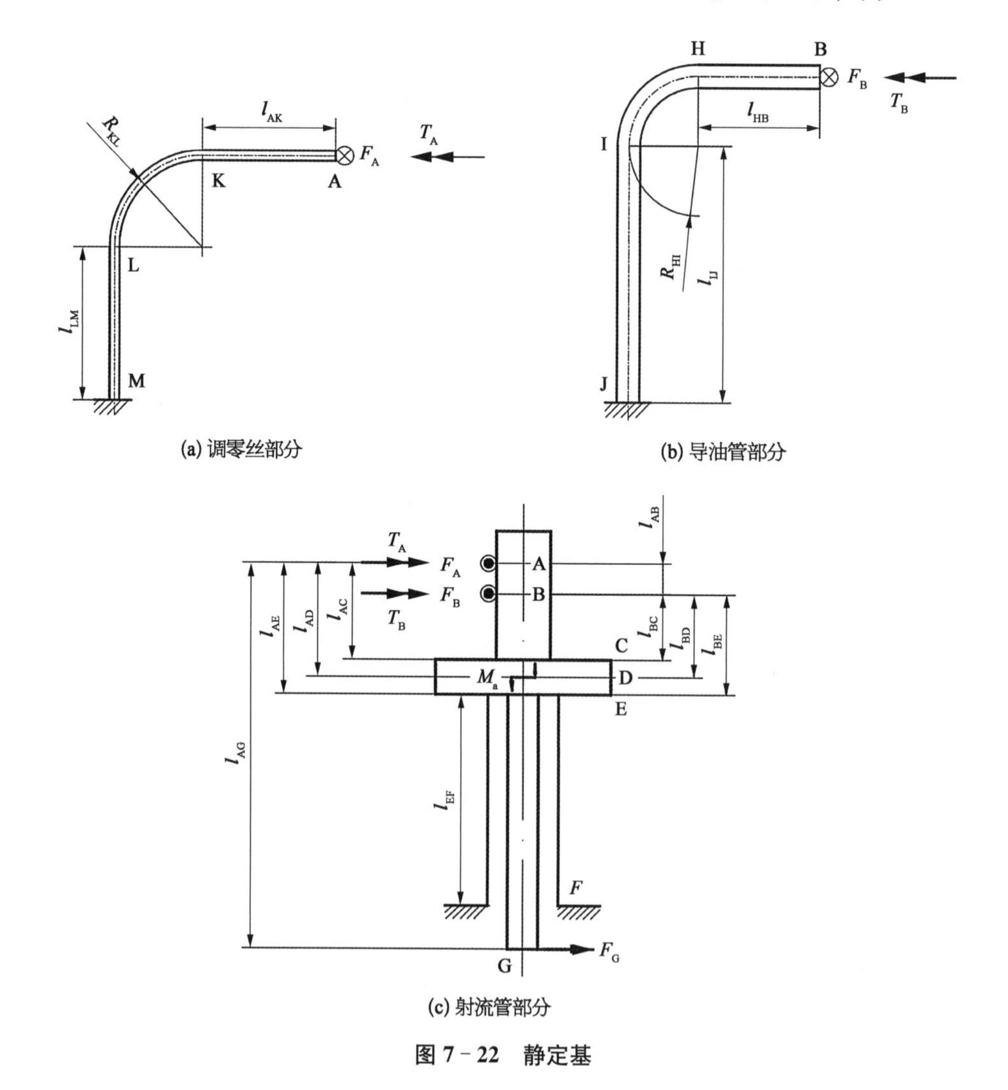

图 7-22　静定基

7.3.1.2　内力和结构应变能

不计剪力产生的应变能，简化后的衔铁组件分为导油管、调零丝、射流管三部分静定结构，导油管部分可分为 B－H、H－I、I－J 三段，编号为 1～3；调零丝部分可分为 A－K、K－L、L－M 三段，编号为 4～6；射流管部分可分为 A－B、B－C、C－D、D－E、E－G、E－F 六段，编号为 7～12。设编号为 $i(i=1,2,\cdots,12)$ 的杆件部分内弯矩为 M_i，扭矩为 T_i，通过截面法可求得各段的弯矩 M_i 和剪力 T_i：

$$\left.\begin{aligned}
&M_1=F_{\mathrm{A}}x\\
&M_2=T_{\mathrm{A}}\sin\theta+F_{\mathrm{A}}l_{\mathrm{AK}}\cos\theta+F_{\mathrm{A}}R_{\mathrm{KL}}\sin\theta\\
&M_3=T_{\mathrm{A}}+F_{\mathrm{A}}(R_{\mathrm{KL}}+x),\ T_3=F_{\mathrm{A}}(l_{\mathrm{AK}}+R_{\mathrm{KL}})\\
&M_4=F_{\mathrm{B}}x\\
&M_5=T_{\mathrm{B}}\sin\theta+F_{\mathrm{B}}l_{\mathrm{BH}}\cos\theta+F_{\mathrm{B}}R_{\mathrm{HI}}\sin\theta\\
&M_6=T_{\mathrm{B}}+F_{\mathrm{B}}(R_{\mathrm{HI}}+x)\\
&M_7=T_{\mathrm{A}}+F_{\mathrm{A}}x\\
&M_8=T_{\mathrm{A}}+T_{\mathrm{B}}+F_{\mathrm{A}}(l_{\mathrm{AB}}+x)+F_{\mathrm{B}}x,\ T_8=0\\
&M_9=T_{\mathrm{A}}+T_{\mathrm{B}}+F_{\mathrm{A}}(l_{\mathrm{AC}}+x)+F_{\mathrm{B}}(l_{\mathrm{BC}}+x)\\
&M_{10}=T_{\mathrm{A}}+T_{\mathrm{B}}+F_{\mathrm{A}}(l_{\mathrm{AD}}+x)+F_{\mathrm{B}}(l_{\mathrm{BD}}+x)-M_{\mathrm{a}}\\
&M_{11}=-F_{\mathrm{G}}x\\
&M_{12}=T_{\mathrm{A}}+T_{\mathrm{B}}+F_{\mathrm{A}}(l_{\mathrm{AE}}+x)+F_{\mathrm{B}}(l_{\mathrm{BE}}+x)-M_{\mathrm{a}}-F_{\mathrm{G}}(l_{\mathrm{EG}}-x)
\end{aligned}\right\}\tag{7-16}$$

$$\left.\begin{aligned}
&T_1=T_{\mathrm{A}}\\
&T_2=F_{\mathrm{A}}l_{\mathrm{AK}}\sin\theta+F_{\mathrm{A}}R_{\mathrm{KL}}(1-\cos\theta)-T_{\mathrm{A}}\cos\theta\\
&T_3=F_{\mathrm{A}}(l_{\mathrm{AK}}+R_{\mathrm{KL}})\\
&T_4=T_{\mathrm{B}}\\
&T_5=F_{\mathrm{B}}l_{\mathrm{BH}}\sin\theta+F_{\mathrm{B}}R_{\mathrm{HI}}(1-\cos\theta)-T_{\mathrm{B}}\cos\theta\\
&T_6=F_{\mathrm{B}}(l_{\mathrm{BH}}+R_{\mathrm{HI}})\\
&T_7=T_8=T_9=T_{10}=T_{11}=T_{12}=0
\end{aligned}\right\}\tag{7-17}$$

式中　l_{AK}、R_{KL}、l_{BH}、R_{HI}、l_{AB}、l_{AC}、l_{BC}、l_{AD}、l_{BD}、l_{AE}、l_{BE}、l_{EG}——尺寸链参数。

求得第 $i(i=1,\ 2,\ \cdots,\ 12)$段的弯矩 M_i 和扭矩 T_i 后，该段形变能 U_i 为

$$U_i=\int_{l_i}\frac{M_i^2}{2E_iI_i}\mathrm{d}x+\int_{l_i}\frac{T_i^2}{2G_iI_{\mathrm{p}i}}\mathrm{d}x\tag{7-18}$$

式中　E_i——第 i 部分杆件材料弹性模量；

I_i——第 i 部分杆件截面惯性矩；

G_i——第 i 部分杆件材料剪切弹性模量；

$I_{\mathrm{p}i}$——第 i 部分杆件截面极惯性矩；

l_i——第 i 部分杆长，$i=2$ 时，$\mathrm{d}x=R_{\mathrm{KL}}\mathrm{d}\theta$，$i=5$ 时，$\mathrm{d}x=R_{\mathrm{HI}}\mathrm{d}\theta$。

整个结构的总变形能 U 为各段变形能之和，即

$$U=\sum_{i=1}^{12}U_i \tag{7-19}$$

7.3.1.3 变形协调条件

由式(7-19)得到的总变形能表达式中,F_A、F_B、T_A 和 T_B 仍为未知量,需要补充变形协调条件对该四个未知量进行求解。考虑结构连续性,导油管、调零丝与射流管连接面处的 z 向位移以及截面转角相等,可列出以下补充方程:

$$\left.\begin{aligned}\frac{\partial U}{\partial F_A}&=f_{11}F_A+f_{11}T_A+f_{13}F_B+f_{14}T_B+f_{15}=0\\\frac{\partial U}{\partial T_A}&=f_{21}F_A+f_{21}T_A+f_{23}F_B+f_{24}T_B+f_{25}=0\\\frac{\partial U}{\partial F_B}&=f_{31}F_A+f_{31}T_A+f_{33}F_B+f_{34}T_B+f_{35}=0\\\frac{\partial U}{\partial T_B}&=f_{41}F_A+f_{41}T_A+f_{43}F_B+f_{44}T_B+f_{55}=0\end{aligned}\right\} \tag{7-20}$$

$$\begin{aligned}f_{11}=&\frac{l_{AB}^3}{3E_7I_7}+\frac{l_{BC}(3l_{AB}^2+3l_{AB}l_{BC}+l_{BC}^2)}{3E_8I_8}+\frac{l_{CD}(3l_{AC}^2+3l_{AC}l_{CD}+l_{CD}^2)}{3E_9I_9}\\&+\frac{l_{DE}(3l_{AD}^2+3l_{AD}l_{DE}+l_{DE}^2)}{3E_{10}I_{10}}+\frac{(l_{AK}+R_{KL})^2l_{LM}}{G_6I_{P6}}+\frac{l_{EF}(6l_{AE}^2+3l_{AE}l_{EF}+2l_{EF}^2)}{6E_{12}I_{12}}\\&+\frac{l_{LM}(3R_{KL}^2+3R_{KL}l_{LM}+l_{LM}^2)}{3E_6I_6}+R_{KL}\left[\begin{aligned}&\frac{\pi(l_{AK}^2+R_{KL}^2)+4l_{AK}R_{KL}}{4E_5I_5}\\&+\frac{\pi l_{AK}^2+R_{KL}^2(3\pi-8)+4l_{AK}R_{KL}}{4G_5I_{p5}}\end{aligned}\right]+\frac{l_{AK}^3}{3E_4I_4}\end{aligned}$$

$$\begin{aligned}f_{12}=f_{21}=&\frac{l_{AB}^2}{2E_7I_7}+\frac{l_{BC}(2l_{AB}+l_{BC})}{2E_8I_8}+\frac{l_{CD}(2l_{AC}+l_{CD})}{2E_9I_9}+\frac{l_{DE}(2l_{AD}+l_{DE})}{2E_{10}I_{10}}\\&+R_{KL}\left[\frac{(\pi-4)R_{KL}-2l_{AK}}{4E_5I_5}+\frac{2l_{AK}+\pi R_{KL}}{4G_5I_{p5}}\right]+\frac{l_{EF}(2l_{AE}+l_{EF})}{2E_{12}I_{12}}+\frac{l_{LM}(2R_{KL}+l_{LM})}{2E_6I_6}\end{aligned}$$

$$\begin{aligned}f_{13}=f_{31}=&\frac{l_{BC}^2(3l_{AB}+2l_{BC})}{6E_8I_8}+\frac{l_{CD}[6l_{BC}l_{AC}+3l_{CD}(l_{BC}+l_{AC})+2l_{CD}^2]}{6E_9I_9}\\&+\frac{l_{DE}[6l_{BD}l_{AD}+3l_{DE}(l_{BD}+l_{AD})+2l_{DE}^2]}{6E_{10}I_{10}}+\frac{l_{EF}[6l_{BE}l_{AE}+3(l_{AE}+l_{BE})l_{EF}+2l_{EF}^2]}{6E_{12}I_{12}}\end{aligned}$$

$$f_{14}=f_{41}=\frac{l_{BC}(2l_{AB}+l_{BC})}{2E_8I_8}+\frac{l_{CD}(2l_{AC}+l_{CD})}{2E_9I_9}+\frac{l_{DE}(2l_{AD}+l_{DE})}{2E_{10}I_{10}}+\frac{l_{EF}(2l_{AE}+l_{EF})}{2E_{12}I_{12}}$$

$$f_{15}=-\left[\frac{l_{DE}(2l_{AD}+l_{DE})}{2E_{10}I_{10}}+\frac{l_{EF}(2l_{AE}+l_{EF})}{2E_{12}I_{12}}\right]M_a-\frac{l_{EF}[6l_{BE}l_{EG}-3l_{EF}(l_{BE}-l_{EG})-2l_{EF}^2]}{3E_8I_8}F_G$$

$$f_{22}=\frac{l_{AB}}{E_7I_7}+\frac{l_{BC}}{E_8I_8}+\frac{l_{CD}}{E_9I_9}+\frac{l_{DE}}{E_{10}I_{10}}+\frac{l_{EF}}{E_{12}I_{12}}+\frac{l_{AK}}{G_4I_{p4}}+\frac{\pi}{4}\left(\frac{R_{KL}}{E_5I_5}+\frac{R_{KL}}{G_5I_{p5}}\right)+\frac{l_{LM}}{E_6I_6}$$

$$f_{23}=f_{32}=\frac{l_{BC}^3}{2E_8I_8}+\frac{l_{CD}(2l_{BC}+l_{CD})}{2E_9I_9}+\frac{l_{DE}(2l_{BD}+l_{DE})}{2E_{10}I_{10}}+\frac{l_{EF}(2l_{BE}+l_{EF})}{2E_{12}I_{12}}$$

$$f_{24}=f_{42}=\frac{l_{BC}}{E_8I_8}+\frac{l_{CD}}{E_9I_9}+\frac{l_{DE}}{E_{10}I_{10}}+\frac{l_{EF}}{E_{12}I_{12}},$$

$$f_{25}=-\left(\frac{l_{DE}}{E_{10}I_{10}}+\frac{l_{EF}}{E_{12}I_{12}}\right)M_a-\frac{l_{EF}(2l_{EG}-l_{EF})}{2E_{12}I_{12}}F_G$$

$$\begin{aligned}f_{33}=&\frac{l_{CD}(3l_{BC}^2+3l_{BC}l_{CD}+l_{CD}^2)}{3E_9I_9}+\frac{l_{DE}(3l_{BD}^2+3l_{BD}l_{DE}+l_{DE}^2)}{3E_{10}I_{10}}+\frac{l_{EF}(3l_{BE}^2+3l_{BE}l_{EF}+l_{EF}^2)}{3E_{12}I_{12}}\\&+\frac{l_{BH}^3}{3E_1I_1}+\frac{(l_{BH}+R_{HI})^2l_{IJ}}{G_3I_{p3}}+\frac{l_{IJ}(3R_{HI}^2+3R_{HI}l_{IJ}+l_{IJ}^2)}{3E_3I_3}+\frac{l_{BC}^3}{3E_8I_8}\\&+R_{HI}\left[\frac{\pi(l_{BH}^2+R_{HI}^2)+4l_{BH}R_{HI}}{4E_2I_2}+\frac{\pi l_{BH}^2+R_{HI}^2(3\pi-8)+4l_{BH}R_{HI}}{4G_2I_{p2}}\right]\end{aligned}$$

$$\begin{aligned}f_{34}=f_{43}=&\frac{l_{BC}^2}{2E_8I_8}+\frac{l_{CD}(2l_{BC}+l_{CD})}{2E_9I_9}+\frac{l_{DE}(2l_{BD}+l_{DE})}{2E_{10}I_{10}}+\frac{l_{EF}(2l_{BE}+l_{EF})}{2E_{12}I_{12}}\\&+R_{HI}\left[\frac{R_{HI}(\pi-4)-2l_{BH}}{4G_2I_{p2}}+\frac{2l_{BH}+\pi R_{HI}}{4E_2I_2}\right]+\frac{l_{IJ}(2R_{HI}+l_{IJ})}{2E_3I_3}\end{aligned}$$

$$f_{35}=-\left[\frac{l_{DE}(2l_{BD}+l_{DE})}{2E_{10}I_{10}}+\frac{l_{EF}(2l_{BE}+l_{EF})}{2E_{12}I_{12}}\right]M_a-\frac{l_{EF}[6l_{EG}l_{BE}+3l_{EF}(l_{EG}-l_{BE})-2l_{EF}^2]}{6E_{12}I_{12}}F_G$$

$$f_{44}=\frac{l_{BC}}{E_8I_8}+\frac{l_{CD}}{E_9I_9}+\frac{l_{DE}}{E_{10}I_{10}}+\frac{l_{EF}}{E_{12}I_{12}}+\frac{l_{BH}}{G_1I_{p1}}+\frac{\pi}{4}\left(\frac{R_{HI}}{E_2I_2}+\frac{R_{HI}}{G_2I_{p2}}\right)+\frac{l_{IJ}}{E_3I_3}$$

$$f_{45}=-[l_{DE}/(E_{10}I_{10})+l_{EF}/(E_{12}I_{12})]M_a-l_{EF}(2l_{EG}-l_{EF})/(2E_{12}I_{12})F_G$$

式中　l_{CD}、l_{DE}、l_{BH}、l_{LM}、l_{IJ}、l_{EF}——尺寸链参数，惯性矩计算式为 $I_1=I_3=I_3=\pi(d_{c1}^4-d_{c2}^4)/64$，$I_4=I_5=I_6=\pi d_w^4/64$，$I_7=\pi d_{j1}^4/64$，$I_8=I_{11}=\pi(d_{j1}^4-d_{j2}^4)/64$，$I_9=I_{10}=ba^3/12-\pi d_{j1}^4/64$，$I_{12}=\pi(d_{s1}^4-d_{s2}^4)/64$；

d_{c1}、d_{c2}——导油管内、外径；

d_w——调零丝直径；

d_{j1}、d_{j2}——射流管内、外径；

b——衔铁长度；

a——衔铁宽度；

d_{s1}、d_{s2}——弹簧管内、外径；

$G_1 \sim G_6$——剪切模量，极惯性矩计算式为 $I_{p1}=I_{p2}=I_{p3}=\pi(d_{c1}^4-d_{c2}^4)/32$，$I_{p4}=I_{p5}=I_{p6}=\pi d_w^4/32$。

式(7-20)为四元一次方程组，简写为式(7-21)。可在 MATLAB 中求出该方程的解，设解为式(7-22)：

$$\boldsymbol{Ax}=\boldsymbol{b} \tag{7-21}$$

$$\boldsymbol{x}=\boldsymbol{A}^{-1}\boldsymbol{b}=[\widetilde{F}_A;\ \widetilde{T}_A;\ \widetilde{F}_B;\ \widetilde{T}_B] \tag{7-22}$$

其中，$\boldsymbol{A}$ 由 $f_{ij}(i=1\sim4;\ j=1\sim4)$组成，$\boldsymbol{b}=[-f_{15};\ -f_{25};\ -f_{35};\ -f_{45}]$，$\boldsymbol{x}=[F_A;\ T_A;\ F_B;\ T_B]$。

7.3.1.4 组件综合刚度

将式(7-22)代回式(7-21)，可求出结构总应变能 U，再根据卡氏第二定理，取 $F_G=0$，求解衔铁转角 φ_D 和喷嘴位移 δ_G：

$$\begin{aligned}\varphi_D=\frac{\partial U}{\partial M_a}=&-[(2l_{AD}l_{DE}+l_{DE}^2)/(2E_4I_4)+(2l_{AE}l_{EF}+l_{EF}^2)/(E_6I_6)]\widetilde{F}_A-C_1\widetilde{T}_A\\&-\left(\frac{2l_{BD}l_{DE}+l_{DE}^2}{2E_4I_4}+\frac{2l_{BE}l_{EF}+l_{EF}^2}{E_6I_6}\right)\widetilde{F}_B-C_1\widetilde{T}_B+C_1M_a\end{aligned} \tag{7-23}$$

$$\begin{aligned}\delta_G=\frac{\partial U}{\partial F_G}=&\frac{3l_{AE}l_{EF}^2-6l_{AE}l_{EG}l_{EF}+2l_{EF}^3-3l_{EG}l_{EF}^2}{6E_6I_6}\widetilde{F}_A+C_2\widetilde{T}_A\\&+\frac{3l_{BE}l_{EF}^2-6l_{BE}l_{EG}l_{EF}+2l_{EF}^3-3l_{EG}l_{EF}^2}{6E_6I_6}\widetilde{F}_B+C_2\widetilde{T}_B-C_2M_a\end{aligned} \tag{7-24}$$

$$C_1=l_{DE}/(E_4I_4)+l_{EF}/(E_6I_6),\ C_2=(l_{EF}^2-2l_{EG}l_{EF})/(2E_6I_6)$$

至此，已建立衔铁转角、喷嘴位移与电磁力矩间的函数关系。在电磁力矩 M_a 作用下，产生了衔铁角位移 φ_D 和喷嘴线位移 δ_G，分别可求得电磁力矩-衔铁转角刚度 k_1 和电磁力矩-喷嘴位移刚度 k_2：

$$k_1=M_a/\varphi_D \tag{7-25}$$

$$k_2=M_a/\delta_G \tag{7-26}$$

7.3.2 射流管压力伺服阀衔铁组件有限元分析

7.3.2.1 有限元仿真条件设置

选取某型射流管压力伺服阀衔铁组件尺寸及截面几何参数，列于表 7-5。调零丝、导油管、弹簧管、射流管和衔铁的材料牌号及弹性模量、泊松比列于表 7-6。

表 7-5 某型射流管压力伺服阀衔铁组件尺寸参数 单位：mm

物理量	参数值	物理量	参数值	物理量	参数值	物理量	参数值
d_{c1}	1.6	b	27.4	l_{BC}	5.2	R_{HI}	4.8
d_{c2}	1.3	l_{AB}	2.3	l_{BE}	7.8	l_{AK}	8.9
d_{s2}	2.6	a	10.4	l_{EF}	12.3	l_{LM}	8.3
d_w	0.7	d_{s1}	2.74	l_{LM}	8.3	l_{IJ}	12.3
d_{j1}	1.3	l_{AD}	8.8	l_{BD}	6.5		
l_{AC}	7.5	l_{AE}	10.1	l_{EF}	12.3		
d_{j2}	1.6	l_{AG}	27.7	l_{BH}	7.6		

表 7-6　某型射流管压力伺服阀衔铁组件零件材料及力学参数

零件名	材　料	20℃弹性模量/MPa	泊松比
调零丝	1Cr18Ni9Ti	193 000	0.31
导油管	1Cr18Ni9Ti	193 000	0.31
射流管	1Cr18Ni9Ti	193 000	0.31
弹簧管	C17300	127 600	0.29
衔　铁	IJ79	157 320	0.3

基于 ANSYS 16.0 平台进行衔铁组件有限元分析，三维模型及网格划分如图 7-23 所示，本算例中网格数量为 238 681，节点数量为 372 541。弹簧管、调零丝和导油管的底部通过焊接固定到力矩马达壳体上，分别在弹簧管下端的外筒、调零丝和导管的下端设置三个固定约束。衔铁组件中有三个过盈配合表面，进行有限元分析时，将这三处设为黏结接触，以方便得到连续的网格分布。将电磁力矩 M_a 转化为作用于衔铁两侧面的面分布力载荷 F_e，转换关系为

$$F_e = M_a / b_j \tag{7-27}$$

式中　b_j——衔铁长度，54.8 mm。

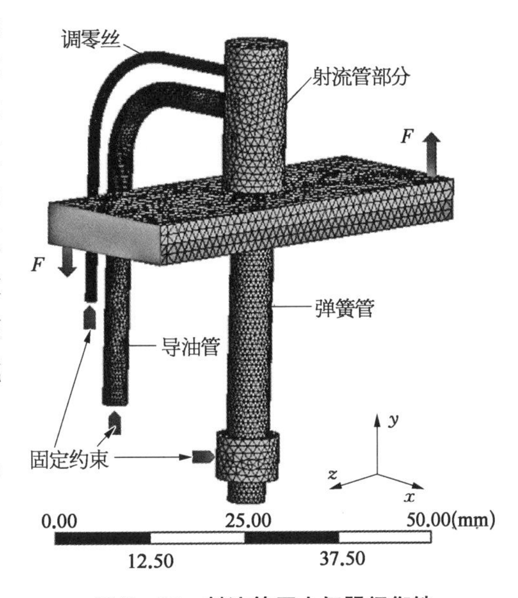

图 7-23　射流管压力伺服阀衔铁组件有限元模型

7.3.2.2　有限元仿真结果分析

在表 7-5 和表 7-6 的尺寸、材料属性条件下，在 ANSYS 16.0 中进行射流管压力伺服阀衔铁组件静力学分析，输入电磁力矩，可求得该载荷对应的衔铁转角和喷嘴位移，将该求解结果作为仿真计算结果。此外，式(7-16)～式(7-26)确定了该类型衔铁组件的载荷-位移关系，在 MATLAB 中基于该理论模型求解位移响应，作为理论计算结果。图 7-24 和图 7-25 分别给出了两种计算得到的电磁力矩-衔铁转角和电磁力矩-喷嘴位移关系，考虑了五种弹簧管薄壁部分长度，图中散点表示有限元计算结果，带点直线表示理论计算结果。

由图 7-24 和图 7-25 可知，无论是理论计算结果还是有限元仿真结果，在弹性范围内，衔铁转角、喷嘴位移与电磁力矩均呈线性关系。采用最小二乘法对图 7-24 和图 7-25 中的散点进行线性拟合，拟合后取斜率的倒数，可求出电磁力矩-衔铁转角刚度仿真值和电磁力矩-喷嘴位移刚度仿真值。图 7-24 和图 7-25 中直线斜率的倒数即电磁力矩-衔铁转角刚度理论值和电磁力矩-喷嘴位移刚度理论值。表 7-7 列出了五种弹簧管薄壁部分长度前提下的综合刚度理论值和仿真值，可定量描述理论与有限元法计算衔铁组件刚度的相对误差。由表 7-7 可知，两种方法计算得到的刚度最大相对误差不超过 9%，满足工程精度要求。当弹簧管薄壁部分长度由 4.3 mm 增大至 12.3 mm 时，两种方法计算的刚度均减小，变化趋势一致。

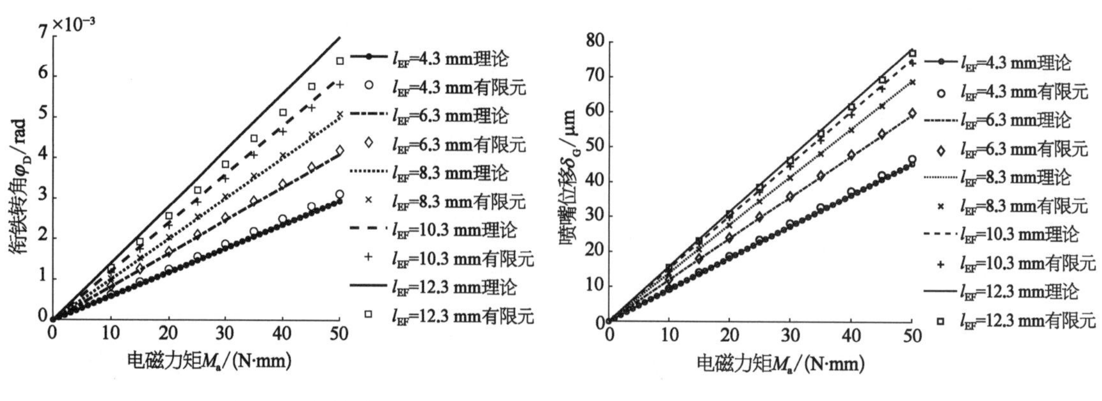

图 7-24 电磁力矩-衔铁转角关系

图 7-25 电磁力矩-喷嘴位移关系

表 7-7 理论及有限元刚度系数计算结果比较

弹簧管薄壁部分长度 l_{EF}/mm	电磁力矩-衔铁转角刚度 k_1/[(N·m)·rad^{-1}]			电磁力矩-喷嘴位移刚度 k_2/[(N·m)·mm^{-1}]		
	理论值	仿真值	相对误差/%	理论值	仿真值	相对误差/%
4.3	17.01	16.00	5.92	1.101	1.067	3.13
6.3	12.20	11.90	2.38	0.842 6	0.833 3	1.11
8.3	10.00	9.901	0.99	0.722 6	0.726 1	0.49
10.3	8.333	8.576	2.83	0.662 9	0.672 6	1.44
12.3	7.143	7.794	8.36	0.636 6	0.647 5	1.69

7.3.3 射流管压力伺服阀前置级压力特性与试验验证

在射流管压力伺服阀工作时，衔铁仅转动一小角度，带动喷嘴移动数十微米，直接测量这两个物理量较困难。因此，采用如图 7-26 所示的射流管阀恢复压力特性测试装置，借助射流管阀将喷嘴位移信号转化为接收腔的压力信号，通过对比射流管阀压力特性的实测结果和理论结果，来验证衔铁组件综合刚度理论模型的有效性。给力矩马达通入控制电流时，衔铁上产生力矩，带动喷嘴往一侧偏转，接收器左、右接收孔中油液接收量出现差异，导致两接收孔油液压力不同，左、右两个压力表可测量阀芯左端面容腔压力 p_L、右端面容腔压力 p_R。图 7-27 所示为液压试验台及射流管阀压力特性测试装置；阀芯两端容腔压力通过读取液压万用表获得。

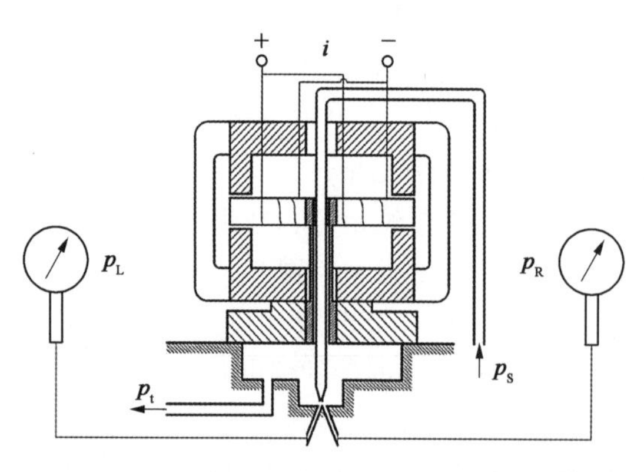

图 7-26 射流管阀恢复压力特性测试原理

试验时，调节控制电流 i_c 从 −20 mA 开始连续增加，同时注意左、右两个压力表数值，当两个压力表数值相等时，记录零偏控制电流 i_{c0}。再从(i_{c0}−20)mA 开始，间隔 2 mA，增加至

$(i_{c0}+20)$ mA，再将控制电流降至$(i_{c0}-20)$ mA；记录各电流值对应的接收孔恢复压力 p_L 和 p_R，计算出该控制电流下的断载恢复压力 p_L-p_R（记作 p）。

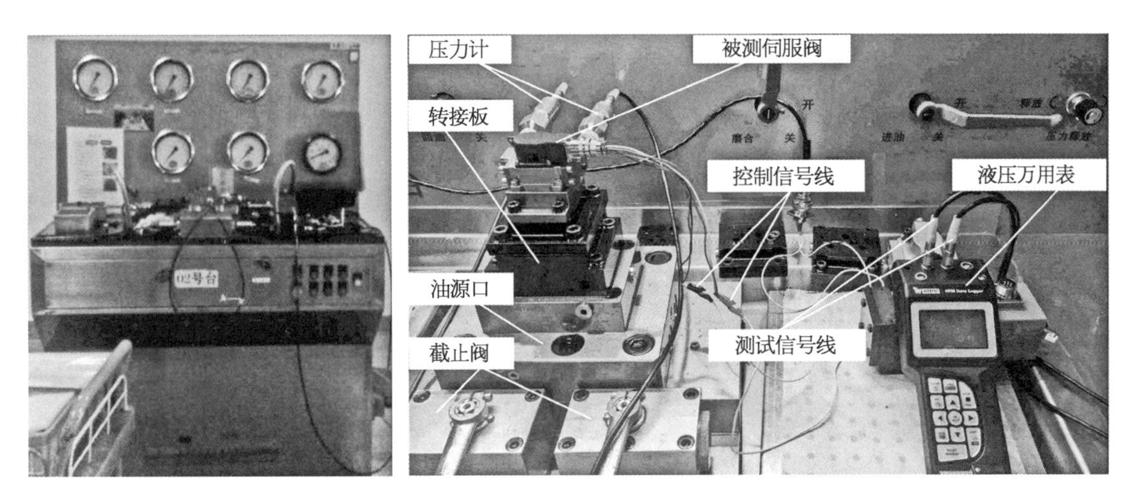

图 7-27　液压试验台及射流管压力伺服阀前置级压力特性测试装置

在测量射流管阀压力特性时，力矩马达在零位附近工作，输出力矩 M_a 为

$$M_a = K_i i_c + K_m \varphi_D \tag{7-28}$$

式中　i_c——控制电流；

K_i——力矩常数；

K_m——磁弹簧常数。

在该力矩作用下，衔铁转角和射流管喷嘴位移分别为

$$\varphi_D = M_a / k_1 \tag{7-29}$$

$$\delta_G = M_a / k_2 \tag{7-30}$$

联立式(7-28)、式(7-29)和式(7-30)，可整理得到

$$\delta_G = i_c \cdot k_1 K_i / [k_2(k_1 - K_m)] = f_j(i_c) \tag{7-31}$$

式中　f_j——δ_G 和 i_c 之间的映射关系。

有文献推导了射流管喷嘴位移 x 和断载恢复压力 p 的函数关系：

$$p = \left[\frac{A_{j1}^2(\delta_G)}{A_{j1}^2(\delta_G)C_{dj}^2 + A_{j4}^2(\delta_G)C_d^2} - \frac{A_{j2}^2(\delta_G)}{A_{j2}^2(\delta_G)C_{dj}^2 + A_{j3}^2(\delta_G)C_d^2}\right] C_{dj}^2 \Delta p \cos\theta_r = g_j(\delta_G) \tag{7-32}$$

$$A_{j1}(\delta_G) = [R_r^2\theta_1 + R_j^2\theta_2 - (R_r^2\sin\theta_1 + R_j^2\sin\theta_2)]/2,$$

$$\theta_1(\delta_G) = 2\cos^{-1}\frac{R_r^2 + R_{re}^2 - R_j^2}{2R_r R_{re}},\ \theta_2(\delta_G) = 2\cos^{-1}\frac{R_j^2 + R_{re}^2 - R_r^2}{2R_j R_{re}},\ R_{re} = R_r + 0.5e - \delta_G,$$

$$A_{j2}(\delta_G) = A_{j1}(-\delta_G),\ A_{j3}(\delta_G) = \pi R_r^2 - A_{j1}(-\delta_G),\ A_{j4}(\delta_G) = \pi R_r^2 - A_{j1}(\delta_G) \tag{7-33}$$

式中 $A_{j1} \sim A_{j4}$——射流管阀四个节流窗口的节流面积；

Δp——射流管阀进出油液压力差，$\Delta p = p_s - p_t$；

p_s——供油压力；

p_t——回油压力；

C_{dj}——喷嘴流量系数；

C_{dj}——短孔流量系数；

θ_r——接收孔半夹角；

R_r、R_j——射流管喷嘴半径、接收孔半径；

e——劈尖宽度；

g_j——p 和 δ_G 之间的映射关系。

将式(7-31)代入式(7-32)，经过复合函数运算，可得到控制电流 i_c 和断载恢复压力 p 的理论关系式：

$$p = g_j[f_j(i_c)] \tag{7-34}$$

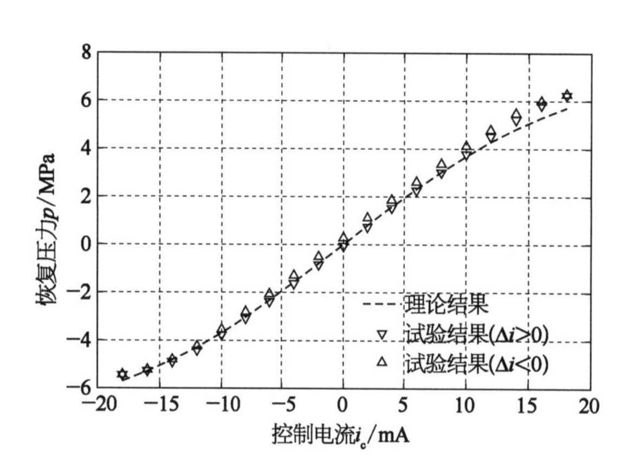

图 7-28 控制电流-射流管阀恢复压力关系

根据式(7-34)，可计算得到控制电流 i_c 和断载恢复压力 p 的理论关系曲线。试验时使用 10＃航空液压油，油液温度保持在 25℃左右，供油压力 8 MPa，回油压力 0.4 MPa。使用伺服放大器提供控制电流，力矩马达两线圈为并联连接。当输入控制电流 $i_c = -12$ mA 时，接收器左右两腔压差 $p = 0$ MPa，说明此时射流管喷嘴正对接收器，由此确定零偏电流 $i_{c0} = -12$ mA。以控制电流 $(i_c - i_{c0})$ 为横坐标，可将试验得到的恢复压差 p 绘制在如图 7-28 所示的二维直角坐标系中。

根据式(7-34)可计算得到控制电流 i_c 和断载恢复压力 p 理论关系曲线，计算所需要的参数列于表 7-8 中，计算结果如图 7-28 中虚线所示。

表 7-8 计算理论关系曲线所需参数

项　目	内					容				
物理量	p_s/MPa	C_d	θ_r/(°)	R_j/mm	K_i/[(N·m)·A^{-1}]	R_r/mm	e/mm	K_m/[(N·m)·rad^{-1}]	p_t/MPa	C_{dj}
参数值	8	0.62	22.5	0.15	0.9	0.155	0.01	4.4	0.4	0.97

由于力矩马达中使用了铁磁材料，该材料具有迟滞特性，导致图 7-28 中的试验曲线存在滞环。图 7-28 中，射流管阀恢复压力差值增益的试验值和理论计算值较为接近，曲线趋势一致，说明二者结果基本一致，验证了前述刚度模型理论推导的正确性。本节将射流管压力伺服阀衔铁组件简化为线弹性空间杆系结构，抽象为四次超静定问题，以杆件连续作为变形协调条件，基于卡氏第二定理建立了衔铁转角、射流管喷嘴位移与电磁力矩之间的定量计算关系，为

分析衔铁组件综合刚度特性提供了理论基础。主要结论如下：

（1）建立了射流管压力伺服阀衔铁组件刚度模型，提出了电磁力矩-衔铁转角刚度和电磁力矩-喷嘴位移刚度理论解析计算式。理论分析计算出的电磁力矩-衔铁转角刚度和电磁力矩-喷嘴位移刚度与有限元模拟结果相对误差不超过 9%，当弹簧管薄壁部分长度增大时，两种方法计算的刚度均相应减小，变化趋势一致，说明所建立的刚度模型适用于射流管压力伺服阀弹性元件的设计分析。同有限元法相比，所提出的解析刚度计算式形式较为简洁，使用刚度理论计算式可避免烦琐的数值计算。

（2）在线弹性范围内，射流管压力伺服阀衔铁组件衔铁角位移和喷嘴线位移均随电磁力矩呈线性变化。随着弹簧管薄壁部分长度的增加，电磁力矩-衔铁转角刚度和电磁力矩-喷嘴位移刚度均相应减小。

（3）设计了射流管阀压力特性试验，零位附近射流管阀恢复压力差值增益的试验值为 0.392 5 MPa/mA，理论计算值为 0.397 1 MPa/mA，二者较为接近，且控制电流-恢复压力关系曲线趋势一致，进一步验证了理论模型的正确性。

7.4　复杂运动工况下电液伺服阀零漂分析

电液伺服阀需要输入一定电流使得整阀处于零位，此时主阀输出流量/压力为 0。若该电流表示为额定电流的百分比，则称为零偏。在复杂运动工况，即振动、离心、高加速度或者复合运动的环境条件下，电液伺服阀阀体跟随整机作复杂运动时，阀内可动部件（包括滑阀阀芯、衔铁、挡板、反馈杆等）具有显著的加速度，相对于阀体受到额外惯性力并产生相对运动，引起伺服阀零偏漂移。零漂会降低电液伺服系统控制精度和稳定性，亟需有效抑制措施。冶金装备中，因安装空间受限，采用倾斜甚至竖置的安装方式固定伺服阀时易引发零漂；航空航天领域，电液伺服阀会随飞行器工作于离心环境时也出现过零漂现象。本节从电液伺服阀多物理场能量和信息转换过程出发，以双喷嘴挡板式电液伺服阀为研究对象，建立整阀稳态模型，明确离心、倾斜安装等工作条件下零漂机理，并提出纠偏电流计算方法，以提高电液伺服阀的环境适应性。

7.4.1　复杂运动工况下电液伺服阀稳态模型

7.4.1.1　力矩马达模型

力矩马达接收电流信号 Δi，输出电磁力矩 M_a：

$$M_a = K_t \Delta i + K_m \theta \tag{7-35}$$

式中　K_t——力矩马达中位电磁力矩系数；

K_m——中位磁弹簧刚度；

θ——衔铁转角。

7.4.1.2　衔铁组件力学模型

和挡板与反馈杆分离式衔铁组件不同，图 7-29 所示的衔铁组件力学分析模型为挡板与

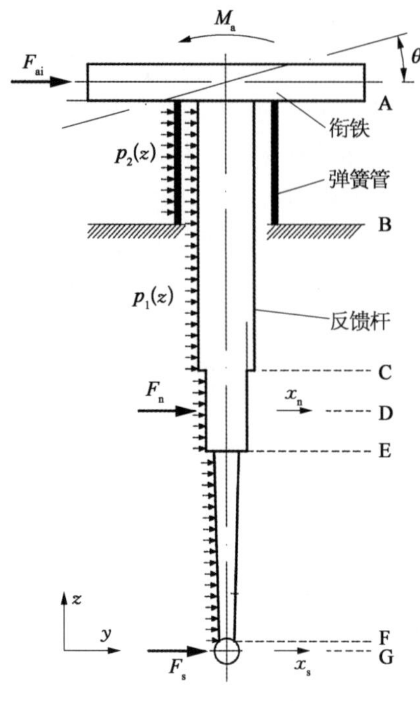

图 7-29 复杂运动工况下衔铁组件力学分析模型

反馈杆一体式衔铁组件。传统的伺服阀动静态模型忽略了零部件重力、惯性力的影响，将其视为常规工况。但在分析伺服阀倾斜安装、离心加速度环境、振动环境等工况下零位工作特性时，应将运动部件置于重力场、离心加速度场、振动场中，将这些需额外考虑的特殊运动环境称为复杂运动工况。

将衔铁视为刚体，反馈杆视为变截面梁，弹簧管视为等截面梁，于是衔铁组件被简化为如图 7-29 所示的变截面弹性梁结构。A～G 为截面编号，使用带截面符号下标的字母 l 表示各段梁长，如 l_{FG} 表示 F-G 段梁长，以此类推。由文献可知，分析三维离心环境或者振动环境下电液伺服阀性能时，需要考虑离心加速度、振动加速度环境下各运动部件所受惯性力，这些力在平行于阀芯轴线上的分量会影响零位工作点，而其他方向作用力分量对零偏无明显影响。因此，在分析复杂运动工况下可动部件运动时，仅需考虑各部件惯性力、重力等作用力在平行于阀芯轴线方向上的分量，将这些力分量称为复杂运动工况下附加作用力。对于衔铁组件，这些附加作用力主要包括衔铁所受集中力 F_{ai}、反馈杆所受分布力 $p_1(z)$ 和弹簧管所受分布力 $p_2(z)$。不计零件间装配应力，除附加作用力外，衔铁组件工作时还承受的集中外力(矩)包括力矩马达产生的电磁力矩 M_a、喷嘴出流作用在挡板上的液动力 F_n、滑阀阀芯反馈力 F_s。在图 7-29 所示的各集中载荷和分布力共同作用下，衔铁组件在 $y-z$ 平面内发生弯曲变形，进而实现复杂运动工况下力-位移信息转换功能。

利用截面法可求得各梁段内力；之后对截面 G 中心取力矩，利用力矩平衡可求解各梁段内弯矩。反馈杆长径比大，不计反馈杆剪力对结构变形的影响。反馈杆内弯矩 M_1、弹簧管剪力 F_2 和弹簧管内弯矩 M_2 分别为

$$M_1(z)=\begin{cases} F_s z+\int_0^z p_1 z\,\mathrm{d}z & 0\leqslant z\leqslant l_{DG} \\ F_s z+F_n z+\int_0^z p_1 z\,\mathrm{d}z-F_n l_{DG} & l_{DG}<z\leqslant l_{AG} \end{cases} \tag{7-36}$$

$$F_2(z)=F_s+F_n+F_{ai}+\int_0^{l_{AG}} p_1\,\mathrm{d}z+\int_0^z p_2\,\mathrm{d}z \tag{7-37}$$

$$\begin{aligned} M_2(z)=&\left(F_s+F_n+F_{ai}+\int_0^{l_{AG}} p_1\,\mathrm{d}z+\int_0^z p_2\,\mathrm{d}z\right)(l_{AG}-z)+M_a \\ &-F_{ai}l_{AG}-F_n l_{DG}-\int_0^{l_{AG}} p_1 z\,\mathrm{d}z-\int_0^z p_2 z\,\mathrm{d}z \end{aligned} \tag{7-38}$$

反馈杆横截面惯性矩分布 $I_1(z)$、弹簧管横截面惯性矩 I_2 和弹簧管横截面面积 A_2 分别为

$$I_1(z)=\begin{cases}\pi\left[2\sqrt{(d_4^2/4-z^2)}\right]^4/64=I_{f1} & 0\leqslant z\leqslant l_{FG}\\ \pi\left[2(C_1z+C_2)\right]^4/64=I_{f2} & l_{FG}<z\leqslant l_{EG}\\ b\left(\dfrac{d_1^2-b^2}{4}\right)^3+2\displaystyle\int_{\frac{b}{2}}^{\frac{d_1}{2}}\left(x^2\sqrt{\dfrac{d_1^2}{4}-x^2}\right)dx=I_{f3} & l_{EG}<z\leqslant l_{CG}\\ \pi d_1^4/64=I_{f4} & l_{CG}<z\leqslant l_{AG}\end{cases}\tag{7-39}$$

$$C_1=\frac{d_2-d_3}{2l_{EF}},\ C_2=-l_{FG}\frac{d_2-d_3}{2l_{EF}}+\frac{d_3}{2},\ I_2=\frac{\pi(d_o^4-d_i^4)}{64},\ A_2=\frac{\pi(d_o^2-d_i^2)}{4}$$

式中　z——位于反馈杆上的局部坐标，其原点置于反馈小球中心；

d_4——反馈小球直径；

d_3、d_2——反馈杆锥形段小端直径、大端直径；

d_1——反馈杆大端直径；

b——反馈杆 C－E 段截面宽度；

d_i、d_o——弹簧管薄壁部分内径、外径。

求得各梁段内力和内力矩并明确各梁段截面性质，利用下式计算结构应变能：

$$U=\int_0^{l_{AG}}\frac{M_1^2}{2E_1I_1}dz+\int_0^{l_{AB}}\frac{M_2^2}{2E_2I_2}dz+\int_0^{l_{AB}}\frac{\alpha_rF_2^2}{2G_2A_2}dz\tag{7-40}$$

根据卡氏第二定理，载荷作用点的位移等于应变能对该载荷的一阶导数，即

$$\left.\begin{aligned}\theta&=\frac{\partial U}{\partial M_a}=g_{11}M_a+g_{12}F_n+g_{13}F_s+g_{14}\\ x_n&=\frac{\partial U}{\partial F_n}=g_{21}M_a+g_{22}F_n+g_{23}F_s+g_{24}\\ x_s&=\frac{\partial U}{\partial F_s}=g_{31}M_a+g_{32}F_n+g_{33}F_s+g_{34}\end{aligned}\right\}\tag{7-41}$$

$$g_{11}=\frac{l_{AB}}{E_2I_2},\ g_{12}=g_{21}=\frac{l_{AB}(l_{AD}-l_{AB}/2)}{E_2I_2},\ g_{13}=g_{31}=\frac{l_{AB}(l_{AG}-l_{AB}/2)}{E_2I_2}$$

$$g_{14}=\int_0^{l_{AB}}\left[F_{e16}(l_{AG}-z)-p_2z^2/2-M_{e16}\right]/(E_sI_s)dz$$

$$g_{22}=\int_{l_{DG}}^{l_{CG}}\frac{(z-l_{DG})^2}{E_1I_{f3}}dz+\int_{l_{CG}}^{l_{AG}}\frac{(z-l_{DG})^2}{E_1I_{f4}}dz+\int_0^{l_{AB}}\frac{(l_{AD}-z)^2}{E_2I_2}dz+\frac{\alpha_rl_{AB}}{G_2A_2}$$

$$g_{23}=g_{32}=\int_{l_{DG}}^{l_{CG}}\frac{z(z-l_{DG})}{E_1I_{f3}}dz+\int_{l_{CG}}^{l_{AG}}\frac{z(z-l_{DG})}{E_1I_{f4}}dz+\int_0^{l_{AB}}\frac{(l_{AG}-z)(l_{AD}-z)}{E_2I_2}dz+\frac{\alpha_rl_{AB}}{G_2A_2}$$

$$\begin{aligned}g_{24}=&\int_{l_{DG}}^{l_{CG}}\frac{(F_{e13}+H_4)z-M_{e13}-J_4}{E_1I_{f3}}(z-l_{DG})dz+\int_{l_{CG}}^{l_{AG}}\frac{(F_{e14}+H_5)z-M_{e14}-J_5}{E_1I_{f4}}(z-l_{DG})dz\\&+\int_0^{l_{AB}}\frac{(F_{e16}+p_2z)(l_{AG}-z)-M_{e16}-p_2(l_{AG}z-z^2/2)}{E_2I_2}(l_{AD}-z)dz+\int_0^{l_{AB}}\frac{\alpha_r(F_{e16}+p_2z)}{G_2A_2}dz\end{aligned}$$

$$g_{33}=\int_0^{l_{FG}}\frac{z^2}{E_1I_{f1}}dz+\int_{l_{FG}}^{l_{EG}}\frac{z^2}{E_1I_{f2}}dz+\int_{l_{EG}}^{l_{DG}}\frac{z^2}{E_1I_{f3}}dz+\int_{l_{DG}}^{l_{CG}}\frac{z^2}{E_1I_{f3}}dz$$
$$+\int_{l_{CG}}^{l_{AG}}\frac{z^2}{E_1I_{f4}}dz+\int_0^{l_{AB}}\frac{(l_{AG}-z)^2}{E_2I_2}dz+\frac{\alpha_r l_{AB}}{G_2A_2}$$

$$g_{34}=\sum_{i=1}^{7}c_{34i},\ g_{341}=\int_0^{l_{FG}}\frac{H_1z-J_1}{E_1I_{f1}}zdz,\ g_{342}=\int_{l_{FG}}^{l_{EG}}\frac{(F_{e1}+H_2)z-M_{e1}-J_2}{E_1I_{f2}}zdz$$

$$g_{343}=\int_{l_{EG}}^{l_{DG}}z[(F_{e12}+H_3)z-M_{e12}-J_3]/(E_1I_{f3})dz$$

$$g_{344}=\int_{l_{DG}}^{l_{CG}}\frac{(F_{e13}+H_4)z-M_{e13}-J_4}{E_1I_{f3}}zdz,\ g_{345}=\int_{l_{CG}}^{l_{AG}}\frac{(F_{e14}+H_5)z-M_{e14}-J_5}{E_1I_{f4}}zdz$$

$$g_{346}=\int_0^{l_{AB}}\frac{F_{e16}(l_{AG}-z)+p_2z^2/2-M_{e16}}{E_2I_2}(l_{AG}-z)dz,\ g_{347}=\int_0^{l_{AB}}\frac{\alpha_r(F_{e16}+p_2z)}{G_2A_2}dz$$

$$F_{e12}=\int_0^{l_{EG}}p_1dz,\ F_{e13}=\int_0^{l_{DG}}p_1dz,\ F_{e14}=\int_0^{l_{CG}}p_1dz,\ F_{e15}=\int_0^{l_{AG}}p_1dz,\ F_{e16}=F_{e15}+F_{ai}$$

$$M_{e12}=\int_0^{l_{EG}}p_1zdz,\ M_{e13}=\int_0^{l_{DG}}p_1zdz,\ M_{e14}=\int_0^{l_{CG}}p_1zdz,$$

$$M_{e15}=\int_0^{l_{AG}}p_1zdz,\ M_{e16}=M_{e15}+F_{ai}l_{AG}$$

$$J_1(z)=\int_0^{z}p_1zdz,\ J_2(z)=\int_{l_{FG}}^{z}p_1zdz,\ J_3(z)=\int_{l_{EG}}^{z}p_1zdz,$$

$$J_4(z)=\int_{l_{DG}}^{z}p_1zdz,\ J_5(z)=\int_{l_{CG}}^{z}p_1zdz$$

$$H_1(z)=\int_0^{z}p_1dz,\ H_2(z)=\int_{l_{FG}}^{z}p_1dz,\ H_3(z)=\int_{l_{EG}}^{z}p_1dz,\ H_4(z)=\int_{l_{DG}}^{z}p_1dz,\ H_5(z)=\int_{l_{CG}}^{z}p_1dz$$

式中 θ、x_n、x_s——衔铁转角、挡板位移和阀芯位移；

$g_{ij}(i=1,\ 2,\ 3;\ j=1,\ 2,\ 3)$——构成衔铁组件柔度矩阵，该矩阵为对称阵，由衔铁组件结构尺寸、材料力学性能决定，与电液伺服阀服役运动工况无关；

$g_{i4}(i=1,\ 2,\ 3)$——衔铁组件在附加作用力下第 i 个载荷作用点位移，由结构尺寸、材料力学性能和附加载荷力共同决定。

离心加速度场、重力场等复杂运动工况下组件力-位移转换式均具有式(7-41)的形式，运动工况的差异性体现在附加作用力 F_{ai}、$p_1(z)$和 $p_2(z)$上，最终使得 $g_{i4}(i=1,\ 2,\ 3)$表达式不一致。

7.4.1.3 喷嘴挡板阀液动力和恢复压力

高压油液经左、右两个喷嘴形成高速射流，垂直冲击挡板，将在挡板表面产生一定压力，形成挡板液动力。由文献知，伺服阀阀芯轴线方向上加速度分量不影响双喷嘴挡板阀液动力的负刚度。因此，零位附近挡板处稳态液动力为

$$F_n=[8\pi C_{df}^2p_sx_{n0}-\pi d_n^2/4(p_s/x_{n0})]x_n \tag{7-42}$$

式中　x_{n0}——喷嘴与挡板初始间隙；

p_s——供油压力；

C_{df}——喷嘴流量系数；

d_n——喷嘴内径。

稳态工作时，双喷嘴挡板阀输出流量为 0，恢复压力是阀芯两端压差，即

$$\Delta p = p_L - p_R = -(p_s / x_{n0}) x_n \tag{7-43}$$

7.4.1.4　功率滑阀力平衡方程和节流特性

不计静摩擦力，稳态工况下阀芯力平衡方程为

$$\Delta p A_p - F_s - k_v x_s - F_{si} = 0 \tag{7-44}$$

$$k_v = \begin{cases} 2C_d \pi d_s (p_s - p_t - p_{load}) \cos 69° & |x_s| \geqslant \delta_s \\ 0 & |x_s| < \delta_s \end{cases} \tag{7-45}$$

式中　Δp——阀芯左右两腔压差；

A_p——该压差的作用面积，$A_p = \pi d_s^2 / 4$；

d_s——滑阀通径；

k_v——滑阀稳态液动力刚度；

C_d——流量系数，取 0.61；

p_{load}——伺服阀负载压力；

δ_s——阀芯、阀套重叠量；

F_{si}——复杂运动工况下阀芯所受附加作用力。

功率滑阀节流方程为

$$q_s = \begin{cases} 0 & |x_s| < \delta_s \\ C_d \pi d_s (|x_s| - \delta_s) \sqrt{(p_s - p_t - p_{load}) / \rho} \, \mathrm{sgn} x_s & |x_s| \geqslant \delta_s \end{cases} \tag{7-46}$$

式中　q_s——滑阀输出流量；

ρ——油液密度。

式(7-35)～式(7-46)构成的非线性方程组表征了复杂运动工况下双喷嘴挡板式电液伺服阀稳态特性。

7.4.2　复杂运动工况下可动部件所受附加作用力分析

复杂运动工况下，电液伺服阀处于重力场、离心加速度场、振动场等特殊运动环境中，衔铁组件、滑阀阀芯等可动部件具有明显的重力加速度、离心加速度、振动加速度等加速度，为使得可动部件产生这些加速度，需引入附加作用力，以便于使用动静法进行理论分析。本节以重力场和离心加速度场为例进行说明。

1）重力场中可动部件所受附加作用力

伺服阀安装面与地面平行的安装形式定义为水平安装姿态。当安装面与地面不平行时，先建立位于衔铁组件上的局部坐标系。将坐标原点 O 置于阀芯几何中心，定义阀芯运动方向为 y 轴，弹簧管轴线方向为 z 轴(图 7-30)；x 轴垂直于纸面向外。此外，还需建立地面坐标系：将

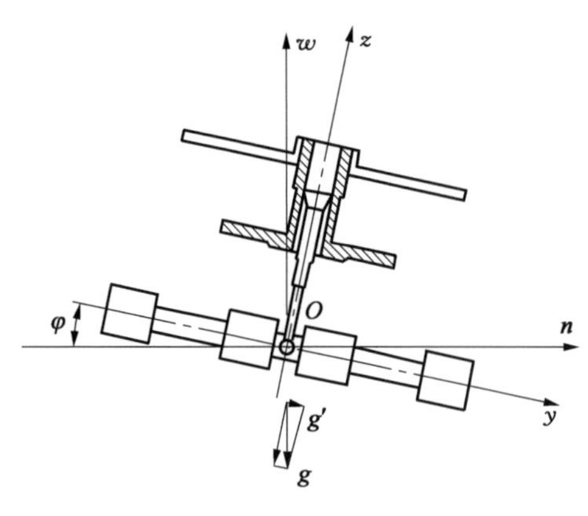

图 7-30 运动分析坐标系

阀芯轴线在水平地面上的投影线设为 n 轴，竖直向上为 w 轴正向，m 轴由右手系定则确定。将 y 轴与 n 轴所夹锐角定义为安装倾角 φ，$\varphi\in[0,\ \pi/2]$。$\varphi=0$ 时，伺服阀处于水平状态；$\varphi=\pi/2$ 时，伺服阀阀芯竖置。设重力加速度 g 在阀芯轴线上的投影分量为 $g'(g'=g\sin\varphi)$。重力加速度另一分量 $g\cos\varphi$ 垂直于阀芯运动方向，由阀体提供的支持力维持，不影响阀芯轴线上的运动。重力场中，伺服阀可动部件质量单元 $\mathrm{d}m$ 上将产生 $g'\mathrm{d}m$ 的附加作用力。

重力场中，衔铁组件受到的附加作用力解析表达式为

$$\left.\begin{aligned}F_{\mathrm{ai}}&=m_{\mathrm{a}}g'\\p_1(z)&=\rho_1A_1(z)g'\\p_2&=\rho_2A_2g'\end{aligned}\right\}\tag{7-47}$$

式中 m_{a}——衔铁质量；

$A_1(z)$——反馈杆截面积分布；

ρ_1、ρ_2——反馈杆和弹簧管材料密度。

功率滑阀阀芯受到的附加作用力为

$$F_{\mathrm{si}}=m_{\mathrm{s}}g'\tag{7-48}$$

2) 匀速圆周运动环境下可动部件所受附加作用力

电液伺服阀在空天环境中会伴随着飞行器的翻转、俯仰等呈现不同姿态。以地面作为参考系，电液伺服阀作匀速圆周运动。稳态工况下，衔铁组件相对于电液伺服阀处于静止状态，则不会出现科里奥利力，只需要考虑组件受到的惯性离心力。运动部件受到的惯性离心力即是附加作用力。离心加速度场中，设离心加速度为 a_{a}，伺服阀可动部件质量单元 $\mathrm{d}m$ 上将产生 $a_{\mathrm{a}}\mathrm{d}m$ 的附加作用力。

匀速圆周运动环境下，衔铁组件受到的附加作用力解析表达式为

$$\left.\begin{aligned}F_{\mathrm{ai}}&=m_{\mathrm{a}}\omega_{\mathrm{ce}}^2r_{\mathrm{ce}}\\p_1(z)&=\rho_1A_1(z)\omega_{\mathrm{ce}}^2r_{\mathrm{ce}}\\p_2&=\rho_2A_2\omega_{\mathrm{ce}}^2r_{\mathrm{ce}}\end{aligned}\right\}\tag{7-49}$$

式中 ω_{ce}——电液伺服阀运动角速度；

r_{ce}——圆周运动轨道半径。

匀速圆周运动环境下，功率滑阀阀芯可视为质点，受到的附加作用力为

$$F_{\mathrm{si}}=m_{\mathrm{s}}\omega_{\mathrm{ce}}^2r_{\mathrm{ce}}\tag{7-50}$$

7.4.3 计及重力影响的电液伺服阀零偏特性

7.4.3.1 零漂电流计算模型

倾斜安装时，电液伺服阀可动部件在竖直方向上的重力分力会导致零位工作点漂移。可

通过施加纠偏电流，产生纠偏电磁力矩，使得反馈小球产生反方向的变形量，抵消重力引起的阀芯位移，使滑阀阀芯回到中位。联立式(7-35)～式(7-48)，取 $p_{load}=0, x_s=0$，可推导得到重力场中纠偏电流值 i_b：

$$i_b=-k_{s2}/k_{s1} \tag{7-51}$$

$$k_{s1}=\frac{g_{21}K_t(1-g_{11}K_m)+g_{21}K_m c_{11}K_t}{(1-g_{22}k_n-g_{23}k_s)(1-g_{11}K_m)-g_{21}K_m(g_{12}k_n+g_{13}k_s)}\left(\begin{aligned}&g_{31}K_m\frac{g_{12}k_n+g_{13}k_s}{1-g_{11}K_m}\\&+g_{32}k_n+g_{33}k_s\end{aligned}\right)$$
$$+g_{31}K_t+g_{31}g_{11}K_mK_t/(1-g_{11}K_m)$$

$$k_{s2}=\left(\begin{aligned}&g_{31}K_m\frac{g_{12}k_n+g_{13}k_s}{1-g_{11}K_m}\\&+g_{32}k_n+g_{33}k_s\end{aligned}\right)\frac{g_{21}K_m(g_{13}F_{si}+g_{14})+(g_{23}F_{si}+g_{24})(1-g_{11}K_m)}{(1-g_{22}k_n-g_{23}k_s)(1-g_{11}K_m)-g_{21}K_m(g_{12}k_n+g_{13}k_s)}$$
$$+g_{31}K_m(g_{13}F_{si}+g_{14})/(1-g_{11}K_m)+g_{33}F_{si}+g_{34}$$

$$k_n=-A_np_s/x_{f0}+8\pi C_{df}p_sx_{f0},\ k_s=-p_sA_p/x_{f0}$$

使用零偏电流变化量相对额定电流 i_n 的百分比表征零漂大小。重力场作用下，伺服阀零漂可由下式求得：

$$i_{nb}=i_b/i_n\times 100\% \tag{7-52}$$

7.4.3.2　关键参数的影响

重力场中伺服阀零偏电流值受衔铁质量、阀芯质量、进油压力等因素影响。以 QDY6-40 型电液伺服阀参数为基础，采用批参数计算和控制变量法，分析各因素对重力场中伺服阀零偏值的影响规律。

1) 阀芯质量的影响

图 7-31 示出了不同阀芯质量对零漂值的影响。随着安装倾角的不断增大，伺服阀纠偏电流越大，二者呈近正弦函数关系。随着滑阀阀芯质量增加，同一安装倾角下对应的零漂电流百分比也增大，其原因是阀芯质量决定了作用在阀芯上的附加作用力大小。阀芯质量越大，意味着运动部件的弯曲变形越严重，所需要的纠偏力矩相应增加。各厂家常通过增大阀芯直径来提高电液流量伺服阀的额定流量，此时阀芯质量随之变大，倾斜安装时引起的零漂越严重。由于伺服阀装配存在不对称，在倾斜安装伺服阀时需考虑伺服阀极性，避免重力引起的零漂和自身零偏叠加，导致零漂超出允许值的情况。

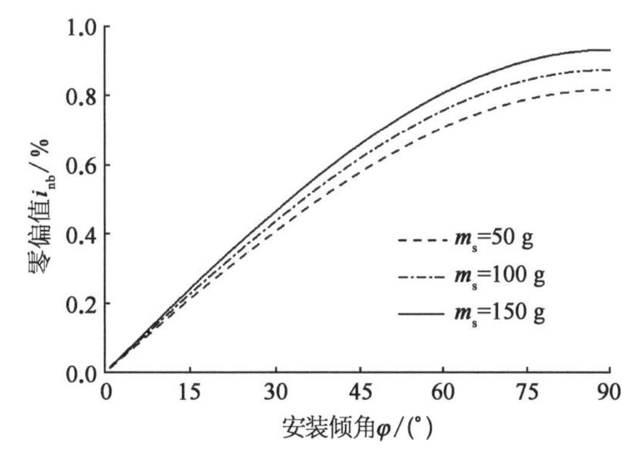

图 7-31　阀芯质量对伺服阀零漂值的影响

2) 衔铁质量的影响

图 7-32 示出了不同衔铁质量下零漂值随安装倾角的变化情况。随着衔铁阀芯质量增加，同一安装倾角下对应的零漂电流百分比也随之增大，其原因在于衔铁质量和作用在衔铁上的附加作用力呈正相关。由于力矩马达磁弹簧具有负刚度特性，会进一步促进衔铁转动，所以

重力场中伺服阀零偏对衔铁质量较敏感。

3）供油压力的影响

图 7－33 示出了不同供油压力对零漂值的影响。同一安装倾角下，供油压力越大，零漂越小。压力较低时，零漂随压力增加较明显，但当供油压力达 3 MPa 后，零漂增加量不明显。究其原因，电液伺服阀未供油时，衔铁组件已呈现一定弯曲变形，且偏离中位较严重。供油后，在喷嘴处油液动力和滑阀阀芯两侧油液压力的作用下，运动部件会向中位靠近。随着供油压力不断增大，挡板越接近零位，阀芯两端压差越小，阀芯所受静压力降低，导致零偏减少量存在上限。

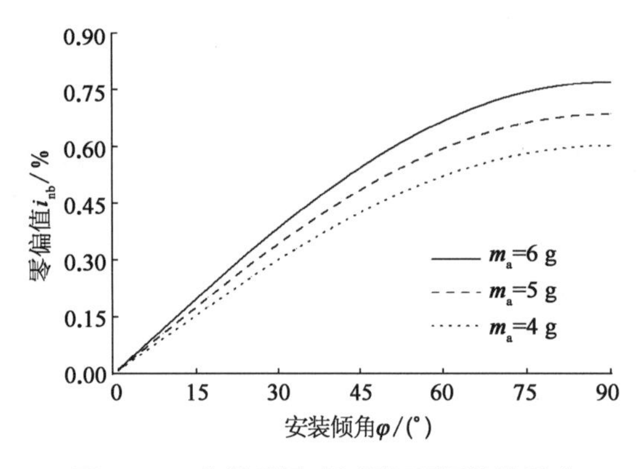

图 7－32 衔铁质量对伺服阀零漂值的影响

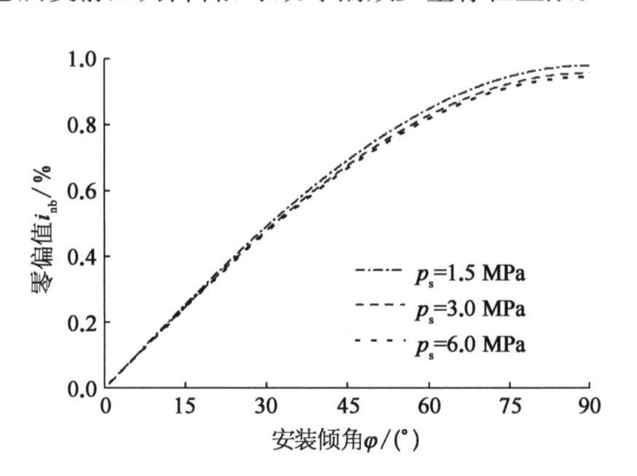

图 7－33 供油压力对伺服阀零漂值的影响

7.4.4 理论结果与试验结果

按照国家标准《液压传动 电调制液压控制阀 第 1 部分：四通方向流量控制阀试验方法》(GB/T 15623.1—2018)中规定的通用电液伺服阀试验条件，利用北京机床厂研制的国家电液伺服阀综合试验台对 QDY6－40 型双喷嘴挡板式电液伺服阀进行了空载流量特性测试，测试时该阀处于常规工况。

以 QDY6－40 型双喷嘴挡板式电液伺服阀性能计算参数为基础，令 $g'=0$，$p_{load}=0$，通过求解式(7－35)、式(7－36)～式(7－52)组成的方程组，可计算得到该型双喷嘴挡板式电液伺服阀空载输出流量 q_s 与控制电流 Δi 的关系曲线，将该曲线作为理论空载流量曲线，如图 7－34 中点虚线所示。零位附近 QDY6－40 型双喷嘴挡板式电液伺服阀的理论空载流量曲线和实测空载流量曲线正重叠区域较为接近。随着控制电流的增加，实测空载流量曲线呈现 S 形，与理论空载流量曲线存在一定误差，原因在于理论模型未考虑油路节流。当滑阀通油窗口与油路通油面积相接近时，功率滑阀的输出流量会出现饱和现象。被测电液伺服阀零位附近的实测流量增益为 1.34 L/(min · mA)，理论计算得到流量增益为 1.48 L/(min · mA)，二者相对误差约 9.4%，误差在工程精度要求范围内，说明本章所建立的电液伺服阀稳态模型是有效的。本节以双喷嘴挡板式电液伺服阀为例，建立了复杂运动工况下衔铁组件

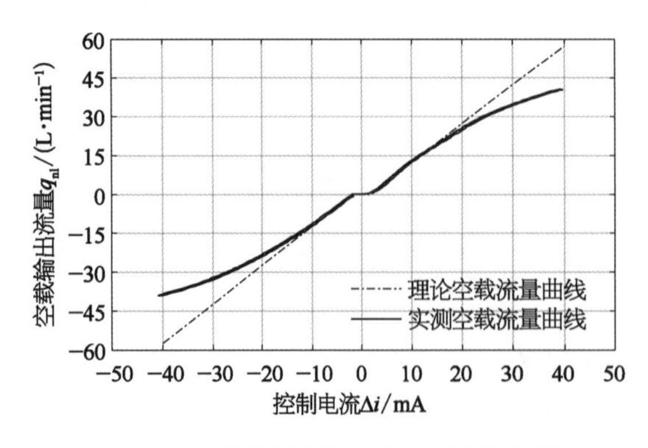

图 7－34 实测空载流量曲线与理论结果

力学分析模型,研究了复杂运动工况下电液伺服阀稳态特性建模方法和零位工作点漂移的机理,明确了倾斜安装工况下整阀零偏漂移与安装倾角间的定量关系。主要结论有:

(1) 为定量分析离心加速度环境、重力加速度场等复杂运动工况下电液伺服阀的零偏漂移特性,从电液伺服阀多物理场信息与能量转换机理出发,计及平行于滑阀阀芯轴线方向上各运动部件重力/惯性力分量,建立了复杂运动工况下电液伺服阀稳态模型。基于该模型求解得到 QDY6－40 型双喷嘴挡板式电液伺服阀零位附近理论流量增益为 1.34 L/(min・mA),实际测得的流量增益为 1.48 L/(min・mA),相对误差为 9.4%,验证了理论模型的有效性。

(2) 明确了电液伺服阀倾斜安装工况和恒离心加速度环境两种复杂运动工况下电液伺服阀可动部件所受附加作用力,将复杂运动工况转化为衔铁组件载荷边界条件,通过求解结构新平衡位置,建立了复合极端工况下伺服阀稳态特性分析模型。

(3) 针对冶金装备中倾斜安装伺服阀的特殊工况,通过设计纠偏电流来产生额外的电磁力矩,以抵消可动部件重力作用下阀芯位移,维持中位不变;推导了重力作用下纠偏电流值计算式,并分析了安装倾角、衔铁质量、阀芯质量和供油压力对重力场中零漂值的影响规律。考虑重力影响时,零漂值与安装倾角呈正弦函数关系;重力场中单位附加作用力与可动部件单位质量呈正比,由于伺服阀可动部件质量主要集中于衔铁和阀芯上,导致零位工作特性对衔铁质量和阀芯质量较为敏感;同一安装倾角下,供油压力越大,喷嘴挡板阀的恢复压力越大,阀芯偏移量越小,所需纠偏电流相应减小。

7.5　电液伺服阀衔铁组件疲劳寿命预测

衔铁组件是电液伺服阀内主要的高频动作承载结构件,随着主阀阀芯往复运动,发生微米级结构变形。衔铁组件高周疲劳破坏是整阀缓变失效形式之一,但针对衔铁组件疲劳强度的理论模型尚不多见,国内伺服阀生产企业缺少类似结构疲劳校核/设计方法。本节采用所提出的衔铁组件力学模型构建方法,以喷嘴挡板与反馈杆一体式衔铁组件为例,说明衔铁组件疲劳寿命预测流程,为伺服阀弹性元件疲劳失效的预测和预防提供理论参考。

7.5.1　结构件疲劳寿命分析的基本理论

当构件承受随时间变化作变动的载荷作用时,构件内部产生随时间变化的应力。当这种应力具有周期性时,称为交变应力。交变应力作用下,承力构件内部应力虽然低于屈服极限,但经过长期反复工作,仍有可能会出现突然断裂(称为疲劳破坏)。疲劳破坏是机械零部件破坏的主要失效形式,具有低应力、脆性断裂、断口光滑和粗糙区域分界明显等特征。

在外形变化、表面受损、材质缺陷等因素作用下,构件局部会出现应力集中现象,形成高应力区域。当高应力区域的应力超过一定限度或经历足够次数循环应力作用后,会在该区域萌生出微裂纹(即疲劳源)。随着应力循环次数进一步增加,微裂纹逐步扩展为宏观裂纹。扩展过程中,裂纹两侧重复张合,形成断口的光滑区。当裂纹扩展至一定尺寸后,截面被削弱,裂纹尖端应力集中现象进一步加剧,直至真实应力超过材料极限应力而发生脆性断裂,形成断口粗糙区。

确定构件疲劳寿命的方法主要包括试验法和分析法两种。通过与实际承载情况或者与之相似的试验来获取疲劳数据的方法称为试验法。试验法的可靠性高，但人力、财力耗费严重，试验周期长，尤其在构件结构、实际工作载荷和服役环境都较复杂时。试验法仅在对疲劳寿命有明确要求和复杂的工程结构中使用，如飞机的全机疲劳试验。分析法则依据材料的疲劳寿命，对照构件所受到的载荷历程，按分析模型来确定结构的疲劳寿命。分析法需要考虑材料疲劳行为描述、循环载荷下结构的响应、疲劳累计损伤法则。分析法降低了疲劳分析对于大量试验的依赖性，减少了经验性成分。按照计算疲劳损伤参量的不同，可以将其分为名义应力法、局部应力应变法、能量法、断裂力学法、功率谱密度法等。

疲劳寿命分析法的主要应用包括：在设计阶段校核疲劳寿命/比较设计方案优劣；对已有构件进行抗疲劳设计优化；在试验阶段之前预判危险部位、裂纹特征和应力循环次数。名义应力法是工程实践中比较实用的疲劳寿命分析方法，也是本节采用的方法。它以材料或零件的 $S-N$ 曲线(外加应力 S 和疲劳寿命 N 之间的关系曲线)为基础，对照试件或结构疲劳危险部位的应力集中系数和名义应力，结合疲劳损伤累积理论，计算结构的疲劳寿命。该方法假设：应力集中系数、载荷谱相同时，使用同种材料制成的不同构件具有相同的疲劳寿命。用名义应力法估算结构疲劳寿命的主要步骤如下：

(1) 确定结构中疲劳危险部位。

(2) 求出危险部位的名义应力和应力集中系数。

(3) 根据载荷谱确定危险部位的名义应力谱。

(4) 求出当前应力集中系数和应力水平下的 $S-N$ 曲线，查 $S-N$ 曲线。

(5) 应用疲劳累计损伤理论，求出危险部位的疲劳寿命。

疲劳累计损伤理论明确了变幅载荷作用下疲劳损伤累积规律和破坏准则，该理论认为：在循环载荷作用下，疲劳寿命是可以线性累加的，各个应力之间相互独立、互不相关，当累加损伤达到某一数值时，构件就发生疲劳破坏。线性疲劳累积损伤理论中的典型是 Miner 理论。该理论的基本准则有：

单个应力循环造成的损伤、等幅载荷下 n 个载荷造成的损伤和变幅载荷下 n 个载荷造成的损伤分别为

$$D=1/N \tag{7-53}$$

$$D=n/N \tag{7-54}$$

$$D=\sum_{i=1}^{n}\frac{1}{N_i} \tag{7-55}$$

式中 N_i——当前载荷水平 S_i 对应的疲劳寿命。

等幅载荷下，当循环载荷的次数 n 等于其疲劳寿命 N 时疲劳破坏发生。

7.5.2 衔铁组件应力状态分析

本节以典型的力反馈式双喷嘴挡板电液伺服阀中挡板与反馈杆一体式衔铁组件为例，建立外载荷与组件内力、应力间的映射关系。

7.5.2.1 挡板与反馈杆一体式衔铁组件力学模型

本节研究如图 7-35 所示的挡板与反馈杆为一体的整体式衔铁组件结构。一体式结构的结构变形主要由反馈杆和弹簧管两个零件承担，喷嘴挡板阀液动力和阀芯反作用力同时作用

于反馈杆上。弹簧管两端中,大端侧设计有若干个通孔用来固定衔铁组件,小端侧用来与衔铁、反馈杆进行过盈连接。QDY6－40 型双喷嘴挡板式电液伺服阀采用了如图 7－35 所示的衔铁组件结构。

与分析挡板与反馈杆分离式衔铁组件类似,一体式衔铁组件中,弹簧管和反馈杆二者形成嵌套状结构。在载荷-位移关系分析中,油液压力对衔铁组件横向弯曲变形无明显影响,但会在反馈杆和弹簧管内部引起拉/压应力,影响衔铁组件各点应力极值。因此,在图 7－36 所示的力学分析模型中,一体式衔铁组件承受的外载荷包括力矩马达电磁力矩 M_a、喷嘴出流在挡板上的液动力 F_f、功率滑阀阀芯的反馈力 F_s 和油液压力 p_t,前三者为集中力,油液压力为分布力。

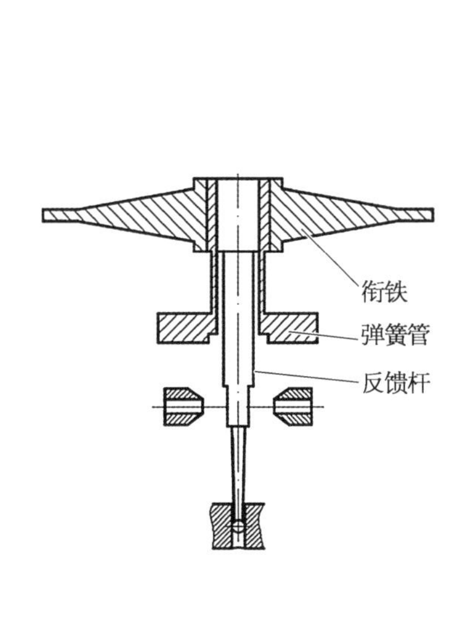

图 7－35　挡板与反馈杆一体式衔铁组件结构

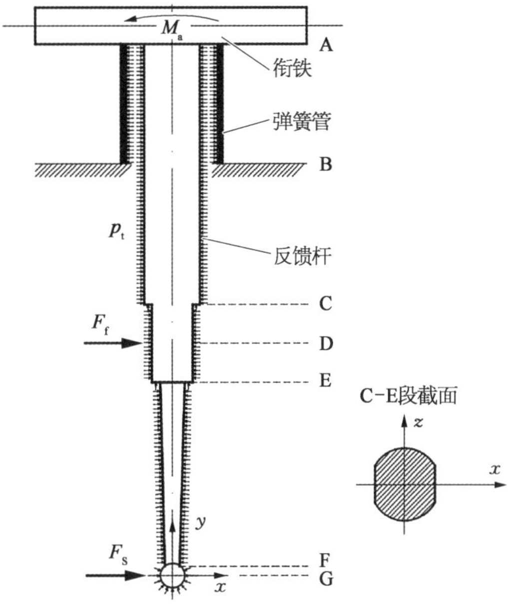

图 7－36　挡板与反馈杆一体式衔铁组件力学分析模型

7.5.2.2　反馈杆内力和应力分析

对反馈杆而言,将杆件局部坐标系原点置于反馈小球中心,z 轴垂直于纸面向外,x 轴、y 轴方向如图 7－37 所示。在局部坐标为 y 的截面处,剪力 F_1 为

$$F_1(y)=\begin{cases}F_s & 0\leqslant y\leqslant l_{DG}\\ F_s+F_f & l_{DG}<y\leqslant l_{AG}\end{cases} \tag{7-56}$$

式中　l_{DG}——反馈杆 D－G 段长度;

l_{AG}——反馈杆 A－G 段长度。

油液压力作用下,反馈杆内部还会产生轴向压缩内力 N_1:

$$N_1(y)=-p_t A_1(y) \tag{7-57}$$

$$A_1(y)=\begin{cases}\pi d_{eq}^2(y)/4 & 0\leqslant y<l_{EG} \text{ 或 } l_{CG}\leqslant y<l_{AG}\\ 4\int_0^{b_f/2}\sqrt{d_{f1}^2/4-x^2}\,dx & l_{EG}\leqslant y<l_{CG}\end{cases} \tag{7-58}$$

$$d_{eq}(y)=\begin{cases}\sqrt{d_{f4}^2-4y^2} & 0\leqslant y<l_{FG}\\ (y-l_{FG})(d_{f2}-d_{f3})/l_{EF}+d_{f3} & l_{FG}\leqslant y<l_{EG}\\ d_{f1} & l_{CG}\leqslant y<l_{AG}\end{cases} \tag{7-59}$$

式中 A_1——反馈杆各处截面面积；

d_{eq}——反馈杆各圆形截面直径；

d_{f1}——反馈杆大端外径；

d_{f2}、d_{f3}——反馈杆锥形段大端侧直径、小端侧直径；

d_{f4}——反馈小球球径；

b_f——反馈杆鼓形端截面宽度；

l_{FG}、l_{EG}、l_{CG}、l_{AG}、l_{EF}——反馈杆 F-G 段、E-G 段、C-G 段、A-G 段、E-F 段长度。

反馈杆各截面内弯矩 M_1 为

$$M_1(y)=\begin{cases}F_s y & 0\leqslant y\leqslant l_{DG}\\ (F_s+F_f)y-F_f l_{DG} & l_{DG}<y\leqslant l_{AG}\end{cases} \tag{7-60}$$

反馈杆主要承受横力、油液压力两类载荷。可以先求解单个载荷作用下各点应力状态(分别用下标 1 和 2 表示)，然后叠加得到各点的实际应力状态。图 7-37 给出了横力、油液压力各自单独作用下和叠加后反馈杆上各点应力单元应力状态。

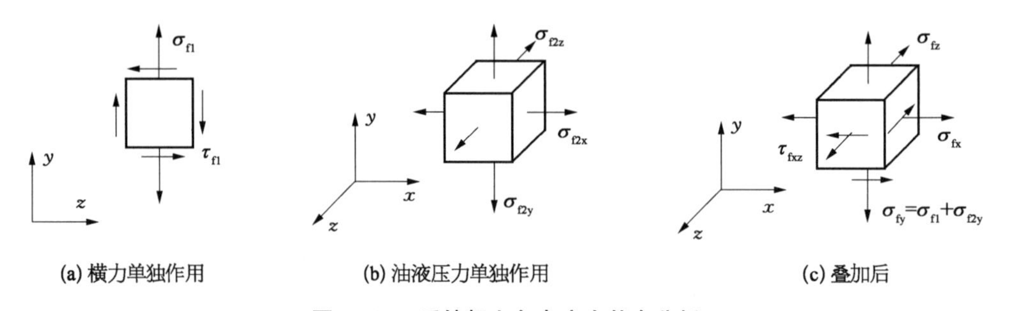

图 7-37 反馈杆上各点应力状态分析

1) 横力单独作用时反馈杆各点应力单元应力状态

在横力作用下，反馈杆产生在 $x-y$ 平面内弯曲变形，零件内部各点以平面应力状态为主，主要受弯曲正应力 σ_{f1}，由于反馈杆长径比较大，弯曲剪应力相对于弯曲正应力是小量，可认为 $\tau_{f1}=0$。弯矩正应力 σ_{f1} 为

$$\sigma_{f1}(y)=M_1(y)x/I_1(y) \tag{7-61}$$

$$I_1(y)=\begin{cases}\pi d_{eq}^4(y)/64 & 0\leqslant y<l_{EG}\text{ 或 }l_{CG}\leqslant y<l_{AG}\\ b_f\left(\dfrac{d_{f1}^2-b_f^2}{4}\right)^3+2\displaystyle\int_{\frac{b_f}{2}}^{\frac{d_{f1}}{2}}\left(x^2\sqrt{\dfrac{d_{f1}^2}{4}-x^2}\right)dx & l_{EG}\leqslant y<l_{CG}\end{cases} \tag{7-62}$$

式中 $I_1(y)$——反馈杆横截面惯性矩。

2) 油液压力单独作用时反馈杆各点应力单元应力状态

反馈杆浸没在高压油液中，可抽象为外壁承受均匀外压力 p_t 的轴对称体。在油压作用下，反馈杆任意一点处的应力单元体所受应力可分为轴向应力 σ_{fy}、环向应力 $\sigma_{f\theta}$ 和径向应力 σ_{fr}。极坐标系下，三个应力分量分别为

$$\sigma_{fy}=\sigma_{f\theta}=\sigma_{fr}=-p_t \tag{7-63}$$

极坐标系和直角坐标系之间的变换关系为

$$x=r\cos\theta_t,z=r\sin\theta_t,r=\sqrt{x^2+z^2} \tag{7-64}$$

平面轴对称问题中，从极坐标到直角坐标的应力转换公式为

$$\left.\begin{aligned}\sigma_x&=\sigma_r\cos^2\theta_t+\sigma_\theta\sin^2\theta_t\\\sigma_z&=\sigma_r\sin^2\theta_t+\sigma_\theta\cos^2\theta_t\\\tau_{xz}&=(\sigma_r-\sigma_\theta)\sin\theta_t\cos\theta_t\end{aligned}\right\} \tag{7-65}$$

可推导得到油液压力作用下反馈杆上某点应力单元沿空间坐标系坐标轴方向上的应力分量：

$$\left.\begin{aligned}\sigma_{f2x}&=-2p_t\\\sigma_{f2z}&=-2p_t\\\tau_{f2xz}&=0\end{aligned}\right\} \tag{7-66}$$

3) 叠加后反馈杆各点应力单元应力状态

叠加油液压力作用和弯曲载荷，实际服役状态下反馈杆中任意一点所在应力单元的应力状态可由下式计算：

$$\left.\begin{aligned}\sigma_{fx}&=-p_t\\\sigma_{fy}&=M_1(y)x/I_1(y)-p_t\\\sigma_{fz}&=-2p_t\\\tau_{fxy}&=\tau_{fyz}=\tau_{fxz}=0\end{aligned}\right\} \tag{7-67}$$

反馈杆变形时出现了空间应力，但 y 平面是主平面，所有与 y 方向平行的斜截面上的应力与 y 平面上的应力无关。因此，只需处理 x 平面和 z 平面组成的平面上的应力。反馈杆上一点的主应力 $\sigma_{fi}(i=1,\ 2,\ 3)$可由下式求解：

$$\left.\begin{aligned}\sigma_{f1}&=\frac{\sigma_{fx}+\sigma_{fy}}{2}+\sqrt{\left(\frac{\sigma_{fx}-\sigma_{fy}}{2}\right)^2+\tau_{fxz}^2}\\\sigma_{f2}&=\frac{\sigma_{fx}+\sigma_{fy}}{2}-\sqrt{\left(\frac{\sigma_{fx}-\sigma_{fy}}{2}\right)^2+\tau_{fxz}^2}\\\sigma_{f3}&=\sigma_{fz}\end{aligned}\right\} \tag{7-68}$$

7.5.2.3　弹簧管内力和应力分析

将弹簧管局部坐标系原点置于弹簧管与衔铁结合面几何中心，y 轴正向指向固定端，x 轴正向水平向左，z 轴垂直于纸面向外。

弹簧管各截面的剪力 F_2 为

$$F_2(y)=F_s+F_f \tag{7-69}$$

式中　y——位于弹簧管上的局部坐标。

弹簧管各截面内弯矩 M_2 为

$$M_2(y)=(F_s+F_f)(l_{AG}-y)+M_a-F_f l_{DG} \tag{7-70}$$

弹簧管承受力矩、横力和油液压力三类载荷。在力矩 M_a 作用下，弹簧管发生 $x-y$ 平面内纯弯曲；在横力(F_s+F_f)作用下，弹簧管产生 $x-y$ 平面内横力弯曲变形；油液压力作用下，弹簧管可近似于承受内压的薄壁圆筒，属于轴对称弹性力学问题。横力弯曲和纯弯曲可以合并作为平面弯曲分析。

1）平面弯曲下弹簧管各点应力单元应力状态

在横力和弯矩作用下，弹簧产生在 $x-y$ 平面内弯曲变形，零件内部各点以平面应力状态为主，分为弯曲正应力 σ_{s1} 和弯曲剪应力 τ_{s1}。其中，弯曲正应力和 y 轴平行，弯曲切应力所在平面和 $x-y$ 平面平行，近似于 x 方向上的切应力分量 τ_{s1x}。弯矩正应力 σ_{s1} 和切应力 τ_{s1} 可由下式计算：

$$\sigma_{s1}(y)=M_2(y)x/I_2 \tag{7-71}$$

$$\tau_{f1}(y)\approx\tau_{f1x}(y)=|z|\cdot 8(F_s+F_f)/[\pi(d_o+d_i)^2\delta_s] \tag{7-72}$$

式中 I_2——弹簧管横截面惯性矩；

z——欲求切应力值的点竖坐标；

δ_s——弹簧管薄壁部分壁厚。

2）油液压力单独作用时弹簧管各点应力单元应力状态

弹簧管薄壁部分壁厚 50～60 μm，外径约 2.62 mm，壁厚与外径之比小于 0.05，可简化为薄壁圆筒结构。承受内压 p_t 载荷时，弹簧管薄壁部分的任意一点处的应力单元体所受应力可分为轴向应力 σ_{sy}、环向应力 $\sigma_{s\theta}$ 和径向应力 σ_{sr}。极坐标系下，三个应力分量分别为

$$\left.\begin{aligned}\sigma_{sr}&=\frac{p_t r_i^2}{r_o^2-r_i^2}-\frac{p_t r_i^2 r_o^2}{r_o^2-r_i^2}\frac{1}{r^2}\\\sigma_{s\theta}&=\frac{p_t r_i^2}{r_o^2-r_i^2}+\frac{p_t r_i^2 r_o^2}{r_o^2-r_i^2}\frac{1}{r^2}\\\sigma_{sy}&=\frac{p_t r_i^2}{r_o^2-r_i^2}\end{aligned}\right\} \tag{7-73}$$

式中 r_i、r_o——弹簧管薄壁部分内半径和外半径；

r——欲求点至弹簧管轴线的距离。

由式(7-64)、式(7-65)和式(7-73)可推导得到油液压力作用下弹簧管上某点应力单元沿空间坐标系坐标轴方向上的应力分量：

$$\left.\begin{aligned}\sigma_{s2x}&=\frac{p_t r_i^2}{r_o^2-r_i^2}[1+r_o^2(z^2-x^2)/(x^2+z^2)^2]\\\sigma_{s2z}&=\frac{p_t r_i^2}{r_o^2-r_i^2}[1+r_o^2(x^2-z^2)/(x^2+z^2)^2]\\\tau_{s2xz}&=-\frac{2p_t r_i^2 r_o^2}{r_o^2-r_i^2}\frac{xz}{(x^2+z^2)^2}\end{aligned}\right\} \tag{7-74}$$

3）叠加后弹簧管各点应力单元应力状态

叠加高压油液作用和弯曲载荷，实际服役状态下弹簧管中任意一点所在应力单元的应力状态可由下式计算：

$$
\left.\begin{aligned}
\sigma_{sx} &= \frac{p_t r_i^2}{r_o^2 - r_i^2}\left[1 + \frac{r_o^2(z^2 - x^2)}{(x^2 + z^2)^2}\right] \\
\sigma_{sy} &= \frac{M_2(y)x}{I_2} + \frac{p_t r_i^2}{r_o^2 - r_i^2} \\
\sigma_{sz} &= \frac{p_t r_i^2}{r_o^2 - r_i^2}\left[1 + \frac{r_o^2(x^2 - z^2)}{(x^2 + z^2)^2}\right] \\
\tau_{sxz} &= \tau_{syz} = 0 \\
\tau_{sxz} &= \frac{F_2(y)S_2^*(x)}{\delta I_2} - \frac{2p_t r_i^2 r_o^2}{r_o^2 - r_i^2}\frac{xz}{(x^2 + z^2)^2}
\end{aligned}\right\} \tag{7-75}
$$

由式(7－75)可知，弹簧管变形时也出现了空间应力，y 平面是主平面。弹簧管上任意一点的三个主应力可由下式求解：

$$
\left.\begin{aligned}
\sigma_{s1} &= \frac{\sigma_{sx} + \sigma_{sy}}{2} + \sqrt{\left(\frac{\sigma_{sx} - \sigma_{sy}}{2}\right)^2 + \tau_{sxz}^2} \\
\sigma_{s2} &= \frac{\sigma_{sx} + \sigma_{sy}}{2} - \sqrt{\left(\frac{\sigma_{sx} - \sigma_{sy}}{2}\right)^2 + \tau_{sxz}^2} \\
\sigma_{s3} &= \sigma_{sz}
\end{aligned}\right\} \tag{7-76}
$$

7.5.2.4 危险位置确定方法

对于反馈杆上任意一点，已知其坐标$(x,\ y,\ z)$，可利用式(7－68)计算该点的主应力，再根据最大形状改变比能理论求解该点的 Mises 等效应力 $\bar{\sigma}_f$：

$$
\bar{\sigma}_f(x, y, z) = \sqrt{\frac{(\sigma_{f1} - \sigma_{f2})^2 + (\sigma_{f2} - \sigma_{f3})^2 + (\sigma_{f3} - \sigma_{f1})^2}{2}} \tag{7-77}
$$

易知，$\bar{\sigma}_f$ 随点坐标$(x,\ y,\ z)$的变化而变化。可通过离散化反馈杆上各点，计算各点对应的等效应力，找到最大等效应力及其对应坐标。假设 $\bar{\sigma}_f$ 取得极大值时对应的点坐标为$(x_{fm},\ y_{fm},\ z_{fm})$，则该点为反馈杆的危险点。

同理，对于弹簧管上任意一点，已知其坐标$(x,\ y,\ z)$，可利用式(7－76)计算该点的主应力。进一步计算该点的 Mises 等效应力 $\bar{\sigma}_s$。通过离散化弹簧管后求解 $\bar{\sigma}_s$ 极大值及其对应的点坐标$(x_{sm},\ y_{sm},\ z_{sm})$，则该点可作为弹簧管的危险点：

$$
\bar{\sigma}_s(x, y, z) = \sqrt{\frac{(\sigma_{s1} - \sigma_{s2})^2 + (\sigma_{s2} - \sigma_{s3})^2 + (\sigma_{s3} - \sigma_{s1})^2}{2}} \tag{7-78}
$$

对衔铁组件而言，整个结构的危险位置是各零件危险点中能承受的最大应力循环次数最小的危险点。

7.5.3 衔铁组件疲劳寿命计算模型

7.5.3.1 基于名义应力法的衔铁组件疲劳寿命预测

图 7－38 示出了基于名义应力法的衔铁组件疲劳寿命预测思路。先结合整阀工作原理，明确衔铁组件承受的载荷，抽象出力学分析模型。进一步根据材料力学/弹性力学理论，推导各零件内力、各点应力状态计算式。结合耐久性试验工况，确定各零件应力极值点，以确定危

险部位，进而明确危险部位载荷谱特征。通过对材料 $S-N$ 曲线进行修正，得到零件 $S-N$ 曲线。使用 Goodman 模型对非零均值载荷进行修正，再查零件 $S-N$ 曲线，得到衔铁组件最大应力循环次数。本节以典型的力反馈式双喷嘴挡板电液伺服阀中挡板与反馈杆一体式衔铁组件为例，厘清衔铁组件疲劳寿命预测流程。

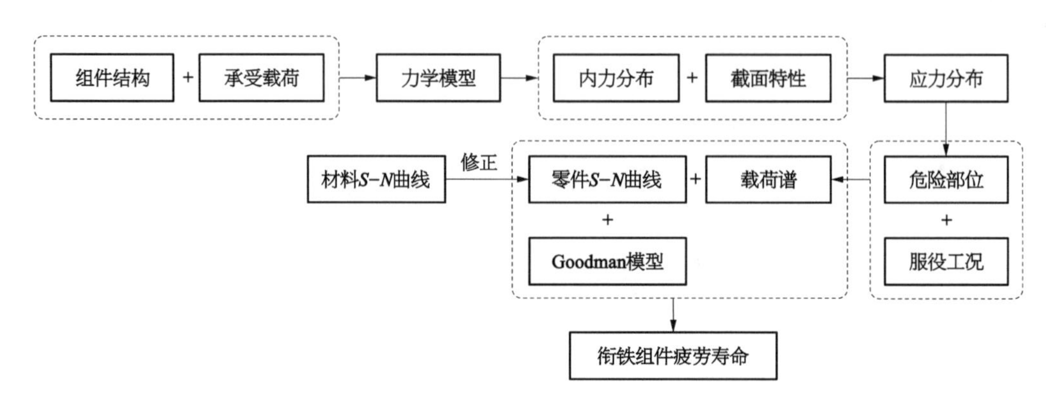

图 7-38 基于名义应力法的衔铁组件疲劳寿命预测方法

7.5.3.2 耐久性试验工况下载荷谱特征

电液伺服阀应用范围广，通过实测的方法获取衔铁组件载荷谱后使用雨流计数法处理，但该方法呈现较强的场景依赖性，不利于规范衔铁组件疲劳强度校核流程。高性能电液伺服阀的验收按照国家或企业制定的电液伺服阀通用技术条件和产品的专用技术条件列出的要求进行，其中包含了寿命试验（耐久性试验）项目。对电液伺服阀进行寿命试验时，输入频率低于幅宽 1/5，幅值为额定电流的正弦波信号，阀芯全行程往返次数每隔 5 万次测量一次空载流量曲线。对于射流管电液伺服阀，试验次数不得少于 10^7 个周期。

伺服阀耐久性测试条件中未对回油压力作相应规定，为简化分析难度，将回油压力 p_t 近似取 0；供油压力一般设置为额定压力。若负载口 A 和 B 均处于开启状态，且接回油路，则整个电液伺服阀处于空载状态。输入信号的频率远低于衔铁组件横向自由振动的固有频率，可忽略可动部件运动时的惯性力，仅需对组件作静力学分析。当输入额定电流时，衔铁组件变形最严重，各点应力均达到极值；由电液伺服阀的宏观对称性可知，当输入反向控制信号时，组件将产生反方向的变形，各点应力均反向。耐久性试验的单个循环内，衔铁组件承受往复的弯矩和剪力，产生往复弯曲变形（纯弯曲＋横力弯曲），衔铁组件所受的交变应力的应力幅和周期可视为不变，应力循环比 $r=-1$，最大应力 σ_{max} 和最小应力 σ_{min} 等值且符号相反。

7.5.3.3 材料 $S-N$ 曲线和零件 $S-N$ 曲线

使用名义应力法分析构件疲劳寿命，需要各种应力集中系数对应下的零件 $S-N$ 曲线。挡板与反馈杆一体式衔铁组件组成零件中，反馈杆常使用 3J1 弹性合金，未见该型材料疲劳试验公开数据，本节使用 3J21 材料的 $S-N$ 近似替代，如图 7-39 所示；弹簧管使用 QBe2 铍铜合金，其 $S-N$ 曲线可由航空材料手册查得，如图 7-40 所示。

直接使用图 7-39 和图 7-40 中的 $S-N$ 曲线不便于计算，工程上多采用三参数经验公式进行拟合，该公式可以表示中、长寿命区的 $S-N$ 曲线。三参数 $S-N$ 曲线方程表达式为

$$(S-S_f)^m \times N = C \tag{7-79}$$

式中　S_f、m、C——需要拟合的三个参数。

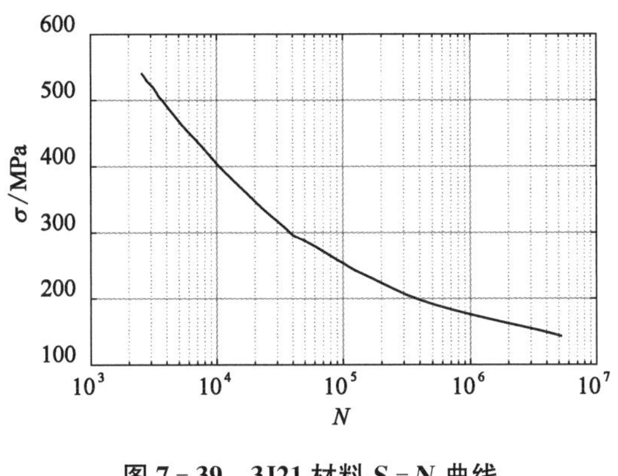

图7-39　3J21材料 $S-N$ 曲线

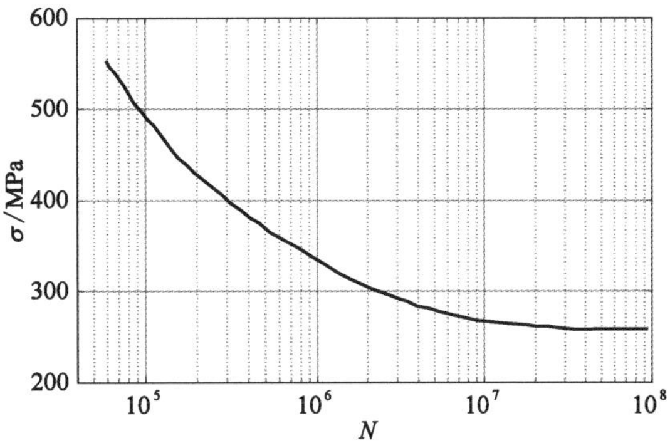

图7-40　QBe2材料 $S-N$ 曲线

平均应力对于零部件寿命有着重要影响，而材料的 $S-N$ 曲线通过利用标准试件在等幅、零平均应力条件下测试并拟合得到。当服役时构件承受的平均应力 σ_m 不为0时，可需要使用Soderberg修正方法对标准 $S-N$ 曲线进行修正，修正式为

$$S_{am}=\frac{S_a}{1-\sigma_m/\sigma_s} \tag{7-80}$$

式中　S_{am}——等效应力幅；

S_a——应力幅；

σ_s——材料的屈服强度。

前述内容借助材料手册得到了材料 $S-N$ 曲线，但该曲线是在标准试样下测得，结构构型和受力与弹簧管实际服役时的状态存在较大区别，需要将材料的 $S-N$ 曲线修正为对应零件的 $S-N$ 曲线。对于某材料 $S-N$ 曲线上的一点(σ_a, N)，可修正至零件 $S-N$ 曲线上的一点(σ_{mod}, N)，修正的操作本质上是建立 σ_a 和 σ_{mod} 之间的一对一映射关系，可由下式计算：

$$\sigma_{mod}=\sigma_a\varepsilon\beta C_L K_f^{-1} \tag{7-81}$$

式中　σ_a——对应材料 $S-N$ 曲线上某点的应力；

σ_{mod}——对应零件 $S-N$ 曲线的应力；

K_f——有效应力集中系数；

ε——尺寸系数；

β——表面质量系数；

C_L——加载方式系数。

式(7-81)中，还需要明确各项修正系数的取值。弹簧管薄壁部分存在圆角过渡段，易出现局部应力大于平均应力的情况，会降低疲劳寿命。可将弹簧管圆角处过渡段视为阶梯形圆轴轴肩圆角，通过查表、查曲线图获取应力集中系数。反馈杆/弹簧管直径尺寸小于20 mm，尺寸系数可以按照接近于1进行取值。反馈杆和弹簧管会采用磨削加工方法，在加工完成后，会检查表面质量，表面质量系数可按照接近于1进行取值。确定危险位置时使用了第四强度理论计算等效应力，加载方式系数可近似取1。

结合载荷谱特征，利用所提出的反馈杆、弹簧管内应力模型计算出耐久性试验工况下的危险点应力，查取零件 $S-N$ 曲线上该应力对应的循环次数，可确定组件最大应力循环次数(疲劳寿命)。

7.5.4 工程算例

本节以某型双喷嘴挡板式电液伺服阀衔铁组件为例，明确计算疲劳寿命所需参数，预测耐久性测试工况下衔铁组件能承受的循环载荷次数。计算所需要的参数有滑阀阀芯质量 $m_s=10\ \text{g}$、衔铁质量 $m_a=4.15\ \text{g}$、反馈杆材料密度 $\rho_f=8\ \text{g/cm}^3$、弹簧管材料密度 $\rho_s=8.9\ \text{g/cm}^3$、反馈杆大端外径 $d_1=2.8\ \text{mm}$、反馈杆锥形段大端侧直径 $d_2=1.5\ \text{mm}$、小端侧直径 $d_3=0.75\ \text{mm}$、反馈小球球径 $d_4=1\ \text{mm}$、反馈杆鼓形段截面宽度 $b_f=2\ \text{mm}$、弹簧管薄壁外径 $d_o=3.12\ \text{mm}$、内径 $d_i=3\ \text{mm}$、反馈杆材料弹性模量 $E_f=190\ \text{GPa}$、弹簧管材料弹性模量 $E_s=195\ \text{GPa}$、弹簧管材料剪切模量 $G_s=72\ \text{MPa}$、环形截面剪切系数 $\alpha_r=1.1$、反馈杆质量 $m_f=5.22\ \text{g}$、弹簧管质量 $m_{sp}=0.043\ \text{g}$、电磁力矩常数 $K_{m1}=4.51\ \text{V/(rad}\cdot\text{s}^{-1})$、$K_{m3}=3.51\ \text{V/(rad}\cdot\text{s}^{-1})$、尺寸参数 $l_{AG}=30\ \text{mm}$、$l_{CG}=22\ \text{mm}$、$l_{DG}=18\ \text{mm}$、$l_{EG}=14\ \text{mm}$、$l_{AB}=10\ \text{mm}$。

7.5.4.1 载荷分析

载荷是求解结构力学响应的边界条件。由于耐久性试验中未对回油压力 p_t 作规定，为便于计算，本节分析中取 $p_t=0$。力矩马达电磁力矩 M_a、喷嘴出流在挡板上的液动力 F_f、功率滑阀阀芯的反馈力 F_s 可由双喷嘴挡板式电液伺服阀空载流量模型确定。忽略可动部件所受附加作用力，空载条件下，可得线性方程组为

$$\left.\begin{aligned}
&M_a=K_t\Delta i+K_m\theta\\
&F_f=(-A_np_s/x_{f0}+8\pi C_{df}p_sx_{f0})x_f\\
&F_s=-(p_s/x_{f0})A_px_f-k_vx_s\\
&\theta=g_{11}M_a+g_{12}F_f+g_{13}F_s\\
&x_f=g_{21}M_a+g_{22}F_f+g_{23}F_s\\
&x_s=g_{31}M_a+g_{32}F_f+g_{33}F_s
\end{aligned}\right\}\tag{7-82}$$

其中，M_a、F_f、F_s、θ、x_n 和 x_s 为六个未知量，控制电流 Δi 取额定电流，其余参数均为已知量，使用高斯消元法可求解该线性方程组。

该伺服阀的特性参数包括滑阀通径 12 mm、额定工作压力 21 MPa、额定流量 40 L/min、最大差动电流 40 mA。本节选用文献所给出的结构参数，当输入额定电流 40 mA、供油压力 21 MPa 时，该型衔铁组件所受载荷列于表 7-9 中，表中负号表示计算得到的载荷方向与图 7-37 中规定的正向相反。

表 7-9 电液伺服阀衔铁组件受力

物理量	计算值
力矩马达电磁力矩 M_a	70.64 mN·m
双喷嘴挡板式电液伺服阀射流液动力 F_f	−57.27 mN
功率阀芯反馈力 F_s	−560.33 mN

7.5.4.2 各零件最大工作应力

当不考虑油液压力作用时，反馈杆和弹簧管上各点处于均平面应力状态。

1) 反馈杆最大工作应力及所处位置

由式(7-61)可知，对于局部坐标为 y 的截面上，当 x 坐标取最值 $x_{\max}$ 时弯曲正应力取得最值，而 $x_{\max}$ 与 y 之间是单值映射关系，与 z 坐标无关。因此，反馈杆最大弯曲正应力 σ_{fm} 仅是 y 的单值函数。解析求解最大弯曲正应力较为困难，本节使用数值计算。离散化后得到一系列 y_i($1\leqslant i\leqslant n_{f0}$，$n_{f0}$ 表示离散点数)，计算 $x_{i\max}$，使用式(7-60)计算截面弯矩 M_{1i}，使用式(7-62)计算截面惯性矩 I_{1i}，最后将 $x_{i\max}$、M_{1i} 和 I_{1i} 代入式(7-61)计算弯曲正应力 σ_{fi}。在 σ_{fi} 组成的数据集中找到最大值及其对应的坐标 y_i。y 坐标和该截面上最大弯曲正应力 σ_f 之间的关系如图 7-41 所示。

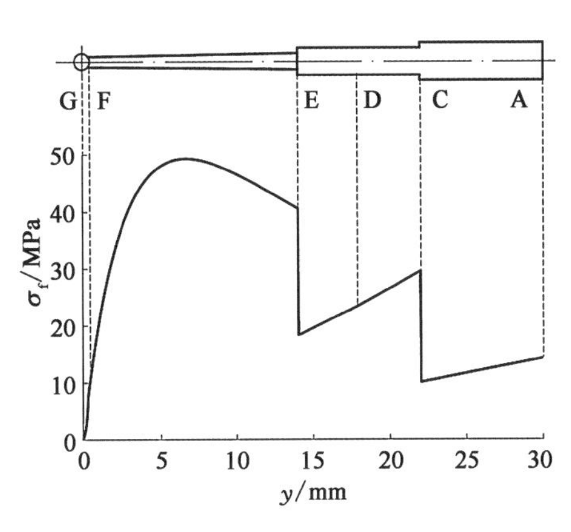

图 7-41　反馈杆 σ_f-y 关系曲线

由图 7-41 可知，反馈杆最大工作应力为 49.31 MPa，位于锥形段(E-F 段)外锥面上，对应坐标为 $y=6.67$ mm。截面 F 处形状连续，但截面前后的惯性矩变化率不一致，导致曲线出现折点；截面 E 和截面 C 两处截面前后梁横截面突变，导致曲线具有不连续性。截面 D 和射流液动力共面，截面前后弯矩突变，导致曲线出现折点。

2) 弹簧管最大工作应力及所处位置

令式(7-81)中 $p_t=0$，可得弹簧管弯矩正应力 σ_s、弯曲切应力 τ_s 和 Mises 等效应力 $\bar{\sigma}_s$，分别为

$$\sigma_s(x,\ y,\ z)=\frac{-(F_s+F_f)y+F_sl_{AG}+F_fl_{AD}+M_a}{I_2}x \tag{7-83}$$

$$\tau_s(x,\ y,\ z)\approx\frac{8(F_s+F_f)}{\pi(d_o+d_i)^2\delta}\mid z\mid \tag{7-84}$$

$$\bar{\sigma}_s(x,\ y,\ z)=\sqrt{\sigma_s^2(x,\ y,\ z)+3\tau_s^2(x,y,z)} \tag{7-85}$$

由于 F_s 和 F_f 为负，且 τ_s 与 y 无关，易知危险点位于截面 $y=l_{AB}$ 上。

令 $y=l_{AB}$，可得到简化后的 $\bar{\sigma}_s$ 解析式：

$$\bar{\sigma}_s(x,\ z)=\sqrt{(k_1x)^2+4(k_2z)^2},\ r_i^2\leqslant x^2+z^2\leqslant r_o^2 \tag{7-86}$$

$$\begin{cases}k_1=\dfrac{-(F_s+F_f)y+F_sl_{AG}+F_fl_{AD}+M_a}{I_2}\\[2ex] k_2=\dfrac{8(F_s+F_f)}{\pi(d_o+d_i)^2\delta}\end{cases}$$

现需确定 $(\bar{\sigma}_s)_{\max}$ 及其对应的坐标 x 和坐标 z。式(7-86)较为复杂，用解析法寻找 $(\bar{\sigma}_s)_{\max}$ 存在一定困难，可采用数值计算的方式确定。离散化后得到一系列 $y=l_{AB}$ 截面上点的坐标 $P_i(x_i,\ z_i)$($1\leqslant i\leqslant n_{s0}$，$n_{s0}$ 表示离散点数)，使用式(7-86)计算该点的应力 $\bar{\sigma}_{si}$，在 $\bar{\sigma}_{si}$ 组成的数据集中找到最大值及其对应的坐标。弹簧管的各项应力极值计算结果列于表 7-10 中。

表 7-10　电液伺服阀弹簧管应力计算结果

物　理　量	计算结果/MPa	所 在 位 置
最大弯曲正应力	165.01	$x=d_o/2,\ y=l_{AB}$
最大弯曲切应力	1.31	$z=d_o/2$
最大 Mises 等效应力	165.01	$x=d_o/2,\ y=l_{AB},\ z=0$

由表 7-10 可知,额定电流和额定供油压力下,弹簧管内最大工作应力为 165.01 MPa,远低于铍青铜材料屈服强度 σ_p(820 MPa);弯曲正应力极值远大于弯曲切应力极值;最大工作应力出现在弹簧管薄壁部分外圆柱面,距衔铁下表面最远,且位于弯曲平面内。

7.5.4.3　材料 *S*-*N* 曲线拟合结果

选择 350℃下最大时效处理条件下的 QBe2 *S*-*N* 曲线。反馈杆常使用 3J1 弹性合金,使用 3J21 材料的 *S*-*N* 曲线近似替代。使用 GetData 软件捕捉 *S*-*N* 曲线上点数据,使用 MATLAB 进行线性拟合,拟合结果列于表 7-11 中。

表 7-11　*S*-*N* 曲线参数拟合结果

项　目	材 料					
	3J21			QBe2		
符　号	S_{f1}	m_1	C_1	S_{f2}	m_2	C_2
拟合值	92.24	3.52	5.77×10^{12}	201.48	2.46	5.52×10^{11}

7.5.4.4　疲劳寿命影响系数

影响构件疲劳寿命的因素较多,本节仅考虑了构件外形、尺寸、表面质量、加载方式等主要因素。若需考虑其他因素,可用其他因素影响系数表征该因素的影响程度,通过查手册或对比试验测定确定。

对于反馈杆,最大工作应力所处位置形状变化不明显,有效应力集中系数 K_{f1} 可取 1;反馈杆最大直径为 2.8 mm,尺寸系数 ε_1 可取 1;反馈杆表面经过磨削加工,表面质量要求高,表面质量系数 β_1 可取 1;反馈杆实际受力和分析模型较为一致,加载方式系数 C_{L1} 也取 1。

对于弹簧管,由 $r_{rou}/d_o=0.4/3.12=0.16$ 和 $D_1/d_o=10/3.12=3.2$(r_{rou} 为过渡圆角半径,D_1 为弹簧管大端直径),通过查询文献,取有效应力集中系数 $K_{f2}=1.5$。弹簧管最大径向尺寸小于 20 mm,可取尺寸系数 $\varepsilon_2=0.97$。根据弹簧管表面磨削加工情况,可取表面质量系数 $\beta_2=1$。加载方式系数 $C_{L2}=0.95$。

7.5.4.5　零件和组件疲劳寿命

1) 反馈杆疲劳寿命

前述小节已经确定了反馈杆零件最大工作应力 σ_{fm} 和各项疲劳寿命影响系数。此外,耐久性试验工况下反馈杆载荷平均应力为 0。可将反馈杆最大工作应力 σ_{fm} 转换为 3J1 材料 *S*-*N* 曲线上的应力 S_{fm}。转换式可由式(7-81)改写得到,为

$$S_{fm}=\frac{\sigma_{fm}K_{f1}}{\varepsilon_1\beta_1C_{L1}} \tag{7-87}$$

已知材料 $S-N$ 曲线上的应力 S_{fm}，对式(7-79)进行整理，将应力循环放在等号左边，可得到对应的应力循环次数 N_{fm} 为

$$N_{fm}=\begin{cases}\dfrac{C_1}{(S_{fm}-S_{f1})^{m_1}} & S_{fm}>S_{f1}\\ \text{无限疲劳寿命} & S_{fm}\leqslant S_{f1}\end{cases} \tag{7-88}$$

将 $\sigma_{fm}=49.31$ MPa、$K_{f1}=\varepsilon_1=\beta_1=C_{L1}=1$ 代入式(7-87)，可计算得到 $S_{fm}=49.31<S_{f1}=92.24$。再根据式(7-88)，反馈杆工作应力幅值低于疲劳极限，反馈杆的疲劳寿命可视为无限疲劳寿命。

2) 弹簧管疲劳寿命

和计算反馈杆疲劳寿命过程相类似，弹簧管疲劳寿命计算公式主要包括

$$S_{sm}=\frac{\sigma_{sm}K_{f2}}{\varepsilon_2\beta_2C_{L2}} \tag{7-89}$$

$$N_{sm}=\begin{cases}\dfrac{C_2}{(S_{sm}-S_{f2})^{m_2}} & S_{sm}>S_{f2}\\ \text{无限疲劳寿命} & S_{sm}\leqslant S_{f2}\end{cases} \tag{7-90}$$

将 $\sigma_{sm}=165.01$ MPa、$K_{f2}=1.5$、$\varepsilon_2=0.97$、$\beta_2=1$、$C_{L2}=0.95$ 代入式(7-89)，可计算得到 $S_{fs}=268.60$ MPa。再将 $S_{fs}=322.32$ MPa、$C_2=5.52\times10^{11}$、$S_{f2}=201.48$ 和 $m_2=2.46$ 代入式(7-90)，可计算得到 $N_{sm}=1.77\times10^7$，即弹簧管的疲劳寿命约为 1.77×10^7 次应力循环。

3) 衔铁组件疲劳寿命及对应伺服阀飞行小时

根据 1)和 2)的计算结果，耐久性试验工况下，反馈杆可视为具有无限疲劳寿命，而弹簧管能承受的最大应力循环次数为 1.77×10^7。衔铁组件的疲劳寿命是反馈杆和弹簧管最大应力循环次数中的较小者。衔铁组件的应力循环次数大于 10^5 次，各零件的应力水平均低于材料屈服强度，因此衔铁组件的疲劳破坏属于高周应力疲劳。综合来看，该型电液伺服阀衔铁组件疲劳寿命与弹簧管疲劳寿命一致，危险位置位于弹簧管薄壁部分外圆柱面，距衔铁下表面最远，且位于弯曲平面内。

假设控制电流频率为 f_c，衔铁组件疲劳寿命为 N_{am}，对应伺服阀飞行小时数 l_h 可表示为

$$l_h=N_{am}/(3\,600f_c) \tag{7-91}$$

取 $f_c=5$ Hz，该型伺服阀对应总寿命为 983.3 飞行小时，建议该型伺服阀的更换时间不小于该时间。

7.5.5 本节小结

本节建立了挡板与反馈杆一体式衔铁组件力学模型，推导反馈杆和弹簧管的内力分布和应力计算式。分析耐久性试验工况下衔铁组件的循环应力特征，基于名义应力法，建立衔铁组件疲劳寿命计算模型，介绍某型双喷嘴挡板式电液伺服阀衔铁组件疲劳寿命计算实例。主要结论有：

(1) 提出了电液伺服阀疲劳寿命理论计算方法,主要步骤包括:① 基于双喷嘴挡板式电液伺服阀空载流量模型,计算耐久性试验工况下衔铁组件所受外载荷;② 抽象出力学分析模型,根据材料力学/弹性力学理论,推导步骤①中载荷作用下各零件内力、各点应力状态,求解反馈杆、弹簧管的应力极值,确定危险部位;③ 通过对材料 $S-N$ 曲线进行修正,得到零件 $S-N$ 曲线;④ 明确耐久性试验工况下单个工作循环内衔铁组件内部应力循环特征(应力幅值、循环比);⑤ 查取零件 $S-N$ 曲线上步骤④中应力幅值对应的循环次数,作为衔铁组件最大应力循环次数。

(2) 某型伺服阀反馈杆使用 3J1 弹性合金,总长 30 mm,最大直径为 2.8 mm;弹簧管使用 QBe2 铍铜合金,薄壁部分壁厚 50 μm,颈部长 20 mm。在提供额定电流和额定供油压力工况下,反馈杆最大工作应力为 49.31 MPa,位于锥形段(E-F 段)外锥面上;弹簧管内弯曲正应力极值远大于弯曲切应力极值,最大工作应力为 165.01 MPa,出现在弹簧管薄壁部分外圆柱面,距衔铁下端面最远,且位于弯曲平面内。

(3) 当输入额定电流 40 mA、供油压力 21 MPa 时,该型伺服阀衔铁组件承受的力矩马达电磁力矩为 70.64 mN·m,射流液动力为−57.27 mN,功率阀芯反馈力为−560.33 mN。耐久性试验工况下,反馈杆工作应力幅值低于疲劳极限,具有无限疲劳寿命;而弹簧管能承受的最大应力循环次数为 1.77×10^7。衔铁组件的应力循环次数大于 10^5 次,各零件的应力水平均低于材料屈服强度,具有高周应力疲劳特征。经换算,该型伺服阀对应总寿命为 983.3 飞行小时,建议该型伺服阀的更换时间不小于该时间。

7.6 加速度工况下衔铁组件结构强度和刚度分析

随着飞行器启动、骤停、着陆、加减速等动作,电液伺服阀衔铁组件处于高加速度状态,如导弹的加速度可达 $85g$,固体火箭发动机的加速度达 $250g$。已有文献研究加速度环境下伺服阀零漂现象,但未见对衔铁组件承受稳态惯性载荷作用后结构性能分析的报道,国内企业缺少加速度环境下伺服阀弹性元件结构强度和刚度校核方法。本节分析加速度条件下衔铁组件应力和变形响应特性的规律,建立相应的强度和刚度设计准则,确保在加速度环境下电液伺服阀弹性元件具有足够强度/刚度。加速度试验是飞行器装备环境试验的重要部分,以验证装备在结构上能承受使用环境中由平台加、减速和机动引起的稳态惯性载荷的能力,确保在惯性载荷作用期间或结束后结构性能不会降低。加速度试验适用于安装在飞机、直升机、载人航天器、导弹上的设备。对于电液伺服阀,高量值加速度可能引起以下损坏情况:

(1) 弹性结构产生永久变形,改变结构初始平衡点,影响压力/流量调节。

(2) 弹性结构应变严重,导致运动部件和固定壳体产生碰撞。

(3) 滑阀移位引起的零位漂移超出允许值。

结构试验和性能试验是电液伺服阀加速度试验的主要程序,前者验证衔铁组件、螺钉等结构承受由加速度产生的载荷的能力,后者验证伺服阀在承受惯性载荷时以及承载之后零偏、额定流量、分辨率、内泄漏、滞环等性能指标不会降低。常见的加速度试验设备有离心机和带滑轨火箭橇。伺服阀根据飞机上向前的位置安装在离心机上进行试验。离心机通过绕固定轴旋转而产生加速度载荷，加速度方向沿径向并指向离心机旋转轴心，由该加速度产生的惯性载荷方向则是从旋转轴心沿径向向外。结构试验的过载加速度是性能试验过载加速度的 1.5 倍。进行结构试验时，根据伺服阀在飞行器上向前的位置安装在离心机上，启动离心机，达到向前方向的规定试验量值后，保持稳定旋转速度 1 min，然后卸载。试验前后均需检查伺服阀外观并测量稳态特性指标。加速度结构试验后，要求伺服阀零组件无松动和损坏。

飞行器的动作可分解为机体坐标系（图 7－42）三个轴的运动，原点 O 位于飞行器质心，OX 平行于器身轴线并指向飞行器前方，OZ 垂直于对称面并指向右翼，OY 由右手法则确定。加速度试验时，伺服阀按照在飞行器上的实际安装位置进行安装，需要沿着飞行器三个互相垂直轴的每个轴向进行试验，依次进行向前、向后、向上、向下、向左、向右的加速度结构试验。三个轴向加速度分量分别用 a_{cX}、a_{cY} 和 a_{cZ} 表示，与对应轴正向一致时取“＋”号，反之冠以“－”号。

为便于确定惯性载荷作用下衔铁组件变形类型，建立如图 7－43 所示的伺服阀局部坐标系。其中，原点 O 位于功率滑阀阀芯几何中心，x 轴和功率滑阀阀芯轴线重合；y 轴沿着弹簧管轴线方向，指向衔铁侧；z 轴垂直于其余两轴所在平面，其正向遵循右手坐标系。易知，y 轴是弹簧管和反馈杆的形心轴，$x-z$ 确定的平面平行于伺服阀安装底面。伺服阀可动部件的加速度可沿着这三轴方向进行分解，分别用 a_{cx}、a_{cy} 和 a_{cz} 表示。常使用过载系数 α_c 与重力加速度 g 的乘积表示。

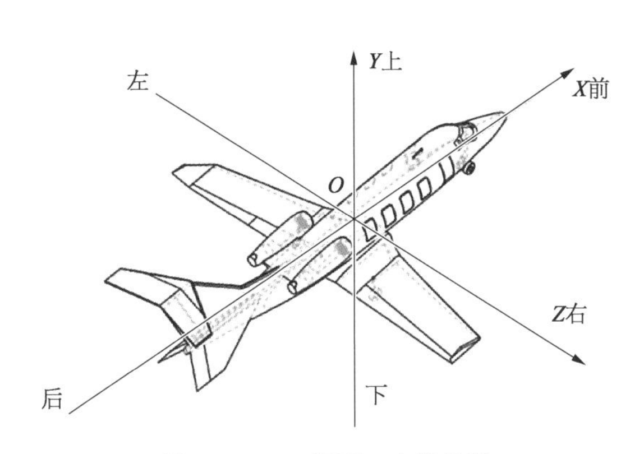

图 7－42　飞行器三个线性轴

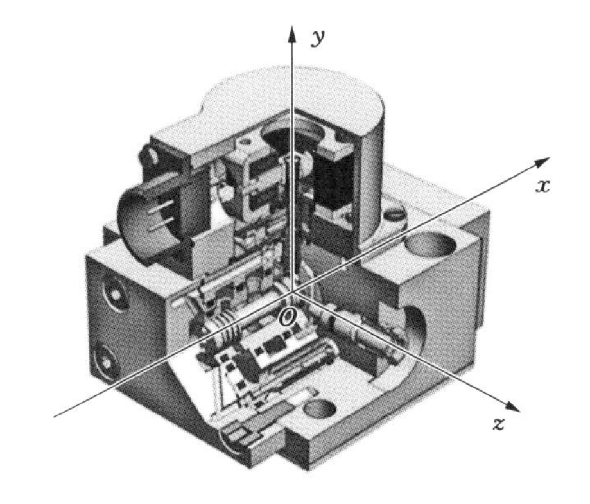

图 7－43　电液伺服阀局部坐标系

合加速度 a_t 可表示为

$$a_t = a_{cX}\vec{i}_X + a_{cY}\vec{i}_Y + a_{cZ}\vec{i}_Z = a_{cx}\vec{i}_x + a_{cy}\vec{i}_y + a_{cz}\vec{i}_z \tag{7-92}$$

进行加速度结构试验时，为贴近服役工况，施加的加速度方向以机体线性轴方向为参考，并对不同方向的加速度量值作了特殊规定。因此，需要将分解至 XYZ 三坐标轴的加速度分量转化为 xyz 三坐标轴的加速度分量。参考图 7－44，以 XYZ 为固定坐标系，使用欧拉角表示两个坐标系之间的旋转关系，旋转顺序为（Z，X，Z）。$X-Y$ 平面和 $x-y$ 平面的交点线为 NN'，α_t 为 X 轴与 NN' 夹角，β_t 为 Z 轴与 z 轴夹角，γ_t 为 NN' 与 x 轴的夹角。由原坐标（X，Y，Z）经运算可得到新坐标（x，y，z），运算式为

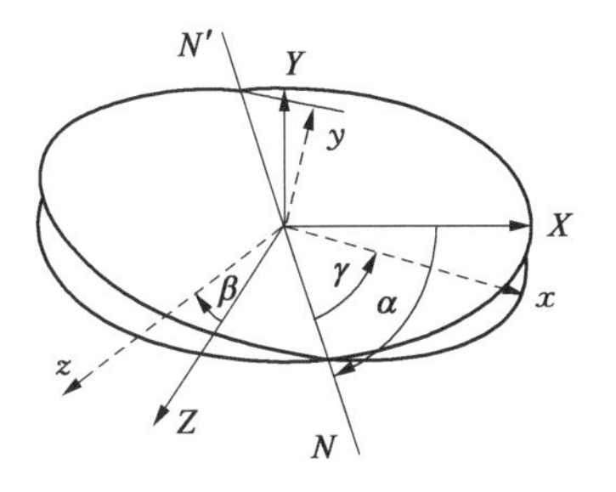

图 7－44　旋转变换示意图

$$[a_{cx} \quad a_{cy} \quad a_{cz}]^T = R_t \, [a_{cX} \quad a_{cY} \quad a_{cZ}]^T \tag{7-93}$$

$$R_t = \begin{bmatrix} \cos\alpha_t\cos\gamma_t - \sin\alpha_t\cos\beta_t\sin\gamma_t & \sin\alpha_t\cos\gamma_t + \cos\alpha_t\cos\beta_t\sin\gamma_t & \sin\beta_t\sin\gamma_t \\ -(\cos\alpha_t + \sin\alpha_t\cos\beta_t)\cos\gamma_t & \cos\alpha_t\cos\beta_t\cos\gamma_t - \sin\alpha_t\sin\gamma_t & \sin\beta_t\cos\gamma_t \\ \sin\alpha_t\sin\beta_t & -\cos\alpha_t\sin\beta_t & \cos\beta_t \end{bmatrix}$$

加速度试验环境下，针对双喷嘴挡板式电液伺服阀，除要求零偏漂移不能过大的条件外，还应满足以下刚度/强度条件：

(1) 反馈杆、弹簧管结构静强度满足要求，最大工作应力 σ_{max}应小于材料许用应力$[\sigma]$，以防止弹性元件产生永久变形，也能避免引入疲劳源。

(2) 衔铁两端位移应小于衔铁导磁体初始气隙 g_a 的 1/3，即 $x_g<1/3g_a$。换算为衔铁角位移，$\theta<1/6g_aL_a$(L_a 为衔铁长度)。

(3) 应避免喷嘴与挡板发生碰撞，防止破坏挡板光洁面进而影响流场状态，挡板位移 x_n 小于允许挠度$[x_n]$。

7.6.1 加速度工况下衔铁组件应力和变形分析

根据加速度试验规范，试验时阀内可动部件承受稳态惯性载荷。将 XYZ 轴上的加速度转化为沿 xyz 轴方向分量，本节推导 a_{cx}、a_{cy}、a_{cz}单独作用下衔铁组件惯性载荷、内力和应力表达式。当伺服阀随着机体作加速度运动时，衔铁组件内部各点具有和平台一致的加速度。使用达朗贝尔原理，在衔铁组件上加上稳态惯性力，采用静力学方法求解惯性载荷作用下组件的内力、应力、挠度、截面转角等响应特性。在进行加速度试验时，动载荷是衔铁组件承受的主要载荷。因此，可不计非水平安装条件下伺服阀可动部件的重力。

7.6.1.1 加速度分量方向与滑阀阀芯轴线平行

与弹簧管轴线平行的加速度分量用 a_{cx}表示，在该加速度分量作用下，衔铁组件受力情况如图 7-45 所示。滑阀阀芯受到惯性力 G_{sp}($G_{sp}=m_sa_{cx}$)和来自反馈小球的作用力 F'_{s1}，在这两个力作用下处于平衡状态。衔铁组件承受阀芯反作用力 F_{s1}(与 F'_{s1}等大反向)、电磁力矩 M_{a1}和各项稳态惯性力。其中，衔铁组件受到的惯性力包括衔铁惯性集中力 F_{a1}、反馈杆惯性分布力 q_{f1}和弹簧管均匀惯性分布力 q_{s1}。电磁力矩 M_{a1} 是由电磁弹簧引起的，和衔铁角位移 θ_{a1}呈正比($M_{a1}=K_{m1}\theta_{a1}$，K_{m1}为电磁弹簧系数)。挡板液动力 F_{f1}是为求解挡板位移而引入的虚拟载荷，实际计算时取 $F_{f1}=0$。其余载荷计算式为

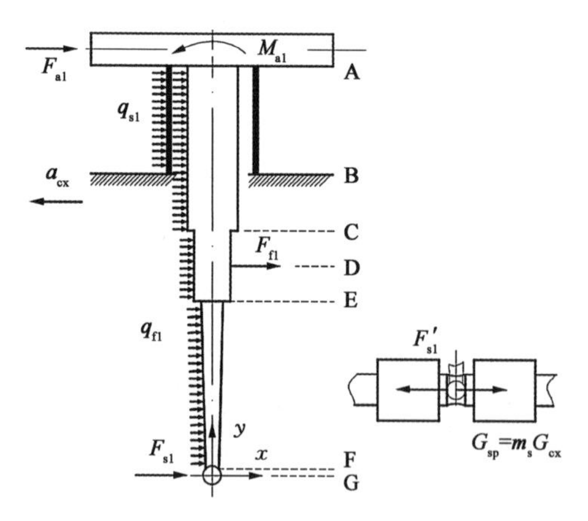

图 7-45 a_{cx}作用下衔铁组件受力分析

$$\left.\begin{aligned} F_{s1} &= m_s a_{cx} \\ F_{a1} &= m_a a_{cx} \\ q_{f1}(y_1) &= a_{cx}\rho_f A_1(y_1) \\ q_{s1} &= a_{cx}\rho_s A_2 \end{aligned}\right\} \tag{7-94}$$

式中　y_1——反馈杆横截面位置，表示与反馈小球球心距离为 y_1 的横截面；

y_2——弹簧管横截面位置，表示与衔铁下表面距离为 y_2 的横截面。

在横向力和力矩作用下，衔铁组件产生 $x-y$ 平面内的弯曲变形。利用截面法可求得各梁段内力，对反馈小球球心取力矩，利用力矩平衡方程可求解各梁段弯矩。反馈杆长径比大，不计反馈杆剪力对结构变形的影响。反馈杆弯矩 M_{f1}、弹簧管剪力 F_{st1} 和弹簧管弯矩 M_{st1} 分别为

$$M_{f1}(y_1)=\begin{cases}F_{s1}y_1+\int_0^{y_1}q_{f1}(y_t)(y_1-y_t)\mathrm{d}y_t & 0\leqslant y_1\leqslant l_{DG}\\ F_{s1}y_1+\int_0^{y_1}q_{f1}(y_t)(y_1-y_t)\mathrm{d}y_t+F_{f1}(y_1-l_{DG}) & l_{DG}<y_1\leqslant l_{AG}\end{cases} \tag{7-95}$$

$$F_{st1}(y_2)=F_{s1}+F_{f1}+F_{a1}+F_{ea1}+q_{s1}y_2 \tag{7-96}$$

$$M_{st1}(y_2)=F_{s1}(l_{AG}-y_2)+F_{f1}(l_{DG}-y_2)+M_{ea1}-F_{ea1}y_2+M_{a1}-F_{a1}y_2-q_{s1}y_2^2/2 \tag{7-97}$$

$$M_{ea1}=\int_0^{l_{AG}}q_{f1}(y_t)(l_{AG}-y_t)\mathrm{d}y_t,F_{ea1}=\int_0^{l_{AG}}q_{f1}(y_t)\mathrm{d}y_t$$

整个结构的变形能 U_{a1} 为

$$U_{a1}=\int_0^{l_{AG}}\frac{M_{f1}^2(y_1)}{2E_fI_{f1}(y_1)}\mathrm{d}y_1+\int_0^{l_{AB}}\frac{M_{st1}^2(y_2)}{2E_sI_s}\mathrm{d}y_2+\int_0^{l_{AB}}\frac{\alpha_rF_{st1}^2}{2G_sA_s}\mathrm{d}y_2 \tag{7-98}$$

利用能量法，衔铁转角和挡板位移计算式为

$$\left.\begin{aligned}\theta_{a1}&=h_{11}M_{a1}+h_{12}F_{f1}+h_{13}F_{s1}+h_{14}\\ x_{fa1}&=h_{21}M_{a1}+h_{22}F_{f1}+h_{23}F_{s1}+h_{24}\end{aligned}\right\} \tag{7-99}$$

$$h_{11}=l_{AB}/(E_sI_s),h_{12}=l_{AB}(l_{DG}-l_{AB}/2)/(E_sI_s),h_{13}=l_{AB}(l_{AG}-l_{AB}/2)/(E_sI_s)$$

$$h_{14}=l_{AB}[M_{ea1}-(F_{ea1}+F_{a1})l_{AB}/2-q_{s1}l_{AB}^2/6]/(E_sI_s),h_{21}=\int_0^{l_{AB}}(l_{AG}-y_2)/(E_sI_s)\mathrm{d}y_2$$

$$\begin{aligned}h_{22}=&\int_{l_{DG}}^{l_{AG}}(y_1-l_{DG})^2/[E_fI_{f1}(y_1)]\mathrm{d}y_1\\ &+\int_0^{l_{AB}}(l_{DG}-y_2)(l_{AG}-y_2)/(E_sI_s)\mathrm{d}y_2+\alpha_rl_{AB}/(G_sA_s)\end{aligned}$$

$$h_{23}=\int_{l_{DG}}^{l_{AG}}\frac{y_1(y_1-l_{DG})}{E_fI_{f1}(y_1)}\mathrm{d}y_1+\int_0^{l_{AB}}\frac{(l_{AG}-y_2)^2}{E_sI_s}\mathrm{d}y_2+\frac{\alpha_rl_{AB}}{G_sA_s}$$

$$\begin{aligned}h_{24}=&\int_{l_{DG}}^{l_{AG}}\frac{(y_1-l_{DG})\int_0^{y_1}q_{f1}(y_t)\mathrm{d}y_t}{E_fI_{f1}(y_1)}\mathrm{d}y_1+\frac{\alpha_rl_{AB}(F_{a1}+F_{ea1}+q_{s1}l_{AB})}{G_sA_s}\\ &+\int_0^{l_{AB}}\frac{M_{ea1}-(F_{ea1}+F_{a1})y_2-q_{s1}y_2^2/2}{E_sI_s}(l_{AG}-y_2)\mathrm{d}y_2\end{aligned}$$

将式(7-94)代入式(7-99)，联立 $F_{f1}=0$，解出的电磁力矩 M_{a1} 为

$$M_{a1}=K_{m1}(h_{13}F_{s1}+h_{14})/(1-K_{m1}h_{11}) \tag{7-100}$$

再将式(7-100)代回式(7-99),并令 $F_{f1}=0$,解得 a_{cx}作用下的衔铁转角 θ_{a1}和挡板位移 x_{fa1}分别为

$$\left.\begin{aligned}\theta_{a1}&=h_{11}K_{m1}(h_{13}F_{s1}+h_{14})/(1-K_{m1}h_{11})+h_{13}F_{s1}+h_{14}\\x_{fa1}&=h_{21}K_{m1}(h_{13}F_{s1}+h_{14})/(1-K_{m1}h_{11})+h_{23}F_{s1}+h_{24}\end{aligned}\right\} \tag{7-101}$$

为防止衔铁吸附在导磁体上喷嘴与挡板撞击,需要对衔铁转角和挡板位移作出限制。a_{cx}作用下,衔铁转角和挡板位移不应超过相应许用值。由此建立 a_{cx}作用下衔铁组件的刚度条件,为

$$\left.\begin{aligned}\theta_{a1}&\leqslant[\theta_{a1}]\\x_{fa1}&\leqslant[x_{fa1}]\end{aligned}\right\} \tag{7-102}$$

式中 $[\theta_{a1}]$、$[x_{fa1}]$——许用衔铁转角、许用挡板位移。

衔铁组件存在加工装配误差,安装完成后衔铁气隙、挡板和喷嘴间初始间隙与设计值存在一定偏差。为预留一定刚度裕度,引入安全系数。许用衔铁转角由气隙设计值 g_a、x 方向衔铁长度 L_x和安全系数 n_{ax1}确定。许用挡板位移由喷嘴和挡板间初始间隙 x_{fa10}和安全系数 n_{ax2}确定。两个位移的许用值计算式为

$$\left.\begin{aligned}[\theta_{a1}]&=(2g_a/L_x)/n_{ax1}\\[x_{fa1}]&=x_{fa10}/n_{ax2}\end{aligned}\right\} \tag{7-103}$$

反馈杆和弹簧管都处于平面弯曲状态,反馈杆弯曲应力 σ_{af1}、弹簧管弯曲应力 σ_{as1}和弹簧管弯曲切应力 τ_{as1}分别为

$$\sigma_{af1}(y_1)=M_{f1}(y_1)x_1/I_{f1}(y_1) \tag{7-104}$$

$$\sigma_{as1}=M_{st1}(y_2)x_2/I_2 \tag{7-105}$$

$$\tau_{as1}\approx 8F_{st1}(y_2)\mid z_2\mid/[\pi(d_o+d_i)^2\delta_s] \tag{7-106}$$

采用第三强度理论,a_{cx}作用下反馈杆和弹簧管的强度准则是最大工作应力不超过许用应力。校核式分别为

$$\max(\sigma_{af1}(y_1))\leqslant[\sigma_{af}]=\sigma_{fb}/n_f \tag{7-107}$$

$$\max(\sqrt{\sigma_{as1}^2+4\tau_{as1}^2})\leqslant[\sigma_{as}]=\sigma_{sb}/n_s \tag{7-108}$$

式中 $[\sigma_{af}]$、$[\sigma_{as}]$——反馈杆材料和弹簧管材料的许用应力;

n_f、n_s——反馈杆材料和弹簧管材料安全系数,由外载荷计算精度、性能分散、工艺偏差等因素决定,对于塑性材料,按屈服应力考虑的安全系数取值范围是1.5~2.2。

7.6.1.2 加速度分量方向与弹簧管轴线平行

与弹簧管轴线平行的加速度分量用 a_{cy}表示,该加速度分量作用下,衔铁组件受力情况如图7-46所示。由于滑阀阀芯的惯性载荷与阀体支持力相平衡,故不存在阀芯和衔铁组件之间的相互作用力。反馈杆截面分布不均匀,内部产生不均匀轴向分布力 q_{f2}。弹簧管内部产生均匀轴向分布力 q_{s2}。

将反馈杆沿Ⅰ-Ⅰ截面切开,取长度为 y_1 的下半部分分析。轴向力 G_{f2} 为

$$G_{f2}(y_1)=\int_0^{y_1} q_{f2}(y_t)\mathrm{d}y_t+m_{f0}a_{cy} \tag{7-109}$$

$$q_{f2}(y_1)=\rho_f A_1(y_1)a_{cy}$$

式中　m_{f0}——反馈小球质量的一半。

将弹簧管沿Ⅱ-Ⅱ截面切开，取长度为 y_2 的上半部分分析。轴向力 G_{s2} 大小为

$$G_{s2}(y_2)=a_{cy}(m_a+m_f+m_s y_2/l_{AB}) \tag{7-110}$$

式中　m_a、m_f、m_s——衔铁、反馈杆和弹簧管质量。

截面Ⅰ-Ⅰ、Ⅱ-Ⅱ分别产生的动应力 σ_{af2} 和 σ_{as2} 为

$$\sigma_{af2}(y_1)=G_{f2}(y_1)/A_1(y_1) \tag{7-111}$$

$$\sigma_{as2}=G_{s2}/A_2 \tag{7-112}$$

由于挡板和衔铁承受轴向惯性载荷，反馈杆不产生横向位移，衔铁不发生偏转，仅需校核反馈杆和弹簧管的强度，校核式分别为

$$\max(\sigma_{af2}(y_1))\leqslant[\sigma_{af}] \tag{7-113}$$

$$\max(\sigma_{as2}(y_2))\leqslant[\sigma_{as}] \tag{7-114}$$

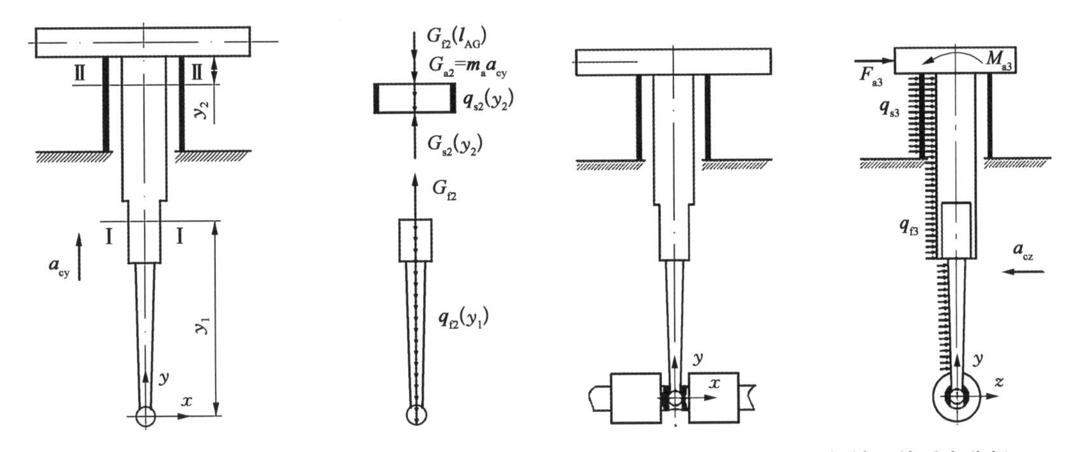

图 7-46　a_{cy} 作用下衔铁组件受力分析　　　图 7-47　a_{cz} 作用下衔铁组件受力分析

7.6.1.3　加速度分量方向与滑阀阀芯轴线和弹簧管轴线垂直

垂直于阀芯轴线和弹簧管轴线的加速度分量用 a_{cz} 表示，图 7-47 示出了 a_{cz} 作用下衔铁组件受力情况。组件承受电磁力矩 M_{a3} 和各项惯性力，其中惯性力包括衔铁惯性集中力 F_{a3}、反馈杆惯性分布力 q_{f3}、弹簧管均匀惯性分布力 q_{s3}。反馈小球受到阀芯的约束，z 向位移为 0，组件处于超静定状态。为求解该一次超静定问题，代以支持力 F_{s3}（沿 z 轴负向），并添加 z 向位移限制条件。

衔铁惯性力、电磁力矩和分布惯性载荷计算式为

$$\left.\begin{aligned} F_{a3}&=m_a a_{cz}\\ M_{a3}&=K_{m3}\theta_{a3}\\ q_{f3}(y_1)&=a_{cz}\rho_f A_1(y_1)\\ q_{s3}(y_2)&=a_{cz}\rho_s A_2 \end{aligned}\right\} \tag{7-115}$$

在横向力和力矩作用下，衔铁组件产生 $y-z$ 平面内的弯曲变形。反馈杆弯矩 M_{f3}、弹簧管剪力 F_{st3} 和弹簧管弯矩 M_{st3} 分别为

$$M_{f3}(y_1)=-F_{s3}y_1+\int_0^{y_1}q_{f3}(y_t)(y_1-y_t)\mathrm{d}y_t \tag{7-116}$$

$$F_{st3}(y_2)=-F_{s3}+F'_{ea3}+q_{s3}y_2 \tag{7-117}$$

$$M_{st3}(y_2)=-F_{s3}(l_{AG}-y_2)+M_{ea3}-F_{ea3}y_2+M_{a3}-F_{a3}y_2-q_{s3}y_2^2/2 \tag{7-118}$$

$$M_{ea3}=\int_0^{l_{AG}}q_{f3}(y_t)(l_{AG}-y_t)\mathrm{d}y_t,F_{ea3}=\int_0^{l_{AG}}q_{f3}(y_t)\mathrm{d}y_t,F'_{ea3}=F_{a3}+F_{ea3}$$

整个结构的变形能 U_{a3} 为

$$U_{a3}=\int_0^{l_{AG}}\frac{M_{f3}^2(y_1)}{2E_fI_{f3}(y_1)}\mathrm{d}y_1+\int_0^{l_{AB}}\frac{M_{st3}^2(y_2)}{2E_sI_s}\mathrm{d}y_2+\int_0^{l_{AB}}\frac{\alpha_rF_{st3}^2}{2G_sA_s}\mathrm{d}y_2 \tag{7-119}$$

假设衔铁偏转 θ_{a3}、反馈小球沿 x 正向偏移 x_{sa3}，根据卡氏第二定理，可由下式计算两个位移量：

$$\left.\begin{aligned}\theta_{a3}&=\frac{\partial U_{a3}}{\partial M_{a3}}=w_{11}M_{a3}+w_{12}F_{s3}+w_{13}\\x_{sa3}&=\frac{\partial U_{a3}}{\partial F_{s3}}=w_{21}M_{a3}+w_{22}F_{s3}+w_{23}\end{aligned}\right\} \tag{7-120}$$

$$w_{11}=\frac{l_{AB}}{E_sI_s},\ w_{12}=\frac{l_{AB}(l_{AB}/2-l_{AG})}{E_sI_s},\ w_{13}=\frac{l_{AB}(M_{ea3}-F_{ea3}l_{AB}/2-q_{s3}l_{AB}^2/6)}{E_sI_s}$$

$$w_{21}=-\int_0^{l_{AB}}\frac{l_{AG}-y_2}{E_sI_s}\mathrm{d}y_2,\ w_{22}=-\int_0^{l_{AG}}\frac{-y_1}{E_fI_{f3}(y_1)}\mathrm{d}y_1+\int_0^{l_{AB}}\frac{(l_{AG}-y_2)^2}{E_sI_s}\mathrm{d}y_2+\frac{l_{AB}\alpha_r}{G_sA_s}$$

$$\begin{aligned}w_{23}=&-\int_0^{l_{AG}}\frac{y_1\int_0^{y_1}q_{f3}(y_t)\mathrm{d}y_t}{E_fI_{f3}(y_1)}\mathrm{d}y_1-\int_0^{l_{AB}}\frac{M_{ea3}-F'_{ea3}y_2-q_{s3}y_2^2/2}{E_sI_s}(l_{AG}-y_2)\mathrm{d}y_2\\&-\frac{\alpha_rl_{AB}(F'_{ea3}+q_{s3}l_{AB}/2)}{G_sA_s}\end{aligned}$$

将 $\theta_{a3}=M_{a3}/K_{m3}$、$x_{sa3}=0$ 与式(7-120)联立，可解出两个未知载荷 M_{a3} 和 F_{s3}：

$$\left.\begin{aligned}M_{a3}&=\frac{K_{m3}w_{13}w_{22}-K_{m3}w_{12}w_{23}}{w_{22}(1-K_{m3}w_{11})+K_{m3}w_{12}w_{21}}\\F_{s3}&=-\frac{w_{21}}{w_{22}}M_{a3}-\frac{w_{23}}{w_{22}}\end{aligned}\right\} \tag{7-121}$$

再将式(7-121)代回式(7-120)，解得的衔铁转角为

$$\theta_{a3}=\left(w_{11}-\frac{w_{21}}{w_{22}}\right)\frac{K_{m3}w_{13}w_{22}-K_{m3}w_{12}w_{23}}{w_{22}(1-K_{m3}w_{11})+K_{m3}w_{12}w_{21}}-\frac{w_{23}}{w_{22}}+w_{13} \tag{7-122}$$

a_{cz} 作用下，衔铁产生偏转，同样以防止衔铁和导磁体吸合构建衔铁组件的刚度条件，为

$$\theta_{a3} \leqslant [\theta_{a3}] \tag{7-123}$$

$$[\theta_{a3}] = \frac{2g_a/L_z}{n_{az1}} \tag{7-124}$$

式中　$[\theta_{a3}]$——许用衔铁转角；

L_z——沿 z 方向衔铁长度；

n_{az1}——衔铁转角安全系数。

反馈杆弯曲应力 σ_{af3}、弹簧管弯曲应力 σ_{as3} 和弹簧管切应力 τ_{as3} 分别为

$$\sigma_{af3}(y_1) = \frac{M_{f3}(y_1)}{I_{f3}(y_1)} x_1 \tag{7-125}$$

$$\sigma_{as3} = \frac{M_{st3}(y_2)}{I_2} x_2 \tag{7-126}$$

$$\tau_{as3} \approx \frac{8F_{st3}(y_2)}{\pi(d_o + d_i)^2\delta} \mid z_2 \mid \tag{7-127}$$

采用第三强度理论，a_{cz} 作用下，反馈杆和弹簧管的强度条件分别为

$$\max(\sigma_{af3}(y_1)) \leqslant [\sigma_{af}] \tag{7-128}$$

$$\max(\sqrt{\sigma_{as3}^2 + 4\tau_{as3}^2}) \leqslant [\sigma_{as}] \tag{7-129}$$

7.6.2　理论结果及结果分析

前节推导了沿着伺服阀局部坐标系三个坐标轴方向的加速度分量作用下衔铁组件的刚度和强度理论模型。本节以双喷嘴挡板式电液伺服阀为实例，计算挡板许用位移、衔铁许用转角、反馈杆许用应力和弹簧管许用应力，求解不同加速度条件下该类型衔铁组件的关键点变形量和应力分布特征，最终预测该型衔铁组件能承受的极限加速度，结合试验规范校核衔铁组件的强度和刚度是否满足要求。

1) 计算许用应力和许用位移

计算衔铁组件许用位移时需要的参数有 $L_x = 38.5$ mm、$L_z = 3$ mm、$g_a = 200$ μm、$x_{fa10} = 470$ μm，取安全系数 $n_{ax1} = 1.5$、$n_{ax2} = 1.5$。由式(7-103)可计算得到许用挡板位移 $[x_{f1}] = 313.33$ μm，$x-y$ 平面内许用衔铁转角 $[\theta_{a1}] = 0.39°$；由式(7-124)可计算得到 $y-z$ 平面内许用衔铁转角 $[\theta_{a3}] = 7.64°$。

反馈杆使用3J1材料，对应的屈服应力 $\sigma_{fb} = 700$ MPa，取安全系数 $n_f = 2.2$，可计算得到反馈杆许用应力 $[\sigma_f] = 318$ MPa；弹簧管使用QBe2材料，屈服应力 $\sigma_{sb} = 1\,000$ MPa，取安全系数 $n_s = 2.2$，可得到弹簧管许用应力 $[\sigma_s] = 454$ MPa。

2) a_{cx} 作用下衔铁组件力学响应

基于式(7-101)计算得到不同 a_{cx} 下挡板位移 x_{fa1} 和衔铁转角 θ_{a1}，分别绘制于图7-48a和图7-48b中。图7-48a中，当挡板位移达到许用挡板位移时，对应的加速度 a_{cx} 为 $29.30g$。因此，为避免挡板撞击喷嘴，应限制 x 向加速度大小，不超过 $29.30g$。图7-48b中，当衔铁转角达到许用值时，对应的加速度 a_{cx} 为 $21.67g$，为避免衔铁贴合导磁体，应避免伺服阀承受的 x

向加速度超过该值。

基于式(7-104)计算得到沿反馈杆轴线方向上各截面应力分布规律,计算结果如图7-48c所示。由图7-48c可知,x向加速度作用条件下,反馈杆最大应力位于锥形段,最大应力随着a_{cx}的增大而增大。

基于式(7-105)计算得到某一a_{cx}下沿着弹簧管轴线方向各截面的最大正应力,计算结果如图7-48d所示。由图7-48d可知,x向加速度作用条件下,弹簧管最大应力位于$y_2=0$的截面上,最大拉应力随着a_{cx}的增大而增大。

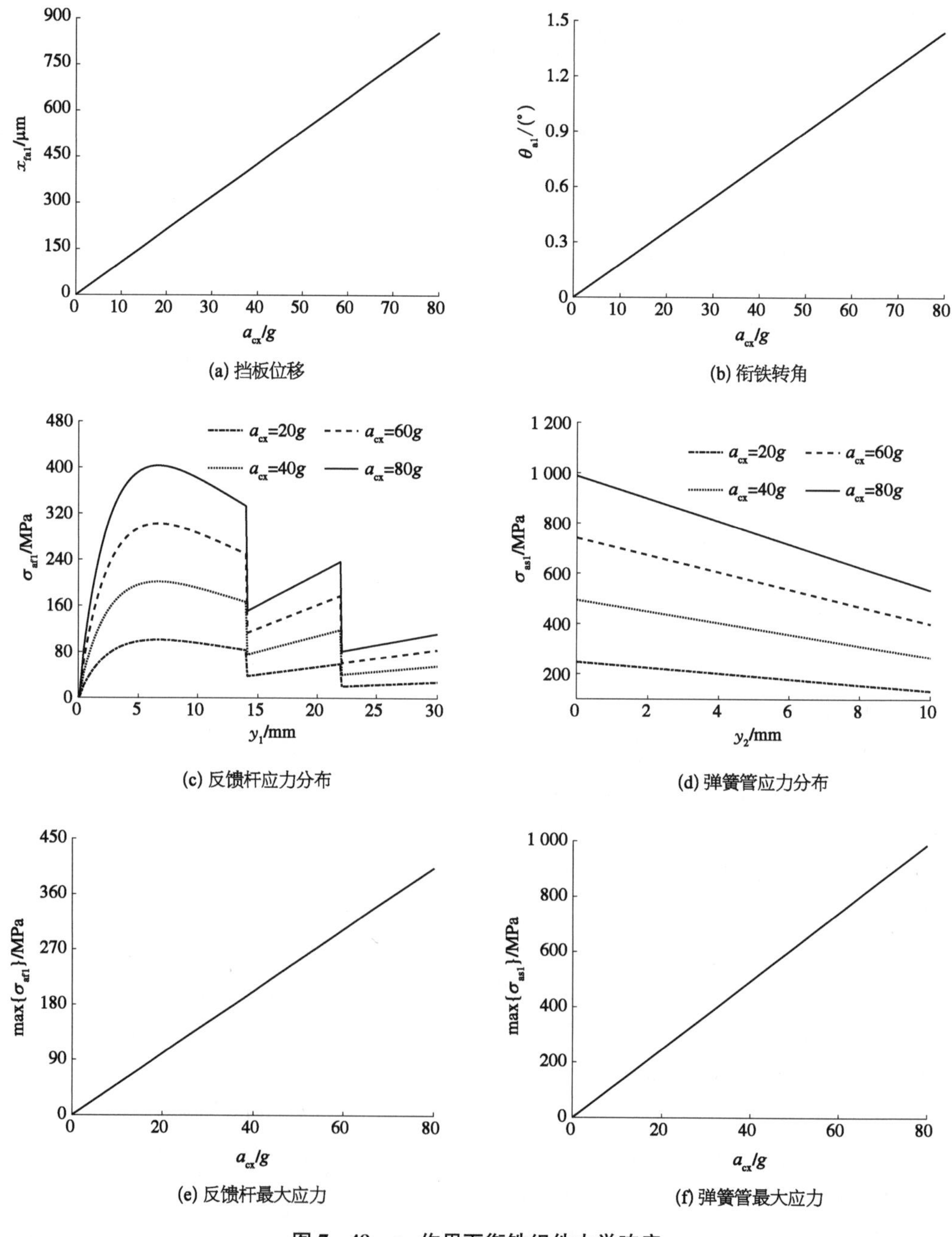

图7-48 a_{cx}作用下衔铁组件力学响应

通过数值计算得到一系列 a_{cx} 对应的应力分布曲线，取出曲线上纵坐标最大值作为 $\max\{\sigma_{af1}\}$，再将各对（a_{cx}，$\max\{\sigma_{af1}\}$）绘制在二维坐标上（图 7－48e），以进一步明确反馈杆最大工作应力和 a_{cx} 之间的关系。图 7－48e 示出的直线上，反馈杆许用应力对应的横坐标 a_{cx} 是 $63.09g$，当 x 向加速度小于该值时，反馈杆具有足够的强度。

采用相类似的数据处理方法，可得到弹簧管最大弯曲应力和 a_{cx} 之间的关系，如图 7－48f 所示。图 7－48f 示出的直线上，弹簧管许用应力对应的横坐标 a_{cx} 是 $36.80g$，当 x 向加速度小于该值时，弹簧管具有足够的结构强度。

为保证关键点位移不超过允许值，能承受的 x 向加速度不应超过 $21.67g$，主要是为了防止出现衔铁贴合导磁体；为保证衔铁组件不因应力过大而产生断裂，x 向加速度不应超过 $36.80g$，以确保弹簧管薄壁部分有一定强度冗余。综合考虑强度和刚度要求，该型伺服阀承受的 x 向加速度极限值为 $21.67g$。

3）a_{cy} 作用下衔铁组件力学响应

基于式（7－111）和式（7－112）计算得到 a_{cy} 作用下反馈杆和弹簧管的轴向应力分布规律，分别绘制于图 7－49a 和图 7－49b 中。由图 7－49a 可知，a_{cy} 作用下反馈杆最大轴向应力出现在 $y_1 = 30$ mm 处，弹簧管最大轴向应力位于 $y_2 = 10$ mm 处。图 7－49c 示出了反馈杆最大工作应力与 a_{cy} 大小间的定量关系，当 $a_{cy} = 350g$ 时，最大应力仅 0.79 MPa；图 7－49d 示出了弹簧管最大工作应力与 a_{cy} 大小间的定量关系，当 $a_{cy} = 350g$ 时，最大应力值为 138.7 MPa，也远小于弹簧管许用应力。综合来看，双喷嘴挡板式电液伺服阀具有良好的抗 a_{cy} 加速度特性。

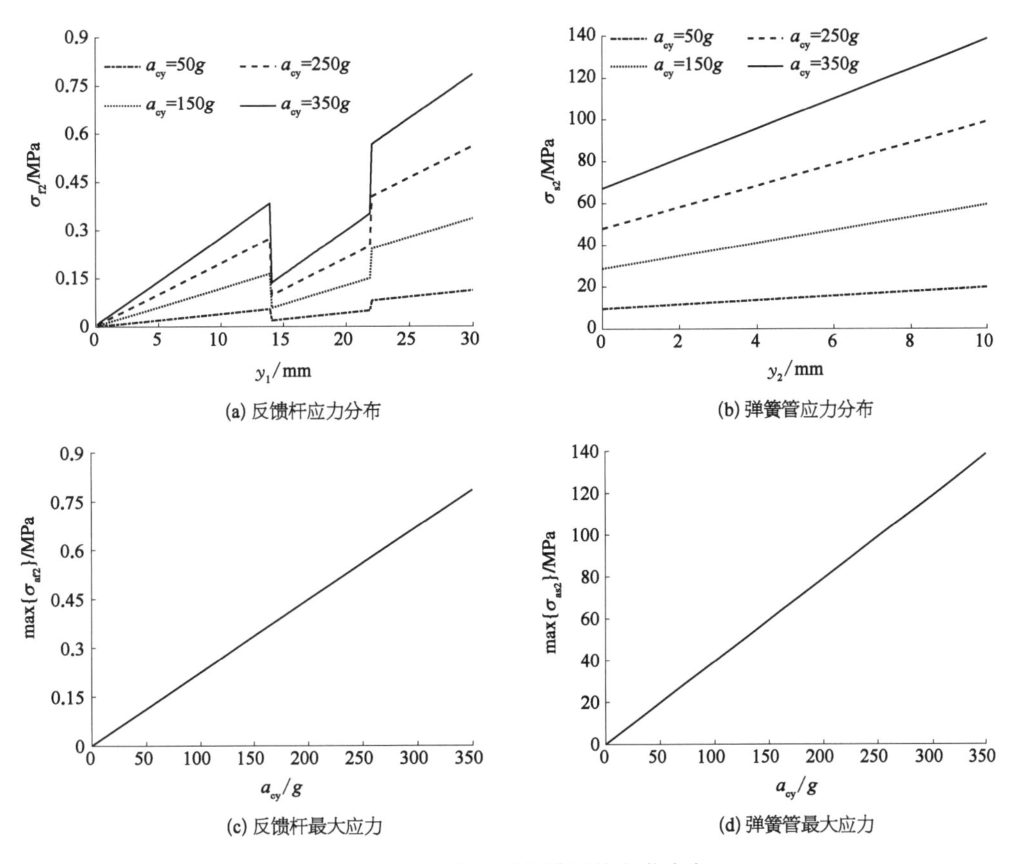

(a) 反馈杆应力分布　　(b) 弹簧管应力分布

(c) 反馈杆最大应力　　(d) 弹簧管最大应力

图 7－49　a_{cy} 作用下衔铁组件力学响应

4) a_{cz}作用下衔铁组件力学响应

基于式(7－124)和式(7－125)可计算得到任一 a_{cz}对应的反馈杆和弹簧管各截面上最大应力分布规律，分别画在图 7－50a 和图 7－50b 中。由图可知，a_{cz}作用下，反馈杆锥形段应力值较高，弹簧管的最大应力出现在 $y_2=10$ mm 的截面上。

基于式(7－122)计算得到 a_{cz}与衔铁转角 θ_{a3}之间的数学关系，如图 7－50d 所示。由图 7－50d 可知，当 a_{cz}达 350g 时，衔铁转角为 0.13°，远小于 $y-z$ 平面内衔铁转角的许用值。图 7－50c 展示了反馈杆和弹簧管最大应力与 a_{cz}间的定量关系，$a_{cz}=350g$ 时，反馈杆内应力最值为 53.59 MPa，弹簧管内应力最值为 130.8 MPa，均小于对应许用应力，且都具有一定裕度。

综合来看，双喷嘴挡板式电液伺服阀具有良好的抗 a_{cz}加速度特性。

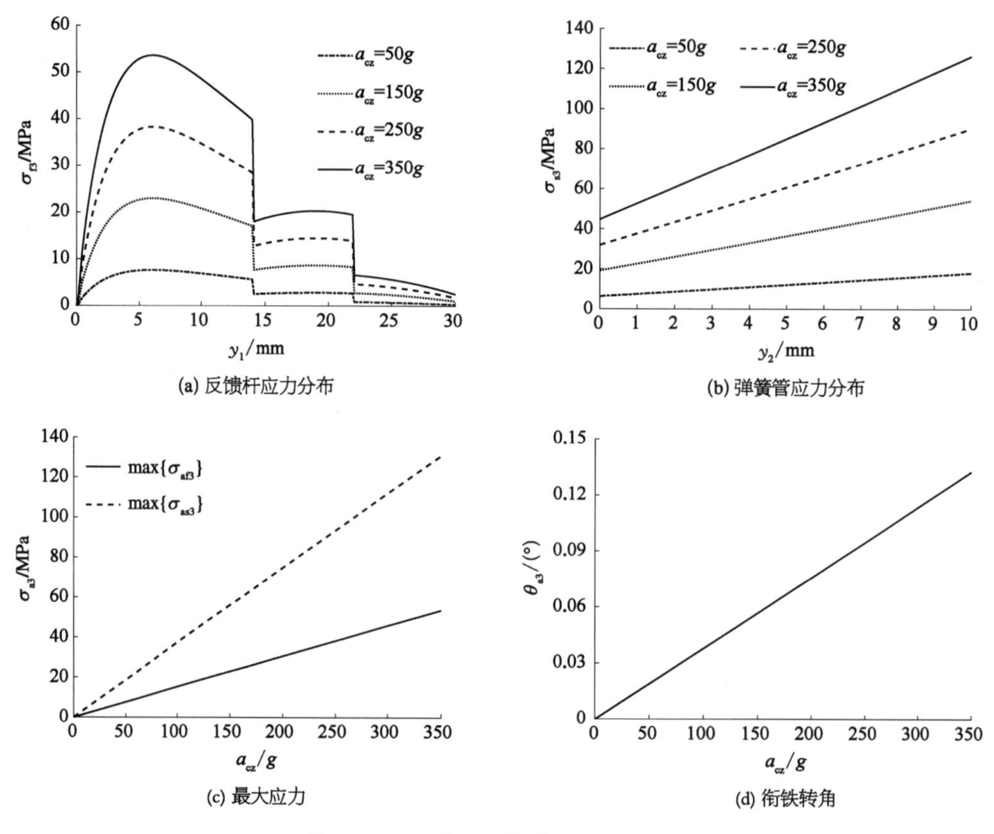

图 7－50 a_{cz}作用下衔铁组件力学响应

为获得加速度工况下电液伺服阀衔铁组件结构强度和刚度，本节首先分析伺服阀局部坐标系中三向加速度作用下衔铁组件承载特点，建立各向加速度单独作用时衔铁组件的力学分析模型，给出关键点位移和应力水平计算式，构建了衔铁组件强度和刚度校核准则。主要结论如下：

(1) 明确了机体坐标系和伺服阀局部坐标系间转换关系，建立了伺服阀局部坐标系三个轴向加速度分量单独作用下衔铁组件力学模型，推导了惯性载荷作用下组件内力、应变和应力计算式。当加速度分量方向与滑阀阀芯轴线平行，或者加速度方向垂直于阀芯轴线和弹簧管轴线时，衔铁组件产生平面弯曲变形；当加速度方向与弹簧管轴线平行时，衔铁组件仅发生轴向变形，不产生横向位移。

(2) 对于双喷嘴挡板式电液伺服阀，以挡板不与喷嘴碰撞、衔铁不与导磁体碰撞作为刚度校核的基本条件，以承受加速度载荷下反馈杆和弹簧管最大应力不超过许用值作为刚度校核的基本条件。以某型伺服阀为算例，许用挡板位移为 313.33 μm，$x-y$ 平面内许用衔铁转角为 0.39°，$y-z$ 平面内许用衔铁转角为 7.64°。反馈杆使用 3J1 材料，许用应力为 318 MPa；弹簧管使用 QBe2 材料，许用应力为 454 MPa。

(3) 当加速度分量方向与阀芯轴线平行时，以某型伺服阀为例，为避免挡板撞击喷嘴，应限制加速度大小不超过 29.30g。为避免衔铁贴合导磁体，应避免伺服阀承受的 x 向加速度超过 21.67g。x 向加速度作用条件下，反馈杆最大应力位于锥形段，弹簧管最大应力位于 $y_2=0$ 的截面上，两零件最大弯曲正应力均和 a_{cx} 呈正相关。为保证反馈杆和弹簧管均具有足够强度，a_{cx} 应不大于 36.80g。为同时满足强度和刚度要求，该型伺服阀能承受的 a_{cx} 极限值为 21.67g。

(4) a_{cy} 作用下反馈杆最大轴向应力出现在 $y_1=30$ mm 处，弹簧管最大轴向应力位于 $y_2=10$ mm 处。当 $a_{cy}=350g$ 时，反馈杆最大应力仅 0.79 MPa，弹簧管内部最大应力值为 138.7 MPa，均远小于许用应力。

(5) 当加速度方向垂直于阀芯轴线和弹簧管轴线时，反馈杆锥形段应力值较高，弹簧管的最大应力出现在 $y_2=10$ mm 的截面上。当 a_{cz} 达 350g 时，衔铁转角为 0.13°，远小于 $y-z$ 平面内衔铁转角的许用值；反馈杆内应力最值为 53.59 MPa，弹簧管内应力最值为 130.8 MPa，未超过对应许用应力。

7.7 本章小结

电液伺服阀衔铁组件是力矩马达的关键核心部件，由衔铁、弹簧管、挡板、反馈杆等组成。衔铁组件连接液压放大器和电-机械转换器，是电液伺服阀服役过程中力-位移的信息传递和能量传递的关键结构部件。作为电液伺服阀内主要承载构件，衔铁组件需具有足够的强度和刚度，以保证在加速度环境等复杂环境下仍能正常工作。衔铁组件承受着高频微米级弯曲变形，存在一定服役时间后发生疲劳断裂的失效风险。本章采用理论、仿真、试验等手段和方法，研究了衔铁组件载荷-位移定量关系、加速度环境下结构强度和刚度特性、长服役时间下疲劳寿命等力学特性，并提供了工程应用案例。从电液伺服阀多物理场信息与能量转换机理，提出了复杂运动工况下整阀零偏漂移计算模型，分析了倾斜安装工况下整阀的零漂规律。具体的研究成果如下：

(1) 针对挡板与反馈杆分离式衔铁组件结构，考虑剪力对衔铁组件变形的影响，提出了一种变截面弹性梁等价模型，建立了该结构的柔度矩阵静力学解析模型，并给出了柔度矩阵各元素解析表达式，各元素的理论值与有限元仿真值的最大相对误差为 8.61%。进一步提出了弹簧管、挡板、反馈杆等精密零件刚度和组件综合刚度解析计算式。通过对比某型弹簧管刚度和反馈杆柔度的理论和测量结果，验证了两类精密件刚度计算模型的准确性。力-位移刚度测量过程中，横向加载力引起的剪力显著影响弹簧管变形，但对反馈杆变形的影响较为有限。相关研究适用于挡板与反馈杆分离式衔铁组件精密零组件的设计和刚度标定。

(2) 针对射流管压力伺服阀衔铁组件结构，提出了一种线弹性空间杆系等效力学结构，建立了射流管压力伺服阀衔铁组件刚度模型，提出了电磁力矩-衔铁转角刚度和电磁力矩-喷嘴位移刚度理论解析计算式。理论分析计算出的电磁力矩-衔铁转角刚度和电磁力矩-喷嘴位移刚度与有限元模拟结果相对误差不超过 9%，当弹簧管薄壁部分长度增大时，两种方法计算的刚度均相应减小，变化趋势一致，说明所建立的刚度模型适用于射流管压力伺服阀弹性元件的设计分析。同有限元法相比，所提出的解析刚度计算式形式较为简洁，使用刚度理论计算式可避免烦琐的数值计算。设计了某型射流管阀压力特性试验，零位附近射流管阀恢复压力差值增益的试验值为 0.392 5 MPa/mA，与理论计算值(0.397 1 MPa/mA)较接近，验证了理论模型的正确性。研究成果为理论分析该类型衔铁组件综合刚度特性提供了理论基础。

(3) 以双喷嘴挡板式电液伺服阀为例，研究了复杂运动工况下稳态特性建模方法和零位工作点漂移的机理。从电液伺服阀多物理场信息与能量转换机理出发，计及平行于阀芯轴线方向上各运动部件重力/惯性力分量，建立了复杂运功工况下电液伺服阀稳态模型。基于该模型求解得到 QDY6 - 40 型双喷嘴挡板式电液伺服阀零位附近理论流量增益，和实际测得的流量增益的相对误差为 9.4%，验证了理论模型的有效性。针对冶金装备中倾斜安装伺服阀的特殊工况，通过设计纠偏电流来产生额外的电磁力矩，以抵消可动部件重力作用下阀芯位移，维持中位不变；推导了重力作用下纠偏电流值计算式，并分析了安装倾角、衔铁质量、阀芯质量和供油压力对重力场中零漂值的影响规律。分析结果表明：零漂值与安装倾角呈正弦函数关系；重力场中单位附加作用力与可动部件单位质量呈正比，由于伺服阀可动部件质量主要集中于衔铁和阀芯上，导致零位工作特性对衔铁质量和阀芯质量较为敏感；同一安装倾角下，供油压力越大，喷嘴挡板阀的恢复压力越大，阀芯偏移量越小，所需纠偏电流相应减小。研究成果可为定量分析离心加速度环境、重力场等复杂运动工况下电液伺服阀零偏漂移特性及设计补偿电流提供参考。

(4) 基于名义应力法，提出了耐久性试验工况下挡板与反馈杆一体式衔铁组件疲劳寿命计算模型。当输入额定电流 40 mA、供油压力 21 MPa 时，某型伺服阀衔铁组件承受的力矩马达电磁力矩为 70.64 mN·m，射流液动力为 −57.27 mN，功率阀芯反馈力为 −560.33 mN，反馈杆最大工作应力为 49.31 MPa，位于锥形段；弹簧管最大工作应力为 165.01 MPa，出现在弹簧管薄壁部分外圆柱面，距衔铁下端面最远，位于弯曲平面内。耐久性试验工况下，反馈杆应力幅值低于疲劳极限，具有无限疲劳寿命；弹簧管能承受的最大应力循环次数为 1.77×10^7。经换算，该型伺服阀对应总寿命为 983.3 飞行小时，建议该型伺服阀的更换时间不小于该时间。

(5) 探索了加速度试验工况下电液伺服阀衔铁组件结构强度和刚度。明确了机体坐标系和伺服阀局部坐标系间转换关系，建立了伺服阀局部坐标系三个轴向加速度分量单独作用下衔铁组件力学模型，推导了惯性载荷作用下组件内力、应变和应力计算式。当加速度分量方向与滑阀阀芯轴线平行，或者加速度方向垂直于阀芯轴线和弹簧管轴线时，衔铁组件产生平面弯曲变形；当加速度方向与弹簧管轴线平行时，衔铁组件仅发生轴向变形，不产生横向位移。对于双喷嘴挡板式电液伺服阀，以挡板不与喷嘴碰撞、衔铁不与导磁体碰撞作为刚度校核的基本条件，以承受加速度载荷下反馈杆和弹簧管最大应力不超过许用值作为刚度校核的基本条件，构建了衔铁组件强度和刚度校核准则。以某型伺服阀为例，许用挡板位移为 313.33 μm，$x-y$ 平面内许用衔铁转角为 0.39°，$y-z$ 平面内许用衔铁转角为 7.64°。反馈杆和弹簧管许用应力分别为 318 MPa、454 MPa。当 $a_{cx}\geqslant 29.30g$ 时，挡板撞击喷嘴的风险较大；当 $a_{cx}\geqslant 21.67g$

时，衔铁贴合导磁体的风险较大；当 $a_{cx} \geqslant 36.80g$ 时，弹簧管的强度裕度不足；当 $a_{cx} \geqslant 63.09g$ 时，反馈杆的强度裕度不足；为同时满足强度和刚度要求，该型伺服阀能承受的 a_{cx} 极限值为 $21.67g$。a_{cy} 作用下反馈杆最大轴向应力出现在 $y_1 = 30$ mm 处，弹簧管最大轴向应力位于 $y_2 = 10$ mm 处。当 $a_{cy} = 350g$ 时，反馈杆和弹簧管内部最大应力值分别为 0.79 MPa 和 138.7 MPa，均远小于许用应力。当加速度方向垂直于阀芯轴线和弹簧管轴线时，反馈杆锥形段应力值较高，弹簧管的最大应力出现在 $y_2 = 10$ mm 的截面上；当 a_{cz} 达 $350g$ 时，衔铁偏转 0.13°，远小于 $y-z$ 平面内衔铁转角许用值，反馈杆和弹簧管内应力最值分别为 53.59 MPa 和 130.8 MPa，均未超过对应许用应力。

参考文献

[1] 訚耀保，何承鹏，张鑫彬，王晓露，傅俊勇，原佳阳.力反馈式电液伺服阀衔铁组件力学模型[J].飞控与探测，2022，5(1)：1-7.

[2] 訚耀保，李双路，章志恒，李文顶.力反馈电液伺服阀反馈小球磨损特性研究[J].华中科技大学学报(自然科学版)，2020(11)：37-42.

[3] 訚耀保，李聪.极端低温下电液伺服阀温漂特性分析[J].飞控与探测，2020，3(1)：80-85.

[4] 訚耀保，李天宇，李聪，江金林，张鑫彬，傅俊勇.两级滑阀式电液伺服阀建模与特性研究[J].流体测量与控制，2023，4(1)：1-5.

[5] 訚耀保，王玉.3 维离心环境下射流管伺服阀的零偏特性[J].上海交通大学学报，2017，51(8)：984-991.

[6] 訚耀保，谢帅虎，原佳阳，何承鹏.宽温域下三位四通电磁液动换向阀的几何尺寸链与卡滞特性[J].飞控与探测，2019，2(3)：95-102.

[7] 何承鹏.电液伺服阀复杂结构衔铁组件力学特性研究[D].上海：同济大学，2022.

[8] YIN Y B, HE C P, LI C M, YUAN J Y, XIE S H. Mathematical model of radial matching clearance of spool valve pair under large temperature range environment[C]//Proceedings of the 8th International Conference on Fluid Power and Mechatronics, FPM2019-221-1-6. Wuhan, 2019.

[9] YIN Y B, HE C P, XIE S H, YUAN J Y. Influence of temperature on dynamic performance of electro-hydraulic directional control valve[C]//Proceedings of 22nd International Conference on Mechatronics Technology(ICMT).Jeju Island: University of Ulsan and Korea Institute of Machinery & Materials, 2018: 1-6.

[10] 李双路，訚耀保，原佳阳，郭生荣.偏转板伺服阀前置级三维流场数学模型(英文)[J].Journal of Zhejiang University Science A(Applied Physics & Engineering)，2022，23(10)：795-807.

[11] 李双路，訚耀保，张鑫彬，王晓露，傅俊勇.全周边液压滑阀冲蚀形貌及性能演化特性[J].中国机械工程，2022，33(17)：2038-2045.

[12] 李长明，訚耀保，汪明月，等.高温环境对射流管伺服阀偶件配合及特性的影响[J].机械工程学报，2018，54(20)：251-261.

[13] WANG Y, YIN Y B. Performance reliability of jet pipe servo valve under random vibration environment[J]. Mechatronics, 2019, 64: 102286.

[14] 邹小舟，葛声宏，何承鹏，原佳阳，訚耀保.耐久性试验工况下电液伺服阀衔铁组件疲劳寿命预测[J].流体测量与控制，2023，4(5)：1-6.

[15] 张婷婷.PTC ASIA 2017 高新技术展区现场技术报告之二十二：电液伺服阀初始设计理念与应用影响——据中航工业金城南京机电液压工程研究中心专家陈元章报告录音整理[J].液压气动与密封，2018，38(11)：94-99，89.

[16] MIZUNO T, ANZAI T, YAMADA H. Large capacity and high speed two-stage hydraulic servo valve with a high response linear DC motor and its application[J]. IEEJ Transactions on Industry Applications, 2008, 115(10): 1263-1269.

[17] ZHU Y C, YANG X L, FU T T. Dynamic modeling and experimental investigations of a magnetostrictive nozzle-flapper servovalve pilot stage[J]. Proceedings of the Institution of Mechanical Engineers: Part Ⅰ: Journal

of Systems and Control Engineering, 2016, 230(3): 197 - 207.
[18] YAN H, LIU Y, MA L. Mechanism of temperature's acting on electro-hydraulic servo valve[J]. IEEE Access, 2019(7): 80465 - 80477.
[19] 六二五研究所液压组.DYH - 100 电液伺服阀中力矩马达的设计、计算与试验[J].航空工艺技术,1977(6): 21 - 28.
[20] MERRITT H E. Hydraulic control systems[M]. New York: John Wiler & Sons Inc, 1967.
[21] 姚卫星.结构疲劳寿命分析[M].北京: 国防工业出版社,2003.
[22] 徐芝纶.弹性力学[M].北京: 人民教育出版社,1982.
[23] 任光融,张振华,周永强.电液伺服阀制造工艺[M].北京: 中国宇航出版社,1988.
[24] 金晓鸥,刘洪波,何世禹,张晶.室温大气环境下过时效态 3J21 合金疲劳行为[J].材料开发与应用,2011,26(4): 16 - 19,23.
[25] 《中国航空材料手册》编辑委员会.中国航空材料手册: 第 4 卷: 钛合金、铜合金[M].2 版.北京: 中国标准出版社,2002.
[26] 彼德森.应力集中系数[M].杨乐民,叶道益,译.北京: 国防工业出版社,1988.

第 8 章
振动、冲击环境下的电液伺服阀

电液伺服机构随整机的使用条件往往需要承受各种振动、冲击环境的考核。飞行器飞行过程中，受到各种环境因素的影响，特别是复杂的冲击、振动环境的影响。地面实验室的理想情况下，一般电液伺服阀阀体是静止不动的，阀体位移、阀体运动速度、阀体运动加速度均为零。电液伺服阀各部件的运动状态不受牵连运动的影响。当电液伺服阀所在整机如伺服机构部件受到振动、冲击后，电液伺服阀的阀体不再静止，阀内各部件同时受到阀体牵连运动的影响而变为合成运动，即阀内各部件相对阀体具有运动，同时阀体相对于绝对坐标系处于运动状态。

这里所研究的振动、冲击信号主要归纳为三类：单位阶跃加速度冲击信号、单位脉冲加速度信号和振动信号。以力反馈式两级电液伺服阀如某飞行器电液伺服阀和 Moog31 型电液伺服阀为对象，分别分析单位阶跃加速度、单位脉冲加速度下的电液伺服阀特性，以及振动环境下电液伺服阀的频率响应特性。

8.1 振动、冲击环境下的电液伺服阀数学模型

本节所研究的振动信号与主滑阀阀芯运动方向相同，即均为 x 方向，电液伺服阀阀体在 x 方向上作平动。平动式牵连运动的合成运动规律如下：

$$x_{\mathrm{v}}=x_{\mathrm{r}}+x,\frac{\mathrm{d}x_{\mathrm{v}}}{\mathrm{d}t}=\frac{\mathrm{d}x_{\mathrm{r}}}{\mathrm{d}t}+\frac{\mathrm{d}x}{\mathrm{d}t},\frac{\mathrm{d}^2x_{\mathrm{v}}}{\mathrm{d}t^2}=\frac{\mathrm{d}^2x_{\mathrm{r}}}{\mathrm{d}t^2}+\frac{\mathrm{d}^2x}{\mathrm{d}t^2}$$

式中　x_{v}、$\frac{\mathrm{d}x_{\mathrm{v}}}{\mathrm{d}t}$、$\frac{\mathrm{d}^2x_{\mathrm{v}}}{\mathrm{d}t^2}$——主滑阀阀芯的绝对位移、绝对速度、绝对加速度；

x_{r}、$\frac{\mathrm{d}x_{\mathrm{r}}}{\mathrm{d}t}$、$\frac{\mathrm{d}^2x_{\mathrm{r}}}{\mathrm{d}t^2}$——主阀芯相对于阀体的位移、速度、加速度；

x、$\frac{\mathrm{d}x}{\mathrm{d}t}$、$\frac{\mathrm{d}^2x}{\mathrm{d}t^2}$——阀体相对于绝对坐标系的位移、速度、加速度。

变换可得

$$x_{\mathrm{r}}=x_{\mathrm{v}}-x,\frac{\mathrm{d}x_{\mathrm{r}}}{\mathrm{d}t}=\frac{\mathrm{d}x_{\mathrm{v}}}{\mathrm{d}t}-\frac{\mathrm{d}x}{\mathrm{d}t},\frac{\mathrm{d}^2x_{\mathrm{r}}}{\mathrm{d}t^2}=\frac{\mathrm{d}^2x_{\mathrm{v}}}{\mathrm{d}t^2}-\frac{\mathrm{d}^2x}{\mathrm{d}t^2}$$

为得到振动、冲击环境下电液伺服阀的数学模型，需要将理想工况下所涉及的一些数学表

达式作出相应的调整。双喷嘴挡板的挡板具有位移 x_f 时，双喷嘴挡板阀两负载口有流量 Q_1、Q_2，两控制腔压力分别为 P_{1P}、P_{2P}。两喷嘴与回油节流孔之间的回油溢流腔压力为 P_r，容积为 V_r，由于油液受压后体积会压缩。考虑双喷嘴挡板阀和主阀两腔液压油的压缩性，可得到主阀芯的控制压力式为

$$\frac{dP_{LP}}{dt}=\frac{2\beta_e}{V_{0p}}\left(Q_L-A_v\frac{dx_r}{dt}\right) \tag{8-1}$$

通过滑阀受力情况的分析，可得到滑阀的运动方程为

$$\frac{d^2x_r}{dt^2}=\frac{1}{m_v}\left[F_t-(B_v+B_{f0})\frac{dx_r}{dt}-K_{f0}x_r-F_i\right]-\frac{d^2x}{dt^2} \tag{8-2}$$

由于滑阀阀芯的移动，反馈杆球头受其牵引，反馈杆随之产生挠性变形。反馈杆的力平衡式为

$$F_i=K_f[(r+b)\theta+x_r] \tag{8-3}$$

此外，衔铁挡板组件与弹簧管顶端刚性连接，弹簧管为弹性元件，在伺服阀阀体振动时，衔铁挡板组件也会受到牵连运动的影响，如图 8-1 所示。

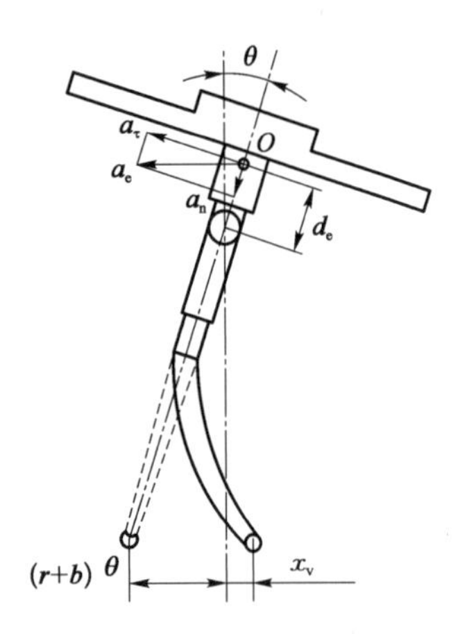

图 8-1 衔铁挡板组件受牵连加速度示意图

衔铁挡板质心与弹簧管旋转中心不重合，相距 d_e。由牵连加速度 a_e 分解得切向加速度 a_τ 和法向加速度 a_n。法向加速度与衔铁挡板组件质量所产生的力可以由弹簧管来平衡，而切向加速度与衔铁挡板组件质量所产生的力垂直于衔铁挡板中心线，该力将产生对弹簧管的附加力矩。由于 θ 相当小，则

$$a_\tau \approx a_e$$

$$a_e=\frac{d^2x}{dt^2}$$

衔铁由弹簧管支撑，悬于上、下导磁体工作气隙之间。它受电磁力矩作用而产生偏转，由于其与挡板反馈杆组件刚性连接，所以也受到挡板液动力力矩、反馈杆回位力矩的作用。衔铁的力矩平衡方程式为

$$T_d+m_a\frac{d^2x}{dt^2}\cdot d_e=J_a\frac{d^2\theta}{dt^2}+B_a\frac{d\theta}{dt}+K_a\theta+T_L \tag{8-4}$$

上述方程式组成了振动、冲击环境下电液伺服阀的数学模型。根据此数学模型，则可通过数学计算和仿真来分析振动、冲击环境下的电液伺服阀特性。由式(8-2)、式(8-4)可以看出，采用加速度形式的振动信号最便于研究。下述的振动信号、冲击信号均采用加速度形式。

8.2 单位阶跃加速度环境下的电液伺服阀

以力反馈式电液伺服阀如某飞行器电液伺服阀和 Moog31 型电液伺服阀为例，根据上述

数学模型，在单位阶跃加速度环境作用下，且在不同结构参数时，即电液伺服阀的负载压力 P_L、衔铁挡板组件质量 m_a、主阀芯质量 m_v、弹簧管刚度 K_a、衔铁挡板组件质心与弹簧管旋转中心的距离 d_e、喷嘴挡板放大器单个控制腔的容积 V_{0P} 等变化时，可由上述方程式通过数学仿真取得主阀位移量 x_r、挡板位移量 x_f、衔铁位移量 x_g 的响应特性。

1) 负载压力的影响

假设电液伺服阀的供油压力为 21 MPa，分别选取无负载压力、轻负载压力 7 MPa 和负载压力 14 MPa 作比较，分析负载压力不同时三处特征点位移量的变化。由图 8-2 可知，阀体在单位阶跃加速度环境下，供油压力一定时，负载压力越小，滑阀位移量越小。滑阀位移量迅速增大后（10 ms）趋于稳定。由图 8-3、图 8-4 可知，单位阶跃加速度环境下，供油压力一定时，负载压力越小，挡板与衔铁位移量有所增大。挡板与衔铁位移量快速增大后迅速降低（5 ms），然后趋于稳定。

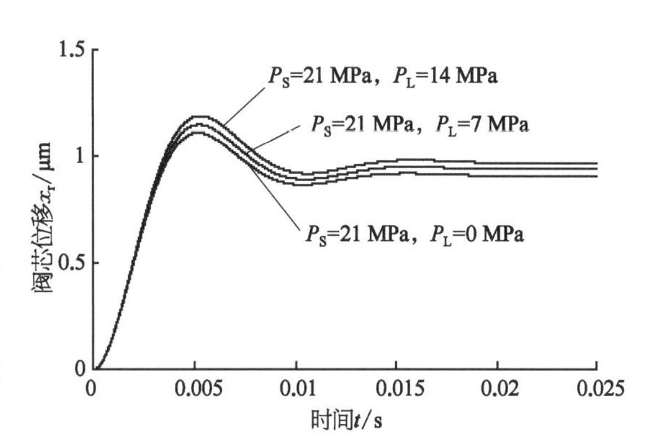

图 8-2　阀体单位阶跃加速度下负载压力变化对阀芯位移量的影响

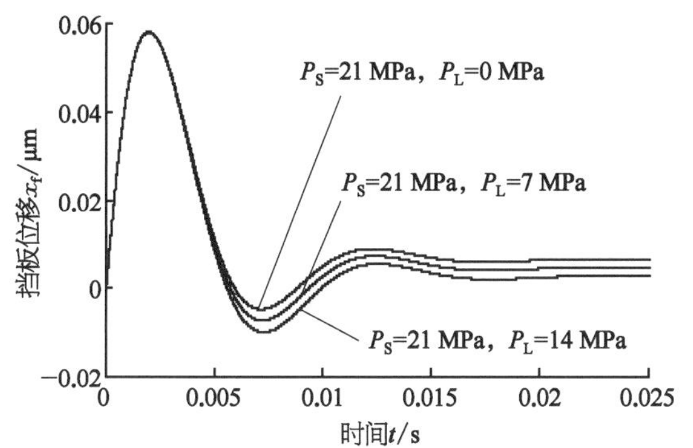

图 8-3　阀体单位阶跃加速度下负载压力变化对挡板位移量的影响

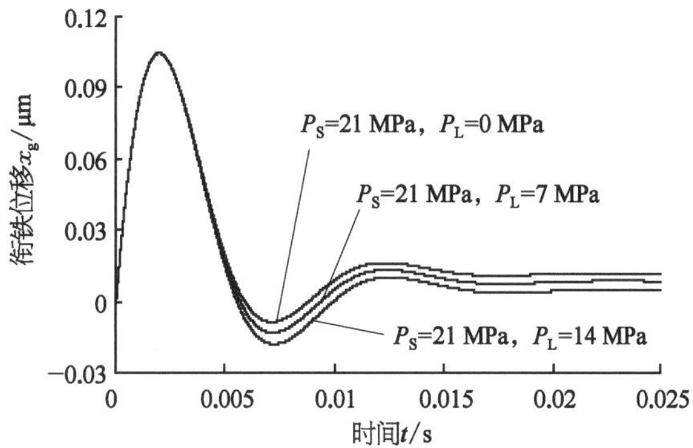

图 8-4　阀体单位阶跃加速度下负载压力变化对衔铁位移量的影响

2) 衔铁挡板组件质量的影响

如图 8-5 和图 8-6 所示，衔铁有多种结构，广泛采用的主要有平臂式和斜臂式两种。平臂式结构工艺性好，加工比较容易；斜臂式结构刚性较好，但是加工比较困难。由于结构的不同，其质量差别较大，等臂长臂宽的两种衔铁后者要比前者轻 1/4～1/3。挡板组件也有多种结构，其质量也有所差异。但是相对衔铁质量来说，挡板组件质量较小，两者比例大约为 1∶10，可以忽略不计。分析衔铁挡板组件质量变化时，电液伺服阀特征点位移量的变化情况，以期得出抗振措施。

在阀体单位阶跃加速度环境下，衔铁挡板组件质量越大，主滑阀位移量越大，且挡板与衔铁的位移超调量越大。为了提高电液伺服阀的抗振性能，不妨先降低衔铁挡板组件的质量。仿真计算结果表明，挡板与衔铁位移量在短时间（5 ms）内快速增大后迅速降低，经过短时间（约 15 ms）后趋于稳定。

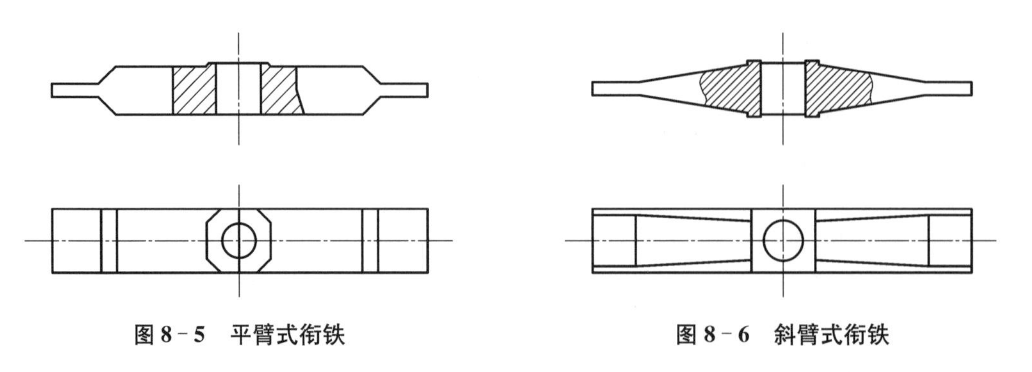

图 8-5　平臂式衔铁　　　　图 8-6　斜臂式衔铁

3）主阀芯质量的影响

阀体受到单位阶跃加速度时，滑阀阀芯质量影响电液伺服阀三处特征点位移量。由仿真结果可知，阀体受到单位阶跃加速度时，主滑阀阀芯质量的变化对于滑阀位移量 x_r、挡板位移量 x_f、衔铁位移量 x_g 几乎无影响。其主要原因是滑阀阀芯处于功率级，属于前置级双喷嘴挡板放大器的控制对象的缘故。

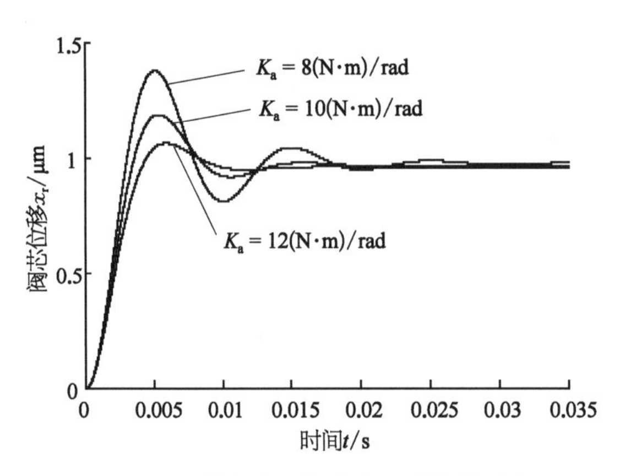

图 8-7　单位阶跃加速度下弹簧管刚度对阀芯位移量的影响

4）弹簧管刚度的影响

弹簧管是力矩马达的重要组成部分，其刚度影响电液伺服阀特征位移量。由图 8-7～图 8-9 可知，在单位阶跃加速度环境下，弹簧管刚度越大，滑阀阀芯位移超调量越低，过渡时间越短，且挡板与衔铁位移超调量越低，最终达到稳定状态。由此可知，弹簧管刚度的变化主要影响滑阀位移量 x_r、挡板位移 x_f、衔铁位移 x_g 的超调量和过渡时间。

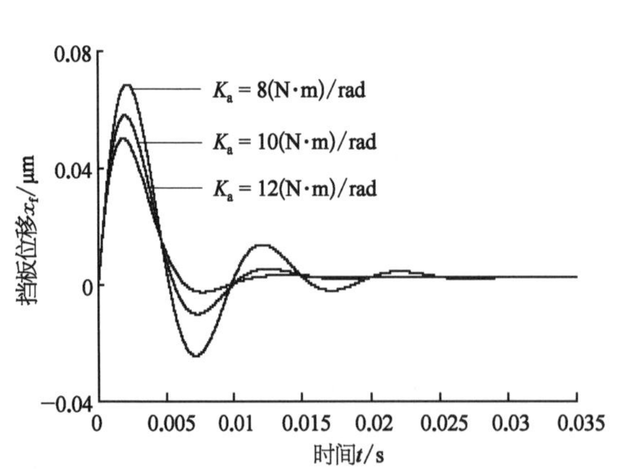

图 8-8　单位阶跃加速度下弹簧管刚度对挡板位移量的影响

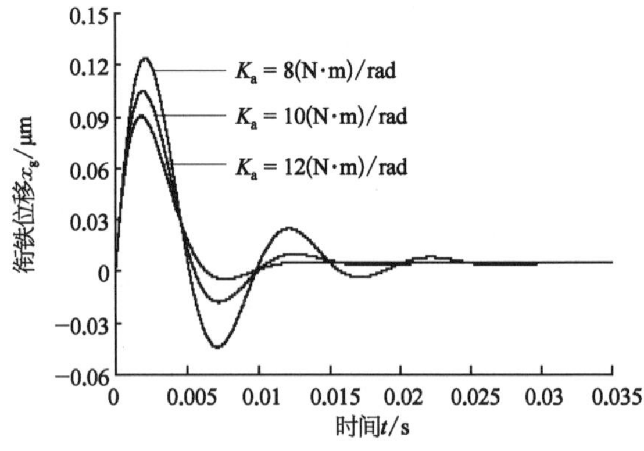

图 8-9　单位阶跃加速度下弹簧管刚度对衔铁位移量的影响

5）衔铁挡板组件质心与弹簧管旋转中心距离的影响

由于衔铁质量远大于挡板质量，则衔铁挡板组件质心可以看作衔铁的质心。对于衔铁而言，不论是采用平臂式结构还是采用斜臂式结构，衔铁都是规则的对称结构，其质心为其几何中心。对于弹簧管而言,也是形状规则的对称结构,其旋转中心为其几何中心。衔铁挡板组件质心与旋转中心之间距离影响电液伺服阀特征点位移量。在单位阶跃加速度环境下,减小衔铁挡板组件质心与弹簧管旋转中心之间的距离,可以有效降低主滑阀阀芯的位移量,达到稳定时 x_r 与 d_e 近似呈线性关系;还可以大幅降低挡板和衔铁位移量的超调量,同时会缩短其过渡时间。

由此可知,通过减小衔铁挡板组件质心与弹簧管旋转中心之间的距离,可以大幅降低滑阀阀芯位移量、挡板和衔铁位移量的超调量、缩短其过渡时间等,可有效提高电液伺服阀的抗振特性。

6) 喷嘴挡板放大器控制腔容积的影响

对于 Moog31 型电液伺服阀而言,单个喷嘴放大器控制腔的容积约为 47.4 mm^3,该容腔内充满了液压油,相当于"液压弹簧"。在单位阶跃加速度环境下,喷嘴挡板放大器控制腔容积的变化对于滑阀位移量 x_r、挡板位移量 x_f、衔铁位移量 x_g 几乎没有影响。其主要原因是控制滑阀阀芯的喷嘴挡板放大器负载压力变化率过小,不能显著压缩控制腔容积内液压油,该容积内的"液压弹簧"刚度相对较软,没有发挥作用的缘故。

8.3　单位脉冲加速度环境下的电液伺服阀

以单位脉冲加速度冲击作为输入信号,阀位移作为输出信号时,分析各结构参数对 Moog31 型力反馈式电液伺服阀响应特性的影响。

1) 负载压力的影响

电液伺服阀供油压力为 21 MPa,分别选取无负载压力、轻负载压力 7 MPa 和负载压力 14 MPa,分析不同负载压力时三处特征点位移量的变化情况。由图 8-10 可知,在单位脉冲加速度环境下,主滑阀开口会在短时间内(2.5 ms)开启一个较大的位移量 350 μm(约为滑阀设计的最大开口量),实际工作时有可能引起后续执行机构的误动作。由图 8-11 可知,单位脉冲加速度会引起挡板的较大位移量 45 μm,超过了喷挡原始距离,说明挡板已经与喷嘴基本相接触。由图 8-12 可知,单位脉冲加速度会引起衔铁较大的位移量 80 μm,接近衔铁气隙原始距离的 1/3,有可能造成衔铁与导磁体的吸合。短时震荡后(约 15 ms),滑阀位移量 x_r、挡板位移 x_f、衔铁位移 x_g 趋于零位。负载压力变化时,三处特征点位移量的震荡过程差别不大。

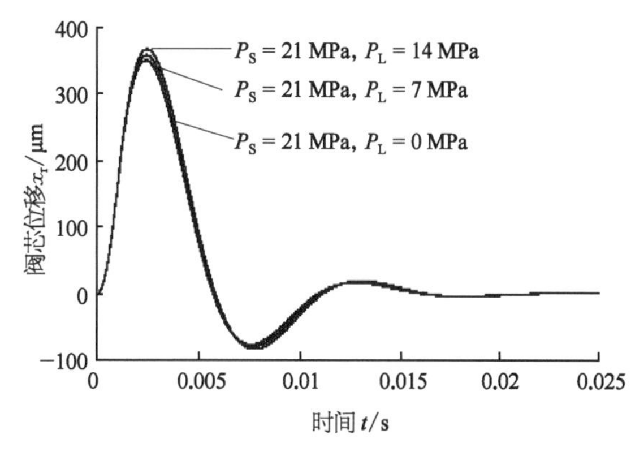

图 8-10　单位脉冲加速度下负载压力对阀芯位移量的影响

2) 衔铁挡板组件质量的影响

如前所述,由于结构的不同,衔铁挡板组件的质量会有差别。在单位脉冲加速度环境下,不同衔铁挡板组件质量对电液伺服阀特征点位移量的影响不同。由图 8-13~图 8-15 可知,在单位脉冲环境下,当衔铁挡板组件的质量变大时,主滑阀阀芯的最大位移量、挡板的最大位移量、衔铁的最大位移量会相应增大。即衔铁挡板组件质量越大，三处特征点位移量的峰值越大，而且峰值的增量与衔铁挡板组件质量的增量近似呈线性关系。从震荡时间来看，衔铁挡板组件质量变大时，三处特征点位移的震荡时间变化不大，基本在震荡大约 15 ms 后，滑阀位移量 x_r、挡板位移量 x_f、衔铁位移量 x_g 趋于零位。

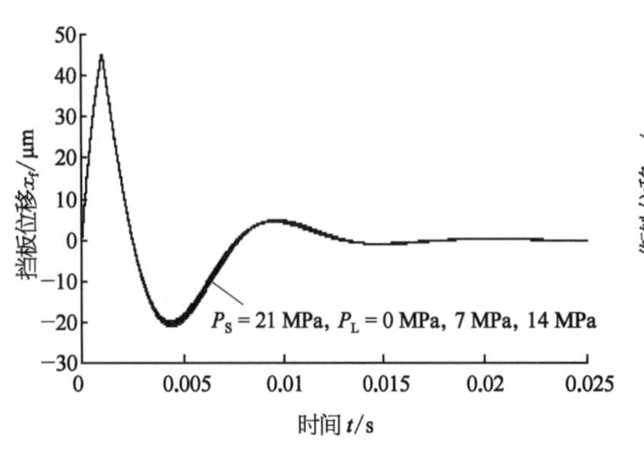

图 8-11　单位脉冲加速度下负载压力对挡板位移量的影响

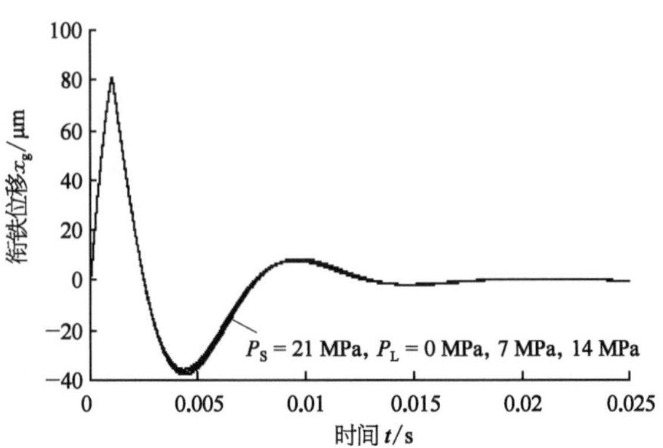

图 8-12　单位脉冲加速度下负载压力对衔铁位移量的影响

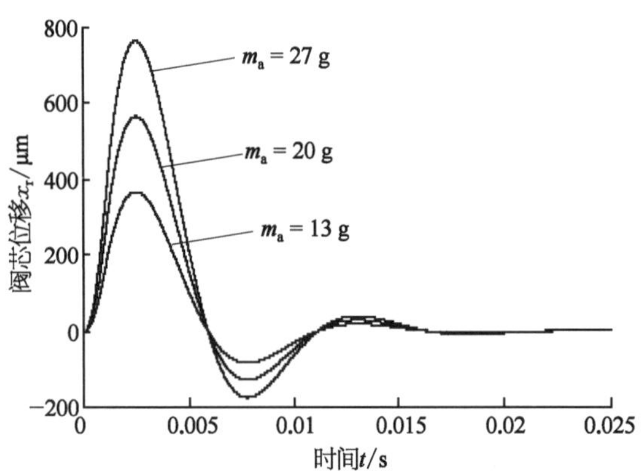

图 8-13　单位脉冲加速度下衔铁挡板组件质量对阀芯位移量的影响

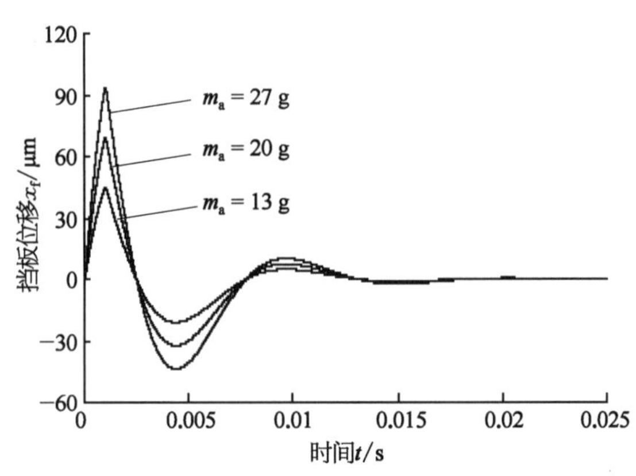

图 8-14　单位脉冲加速度下衔铁挡板组件质量对挡板位移量的影响

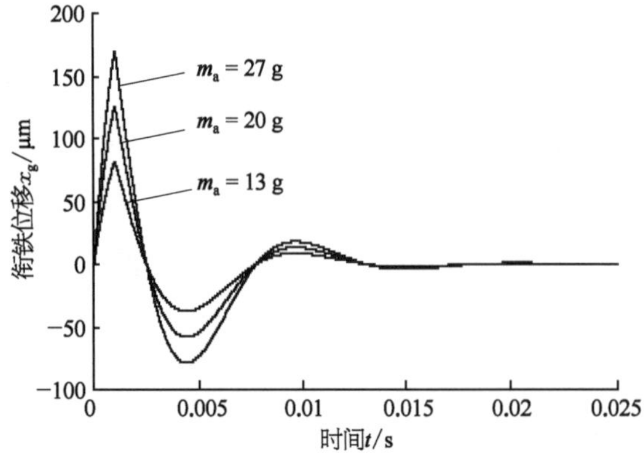

图 8-15　单位脉冲加速度下衔铁挡板组件质量对衔铁位移量的影响

由上所述，通过降低衔铁挡板组件的质量，可以有效降低在单位脉冲加速度环境下三处特征点位移量的峰值，从而提高电液伺服阀的抗冲击性能。比如采用斜臂式结构，同等情况下比采用平臂式结构的抗冲击性能要好一些。一般情况下，衔铁常用的制造材料为铁镍软磁合金 1J50，如果能采用更小密度的材料来降低衔铁挡板组件的质量，同样也可以提高电液伺服阀的抗冲击性能。

3）主阀芯质量的影响

在单位脉冲加速度环境下，主滑阀阀芯

质量的变化对于滑阀位移量 x_r、挡板位移量 x_f、衔铁位移量 x_g 几乎没有影响。其主要原因是滑阀阀芯处于功率级，属于前置级双喷嘴挡板放大器的控制对象的缘故。如图 8-16 所示，在单位脉冲加速度作用下，伺服阀短时震荡（约 15 ms）后，滑阀位移量 x_r、挡板位移量 x_f、衔铁位移量 x_g 趋于零位。

4）弹簧管刚度的影响

弹簧管是力矩马达的重要组成部分，其刚度对电液伺服阀特征点位移量有一定影响。由图 8-17 可知，在单位脉冲加速度环境下，弹簧管刚度增大时，滑阀阀芯位移量震荡峰值会大幅降低，过渡时间缩短。由图 8-18、图 8-19 可以看出，在单位脉冲加速度环境下，弹簧管刚度增大时，挡板与衔铁位移量震荡峰值会降低，过渡时间缩短。短时震荡后，滑阀开口量 x_r、挡板位移 x_f、衔铁位移 x_g 趋于零位。

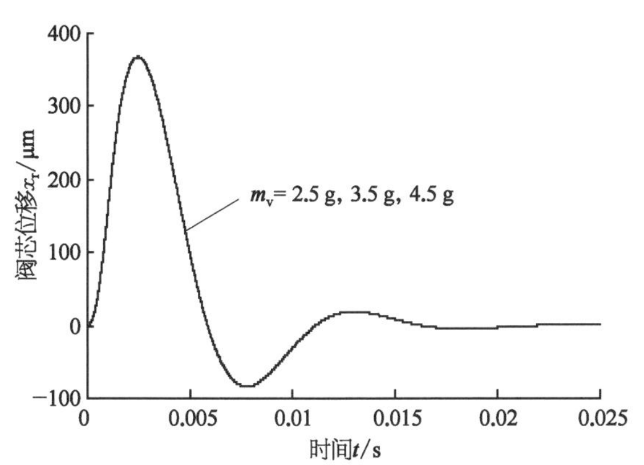

图 8-16　单位脉冲加速度下阀芯质量对阀芯位移量的影响

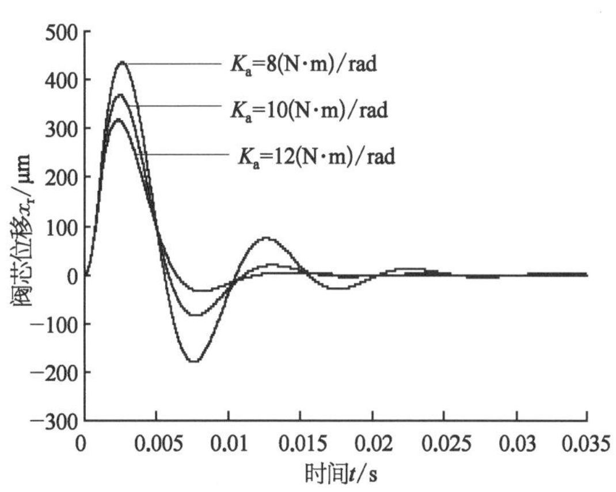

图 8-17　单位脉冲加速度下弹簧管刚度对阀芯位移量的影响

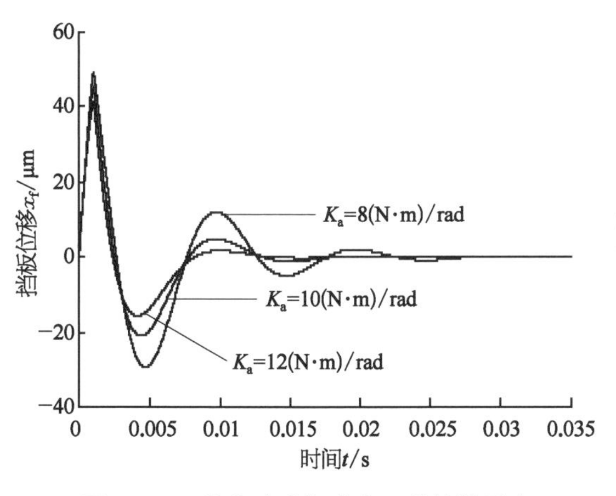

图 8-18　单位脉冲加速度下弹簧管刚度对挡板位移量的影响

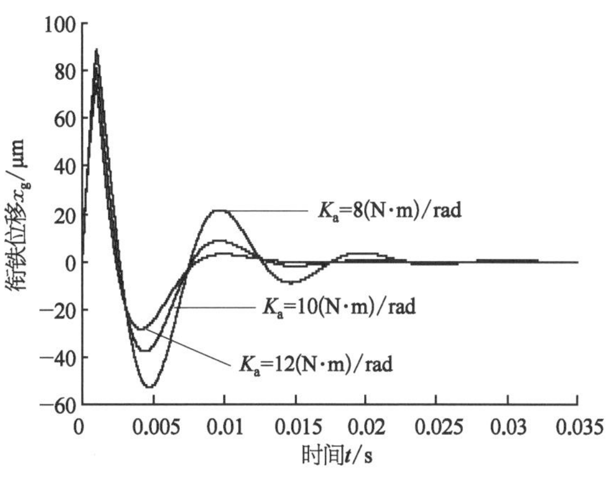

图 8-19　单位脉冲加速度下弹簧管刚度对衔铁位移量的影响

由此可知，在单位脉冲加速度环境下，通过增大弹簧管的刚度，可以有效降低滑阀位移量 x_r、挡板位移量 x_f、衔铁位移量 x_g 的震荡峰值，从而提高电液伺服阀的抗冲击性能。增大弹簧管刚度的措施可以通过如下的理论分析来得出。

弹簧管相当于一根空心悬臂梁，其刚度计算公式如下：

$$K_a = \frac{E \cdot I}{l}$$

式中 E——材料的弹性模数(Pa)；

I——弹簧管的截面惯性矩(m^4)，$I = \frac{\pi}{64}(d_1^4 - d^4)$；

d_1、d——弹簧管薄壁处的外径和内径(m)；

l——弹簧管的有效长度(m)。

通过以上公式推导可知，增大弹簧管刚度的措施有如下几种：

(1) 在保证可靠性与可行性的前提下，选用弹性模数更大的材料来制作弹簧管。

(2) 通过设计来增大弹簧管的截面矩，比如加大外径、减小内径。

(3) 减小弹簧管的有效长度。

当然，以上所列措施可以单项采用，也可以同时采用几项。

5) 衔铁挡板组件质心与弹簧管旋转中心距离的影响

本部分分析衔铁挡板组件质心与旋转中心之间距离的变化对电液伺服阀特征点位移量的影响。由图 8-20～图 8-22 可知，在单位脉冲加速度环境下，衔铁挡板组件质心与弹簧管旋转中心的距离 d_e 变大时，主滑阀阀芯的最大位移量、挡板的最大位移量、衔铁最大位移量相应增大。即 d_e 越大，三者的峰值越大，三处特征点位移量的峰值越大，而且峰值的增量与衔铁挡板组件质量的增量近似呈线性关系。从震荡时间来看，三处特征点位移的震荡时间变化不大，在震荡大约 15 ms 后，滑阀位移量 x_r、挡板位移量 x_f、衔铁位移量 x_g 趋于零位。

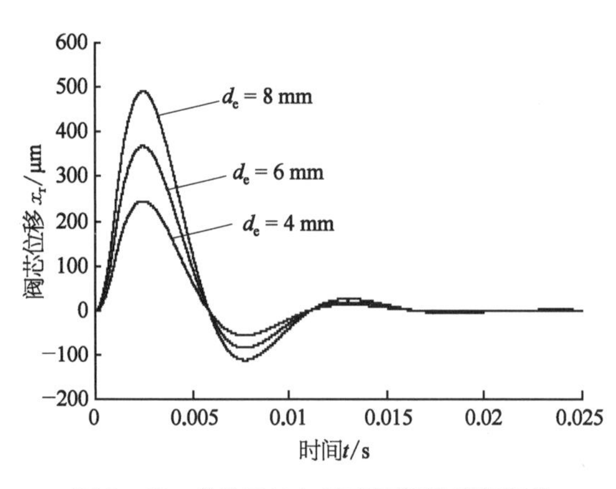

图 8-20 单位脉冲加速度下衔铁挡板组件质心与弹簧管旋转中心的距离对阀芯位移量的影响

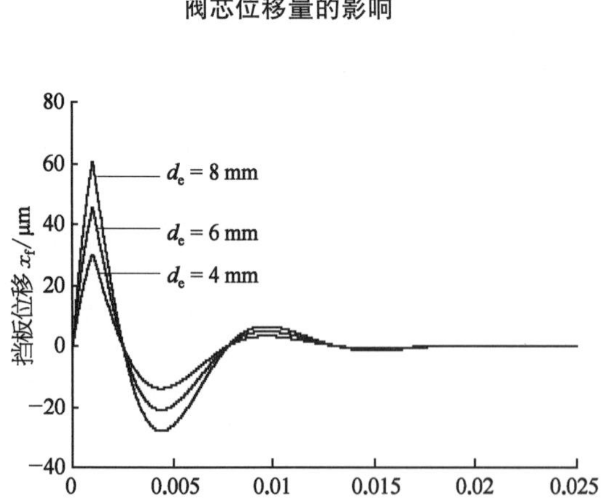

图 8-21 单位脉冲加速度下衔铁挡板组件质心与弹簧管旋转中心的距离对挡板位移量的影响

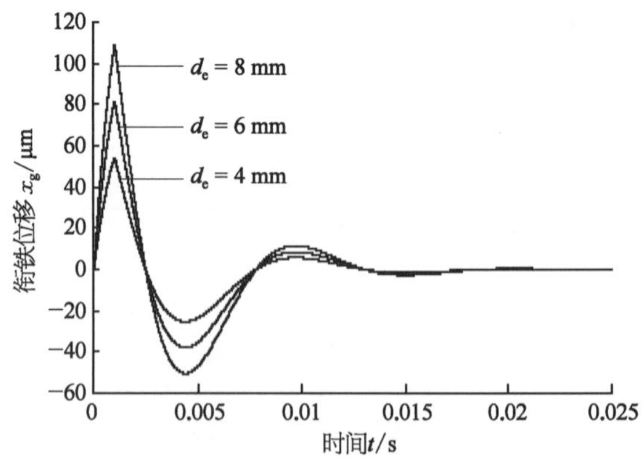

图 8-22 单位脉冲加速度下衔铁挡板组件质心与弹簧管旋转中心的距离对衔铁位移量的影响

由上述可知，通过减小衔铁挡板组件质心与弹簧管旋转中心的距离 d_e 可以有效降低电液伺服阀三处特征点位移量的震荡峰值，提高电液伺服阀的抗冲击性能。比如可以通过减小弹簧管的有效长度等措施来减小 d_e。

6）喷嘴挡板放大器控制腔容积的影响

以 Moog31 型电液伺服阀为例，单个喷嘴放大器控制腔的容积约为 47.4 mm^3，该容腔内的液压油相当于“液压弹簧”。“液压弹簧”刚度较小，在单位脉冲加速度环境下，喷嘴挡板放大器控制腔容积的变化对于滑阀位移量 x_r、挡板位移量 x_f、衔铁位移量 x_g 几乎没有影响。

8.4　振动条件下的电液伺服阀

分析力反馈式电液伺服阀在振动信号作用下的频率响应特性，包括负载压力 P_L、衔铁挡板组件质量 m_a、主阀芯质量 m_v、弹簧管刚度 K_a、衔铁挡板组件质心与弹簧管旋转中心的距离 d_e、喷嘴挡板放大器单个控制腔的容积 V_{0P} 等参数变化时，主滑阀开口量 x_r、挡板位移量 x_f、衔铁位移量 x_g 的变化特性。

8.4.1　各参数对滑阀位移频率响应的影响

当 P_L、m_a、m_v、K_a、d_e、V_{0P} 等参数不同时，主滑阀位移量 x_r、对振动信号的频率响应也有所不同。由图 8－23～图 8－28 可知，滑阀开口量对于低频段振动信号（小于 150 Hz）较为敏感。在振动信号约为 90 Hz 时，幅频增益最大，会出现共振。由图 8－23 可知，负载压力的变化会小幅影响滑阀开口量对振动信号的幅频特性，即负载压力越高，幅频增益小幅增大；负载压力的变化对于其相频特性影响不大。由图 8－24、图 8－27 可知，衔铁挡板组件质量的增加、衔铁挡板组件质心与弹簧管旋转中心距离的增加会相应加大滑阀开口量对振动信号的幅频增益，此处也验证了本章前两节中 m_a、d_e 增大时滑阀位移量超调量增大和震荡峰值增大的结论。但 m_a、d_e 增大时不会影响滑阀开口量对振动信号的幅频宽度和相频特性。由图 8－25、图 8－28 可知，阀芯质量、喷嘴挡板放大器控制容腔体积的变化基本不会影响滑阀开口对振动

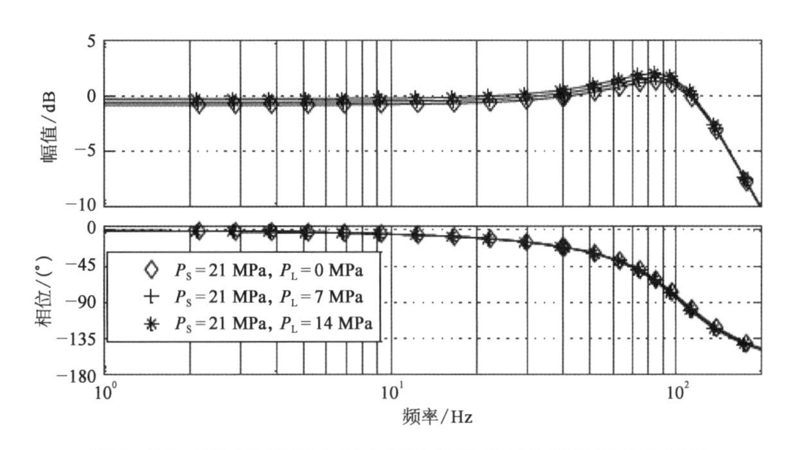

图 8－23　不同负载压力下主阀芯位移量对振动信号的伯德图

信号的幅频特性和相频特性。由图 8－26 可知，弹簧管刚度的增加会减小滑阀开口量对振动信号的幅频增益的峰值，减小其幅频宽度，但是会增加其相频宽度。此处也验证了本章前两节中 K_a 增大时滑阀位移量超调量减小和震荡峰值减小的结论。

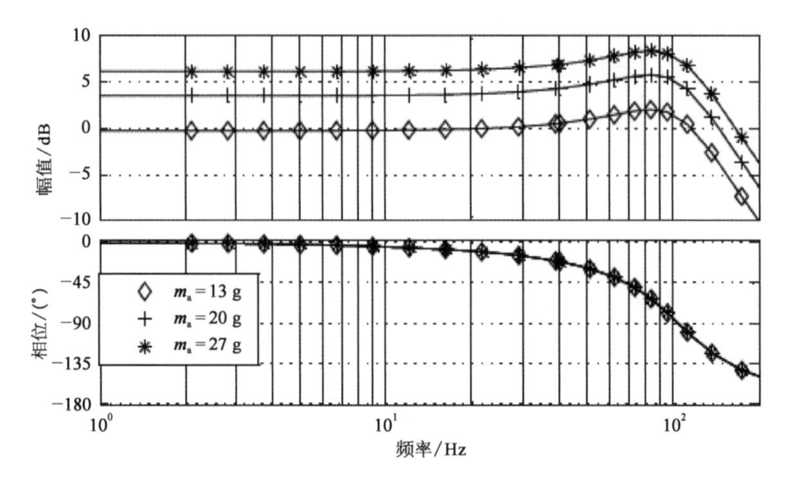

图 8－24　不同衔铁挡板组件质量下主阀芯位移量对振动信号的伯德图

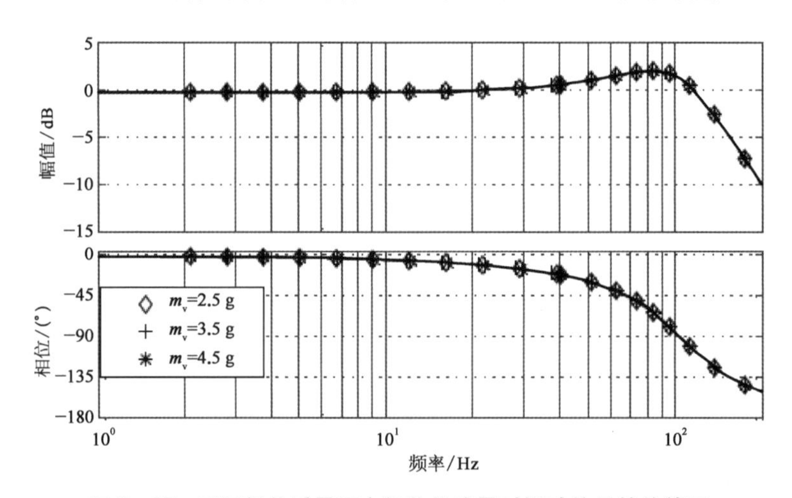

图 8－25　不同阀芯质量下主阀芯位移量对振动信号的伯德图

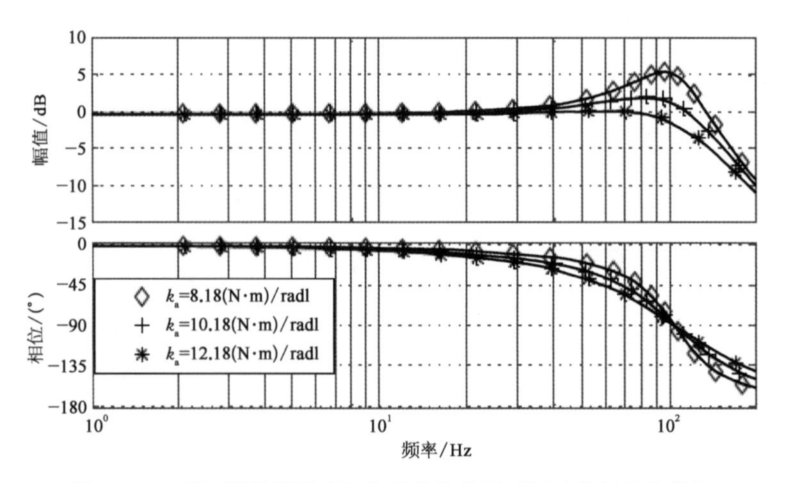

图 8－26　不同弹簧管刚度下主阀芯位移量对振动信号的伯德图

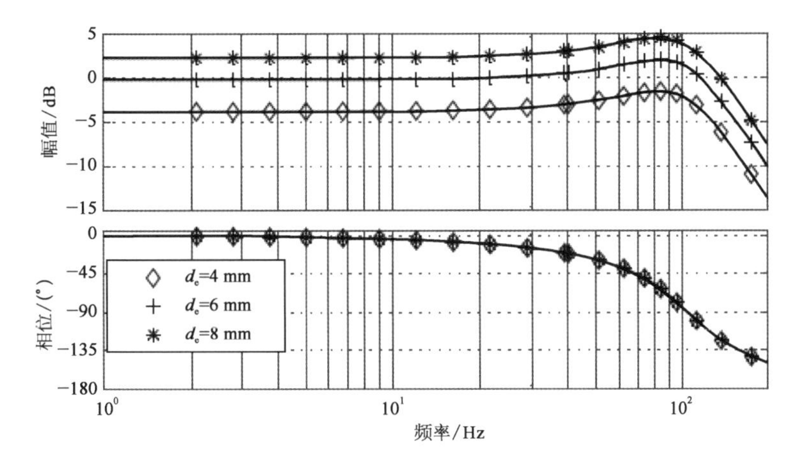

图8-27 不同衔铁挡板质心与弹簧管旋转中心距离下主阀芯位移量对振动信号的伯德图

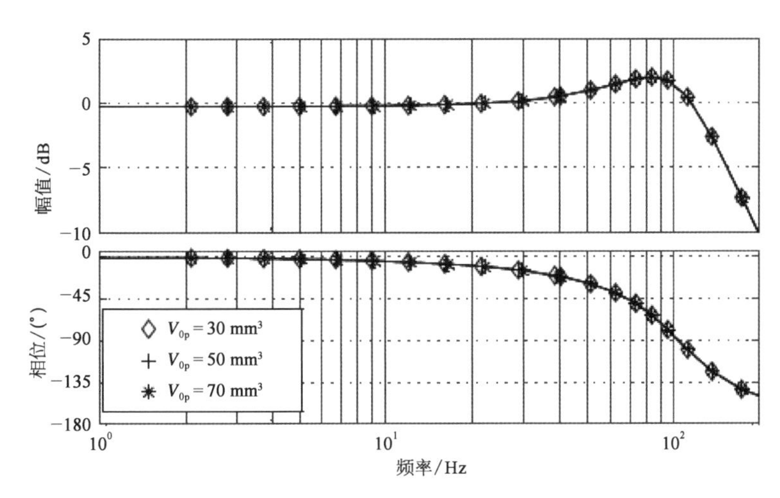

图8-28 不同喷嘴挡板放大器控制腔容积下主阀芯位移量对振动信号的伯德图

8.4.2 各参数对挡板位移频率响应的影响

分析P_L、m_a、m_v、K_a、d_e、V_{0P}等参数变动时，挡板位移量x_f对振动信号的频率响应。由图8-29～图8-34可知，挡板位移对于较宽频率的振动信号(0～2 000 Hz)较为敏感，在振动信号约为100 Hz时，幅频增益最大，会出现共振。由图8-29可知，负载压力增大时，在振动信号频率小于10 Hz时，挡板位移对振动信号的幅频增益会有所降低；而振动信号在小于40 Hz时，挡板位移对振动信号的相位提前角会有所增加。此外负载压力的增大会使得挡板位移对振动信号的幅频宽度增加。由图8-30、图8-33可知，衔铁挡板组件质量的增加、衔铁挡板组件质心与弹簧管旋转中心距离的增加会加大挡板位移对振动信号的幅频增益，此处也验证了本章前两节中m_a、d_e增大时挡板位移量超调量增大和震荡峰值增大的结论。但m_a、d_e增大时不会影响挡板位移量对振动信号的幅频宽度和相频特性。由图8-31、图8-34可知，阀芯质量、喷嘴挡板放大器控制容腔体积的变化基本不会影响挡板位移对振动信号的幅频特性和相频特性。由图 8-32 可知，弹簧管刚度的增加会减小挡板位移对振动信号的幅频增益的峰值，减小其幅频宽度，但是会增加其相频宽度。此处也验证了本章前两节中 K_a 增大时衔铁位移量超调量减小和震荡峰值减小的结论。

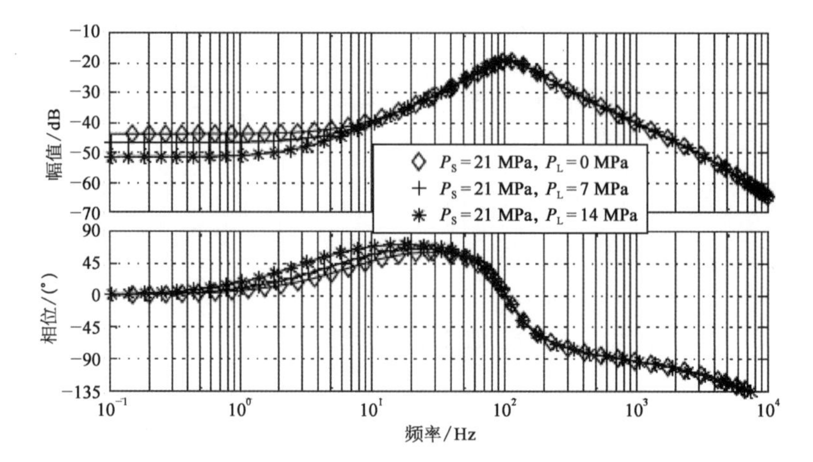

图 8-29　不同负载压力下挡板位移量对振动信号的伯德图

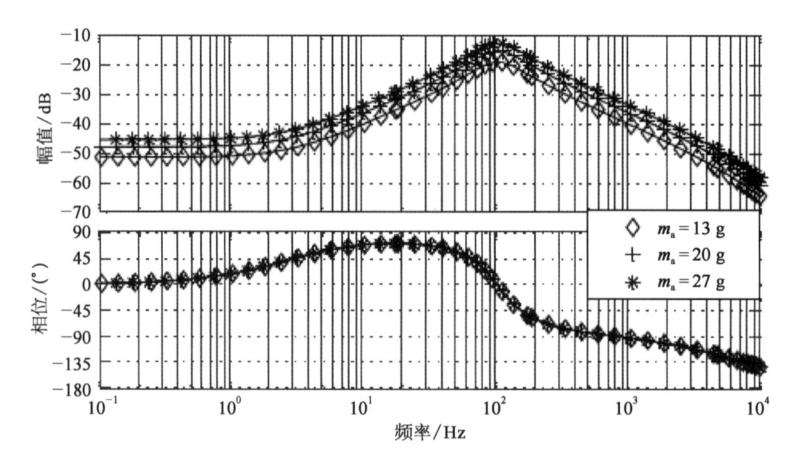

图 8-30　不同衔铁挡板组件质量下挡板位移量对振动信号的伯德图

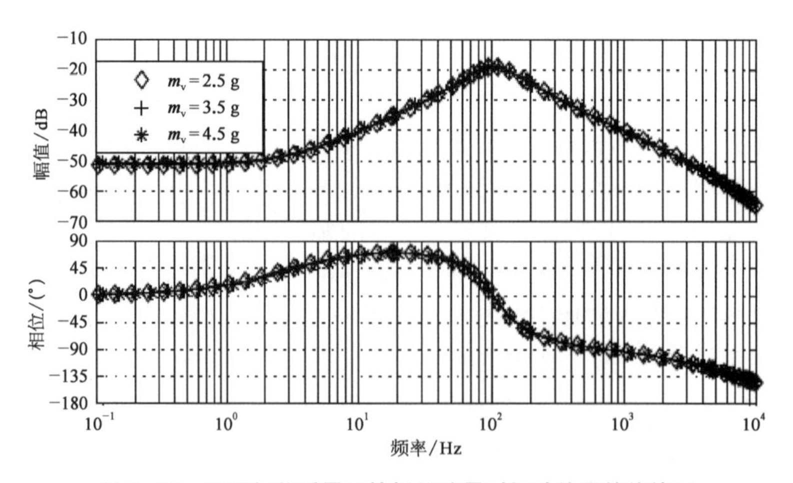

图 8-31　不同阀芯质量下挡板位移量对振动信号的伯德图

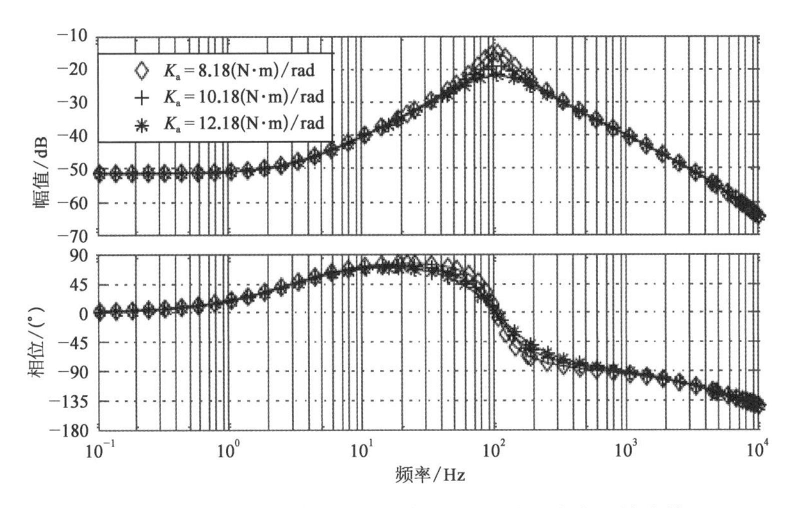

图 8-32 不同弹簧管刚度下挡板位移量对振动信号的伯德图

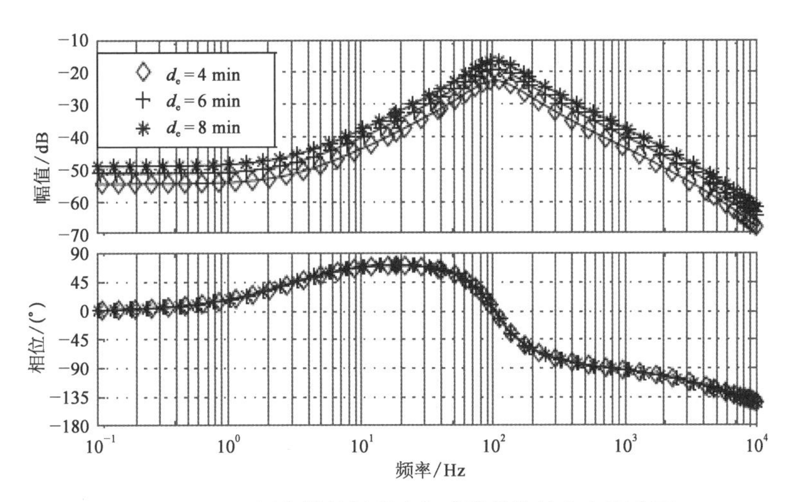

图 8-33 不同衔铁挡板质心与弹簧管旋转中心距离下挡板位移量对振动信号的伯德图

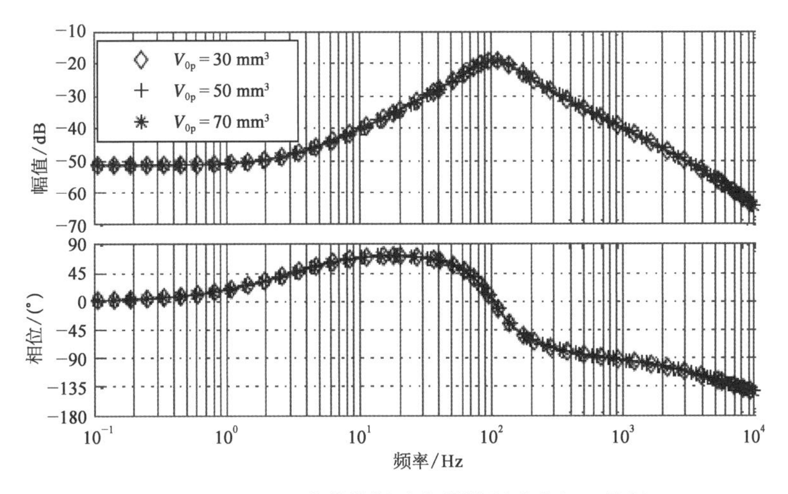

图 8-34 不同喷嘴挡板放大器控制腔容积下挡板位移量对振动信号的伯德图

8.4.3 各参数对衔铁位移频率响应的影响

分析 P_L、m_a、m_v、K_a、d_e、V_{0P}等参数变动时，衔铁位移量 x_g 对振动信号的频率响应。由图 8－35～图 8－40 可知，衔铁位移对于较宽频率的振动信号(0～2 000 Hz)较为敏感，在振动信号约为 100 Hz 时，幅频增益最大，会出现共振。由图 8－35 可知，负载压力增大时，在振动信号频率小于 10 Hz 时，衔铁位移对振动信号的幅频增益会降低；而振动信号在小于 40 Hz 时，衔铁位移对振动信号的相位提前角会有所增加。此外，负载压力的增大会使衔铁位移对振动信号的幅频宽度增加。由图 8－36、图 8－39 可知，衔铁挡板组件质量的增加、衔铁挡板组件质心与弹簧管旋转中心距离的增加会加大衔铁位移对振动信号的幅频增益，此处也验证了本章前两节中 m_a、d_e 增大时衔铁位移量超调量增大和震荡峰值增大的结论。但 m_a、d_e 增大时不会影响衔铁位移量对振动信号的幅频宽度和相频特性。由图 8－37、图 8－40 可知，阀芯质量、喷嘴挡板放大器控制容腔体积的变化基本不会影响衔铁位移对振动信号的幅频特性和相频特性。由图 8－38 可知，弹簧管刚度的增加会减小衔铁位移对振动信号的幅频增益的峰值，减小其幅频宽度，但是会增加其相频宽度。此处也验证了本章前两节中 K_a 增大时衔铁位移量超调量减小和震荡峰值减小的结论。

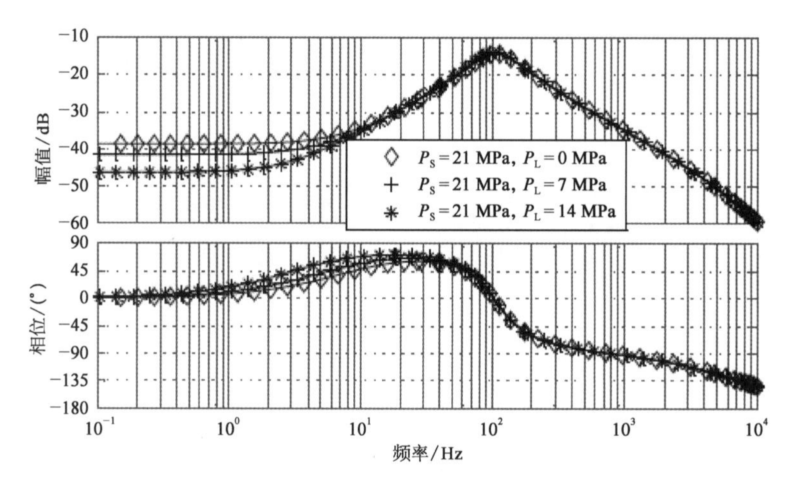

图 8－35 不同负载压力下衔铁位移量对振动信号的伯德图

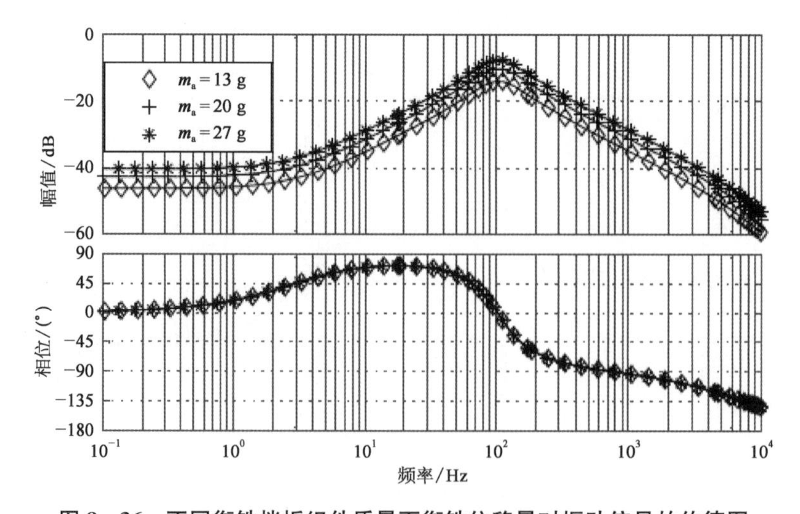

图 8－36 不同衔铁挡板组件质量下衔铁位移量对振动信号的伯德图

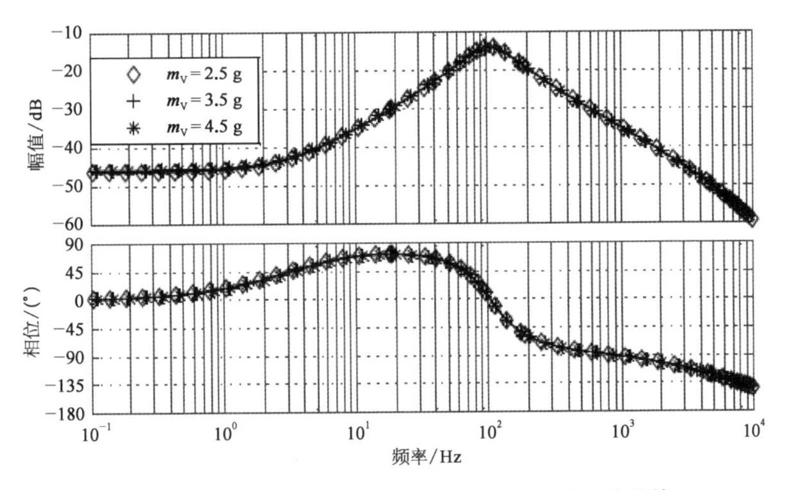

图 8-37　不同阀芯质量下衔铁位移量对振动信号的伯德图

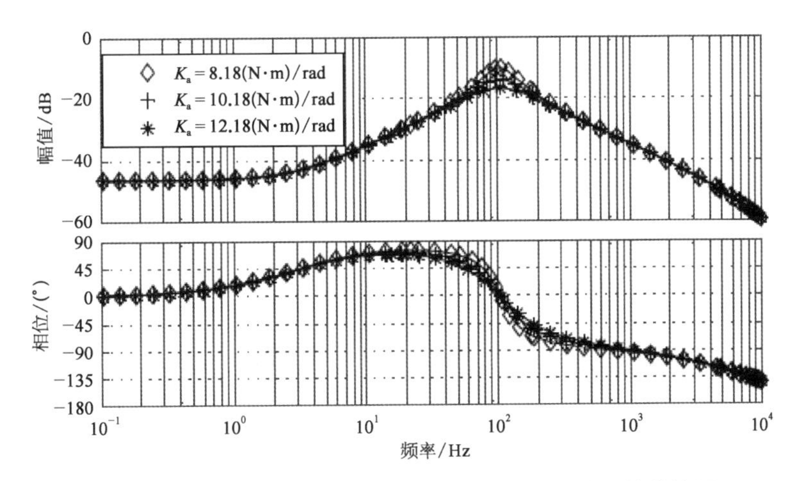

图 8-38　不同弹簧管刚度下衔铁位移量对振动信号的伯德图

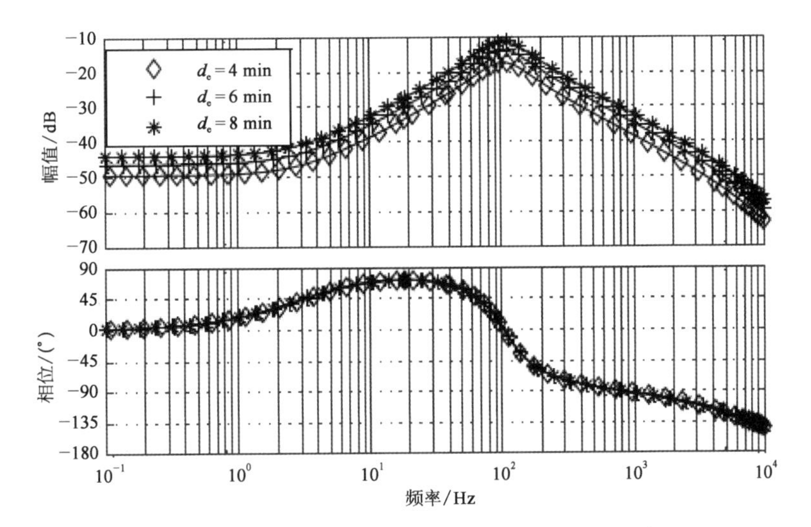

图 8-39　不同衔铁挡板质心与弹簧管旋转中心距离下衔铁位移量对振动信号的伯德图

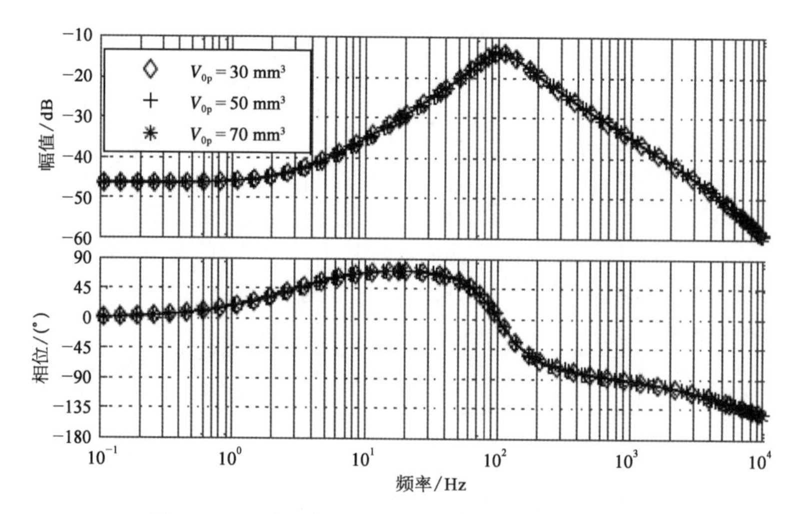

图 8-40 不同喷嘴挡板放大器控制腔容积下衔铁位移量对振动信号的伯德图

8.5 本章小结

1）电液伺服阀抗冲击的措施

以 Moog31 型电液伺服阀数据为例，冲击环境对电液伺服阀性能的影响主要表现在以下两个方面：

(1) 加速度环境主要影响主阀芯的开启量。单位阶跃加速度环境下，主阀阀芯最终会开启约 0.97 μm 的开口量，挡板会出现约 0.002 8 μm 的偏移，衔铁会出现约 0.005 μm 的偏移。

(2) 在单位脉冲加速度环境下，主阀开口在短时间内(约 2.5 ms)会出现约 350 μm 的开口量峰值，大约为滑阀最大开口量，有可能引起系统中后续执行机构的误动作；挡板在短时间内会出现约 45 μm 的开口量峰值，喷嘴与挡板已经接触；衔铁在短时间内会出现约 80 μm 的开口量峰值，接近安全界限，即衔铁气隙原始距离的 1/3，有可能发生衔铁与导磁体吸合使电液伺服阀出现故障；经短时震荡(约 15 ms)后，三处特征点位移量都回归零位。

为了提高电液伺服阀的抗冲击性能，主要措施有：

(1) 降低衔铁挡板组件的质量，比如对于衔铁来说，与平臂式结构相比，采取斜臂式结构可以有效降低衔铁质量。

(2) 减小衔铁挡板组件质心与弹簧管旋转中心的距离。由于衔铁挡板组件的质量主要集中在衔铁上，衔铁、挡板、弹簧管在弹簧管顶端刚性连接，则衔铁挡板组件的质心位于弹簧管端部；而弹簧管相当于一段空心悬臂梁，其旋转中心为其几何中心；通过减小弹簧管的长度就可以有效减小衔铁挡板组件质心与弹簧管旋转中心的距离。

(3) 增大弹簧管的刚度。还可以通过增加弹簧管的外径、减小弹簧管的内径或其他措施来增加弹簧管刚度。

2）振动环境下电液伺服阀的影响因素与制振措施

(1) 主阀开口量对于低频段的振动信号(小于 150 Hz)较为敏感，在振动信号约为 90 Hz 时，幅频增益最大，会出现共振。

(2) 衔铁与挡板刚性连接，衔铁与挡板位移量对于振动信号的频域特性一致，两者对于较宽频率的振动信号(0～2 000 Hz)较为敏感，在振动信号约为 100 Hz 时，幅频增益最大，会出现共振。

(3) 当振动信号频率处于 90～100 Hz 的范围时，电液伺服阀性能所受影响最大，应尽力避免电液伺服阀在该频率振动环境下工作，或者在该频率时采取相应的制振措施，如改善电液伺服阀安装条件。

参考文献

[1] 訚耀保，李长明，江金林.三维离心环境下的电液伺服阀特性分析[J].机械工程学报，2015，51(2)：169－177.

[2] 訚耀保，张曦，李长明.一维离心环境下电液伺服阀零偏值分析[J].中国机械工程，2012，23(10)：1142－1146.

[3] 訚耀保，王玉.3 维离心环境下射流管伺服阀的零偏特性[J].上海交通大学学报，2017，51(8)：984－991.

[4] 訚耀保，郑云平.油温对射流管式伺服阀力矩马达振动特性的影响[J].流体传动与控制，2016(5)：7－11.

[5] 訚耀保，费春皓，胡云堂.射流管伺服阀力矩马达的振动特性分析[J].流体传动与控制，2014，11(6)：1－5.

[6] 訚耀保，邹为宏，刘洪宇.振动环境下小尺寸减压阀的建模与分析[J].飞控与探测，2019(6)：74－81.

[7] YIN Y B, LI C M, ZHOU A G, XIONG D G, TANAKA Y. Research on characteristics of hydraulic servovalve under vibration environment[C]//Proceedings of the Seventh International Conference on Fluid Power Transmission and Control (ICFP 2009). Hangzhou, 2009: 917－921.

[8] YIN Y B, WANG Y. Working characteristics of jet pipe servo valve in vibration environment[C]//Proceedings of the 10th JFPS International Symposium on Fluid Power 2017. The Japan Fluid Power System Society, 2018: 1－7.

[9] 訚耀保，李长明，夏飞燕.一种适应变温度场的射流管电液伺服阀：ZL201810094948.6[P].2020－06－02.

[10] 訚耀保，章志恒，李双路，张小伟，蔡文琪.一种液压回中锁紧作动缸结构：ZL201911190343.8[P].2020－11－27.

[11] 訚耀保，李双路.一种液压缸位移传感器冷却流量控制装置：ZL201910555488.7[P].2020－07－07.

[12] 訚耀保，李双路.一种伺服阀阀芯阀套冲蚀圆角测量方法：ZL202110778020.1[P].2022－08－16.

[13] 訚耀保，李双路，原佳阳，谢帅虎，黄姜卿.一种空投物体下落过程仿真方法：ZL201910900309.9[P].2021－07－20.

[14] 訚耀保，夏飞燕，李长明.一种可调试喷嘴轴线位置的射流管伺服阀及调试方法：ZL201710177608.5[P].2018－07－03.

[15] 訚耀保.极端环境下的电液伺服控制理论与应用技术[M].上海：上海科学技术出版社，2012.

[16] WANG Y, YIN Y B. Performance reliability of jet pipe servo valve under random vibration environment[J]. Mechatronics, 2019(64): 1－13.

[17] 刘洪宇，张晓琪，訚耀保.振动环境下双级溢流阀的建模与分析[J].北京理工大学学报，2015，35(1)：13－18.

[18] 李长明.振动环境下电液伺服阀特性研究[D].上海：同济大学，2009.

[19] 烏建中，誾耀保.同済大学機械電子工学研究所烏建中研究室・誾耀保研究室における油圧技術研究開発動向[J].油空圧技術(Hydraulics & Pneumatics)，2007，46(13)：31－37.

[20] 李长明，訚耀保，李双路.一种具有加速度零偏漂移抑制功能的电液伺服阀：201810278459.6[P].2019－08－02.

[21] 哈尔滨工业大学理论力学教研组.理论力学[M].北京：高等教育出版社，2002.

[22] 任光融，张振华，周永强.电液伺服阀制造工艺[M].北京：中国宇航出版社，1988.

[23] MERRIT H E. Hydraulic control systems[M]. John Wiley & Sons Inc, 1967.

第9章 离心环境下的电液伺服阀

电液伺服机构按照整机的使用条件往往需要承受各种振动、冲击、离心环境的考核。离心环境下电液伺服阀如何建模，以及其特性如何都是需要重点研究和解明的重要课题。导弹、火箭等航天器飞行过程中，为了按一定轨道稳定飞行，飞行器将作俯仰、偏航和滚动等各种动作。此时电液伺服阀阀体可以看作处于类似圆周运动状态，即处于离心环境中。该工况下研究电液伺服阀内各部件的动作时，需要考虑离心环境的影响。为此，在上一章研究振动、冲击环境对电液伺服阀内各部件运动影响的基础上，本章研究牵连运动为离心运动时，电液伺服阀内各部件运动的特性。以力反馈式电液伺服阀为对象，如Moog31型，分别分析匀速圆周运动式离心环境、匀加速圆周运动式离心环境下的电液伺服阀特性。

电液伺服阀起源于第二次世界大战期间的飞行器舵面控制用电液伺服机构。作为机械、电子和液压技术相结合的精密控制元件，电液伺服阀具有体积小、重量轻、精度高、响应速度快等优点，在航空、航天和产业中得到了广泛的应用。在离心复杂环境下电液伺服阀如何工作、是否能够正常工作是电液伺服机构安全和性能分析时需要解决的重要课题。

9.1 牵连运动为圆周运动时的加速度合成定理

在牵连运动为圆周运动时，点的加速度表达式如下所示：

$$\boldsymbol{a}_{\mathrm{v}} = \boldsymbol{a}_{\mathrm{e}} + \boldsymbol{a}_{\mathrm{r}} + \boldsymbol{a}_{\mathrm{C}}$$

式中 $\boldsymbol{a}_{\mathrm{v}}$ ——绝对加速度，动点相对于定参考系运动的加速度(m/s^2)；

$\boldsymbol{a}_{\mathrm{e}}$ ——牵连加速度，动参考系上与动点相重合的那一点相对于定参考系的加速度(m/s^2)；

$\boldsymbol{a}_{\mathrm{r}}$ ——相对加速度，动点相对于动参考系运动的加速度(m/s^2)；

$\boldsymbol{a}_{\mathrm{C}}$ ——科氏加速度，牵连运动为转动时，牵连运动与相对运动相互影响而出现的一项附加的加速度(m/s^2)。

$$\boldsymbol{a}_{\mathrm{C}} = 2\boldsymbol{\omega} \times \boldsymbol{v}_{\mathrm{r}}$$

其大小确定如下：

$$a_{\mathrm{C}} = 2\omega v_{\mathrm{r}} \sin\theta$$

式中 θ ——角速度矢与相对速度矢的夹角。

科氏加速度方向由右手法则确定,如图 9-1 所示。

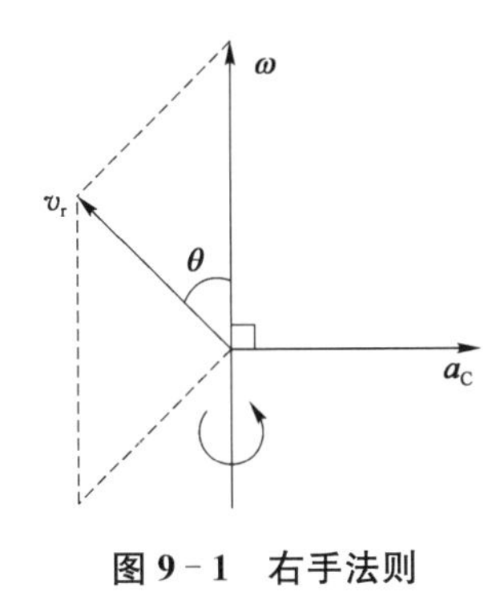

图 9-1　右手法则

9.2　离心环境为匀速圆周运动时的电液伺服阀

首先按照离心环境的离心坐标系方向,将电液伺服阀匀速圆周运动时的布置方式分为两种形式。图 9-2a 所示为电液伺服阀在主滑阀阀芯方向与离心运动角速度矢 ω 同面垂直的布局形式;图 9-2b 所示为电液伺服阀在主滑阀阀芯方向与离心运动角速度矢 ω 异面垂直的布局形式。

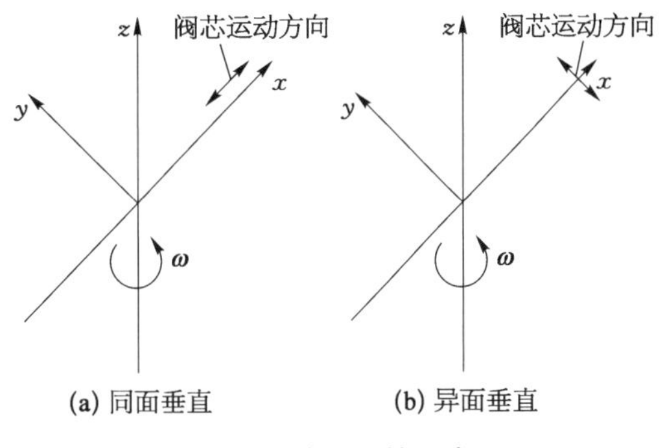

图 9-2　离心环境示意图

9.2.1　主滑阀阀芯方向与离心运动角速度矢 ω 同面垂直

首先分析匀速圆周运动式离心环境中,主滑阀阀芯方向与离心运动角速度矢 ω 同面垂直条件下的电液伺服阀特性。

1) 主滑阀阀芯各项加速度分析

由于牵连运动为匀速圆周运动,则主滑阀阀芯受到的牵连加速度只有向心加速度,其加速度值为

$$a_e = \omega^2 R$$

式中　ω——匀速圆周运动角速度(rad/s);

R——匀速圆周运动的半径(m)。

其方向沿 x 轴正向。

主滑阀阀芯所受相对加速度为

$$a_r = \frac{d^2 x_r}{dt^2}$$

该项加速度为所求项,沿 x 轴方向,其自身带正负号。

主滑阀阀芯所受科氏加速度为

$$a_C = 2\omega \frac{dx_r}{dt}$$

其沿 y 轴方向,自身带正负号。该项加速度所产生的力将引起主滑阀阀芯与阀套之间摩擦阻力的增加,总是起阻碍作用。但是由于阀芯阀套间有液压油膜的润滑,摩擦系数很小;且阀芯质量很小(2.547 g),则由此项加速度引起的阀芯阀套间的正压力也很小,所以其引起的摩擦阻力可不计(以下同)。

2) 衔铁挡板组件各项加速度分析

由于牵连运动为匀速圆周运动,则衔铁挡板组件所受牵连加速度只有向心加速度,为

$$a_e = \omega^2 R$$

其方向沿 x 轴正向。

衔铁挡板组件所受相对加速度为

$$a_r = \frac{d^2\theta}{dt^2} d_e$$

由于 θ 很小,故将其看作沿 x 轴方向,自身带正负号。

衔铁挡板组件所受科氏加速度为

$$a_C = 2\omega \frac{d\theta}{dt}$$

其沿 y 轴方向,自身带正负号。该项加速度所产生的力不会引起摩擦阻力等附加项,故将其省略。

3) 电液伺服阀的数学模型修正与特性分析

离心环境为匀速圆周运动、主滑阀阀芯方向与离心运动角速度矢同面垂直时,电液伺服阀的数学模型修正如下:

考虑油液的压缩性,双喷嘴挡板阀两个喷嘴和主阀芯之间的两个容腔的控制压力式为

$$\frac{dP_{LP}}{dt} = \frac{2\beta_e}{V_{0p}}\left(Q_L - A_v \frac{dx_r}{dt}\right) \tag{9-1}$$

滑阀受力方程式为

$$\frac{d^2x_r}{dt^2} = \frac{1}{m_v}\left[F_t - (B_v + B_{f0}) \frac{dx_r}{dt} - K_{f0}x_r - F_i\right] + \omega^2 R \tag{9-2}$$

由于滑阀阀芯的移动,反馈杆球头受其牵引,反馈杆随之产生挠性变形。反馈杆力平衡式为

$$F_i = K_f[(r+b)\theta + x_r] \tag{9-3}$$

衔铁由弹簧管支撑,悬于上下导磁体工作气隙之间。它受电磁力矩作用而产生偏转,由于其与挡板反馈杆组件刚性连接,受到挡板液动力力矩、反馈杆回位力矩的作用。衔铁的力平衡式为

$$T_d + m_a\omega^2 R \cdot d_e = J_a \frac{d^2\theta}{dt^2} + B_a \frac{d\theta}{dt} + K_a\theta + T_L \tag{9-4}$$

式(9-1)～式(9-4)组成了匀速圆周运动式离心环境中,主滑阀阀芯方向与离心运动角

速度矢 ω 同面垂直条件下的电液伺服阀数学模型。

由式(9-1)～式(9-4)可知，阀控缸模型分析方法、弹簧杆的反馈力计算公式在振动环境与离心环境下是通用的。在式(9-2)、式(9-4)中有离心加速度 ω^2R。将离心加速度 ω^2R 与加速度 $\mathrm{d}^2x/\mathrm{d}t^2$ 均看作常数时，数学模型是相同的。由此可以得出，在离心环境为匀速圆周运动下，主滑阀阀芯方向与离心运动角速度矢同面垂直时的电液伺服阀特性与阶跃加速度下的电液伺服阀特性是相同的。

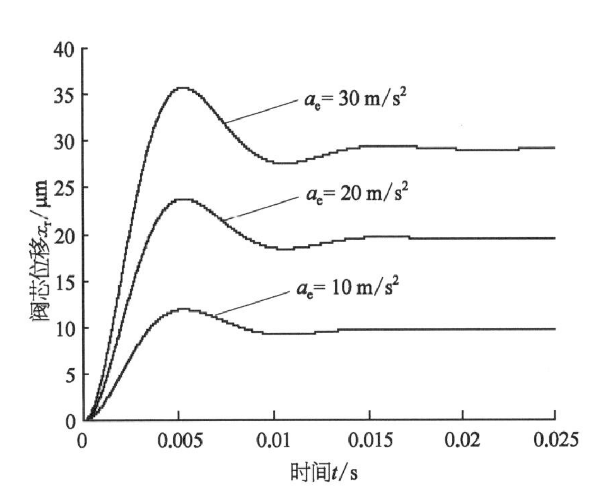

图 9-3　不同离心加速度下的阀芯偏移量

此处以 Moog31 型电液伺服阀为例，考察不同离心加速度（$a_e=\omega^2R$）下的匀速圆周离心运动对电液伺服阀的影响。由图 9-3～图 9-5 可知，滑阀开口量、挡板偏移量、衔铁稳定偏移量与离心加速度的大小呈线性关系。该关系可以由式(9-1)～式(9-4)等推出如下：

$$x_r=\frac{m_a d_e\left[\dfrac{K_{q0}}{K_{c0}}A_v r-K_f(r+b)\right]-\left[K_a-K_m+r^2\left(A_N\dfrac{K_{q0}}{K_{c0}}-8\pi C_{df}^2P_s x_{f0}\right)+K_f(r+b)^2\right]m_v}{\left[K_a-K_m+r^2\left(A_N\dfrac{K_{q0}}{K_{c0}}-8\pi C_{df}^2P_s x_{f0}\right)+K_f(r+b)^2\right](K_f+K_{f0})+\left[\dfrac{K_{q0}}{K_{c0}}A_v r-K_f(r+b)\right]K_f(r+b)}a_e$$

$$x_f=\frac{m_a d_e(K_f+K_{f0})+K_f(r+b)m_v}{(K_f+K_{f0})\left[K_a-K_m+r^2\left(A_N\dfrac{K_{q0}}{K_{c0}}-8\pi C_{df}^2P_s x_{f0}\right)+K_f(r+b)^2\right]}r\cdot a_e$$

$$x_g=\frac{m_a d_e(K_f+K_{f0})+K_f(r+b)m_v}{(K_f+K_{f0})\left[K_a-K_m+r^2\left(A_N\dfrac{K_{q0}}{K_{c0}}-8\pi C_{df}^2P_s x_{f0}\right)+K_f(r+b)^2\right]}a\cdot a_e$$

以 Moog31 型电液伺服阀为例，线性关系如下：

$$x_r=0.97a_e(\mu\mathrm{m}),\quad x_f=0.002\,8a_e(\mu\mathrm{m}),\quad x_g=0.005a_e(\mu\mathrm{m})$$

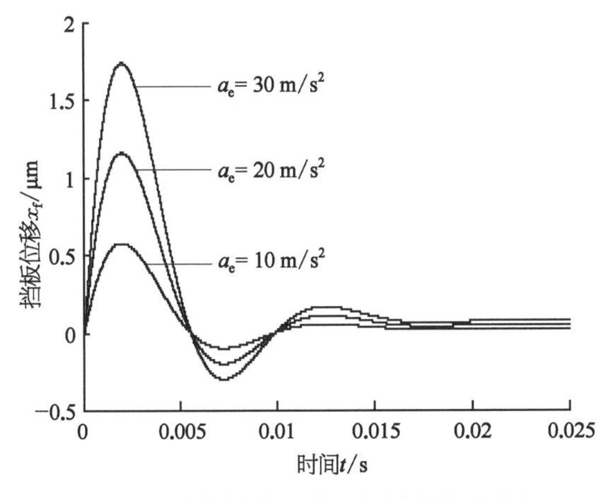

图 9-4　不同离心加速度下的挡板偏移量

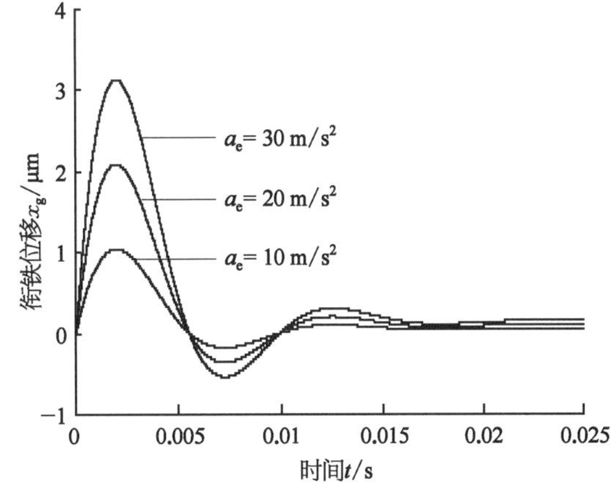

图 9-5　不同离心加速度下的衔铁偏移量

9.2.2 主滑阀阀芯方向与离心运动角速度矢 $\boldsymbol{\omega}$ 异面垂直

分析匀速圆周运动式离心环境中，主滑阀阀芯方向与离心运动角速度矢 ω 异面垂直条件下的电液伺服阀特性。

1）主滑阀阀芯各项加速度分析

由于牵连运动为匀速圆周运动，则主阀芯所受牵连加速度只有向心加速度：

$$a_e = \omega^2 R$$

其方向沿 x 轴正向。该项加速度所产生的力将引起主滑阀阀芯与阀套之间摩擦阻力的变化，原因同上节所述，可不计。

主阀芯所受相对加速度为

$$a_r = \frac{d^2 x_r}{dt^2}$$

该项加速度为所求项，沿 y 轴方向，其自身带正负号。

主阀芯所受科氏加速度为

$$a_C = 2\omega \frac{dx_r}{dt}$$

其沿 x 轴方向，自身带正负号。该项加速度所产生的力将引起主滑阀阀芯与阀套之间摩擦阻力的变化，可不计。

2）衔铁挡板组件各项加速度分析

由于牵连运动为匀速圆周运动，则衔铁挡板组件所受牵连加速度只有向心加速度：

$$a_e = \omega^2 R$$

其方向沿 x 轴正向。该项加速度所产生的力不会引起摩擦阻力等附加项，故将其省略。

衔铁挡板组件所受相对加速度为

$$a_r = \frac{d^2 \theta}{dt^2} d_e$$

由于 θ 很小，故将其看作沿 y 轴方向，自身带正负号。

衔铁挡板组件所受科氏加速度为

$$a_C = 2\omega \frac{d\theta}{dt}$$

其沿 x 轴方向，自身带正负号。该项加速度所产生的力不会引起摩擦阻力等附加项，故将其省略。

3）电液伺服阀的数学模型与特性分析

离心环境为匀速圆周运动、主滑阀阀芯方向与离心运动角速度矢异面垂直时，除了阀芯所受的离心加速度和科氏加速度会引起阀芯阀套间的摩擦阻力变化外，其他没有变化。而由于阀芯阀套间有液压油膜的润滑，摩擦系数很小；且阀芯质量很小(2.547 g)，则由两加速度引起的阀芯阀套间的正压力也很小，所以其引起的摩擦阻力变化可不计，电液伺服阀的灵活性不会受到影响。所以离心环境为匀速圆周运动、主滑阀阀芯方向与离心运动角速度矢异面垂直时的电液伺服阀特性与理想环境下的特性相同。

建议在安装使用时，按照主滑阀阀芯与预计可能会遇到的离心运动角速度矢 ω 互相异面垂直的方法布置电液伺服阀。

9.3　离心环境为匀加速圆周运动时的电液伺服阀

本节分析离心环境为匀加速圆周运动时两种布置方式的电液伺服阀特性：电液伺服阀在主滑阀阀芯方向与离心运动角速度矢 ω 同面垂直环境下的特性；电液伺服阀在主滑阀阀芯方向与离心运动角速度矢 ω 异面垂直环境下的特性。

9.3.1　主滑阀阀芯方向与离心运动角速度矢 $\boldsymbol{\omega}$ 同面垂直

本节分析匀加速圆周运动式离心环境中，主滑阀阀芯方向与离心运动角速度矢 ω 同面垂直条件下的电液伺服阀特性。

1）主滑阀阀芯各项加速度分析

由于牵连运动为匀加速圆周运动，牵连加速度可以用切向牵连加速度和法向牵连加速度来表示。

主滑阀阀芯所受切向牵连加速度为

$$a_{\mathrm{e}}^{\tau}=\alpha R$$

式中　α ——角加速度（$\mathrm{rad/s^2}$）。

其沿 y 轴方向，自身带正负号。该项加速度将会引起阀芯阀套间摩擦力的变化，原因同 9.2.1 节所述，可不计。

主滑阀阀芯所受法向牵连加速度为

$$a_{\mathrm{e}}^{\mathrm{n}}=\left(\int_{0}^{t}\alpha\,\mathrm{d}t\right)^{2}R$$

其方向沿 x 轴正向。

主滑阀阀芯所受相对加速度为

$$a_{\mathrm{r}}=\frac{\mathrm{d}^{2}x_{\mathrm{r}}}{\mathrm{d}t^{2}}$$

该项加速度为所求项，沿 x 轴方向，其自身带正负号。

主滑阀阀芯所受科氏加速度为

$$a_{\mathrm{C}}=2\int_{0}^{t}\alpha\,\mathrm{d}t\ \frac{\mathrm{d}x_{\mathrm{r}}}{\mathrm{d}t}$$

其沿 y 轴方向，自身带正负号。该项加速度所产生的力将引起主滑阀阀芯与阀套之间摩擦阻力的增加，可不计。

2）衔铁挡板组件各项加速度分析

衔铁挡板组件所受切向牵连加速度为

$$a_{e}^{\tau}=\alpha R$$

其沿 y 轴方向，自身带正负号，单位为 m/s^2。该项加速度所产生的力不会引起摩擦阻力等附加项，故将其省略。

衔铁挡板组件所受法向牵连加速度为

$$a_{e}^{n}=\left(\int_{0}^{t}\alpha\mathrm{d}t\right)^{2}R$$

其方向沿 x 轴正向。

衔铁挡板组件所受相对加速度为

$$a_{r}=\frac{\mathrm{d}^{2}\theta}{\mathrm{d}t^{2}}d_{e}$$

由于 θ 很小，故将其看作沿 x 轴方向，自身带正负号。

衔铁挡板组件所受科氏加速度为

$$a_{C}=2\int_{0}^{t}\alpha\mathrm{d}t\ \frac{\mathrm{d}\theta}{\mathrm{d}t}$$

其沿 y 轴方向，自身带正负号。该项加速度所产生的力不会引起摩擦阻力等附加项，故将其省略。

3）电液伺服阀的数学模型修正与特性分析

离心环境为匀加速圆周运动、主滑阀阀芯方向与离心运动角速度矢同面垂直时，电液伺服阀的数学模型修正如下：

考虑双喷嘴挡板阀两个喷嘴容腔内油液的压缩性，可得到主阀芯两端的负载压力式为

$$\frac{\mathrm{d}P_{LP}}{\mathrm{d}t}=\frac{2\beta_{e}}{V_{0p}}\left(Q_{L}-A_{v}\frac{\mathrm{d}x_{r}}{\mathrm{d}t}\right)\tag{9-5}$$

滑阀力平衡式为

$$\frac{\mathrm{d}^{2}x_{r}}{\mathrm{d}t^{2}}=\frac{1}{m_{v}}\left[F_{t}-(B_{v}+B_{f0})\frac{\mathrm{d}x_{r}}{\mathrm{d}t}-K_{f0}x_{r}-F_{i}\right]+\left(\int_{0}^{t}\alpha\mathrm{d}t\right)^{2}R\tag{9-6}$$

$$F_{t}=P_{LP}A_{v}$$

$$B_{f0}=(L_{1}-L_{2})C_{d}\omega\sqrt{\rho(P_{s}-P_{L})}$$

$$K_{f0}=0.43\omega(P_{s}-P_{L})$$

式中　F_{t}——主阀芯的驱动力(N)；

F_{i}——反馈杆变形所产生的力(N)，使挡板回位；

m_{v}——阀芯与阀腔油液质量，取 2.547×10^{-3} kg；

B_{v}——阀芯与阀套间的黏性阻尼系数，取 0.003 4 N/(m · s^{-1})；

B_{f0}——阀芯瞬态液动力产生的阻尼系数$[\mathrm{N/(m \cdot s^{-1})}]$；

K_{f0}——阀芯稳态液动力的弹性系数(N/m)；

A_v——主阀芯阀肩横截面面积，取 $1.662\times10^{-5}\ \mathrm{m^2}$；

C_d——流量系数，取 0.61；

ω——阀芯面积梯度，取 7.5×10^{-3} m；

ρ——液压油密度，取 850 kg/m³；

L_1——稳定阻尼长度，取 5×10^{-3} m；

L_2——不稳定阻尼长度，取 4×10^{-3} m。

由于滑阀阀芯的移动，反馈杆球头受其牵引，反馈杆随之产生挠性变形。反馈杆力平衡式为

$$F_i = K_f[(r+b)\theta + x_r] \tag{9-7}$$

衔铁由弹簧管支撑，悬于上下导磁体工作气隙之间。它受电磁力矩作用而产生偏转，由于其与挡板反馈杆组件刚性连接，所以也受到挡板液动力力矩、反馈杆回位力矩的作用。弹簧管力矩平衡式为

$$T_d + m_a\left(\int_0^t \alpha \mathrm{d}t\right)^2 R \cdot d_e = J_a \frac{\mathrm{d}^2\theta}{\mathrm{d}t^2} + B_a \frac{\mathrm{d}\theta}{\mathrm{d}t} + K_a\theta + T_L \tag{9-8}$$

式中 J_a——衔铁挡板反馈杆组件的转动惯量，取 $2.17\times10^{-7}\ \mathrm{kg\cdot m^2}$；

B_a——衔铁挡板反馈杆组件的阻尼系数，取 0.05；

K_a——弹簧管刚度，取 10.18(N·m)/rad；

T_L——衔铁运动时所拖动的负载力矩。

式(9-5)～式(9-8)等组成了匀加速圆周运动式离心环境中，主滑阀阀芯方向与离心运动角速度矢 ω 同面垂直条件下的电液伺服阀数学模型。

针对 Moog31 型力反馈式电液伺服阀，在离心半径 $R=1$ m、不同角加速度时的电液伺服阀特性如图 9-6～图 9-8 所示。不论角加速度的大小，阀芯、衔铁、挡板的偏移量都会随着时间的增加而变大，有所不同的是阀芯的偏移量大致按照抛物线的方式增长，衔铁、挡板的偏移量大致按照线性方式增长。角加速度越大，三者的偏移量增长越快。

在工程应用中，应尽力避免电液伺服阀主滑阀阀芯方向与离心运动角速度矢 ω 同面垂直的布置方式。

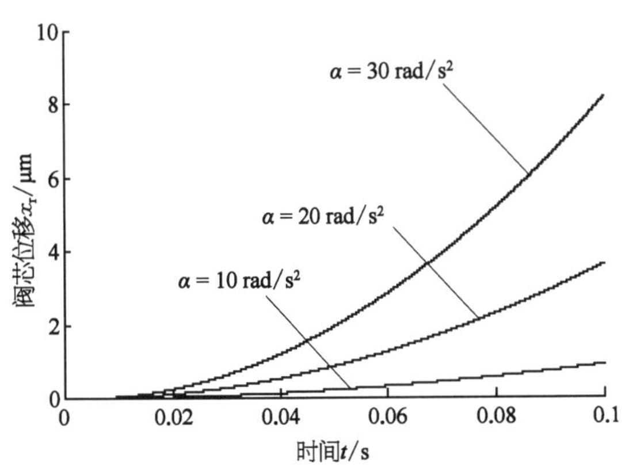

图 9-6 不同角加速度下的阀芯偏移量

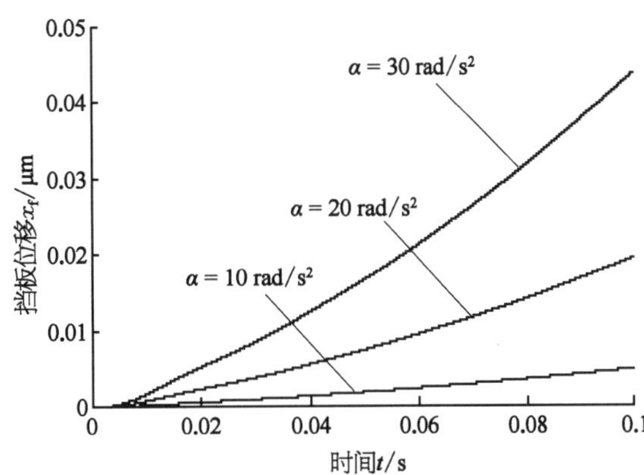

图 9-7 不同角加速度下的挡板偏移量

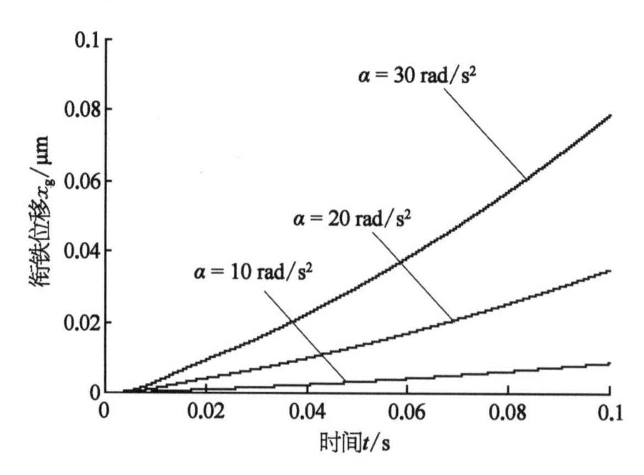

图 9-8　不同角加速度下的衔铁偏移量

9.3.2　主滑阀阀芯方向与离心运动角速度矢 ω 异面垂直

本节分析匀加速圆周运动式离心环境中，主滑阀阀芯方向与离心运动角速度矢 ω 异面垂直条件下的电液伺服阀特性。

1）主滑阀阀芯各项加速度分析

由于牵连运动为匀加速圆周运动，牵连加速度可以用切向牵连加速度和法向牵连加速度来表示。

主滑阀阀芯所受切向牵连加速度为

$$a_e^\tau = \alpha R$$

其沿 y 轴方向，自身带正负号。

主滑阀阀芯所受法向牵连加速度为

$$a_e^n = \left(\int_0^t \alpha \mathrm{d}t\right)^2 R$$

其方向沿 x 轴正向。该项加速度将会引起阀芯阀套间摩擦力的变化，可不计。

主滑阀阀芯所受相对加速度为

$$a_r = \frac{\mathrm{d}^2 x_r}{\mathrm{d}t^2}$$

该项加速度为所求项，沿 y 轴方向，其自身带正负号。

主滑阀阀芯所受科氏加速度为

$$a_C = 2\int_0^t \alpha \mathrm{d}t \ \frac{\mathrm{d}x_r}{\mathrm{d}t}$$

其沿 x 轴方向，自身带正负号。该项加速度所产生的力将引起主滑阀阀芯与阀套之间摩擦阻力的增加，可不计。

2）衔铁挡板组件各项加速度分析

衔铁挡板组件所受切向牵连加速度为

$$a_e^\tau = \alpha R$$

其沿 y 轴方向，自身带正负号。

衔铁挡板组件所受法向牵连加速度为

$$a_{\mathrm{e}}^{\mathrm{n}}=\left(\int_0^t \alpha \mathrm{d}t\right)^2 R$$

其方向沿 x 轴正向。该项加速度所产生的力不会引起摩擦阻力等附加项，故将其省略。

衔铁挡板组件所受相对加速度为

$$a_{\mathrm{r}}=\frac{\mathrm{d}^2\theta}{\mathrm{d}t^2}d_{\mathrm{e}}$$

由于 θ 很小，故将其看作沿 x 轴方向，自身带正负号。

衔铁挡板组件所受科氏加速度为

$$a_{\mathrm{C}}=2\int_0^t \alpha \mathrm{d}t\ \frac{\mathrm{d}\theta}{\mathrm{d}t}$$

其沿 x 轴方向，自身带正负号。该项加速度所产生的力不会引起摩擦阻力等附加项，故将其省略。

3）电液伺服阀的数学模型修正与特性分析

离心环境为匀加速圆周运动、主滑阀阀芯方向与离心运动角速度矢异面垂直时，电液伺服阀的数学模型修正如下：

主阀芯两端的负载压力式为

$$\frac{\mathrm{d}P_{\mathrm{LP}}}{\mathrm{d}t}=\frac{2\beta_{\mathrm{e}}}{V_{0\mathrm{p}}}\left(Q_{\mathrm{L}}-A_{\mathrm{v}}\frac{\mathrm{d}x_{\mathrm{r}}}{\mathrm{d}t}\right) \tag{9-9}$$

滑阀力平衡式为

$$\frac{\mathrm{d}^2x_{\mathrm{r}}}{\mathrm{d}t^2}=\frac{1}{m_{\mathrm{v}}}\left[F_{\mathrm{t}}-(B_{\mathrm{v}}+B_{\mathrm{f0}})\frac{\mathrm{d}x_{\mathrm{r}}}{\mathrm{d}t}-K_{\mathrm{f0}}x_{\mathrm{r}}-F_{\mathrm{i}}\right]+\alpha R \tag{9-10}$$

反馈杆力平衡式可变为

$$F_{\mathrm{i}}=K_{\mathrm{f}}\left[(r+b)\theta+x_{\mathrm{r}}\right] \tag{9-11}$$

弹簧管力矩平衡式可变为

$$T_{\mathrm{d}}+m_{\mathrm{a}}\alpha R\cdot d_{\mathrm{e}}=J_{\mathrm{a}}\frac{\mathrm{d}^2\theta}{\mathrm{d}t^2}+B_{\mathrm{a}}\frac{\mathrm{d}\theta}{\mathrm{d}t}+K_{\mathrm{a}}\theta+T_{\mathrm{L}} \tag{9-12}$$

式(9－9)～式(9－12)组成了匀加速圆周运动式离心环境中，主滑阀阀芯方向与离心运动角速度矢 ω 同面垂直条件下的电液伺服阀数学模型。

由式(9－9)～式(9－12)可知，阀控缸模型分析方法、弹簧杆的反馈力计算公式在振动环境与离心环境下是通用的。式中有振动加速度 $\mathrm{d}^2x/\mathrm{d}t^2$，在式(9－10)、式(9－12)中有切向牵连加速度 αR。将离心加速度 αR 与加速度 $\mathrm{d}^2x/\mathrm{d}t^2$ 均看作常数时，即匀加速圆周运动较加速度为定值，则切向牵连加速度为定值，数学模型是相同的。由此可以得出，在离心环境为匀加速圆周运动下，主滑阀阀芯与离心运动角速度矢 ω 异面垂直时的电液伺服阀特性与阶跃加速度下的电液伺服阀特性是相同的。

不同切向牵连加速度 ($a_e^\tau=\alpha R$) 下的匀加速圆周运动式离心运动对电液伺服阀的影响，即滑阀开口量、挡板偏移量、衔铁偏移量与切向牵连加速度的大小呈线性关系：

$$x_r=\frac{m_a d_e\left[\frac{K_{q0}}{K_{c0}}A_v r-K_f(r+b)\right]-\left[K_a-K_m+r^2\left(A_N\frac{K_{q0}}{K_{c0}}-8\pi C_{df}^2P_s x_{f0}\right)+K_f(r+b)^2\right]m_v}{\left[K_a-K_m+r^2\left(A_N\frac{K_{q0}}{K_{c0}}-8\pi C_{df}^2P_s x_{f0}\right)+K_f(r+b)^2\right](K_f+K_{f0})+\left[\frac{K_{q0}}{K_{c0}}A_v r-K_f(r+b)\right]K_f(r+b)}a_e^\tau \tag{9-13}$$

$$x_f=\frac{m_a d_e(K_f+K_{f0})+K_f(r+b)m_v}{(K_f+K_{f0})\left[K_a-K_m+r^2\left(A_N\frac{K_{q0}}{K_{c0}}-8\pi C_{df}^2P_s x_{f0}\right)+K_f(r+b)^2\right]}r\cdot a_e^\tau \tag{9-14}$$

$$x_g=\frac{m_a d_e(K_f+K_{f0})+K_f(r+b)m_v}{(K_f+K_{f0})\left[K_a-K_m+r^2\left(A_N\frac{K_{q0}}{K_{c0}}-8\pi C_{df}^2P_s x_{f0}\right)+K_f(r+b)^2\right]}a\cdot a_e^\tau \tag{9-15}$$

对于研究对象 Moog31 型电液伺服阀，线性关系如下所示：

$$x_r=0.97a_e^\tau(\mu\text{m}),\ x_f=0.002\,8a_e^\tau(\mu\text{m}),\ x_g=0.005a_e^\tau(\mu\text{m})$$

与上一节比较可知，在离心环境为匀加速圆周运动下，采用主滑阀阀芯与离心运动角速度矢 ω 异面垂直布置较好。因为在该种情况下，阀芯、衔铁、挡板的偏移量与切向牵连加速度呈线性关系，在切向牵连加速度确定时，三者的偏移量也为定值，易于通过各种补偿的方法来纠偏。而如果采取主滑阀阀芯与离心运动角速度矢同面垂直布置时，三者的偏移量随时间而增长，而且与时间的关系不一致，不利于采取措施进行纠偏。

9.4 离心环境下电液伺服阀的零偏值

电液伺服阀的纠偏电流也称零偏值，是指使电液伺服阀处于零位时需要输入的电流值，通常采用额定电流的百分比来表示。理想情况下，电液伺服阀中立位置两侧的结构完全对称，零偏值为零。但是电液伺服阀受到离心力作用时，其零位往往会发生变化，导致产生一定的零偏值。电液伺服机构的精确控制需要分析离心环境下的零偏值。分析电液伺服阀喷嘴容腔的静态压力特性，它是液压伺服系统、电液伺服阀工作点设计，以及系统设计和分析的基础。取得离心环境下电液伺服阀零偏值的理论计算式，得到零偏的变化规律，并通过试验验证理论和计算式的正确性。建立离心环境下电液伺服阀的运动部件和控制体的动力学模型，得出在离心环境下零偏值与离心加速度值的关系表达式。满足设计准则的喷嘴挡板式电液伺服阀喷嘴压力在供油压力的 20%～100%；零位时两喷嘴压力均为供油压力的 50%。离心环境下电液伺服阀零偏值与离心加速度值呈线性关系，且零偏值和衔铁挡板组件质量及其力臂、主阀芯质量、喷嘴容腔内油液质量等因素有关。

飞行器按照一定轨道稳定飞行，飞行器进行俯仰、偏航和滚动等各种空间飞行动作时，系统工作在复杂的空间离心环境之中。电液伺服阀往往需要承受离心环境的考核。例如，飞行器按照一定轨道稳定飞行，飞行器进行俯仰、偏航和滚动等各种空间飞行动作时，系统工作在复杂的空间离心环境之中。电液伺服阀作为电液伺服系统的核心元件，在离心环境中的工作特性将直接影响系统的稳定性和可靠性，在离心复杂环境下电液伺服阀如何工作、是否能够正常工作的基础理论目前极少有研究报道，有文献分析了一维离心力作用下电液伺服阀的一级喷嘴挡板阀特性及其影响因素，但没有涉及离心力场中流体伯努利方程以及一维离心环境下电液伺服阀包括主阀在内的阀零偏特性及其影响因素。电液伺服阀将喷嘴挡板前置级的控制压力之差作用于主阀芯两端面，驱动主阀芯运动，其控制压力较高，但主阀芯两端的压力差相对喷嘴挡板控制腔的压力是很小的。喷嘴容腔内的液体所承受的离心力和主阀芯所承受的离心力的机理如何，该离心力如何影响电液伺服阀的零偏量，以及零偏量的主要影响因素等研究尚不多见。为此，本节建立一维离心环境下电液伺服阀内油液控制体和运动部件的力学模型，分析一维离心环境下电液伺服阀的零偏量计算方法。

9.4.1　电液伺服阀喷嘴挡板前置级静态压力特性

图 9-9 所示为电液伺服阀结构示意图，离心环境下电液伺服阀在纠偏电流作用下主阀芯回到零位状态。图中，a 为离心加速度，采用笛卡尔坐标系且定义主阀芯的轴线方向为 x 方向，挡板方向为 z 方向；θ 为衔铁挡板组件偏转的角度；r 为喷嘴中心到弹簧管旋转中心的距离；r_g 为衔铁挡板组件的质心到弹簧管旋转中心的距离；b 为反馈杆小球中心到喷嘴中心的距离；l 为喷嘴处节流孔的长度；d_0 为固定节流孔直径；d_n 为喷嘴直径；Q_1、Q_3 分别为经过两个固定节孔的流量；Q_2、Q_4 分别为通过两个喷嘴挡板节流孔的流量；p_s 为供油压力；p_1、p_2 分别为两个喷嘴控制腔的压力；p_0 为回油压力；p_A、p_B 分别为两个负载腔的压力。

电液伺服阀右侧的固定节流孔和喷嘴的流量方程分别为

$$Q_1 = C_{d0} A_0 \sqrt{\frac{2}{\rho}(p_s - p_1)} \tag{9-16}$$

$$Q_2 = C_{df} \pi d_n (x_{f0} - x_f) \sqrt{\frac{2}{\rho} p_1} \tag{9-17}$$

式中　C_{d0}——固定节流孔流量系数；
A_0——固定节流孔面积，$A_0 = \pi d_0^2/4$；
C_{df}——可变节流孔流量系数；
x_{f0}——喷嘴挡板之间的初始间隙；
ρ——油液密度；
x_f——挡板位移。

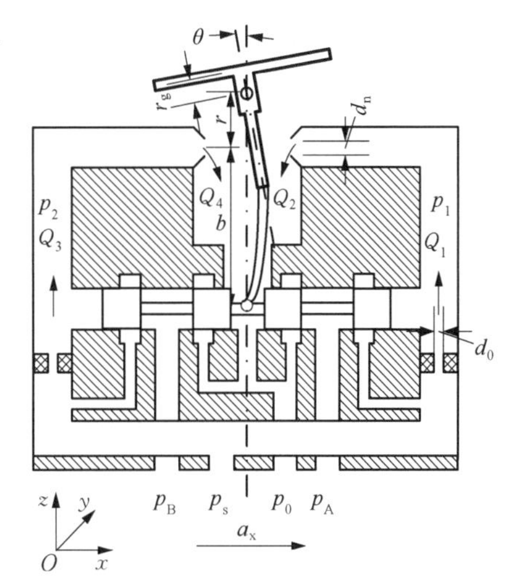

图 9-9　电液伺服阀结构示意图

滑阀右侧端面处的流量方程为

$$Q_{LV}=Q_2-Q_1=C_{df}\pi d_n(x_{f0}-x_f)\sqrt{\frac{2}{\rho}p_1}-C_{d0}A_0\sqrt{\frac{2}{\rho}(p_s-p_1)} \tag{9-18}$$

同理,电液伺服阀左侧的诸流量方程分别为

$$Q_3=C_{d0}A_0\sqrt{\frac{2}{\rho}(p_s-p_2)} \tag{9-19}$$

$$Q_4=C_{df}\pi d_n(x_{f0}+x_f)\sqrt{\frac{2}{\rho}p_2} \tag{9-20}$$

$$Q_{LV}=Q_3-Q_4=C_{d0}A_0\sqrt{\frac{2}{\rho}(p_s-p_2)}+C_{df}\pi d_n(x_{f0}+x_f)\sqrt{\frac{2}{\rho}p_2} \tag{9-21}$$

电液伺服阀处于零位、稳定状态时,一般有

$$Q_{LV}=Q_2-Q_1=Q_3-Q_4=0 \tag{9-22}$$

此时,由式(9-16)～式(9-22),可得电液伺服阀的静态($Q_{LV}=0$)压力特性式为

$$p_1=\frac{p_s}{1+\left[\dfrac{C_{df}\pi d_n(x_{f0}-x_f)}{C_{d0}A_0}\right]^2},\ p_2=\frac{p_s}{1+\left[\dfrac{C_{df}\pi d_n(x_{f0}+x_f)}{C_{d0}A_0}\right]^2} \tag{9-23}$$

由式(9-23),可得主阀芯两端的控制压差为

$$p_{LV}=\frac{4k^2\left(\dfrac{x_f}{x_{f0}}\right)p_s}{1+2k^2\left[1+\left(\dfrac{x_f}{x_{f0}}\right)^2\right]+k^4\left[1-\left(\dfrac{x_f}{x_{f0}}\right)^2\right]^2} \tag{9-24}$$

$$k=\frac{C_{df}A_{f0}}{C_{d0}A_0}=\frac{C_{df}\pi d_n x_{f0}}{C_{d0}A_0} \tag{9-25}$$

设无因次压力比为 $\bar{p}_1=p_1/p_s$,$\bar{p}_2=p_2/p_s$,$\bar{p}_{LV}=p_{LV}/p_s=p_1/p_s-p_2/p_s$。设喷嘴挡板阀的位移比为 $\bar{x}_f=x_f/x_{f0}$,且 $-1\leqslant\bar{x}_f\leqslant 1$。则静态压力特性式(9-23)和主阀芯两端的控制压差式(9-24)的无因次式分别为

$$\bar{p}_1=\frac{1}{1+k^2(1-\bar{x}_f)^2},\ \bar{p}_2=\frac{1}{1+k^2(1+\bar{x}_f)^2} \tag{9-26}$$

$$\bar{p}_{LV}=\frac{4k^2\bar{x}_f}{1+2k^2(1+\bar{x}_f^2)+k^4(1-\bar{x}_f^2)^2} \tag{9-27}$$

图9-10所示为喷嘴零位压力与喷嘴面积和固定节流孔的有效面积之比的关系图。由图可见,喷嘴挡板阀的喷嘴零位压力与喷嘴和固定节流孔的有效面积之比有关,且喷嘴零位压力在供油压力的20%～100%。当喷嘴和固定节流孔的有效面积之比为1∶1时,零位压力为$0.5p_s$;面积比为1∶2时,零位压力为$0.8p_s$;面积比为2∶1时,零位压力为$0.2p_s$。可以考虑采用不同的节流孔面积比达到不同的零位压力,从而实现喷嘴挡板阀和不对称结构主阀芯或

油缸的匹配控制。

式(9-23)、式(9-24)表明，喷嘴挡板式两级电液伺服阀主阀芯两腔的控制压差为喷嘴挡板阀位移的函数，和供油压力成正比，且与喷嘴挡板的初始间隙值、挡板的位移量，以及固定节流孔面积与喷嘴开口面积的比值有关，与主阀芯的开口量无关。通常，喷嘴挡板阀在零位($x_{f0}=0$)时取控制压力 $p_{10}=p_{20}=0.5p_s$ 作为设计准则。按照该设计准则，要求在零位时固定节流孔面积和喷嘴开口面积的比值应满足

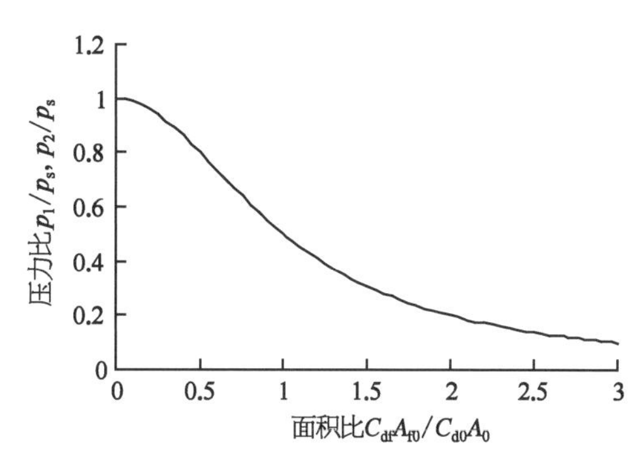

图 9-10　喷嘴零位压力与喷嘴和固定节流孔的有效面积之比的关系图

$$k=\frac{C_{df}A_{f0}}{C_{d0}A_0}=\frac{C_{df}\pi d_n x_{f0}}{C_{d0}A_0}=1 \tag{9-28}$$

一般情况下，如果满足设计准则式(9-28)的喷嘴挡板式电液伺服阀，由式(9-26)、式(9-27)可得静态压力及主阀芯两端的控制压差分别为

$$\bar{p}_1=\frac{1}{1+(1-\bar{x}_f)^2},\bar{p}_2=\frac{1}{1+(1+\bar{x}_f)^2} \tag{9-29}$$

$$\bar{p}_{LV}=\frac{4\bar{x}_f}{4+\bar{x}_f^4} \tag{9-30}$$

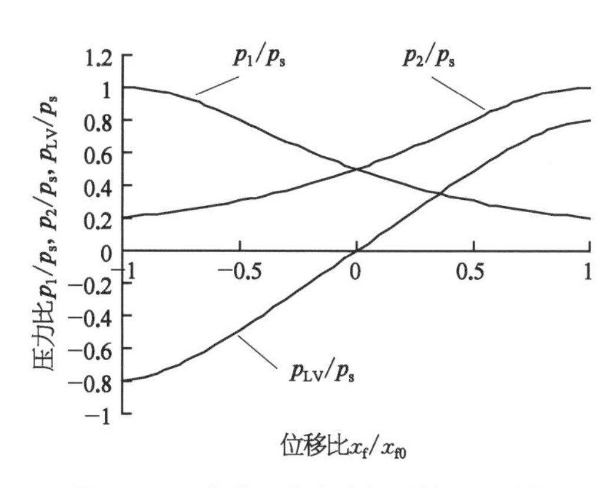

图 9-11　喷嘴压力和主阀芯控制压差与挡板位移的关系图

图 9-11 所示为由式(9-29)、式(9-30)得到的喷嘴压力和主阀芯控制压差与挡板位移的关系图。由图可见，当喷嘴挡板阀处于最大开口量($x_{f0}=x_f$)时，有 $p_1=p_s$，$p_2=0.2p_s$，主阀芯两端的控制压差达到最大值，$p_{LV}=0.8p_s$；零位时两喷嘴压力为供油压力的 50%，主阀芯两端的控制压差为零，且零位附近的主阀芯控制压差和阀位移近似成正比。

电液伺服阀正常工作时，有喷嘴挡板阀开口量 $x_{f0}\ll x_f$，因此可忽略式(9-30)分母中 $\bar{x}_f$ 的四次方项，有

$$\bar{p}_{LV}=\bar{x}_f \tag{9-31}$$

9.4.2 离心环境下电液伺服阀的纠偏电流

电液伺服阀在纠偏电流作用下，衔铁挡板位置发生偏转，主阀芯受力主要有两端压差产生的驱动力、离心力以及反馈杆作用力，忽略回油压力。当主阀芯处于零位时，阀芯的力平衡方程为

$$p_{LV}A_v=m_v a_x+K_f\theta(r+b) \tag{9-32}$$

式中　A_v——滑阀端面的面积；

a_x——离心加速度在 x 方向的分量；

m_v——滑阀阀芯组件的等效质量；

K_f——力反馈杆刚度。

力矩马达输出力矩为

$$T_d = K_t \Delta i + K_m \theta \tag{9-33}$$

式中 K_t——力矩马达电磁力矩系数；

K_m——力矩马达磁弹性常数。

力反馈杆产生的力矩为

$$T_s = K_f \theta (r+b)^2 \tag{9-34}$$

衔铁挡板平衡时，有

$$T_d = K_t \Delta i + K_m \theta = T_s + K_a \theta + (F_1 - F_2) r + m_a a_x r_g \tag{9-35}$$

式中 K_a——弹簧管刚度；

m_a——衔铁挡板组件质量；

F_1、F_2——作用于挡板两侧的液流力。

由式(9-33)～式(9-35)可得，输入纠偏电流应为

$$\Delta i = [K_f \theta (r+b)^2 + K_a \theta - K_m \theta + (F_1 - F_2) r + m_a a_x r_g] K_t^{-1} \tag{9-36}$$

9.4.3 一维离心环境下电液伺服阀的零偏值

不可压缩的理想流体在恒定流动中，流体的拉格朗日-伯努利方程为

$$\frac{p}{\rho} + \frac{v^2}{2} + U = C \tag{9-37}$$

式中 U——与流体质量力有关的函数，即力势函数；

C——伯努利常数。

式(9-37)表明流场中存在力势函数，即流体在有势力作用下的能量平衡方程，惯性力、重力、离心力等均为有势力。该式可适用于不可压缩理想流体整体恒定流动时整个有势流场或非势流场的某一流线上。

在重力场中，由式(9-37)可得到常规的伯努利方程。假设离心加速度方向与电液伺服阀阀芯轴线以及喷嘴轴线方向一致，电液伺服阀内流道尺寸小。由式(9-37)可得一维离心力场中伺服阀内流体的拉格朗日-伯努利方程：

$$\frac{p_1}{\rho a_x} + \frac{v_1^2}{2a_x} + x_1 = \frac{p_2}{\rho a_x} + \frac{v_2^2}{2a_x} + x_2 \tag{9-38}$$

由于挡板偏转角度极小，可近似认为 $x_f = r\theta$。将式(9-31)代入式(9-32)，可得衔铁挡板组件的偏转角度为

$$\theta = \frac{m_v a_x}{\dfrac{r p_s A_v}{x_{f0}} - K_f (r+b)} \tag{9-39}$$

图 9-12 所示为双喷嘴挡板受力图。以图中所示的喷嘴口断面 1 至挡板断面 2 之间的流体作为研究对象，不计喷嘴前端的流体和壁面的摩擦损失，以喷嘴挡板阀零位为参考，忽略重力势能以及挡板厚度的影响，考虑离心力场对流体的作用时，由式(9-38)可得

$$p_{1e}+\rho a_x(-x_f)+\frac{\rho v_1^2}{2}=p_1+\rho a_x(-x_{f0}) \tag{9-40}$$

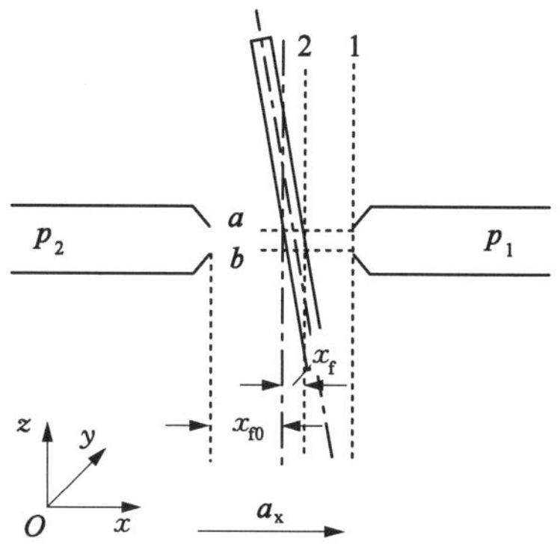

式中　v_1——喷嘴处油液流速；

p_{1e}——液体作用在挡板上的压力。

图 9-12　双喷嘴挡板受力图

考虑离心力作用时，由式(9-40)和动量定理可得流体作用在挡板右侧的力为

$$F_1=p_{1e}A_n+\rho v_1^2A_n=\left[p_1+\frac{1}{2}\rho v_1^2-\rho a_x(x_{f0}-x_f)\right]A_n \tag{9-41}$$

由式(9-17)可得喷嘴处流速为

$$v_1=\frac{Q_2}{A_n}=\frac{4C_{df}(x_{f0}-x_f)}{\mathrm{d_n}}\sqrt{\frac{2}{\rho}p_1} \tag{9-42}$$

同理，流体作用在挡板左侧的力和喷嘴处流速分别为

$$F_2=\left[p_2+\frac{1}{2}\rho v_2^2+\rho a_x(x_{f0}+x_f)\right]A_n \tag{9-43}$$

$$v_2=\frac{Q_4}{A_n}=\frac{4C_{df}(x_{f0}+x_f)}{\mathrm{d_n}}\sqrt{\frac{2}{\rho}p_2} \tag{9-44}$$

喷嘴挡板阀一般在零位附近工作，近似有 $p_1=p_2=0.5p_s$，由式(9-41)、式(9-43)，可得挡板承受的净液压作用力为

$$F_1-F_2=p_{LV}A_n+4\pi C_{df}^2x_{f0}^2p_{LV}+4\pi C_{df}^2x_f^2p_{LV}-8\pi C_{df}^2x_{f0}x_fp_s-2\rho a_xA_nx_{f0} \tag{9-45}$$

通常喷嘴挡板阀设计时满足 $x_{f0}/d_n=1/8\sim1/16$，式(9-45)的第二项与第一项相比可以忽略。又有 $x_f<x_{f0}$，式中第三项小于第二项。因此，挡板承受的净液压作用力可近似表示为

$$F_1-F_2=p_{LP}A_n-8\pi C_{df}^2x_{f0}x_fp_s-2\rho a_xA_nx_{f0} \tag{9-46}$$

式(9-46)考虑了离心场对电液伺服阀的作用，与未考虑离心场时的情况相比，液体对挡板的作用力增加了离心加速度项，即 $-2\rho a_xA_nx_{f0}$。

由式(9-36)和式(9-46)，可得电液伺服阀在离心力作用下的纠偏电流值为

$$\Delta i=\left[\frac{K_f(r+b)^2+K_a-K_m+p_sx_{f0}^{-1}A_nr^2-8\pi C_{df}^2x_{f0}r^2p_s}{p_sx_{f0}^{-1}A_vr-K_f(r+b)}m_v-2\rho A_nx_{f0}r+m_ar_g\right]K_t^{-1}a_x \tag{9-47}$$

式(9-47)右侧括号内第一项为一维离心力作用下主阀芯质量对电液伺服阀零偏值的作

用项；第二项为离心场作用于喷嘴处流体而产生的零偏项；第三项为衔铁挡板组件受离心力作用产生的零偏项。可见，一维离心环境下电液伺服阀零偏值与离心加速度和力矩马达电磁力矩系数的大小呈线性关系，且与主阀芯质量、喷嘴容腔内油液质量、衔铁挡板组件质量、衔铁挡板组件质心到旋转中心的距离等因素有关。

9.4.4 应用实例与试验分析

式(9－47)中系数项很多，本节根据某型电液伺服阀基本参数(表9－1)，以式(9－47)为一维离心环境下电液伺服阀零偏值的计算式，对一维离心环境下电液伺服阀的零偏值进行实例计算，进而对一维离心环境下零偏量的主、次要影响因素进行分析。有文献分析了一维离心环境下电液伺服阀一级喷嘴挡板阀的特性，本节综合分析一维离心环境下电液伺服阀包括力马达、一级喷嘴挡板阀、二级主滑阀在内的阀零偏特性及其影响因素。

表9－1 电液伺服阀实例主要参数

参数项	参数值	参数项	参数值
力矩马达的电磁力矩系数 K_t/[(N·m)·A^{-1}]	2.77	力矩马达的磁弹性常数 K_m/[(N·m)·rad^{-1}]	6.86
喷嘴中心到弹簧管旋转中心的距离 r/m	8.05×10^{-3}	反馈杆小球中心到喷嘴中心的距离 b/m	1.4×10^{-2}
反馈杆刚度 K_f/(N·m^{-1})	3 700	喷嘴孔直径 d_f/m	3.5×10^{-4}
主阀芯阀肩横截面面积 A_v/m^2	1.662×10^{-5}	衔铁挡板组件质量 m_a/kg	1.3×10^{-2}
初始喷挡间隙 x_{f0}/m	3.37×10^{-5}	主阀芯质量 m_v/kg	2.5×10^{-3}
弹簧管刚度 K_a/[(N·m)·rad^{-1}]	10.18	衔铁挡板组件质心与弹簧管旋转中心的距离 r_g/m	1×10^{-3}
喷嘴挡板节流孔流量系数 C_{df}	0.62	额定供油压力 p_s/Pa	2.1×10^{7}
液压油密度 ρ/(kg·m^{-3})	850	额定电流/A	0.01

计算结果显示，式(9－47)右侧括号内三项的数值分别约为 2.7×10^{-7}、-4.44×10^{-11}、1.3×10^{-5}。可见，第三项的衔铁挡板组件受离心力作用产生的零偏项的数值最大；第一项主阀芯质量对电液伺服阀零偏值的作用项次之；第二项喷嘴处流体产生的零偏项的数值最小。将实例数据代入式(9－47)时，可知电液伺服阀先导级喷嘴挡板阀的零位压力增益[式(9－47)中主阀芯系数项中 $p_s x_{f0}^{-1}$] 极大，离心力使衔铁挡板组件发生微小转动时，主阀芯两侧控制压差 p_{LP}会发生较大的变化，从而主阀芯上所受离心力对电液伺服阀零偏值的影响很小；而离心场作用于喷嘴容腔内流体而产生的零偏项由于喷嘴尺寸和初始喷挡间隙很小而极小，其对电液伺服阀零偏的影响完全可以忽略不计。

根据上述分析，可得一维离心环境下电液伺服阀零偏值的近似计算式为

$$\Delta i \approx m_a r_g K_t^{-1} a_x \tag{9-48}$$

可见，一维离心环境下电液伺服阀零偏值与离心力大小近似呈线性关系，零偏值大小的主

要影响因素有离心力对衔铁组件的作用、离心力沿主阀芯轴线上的分量、伺服阀力矩马达的电磁力矩系数。衔铁挡板组件为对称结构，质心在对称轴上，优化衔铁挡板组件结构和质量分布，减小衔铁挡板质心到旋转中心的距离，可有效减小一维离心环境下电液伺服阀的零偏值；优化电液伺服阀安装方式，增大离心力与滑阀轴线夹角也可有效减小离心力对电液伺服阀的零偏影响；增大力矩马达的电磁力矩系数也可减小电液伺服阀的零偏值。

试验时将电液伺服阀按规定的轴线方向安装于臂式离心机离开旋转中心一定距离的某处，当离心试验机在某一旋转速度时，电液伺服阀具有一定的离心加速度。图 9-13 为某电液伺服机构离心试验示意图。液压泵和油箱安装在地面上，液压管路的静止部分和旋转部分由回转接头连接，离心机臂由配重和被试件保持平衡。离心机转轴以角速度 ω 在 x 轴和 y 轴所确定的平面内旋转；电液伺服阀和液压缸安装在离心机的臂端，绕离心机驱动轴旋转，电液伺服机构的电液伺服阀和液压缸承受离心力，包括沿 x 向的离心力。图 9-14 所示为电液伺服阀零偏值与离心加速度关系的理论结果和试验结果。理论计算结果根据本节推荐的简化计算式(9-48)得到，其中电液伺服阀参数为 $m_a=3.45$ g，$r_g=1.627$ mm，$K_t=2.55$ (N·m)/A，试验结果包含了电液伺服阀的初始零偏值−0.4%。由图可见，离心条件下电液伺服阀的零偏值和离心加速度值的大小成正比，理论结果和试验结果一致。

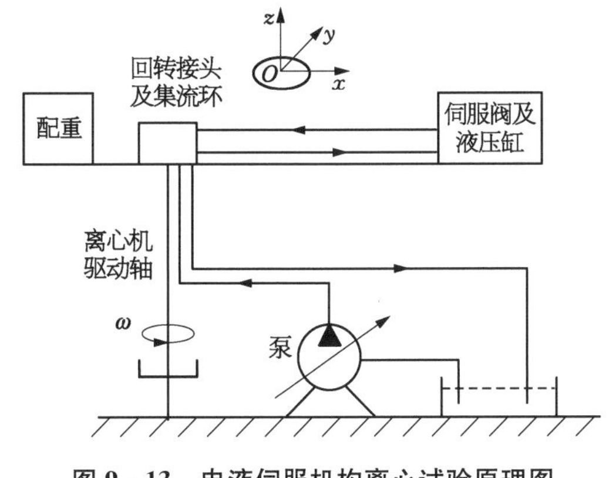

图 9-13　电液伺服机构离心试验原理图

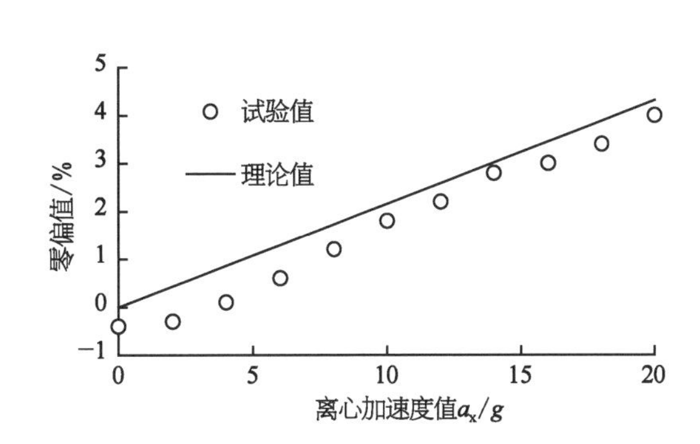

图 9-14　电液伺服阀零偏值与离心加速度关系的试验结果和计算结果

9.4.5　本节小结

(1) 喷嘴挡板阀喷嘴零位压力与喷嘴和固定节流孔的有效面积之比有关，且零位压力在供油压力的 20%～100%。满足设计准则的喷嘴挡板式电液伺服阀的喷嘴压力在供油压力的 20%～100%。当喷嘴挡板阀处于最大开口量时，一个喷嘴内的压力和供油压力相等，另一个喷嘴内的压力为供油压力的 20%，主阀芯控制压差达到最大值，且为供油压力的 80%。零位时两喷嘴压力均为供油压力的 50%。

(2) 通过建立一维离心环境下电液伺服阀运动部件和控制体的动力学模型取得了离心加速度和电液伺服阀零偏值的数学关系式。一维离心环境下电液伺服阀的零偏值与离心加速度呈线性关系，且零偏值与衔铁挡板组件质量及其力臂、主阀芯质量、喷嘴容腔内油液质量等因素有关。

(3) 零偏值主要取决于衔铁挡板组件质量及其力臂、离心加速度的大小。通过衔铁挡板优化设计、电液伺服阀安装方式以及力矩马达电磁力矩系数优化设计等措施来有效减小一维离心环境对电液伺服阀的零偏值的影响。

(4) 在本分析的基础上,可以通过离心加速度传感器检测和反馈离心加速度信号进行电液伺服阀的零偏值校正,实现一维离心环境下液压控制系统的精确与平滑控制。

9.5 离心环境下电液伺服阀的性能

电液伺服阀的性能会受到离心环境的影响。不同的离心环境,电液伺服阀布置方式不同,电液伺服阀特性所受影响也会不同。

(1) 离心环境为匀速圆周运动,主滑阀阀芯与离心运动角加速度矢同面垂直时,电液伺服阀特性与阶跃加速度条件下的电液伺服阀特性相同,滑阀开口量、挡板偏移量、衔铁偏移量与离心加速度的大小呈线性关系。

(2) 离心环境为匀速圆周运动,主滑阀阀芯与离心运动角加速度矢量异面垂直时,电液伺服阀特性不受其影响,与理想环境下的特性相同。

(3) 离心环境为匀加速圆周运动,主滑阀阀芯与离心运动角加速度矢量同面垂直时,阀芯、衔铁、挡板的偏移量会随着时间的增加而变大:阀芯的偏移量大致按照抛物线的方式增长;衔铁、挡板的偏移量大致按照线性方式增长。而且角加速度越大,三者的偏移量增长越快。

(4) 离心环境为匀加速圆周运动,主滑阀阀芯与离心运动角加速度矢异面垂直时,电液伺服阀特性与阶跃加速度下的电液伺服阀特性相同。滑阀开口量、挡板偏移量、衔铁偏移量与切向牵连加速度的大小呈线性关系。

(5) 离心环境下电液伺服阀产生一定的零偏值。

工程应用时,建议采用电液伺服阀主滑阀阀芯与离心运动角速度矢异面垂直布置的方式,该种情况下易于采取补偿措施来纠偏。

9.6 振动、冲击、离心环境下电液伺服阀布局措施

针对导弹、火箭航天器的飞行振动、冲击、离心等工况,通过电液伺服阀数学模型计算和分析,得出以下主要理论结果和措施:

(1) 在阶跃加速度环境下,主阀芯、挡板、衔铁的稳定偏移量与加速度呈线性关系。在单位脉冲加速度环境下,短时间内(约 2.5 ms)主阀芯位移容易出现饱和,有可能引起系统的误动作;喷嘴与挡板容易发生接触现象;衔铁位移容易达到最大极限值。电液伺服阀的谐振频率处于 90～100 Hz,应避免在此种振动环境下工作或者采取一些特殊措施。

(2) 提出了在电液伺服阀设计时的制振措施,如降低衔铁挡板组件的质量、减小衔铁挡板组件质心与弹簧管旋转中心的距离,以及增大弹簧管的刚度等关键措施。

(3) 当离心环境为匀速圆周运动,且主滑阀阀芯与离心运动角加速度矢同面垂直时,主滑

阀阀芯、挡板、衔铁的稳定偏移量与离心加速度呈线性关系；主滑阀阀芯与离心运动角加速度矢异面垂直时，电液伺服阀特性不受离心加速度影响。当离心环境为匀加速圆周运动，且主滑阀阀芯与离心运动角加速度矢同面垂直时，阀芯、衔铁、挡板的偏移量随时间的增加而持续增大直至饱和；主滑阀阀芯与离心运动角加速度矢异面垂直时，主滑阀阀芯、挡板、衔铁的稳定偏移量与切向牵连加速度呈线性关系。

(4) 电液伺服阀工程上采用主阀芯与离心运动角速度矢异面垂直的布置方式，最易于采取补偿措施来纠偏。离心环境下电液伺服阀将产生一定的零偏值，可以通过离心加速度传感器检测和反馈离心加速度信号进行电液伺服阀的零偏值校正。

参考文献

[1] 訚耀保.极端环境下的电液伺服控制理论与应用技术[M].上海：上海科学技术出版社，2012.

[2] 訚耀保，原佳阳，李长明.极端环境下的电液伺服控制理论与性能重构[M].上海：上海科学技术出版社，2023.

[3] YIN Y B. Electro hydraulic control theory and its applications under extreme environment[M]. Elsevier Inc, 2019.

[4] 訚耀保，李长明，江金林.三维离心环境下的电液伺服阀特性分析[J].机械工程学报，2015，51(2)：169－177.

[5] 訚耀保，王玉.3 维离心环境下射流管伺服阀的零偏特性[J].上海交通大学学报，2017，51(8)：984－991.

[6] 訚耀保，张曦，李长明.一维离心环境下电液伺服阀零偏值分析[J].中国机械工程，2012，23(10)：1142－1146.

[7] 訚耀保，邹为宏，刘洪宇.振动环境下小尺寸减压阀的建模与分析[J].飞控与探测，2019(6)：74－81.

[8] 訚耀保，郑云平.油温对射流管式伺服阀力矩马达振动特性的影响[J].流体传动与控制，2016(5)：7－11.

[9] 訚耀保，费春皓，胡云堂.射流管伺服阀力矩马达的振动特性分析[J].流体传动与控制，2014，11(6)：1－5.

[10] 訚耀保，张曦，王伟民.飞行器离心环境对电液伺服阀零偏值的影响研究[C]//中国空间科学学会空间机电与空间光学专业委员会 2010 年学术交流会论文集.合肥：中国科学技术大学，2010：220－223.

[11] YIN Y B, LI C M, ZHOU A G, XIONG D G, TANAKA Y. Research on characteristics of hydraulic servovalve under vibration environment[C]//Proceedings of the Seventh International Conference on Fluid Power Transmission and Control (ICFP 2009). Hangzhou, 2009: 917－921.

[12] WANG Y, YIN Y B. Performance reliability of jet pipe servo valve under random vibration environment[J]. Mechatronics, 2019(64): 1－13.

[13] 李长明，訚耀保，李双路.一种具有加速度零偏漂移抑制功能的电液伺服阀：201810278459.6[P].2019－08－02.

[14] 刘洪宇，张晓琪，訚耀保.振动环境下双级溢流阀的建模与分析[J].北京理工大学学报，2015，35(1)：13－18.

[15] 郭生荣，訚耀保.先进流体动力控制[M].上海：上海科学技术出版社，2017.

[16] 李长明.振动环境下电液伺服阀特性研究[D].上海：同济大学，2009.

[17] 任光融，张振华，周永强.电液伺服阀制造工艺[M].北京：中国宇航出版社，1988.

[18] MERRITT H E. Hydraulic control system[M]. New York: John Wiley & Sons, 1967.

[19] 贺云波.离心力作用下的电液伺服阀[J].西安交通大学学报，1999，33(5)：93－96.

[20] 盛敬超.液压流体力学[M].北京：机械工业出版社，1980.

第 10 章
偏转板伺服阀前置级压力特性预测与液压滑阀冲蚀形貌预测

偏转板伺服阀存在射流盘组件两腔恢复压力不对称和一致性差的生产问题。本章介绍一种考虑射流盘尺寸和形位误差时的流场仿真模型，采用多元线性回归分析方法分析射流盘的形状因素与压力特性之间的关系；通过神经网络算法进行不同尺寸和形位误差组合下的射流盘组件两腔恢复压力的预测，并取得导致两腔压差超差的形状因素分布情况。

针对高端液压滑阀冲蚀磨损引起阀口轮廓变动与性能不确定性问题，引入颗粒物撞击阀口的数学概率事件，可建立基于 Edwards 冲蚀模型的全周边滑阀冲蚀圆角定量计算方法，并以阀控对称缸为例，取得四边滑阀各阀口冲蚀后的轮廓及阀特性的演化规律。

10.1 偏转板伺服阀射流盘组件压力特性预测与分析

在“二战”前，为了满足控制系统的发展需要，伺服阀开始应用于流体传动与控制领域，经过数十年的发展，电液伺服阀已经发展为前置级为喷嘴挡板阀、射流管阀、偏转板阀和直接驱动等多种类型的伺服阀，其中两级偏转板伺服阀由于其结构简单，抗污染能力强、压力增益线性度好，具有失效保护能力等优点，在航空航天、核电、冶金等重大设备上得到了广泛应用。国内外学者对偏转板伺服阀开展了诸多研究，如前置级流场建模、液动力计算、空化现象、冲蚀、结构优化等，还开发了以压电双晶片和磁致伸缩作动器为驱动机构的偏转板伺服阀。

射流盘是偏转板伺服阀前置级的核心零部件之一，具有结构尺寸小，形状要素多，加工精度高要求高的特点，国内众多单位和高校针对射流盘的加工制造、质量检测和装配工艺等进行了研究。但由于偏转板伺服阀多用于军用领域，有关其设计依据所见公开资料很少。目前我国射流盘的生产多依据国外经验，尺寸及公差设计等尚无理论依据可循，由于生产加工过程无法保证完全一致，零件尺寸和形位误差不可避免，导致同一批生产的射流盘存在恢复压力不一致、左右两腔压力不对称的现象，制约了偏转板伺服阀的发展。本节考虑尺寸误差的概率分布并通过多元线性回归，分析射流盘关键尺寸和形位误差等结构参数与恢复压力以及压力不对称之间的映射关系，进一步用神经网络算法获得射流盘的压力特性的预测方法，分析导致射流盘两腔压力超差的原因，可作为优化射流盘的生产检验环节、提高偏转板伺服阀性能的依据。

如图 10-1 所示，偏转板伺服阀的主阀结构和喷嘴挡板阀及射流管伺服阀类似，所不同的是，其前置级为偏转射流结构，利用力矩马达控制有导流槽的偏转板对射流盘中的流体进行分配，通过控制进入主阀芯两端的接收腔的射流动量不同实现不同的恢复压力以驱动阀芯运动。当偏转板处于中位时，进入接收腔两腔的动量一致，产生的恢复压力相同，主阀芯停在零位，当偏转板产生位移时，进入两腔的动量不再相同，产生的恢复压力不一致，推动主阀的运动。

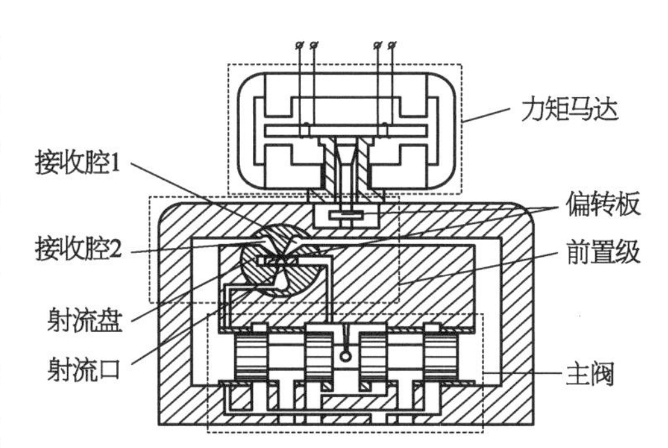

图 10－1　偏转板伺服阀原理图

射流盘为直径约 5 mm，厚度仅约为 0.2 mm 的薄片结构，上开有大字形的槽结构，通常采用慢走丝电火花加工成型。通过与其余零件的配合形成大字形流场，流场上部为射流口，与高压油相通，底部为两个对称分布的接收腔，与主阀芯两端相连。由于射流盘的流道尺寸小，精度要求高，加工过程中极微小的尺寸和形位误差将导致恢复压力不一致，使伺服阀的零位发生漂移，直接影响到伺服阀的性能。为此，加工后的射流盘都需要进行尺寸和形位误差检测，并测试其两腔恢复压力，压差满足条件方可进入下一步装配环节。如图 10－2 所示，射流盘的主要形状因素包括射流口宽度 D_1、射流盘厚度 D_2、劈尖宽度 D_3、接收腔宽度 D_4、左右腔圆角 R_1 和 R_2、左右腔外角 α_1 和 α_2，以及左右腔内角 γ_1 和 γ_2，分别将射流出口端面以及射流口中心轴线定义为基准 A 和基准 B。则射流口轴线相对于基准 A 有垂直度公差 T_1，劈尖和接收腔相对于基准 B 有对称度 T_2 和 T_3，各尺寸和具体公差要求见表 10－1。

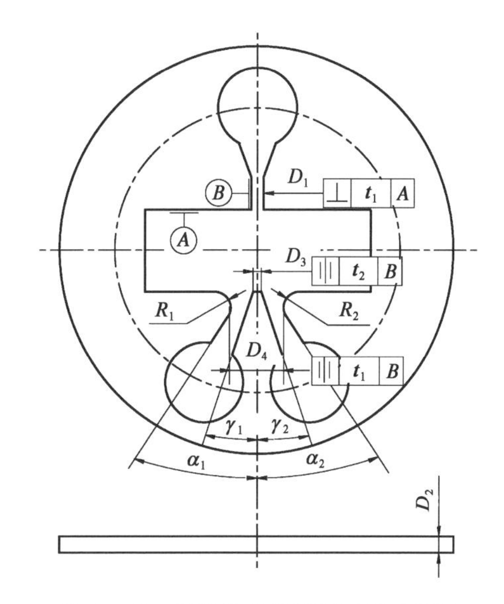

图 10－2　射流盘关键形状因素示意图

表 10－1　射流盘结构尺寸

参　数	公 称 尺 寸	下 偏 差	上 偏 差
D_1/mm	0.155	0	+0.006
D_2/mm	0.2	0	+0.006
D_3/mm	0.1	−0.01	0
D_4/mm	0.68	0	+0.01
R_1/mm	0.2	0	+0.03
R_2/mm	0.2	0	+0.03
α_1/(°)	34	−0.5	+0.5
α_2/(°)	34	−0.5	+0.5
γ_1/(°)	19	−0.5	+0.5
γ_2/(°)	19	−0.5	+0.5
T_1/mm	0	−0.002 5	0.002 5
T_2/mm	0	−0.001 5	0.001 5
T_3/mm	0	−0.002 5	0.002 5

10.1.1 压力特性与形状因素的关联性分析

10.1.1.1 压力特性的数值仿真

通过统计学方法研究射流盘的形状因素与其压力特性之间的关系，需要一定数量的样本，但由于射流盘属于高精度零件，大批量加工需要的成本较高，误差尺寸检测项目多，且检测困难，难以通过实际样本进行分析。为了保证形状因素的有效控制，降低研究成本，本研究利用有限元仿真实现不同尺寸和形位误差组合下射流盘组件的压力特性样本的获取，利用参数化建模方式生成 80 个射流盘样本模型。建模过程中只考虑表 10-1 中的结构参数的变化，并取各形状因素的误差在其公差范围内随机分布以保证样本分布的随机性和均匀性[定义正垂直度为射流轴线偏向图中左侧方向，正对称度为劈尖(负载腔)的中点在射流口的右侧]。为了避免因网格不对称导致的左右腔恢复压力不对称，采用六面体网格进行网格划分，考虑到误差变化对边界层的影响，在射流口、接收腔壁面附近划分边界层，划分好的网格和射流口及细节如图 10-3 所示。流场入口压力设定为 21 MPa，回油压力 0.6 MPa，采用 Mixture 多相流模型和 RNG $k-\varepsilon$ 湍流模型以更好地描述射流盘内的湍流流动和流场压力低于饱和蒸汽压时油液由液体转变为气体的空化现象，近壁面采用增强壁面处理。油液介质采用航空 10 号液压油，其密度为 850 kg/m^3，40℃下的动力黏度为 0.008 5 Pa · s。采用 Couple 算法进行求解。得到的某个结构下的流速分布和压力分布云图如图 10-4 所示。虽然从速度云图中流场的结构几乎完全对称，但由于误差的影响导致的细微差别，左右两腔依旧存在约 0.15 MPa 的压差。

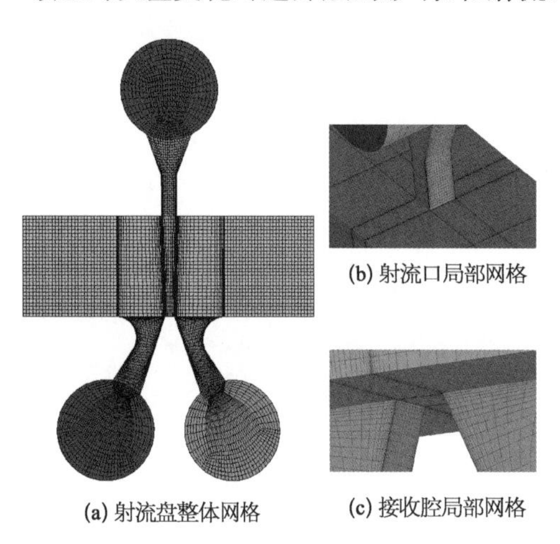

(a) 射流盘整体网格　(b) 射流口局部网格　(c) 接收腔局部网格

图 10-3　射流盘网格划分结果

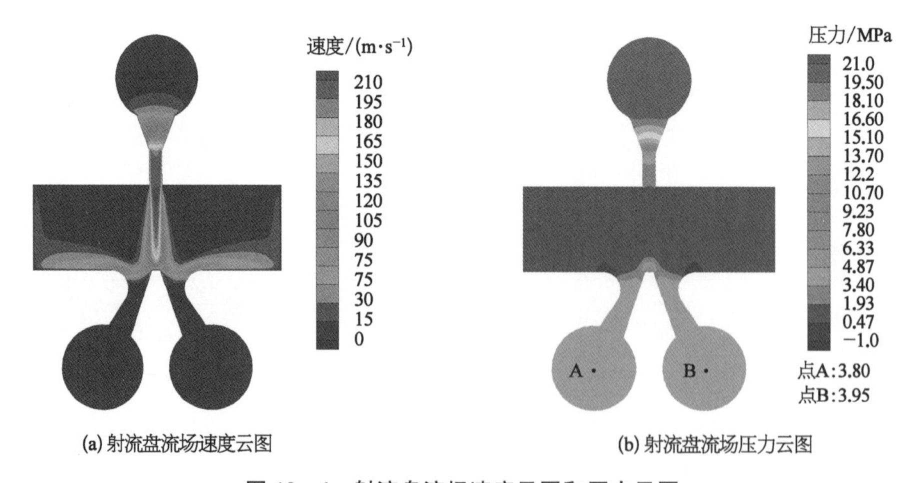

(a) 射流盘流场速度云图　(b) 射流盘流场压力云图

图 10-4　射流盘流场速度云图和压力云图

10.1.1.2 多元线性回归分析

射流盘的压力特性受到其多个结构参数的影响，若因变量与多个自变量之间存在线性关

系时，可以用多元线性回归分析进行分析。对于 N 组样本、k 个自变量组成的系统，其多元线性回归方程为

$$\begin{bmatrix} Y^1 \\ Y^2 \\ \vdots \\ Y^N \end{bmatrix} = \begin{bmatrix} b_1 \\ b_2 \\ \vdots \\ b_k \end{bmatrix} \begin{bmatrix} 1 & X_1^1 & \cdots & X_j^1 \\ 1 & X_1^2 & \cdots & X_j^2 \\ \vdots & \vdots & \ddots & \vdots \\ 1 & X_k^N & \cdots & X_k^N \end{bmatrix} + \begin{bmatrix} e^1 \\ e^2 \\ \vdots \\ e^N \end{bmatrix} \tag{10-1}$$

式中　X_j——所分析的 j 个自变量，X_j 变化一个单位时 Y 的平均变化量可以通过最小二乘法进行计算；

Y——因变量；

b_0——常数项；

$b_1, b_2, \cdots, b_k$——偏回归系数，表示在其他自变量保持不变；

e——除去 k 个自变量对 Y 影响后的随机误差，上标 1～N 表示样本序列。

为了便于比较各自变量对因变量的影响程度，可以用标准回归系数 β_k 代替偏回归系数 b_k，有

$$\beta_k = b_k \frac{\sigma_{X_k}}{\sigma_Y} \tag{10-2}$$

式中　σ_{X_k}——变量 X_k 的标准差；

σ_Y——因变量 Y 的标准差。

假设零件尺寸在公称尺寸附件微小变动时对性能的影响是线性的，采用多元线性回归分析其压力特性与尺寸及形位误差的关系。其中，选取表 10－1 中的 13 个结构参数作为自变量，左右两腔恢复压力 p_1 和 p_2 分别作为因变量，进行两腔恢复压力特性分析；分析两腔压差特性时，用两腔的圆角均值 R，外角均值 α 以及内角均值 γ 和两腔圆角差值 T_4，两腔外角差值 T_5 以及两腔内角差值 T_6 代替左右接收腔的结构参数，以反映左右接收腔加工的不对称（T_4、T_5、T_6 为正表明左腔参数比右腔参数值大），以两腔压差 Δp 为因变量。采用 SPSS 软件对流场仿真得到的 80 组结果进行分析。得到的 3 个回归方程都通过了检验，其中各变量的差异显著性的检验值 Sig 值及变量标准回归系数 β 分别见表 10－2，如图 10－5 所示。

表 10－2　多元线性回归变量 Sig 值

变　量	p_{r1}	p_{r2}	Δp
D_1	0	0	0.7
D_2	0	0	0.706
D_3	0	0	0.422
D_4	0	0	0.323
R_1	0	0.496	—
R_2	0.327	0	—
R	—	—	0.908
α_1	0.065	0.089	—

续 表

变 量	p_{r1}	p_{r2}	Δp
α_2	0.247	0.241	—
α	—	—	0.566
γ_1	0	0.082	—
γ_2	0.739	0	—
γ	—	—	0.103
T_1	0	0	0
T_2	0	0	0
T_3	0.001	0.001	0
T_4	—	—	0
T_5	—	—	0.041
T_6	—	—	0

注:"—"表示不存在该项。

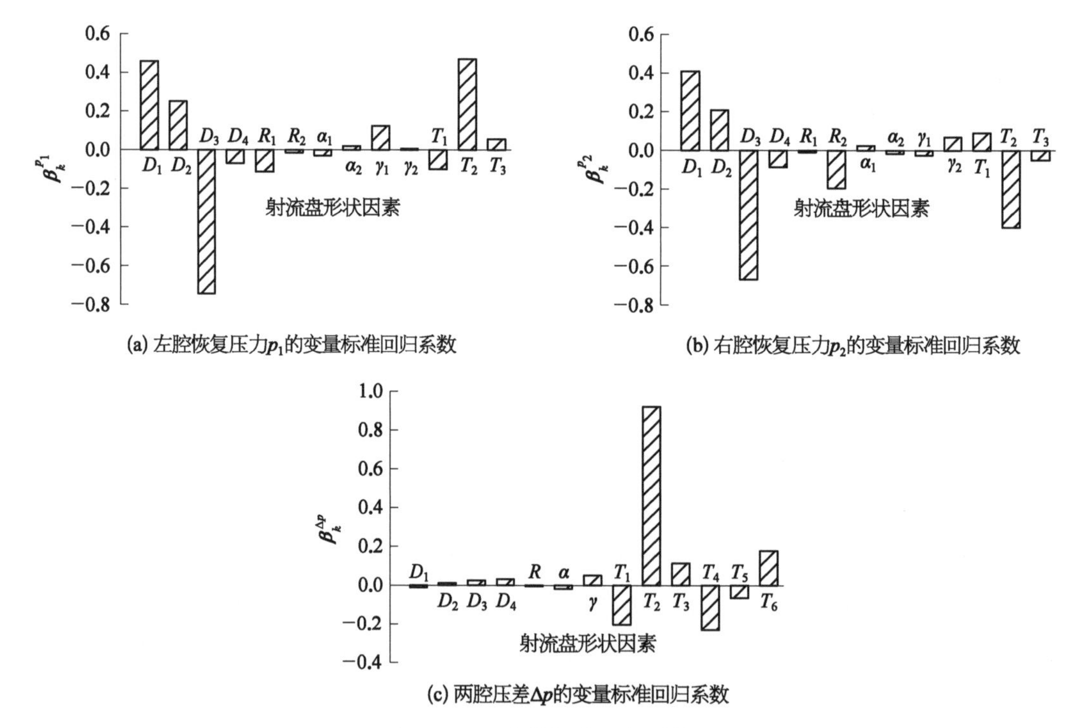

(a) 左腔恢复压力p_1的变量标准回归系数

(b) 右腔恢复压力p_2的变量标准回归系数

(c) 两腔压差Δp的变量标准回归系数

图 10-5 变量标准回归系数

Sig 值小于 0.05 时,说明两变量之间关系通过了显著性检验。因此射流口宽度 D_1、射流盘厚度 D_2、劈尖宽度 D_3、接收腔宽度 D_4、射流口垂直度 T_1、劈尖对称度 T_2、接收腔对称度 T_3 与左右两腔的恢复压力之间都符合假设,存在着明显的关联性。此外,左右两腔的恢复压力分别和其圆角值 R_1 和 R_2 以及内角值 γ_1 和 γ_2 存在显著关系,而与外角大小 α 的线性关系不显著;左右两腔的压差与射流口垂直度 T_1、劈尖对称度 T_2、接收腔的对称度 T_3、圆角对称

度 T_4、内角对称度 T_6 等存在着显著关系，但与接收腔外角对称度 T_5 的线性关系相对而言不太显著。关系的显著程度同样可从压差和形状因素的分布散点图中可以看出（图 10-6），在压差-劈尖宽度散点图中，样本点的分布相对集中，而在压差-接收腔外角对称度散点图中，样本点的分布则相对分散。

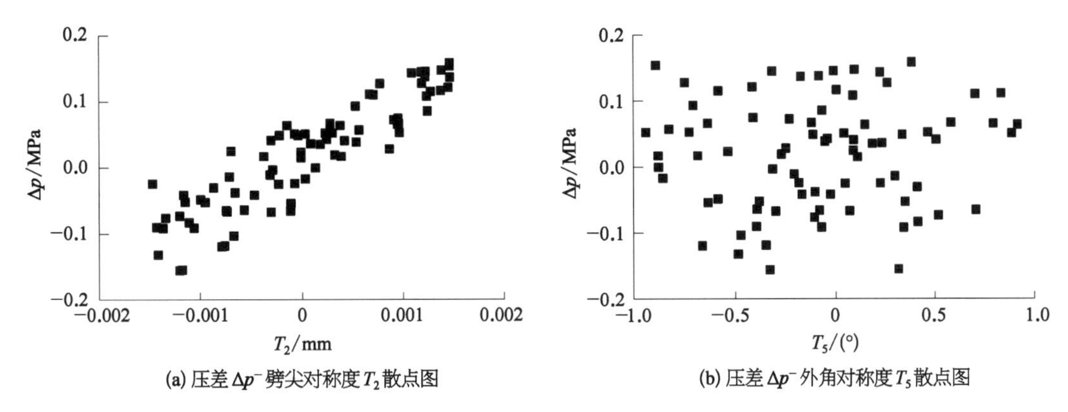

(a) 压差 Δp- 劈尖对称度 T_2 散点图　(b) 压差 Δp- 外角对称度 T_5 散点图

图 10-6　压差 Δp 和形状因素散点图

从图 10-5 可以发现，在与接收腔压力存在着显著关系的结构参数中，射流口宽度 D_1、射流盘厚度 D_2、劈尖宽度 D_3、接收腔圆角 R，以及劈尖对称度 T_2 对恢复压力的影响较为明显。增大劈尖宽度和圆角会引起两腔压力的降低，提高射流盘厚度以及射流口宽度会提高两腔的压力，劈尖相对射流口右移会引起左腔压力降低而右腔压力增大；从图 10-5c 可以发现，劈尖的对称度 T_2 是影响两接收腔压差的关键因素；此外，射流口垂直度 T_1，圆角对称度 T_4、内角对称度 T_6 对两接收腔的压力影响亦比较大，而接收腔对称度 T_3 和接收腔外角对称度 T_5 的影响则相对较小。

综上所述，射流口宽度、射流盘厚度、接收腔圆角、劈尖宽度四个尺寸要素以及劈尖对称度、射流口垂直度、接收腔圆角对称度、内角对称度四个形状要素对射流盘组件的压力特性影响较大，是射流盘生产加工中需要重点关注的参数。

10.1.2　压力特性预测与压差超差分析

10.1.2.1　基于神经网络的压力特性预测

为了满足射流盘压差分析需要大量样本的要求，同时避免数值仿真耗时的缺点，可采用 bp 神经网络（back propagation neural network）算法对射流盘的压力特性进行预测。如图 10-7 所示，BP 神经网络结构可分为输入层、隐层和输出层。其计算过程主要包括正向传播和反向传播两个部分，正向传播依赖于输入到输出的映射关系，反向传播通过将输出值和目标值的误差进行反馈，通过调整神经元之间的链接，减小输入和输出之间的误差。神经网络算法在预测阀内精密零件性能上已经得到广泛使用。利用神经网络对样本进行训练学习，获得射流盘压力性能预测方法，后续直接通过神经网络对不同形状因素参数下的射流盘压力特性进行预测是一种高效获取大量数据的方法。

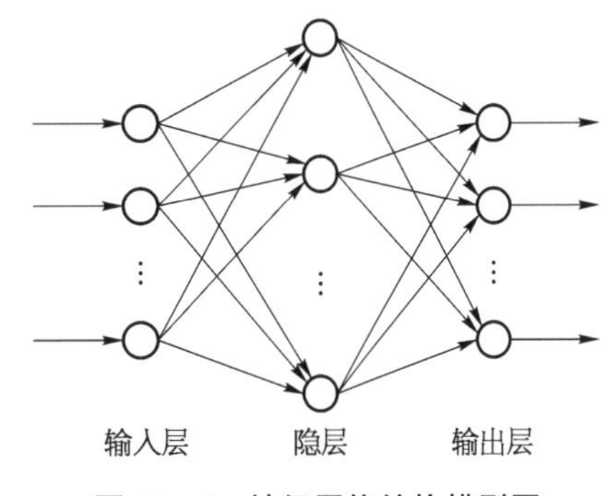

图 10-7　神经网络结构模型图

根据得到的 80 组数值计算结果，对于 BP 神经网络，将表 10－1 中的 13 个相对位置误差构成输入层，而计算得到的左右两腔的恢复压力作为输出层；设置隐层数为 1 层，隐层节点数为 16 个；隐层和输出层激励函数均为线性函数。将 80 组数据中的 70 组作为训练数据，训练后，采用其余 10 组数据对训练结果进行测试，以数值仿真结果作为期望值，得到如图 10－8 所示的左右两腔恢复压力的神经网络预测值和期望值的对比结果。

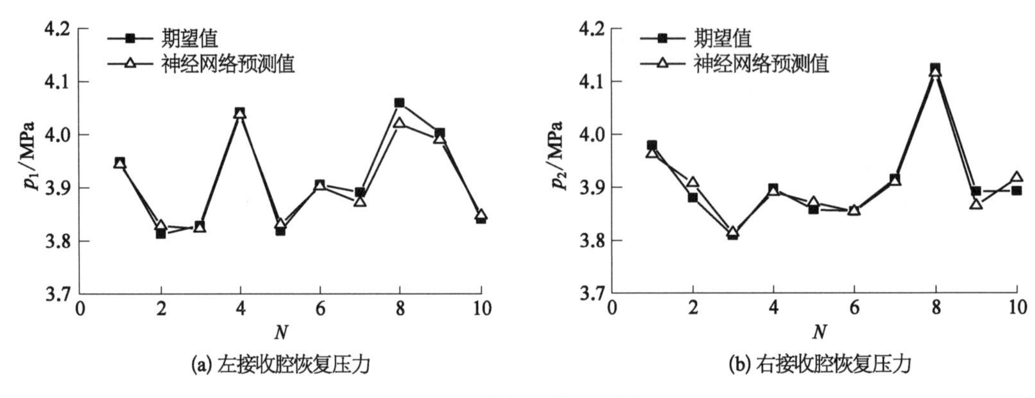

图 10－8　神经网络预测结果

图 10－8 中通过神经网络计算得到的左右两腔的恢复压力以及压差与仿真期望结果较为接近，说明神经网络的训练效果较好，较准确地反映了两腔恢复压力与几何要素之间的映射关系，在后续分析中采用该训练好的神经网络代替有限元流场仿真，可以大大节省计算时间。

10.1.2.2　压差超差分析

实际加工生产中，零件的尺寸和形位误差符合正态分布规律，即

$$D_k \sim N(\bar{D}_k,\ \sigma_k),\ k = 1,\ 2,\ \cdots,\ 13 \tag{10-3}$$

式中　$\bar{D}_k$ ——各零件工艺尺寸平均值；

σ_k ——几何因素误差分布的均方差，取决于加工工艺系统的精度，可以通过公差 T 和工序能力指数 C_p 表达，即

$$\sigma_k = \frac{T}{6C_p} \tag{10-4}$$

正常加工工艺系统的工序能力指数 C_p 为 1.00～1.33，取 1.33。由式(10－3)和式(10－4)结合表 10－2 即可得到射流盘各形状因素的分布。

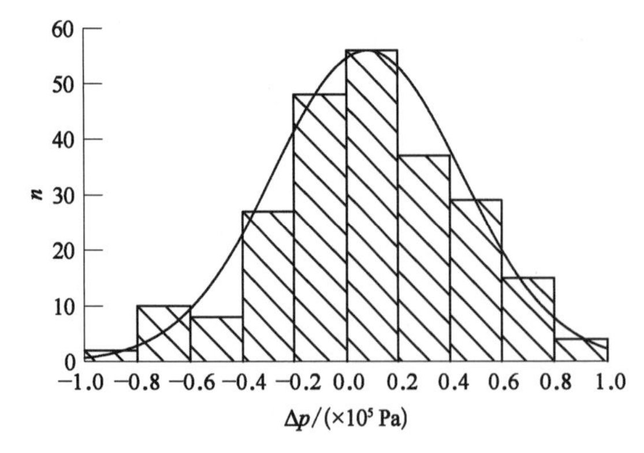

图 10－9　压差 Δp 分布直方图

利用训练好的神经网络算法对 236 组几何因素服从正态分布的射流盘进行了恢复压力预测，并求出两腔压差。得到的压差分布情况如图 10－9 所示，可以看出 236 组的压差分布近似呈现均值约为 0，均方差为 0.362 MPa 的正态分布规律。

取压差超过均方差的个体为超差个体，形状因素超出均方差为超差因素进行分析。在

236 个射流盘预测结果中，共有 75 个属于超差个体，从分析结果可知，射流盘的压差主要与 6 个形状因素有关，对这 75 个超差个体中的超差因素的个数进行统计发现，超差个体中的超差因素个数从 0～6 个分别是 2、20、26、16、10、1、0。可以发现超差因素的个数主要集中在 1～4 个，说明两腔压力超差主要是由于几个因素组合作用引起的，但同时存在着 0 因素导致的超差，这意味着在实际的检测中，即使所有尺寸的检验都合格，误差在公差的允许范围内，但由于误差的累积，依旧可能会出现两腔压差超差的情况。

对超差个体中超差因素的来源分析如图 10-10 所示。其中，T_1～T_6 的出现数量分别达到 28、39、27、24、20、27 次，劈尖对称度出现的次数最高，而两接收腔外角大小不对称出现的次数最低，与关联度分析结果基本一致。在 20 个单个因素引起的超差个体中，由射流盘垂直度以及劈尖对称度和接收腔内角、圆角的对称度引起的超差占据了 85%，进一步验证了这些因素对压差的重要影响。

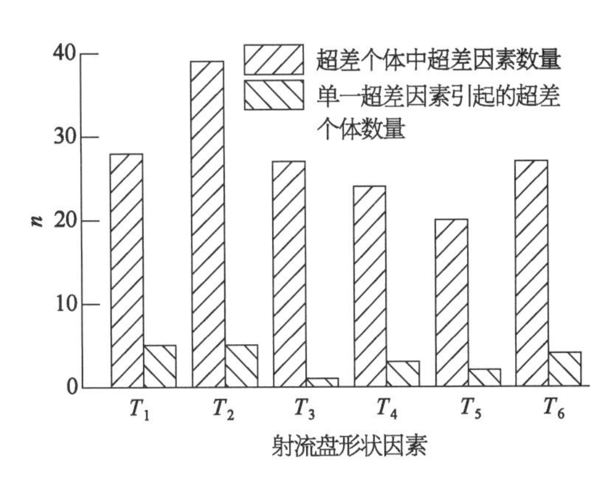

图 10-10　引起压差超差个体因素分布情况

10.1.3　理论结果与试验结果

在射流盘加工完成后，需要首先对射流盘的关键尺寸和形位误差进行检测，由于满足公差要求的射流盘依旧可能存在压差超差的现象，因此通过误差检测的射流盘还需进行压力特性检验。图 10-11 所示为由投影尺寸测量仪和计算机组成的某射流盘尺寸及形位误差检测台。检测项目目前包括射流口的宽度、劈尖宽度、劈尖对称度以及负载腔的宽度四个参数。压力特性检测原理如图 10-12 所示，供油压力和回油压力分别为 p_s 和 p_t，压力传感器直接连通两接收腔测量实时压力 p_1 和 p_2。供油压力逐渐增大，由于负载腔的压力波动会导致实际两腔压差不对称现象更加明显，实验中，当两腔压差的超过 1 MPa 时判定压差超差，并不再进行更高压力的测试。

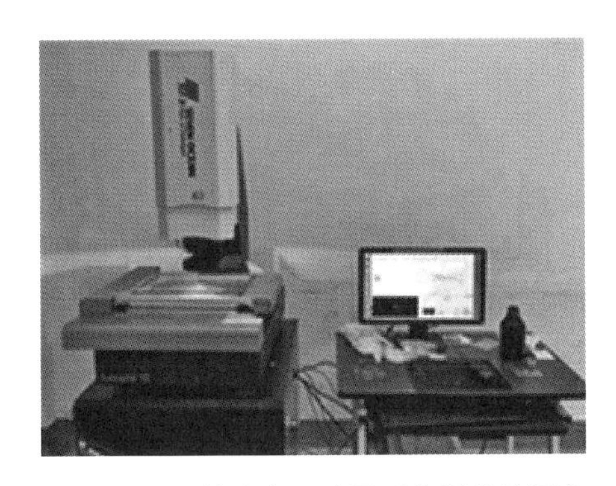

图 10-11　射流盘尺寸及形位误差检测台

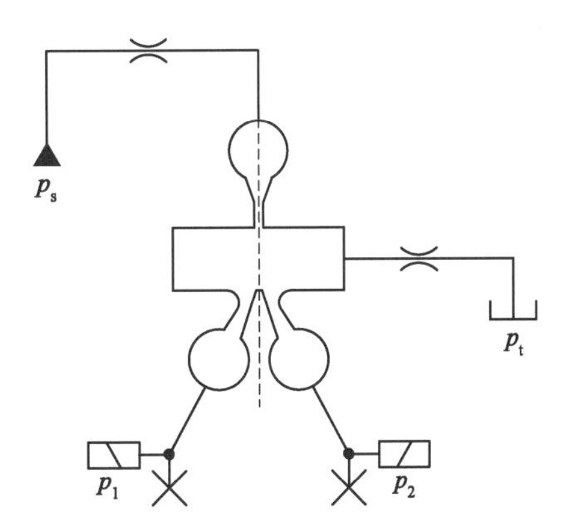

图 10-12　压力特性检测试验原理

对某一批次生产的射流盘进行尺寸和形位误差检测和压力特性试验。经过检验后发现，20 组样品中有 15 组尺寸及形位误差合格。在压力特性检测中，15 个射流盘中有两个在 12 MPa 下和 16 MPa 下出现了压差超差而不合格。上述试验结果证实即使是通过尺寸及形位误差检验合格的射流盘依旧会出现压差超差的可能性，与本理论结果一致。同时可以发现，由于试验中尺寸及形位误差检测的数量较少，导致射流盘的压力筛选合格率较低。为了提高压力筛选的通过率，可以将其余重要参数，如射流口垂直度，两接收腔的圆角大小和内角大小引入到尺寸及形位误差的检测中，优化检测工序。

针对偏转板伺服阀射流盘组件两腔恢复压力不对称和一致性差的问题，建立考虑射流盘尺寸和形位误差时的流场仿真模型，采用多元线性回归分析方法研究射流盘的形状因素与压力特性之间的关系；通过神经网络算法实现不同尺寸和形位误差组合下的射流盘组件两腔恢复压力的预测，可取得导致两腔压差超差的形状因素分布情况。

(1) 采用多元线性回归分析了影响偏转板伺服阀射流盘压力特性的关键结构参数。恢复压力的主要影响因素包括劈尖宽度、射流口宽度、射流盘厚度、接收腔圆角以及劈尖对称度；两腔压差的主要影响因素为劈尖对称度、射流口垂直度、接收腔圆角以及内角对称度。

(2) 利用神经网络算法对 236 组射流盘的压力特性进行预测并对两腔压差进行分析，发现流盘的两腔压差大小呈正态分布规律，压差超差的主要原因是劈尖的不对称、射流口的不垂直以及接收腔内角的不对称等因素组合，但即使各项形状因素符合公差设计要求，射流盘依然会出现超差的情况。为了提高射流盘压力筛选的良品率，可在设计阶段将最终误差合理地分配到零件各单一要素上，并将射流口的垂直度以及接收腔内角、圆角对称度等重要参数引入形状误差的检测中。

10.2 全周边液压滑阀冲蚀形貌及性能演化特性

液压阀结构主要分为滑阀、锥阀、球阀和剪切阀等形式。其中，液压滑阀的阀口具有薄壁孔口特征，阀口流量受油液黏度、温度等因素影响较小，因此在比例阀、伺服阀等高端液压控制元件中大量使用，其中全周边液压滑阀由于其面积梯度大、阀芯质量小、控制特性好应用最为广泛。液压滑阀的形貌形性对伺服控制系统的精确控制具有决定性作用，在出厂时对其阀口锐边具有非常高的要求，但在服役过程中，滑阀不可避免地受到油液中颗粒物的冲蚀，造成阀口处阀芯阀套的材料流失并产生圆角化，引起滑阀性能出现不可逆的演化过程。

高速流体携带固体粒子(颗粒物)对靶材(即本节所述的阀芯、阀套)冲击而造成材料表面流失的现象称为冲蚀磨损。冲蚀磨损的理论研究始于 20 世纪 60 年代，最初研究塑性材料和脆性材料的冲蚀破坏形式。美国加州大学伯克利分校 Finnie 首先提出了塑性材料的微切削理论，认为当磨粒划过靶材表面时，如同一把微型刀具将材料切除而产生冲蚀磨损，该理论适用于低攻角下塑性材料受刚性磨粒冲蚀分析，但在计算高攻角下的冲蚀磨损误差较大。1963 年，壳牌公司 Bitter 提出了变形磨损理论，认为当粒子垂直撞击壁面的冲击力超过靶材的屈服强度时会造成材料发生塑性变形、产生裂纹并引起靶材的体积流失。变形磨损理论完善了在高攻角下塑性材料的冲蚀，塑性材料总的冲蚀磨损率为变形磨损和切削磨损的代数和。后来 Grant、Forder、Edwards 等基于 Finnie 和 Bitter 的模型提出了冲蚀磨损率的不同计算方法，拓展了冲蚀理论在不同环境下的适用范围，其中 Edwards 的模型由于对冲蚀预测的精确度较高且形式简单，被广泛应用于气固、液固及气液固流动中。

冲蚀会造成液压阀口形状的变化。选择合适的抗蚀材料，可以改善油气运输中节流阀的冲蚀现象并明显延长阀芯寿命。通过计算流体力学方法可计算喷嘴挡板伺服阀中滑阀副节流边、喷嘴和挡板的冲蚀磨损以及前置级冲蚀对伺服阀零偏的影响。考虑冲蚀形貌演化对冲蚀过程影响，可建立滑阀节流锐边冲蚀磨损深度和磨损轮廓的定量预测模型，并得到颗粒尺寸、节流压差、滑阀开度、液流方向等关键因素对滑阀冲蚀的影响。

本节考虑颗粒物尺寸以及颗粒物撞击阀口的概率，介绍一种适用于全周边滑阀阀口的冲蚀圆角计算模型，分析阀口冲蚀圆角同颗粒物尺寸、质量流量、撞击速度、冲击角度、阀口开度间的关系，进一步得到阀口流量、压差对冲蚀过程的影响，结合阀控缸的负载和运动速度，分析滑阀冲蚀圆角的定量计算方法，并探讨滑阀冲蚀过程中阀口形貌特征及性能演化规律。

10.2.1　滑阀阀口冲蚀圆角计算模型

10.2.1.1　阀口冲蚀基本假设

图 10-13 所示为某伺服阀滑阀结构，采用全周边四边滑阀形式，图中阀芯位于左位，高压油液从 P 口经过节流口 1 进入阀腔 S_1，负载输出的油液从阀腔 S_2 经节流口 3 从 T 口流出，此时负载处于伸出状态；当阀芯位于右位时，1、3 口关闭，2、4 口打开，此时负载处于缩回状态。由于伺服阀压降大，4 个节流口受到高速射流的冲刷，其中的颗粒物不断撞击节流边造成阀口材料的流失，导致各个阀口出现冲蚀磨损，对伺服阀的控制精度起到严重影响。

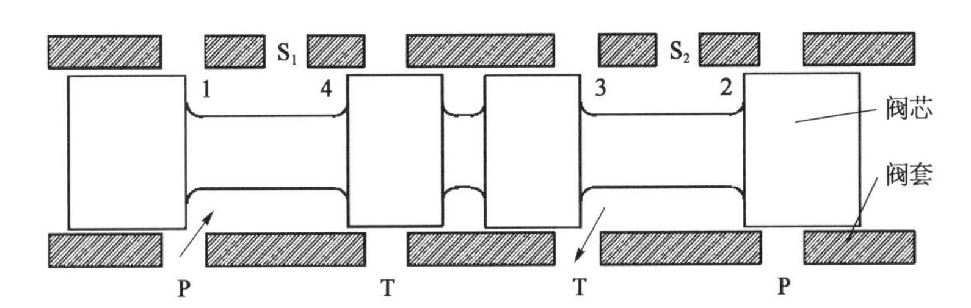

图 10-13　全周边四边滑阀结构示意图

为便于阀口冲蚀的分析，根据阀腔油液流动规律，作如下假设：① 阀口冲蚀后的轮廓为 1/4 圆弧，且油液流出阀腔与油液流入阀腔造成的冲蚀磨损相同；② 假设液压阀来流油液中颗粒物运动的角度是固定的且颗粒物撞击壁面的角度仅与颗粒物直径有关；③ 由于阀口尺寸小，忽略颗粒物在阀口处与壁面碰撞后反弹造成的冲蚀；④ 流体中的颗粒物分布均匀。

10.2.1.2　考虑颗粒物尺寸的阀口撞击概率事件模型

在传统的液压阀冲蚀数值仿真中，颗粒物被视为不占据空间的质点，颗粒物撞击阀口的概率不受颗粒物尺寸的影响，但在高端电液伺服阀中，滑阀前的过滤精度一般为 10～20 μm，阀口开度常在数十个微米甚至更小，两者大小接近，颗粒物的尺寸会对其撞击阀口概率的影响不可忽略。按照节流口宽度和颗粒物尺寸的相对大小可将颗粒物通过阀口的状态分成如图 10-14 所示两种情况：第一种如图 10-14a 所示，节流口宽度 x_k 较大，颗粒物直径 d_p 较小，部分颗粒物没有与阀口壁面发生碰撞便直接流向下游；第二种如图 10-14b 所示，节流口宽度 x_k 较小，颗粒物直径 d_p 较大，颗粒物必然会撞击到阀芯或者阀套。

假设颗粒物的固定运动角度为 θ，阀芯和阀套的冲蚀圆角分别是 r_s 和 r_b，阀芯位移为 x_v，阀芯阀套径向间隙为 s。对于图 10-14a 所示的第一种情况，图中 1 号、5 号颗粒物分别与阀芯和阀套冲蚀边界外缘发生碰撞，2 号、4 号颗粒物处于碰撞的临界点，3 号颗粒物不会与阀芯和阀套发生碰撞，油液中的全部颗粒物都处于 1 号颗粒物至 5 号颗粒物范围之内(假设还有颗粒物在 1 号颗粒物和 5 号颗粒物之外，那么阀芯和阀套的冲蚀边界将向外扩张)。定义颗粒物撞击到阀芯上的区域宽度是 b_s，撞击到阀套上的区域宽度是 b_b，而在 b_n 宽度范围内颗粒物会直接流向下游而不与阀芯或者阀套碰撞。

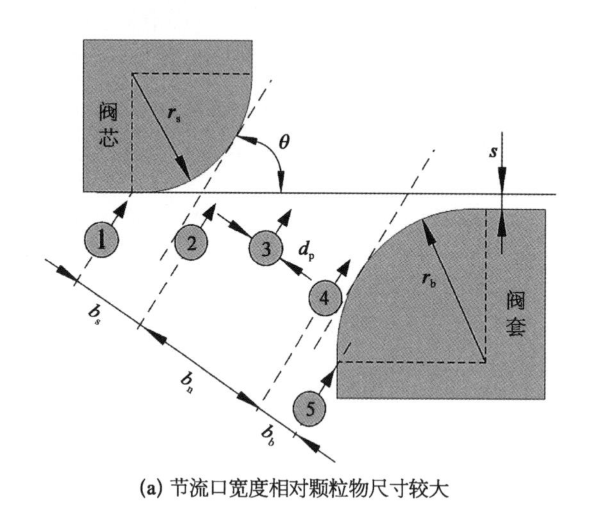

(a) 节流口宽度相对颗粒物尺寸较大

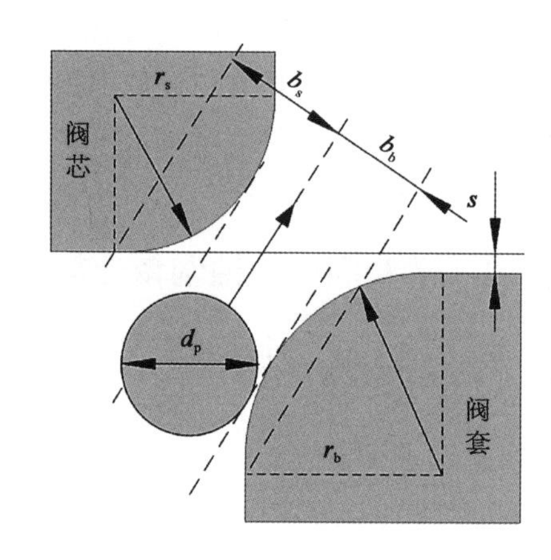

(b) 节流口宽度相对颗粒物尺寸较小

图 10-14　颗粒物通过阀口的两种状态

颗粒物通过阀口时，主要几何尺寸关系如下：

$$b_b = r_b(1 - \sin\theta) + \frac{d_p}{2} \tag{10-5}$$

$$b_s = r_s(1 - \cos\theta) + \frac{d_p}{2} \tag{10-6}$$

$$x_k = \sqrt{(r_s + r_b + s)^2 + (r_s + r_b + x_v)^2} - (r_s + r_b) \tag{10-7}$$

假设颗粒物分布均匀且运动角度一致，颗粒物撞击到阀芯或阀套上的概率等同于相应区域宽度占总宽度的比值。故直径为 d_p 的颗粒物撞击到阀芯和阀套上的概率 $P_s(d_p)$ 和 $P_b(d_p)$ 分别为

$$P_s(d_p) = \begin{cases} \dfrac{b_s}{b_s + b_b + b_n} & d_p \leqslant x_k \\ \dfrac{b_s}{b_s + b_b} & d_p > x_k \end{cases} \tag{10-8}$$

$$P_b(d_p) = \begin{cases} \dfrac{b_b}{b_s + b_b + b_n} & d_p \leqslant x_k \\ \dfrac{b_b}{b_s + b_b} & d_p > x_k \end{cases} \tag{10-9}$$

颗粒物撞击到阀芯或者阀套上的概率，反映了撞击到阀芯或阀套上的颗粒物占流经阀口总的颗粒物的比值。

10.2.1.3　单阀口冲蚀圆角计算模型

阀芯和阀套的计算方法一致，以阀芯为例，介绍其冲蚀圆角的计算模型。为计算颗粒物冲蚀引起的冲蚀圆角，需首先计算阀芯表面在单位时间、单位面积上的质量损失，即冲蚀率。根据 Edwards 的研究，冲蚀率与撞击到阀口的颗粒物数量成正比，与阀芯的受冲蚀面积成反比、并与撞击速度、冲击角度、颗粒物直径等因素有关，可表示为

$$\bar{R}_{e}(d_{p})=\sum_{j=1}^{n}\frac{m_{p}C(d_{p})f(\alpha)v^{b(v)}}{S_{s}(t)} \tag{10-10}$$

式中　$\bar{R}_{e}(d_{p})$——直径为 d_{p} 的颗粒物引起的平均冲蚀率[kg/(m² · s)]；

$S_{s}(t)$——阀芯在 t 时刻受冲蚀面积；

n——撞击到阀芯上直径为 d_{p} 的颗粒物数量；

m_{p}——颗粒物撞击到阀芯上的质量流率；

v——颗粒物撞击阀芯的速度；

$C(d_{p})$——粒径函数；

$f(\alpha)$——冲击角函数；

$b(v)$——相对速度函数。

阀芯和阀套的材料主要为 440C 不锈钢，结合砂粒冲击碳钢表面的研究数据。颗粒直径函数 $C(d_{p})$取经验值 1.8×10^{-9}；冲击角的函数 $f(\alpha)$采用分段函数描述，当冲击角为 0°、20°、30°、45°和 90°时，$f(\alpha)$分别为 0、0.8、1、0.5 和 0.4；相对速度的函数 $b(v)$取 2.41。

撞击到阀芯上的颗粒物质量流率可以用油液中颗粒物的质量流率乘以碰撞概率表示，故式(10－10)可写为

$$\bar{R}_{e}(d_{p})=\frac{1.8\times10^{-9}\times v_{dp}^{2.41}f(\alpha_{dp})}{S_{s}(t)}P_{s}(d_{p})R_{mass} \tag{10-11}$$

在 $t\sim(t+\Delta t)$ 时间段内，m 种不同直径的颗粒物冲蚀造成阀芯的体积损失 $V_{s}(\Delta t)$ 可表示为

$$V_{s}(\Delta t)=\frac{\sum_{i=1}^{m}\bar{R}_{e}(d_{p})S_{s}(t)\Delta t}{\rho_{s}} \tag{10-12}$$

Δt 时间段内，阀芯的冲蚀圆角从 $r_{s}(t)$变化至 $r_{s}(t+\Delta t)$，阀芯的体积损失 $V_{s}(\Delta t)$与圆角的关系有

$$\left(1-\frac{1}{4}\pi\right)\left[r_{s}^{2}(t+\Delta t)-r_{s}^{2}(t)\right]=\frac{V_{s}(\Delta t)}{\pi D_{v}} \tag{10-13}$$

式中　D_{v}——阀芯直径；

ρ_{s}——阀芯材料密度。

根据式(10－5)～式(10－13)，可由颗粒物数量、撞击速度、冲击角度、颗粒物直径以及阀口开度等因素得到任意时刻阀芯的冲蚀圆角，同理可得任意时刻阀套的冲蚀圆角。在液压滑阀中，颗粒的撞击速度、质量流量、冲击角度等因素与阀口的压差、阀口开度、颗粒物直径等因素有关。其中，颗粒物的撞击速度主要受颗粒物直径和压差的影响，直径增大，撞击速度减小。阀口压差每增大 2 倍，颗粒物撞击速度增大 1.3 倍左右，即颗粒物的撞击速度为

$$v_{dp}(\Delta p) = v_{p0} \times 1.3^{\log_2(\Delta p/7\,000\,000)} \tag{10-14}$$

式中 Δp——阀口压差(Pa)；

v_{p0}——7 MPa 压差下颗粒物的撞击速度(m/s)。

直径为 10 μm、20 μm、60 μm 的颗粒物在压力 7 MPa 下撞击速度分别约为 41.6 m/s、32.2 m/s、20 m/s,可近似拟合为

$$v_{p0} = 0.372\,3 \times d_p^{-0.411} \tag{10-15}$$

冲击角度受颗粒物尺寸影响最为明显,与阀口开度及阀口压差的关系不大,因此冲击角度可看成颗粒物直径的唯一函数。10 μm、20 μm、60 μm 的颗粒物冲击角度分别约为 10°、15°、22°,可近似拟合为

$$\alpha(d_p) = 6.712\,91\text{n}(d_p) + 87.453 \tag{10-16}$$

由于油液颗粒物的尺寸较小,冲击角一般不超过 20°,在此范围内,可视冲击角函数与冲击角之间为线性关系,即

$$f(\alpha) = \frac{\alpha}{20} \times 0.8 \tag{10-17}$$

而颗粒物质量流率 R_{mass} 与通过阀口的流量 Q 的关系式为

$$R_{mass} = 10\,000 n_{100\,mL} \frac{4}{3}\pi\left(\frac{\mathrm{d_p}}{2}\right)^3 \rho_p Q \tag{10-18}$$

式中 $n_{100\,mL}$——每 100 mL 油液中直径为 d_p 的颗粒物数量；

ρ_p——颗粒物密度。

由此建立了单个阀口冲蚀圆角与阀口压差、流量和阀口开度之间的关系。

10.2.1.4 四边滑阀冲蚀轮廓演化规律

四边滑阀工作时,各个阀口压差和流量以及阀口开度等与液压缸负载、活塞运动速度、液压缸几何尺寸参数等相关,本节结合如图 10-15 所示的伺服阀控对称液压缸分析四边滑阀的冲蚀轮廓变化规律。

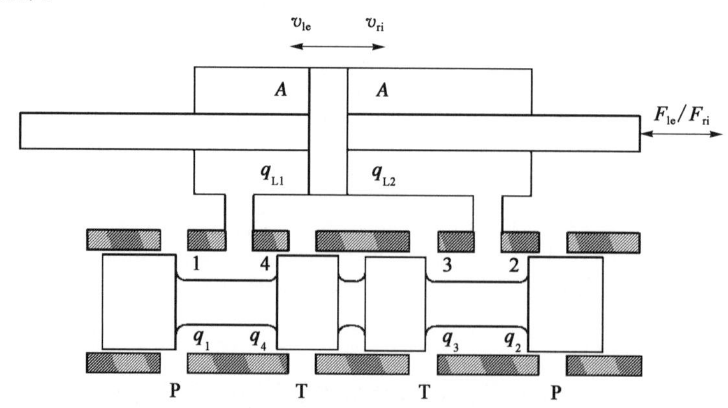

图 10-15 四边滑阀控对称液压缸动力机构

液压缸的负载和两腔压力之间的关系为

$$F_L = (p_1 - p_2)A \tag{10-19}$$

式中　A——液压缸油液作用面积；

p_1、p_2——左右两腔油液压力。

当活塞杆向右运动时，忽略阀口 2 和 4 的流动，阀口 1 和 3 节流口宽度、前后压力和活塞运动速度间的关系分别有

$$v_{ri}A = C_d \pi D_v x_{k1}\sqrt{\frac{2(p_s - p_1)}{\rho}} \tag{10-20}$$

$$v_{ri}A = C_d \pi D_v x_{k3}\sqrt{\frac{2p_2}{\rho}} \tag{10-21}$$

式中　C_d——流量系数，取 0.63；

D_v——阀芯直径；

x_{k1}、x_{k3}——阀口 1 和阀口 3 的节流口宽度；

p_s——供油压力；

v_{ri}——活塞向右运动速度；

ρ——油液密度。

阀口 1 的节流口宽度 x_{k1} 和阀口 3 的节流口宽度 x_{k3} 分别为

$$x_{k1} = \sqrt{(2r_1 + s)^2 + (2r_1 + x_{vr})^2} - 2r_1 \tag{10-22}$$

$$x_{k3} = \sqrt{(2r_3 + s)^2 + (2r_3 + x_{vr})^2} - 2r_3 \tag{10-23}$$

式中　r_1、r_3——阀口 1 和阀口 3 的冲蚀圆角半径；

x_{vr}——活塞向右运动时的阀芯位移。

同理，当活塞杆向左运动时，阀口 2 和 4 节流口宽度、前后压力和活塞运动速度间的关系有

$$v_{le}A = C_d \pi D_v x_{k2}\sqrt{\frac{2(p_s - p_2)}{\rho}} \tag{10-24}$$

$$v_{le}A = C_d \pi D_v x_{k4}\sqrt{\frac{2p_1}{\rho}} \tag{10-25}$$

式中　v_{le}——活塞向左运动速度。

阀口 2 的节流口宽度 x_{k2} 和阀口 4 的节流口宽度 x_{k4} 分别为

$$x_{k2} = \sqrt{(2r_2 + s)^2 + (2r_2 + x_{vl})^2} - 2r_2 \tag{10-26}$$

$$x_{k4} = \sqrt{(2r_4 + s)^2 + (2r_4 + x_{vl})^2} - 2r_4 \tag{10-27}$$

式中　r_2、r_4——阀口 2 和阀口 3 的冲蚀圆角半径；

x_{vl}——活塞向左运动时的阀芯位移。

在时间 T 内，活塞杆处于向左运动的时间 T_{le} 和向右运动的时间 T_{ri} 分别为

$$T_{le} = \frac{v_{ri}}{v_{ri} + v_{le}}T \tag{10-28}$$

$$T_{ri} = \frac{v_{le}}{v_{ri} + v_{le}}T \tag{10-29}$$

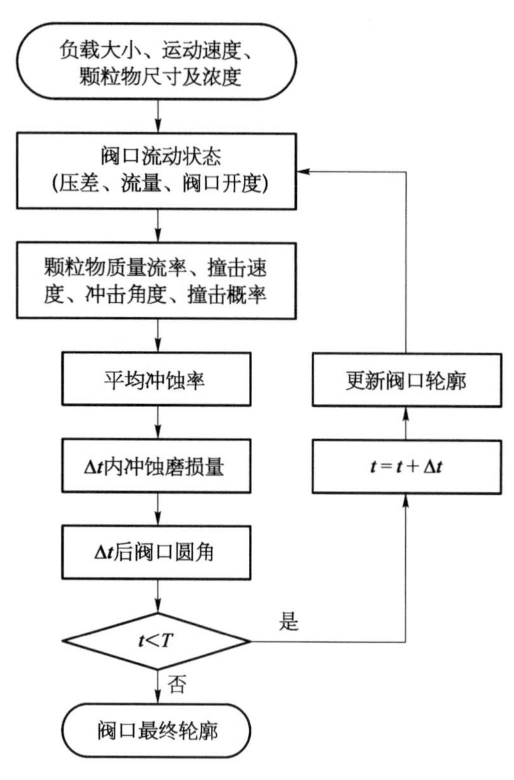

图 10-16　阀口轮廓的演化规律计算流程

根据式(10-19)～式(10-29)，分别可以得到在指定负载大小，指定负载流量下两腔的压力以及阀芯位移。

阀口轮廓的演化规律计算流程如图 10-16 所示，首先根据负载状态和阀口初始形貌特征，得到各个阀口的压差和流速，并得到颗粒物的撞击速度、角度、碰撞概率等，进一步计算各个阀口的冲蚀率，进而得到时间 Δt 内的冲蚀面积，并得到 Δt 后的阀口形貌。阀口形貌改变后，为了保证负载需求，阀口开度发生变化，会进一步影响到阀口流动状态，造成冲蚀演化过程发生变化，以此进行迭代计算，最终获得任意时刻的四边滑阀在指定负载条件下冲蚀形貌。

10.2.2　四边滑阀形貌及性能演化特性

10.2.2.1　冲蚀引起的四边滑阀形貌演化

为方便进行阀控对称缸动力机构的四个阀口的冲蚀过程分析，选取表 10-3 的基本参数的某阀控缸动力机构。假设颗粒物撞击到阀芯阀套上的概率相同，即阀芯阀套的冲蚀圆角大小相同，统一记为 r_i(i 为阀口编号)。油液中的颗粒物直径为 10 μm，污染物浓度为 NAS6 级(16 000/100 mL)。假设新阀初始加工圆角半径为 1 μm，零遮盖。负载大小为 p_L，活塞杆向左和向右的运动速度分别是 v_{le} 和 v_{ri}。

表 10-3　阀控缸动力机构基参数

参　数	数　值
供油压力 p_s/MPa	21
活塞杆向右运动速度 v_{ri}/(m·s^{-1})	0.1
液压缸油液作用面积 A/m^2	50×10^{-4}
阀芯/阀套初始圆角半径 R_0/m	1×10^{-6}
阀芯直径 D_v/m	0.008
阀芯阀套径向间隙 s/m	3×10^{-6}
油液密度 ρ_f/(kg·m^{-3})	850
油液黏度 μ/(Pa·s)	0.008 5
阀芯阀套材料密度 ρ_s/(kg·m^{-3})	7 650
颗粒物材料密度 ρ_p/(kg·m^{-3})	1 550

取液压缸活塞杆向左向右运动速度一致，负载大小为 $0.5p_sA$，结合冲蚀轮廓计算方法可得不同时间下阀口各冲蚀圆角，计算时取 Δt 为 1 h。图 10-17 为液压滑阀四个阀口的冲

蚀圆角半径随服役时间变化理论结果。液压滑阀工作 2 000 h 后，阀口 1 和阀口 3 的冲蚀圆角半径约为 30 μm，阀口 2 和阀口 4 的冲蚀圆角半径约为 84 μm。可以看出，阀口 2 和 4 的冲蚀圆角始终比阀口 1 和 3 的冲蚀圆角更大。这是由于虽然对称缸往复运动的速度相等，流经 4 个阀口的流量相同，但是控制活塞杆缩回时的阀口 2 和阀口 4 承受的压降小于控制活塞杆伸出的阀口 1 和阀口 3，因此阀口 2 和 4 处颗粒物的撞击速度更大，冲蚀更加严重。

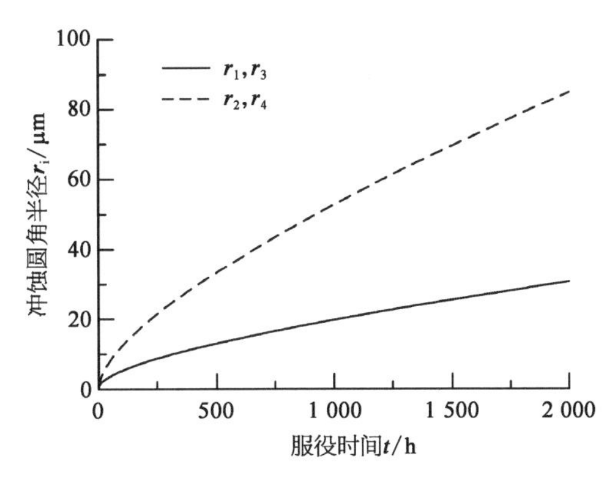

图 10－17　各阀口冲蚀圆角半径变化曲线

10.2.2.2　四边滑阀静态特性随服役时间的变化规律

液压滑阀阀口冲蚀圆角的变化导致其静态特性发生改变。图 10－18～图 10－20 分别反映了控制对称缸的四边滑阀在服役不同时间后的压力特性、压力增益和零偏位移以及空载流量特性。取阀口 1 打开的方向为正方向（即阀芯向左为正），由于阀芯的位置变化范围大，需要考虑阀口形式的变化，取阀口形式的转变的临界阀芯位置为 $x_{v0}=-(r_s+r_b+s)$，当阀口大于临界阀芯位置时，阀口为薄壁孔口，流动状态为湍流，当阀口小于临界阀芯位置时，阀口为环形缝隙，流动状态为层流。

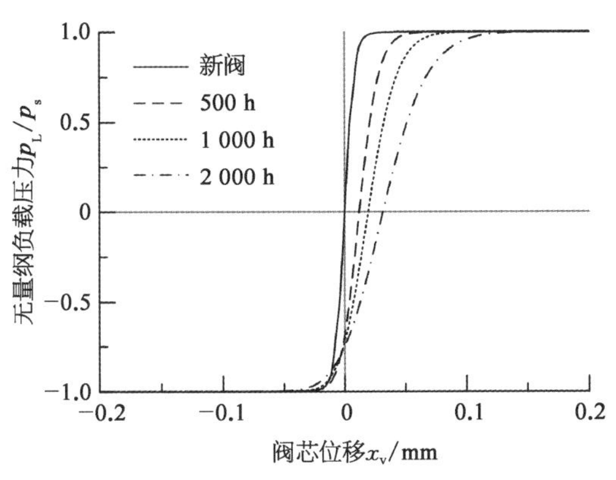

图 10－18　服役不同时间后的压力特性

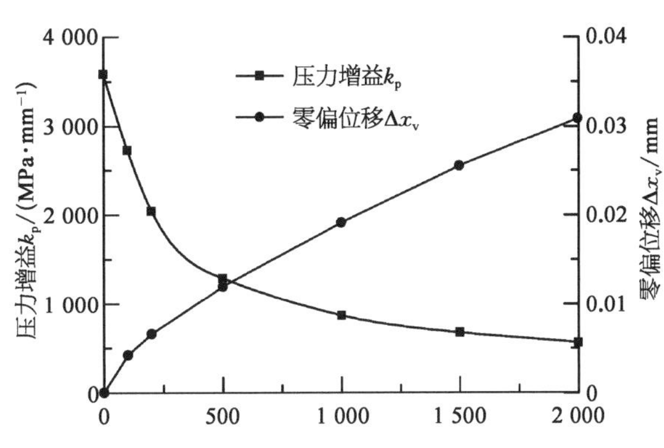

图 10－19　压力增益和零偏位移随服役时间变化曲线

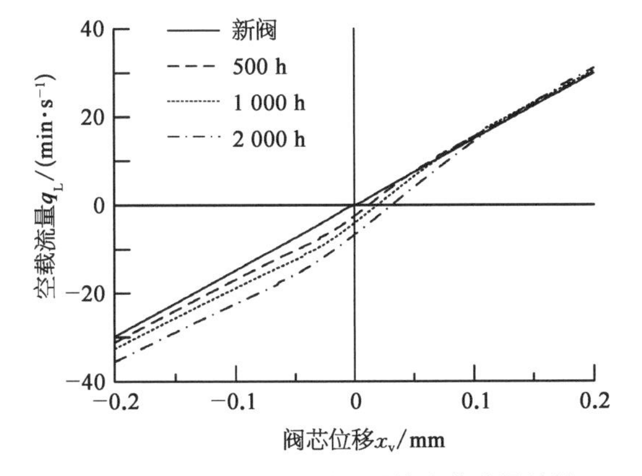

图 10－20　服役不同时间后的空载流量特性

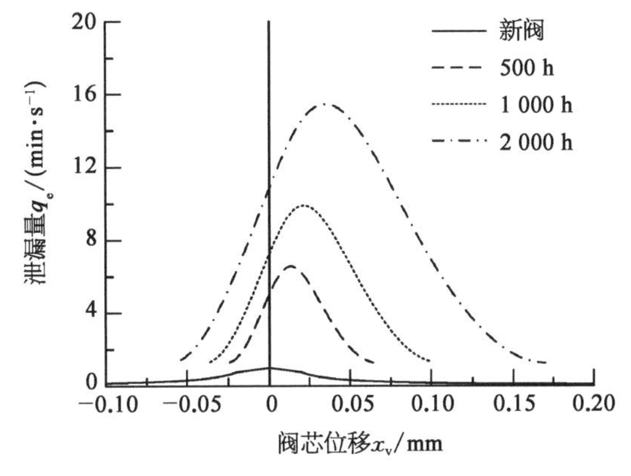

图 10－21　服役不同时间后的泄漏曲线

压力特性曲线±40%额定供油压力处两点连线的斜率为压力增益 k_p，可以发现，随着阀口的磨损，滑阀的压力增益显著下降，服役 2 000 h 后，压力增益仅有 560 MPa/mm，不足新阀的 16%。磨损同时使得滑阀的零位发生了变化，压力特性曲线右移，零偏位移 Δx_v 不断加大，液压滑阀工作 2 000 h 后，零偏约为 0.031 mm。零偏同时使流量特性曲线右移，由于阀口冲蚀圆角的影响，使得零位附件阀口的面积梯度变大，流量增益略微增大。

从图 10-21 可以看出，阀口的冲蚀对滑阀的泄漏也造成了严重的影响，对于本例零开口四边滑阀，虽然其初始泄漏量仅为 1.01 L/min，但是阀口的轻微磨损就对泄漏产生严重影响，液压滑阀服役 500 h、1 000 h、2 000 h 后的零位泄漏量 q_e 分别达到了 6.54 L/min、9.90 L/min、15.44 L/min，从全寿命周期服役的角度来看，滑阀应进行正重叠的设计以减小泄漏。

10.2.2.3 基于惠斯通桥路的零偏位移计算

四边滑阀的零偏位移可以通过桥路平衡原理进行计算，滑阀的四个节流边可等效为电桥中的电阻构成如图 10-22 所示的等效液压桥路。根据惠斯通电桥平衡原理可知，液压桥路平衡时的条件为相对桥臂的液阻值乘积相等，即

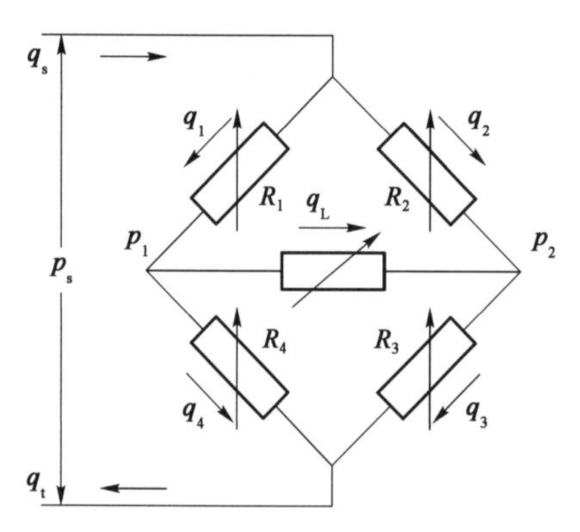

图 10-22 四边滑阀的等效液压桥路

$$\frac{R_1}{R_4}=\frac{R_2}{R_3} \tag{10-30}$$

$$R_i=\frac{\Delta p_i}{\Delta q_i}=\frac{\Delta p_i}{C_d A_{ki}\sqrt{\frac{2\Delta p_i}{\rho}}}=\frac{1}{C_d A_{ki}}\sqrt{\frac{\Delta p_i \rho}{2}} \tag{10-31}$$

式中 R_i——四个阀口形成的液阻；

Δp_i、Δq_i、A_{ki}——四个阀口的压差、流量和节流口宽度。

由此可得

$$\sqrt{\frac{(p_s-p_1)p_2}{(p_s-p_2)p_1}}=\left(\frac{A_{k1}}{A_{k4}}\right)\Big/\left(\frac{A_{k2}}{A_{k3}}\right) \tag{10-32}$$

式(10-32)反映了阀芯处于任意位置下四边滑阀的两个控制压力与四个阀口面积之间的关系。无论是空载流量零位还是断载压力零位下，都有 $q_L=0$，$p_1=p_2$，液压桥路的压力状态相等，此时式(10-32)的左侧等于 1，为使液压缸满足平衡条件，需等式右侧等于 1，令 $M_{S1}=A_{k1}/A_{k4}$，表示与阀腔 S_1 的两个阀口面积比，$M_{S2}=A_{k2}/A_{k3}$，表示与阀腔 S_2 的两个阀口面积比。当 M_{S1}/M_{S2} 等于 1 时，四边滑阀的等效液压桥路处于平衡状态，此时的阀芯位移即为四边滑阀的零偏位移。因此，四边滑阀的零偏位移可以通过两个阀腔的阀口面积比曲线确定，图 10-23 所示为上述控制对称缸的四边滑阀工作 2 000 h 后两个阀口面积比与阀芯位置之间的关系。随着阀芯

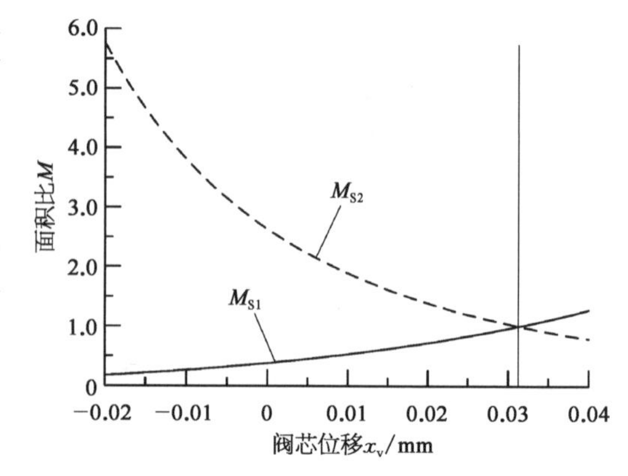

图 10-23 阀芯处于不同位置时两对阀口面积比

位移增大，阀口 1 和 4 的面积比 M_{S1} 不断增加，阀口 2 和 3 的面积比 M_{S2} 不断减小，在某一位置下，两条曲线相交于一点，该点对应的横坐标即为四边滑阀的零偏位移。

10.2.3　理论结果与试验结果

对某型电液伺服阀进行了 200 h 耐久性试验并通过气动配磨曲线分析其阀芯阀套的冲蚀圆角半径，图 10－24 为耐久性试验后阀芯上出现的冲蚀磨损痕迹。按照 GJB 3370—1998 要求，试验时供油压力为 21 MPa，回油压力 0.6 MPa，工作介质为航空 10 号液压油，油液清洁度等级约为 NAS5 级，阀芯和阀套材料为 440C 不锈钢，伺服阀的输入信号见表 10－4。

表 10－4　耐久性试验输入信号

输入信号(±)$\%I_n$	波　形	循环时间/h
100	正弦	35
100	正弦	35
100	矩形	10
50	正弦	50
50	矩形	10
25	正弦	50
25	矩形	10

通过测量试验前后滑阀副的气动配磨曲线，来定量评估滑阀的冲蚀磨损程度。图 10－25 所示为滑阀气动配磨曲线测绘装置示意图。伺服阀供油口 P 和回油口 T 均接通恒压气源；阀腔 S_1 和 S_2 分别通过浮子流量计接通大气；旋动调节螺钉改变阀芯位置；以千分表读数为横坐标，相应的浮子流量计读数为纵坐标，即可分别得到四个节流口气体流量-阀芯位移曲线。

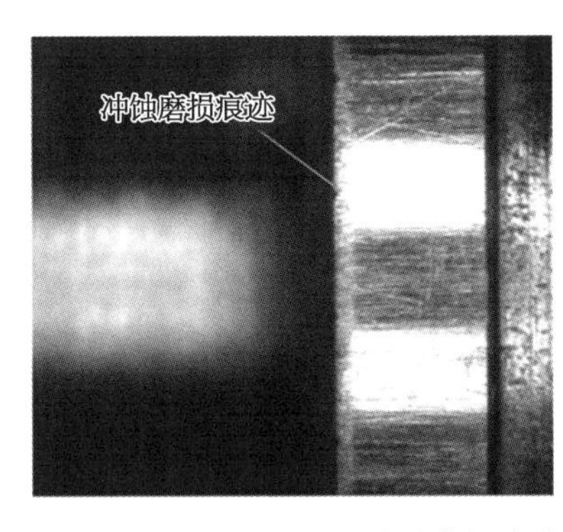

图 10－24　伺服阀阀芯冲蚀磨损痕迹

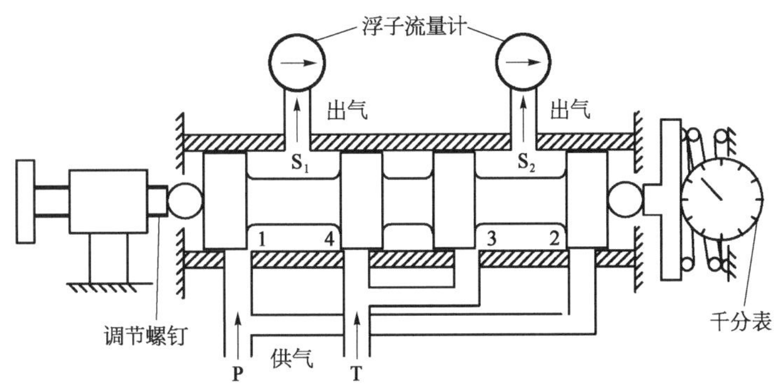

图 10－25　滑阀副气动配磨曲线测绘装置示意图

通过阀口圆角分析方法，得到阀口 1～4 的正重叠量分别是 15.8 μm、15.0 μm、13.7 μm、13.6 μm，200 h 耐久性试验后四个阀口的圆角半径分别是 7.6 μm、5.1 μm、9.6 μm、8.8 μm。试验前后气体流量-阀芯位移理论曲线和试验结果的对比如图 10－26 所示，拟合效果很好，表明冲蚀圆角的分析结果准确可靠。

根据耐久性试验条件进行滑阀冲蚀圆角半径的理论计算，取颗粒物平均直径为 10 μm，每百毫升数量 8 000 个,阀口压降为 10.2 MPa。由于耐久性试验中,伺服阀的输入信号不固定,阀芯位置始终处于动态变化中,为了便于计算,首先分析阀芯位移对平均冲蚀率和撞击概率的影响,结果如图 10-27 所示。可以看出,由于压差固定,颗粒物的撞击速度不变,在阀芯位移较小时,颗粒物撞击概率不变,平均冲蚀率主要受颗粒物质量流率影响,随着阀芯位移的增大,颗粒物质量流量增大,因而平均冲蚀率增大;当阀芯位移较大时,随着阀芯位移的增加,颗粒物质量流率依旧增大,但颗粒物的撞击概率不断下降,因此平均冲蚀率基本不变。由于耐久性试验中伺服阀的开度较大,因此取阀芯位移为 100 μm 进行简化计算,得到阀口的冲蚀圆角半径及其与试验结果的对比见表 10-5。

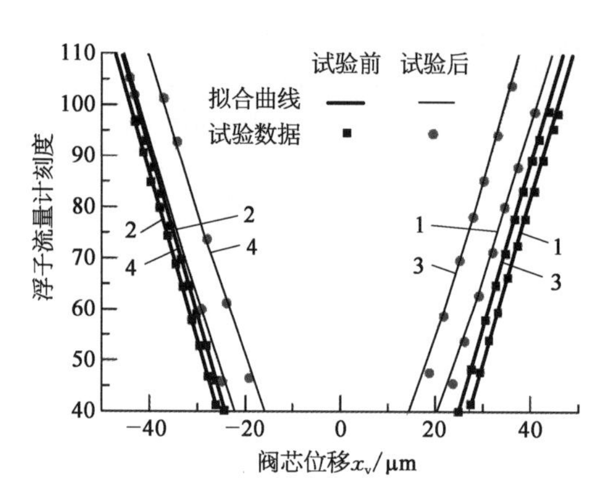

图 10-26 试验前后滑阀副的气动配磨曲线

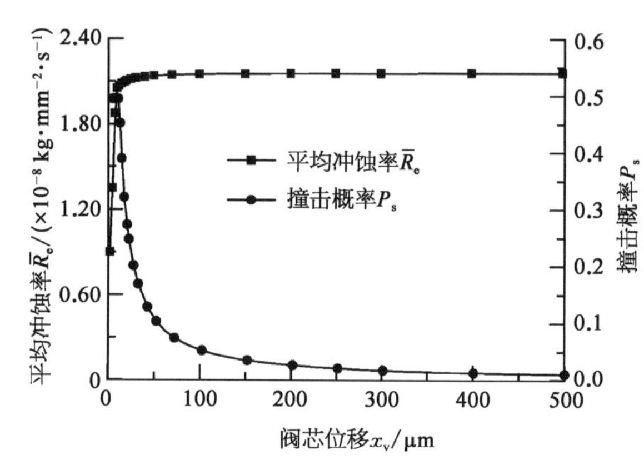

图 10-27 阀芯位移对平均冲蚀率和撞击概率的影响

表 10-5 冲蚀圆角半径的试验结果与理论结果对比

阀　口	试验结果/μm	理论结果/μm	误差/%
1	7.6	8.81	13.7
2	5.1	8.81	42.1
3	9.6	8.81	8.97
4	8.8	8.81	0.11

通过表 10-5 的对比结果可以发现,理论计算得到四个阀口的冲蚀圆角大小相同,同阀口 3 和阀口 4 的冲蚀圆角试验结果接近,相对误差不超过 10%,但阀口 1 和 2 的计算结果比试验结果略大。进一步分析可知,阀口 1 和 2 中油液从供油口流入阀腔,阀口 3 和 4 油液从阀腔流出至回油口,流入阀腔的阀口冲蚀圆角比从流出阀腔的阀口冲蚀圆角略小。结果表明阀口的冲蚀与阀口油液流动方向有关,本节尚未考虑油液流动方向对冲蚀过程的影响,造成了计算结果存在一定偏差,有待进一步研究。此外,由于目前耐久性试验仅抽样一台伺服阀,结果存在一定的随机性,后续有待通过概率统计与数学抽样问题理论研究,以及耐久性测试探讨统计学规律以及随机抽样的影响。总体看来,理论计算结果同试验结果基本一致。

针对高端液压元件因滑阀冲蚀磨损引起阀口轮廓变动与性能不确定性问题,考虑颗粒物撞击阀口的概率事件,可建立基于 Edwards 冲蚀模型的全周边滑阀冲蚀圆角定量计算方法,并以阀控对称缸为例,取得四边滑阀各阀口冲蚀后的轮廓及阀特性的演化规律可对液压滑阀形貌形性进行定量分析和定性预测。

(1) 考虑颗粒物尺寸以及颗粒物撞击阀芯阀套概率，建立全周边液压滑阀冲蚀圆角计算模型。在阀控缸动力机构中，可通过阀控缸结构尺寸、负载大小、活塞运动速度等参数得到各阀口压降、流量和阀口开度，并进一步取得撞击到阀口的颗粒物数量、撞击速度、冲击角度，进而定量计算各阀口的冲蚀圆角大小。

(2) 阀口的冲蚀圆角由颗粒物尺寸、颗粒物数量、撞击速度、阀口大小等因素直接决定；阀口流量越大，颗粒物数量越多，压降越大，颗粒物的撞击速度越大，颗粒物尺寸相对阀口开度越大，颗粒物撞击阀口的概率越大；在阀控缸动力机构中，液压缸的结构尺寸、运动速度、负载大小决定了各个阀口流量、压降和阀口开度。

(3) 在负载恒定、液压缸恒速情况下，阀控对称缸四个阀口的流量相同但压降不同，冲蚀后的阀口圆角大小不一致。滑阀阀口磨损后，将会导致四边滑阀产生零偏，零偏位移可以通过惠斯通电桥平衡原理求出。滑阀的冲蚀会导致压力增益显著降低，泄漏量显著增大，零位附近的流量增益升高。

参考文献

[1] 訚耀保.极端环境下的电液伺服控制理论及应用技术[M].上海：上海科学技术出版社，2012.

[2] 訚耀保.极端环境下的电液伺服控制理论与性能重构[M].上海：上海科学技术出版社，2023.

[3] YIN Y B, YUAN J Y, GUO S R. Numerical study of solid particle erosion in hydraulic spool valves[J]. Wear, 2017(392)：174 - 189.

[4] YIN Y B, LI S L, WANG Y. Structure optimization of the pilot stage in a deflector jet servo valve[C]// Proceedings of 22nd International Conference on Mechatronics Technology(ICMT). Jeju Island, 2018：1 - 6.

[5] 訚耀保，付嘉华，金瑶兰.射流管伺服阀前置级冲蚀磨损数值模拟[J].浙江大学学报(工学版)，2015，49(12)：2252 - 2260.

[6] 訚耀保，李双路，章志恒，李文顶.力反馈电液伺服阀反馈小球磨损特性研究[J].华中科技大学学报(自然科学版)，2020(11)：37 - 42.

[7] 訚耀保，张曦.固定节流孔长度对双喷嘴挡板阀低温零位性能的影响[J].中国机械工程，2012，23(19)：2275 - 2279.

[8] 訚耀保，王玉.3 维离心环境下射流管伺服阀的零偏特性[J].上海交通大学学报，2017，51(8)：984 - 991.

[9] 訚耀保，李聪，李长明，等.力矩马达气隙误差对电液伺服阀零偏的影响[J].华中科技大学学报(自然科学版)，2019，47(3)：55 - 61.

[10] 訚耀保，李聪.射流管伺服阀前置级不对称性对零偏的影响[J].华南理工大学学报(自然科学版)，2021，49(5)：111 - 119.

[11] 訚耀保，李双路.一种滑阀阀口冲蚀磨损量测量方法：ZL202110777223.9[P].2022 - 07 - 05.

[12] 訚耀保，李双路.一种伺服阀阀芯阀套冲蚀圆角测量方法：ZL202110778020.1[P].2022 - 08 - 16.

[13] 訚耀保，李双路，李长明.一种设有四棱锥台状导流槽的偏转板伺服阀放大器：ZL201922093924.1[P].2020 - 10 - 02.

[14] 訚耀保.极端环境下飞行器电液伺服阀特性研究[R].国家自然科学基金资助项目结题报告(50775161)，2011.

[15] 訚耀保.飞行器舵机系统关键基础理论研究[R].上海市浦江人才计划(A 类)总结报告(06PJ14092)，2008.

[16] 李双路，訚耀保，刘敏鑫，原佳阳，李文顶.偏转板伺服阀射流盘组件的压力特性预测与分析[J].华南理工大学学报(自然科学版)，2020，48(9)：71 - 78.

[17] 李双路，訚耀保，张鑫彬，王晓露，傅俊勇.全周边液压滑阀冲蚀形貌及性能演化特性[J].中国机械工程，2022，33(17)：2038 - 2045.

[18] 李长明，訚耀保，汪明月，王法全.高温环境对射流管伺服阀偶件配合及特性的影响[J].机械工程学报，2018，

54(20): 251 - 261.

[19] 李双路,闫耀保,原佳阳,郭生荣.偏转板伺服阀前置级三维流场数学模型(英文)[J].Journal of Zhejiang University Science A(Applied Physics & Engineering),2022,23(10): 795 - 807.

[20] EDWARDS J K, MCLAURY B S, SHIRAZI S A. Evaluation of alternative pipe bend fittings in erosive service [C]//Proceedings of ASME 2000 Fluids Engineering Division Summer Meeting. Boston, 2000: 959 - 966.

[21] HAUGEN K, KVERNVOLD O, RONOLD A, et al. Sand erosion of wear-resistant materials: erosion in choke valves[J]. Wear, 1995, 186: 179 - 188.

[22] VAUGHAN N D, POMEROY P E, TILLEY D G. The contribution of erosive wear to the performance degradation of sliding spool servovalves[J]. Proceedings of the Institution of Mechanical Engineers: Part J: Journal of Engineering Tribology, 1998, 212(6): 437 - 451.

[23] 中国航空工业总公司六〇九研究所.飞机电液流量伺服阀通用规范: GJB 3370—1998[S].北京: 中国航空工业总公司,1998.

第 11 章
电液伺服阀漏磁现象、电涡流效应与高温流量特性

电液伺服阀力矩马达的磁路存在漏磁现象。现有的磁路模型未考虑漏磁因此计算精度不高。实际应考虑控制线圈处的漏磁和工作气隙处的漏磁。本章介绍考虑磁路漏磁的力矩马达工作气隙磁通表达式和输出力矩模型,采用数值模拟方法分析输入电流与力矩马达输出特性的关系。力矩马达在电-磁-力-位移转换过程中存在响应滞后问题。以射流管伺服阀为例,介绍考虑电涡流效应的力矩马达数学模型和频率特性,分析主要性能参数对伺服阀频率特性的影响规律。

电液伺服阀的实际油温往往达到或超过 120℃。高温导致油液黏度变小,影响油液流动;高温导致前置级精密偶件几何尺寸变化,影响流量系数和压力系数。本章介绍了高温下射流管伺服阀的前置级能量转换特性、前置级数学模型,阐述高温下前置级结构参数与射流管伺服阀流量特性之间的关系。

11.1　考虑漏磁的力矩马达磁路建模方法及特性

电液伺服阀是电液伺服控制系统的核心部件,可将电信号转换为相应的流量和压力信号,以控制机械执行器的输出位移和力。电-机械转换装置作为其动力源和驱动装置,其性能直接影响甚至决定整个系统的性能,因此高性能电-机械转换器的研究和开发一直是学术界与工业界关注的焦点。早期的电液伺服阀由小型电动伺服电机驱动,然而这种电机具有较大的时间常数,导致伺服阀成为控制回路中响应最慢的部件,从而限制了系统性能。力矩马达最早出现在 19 世纪末期,德国 Siemens 发明了一种具有永磁力矩马达且能接收机械及电信号 2 种输入的双输入阀,并开创性地用于航空领域。1946 年,MIT 实验室首次使用力矩马达代替螺线管来驱动两级阀的先导级,降低了能耗并提高了线性度。W. C. Moog 发明了采用湿式力矩马达的单/双喷嘴挡板两级电液伺服阀,降低了功耗,提高了控制精度。Wolpin 将力矩马达从流体中隔离,发明了干式力矩马达,解决了力矩马达因油液污染导致的可靠性问题。李松晶将磁流变液体应用于力矩马达,并得出结论,磁流体可以提高伺服阀力矩马达的稳定性,但旋转角度和输出力矩略微减小。一直以来,如何准确分析力矩马达特性及提升力矩马达性能都是本领域的研究重点。

磁路分析是力矩马达特性分析的基础,由于磁路中导磁材料的磁导率一般仅比非导磁材

料的磁导率大几千倍，所以漏磁在磁回路中十分普遍。漏磁是指磁源通过特定磁路时，部分磁场能量泄漏在磁路以外的空气中的现象。其普遍存在于力矩马达结构中，可大致分为永磁体漏磁、工作气隙漏磁和控制线圈漏磁。漏磁系数定义为总磁通与有效磁通值之比，其与力矩马达的具体结构形式有关。漏磁系数的倒数即磁通的实际利用率，可通过试验测量磁路的实际磁通来计算或用经验系数进行估算。H. E. Merritt 最早归纳出力矩马达的磁路分析方法，但在其建立的磁路模型中并未考虑漏磁和工作气隙以外的磁阻。考虑永磁体磁阻、气隙处漏磁和线圈漏磁对力矩马达空载角位移特性及力特性的影响，并将理论计算数值和试验数据进行了比较，相对误差在 20%左右。E. Urata 认为 H. E. Merritt 模型中当工作气隙趋近于零时，工作气隙处磁通和衔铁的输出力矩趋向无穷大的不合理处，通过建立考虑永磁体磁阻和永磁体漏磁的磁路模型对 H. E. Merritt 模型进行修正，并理论推导出永磁体提供总磁动势的计算公式，提出了一种简明的磁路分析方法。考虑力矩马达中导磁体和衔铁的磁阻与磁路模型，可通过试验进行验证理论计算结果。电液伺服阀力矩马达中永磁体产生磁通的实际利用率较低，一般小于 20%，甚至 5%；考虑永磁体漏磁，能更精确地反映力矩马达特性。力矩马达工作气隙处的漏磁和控制线圈处的漏磁尚未得到深入研究，因此理论与试验仍存在较大差距，其应用受到一定限制。

本节考虑永磁体漏磁、磁阻以及导磁体磁阻，考虑力矩马达工作气隙和控制线圈处的漏磁，介绍力矩马达的磁路模型，并对工作气隙处的磁通和力矩马达的输出力矩进行推导，通过数值模拟和试验结果比较，建立更加精确的力矩马达数学模型，可作为力矩马达性能提升及其设计的依据。

11.1.1 射流管伺服阀结构原理及力矩马达磁路模型

11.1.1.1 射流管伺服阀与力矩马达结构原理

图 11-1 为典型射流管电液流量伺服阀的结构示意图，主要由力矩马达、射流管前置放大级和滑阀功率放大级构成。力矩马达是电液伺服阀中的电气-机械转换器，将电信号转换为位移或力等机械信号。射流管由衔铁枢轴支撑，可绕枢轴摆动。导油管与射流管相连接，油液从射流管射出后，部分油液进入到接收器的两个接收孔内，两接收孔分别与滑阀的两腔相连接。油液通过射流喷嘴将压力能转化为动能，被接收孔接收后，又将动能转化为压力能。

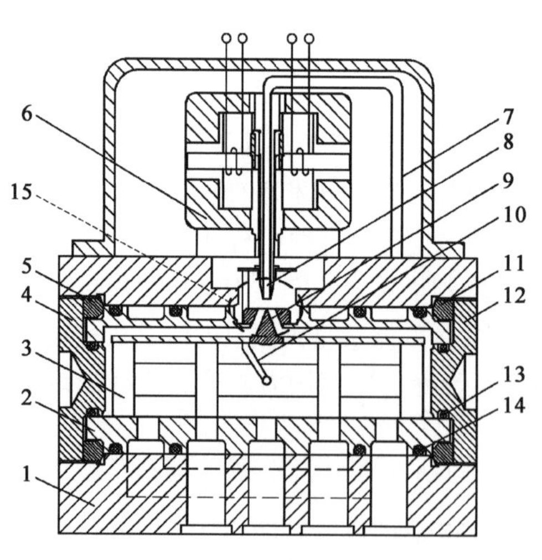

1—阀体；2—阀套；3—阀芯；4、12—左右端盖；5、11—左右锁紧环；6—力矩马达；7—导油管；8—射流管；9—接收器；10—反馈杆；13、14—密封圈；15—前置级液压放大器

图 11-1 射流管电液流量伺服阀结构示意图

当力矩马达无电流输入时，力矩马达无力矩输出，射流管伺服阀处于零位，喷嘴相对于两个接收孔处于几何中立位置，即对称位置。喷嘴喷出的流体均等地进入两个接收孔，流体动能在接收孔内转化为压力能，滑阀两端的压力相等，滑阀处于中位，射流管伺服阀无流量输出。当有电流输入时，力矩马达产生使射流管偏转的扭矩，射流管组件绕着转轴旋转，喷嘴偏离中立位置，使其中一个接收孔接

收的流体多于另一个接收孔接收的流体，在滑阀两端的容腔内形成压差，推动滑阀阀芯产生位移，输出流量；同时，在衔铁组件偏转和滑阀阀芯移动过程中，反馈杆组件产生对射流管的反馈力矩和对滑阀阀芯的反馈力，当射流管受到的反馈力矩与力矩马达产生的偏转扭矩相平衡时，衔铁组件处于稳定位置。当滑阀阀芯两端的压力差与滑阀的液动力和反馈力之和相平衡时，阀芯停止运动。阀芯位移与输入的控制电流呈比例，当负载压差一定时，阀的输出流量与控制电流成正比。而且在实际工作过程中，输出的机械信号与输入的电流信号之间存在一定滞后现象。

图 11－2 所示为力矩马达的结构示意图，主要由永磁体、导磁体、衔铁和线圈组成。导磁体和衔铁通常由软磁材料制成，如 1J50，其成本较低且具有较高的磁导率。永磁体和控制线圈分别提供固定磁通和控制磁通，用于驱动力矩马达工作。图 11－3 所示为力矩马达的磁路示意图。当无电流供给控制线圈时，衔铁处于初始平衡位置，此时各气隙长度大小相等。当向线圈供电时，由线圈产生的控制磁通依次通过导磁体、气隙和衔铁。控制磁通和由永磁体产生的固定磁通在工作气隙处叠加，导致同侧气隙中的磁通密度差异，从而引起衔铁旋转。此时弹簧管发生弹性变形产生反向力矩，当弹簧管变形产生的力矩和控制电流与永磁体产生的电磁力矩相平衡时，衔铁组件即处于平衡位置。例如，当线圈按图 11－3 所示方式通电时，在力矩马达中形成两个控制磁通回路。气隙 1 和 3 处的叠加磁密度由于固定磁通和控制磁通具有相同方向而增强，由于相反方向在气隙 2 和 4 处减弱。故气隙 1 和 3 处的吸引力大于气隙 2 和 4 处的吸引力，从而引起衔铁的顺时针旋转。同理，如果控制线圈中的输入电流反转方向，则气隙中产生的磁通密度差异将导致衔铁产生逆时针旋转。

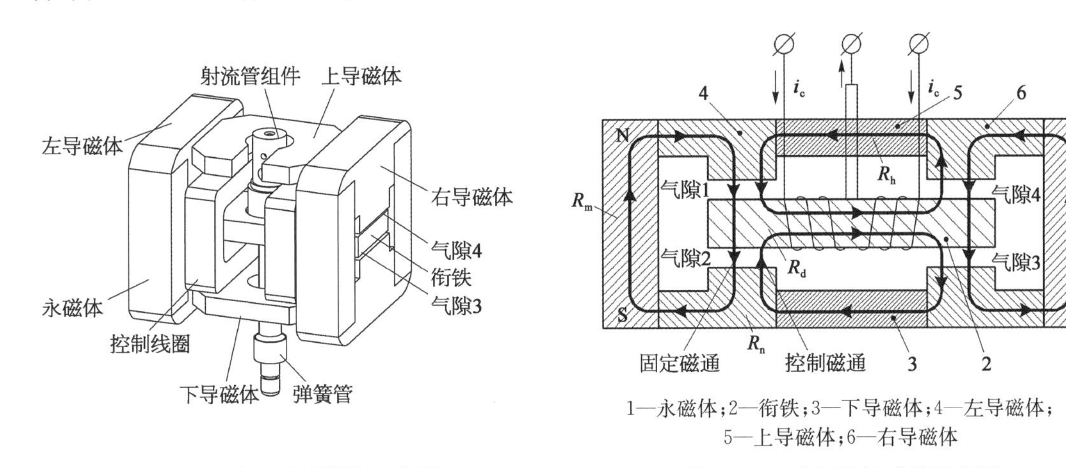

1—永磁体；2—衔铁；3—下导磁体；4—左导磁体；
5—上导磁体；6—右导磁体

图 11－2　力矩马达结构示意图

图 11－3　力矩马达磁路示意图

11.1.1.2　漏磁现象与力矩马达磁路等效模型

根据磁路和电路的相似性，可通过建立等效磁路模型对力矩马达特性进行分析。分析中假定力矩马达中由加工和装配带来的尺寸误差可以忽略不计，且不考虑磁性材料的磁滞效应。图 11－4 是考虑了图 11－3 中永磁体、气隙和控制线圈处的漏磁，以及永磁体、导磁体磁阻影响的力矩马达等效磁路图，图中 A、B、C 分别代表永磁体、气隙和控制线圈处的漏磁。

由于磁路与电路的相似性，可运用基尔霍夫定律对图 11－4 中的各个磁回路进行计算。图中，λ 表示导磁体内磁通与永磁体产生总磁通的比值，即永磁体磁通的利用率，其与永磁体形状以及与永磁体相配合的导磁体的形状有关；ζ 表示工作气隙有效磁通与导磁体内磁通的比值，即导磁体内磁通的实际利用率，其与工作气隙的形状以及介质有关；β 为衔铁内磁通与控制线圈产生磁通的比值，即控制线圈产生磁通的实际利用率，其与衔铁的形状有关。图 11-5 为工作气隙处的漏磁示意图。

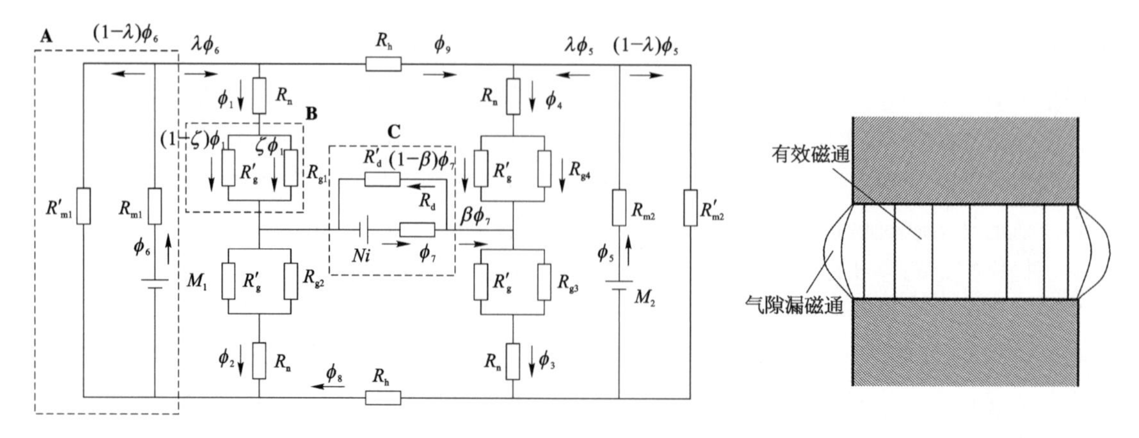

图 11-4 力矩马达等效磁路

图 11-5 工作气隙处漏磁示意图

根据磁路的基尔霍夫定律，由图 11-4 可以得到

$$
\left.\begin{aligned}
&2\lambda\phi_6=\phi_1+\phi_9\\
&\phi_1=\phi_2+\beta\phi_7\\
&\phi_9=\phi_4-2\lambda\phi_5\\
&\phi_3=\phi_4+\beta\phi_7\\
&\phi_3=\phi_8+2\lambda\phi_5\\
&M_1=\phi_1R_n+\zeta\phi_1R_{g1}+\phi_2R_n+\zeta\phi_2R_{g2}+\phi_6R_{m1}\\
&M_2=\phi_4R_n+\zeta\phi_4R_{g4}+\phi_3R_n+\zeta\phi_3R_{g3}+\phi_5R_{m2}\\
&Ni=\phi_1R_n+\zeta\phi_1R_{g1}-\phi_9R_h-\phi_4R_n-\zeta\phi_4R_{g4}+\phi_7R_d\\
&Ni=-\phi_2R_n-\zeta\phi_2R_{g2}+\phi_8R_h+\phi_3R_n+\zeta\phi_3R_{g3}+\phi_7R_d
\end{aligned}\right\}\tag{11-1}
$$

式中 R_h——力矩马达中上下导磁体的磁阻；

R_n——左右导磁体的磁阻；

R_d——衔铁的磁阻；

R_m——一侧永磁体的磁阻；

R_g——工作气隙处的磁阻。

由于力矩马达的工作方式，左右导磁体内始终有固定磁通通过。由软磁材料的磁化曲线可知，左右导磁体的磁导率与上下导磁体、衔铁的磁导率不同，则有

$$
R_n=\frac{l_n}{\mu_nA_n},R_d=\frac{l_d}{\mu_rA_d},R_h=\frac{l_h}{\mu_rA_h},R_m=\frac{l_m}{\mu_mA_m},R_g=\frac{g}{\mu_0A_g}\tag{11-2}
$$

式中 l_n——左右导磁体单边垂直部分的长度；

l_d——衔铁的长度；

l_h——上下导磁体水平部分的长度；

l_m——永磁体的长度；

g——初始状态下工作气隙的长度；

μ_n——左右导磁体的磁导率；

μ_r——上下导磁体以及衔铁的磁导率；

μ_m——永磁体磁导率；

μ_0——真空磁导率，磁导率是表征磁介质在磁场中导通磁力线能力的物理量；

A_n——左右导磁体单边垂直部分的横截面积；

A_d——衔铁的横截面积；

A_h——上下导磁体的水平部分的横截面积；

A_m——永磁体的横截面积；

A_g——工作气隙的有效面积。

式(11－1)中 λ、ζ、β 三个参数值一般可通过计算确定：

$$\lambda=\frac{\oint_{A_n}(\phi_1+\phi_9)\mathrm{d}s}{2\oint_{A_m}\phi_6\mathrm{d}s},\zeta=\frac{\oint_{A_g}(\phi_g+\phi_c)\mathrm{d}s}{\oint_{A_n}\phi_1\mathrm{d}s},\beta=\frac{\oint_{A_d}\phi_7\mathrm{d}s}{2\oint_{A_h}\phi_8\mathrm{d}s} \tag{11-3}$$

式中　ϕ_g——永磁体在气隙处提供的固定磁通；

ϕ_c——控制电流在气隙处提供的控制磁通。

将式(11－2)代入式(11－1)，可以解得通过工作气隙 1、2 的磁通分别为

$$\phi_1=\left[\left(1+\frac{2R_g\gamma\dfrac{x}{g}}{R_f}\right)\phi_c+\left(1+\frac{2\zeta\beta R_g\dfrac{x}{g}}{R_c}\right)\phi_g\right]\frac{k}{k-\left(\dfrac{x}{g}\right)^2} \tag{11-4}$$

$$\phi_2=\left[\left(\frac{2R_g\gamma\dfrac{x}{g}}{R_f}-1\right)\phi_c+\left(1-\frac{2\zeta\beta R_g\dfrac{x}{g}}{R_c}\right)\phi_g\right]\frac{k}{k-\left(\dfrac{x}{g}\right)^2} \tag{11-5}$$

$$x=a\theta,\gamma=\lambda\zeta$$

$$R_f=2R_g\gamma+\frac{R_m}{2}+2R_n\lambda$$

$$R_c=2\zeta\beta R_g+2R_d+2\beta R_n+\beta R_h$$

式中　a——衔铁的旋转半径；

θ——衔铁的角位移；

x——力矩马达工作过程中衔铁偏转所引起的工作气隙的变化量；

R_f——固定磁通回路中的总磁阻；

R_c——控制磁通回路中的总磁阻。

其中，

$$\phi_g=\frac{M_0\gamma}{R_f} \tag{11-6}$$

$$\phi_c = \frac{N\Delta i \zeta \beta}{R_c} \tag{11-7}$$

$$k = \frac{R_f R_c}{2\gamma\beta\zeta R_g^2}$$

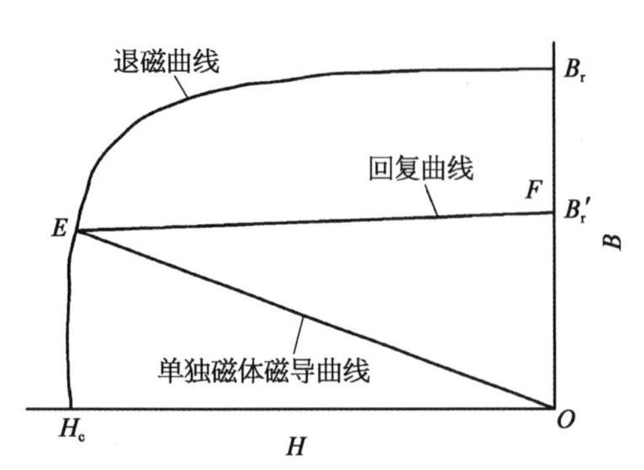

图 11-6 永磁体退磁曲线示意图

力矩马达的主要参数见表 11-1。上式中 M_0 为永磁体的极化磁动势，其与永磁体的实际工作点有关。图 11-6 是永磁体的 $B-H$ 特性曲线。对于固定形状的柱形永磁体，在未接入磁路之前，单独磁体的磁导曲线满足

$$p = \frac{B}{H} \tag{11-8}$$

式中 B——磁体内部的磁感应强度；

H——磁体内部的磁场强度；

p——该永磁体的磁导系数，与永磁体的形状相关，力矩马达中使用的永磁体磁化方向长度为 18 mm，截面为 5.8 mm×5.6 mm，计算可得到对应的磁导系数 $p=10$ H/m。

表 11-1 某型电液伺服阀力矩马达主要参数

参 数	数 值
左右导磁体磁导率 $\mu_n/(\mathrm{H\cdot m^{-1}})$	0.000 35
衔铁磁导率 $\mu_r/(\mathrm{H\cdot m^{-1}})$	0.01
永磁体磁导率 $\mu_m/(\mathrm{H\cdot m^{-1}})$	1.5×10^{-6}
左右导磁体垂直部分的横截面积 $A_n/\mathrm{m^2}$	77.3×10^{-6}
衔铁横截面积 $A_d/\mathrm{m^2}$	27×10^{-6}
上下导磁体水平部分的横截面积 $A_h/\mathrm{m^2}$	11×10^{-6}
永磁体横截面积 $A_m/\mathrm{m^2}$	32.5×10^{-6}
工作气隙有效面积 $A_g/\mathrm{m^2}$	47×10^{-6}
左右导磁体单边垂直部分长度 l_n/m	7.3×10^{-3}
衔铁长度 l_d/m	20×10^{-3}
上下导磁体水平部分长度 l_h/m	20×10^{-3}
永磁体长度 l_m/m	18×10^{-3}
工作气隙长度 g/m	0.37×10^{-3}
线圈匝数 N/tr	2×714
控制线圈磁通利用率 β	0.8
永磁体磁通利用率 λ	0.86
导磁体磁通利用率 ζ	0.6

单独磁体磁导曲线与退磁曲线的交点 E 即为柱形永磁体接入磁路前的工作点，永磁体接入磁路后，其工作点沿回复特性曲线 EF 发生变动，回复特性曲线的斜率可近似用剩余磁感应强度 B_r 点处的切线的斜率来代替，即

$$\mu_k = \frac{B_r}{H_c}(1 - a_r) \tag{11-9}$$

$$a_r = 2\sqrt{\frac{B_r H_c}{V_d}} - \frac{B_r H_c}{V_d}$$

式中　a_r——与永磁体有关的常数；

H_c——永磁体的矫顽力；

V_d——永磁体的最大磁能积。

结合永磁体的 $B-H$ 曲线和单独磁体磁导曲线，可求得永磁体的总磁动势为

$$M_0 = l_m \frac{B'_r}{\mu_k} \tag{11-10}$$

总磁动势是力矩马达磁路模型中的关键参数，直接用于式(11－6)中固定磁通的计算。

11.1.2　力矩马达输出特性

衔铁受到的力矩是由于衔铁两侧存在方向相反的电磁力。力矩马达中衔铁受电磁力的示意如图 11－7 所示。根据麦克斯韦应力方程，对于衔铁末端无限小的作用面积 ds，衔铁所受到的电磁力矩为

$$\mathrm{d}T = (a + z)\frac{BH}{2}\mathrm{d}s \tag{11-11}$$

式中　a——衔铁的等效旋转半径；

B——气隙处的磁感应强度；

H——气隙处的磁场强度。

将式(11－11)在工作气隙的有效面积上进行积分，并忽略 z 的影响，可得到某一工作气隙处衔铁所产生的力矩为

$$T = \frac{BHaA_g}{2} = \frac{B^2}{2\mu_0}aA_g \tag{11-12}$$

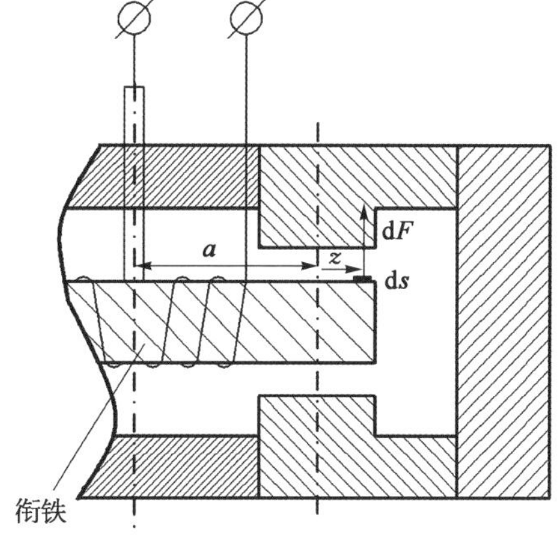

图 11－7　力矩马达衔铁受力示意图

由式(11－12)可知衔铁受到的总力矩为

$$T_d = \frac{a}{\mu_0 A_g}(\phi_1^2 - \phi_2^2) = \frac{a}{\mu_0 A_g}(\phi_1 + \phi_2)(\phi_1 - \phi_2) \tag{11-13}$$

根据式(11－4)、式(11－5)，可得

$$\phi_1 + \phi_2 = \left(\frac{4R_g\gamma\dfrac{x}{g}}{R_f}\phi_c + 2\phi_g\right)\frac{k}{k - \left(\dfrac{x}{g}\right)^2} \tag{11-14}$$

$$\phi_1 - \phi_2 = \left(2\phi_c + \frac{4\zeta\beta R_g\dfrac{x}{g}}{R_c}\phi_g\right)\frac{k}{k - \left(\dfrac{x}{g}\right)^2} \tag{11-15}$$

将式(11-14)、式(11-15)代入式(11-13)，可得输出力矩马达输出力矩表达式为

$$T_{\mathrm{d}}=\frac{a}{\mu_0 A_{\mathrm{g}}}\left(2\phi_{\mathrm{c}}+\frac{4\zeta\beta R_{\mathrm{g}}x}{gR_{\mathrm{c}}}\phi_{\mathrm{g}}\right)\left(\frac{4R_{\mathrm{g}}\gamma x}{gR_{\mathrm{f}}}\phi_{\mathrm{c}}+2\phi_{\mathrm{g}}\right)\times\left\{k\Big/\left[k-\left(\frac{x}{g}\right)^2\right]\right\}^2 \tag{11-16}$$

将式(11-16)以输入电流 Δi 和衔铁转角 θ 为自变量的二元函数进行线性化后，忽略高阶无穷小项，上式可化简为

$$T_{\mathrm{d}}=\left\{K_{\mathrm{t}}\left[1+\eta\xi^2\left(\frac{x}{g}\right)^2\right]\Delta i+K_{\mathrm{m}}\left[1+\eta\left(\frac{\phi_{\mathrm{c}}}{\phi_{\mathrm{g}}}\right)^2\right]\theta\right\}\times\left\{k\Big/\left[k-\left(\frac{x}{g}\right)^2\right]\right\}^2 \tag{11-17}$$

$$K_{\mathrm{t}}=2N_{\mathrm{c}}\phi_{\mathrm{g}}\left(\frac{a}{g}\right)\xi \tag{11-18}$$

$$K_{\mathrm{m}}=4\phi_{\mathrm{g}}^2 R_{\mathrm{g}}\left(\frac{a}{g}\right)^2\xi \tag{11-19}$$

$$\xi=\frac{2R_{\mathrm{g}}}{N\Delta i}\phi_{\mathrm{c}}=\frac{2\zeta\beta R_{\mathrm{g}}}{R_{\mathrm{c}}} \tag{11-20}$$

$$\eta=\frac{N\Delta i}{M_0}\,\frac{\phi_{\mathrm{g}}}{\phi_{\mathrm{c}}}=\frac{\lambda R_{\mathrm{c}}}{\beta R_{\mathrm{f}}} \tag{11-21}$$

式中 K_{t}——永磁力矩马达电磁力矩系数；

K_{m}——永磁力矩马达磁弹簧刚度；

ξ、η——磁路中磁阻和漏磁对力矩马达的影响系数。

衔铁由弹簧管支撑，悬于上下导磁体工作气隙之间。它受电磁力矩作用而产生偏转，由于其与弹簧管组件刚性连接，所以也受到弹簧管回位力矩的作用，所以有

$$T_{\mathrm{d}}=K_{\mathrm{t}}\Delta i+K_{\mathrm{m}}\theta=J_{\mathrm{a}}\frac{\mathrm{d}^2\theta}{\mathrm{d}t^2}+B_{\mathrm{a}}\frac{\mathrm{d}\theta}{\mathrm{d}t}+K_{\mathrm{a}}\theta+T_{\mathrm{L}} \tag{11-22}$$

式中 J_{a}——衔铁挡板反馈杆组件的转动惯量；

B_{a}——衔铁挡板反馈杆组件的阻尼系数；

K_{a}——弹簧管的刚度；

T_{L}——负载力矩。

在静态空载时，力矩马达的输出电磁力矩与弹簧管的变形所产生的力矩相平衡，即

$$K_{\mathrm{t}}\Delta i+K_{\mathrm{m}}\theta=K_{\mathrm{a}}\theta \tag{11-23}$$

$$\frac{x}{\Delta i}=\frac{K_{\mathrm{t}}a}{K_{\mathrm{a}}-K_{\mathrm{m}}} \tag{11-24}$$

若 $x/g\ll 1$，$\phi_{\mathrm{c}}/\phi_{\mathrm{g}}\ll 1$，力矩表达式(11-17)可简化为

$$T_{\mathrm{d}}=K_{\mathrm{t}}\Delta i+K_{\mathrm{m}}\theta \tag{11-25}$$

式(11-25)表明，当力矩马达有电流输入时，其输出力矩驱动衔铁转动产生角位移，而该角位移又会造成输出力矩增大，使衔铁继续转动。对本节研究的力矩马达而言，当衔铁偏转一个角度时，由弹簧管变形产生的力矩与电磁力矩平衡，使衔铁停在某确定的角位移下，完成电-

机械转化任务。

若忽略工作气隙和控制线圈处的漏磁，即 ζ、β 均为 1，式(11-6)、式(11-7)变为

$$\phi_g = \frac{M_0\gamma}{2R_g\gamma + \frac{R_m}{2} + 2R_n\gamma} \tag{11-26}$$

$$\phi_c = \frac{N\Delta i}{2R_g + 2R_d + 2R_n + R_h} \tag{11-27}$$

若在此基础上将导磁体的磁阻忽略，式(11-26)、式(11-27)即变为

$$\phi_g = \frac{M_0\gamma}{2R_g\gamma + \frac{R_m}{2}},\ \phi_c = \frac{N\Delta i}{2R_g} \tag{11-28}$$

可以看出，本节考虑了磁路中工作气隙处和控制线圈处的漏磁，所得出的磁路模型更加接近实际工况，理论上能更准确地反映力矩马达实际特性。

11.1.3　数值模拟分析及试验验证

11.1.3.1　数值模拟分析结果

为了验证本节数学模型，分析某型电液伺服阀力矩马达在不同控制电流下的工作特性，采用低频电磁场分析软件 Ansoft Maxwell 考虑衔铁、控制线圈、永磁体、导磁体等零件的微观尺寸对其进行仿真分析。该软件基于麦克斯韦微分方程，采用有限元离散形式，将力矩马达和周围空气共同组成的求解域分割成很多小的区域，其中包含磁源和各处漏磁场，将工程中的电磁场计算转化为庞大的矩阵求解，可准确地对力矩马达中的磁场进行分析和计算。该软件采用自适应网格剖分，兼顾分析精度和分析速度。图 11-8 是某型电液伺服阀力矩马达的网格剖分图，其中永磁体材料为 LNG52，其剩余磁感应强度 B_r 为 1.3T，矫顽力 H_c 为 56 kA/m，最大磁能积为 52 kJ/m^3；导磁体和衔铁的材料为 1J50，其在 0.4 A/m 磁场强度中的磁导率 $\mu_{0.4}=3.1$ mH/m，最大磁导率 $\mu_m=49.5$ mH/m，矫顽力 $H_c=14.4$ A/m，饱和磁感应强度 $B_r=1.5$ T；控制线圈的材料为铜，线圈内部为绞线，线圈匝数 N 为 714，两线圈为并联连接。为提高分析精度，永磁体和导磁体部分网格单元适当加密，单元最大边长设为 0.5 mm，控制线圈部分的网格单元最大边长设为 2 mm。

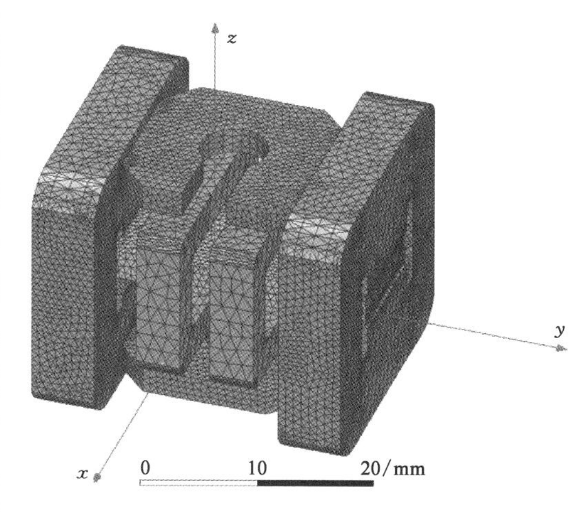

图 11-8　力矩马达网格剖分图

对力矩马达中的控制线圈施加 −100～100 mA 变化的斜坡信号，图 11-9 是在不同电流下，不同模型计算得到的气隙磁感应强度的对比图。可以看出，本节理论模型计算得到的气隙磁感应强度值更接近仿真计算值。图 11-10 为各理论模型计算得到的输出力矩与仿真计算

结果之间的对比图，在电流为 100 mA 时，各理论模型计算结果与数值计算结果之间的误差分别为 0.15%、4.8%和 12.2%。可以看出，本节所建立的理论模型具有更高的精度，尤其适用于大电流力矩马达的设计制造中。

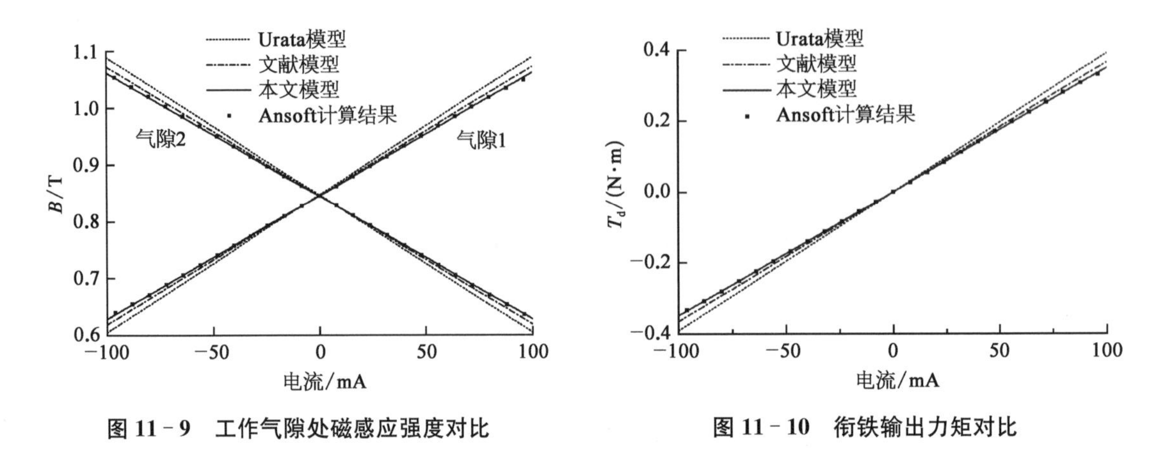

图 11-9 工作气隙处磁感应强度对比

图 11-10 衔铁输出力矩对比

实际生产过程中，力矩马达的零位工作气隙不可避免地存在一定误差。将零位工作气隙不相等情况分为垂直不平衡、左右不平衡和相对倾斜三种情况，并试验证明零位气隙存在垂直不平衡或左右不平衡对力矩马达的力矩特性影响较小，而零位气隙相对倾斜会影响力矩马达输出的力矩值，但不影响其比例特性。当气隙上下对称或左右对称时，电液伺服阀无零偏，而气隙相对倾斜或单个气隙存在误差时，伺服阀存在较大零偏。因此，为了验证本节理论模型在实际工况中的适用情况，只需在零位工作气隙相对倾斜的情况下，将输出力矩的理论计算值与仿真计算值进行对比，即可验证本节理论模型在实际工况中的适用性和精确性。图 11-11 为衔铁初始角位移分别为 0.1°、0.2°时各模型得到的理论计算结果与仿真计算结果的对比图。可以看出，本节所建立的模型相比其他模型能更准确地描述力矩马达在实际工况中的输出特性。据理论模型中假设，当衔铁顺时针偏离中位，偏转角度为 θ 时，工作气隙 1、3 的长度减小 x，气隙 2、4 增加 x，$x=a\theta$，即近似认为工作气隙的上下端面仍是平行的。而实际工作过程中，若衔铁发生偏转，工作气隙的上下端面将不再平行，现有的气隙磁阻理论计算公式将不再适用，所以当衔铁存在初始偏转角度时，理论计算结果与仿真计算结果将会产生一定误差，且该误差随衔铁偏转角度的增加而增加。

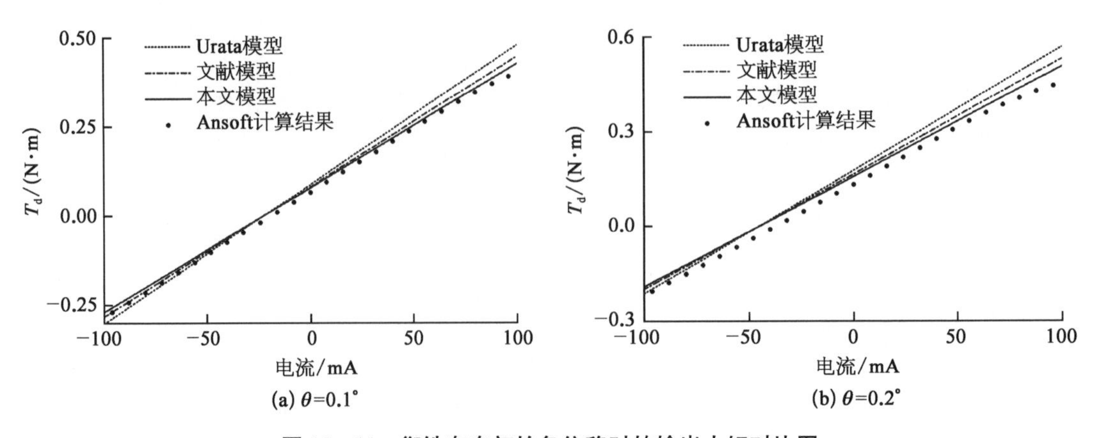

(a) θ=0.1°　(b) θ=0.2°

图 11-11 衔铁存在初始角位移时的输出力矩对比图

11.1.3.2　试验验证结果

为了验证所建立的磁路模型的准确性，将力矩马达作为应用对象，根据已知参数计算得到各气隙的磁感应强度，并对计算结果进行对比分析，见表 11-2。通过表 11-2 可以看出，所建立的磁路模型得到的计算结果相比其他理论模型具有更高的精度，证明考虑磁路漏磁对力矩马达模型精度提升的有效性。理论结果可用于力矩马达特性的精确描述，指导力矩马达的设计与优化。

表 11-2　气隙磁感应强度试验值与理论计算值的对比（$N=1\,050$，$\Delta i=10$ mA）

参　数	工作气隙处磁感应强度/T				ζ	β
	B_1	B_2	B_3	B_4		
本文模型	0.223 7	0.203 4	0.223 7	0.203 4	0.6	0.8
文献模型	0.224 9	0.202 1	0.224 9	0.202 1	1	1
Urata 模型	0.225 9	0.201 1	0.225 9	0.201 1	1	1
试验值	0.222 9	0.204 9	0.222 9	0.204 9		

针对电液伺服阀力矩马达磁路中存在的漏磁现象和目前已有磁路模型存在建模精度不高的问题，本节考虑控制线圈处的漏磁和工作气隙处的漏磁，理论推导了考虑磁路漏磁的力矩马达工作气隙磁通表达式和输出力矩模型。试验对比结果表明本节建立的磁路模型具有更高的准确度。

（1）考虑电液伺服阀力矩马达永磁体、导磁体、线圈和气隙处的磁阻和漏磁，永磁体产生的磁通远大于工作气隙实际利用的磁通，永磁体的漏磁效应在力矩马达的磁路分析中不可忽略。

（2）考虑永磁体漏磁、磁阻以及导磁体磁阻，还需要考虑磁路工作气隙和控制线圈处的漏磁影响，理论模型才更接近实际工况。

11.2　考虑电涡流效应的射流管伺服阀建模方法及特性

力矩马达是电液伺服阀的核心驱动装置，能够将电信号转化为相应的力或位移等机械信号，其工作性能的优劣直接影响伺服系统的整体性能。力矩马达动态特性分析时，电流到力矩的转化过程一般简化为线性方程，将力矩马达组件的响应考虑为弹性振动的动态过程，而电-磁-力-位移的实际转化过程中，力矩马达的频率响应低于一般的弹性振动系统。Ackers 针对喷嘴挡板伺服阀建立其线性化模型，并进行了试验研究，结果显示，试验得到的频率响应低于理论分析结果中的频率响应。2004 年，日本学者 E. Urata 针对力矩马达的动态特性进行研究，通过试验证实在力矩马达的电-磁-力转换过程中，磁通-力矩转换过程无滞后，而电流-磁通过程由于导磁体中存在电涡流效应，即电磁感应作用下磁路的磁通随时间变化，在导电体内产生旋涡状电动势，从而感应出电流，这个电流在垂直于磁通方向的平面上围绕磁感应线呈旋涡状流动，该效应使磁通随时间的变化产生滞后，这种滞后是造成力矩马达电信号到机械信号转化过程中存在响应滞后的主要原因。其提出了磁感系数的概念，并以该系数表征响应滞后的特性。但该系数无法直接测量，只能通过试验获取，因此对准确获取力矩马达动态特性造成极大障碍。一般的伺服阀模型中尚未考虑电涡流效应的影响，实际工作中遇到的响应滞后现象尚无定性解释和定量分析方法，由电涡流效应引起的响应滞后对力矩马达及伺服阀动态特性的影响研究还不多见。

本节从电磁感应定律出发，针对电液伺服阀力矩马达中的电涡流效应导致响应滞后问题，研究并获得了磁感系数的理论计算方式，建立考虑电涡流效应的力矩马达和伺服阀数学模型，可作为力矩马达及电液伺服阀的动态特性分析和设计的依据。

11.2.1 理论建模与仿真分析

11.2.1.1 考虑电涡流效应的力矩马达数学模型

为了分析力矩马达在电-磁-力-位移转换过程中的响应滞后问题，根据磁路和电路的相似性，通过建立等效磁路模型对力矩马达动态特性进行研究，考虑电涡流效应的力矩马达等效磁路图如图 11－12 所示。其中导磁体的磁阻远小于气隙磁阻，在动态特性分析中导磁体磁阻可忽略不计。

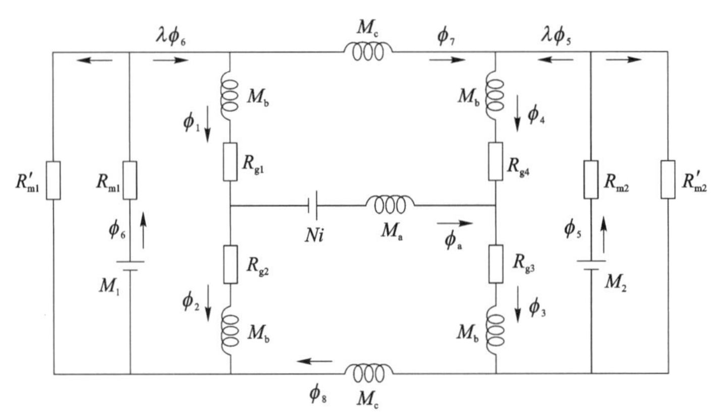

图 11－12 力矩马达等效磁路图

图 11－12 中，M_1、M_2 为永磁体的磁动势；M_a、M_b、M_c 为导磁体内由于磁通量变化产生的感应磁动势，其以涡电流的形式存在，导磁体中产生的感应磁动势在数值上等于导磁体内由磁通变化所引起的涡电流的大小；R_m 为永磁体的磁阻；R'_m 为永磁体的漏磁阻；R_{g1}、R_{g2}、R_{g3}、R_{g4} 为各处工作气隙的磁阻。

涡电流存在于导磁体内部，可借助电磁仿真软件较为直观地查看各导磁体中涡流的分布。力矩马达组件中衔铁内部的涡流示意如图 11－13 所示。其中截面 A 为衔铁内涡流路径的横截面。力矩马达中的磁场属低频磁场，集肤深度较大，而力矩马达组件结构尺寸较小，因此在此忽略了集肤效应对导体电阻值的影响。

根据楞次定律，该感应电流的磁场总要阻碍引起感应电流的磁通量的变化。导磁体内涡电流在数值上等于导磁体内感应电动势与电阻的比值，其中电阻为

$$R' = \frac{L}{\sigma S} \tag{11-29}$$

式中　L——导体内涡流路径的有效长度；

σ——导体的电导率；

S——涡流路径的横截面积。

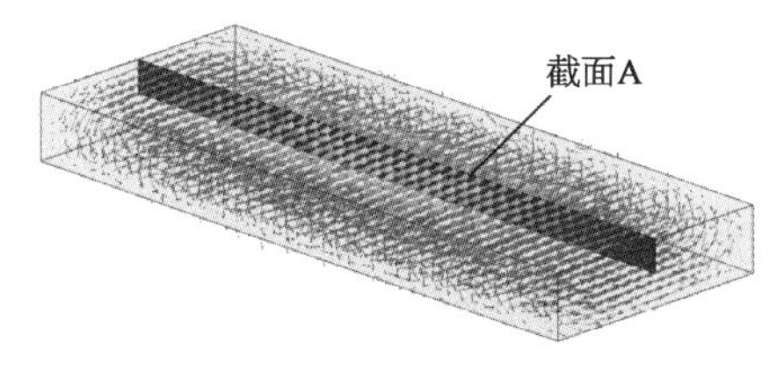

(a) 衔铁内涡流轴测图

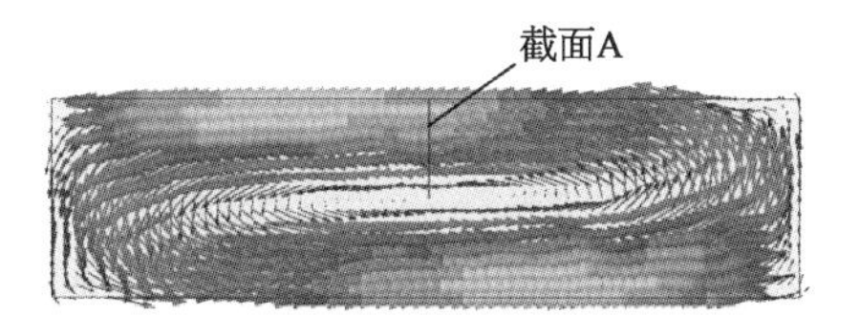

(b) 衔铁截面涡流示意图

图 11-13　衔铁内涡流示意图

由图 11-13 可以看出，导磁体内涡电流在周向和轴向的分布并不均匀。为了更精确地计算导磁体的有效电阻值，借助电磁仿真软件 Ansoft Maxwell 进行损耗分析：

$$R' = \frac{P_{\Omega}}{\int_S I^2} = \frac{P_{\Omega}}{\int_S I_{\text{Real}}^2 + \int_S I_{\text{Imag}}^2} \tag{11-30}$$

式中　P_{Ω}——导磁体内的欧姆损耗；

I——通过涡流路径截面的总电流，分为实部和虚部，可通过软件的后处理得到。

根据法拉第电磁感应定律，可得感应电动势为

$$e_{\text{L}} = -\frac{\text{d}\phi}{\text{d}t} \tag{11-31}$$

根据安培环路定律，由图 11-12 可以得到如下方程：

$$M_1 = \phi_1 R_{g1} + M_b + \phi_2 R_{g2} - M_b + \phi_6 R_{m1} \tag{11-32}$$

$$M_1 = \phi_1 R_{g1} + M_b + Ni + M_a + \phi_3 R_{g3} + M_b + M_c + \phi_6 R_{m1} \tag{11-33}$$

$$Ni = M_b + \phi_1 R_{g1} + M_a - \phi_4 R_{g4} + M_b + M_c \tag{11-34}$$

由于力矩马达的对称性，有

$$\phi_1 = \phi_3 = \phi_0 + \phi_a, \phi_2 = \phi_4 = \phi_0 - \phi_a \tag{11-35}$$

$$R_{g1} = R_{g3} = R_0 - \Delta R, R_{g2} = R_{g4} = R_0 + \Delta R \tag{11-36}$$

其中

$$R_0 = g/(\mu_0 A_g), \Delta R = x/(\mu_0 A_g) \tag{11-37}$$

式中　R_0——衔铁位于中位时工作气隙的磁阻；

ϕ_0——衔铁位于中位时工作气隙的磁通；

A_g——工作气隙的有效面积；

μ_0——真空磁导率；

x——衔铁的偏转位移。

因此式(11－34)可转化为

$$\left(\frac{1}{R'_a}+\frac{1}{R'_b}+\frac{1}{2R'_c}\right)\frac{d\phi_a}{dt}=Ni-R_0\phi_a+2\phi_0\Delta R \tag{11-38}$$

令 $A=\frac{1}{R'_a}+\frac{1}{R'_b}+\frac{1}{2R'_c}$，则

$$A\frac{d\phi_a}{dt}=Ni-R_0\phi_a+2\phi_0\Delta R \tag{11-39}$$

$$\hat{\phi}_a=\frac{1}{1+\frac{A}{R_0}s}\left(\frac{2\phi_0\Delta\hat{R}}{R_0}+\frac{N\hat{i}}{R_0}\right) \tag{11-40}$$

根据麦克斯韦方程组，得到衔铁输出力矩：

$$\hat{T}_d=\frac{1}{1+\frac{A}{R_0}s}\left(\frac{a\phi_0}{\mu_0 A_g}\right)\left(\frac{2\phi_0\Delta\hat{R}}{R_0}+\frac{N\hat{i}}{R_0}\right) \tag{11-41}$$

式中 a——衔铁的力臂长度；

$\frac{A}{R_0}$——力矩马达磁感系数。

式(11－41)的时域形式为

$$\frac{A}{R_0}\frac{dT_d}{dt}+\hat{T}_d=k_m\theta+k_t i \tag{11-42}$$

$$k_t=2N\phi_0\frac{a}{g},k_m=4R_0\phi_0^2\left(\frac{a}{g}\right)^2$$

11.2.1.2 射流管伺服阀数学模型

在实际工况中，为避免伺服放大器特性对伺服阀特性的影响，通常采用独立的伺服电源模块为电液伺服阀提供驱动控制电流信号，故模型中略去伺服放大器电路部分，直接以电流信号为输入信号，输出信号为伺服阀流量。

衔铁-反馈杆组件主要包括衔铁、弹簧管及反馈杆。伺服阀工作时该组件一方面用来平衡力矩马达输出的电磁力矩，另一方面，在阀芯运动时反馈杆还用来平衡左右两腔油液压力差对阀芯施加的力。当衔铁受到力矩马达输出力矩的作用时，衔铁偏转，达到平衡状态。

衔铁的运动方程为

$$T_d=J_a\frac{d^2\theta}{dt^2}+B_a\frac{d\theta}{dt}+k_a\theta+T_L \tag{11-43}$$

式中 J_a——衔铁组件的转动惯量；

B_a——衔铁组件的阻尼系数；

k_a——弹簧管刚度；

T_L——衔铁运动时所拖动的负载力矩。

$$T_L = k_f[(r+b)\theta + x_v](r+b) \tag{11-44}$$

式中　k_f——反馈杆刚度；

r——衔铁组件旋转中心到反馈组件弹簧片的距离；

b——反馈组件弹簧片到主阀芯中心线的距离，且令 $l=r+b$。

将式(11-42)、式(11-43)代入式(11-41)，可得到

$$k_t i + k_m\theta = \left[J_a\frac{d^2\theta}{dt^2} + B_a\frac{d\theta}{dt} + k_a\theta + k_f(l\theta + x_v)l\right]\left(1+\frac{A}{R_0}s\right) \tag{11-45}$$

四通射流管阀的流量方程为

$$q_f = k_q x_j - k_c p_f \tag{11-46}$$

式中　K_q——射流管阀的零位流量增益；

k_c——射流管阀的零位流量压力系数。

滑阀的流量连续性方程如下：

$$q_f = A_v\frac{dx_v}{dt} + \frac{V}{2E_y}\frac{dp_f}{dt} \tag{11-47}$$

式中　A_v——滑阀截面积；

E_y——等效容积弹性模量；

V——中立位置时左右腔的容积。

滑阀在两端压差作用下移动，其受力方程为

$$p_f A_v = m_v\frac{d^2x_v}{dt^2} + B_v\frac{dx_v}{dt} + k_f(x_j + x_v) + k_v x_v \tag{11-48}$$

式中　m_v——滑阀质量；

B_v——阀芯与阀套间的黏性阻尼系数；

k_v——稳态液动力刚度。

电液伺服阀滑阀部分为零开口四通滑阀，其空载输出流量为

$$Q_c = C_d w x_v\sqrt{P_s/\rho} \tag{11-49}$$

式中　C_d——滑阀阀口流量系数；

w——主阀芯面积梯度；

P_s——供油压力；

ρ——液压油密度。

11.2.1.3　关键参数对伺服阀特性的影响

根据以上数学模型，对某型射流管电液伺服阀进行频率特性分析，其数学模型框图如图 11-14 所示，其中 A、R_0 为与涡流有关的参数。考虑电涡流效应后，力矩马达的数学模型由二阶系统变为三阶系统，且系统响应受磁感系数 A/R_0 大小的影响。该型伺服阀主要参数见表 11-3。主流的生产伺服阀的厂家几乎都用频率响应法来验收阀的动态特性，所以在此采用频率响应法来评价动态特性，即输入幅值恒定频率递增的一系列正弦信号，得出输出与输入信号的正弦幅值比和输出与输入信号的相位差，以此来分析其频率特性。力矩马达的频率响应特

性如图 11－15 所示，可以看出在谐振峰值之前，考虑电涡流效应时幅频特性曲线有明显的下降，即由理论计算得到的幅频值降低。射流管伺服阀的频率响应特性如图 11－16 所示。电涡流效应会导致力矩马达及伺服阀频率特性降低，对力矩马达影响尤为明显。具体计算结果见表 11－4。

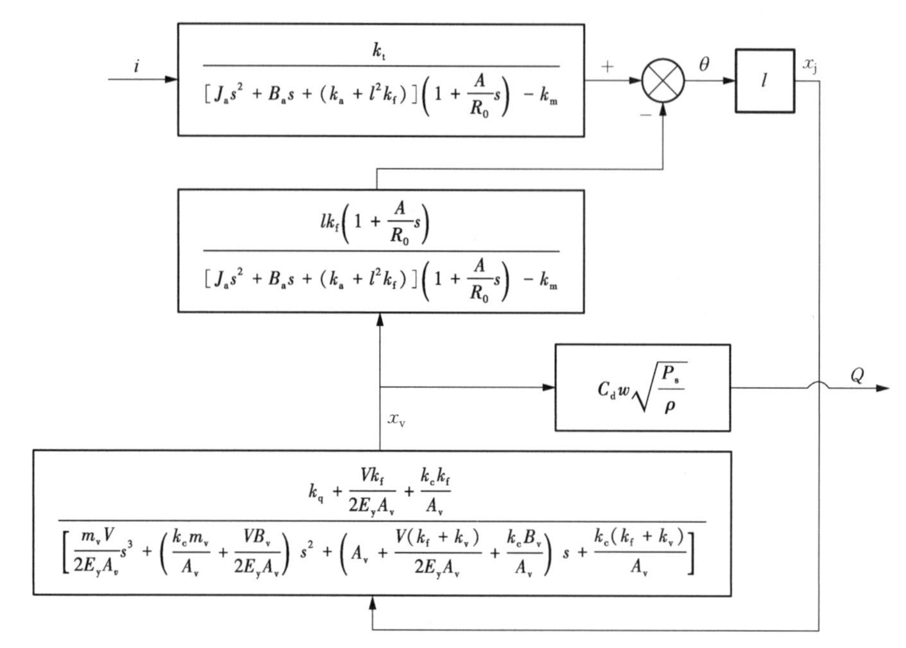

图 11－14　射流管伺服阀数学模型框图

表 11－3　某型射流管电液伺服阀主要参数

参　数	数　值
衔铁力臂长度 a	1.15×10^{-2} m
工作气隙有效面积 A_g	47×10^{-6} m^2
衔铁旋转中心到反馈组件弹簧片的距离 r	2.04×10^{-2} m
反馈组件弹簧片到主阀芯中心线的距离 b	1.36×10^{-2} m
工作气隙长度 g	0.37×10^{-3} m
衔铁转动惯量 J_a	5.5×10^{-7} kg・m^2
弹簧管综合刚度 k_a	7.8(N・m)/rad
反馈组件刚度 k_f	1 663 N/m
电磁力矩系数 k_t	0.79(N・m)/A
磁扭矩弹簧刚度 k_m	4.4(N・m)/rad
射流管阀零位流量增益 k_q	0.133 47 m^2/s
射流管阀零位流量压力系数 k_c	8.117×10^{-13}(s・Pa)/m^3
稳态液动力刚度 k_v	2.788×10^5 N/m
主阀芯横截面积 A_v	79×10^{-6} m^2
主阀芯两端控制腔容积 V	110×10^{-9} m^3

续　表

参　　数	数　　值
主阀芯阀芯质量 m_v	21.5×10^{-3} kg
左右导磁体电阻值 R'_b	4.65×10^{-4} Ω
上下导磁体电阻值 R'_c	7.4×10^{-4} Ω
衔铁电阻值 R'_a	7.16×10^{-4} Ω
真空磁导率 μ_0	1.256×10^{-6} H/m
导磁体电导率 σ	2.2×10^{6} S/m
单个线圈匝数 N	714

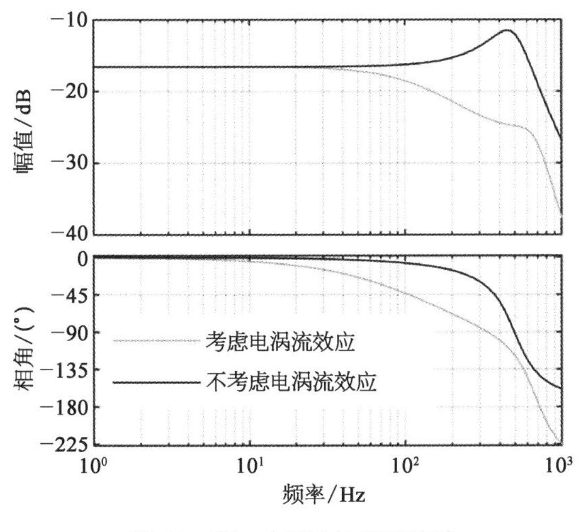

图 11－15　力矩马达频率特性

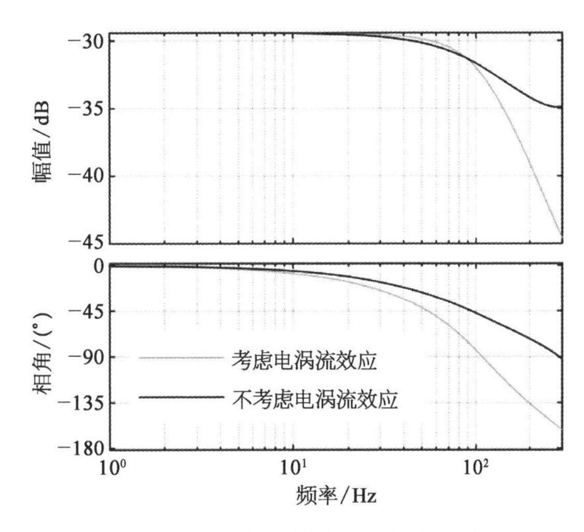

图 11－16　射流管伺服阀频率特性

表 11－4　频率特性

类　别	指　标	考虑电涡流效应	不考虑电涡流效应
力矩马达	幅频/Hz	139	723
	相频/Hz	335	495
伺服阀	幅频/Hz	107	125
	相频/Hz	109	288

针对某型射流管电液伺服阀，选取主要设计参数，包括与 R_0 相关的气隙长度、气隙磁导率、气隙有效面积，与 k_t 相关的线圈匝数以及与 A 相关的导体电导率，利用 MATLAB 对这些参数影响下的伺服阀频率特性进行仿真分析，结果分别如下。

1）气隙长度对伺服阀频率特性的影响

根据以上的伺服阀数学模型，对不同工作气隙大小下的伺服阀频率特性进行对比。工作气隙增加，由式(11－37)可知磁感系数变小，由图 11－17 可以看出伺服阀幅频逐渐降低，相频逐渐增加。且幅频值低于相频值，故伺服阀的动态特性此时取决于幅频值，随着工作气隙的增加，伺服阀动态响应变慢。气隙长度为 g、$1.25g$、$1.5g$ 时对应的幅频值分别为 107 Hz、78 Hz、70 Hz，相频值分别为 109 Hz、121 Hz、131 Hz。

2) 气隙磁导率对伺服阀频率特性的影响

气隙磁导率是影响工作气隙磁阻值的主要因素，磁导率越大，由式(11－37)可知磁感系数数值就越大。通过图 11－18 可以看出，工作气隙磁导率增加会使伺服阀的相频特性有较大程度的降低，导致相频值成为限制伺服阀频率特性的指标。气隙磁导率为 μ_0、$2\mu_0$、$4\mu_0$ 时对应的幅频值分别为 107 Hz、110 Hz、83 Hz，相频值分别为 109 Hz、77 Hz、53 Hz。气隙磁导率越高，伺服阀动态响应越慢。

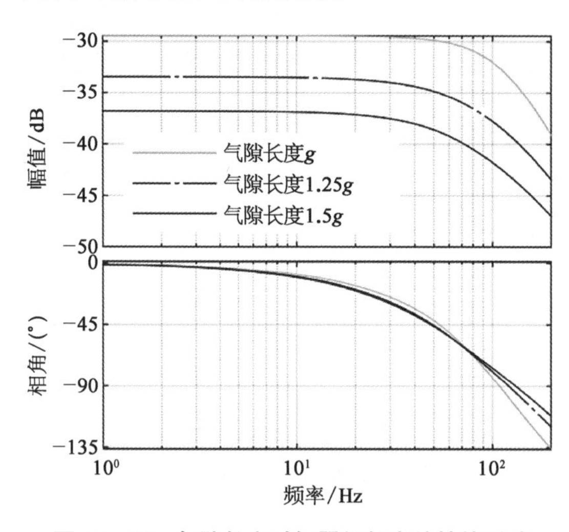

图 11－17　气隙长度对伺服阀频率特性的影响

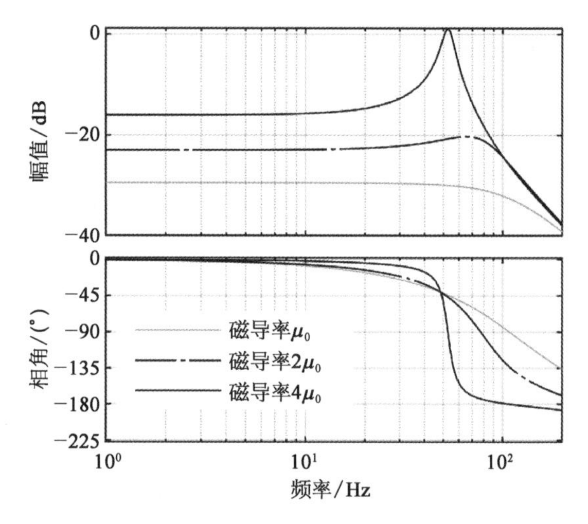

图 11－18　气隙磁导率对伺服阀频率特性的影响

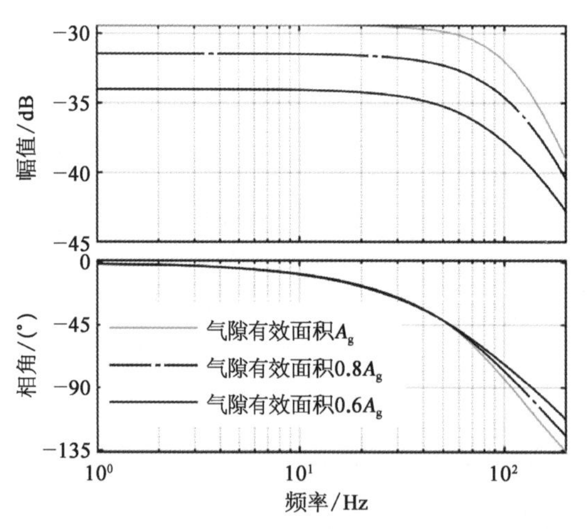

图 11－19　气隙有效面积对伺服阀频率特性的影响

3) 气隙有效面积对伺服阀频率特性的影响

气隙有效面积对伺服阀频率特性的影响如图 11－19 所示，有效面积越大，工作气隙处的磁阻 R_0 越小，磁感系数数值就越大。气隙有效面积为 A_g、$0.8A_g$、$0.6A_g$ 时对应的幅频值分别为 107 Hz、96 Hz、88 Hz，相频值分别为 109 Hz、120 Hz、136 Hz。面积越小，幅频值越低，而相频值越大，因伺服阀动态特性受频率响应中较小值的影响，所以气隙面积越小，伺服阀动态响应越慢。每型伺服阀根据其结构形式的不同，有效面积均存在一个最优值，使伺服阀动态响应达到最优。

4) 线圈匝数对伺服阀频率特性的影响

线圈匝数的变化会对电磁力矩系数产生影响，对磁感系数的大小没有影响。从图 11－20 可以看出，线圈匝数对伺服阀动态特性没有影响，幅频值和相频值分别为 107 Hz 和 109 Hz。

5) 导体电导率对伺服阀频率特性的影响

导体电导率影响导磁体的电阻值，导体电导率越大，电阻越小，磁感系数数值越大。通过

图 11－21 可以看出，随着导磁体电导率的增加，伺服阀动态响应逐渐变慢，电导率为 σ、1.25σ、1.5σ 时对应的幅频值分别为 107 Hz、98 Hz、90 Hz，对应的相频值分别为 109 Hz、98 Hz、90 Hz。这是因为导磁体电导率越大，由电磁感应产生的电涡流效应就越明显，感应磁通对原磁通的阻碍作用就越明显，从而导致伺服阀动态响应变慢。减小导磁体材料的电导率，能提高伺服阀的动态特性。

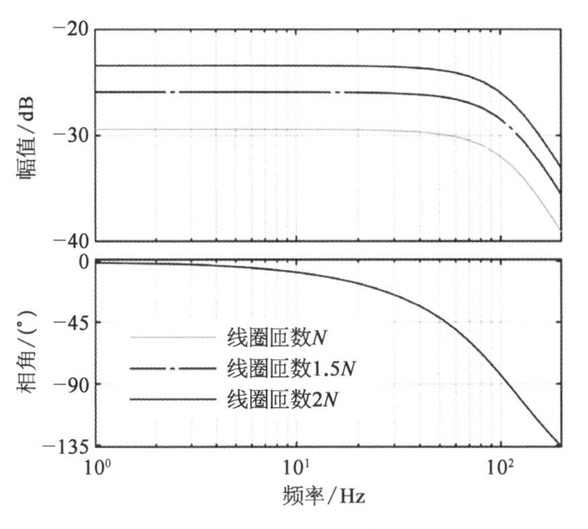

图 11－20　线圈匝数对伺服阀频率特性的影响

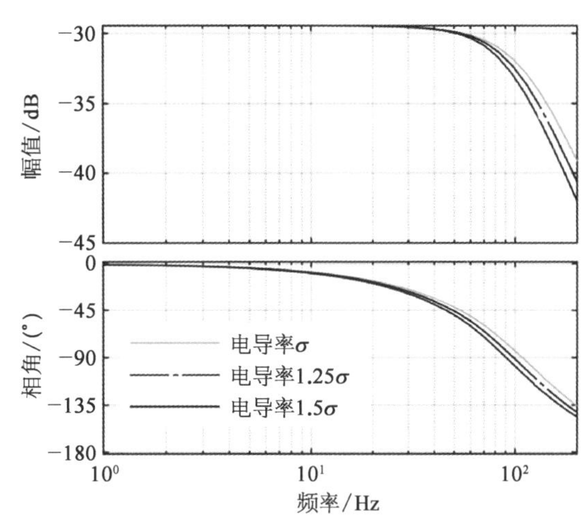

图 11－21　导体电导率对伺服阀频率特性的影响

11.2.2　试验验证与结果分析

1）射流管电液流量伺服阀试验结果

为了获得射流管伺服阀的实际频率特性，按照 GJB 3370—1998 中的电液伺服阀测试方法对某型射流管电液流量伺服阀进行动态特性试验研究。试验在同济大学高温液压试验台进行，试验台全貌如图 11－22 所示，动态特性测试装置如图 11－23 所示。试验在油温 40℃、供油压力 28 MPa 条件下进行。

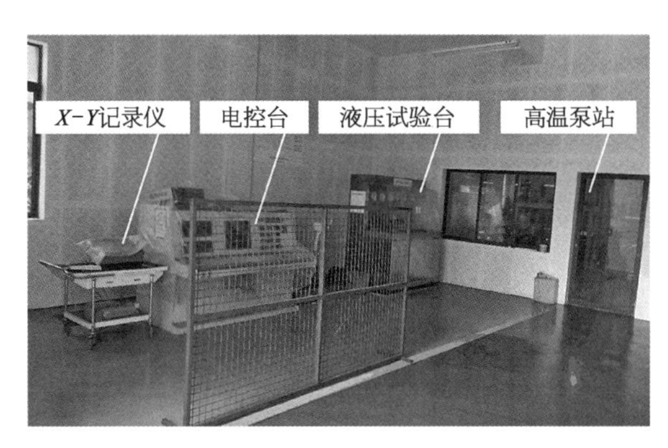

图 11－22　液压试验台全貌

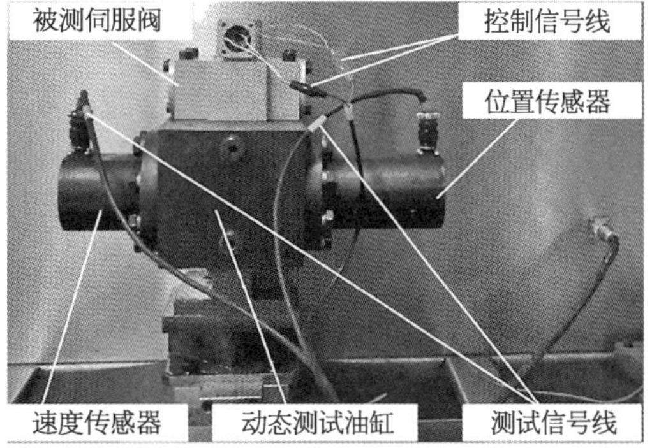

图 11－23　动态特性测试装置

通过转接板将动态测试液压缸与试验台油源口相连接，再将被测电液伺服阀与动态测试液压缸相连结；将速度、位移检测信号线分别与动态测试液压缸的速度、位移传感器相连接；采用控制线圈并联接线方式给伺服阀供电，并以扫频方式给电液伺服阀加载 1～200 Hz 的正弦信号；由电控台的动态测试软件记录射流管伺服阀的幅频与相频特性。射流管电液流量伺服阀动态试验测试结果如图 11－24 所示。由图 11－24 可知，当增益下降 3 dB 时，该阀的幅频宽度为 115 Hz，比图 11－17 中理论计算值 107 Hz 高 7%；当相位角滞后 90°时，该阀的相频宽度为 102.5 Hz，比图 11－17 中理论计算值 109 Hz 低 6%。射流管伺服阀频率特性理论计算值与实际测量值基本一致，验证了本节所建立数学模型的正确性。

2）力矩马达试验结果

某型力矩马达幅频特性曲线如图 11－25 所示。通过试验结果可以看出，在谐振峰值之前，幅频特性曲线有明显的下降，而该现象在目前主流的力矩马达二阶数学模型中是不存在的，故力矩马达实际数学模型至少是三阶及以上。本节得到的力矩马达理论频率特性与试验频率特性趋势一致，验证了考虑力矩马达导磁体内电涡流效应的合理性。此外，通过试验证实在力矩马达气隙处添加磁流体会导致射流管伺服阀响应变慢，与本节结论一致。

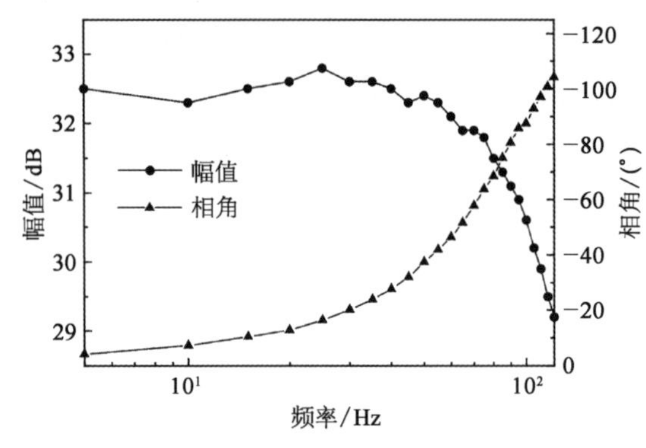

图 11－24　某型射流管伺服阀频率特性试验结果

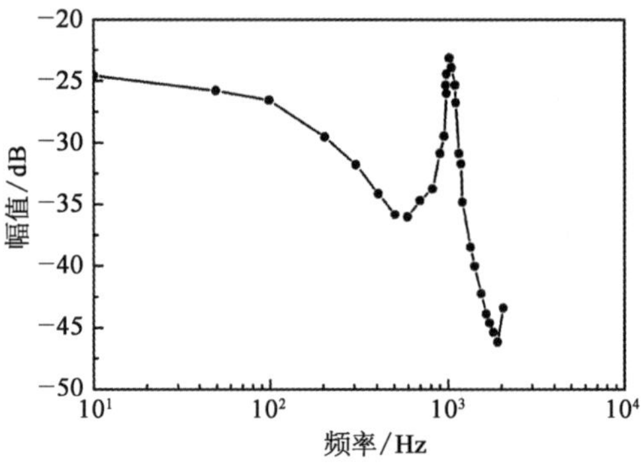

图 11－25　力矩马达频率特性试验结果

11.2.3　本节小结

针对射流管伺服阀在电-磁-力-位移转换过程中的响应滞后问题，建立考虑电涡流效应的力矩马达数学模型，获取了力矩马达的频率特性。以某型射流管伺服阀为例，建立考虑电涡流效应的射流管伺服阀数学模型，得到了主要性能参数对伺服阀频率特性的影响规律。

（1）考虑力矩马达组件中导磁体内的电涡流效应，根据电磁感应定律得到磁感系数的计算方法，建立了力矩马达三阶磁路数学模型。考虑导磁体内电涡流效应的力矩马达理论频率特性与试验结果一致。

（2）建立了某型射流管电液流量伺服阀的数学模型，获取了关键参数对其频率特性的影响规律，气隙长度、气隙磁导率的增加以及气隙有效面积的减小会导致伺服阀动态响应变慢，控制线圈匝数不影响伺服阀的频率特性，减小导磁体材料的电导率能提高伺服阀的频率特性。采用所建立的射流管伺服阀数学模型得到理论频率特性与实际测量值基本吻合，验证了本节所建立数学模型的正确性。

11.3　高温下射流管伺服阀流量特性

电液伺服阀是电液伺服控制系统的核心部件，可将电信号转换为相应的流量和压力信号，以控制机械执行器的输出位移和力；具有体积小、功率放大率高、线性度好、响应速度快、运动平稳可靠等优点。Krivts 研究气动射流管伺服阀的前置级简化模型和参数匹配，分析了两级伺服阀结构参数与阀静态、动态性能的映射关系。Somashekhar 等建立了射流管伺服阀的集中参数数学模型，并利用有限元方法研究射流管伺服阀特性，获得了反馈杆的反馈力随射流管偏转位移变化的表达式，提高仿真精度。力矩马达作为射流管伺服阀的核心驱动装置，其性能直接影响伺服阀的整体性能。众多学者从磁路漏磁、加工装配误差等多个方面对力矩马达及射流管伺服阀的静动态特性进行研究。随着高性能材料的发现，逐渐出现了智能材料驱动的射流管伺服阀，射流管伺服阀具有更高的响应速度和带宽。Garcia 等研究离心力对电液伺服阀零偏的影响，建立了地震实验台数学模型。訚耀保等建立了三维离心环境下射流管伺服阀零偏特性的数学模型，提出了抑制三维离心环境下射流管伺服阀零偏值的措施。在伺服阀的温度特性研究中，多借助数值模拟软件来模拟热平衡过程以及分析热-流-固耦合问题，较少涉及伺服阀的前置级流动过程。

射流管伺服阀前置级流体的射流流动过程复杂，在目前分析中通常对其进行较大程度的简化，且高温下流体流动状态的变化机理尚不明确。为了揭示射流管伺服阀前置级流体流动过程中的能量传递机制，本节建立射流管伺服阀前置级数学模型，分析高温下射流管伺服阀的流量特性，探索前置级结构参数与射流管伺服阀流量特性之间的映射关系。

11.3.1　数学模型

射流放大器结构如图 11 - 26 所示，射流管伺服阀前置级主要由射流喷嘴与接收器组成，喷嘴后端与导油管连接。图 11 - 26 中，p_s 为供油压力；p_b 为截面 B 上的油液压力，可近似等于系统的回油压力 p_e；v_0 为流过截面 B 流体的平均速度；d_s 为导油管直径；d_1 为射流喷嘴直径；d_2 为接收孔直径；喷嘴收缩角为 θ；l_2 为喷嘴的自由射流距离；接收器中两接收孔对称分布，与竖直方向呈夹角 α；Δ 为分流劈厚度。射流放大器的工作过程可大致分为三个阶段：① 第一阶段。油液从导油管入口处(截面 A)流入，经导油管和射流喷嘴流出，该阶段内，高压油液的压力能转化为动能。② 第二阶段。油液从射流喷嘴中高速流出，射入同种介质中，形成淹没射流，之后到达接收器上表面(截面 C)。③ 第三阶段。高速流出的油液进入接收器的两个接收孔中，左右对称分布的接收孔分别与主阀芯左右端面处的封闭容腔相连，待油液充满封闭容腔并达到稳定状态后，阀芯左右两端即形成恢复压力 p_L 和 p_R，此时在接收孔内，油液的动能重新转化为压力能。

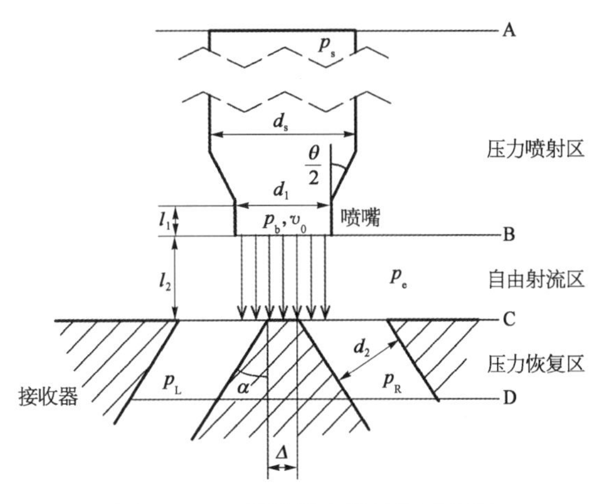

图 11 - 26　射流放大器结构示意图

11.3.1.1　压力喷射区

在第一阶段中油液的能量形式由压力能转化为动能，考虑流动过程中的沿程损失和局部损失，并忽略重力势能，则有

$$\frac{p_s}{\rho g}=\frac{p_b}{\rho g}+\frac{v_0^2}{2g}+\xi_1\frac{v_0^2}{2g} \tag{11-50}$$

$$\xi_1 = \zeta_{1a} + \gamma \frac{l_1}{d_1} \tag{11-51}$$

$$\gamma = 0.3164 Re^{-\frac{1}{4}} \tag{11-52}$$

$$Re = \frac{v_0 d_1 \rho}{\mu} \tag{11-53}$$

式中　ρ——油液密度；

g——重力加速度；

ξ_1——第一阶段的能量损失系数；

l_1——射流喷嘴内部圆柱段长度；

ξ_{1a}——锥形渐缩流道的局部损失系数，常温下可取值 0.12；

γ——喷嘴出口圆柱段的沿程损失系数；

Re——雷诺数；

μ——油液动力黏度。

11.3.1.2　自由射流区

在射流放大器的第二阶段工作过程中高速流体从喷嘴喷出，如图 11-27 所示。主射流与周围静止流体发生掺杂，其区域随着流向下游而逐渐地扩展，形成两个不同区域，即初始段和主体段。根据文献，圆形自由射流的初始段长度 x_0 为

$$x_0 = 5d_1 \tag{11-54}$$

对于射流管伺服阀中的射流放大器，喷嘴到接收器的距离 l_2 小于初始段长度 x_0，即流体从截面 B 到截面 C 的过程均处于自由射流的初始段；初始段中，距喷嘴出口处截面 x 处截面上的速度 v 为

$$v(x, r) = \begin{cases} v_0 & r \leqslant r_e \\ \dfrac{1}{2} v_0 \left[1 - \cos \dfrac{r_e(x) + b_e(x) - r}{b_e(x)} \pi\right] & r > r_e \end{cases} \tag{11-55}$$

$$r_e(x) = \frac{d_1}{2} - \frac{x d_1}{2 x_0}, b_e(x) = cx \tag{11-56}$$

式中　r——流场中的点到射流中心线的距离；

$r_e(x)$——等速核心区半径；

$b_e(x)$——射流特征厚度；

c——特征厚度系数，根据试验结果，取 0.21。

图 11-28 所示为截面 C 上接收孔的射流接收面积示意图，其中等速核心区半径为 R_1，剪切层外边界半径为 R_2，图中 $R_1 = r_e(l_2)$，$R_2 = r_e(l_2) + b_e(l_2)$。在接收断面中，当射流管伺服阀处于零位时，射流束轴线的冲击点为 C_1，分流劈左、右半侧的厚度分别为 Δ_1 和 Δ_2。接收孔在接收面上的投影为椭圆，其中 a_1 为短轴，b_1 为长轴，根据图 11-28 所示几何关系可知，$a_1 = d_2/2$，$b_1 = d_2/2\cos\alpha$。由于射流喷嘴与接收器之间的距离 l_2 非常小，则射流束移动的距离即可视为射流喷嘴的偏移距离 x_n。

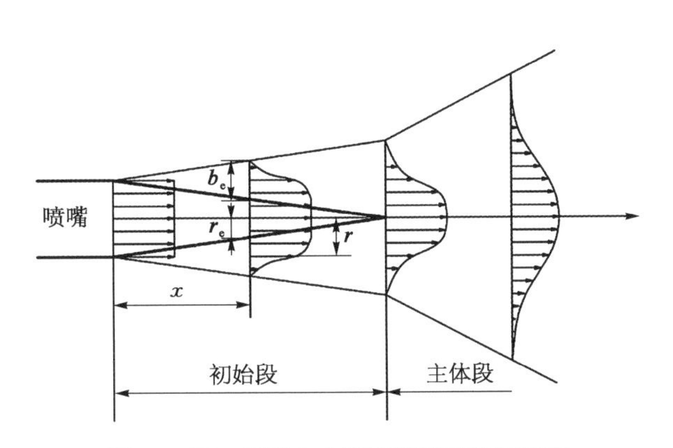

图 11-27　圆形自由射流流动特征示意图

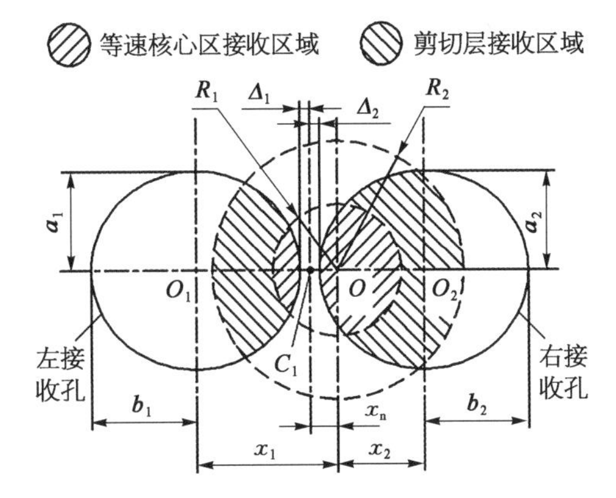

图 11-28　射流放大器接收孔的射流接收面积示意图

在额定电流驱动下，射流管伺服阀的射流喷嘴偏移量约数十微米，远小于射流发展到截面C时的等速核心区半径；在射流管伺服阀的工作过程中，接收孔内接收到的动量根据速度分布的不同可分为等速核心区和剪切层接收区两部分。其中，等速核心区形状为橄榄形，剪切层接收区为弧形。

橄榄形等速核心区流量接收示意如图 11-29 所示，橄榄形等速核心区域的面积 A_{po} 为接收面上接收孔和射流中等速核心区重叠区域的面积。其中 R_r 为接收孔半径，$R_r = d_2/2$。由于接收孔在接收面的投影为椭圆形，定义 $K = 1/\cos\alpha$，则橄榄形等速核心区的实际面积与 A_{po} 的关系为

$$A'_{po} = KA_{po} \tag{11-57}$$

由图 11-29 中的几何关系可知，橄榄形区域面积 A_{po} 等于扇形 MO_rN 与扇形 MON 面积之和减去四边形 MO_rNO 的面积。橄榄形等速核心区域的面积 A_{po} 为

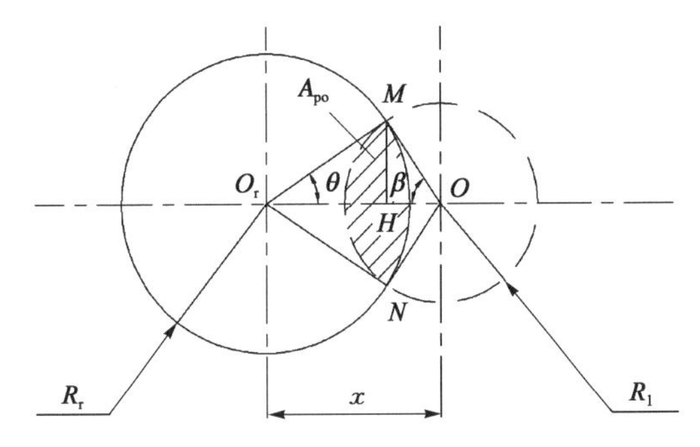

图 11-29　橄榄形等速核心区流量接收示意图

$$A_{po}(R_r, R_1, x) = \pi R_r^2(\theta/180) + \pi R_1^2(\beta/180) - xR_r\sin\theta \tag{11-58}$$

$$\theta = \arccos\frac{l_{O_rH}}{l_{O_rM}} = \arccos\frac{x^2 + R_r^2 - R_1^2}{2xR_r} \tag{11-59}$$

$$\beta = \arccos\frac{l_{OH}}{l_{OM}} = \arccos\frac{x^2 + R_1^2 - R_r^2}{2xR_1} \tag{11-60}$$

橄榄形等速核心区的接收动量 J_{po} 为

$$J_{po}(R_{rk}, R_1, x_k) = \rho v_0^2[\pi R_{rk}^2(\theta/180) + \pi R_1^2(\beta/180) - x_k R_{rk}\sin\theta] \tag{11-61}$$

弧形剪切层示意图如图 11-30 所示，弧形剪切层接收面积可由大橄榄形面积和小橄榄形面积相减得到，同理可推导得到弧形剪切层接收区域动量为

$$J_{ma}(R_a, R'_a) = \int_{R_a}^{R'_a}\rho v^2 \mathrm{d}A_a = \rho v_0^2\int_{R_a}^{R'_a}\frac{1}{4}\left[1 - \cos\frac{(R'_a - R)\pi}{R'_a - R_a}\right]\frac{\beta'}{180}2\pi R\,\mathrm{d}R \tag{11-62}$$

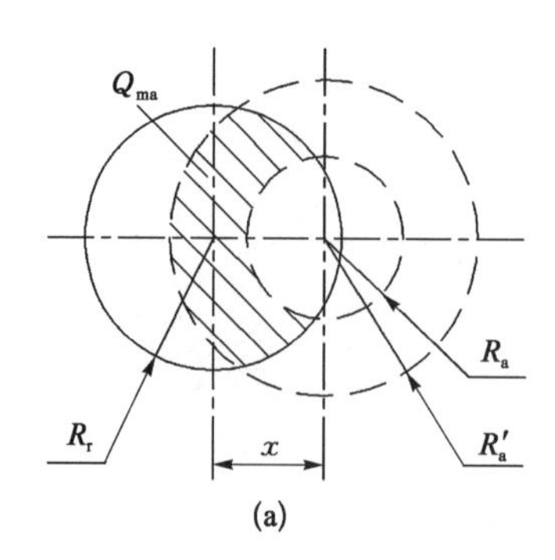

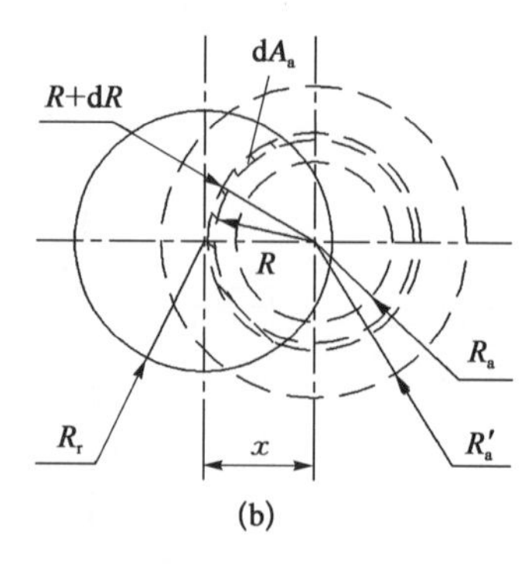

图 11－30　弧形剪切层示意图

考虑到左、右接收孔轴线与接收器界面中垂线呈夹角 α，则接收孔在接收界面内呈椭圆形，故单侧接收孔接收到的总动量 J_r 可表示为

$$J_r = K(J_{p0} + J_{ma}) \tag{11-63}$$

单侧接收孔的总接收面积 A_{in} 为

$$A_{in} = K \cdot A_{po}(R_r,\ R_2,\ x) \tag{11-64}$$

且 $J_r = \int_{A_{in}} \rho v_{in}^2 ds$，其中 v_{in} 为接收界面上的平均射流速度。

11.3.1.3　压力恢复区

在射流放大器的第三阶段工作过程中，油液的能量形式由动能重新转化为压力能。图 11－31 所示为右侧接收孔处的三维流场示意图，选定图中截面 C 与截面 D 之间区域为控制体，在控制体内，动量守恒。图 11－32 所示为射流与接收面在截面 C 上的投影，结合图 11－31 和图 11－32 可知，进入接收孔内的动量中一部分因与劈尖碰撞而损失，损失的竖直方向上的动量 J_{r0} 为

$$J_{r0} = \int_{A_h} \rho v_{in}^2 ds \sin^2\alpha \tag{11-65}$$

式中　A_h——碰撞壁面的投影面积。

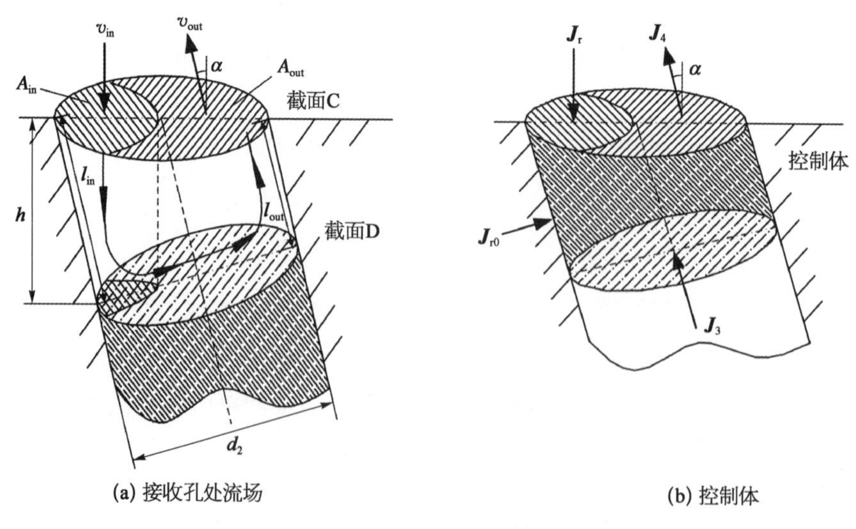

图 11－31　接收孔处三维流场示意图

射流与接收面在截面 C 处的投影如图 11-32 所示，碰撞壁面的投影面积为弧形，A_h 可通过大橄榄形区域的面积减去小橄榄型区域的面积得到：

$$A_h = A_{po}(R_r, R_1, x) - A_{po}(R_r, R_1, x + h\tan\alpha) \tag{11-66}$$

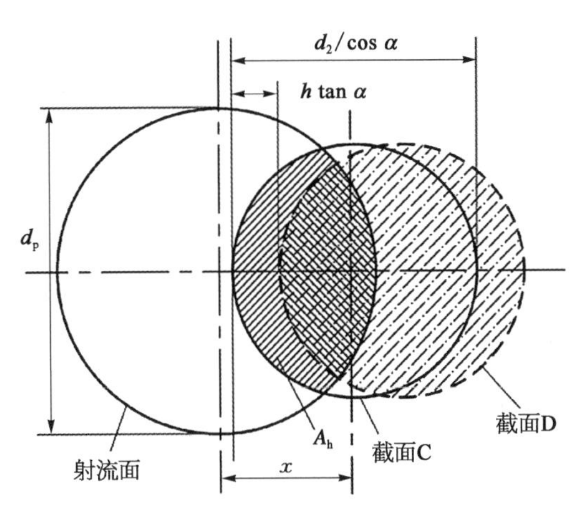

图 11-32　射流与接收面在截面 C 处的投影

根据流量守恒公式可知，流量连续性方程为

$$v_{in}A_{in} = v_{out}\cos\alpha A_{out} \tag{11-67}$$

由式(11-18)可推导得到出流流量的动量 J_4 为

$$J_4 = \int_{A_{out}} \rho v_{out}^2 \mathrm{d}s\cos\alpha \tag{11-68}$$

在控制体内，根据动量守恒定理，有

$$\boldsymbol{J}_3 = \boldsymbol{J}_4 + \boldsymbol{J}_r - \boldsymbol{J}_{r0} \tag{11-69}$$

式中　J_4——出流动量；
J_r——流入动量；
J_{r0}——射流过程中因碰撞损失的动量；
J_3——恢复界面上的力。

通过动量定理，可求得右侧接收孔内的恢复压力 P_R 为

$$p_R = \frac{\boldsymbol{J}_4 + \boldsymbol{J}_r - \boldsymbol{J}_{r0}}{S_r} \tag{11-70}$$

式中　S_r——接收孔在截面 D 处的横截面积；
p_R——截面 D 处的恢复压力。

在射流放大器的第三阶段工作过程中，从能量角度对该过程进行分析，接收孔内油液流动示意图如图 11-33 所示，高速流体以平均速度 v_{in} 从面积为 A_{in} 的孔射入，油液在由截面 C 运动到截面 D 的过程中，动能转化为压力能，则有

$$\frac{p_e}{\rho g} + \frac{v_{in}^2}{2g} + \rho gh = \frac{p_R}{\rho g} + \xi_{R2}\frac{v_{in}^2}{2g} \tag{11-71}$$

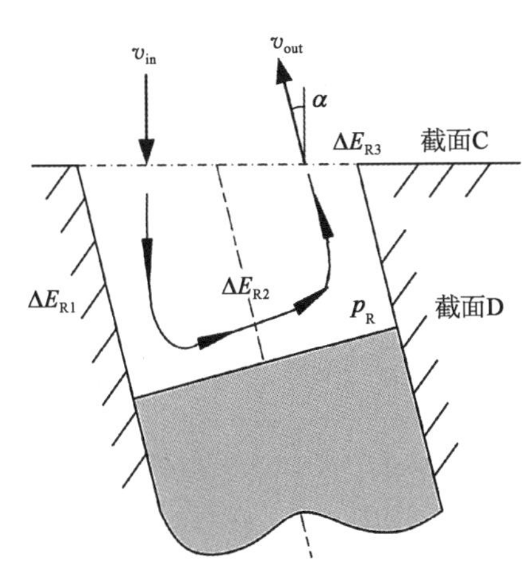

图 11-33　接收孔油液流动示意图

式中　ξ_{R2}——第三阶段中右接收孔的能量损失系数，其代表接收孔内流入和流出的两股油液之间相互卷吸造成的能量损失。

根据图 11-33 及流量连续性方程可知，油液从流入接收孔到流出接收孔，总的能量损失 ΔE_R 可表示为

$$\Delta E_{\mathrm{R}}=\frac{v_{\mathrm{in}}^{2}}{2g}-\frac{v_{\mathrm{out}}^{2}}{2g}=\xi_{\mathrm{R}}\frac{v_{\mathrm{in}}^{2}}{2g}=\left(1-\frac{A_{\mathrm{in}}^{2}}{A_{\mathrm{out}}^{2}}\right)\frac{v_{\mathrm{in}}^{2}}{2g} \tag{11-72}$$

式中　ζ_{R}——流体从流入接收孔到流出接收孔过程的总能量损失系数，可以看出其仅与结构参数有关。

总能量损失包括与壁面作用的沿程损失 ΔE_{R1}、两股流体相互作用的能量损失 ΔE_{R2} 以及流体从接收孔流出时的局部能量损失 ΔE_{R3}：

$$\Delta E_{\mathrm{R}}=\Delta E_{\mathrm{R1}}+\Delta E_{\mathrm{R2}}+\Delta E_{\mathrm{R3}} \tag{11-73}$$

根据边界层理论，流体与壁面作用的沿程损失 ΔE_{R1} 可表示为

$$\Delta E_{\mathrm{R1}}=1.328\left(\sqrt{\frac{\mu l_{\mathrm{in}}}{v_{\mathrm{in}}}}\frac{v_{\mathrm{in}}^{2}}{2g}+\sqrt{\frac{\mu l_{\mathrm{out}}}{v_{\mathrm{out}}}}\frac{v_{\mathrm{out}}^{2}}{2g}\right) \tag{11-74}$$

式中　l_{in}、l_{out}——流体流入和流出接收孔的边界层长度。

流体从接收孔流出的能量损失系数 ΔE_{R3} 为

$$\Delta E_{\mathrm{R3}}=\xi_{\mathrm{R3}}\frac{v_{\mathrm{out}}^{2}}{2g} \tag{11-75}$$

$$\xi_{\mathrm{R3}}=\frac{1}{C_{\mathrm{d3}}^{2}}-1 \tag{11-76}$$

式中　ξ_{R3}——接收孔出流的能量损失系数；

C_{d3}——流体从接收孔流出流量系数，在阀口流动的雷诺数 Re 较高时，近似为定值，取 $C_{\mathrm{d3}}=0.61$。

由于接收器内流体的速度较大且边界层长度较短，$\Delta E_{\mathrm{R1}}\ll\Delta E_{\mathrm{R3}}$，在后续的计算中，可忽略流体与壁面作用的沿程能量损失。此外，两股流体间的相互作用力对流入和流出流体造成的能量损失相同，有

$$\Delta E_{\mathrm{R2}}=2\xi_{\mathrm{R2}}\frac{v_{\mathrm{in}}^{2}}{2g} \tag{11-77}$$

根据式(11－67)和式(11－72)～式(11－77)，可求得第三阶段右接收孔的能量损失系数 ζ_{R2} 为

$$\xi_{\mathrm{R2}}=\frac{1}{2}\left[1-(1+\xi_{\mathrm{R3}})\frac{A_{\mathrm{in}}^{2}}{(A_{\mathrm{out}}\cos\alpha)^{2}}\right] \tag{11-78}$$

当温度变化时，能量损失发生变化，但仍遵循式(11－73)，其中 ΔE_{R2} 和 ΔE_{R3} 对应的能量损失系数 ζ_{R2} 和 ζ_{R3} 仅与流道的结构参数有关，且总能量损失系数 ζ_{R} 为定值，故 ΔE_{R1} 中的能量损失系数应保持不变。射流管电液伺服阀的工作介质为航空 10 号液压油，当温度升高时，黏度会产生较大幅度的下降，根据式(11－74)，流体流入和流出接收孔的边界层长度 l_{in} 和 l_{out} 会相应增加，即图 11－31 中控制体的高度 h 相应增加，进而导致接收孔内的恢复压力发生变化。

11.3.1.4　主阀芯运动方程

主阀芯在其两端压差作用下移动，其运动方程为

$$F_{\mathrm{t}}=m_{\mathrm{v}}\frac{\mathrm{d}^{2}x_{\mathrm{v}}}{\mathrm{d}t^{2}}+(B_{\mathrm{v}}+B_{\mathrm{f0}})\frac{\mathrm{d}x_{\mathrm{v}}}{\mathrm{d}t}+k_{\mathrm{f0}}x_{\mathrm{v}}+F_{\mathrm{i}} \tag{11-79}$$

式中　F_t——主阀芯的驱动力；

m_v——阀芯与阀腔油液的综合质量；

B_v——阀芯与阀套间的黏性阻尼系数；

B_{f0}——阀芯瞬态液动力产生的阻尼系数；

k_{f0}——阀芯稳态液动力的弹性系数；

F_i——负载力；

x_v——主阀芯开口量。

主阀芯的驱动力 F_t 为

$$F_t = p_c A_v \tag{11-80}$$

式中　A_v——主阀芯阀肩横截面面积；

p_c——主阀芯两端恢复压力的差值，$p_c = p_L - p_R$。

稳态流量特性是伺服阀的静态特性，电液伺服阀滑阀一般为负开口四通滑阀，故其空载输出流量 Q_c 为

$$Q_c = C_d w(x_v - U)\sqrt{p_s/\rho} \tag{11-81}$$

式中　C_d——阀口节流系数；

w——滑阀节流口面积梯度；

U——滑阀副的正遮盖量。

11.3.2　理论结果及试验验证

11.3.2.1　空载流量变化幅度的理论计算结果

当供油压力一定时，伺服阀的流量与滑阀的开口量 x_v 有关，而滑阀的开口量与主阀芯两端的恢复压力差值成正比。当伺服阀工作温度变化时，油液的黏度发生变化，主阀芯两端的恢复压力差值 p_c 随之改变，导致伺服阀的额定流量发生相应变化。伺服阀在小信号电流控制时具有优良的线性度，故在分析中可近似认为恢复压力差值 p_c 的变化幅度等于伺服阀空载流量 Q_c 的变化幅度。定义某一温度 T 附近的空载流量变化倍率 λ 为

$$\lambda = \frac{p_{RT} - p_{LT}}{p_{RT0} - p_{LT0}} = \frac{Q_{cT}}{Q_{cT0}} \tag{11-82}$$

式中　p_{LT0}、p_{RT0}——油温为 30℃时左、右接收孔内的恢复压力；

Q_{cT0}——油温为 30℃时伺服阀的空载流量；

p_{LT}、p_{RT}——油温为 T 时左、右接收孔内的恢复压力；

Q_{cT}——油温为 T 时伺服阀的空载流量。

根据式(11－50)～式(11－81)，可对不同接收孔直径下的恢复压力和空载流量特性进行分析。为便于试验对比，分析时取输入电流为额定电流的 10%即在射流喷嘴存在极小偏移时进行理论计算。计算时，取射流孔直径 d_1 为定值，接收孔直径 d_2 为变量。为研究高温下伺服阀空载流量随温度的变化情况，首先根据前置级数学模型计算得到 30℃下的射流碰撞长度 h 以及左右接收孔内的恢复压力 p_{LT0} 和 p_{RT0}，然后基于图 11－34 中油液黏度随温度的变化情况，根据式(11－74)计算温度变化后流体流入和流出接收孔的边界层长度 l_{in} 和 l_{out}，并通过

图 11－31 所示几何关系得到变化后的射流碰撞长度 h，随后计算得到温度升高后的恢复压力 p_{RT} 和 p_{LT}，最后根据式(11－82)得到空载流量的变化倍率 λ。当温度变化 $\Delta T=120℃$(30℃增至 150℃)时，计算得到射流孔与接收孔直径比对空载流量的影响如图 11－35 所示。由图可以看出，伺服阀的空载流量变大，且射流孔与接收孔的直径比会影响空载流量的变化倍率。伺服阀空载流量的变化幅度存在极小值，此时因油液黏度的下降导致射流碰撞面积 A_h 的变化幅度最大，碰撞损失的动量 J_{r0} 增加，并部分抵消了图 11－31 中控制体内 J_r 和 J_4 因射流速度变化而增加的动量，故此时空载流量的整体变化倍率最小，此时射流孔直径与接收孔直径比值约为 0.69。当接收孔直径减小时，常温下的射流碰撞壁面长度 h 逐渐增加，最终达到最大值，即射流碰撞面积 A_h 达到最大值，此后伺服阀空载流量的变化与射流碰撞面积 A_h 无关，仅受射流速度的影响；当接收孔直径增加时，常温下射流碰撞壁面长度 h 逐渐减小，直至壁面处由碰撞损失的动量 J_{r0} 可忽略不计，此后空载流量的变化同样仅受射流速度的影响。本节选取Ⅰ型和Ⅱ型两种射流管伺服阀，其中Ⅰ型伺服阀中射流孔直径与接收孔直径比值约为 0.69，Ⅱ型伺服阀中射流孔直径与接收孔直径比值约为 0.9，分别对应于图中 A_1 和 B_1 两点。

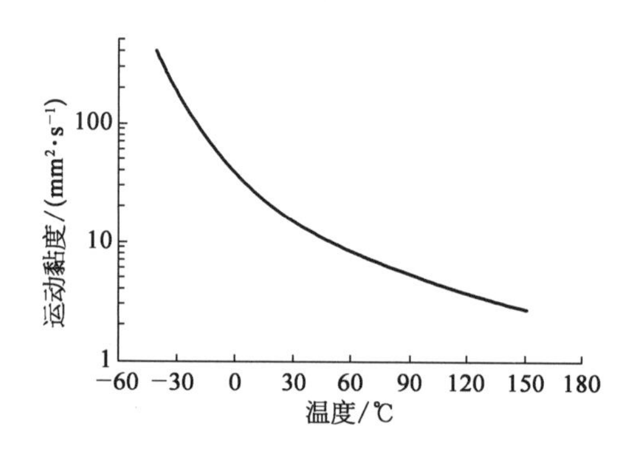

图 11－34　10 号航空液压油的运动黏度-温度特性曲线

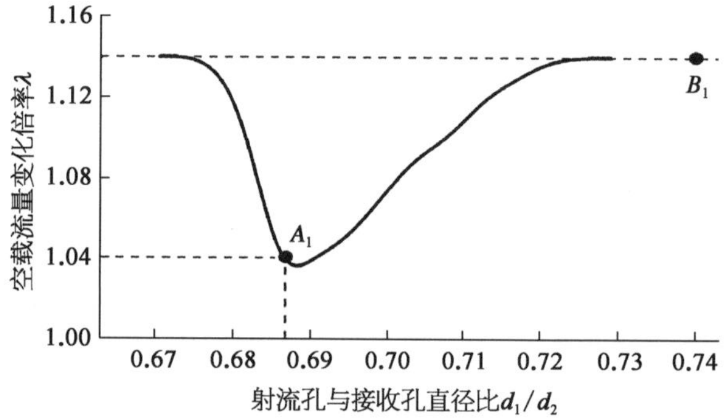

空载流量变化倍率 λ

1.16 1.12 1.08 1.04 1.00

B_1　A_1

0.67 0.68 0.69 0.70 0.71 0.72 0.73 0.74

射流孔与接收孔直径比 d_1/d_2

p_s=28 MPa, p_c=0.6 MPa, d_1=220 μm, l_2=400 μm

图 11－35　射流孔与接收孔直径比对空载流量的影响

改变射流管伺服阀中的自由射流距离 l_2，根据式(11－55)、式(11－56)得到此时接收截面处的速度分布和面积分布，并根据上述计算方法得到射流孔与接收孔直径均不变时，空载流量受温升的影响情况。图 11－36 所示为温度变化 $\Delta T=120℃$(30℃增至 150℃)时，射流管伺服阀

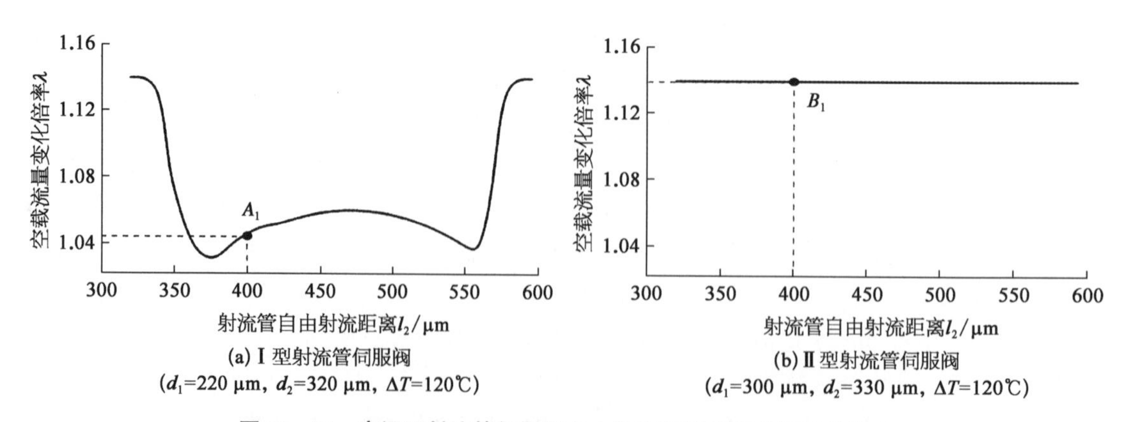

(a) Ⅰ型射流管伺服阀 (d_1=220 μm, d_2=320 μm, ΔT=120℃)

(b) Ⅱ型射流管伺服阀 (d_1=300 μm, d_2=330 μm, ΔT=120℃)

图 11－36　高温下射流管伺服阀自由射流距离对空载流量的影响

中自由射流距离对空载流量的影响。当空载流量变化幅度未饱和时，射流管伺服阀的自由射流距离会影响射流碰撞面积 A_h 的变化幅度，进而影响空载流量的变化幅度。由图 11－36a 可知，在Ⅰ型射流管伺服阀中，当 $1.7<l_2/d_1<2.5$ 时，空载流量受温升影响较小。由图 11－36b 可以看出，在Ⅱ型伺服阀中，在不改变Ⅱ型射流管伺服阀中射流孔和接收孔直径大小的前提下，改变自由射流距离 l_2 不会改变空载流量受温度的影响情况，且在 $\Delta T=120$℃时，空载流量变化倍率始终为 1.14。

11.3.2.2　恢复压力特性试验结果

射流管伺服阀恢复压力特性测试装置如图 11－37 所示。试验过程中保持阀芯与反馈杆始终分离，保证恢复压力对喷嘴位移无反馈，可以在开环条件下直接得到控制电流 i 与恢复压力 p_c 的映射关系。此外，在主阀芯左右端盖之中分别接装压力计，测量阀芯两端控制腔内的恢复压力，液压万用表型号为 WEBTEC。试验流体介质为 10 号航空液压油，试验时油液温度保持在 25～30℃，供油压力为 8 MPa，回油背压 0.6 MPa。使用伺服放大器提供伺服阀的控制电流，力矩马达两线圈为并联连接。试验中控制电流从－20 mA 开始，间隔 2 mA，增加至 20 mA，之后仍间隔 2 mA，再将控制电流逐渐降至－20 mA；分别记录各电流对应的左右接收孔恢复压力 p_L 和 p_R，并计算得到阀芯两端的恢复压力差值 p_c；试验对象为 B 型射流管伺服阀，其前置级主要结构参数见表 11－5。

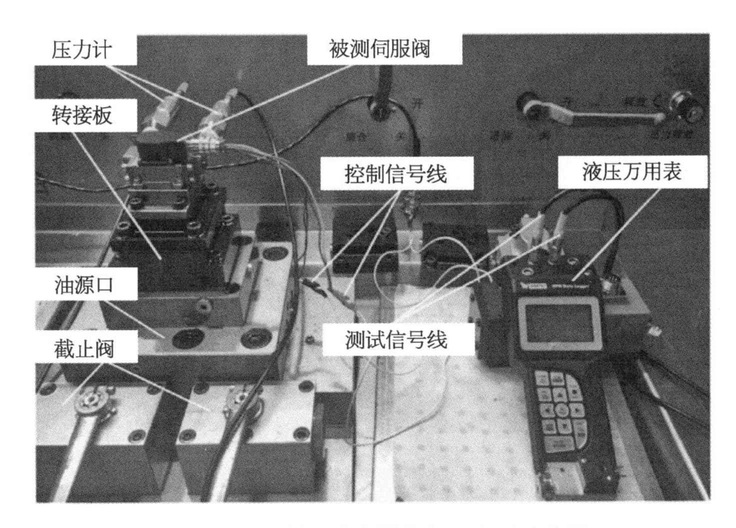

图 11－37　射流放大器恢复压力测试装置

表 11－5　Ⅱ型射流管伺服阀主要参数

参　数	值
射流喷嘴直径 $d_1/\mu m$	300
接收孔直径 $d_2/\mu m$	330
两接收孔轴线夹角 $2\varphi/(°)$	44
劈尖厚度 $c/\mu m$	10
射流喷嘴与接收器距离 $l_2/\mu m$	400

以控制电流 i 为横坐标，将试验得到的恢复压力差值 p_c 绘制在二维直角坐标系中，并通过理论计算得到控制电流 i 对应的射流喷嘴移动距离 x_{jn}：

$$k_t(i-i_0)+k_m\frac{x_{jn}}{h_1}=k_a\frac{x_{jn}}{h_1} \tag{11-83}$$

式中 h_1——衔铁组件旋转中心与喷嘴末端距离；

k_t——电流力矩系数；

k_m——磁弹簧刚度；

k_a——弹簧管刚度；

i_0——零偏电流。

本试验中，$h_1=9.45$ mm，$k_t=4.3$(N·m)/A，$k_m=4.4$(N·m)/rad，$k_a=21.1$(N·m)/rad，$i_0=-11.54$ mA。

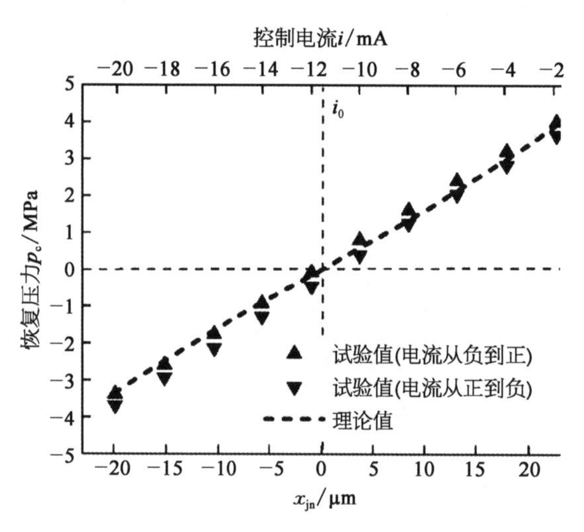

图 11-38　射流放大器恢复压力特性试验与理论结果对比

在同一坐标系中，增加控制电流 i 对应的 x_{jn} 刻度，并将 x_{jn} 作为自变量，根据射流管伺服阀前置级数学模型，计算得到相应的恢复压力差值 p_c；射流放大器恢复压力特性试验与理论结果对比如图 11-38 所示。由图可以看出，射流前置级恢复压力差值的理论计算值与试验值基本一致，验证了前置级数学模型的正确性。

11.3.2.3　小信号空载流量试验结果

射流管伺服阀的流量特性试验在高温液压试验台上进行，试验介质为 10 号航空液压油，液压试验台最大供油压力 35 MPa，最大输出流量 250 L/min，最高油液温度可达 160℃，温度控制精度为±2℃。空载流量特性是电液伺服阀静态特性的一种，它可以表征电液伺服阀的多项静态特性指标，在电液伺服阀的性能判定中起重要作用。小信号空载流量特性曲线是指输入电流幅值为 10%额定电流时对应的伺服阀空载流量曲线，根据试验曲线，可计算得到不同温度下空载流量、流量增益、死区等伺服阀零区特性指标。

图 11-39 所示为Ⅰ型射流管伺服阀在工作温度分别为 30℃和 150℃时的小信号空载流量特性曲线，该型伺服阀的主要结构参数见表 11-6，空载流量试验结果和理论计算结果的对比见表 11-7。由图 11-39、表 11-6 和表 11-7 可以看出，高温下Ⅰ型射流管伺服阀的空载流量、零位流量增益以及死区基本不变，理论与试验结果较为吻合。

表 11-6　Ⅰ型射流管伺服阀主要参数

参　数	值
射流喷嘴直径 d_1/μm	220
接收孔直径 d_2/μm	320

续　表

参　数	值
两接收孔轴线夹角 $2\varphi/(^\circ)$	46
劈尖厚度 $c/\mu m$	10
射流喷嘴与接收器距离 $l_2/\mu m$	400

表 11－7　Ⅰ型伺服阀小信号空载流量理论及试验结果

空载流量/($L \cdot min^{-1}$)	温度/℃				总变化倍率
	30	68	90	150	
试验结果	8.20	8.25	8.50	8.50	1.04
理论计算结果	8.25	8.30	8.40	8.60	1.04

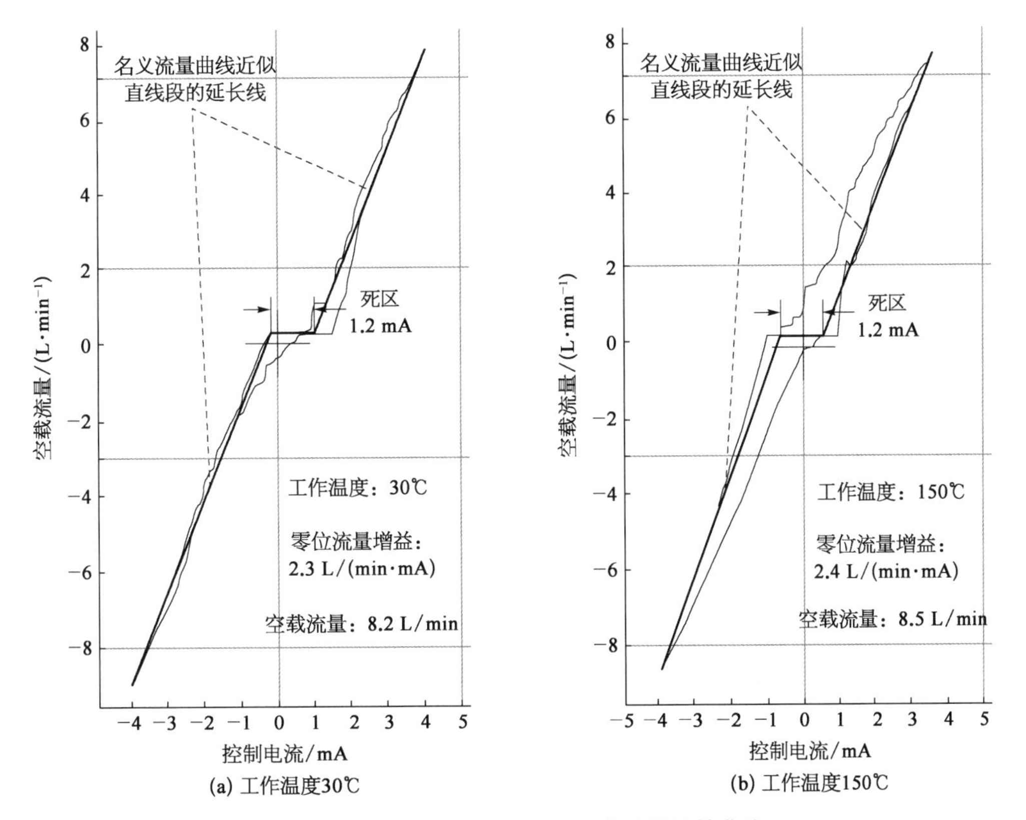

图 11－39　Ⅰ型伺服阀小信号空载流量特性曲线

图 11－40 所示为 B 型射流管伺服阀在工作温度分别为 30℃和 150℃时的小信号空载流量特性曲线。空载流量试验结果和理论计算结果的对比见表 11－8。由图 11－40 和表 11－8 可以看出，高温下 B 型射流管伺服阀的空载流量、零位流量增益均小幅上升，当温度由 30℃增至 150℃时，试验得到的空载流量变化幅度为 16%，理论计算得到的空载流量变化幅度为 14%，理论与试验结果趋势一致，且总变化幅度较为吻合。

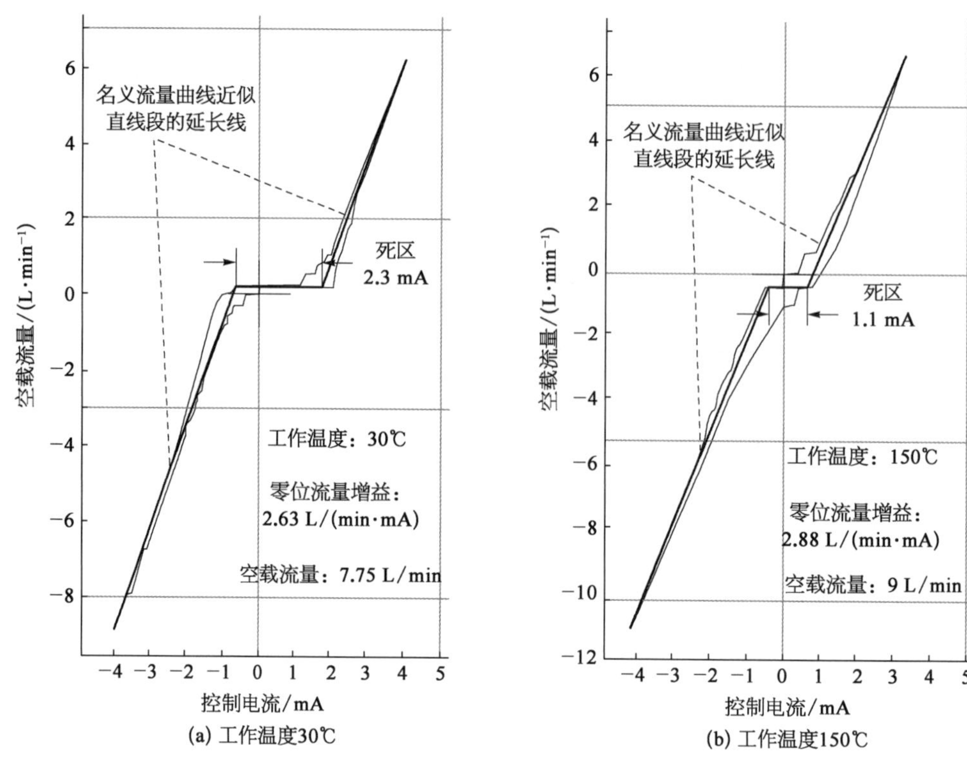

(a) 工作温度30℃　　(b) 工作温度150℃

图 11-40　Ⅱ型伺服阀小信号空载流量特性曲线

表 11-8　Ⅱ型伺服阀小信号空载流量理论及试验结果

空载流量/(L・min⁻¹)	温度/℃				总变化倍率
	30	68	90	150	
试验结果	7.75	8.00	8.50	9.00	1.16
理论计算结果	7.60	7.90	8.10	8.66	1.14

11.3.3　本节小结

为分析射流管伺服阀的前置级能量转换特性，基于动量守恒和能量守恒定理，建立射流管伺服阀前置级数学模型，并对高温下射流管伺服阀流量特性与前置级结构参数之间的关系进行分析；分别对两种不同型号的射流管伺服阀进行试验研究，得到常温下射流放大器的恢复压力特性以及两种型号伺服阀在 30℃和 150℃下的小信号空载流量特性。

（1）将射流管伺服阀前置级分成压力喷射区、自由射流区和压力恢复区，基于动量守恒和能量守恒定理，建立了射流管伺服阀的前置级数学模型，并通过恢复压力特性试验进行验证。

（2）高温下油液黏度的降低导致射流管伺服阀的射流速度增大，恢复压力增加，空载流量变大。在 120℃温差下（由 30℃增至 150℃），当射流孔与接收孔直径的比值为 0.69 时，射流碰撞面积的变化最大，射流过程中因碰撞损失的动量增加，一部分因射流速度变化而增加的动量被抵消，此时伺服阀恢复压力和空载流量的变化最小；且当空载流量变化幅度未达最大值时，射流管伺服阀的自由射流距离会影响射流碰撞面积的变化，进而影响空载流量的变化幅度。

参 考 文 献

[1] 訚耀保.极端环境下的电液伺服控制理论及应用技术[M].上海：上海科学技术出版社，2012.
[2] 訚耀保.高端液压元件理论与实践[M].上海：上海科学技术出版社，2017.
[3] 訚耀保.高速气动控制理论和应用技术[M].上海：上海科学技术出版社，2014.
[4] 訚耀保.极端环境下的电液伺服控制理论与性能重构[M].上海：上海科学技术出版社，2023.
[5] 訚耀保，郭文康.高温下射流管伺服阀流量特性分析[J].中南大学学报(自然科学版)，2023，54(1)：113－123.
[6] 訚耀保，郭文康，李锐华.考虑漏磁的力矩马达磁路建模方法及特性分析[J].哈尔滨工程大学学报，2020，41(12)：1840－1846.
[7] 訚耀保，郭文康，胡云堂，李锐华.考虑电涡流效应的射流管伺服阀建模及频率特性[J].航空动力学报，2020，35(8)：1777－1785.
[8] 郭文康，訚耀保.永磁弹簧与永磁弹簧机构研究进展综述[J].液压与气动，2018(10)：1－7.
[9] 訚耀保，李天宇，李聪，江金林，张鑫彬，傅俊勇等.两级滑阀式电液伺服阀建模与特性研究[J].流体测量与控制，2023，4(1)：1－5.
[10] 訚耀保，郑云平.油温对射流管式伺服阀力矩马达振动特性的影响[J].流体传动与控制，2016(5)：7－11.
[11] 訚耀保，李聪，李长明，等.力矩马达气隙误差对电液伺服阀零偏的影响[J].华中科技大学学报(自然科学版)，2019，47(3)：55－61.
[12] 訚耀保，李聪.射流管伺服阀前置级不对称性对零偏的影响[J].华南理工大学学报(自然科学版)，2021，49(5)：111－119.
[13] 訚耀保，王玉.3 维离心环境下射流管伺服阀的零偏特性[J].上海交通大学学报，2017，51(8)：984－991.
[14] 訚耀保，郑云平.油温对射流管式伺服阀力矩马达振动特性的影响[J].流体传动与控制，2016(5)：7－11.
[15] 訚耀保，张曦.固定节流孔长度对双喷嘴挡板阀低温零位性能的影响[J].中国机械工程，2012，23(19)：2275－2279.
[16] 訚耀保.高端电液伺服元件性能衰减与强化的基础研究[R].国家自然科学基金资助项目结题报告(51775383)，2021.
[17] 訚耀保.偏转板射流伺服阀和射流管伺服阀的基础理论研究[R].国家自然科学基金资助项目结题报告(51475332)，2018.
[18] 訚耀保.极端环境下飞行器电液伺服阀特性研究[R].国家自然科学基金资助项目结题报告(50775161)，2011.
[19] 訚耀保.飞行器舵机系统关键基础理论研究[R].上海市浦江人才计划(A 类)总结报告(06PJ14092)，2008.
[20] 訚耀保.燃料电池汽车车载超高压减压阀组集成设计理论研究[R].上海市白玉兰科技人才基金总结报告(2008B110)，2009.
[21] 訚耀保.45 MPa 以上的氢气增压、压力控制和调节技术研究[R].国家高技术研究发展计划(863 计划)课题验收报告(2007AA05Z119)，2010.
[22] 訚耀保，郭文康，陆亮.一种耐高压动磁式双向比例电磁铁：ZL201811253579.7[P].2019－10－18.
[23] 訚耀保，郭文康.一种液压阀力矩马达气隙测量及性能调试方法：ZL202110187182.8[P].2022－05－20.
[24] YIN Y B, GUO W K, TANAKA Y. Novel bidirectional linear force motor for electrohydraulic proportional control valve[C]//Proceedings of the 8th International Conference on Fluid Power and Mechatronics, FPM2019－331－1－5. Wuhan, 2019.
[25] 郭文康.电液伺服阀电-机械转换器及其基础研究[D].上海：同济大学，2023.
[26] 李双路，訚耀保，刘敏鑫，等.偏转板伺服阀射流盘组件的压力特性预测与分析[J].华南理工大学学报(自然科学版)，2020，48(9)：71－78.
[27] 李长明，訚耀保.三通射流管阀空载流量特性分析[C]//中国航空学会流体传动与控制学术会议论文集.上海，2016：172－180.
[28] 李长明，訚耀保，汪明月，王法全.高温环境对射流管伺服阀偶件配合及特性的影响[J].机械工程学报，2018，54(20)：251－261.
[29] MCCLOY D, MARTIN H. Control of fluid power[M]. New York: Halsted Press, 1980.

[30] 原田正一,尾崎省太郎.射流工程学[M].陆润林,郭秉荣,译.北京：科学出版社,1977：56.
[31] 陶文铨.传热学[M].北京：高等教育出版社,2006.
[32] URATA E. Influence of unequal air-gap thickness in servo valve torque motors[J]. Proceedings of the Institution of Mechanical Engineers: Part C: Journal of Mechanical Engineering Science, 2007, 221(11): 1287 - 1297.
[33] LI S, SONG Y. Dynamic response of a hydraulic servo-valve torque motor with magnetic fluids [J]. Mechatronics, 2007, 17(8): 442 - 447.
[34] YAN H, LIU Y, MA L. Mechanism of temperature's acting on electro-hydraulic servo valve[J]. IEEE Access, 7: 80465 - 80477.
[35] ZHU Y C, LI Y S. Development of a deflector-jet electro hydraulic servovalve using a giant magnetostrictive material [J]. Smart Materials and Structures, 2014, 23(11): 115001.

第 12 章
高速液压气动锤击技术

液压缸或气缸的两腔分别供给两种不同的压力,可以输出力。液压气动锤击技术,利用作动器即液压气动缸下腔供给液压油,上腔供给高压气体,缸活塞杆连接的锤芯下降时,利用上腔高压气体作用,锤芯高速作用于桩体或岩石,形成高速锤击,从而将桩体打入土层或破碎岩石。本章介绍高速液压气动锤的原理、数学模型、替打构件的疲劳寿命分析方法,介绍液压气动破碎锤岩石破碎过程、锤芯优化设计方法,最后介绍团体标准桩基础施工用钢套管结构强度分析方法。

人们利用冲击做功打桩的方法可以追溯到遥远的古代。那时,人类的祖先以石斧劈柴,用削尖的木棍和弓箭捕杀动物以及在岩石上钻孔等都是利用了冲击原理。迄今发现的最古老的遗存木桩,可追溯到 12 000~14 000 年前。我国浙江宁波余姚发现的河姆渡遗址的木桩,可追溯到 6 000~7 000 年前。桩是一种设置在土体中竖直或倾斜的传力构件,能够将来自地面建筑的全部或部分载荷传递到较深和较强的土层中去,具有承载力大、抗震性能好、适应性强等特点。最原始的冲击动作只是一次性冲击或是人力所及的连续动作,图 12-1 所示为 350 年前欧洲采用人力和三脚架滑轮的重锤打桩(1649—1712)。之后,由原始冲击工具发展成为今天的锤、凿、冲、斧、镐等冲击工具。

图 12-1 350 年前欧洲采用人力和三脚架滑轮的重锤打桩(1649—1712)

打桩锤的历史可追索到 15 世纪,人们利用绳索抬起重物进行打桩。如今液压打桩锤已经广泛应用于桥梁、建筑、港口和码头等预制桩的基础施工作业,具有打桩效率高、无废气排放、噪声低等特点，可调节打击能量，适应范围广，可以用于水下打桩以及打斜桩等。

液压缸或气缸的两腔分别供给两种不同的压力，可以输出力。液压气动锤击技术，利用作动器即液压气动缸下腔供给液压油，上腔供给高压气体，缸活塞杆连接的锤芯下降时，利用上腔高压气体作用，锤芯高速作用于桩体或岩石，形成高速锤击，从而将桩体打入土层或破碎岩石。按照锤头的下落方式，液压气动锤可分为单作用液压气动锤和双作用液压气动锤。单作用液压气动锤即桩锤在自重作用下以自由落体方式下落，如英国 BSP 的 HH357 系列，美国 HPSI 的 Mode1650－3505 型液压锤。双作用液压气动锤即桩锤在自重和液压气动等外力的共同作用下以大于自由落体加速度下落，如荷兰 IHC 的 S 系列、日本车辆的 NH 系列以及芬兰 JUNTTAN 的 HHKA 系列液压锤。按照桩锤的吨位，液压锤可分为大型、中型和小型三种，桩锤重量 3 t 以下的为小型液压锤；桩锤重量在 3～10 t 的为中型液压锤；桩锤重量超过 10 t 的为大型液压锤。小型液压锤适用于截面尺寸较小的钢桩和混凝土桩；中大型液压锤适用于港口码头、高层建筑、桥梁等工程的桩基施工。

液压气动破碎锤是一种用于破碎、拆除岩石、混凝土或其他硬质材料的矿山开采及基础施工机械。液压气动破碎锤利用液压气动系统直接或间接快速驱动活塞打击钎杆产生冲击力，通过钎杆尖端将硬质物体破碎为较小的块或颗粒。液压气动破碎锤通常与挖掘机、装载机等配套，完成坚硬物的开采、破碎与拆除等作业。液压破碎锤的研究始于 20 世纪 50 年代末。我国液压破碎锤研究始于 20 世纪 70 年代。最初通过全液压式破碎锤实现破碎作业；液压气动破碎锤将氮气和液压驱动相结合，通过气液混合驱动实现破碎。

12.1 液压气动锤锤击系统与替打疲劳寿命

12.1.1 液压气动锤锤击系统建模

桩是一种设置在土体中竖直或倾斜的传力构件，能够将来自地面建筑的全部或部分载荷传递到较深和较强的土层中去，具有承载力大、抗震性能好、适应性强等特点。据估计，桩基础工程占建筑基础总工程的 1/3～1/2，而建设桩基础的关键在于沉桩。锤击沉桩方式以其工艺简单、打击能量高、使用成本低等优点在现代桩基施工工程中占很大比重。锤击沉桩设备主要包括柴油锤和液压锤，随着近年来人们开始追求以高效、环保和可持续为目标的绿色发展理念，柴油锤因在施工时存在噪声大、油烟污染严重和打桩效率低等问题，已经在许多国家和地区被限制使用。相对而言，液压锤不仅不存在环保方面的问题，还具有打桩能量高、施工适应性强、可实现打斜桩和水下打桩等优点，因此在打桩设备市场上液压锤有逐渐取代柴油锤的趋势。

在沉桩之前往往需要对可打入性进行分析，因此涉及沉桩设备元件进行合理的选型与匹配以保证沉桩过程的经济性和高效性，同时要避免在沉桩过程中出现截桩、桩身压溃和桩头损坏等现象。为此，在给定的锤-桩-土系统的情况下对沉桩能力进行分析至关重要。国内外关于沉桩动力学方面的研究主要经历了两个阶段：早期主要是基于牛顿碰撞理论，将两相撞击的锤与桩均视为刚体，即不考虑其具体的结构与形状，忽略了冲击能量在系统各部件之间的传递过程，由此虽可以快速求解出沉桩过程的动力学响应，但无法考虑系统各部件参数对沉桩过程的具体影响，各部件间的匹配关系的优化也缺少理论上的支撑。此外基于碰撞理论而建立的动力学模型无法清楚地解释实际工程中出现的相同打击能量时“重锤轻击”优于“轻锤重击”的现象。基于古典碰撞理论建立的打桩公式在实际工程中表现出了很大局限性，现代桩锤设计计算必须以波动理论为基础。将应力波理论应用于沉桩过程的研究已经有很长的历史，早在19世纪圣维南(S. Venant)就研究了刚性锤与无限长弹性杆的撞击问题。伊萨克斯(D. V. Isaacs)首先提出打桩过程是应力波在包括桩锤与桩的系统内的传播过程，建立了经典的一维波动方程。史密斯(Smith)以无质量弹簧与刚性质量块分别考虑了桩锤、垫层以及桩身各部分的弹性与质量，提出了基于一维波动理论的打桩公式。本文基于波动力学的基本理论，对沉桩系统各部件间的相互作用进行动力学分析，建立了锤、垫层和桩三者间的作用模型，推导出沉桩过程中锤击力的解析解，并应用其从理论上解释工程中出现的“重锤轻击”优于“轻锤重击”现象，分析垫层刚度对锤击力的影响，最后分别针对两种土体介质模型建立锤-桩-土系统的动力学方程。

12.1.1.1　液压气动锤的工作过程

液压气动锤是一种双作用液压锤，采用的是单出杆式气体储能控制油缸，其工作原理如图12-2所示，控制油缸的无杆腔作为气体室，工作时需充入一定初始压力的氮气，活塞下部为有杆腔是液压油的工作腔，锤芯通过连接机构与活塞杆相连。在液压锤回程阶段，进油控制阀打开，回油控制阀关闭，由泵站和高压蓄能器向控制油缸下腔充入高压油以推动活塞并拖动锤芯向上抬升，同时对气体室中的氮气进行压缩做功。当锤芯上升到指定高度或气体室中的氮气达到设定压力时，进油控制阀关闭，系统停止向控制油缸下腔供油，锤芯由于惯性会继续向上运动一段距离，但在重力与氮气压力的共同作用下锤芯的速度迅速降为0，此时回程阶段结束，在整个过程中系统的液压能转化为锤芯的重力势能和气体的压力能。随后回油控制阀打开，液压锤进入冲程阶段，控制油缸下腔开始向油箱和低压蓄能器中泄油，锤芯加速向下运动直到与桩发生撞击，至此液压锤冲程阶段结束，在这一过程中锤芯的重力势能和气体的压力能转化为锤芯的动能。撞击过程结束后，液压锤将进入新的工作循环。

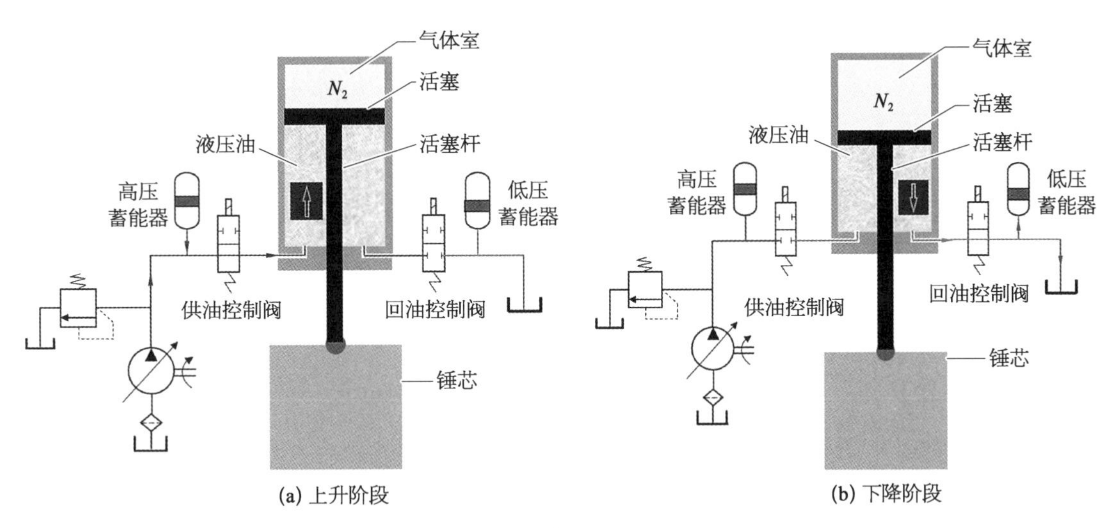

图12-2　液压气动锤工作原理图

12.1.1.2　锤击系统建模

如图12-3所示，锤击沉桩系统由桩锤、垫层(桩帽)、桩和岩土四个部分组成。液压锤冲

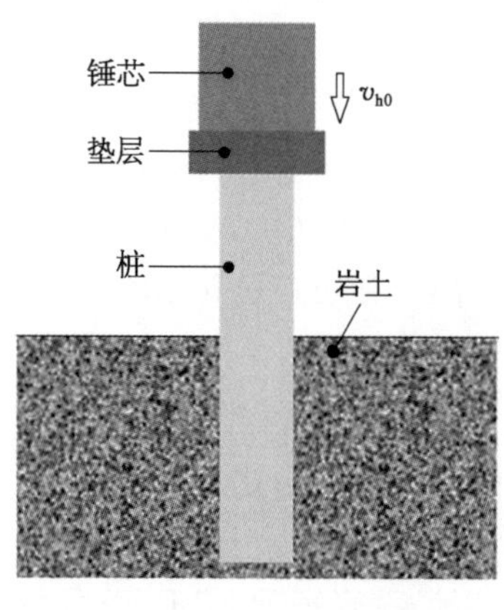

图 12-3 沉桩分析示意模型

程阶段结束时，锤芯以速度 v_{h0} 冲击垫层和桩，冲击作用将使接触界面上的质点产生扰动，根据波动力学的观点，该扰动将在介质中以波的形式由近及远的传播，通常称之为应力波。因此，桩贯入土体的过程实质上是应力波的产生和传播过程。一般地，锤芯的横截面积较大，其波阻也较桩大很多，因此为简化分析可以近似地将锤芯视为刚体，只考虑应力波沿桩身的传播过程。对于一般的预制桩，其轴向尺寸远远大于径向尺寸，因此在研究应力波在桩身中的传播规律时，可以将桩简化为一维细长杆，从而可以考虑应用一维纵波理论研究沉桩的过程。下文主要对锤击力模型和桩-土间的相互作用模型进行分析。

1）锤击力模型

沉桩的锤击力由锤芯对桩的冲击作用产生，但并非是两者的直接撞击，实际工作时需要在锤与桩之间设置缓冲物即垫层。由于垫层的重量较锤和桩都小得多，因而可以忽略其惯性作用只考虑其受力与变形，不考虑弹簧质量，那么由桩锤、垫层和桩组成的冲击系统模型如图 12-4 所示。规定撞击作用发生的时刻为 $t=0$ 时刻。应力波的动态传播过程如图 12-5 所示。

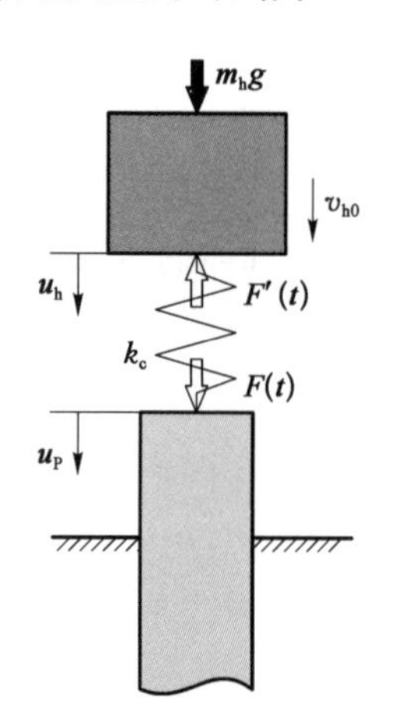

图 12-4 冲击系统模型

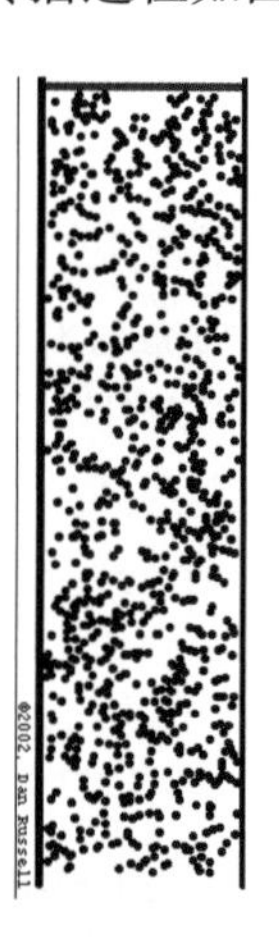

图 12-5 应力波的动态传播过程

撞击过程中，对锤芯列动力平衡方程为

$$m_h \frac{\partial^2 u_h}{\partial t^2} = m_h g - F'(t) \tag{12-1}$$

式中 m_h——锤芯的质量；
u_h——锤芯位移；
u_p——桩顶的位移；
k_c——垫层等效弹簧的刚度；
$F(t)$——锤击力。

锤击过程中锤芯位移等于垫层的压缩量与桩顶位移之和，即满足表达式：

$$u_h = \frac{F}{k_c} + u_p \tag{12-2}$$

将式(12-2)对时间 t 求二阶导数后得到

$$\frac{\partial^2 u_h}{\partial t^2}=\frac{1}{k_c}\frac{\partial^2 F}{\partial t^2}+\frac{\partial^2 u_p}{\partial t^2} \tag{12-3}$$

$F(t)$作用于桩顶,根据波动理论和材料的本构模型可以得到

$$F=A_p\sigma_p=A_pE_p\varepsilon_p=A_pE_p\frac{\partial u_p}{\partial x}=\frac{A_pE_p}{c}\frac{\partial u_p}{\partial t} \tag{12-4}$$

式中　E_p——桩的弹性模量;

σ_p、ε_p——锤击力作用下桩顶产生的应力和应变;

c——应力波在桩身中传播的速度。

将式(12-4)对时间 t 求二阶导数后代入式(12-3),整理后再代入式(12-1),将得到

$$\frac{\partial^3 u_p}{\partial t^3}+\frac{k_c c}{A_pE_p}\frac{\partial^2 u_p}{\partial t^2}+\frac{k_c}{m_h}\frac{\partial u_p}{\partial t}=\frac{k_c c}{A_pE_p}g \tag{12-5}$$

引入速度 $v_p=\partial u_p/\partial t$,对上式进行降阶后得到

$$\frac{\partial^2 v_p}{\partial t^2}+\frac{k_c c}{A_pE_p}\frac{\partial v_p}{\partial t}+\frac{k_c}{m_h}v_p=\frac{k_c c}{A_pE_p}g \tag{12-6}$$

当 $t=0$ 时,锤芯速度为 v_{h0},桩顶速度为0,即

$$\left.\frac{\partial u_h}{\partial t}\right|_{t=0}=v_{h0} \tag{12-7}$$

$$\left.\frac{\partial u_p}{\partial t}\right|_{t=0}=0 \tag{12-8}$$

将式(12-2)对时间 t 求一阶导数,并将式(12-7)与式(12-8)代入,可以得到当 $t=0$ 时,满足

$$\left.\frac{\partial u_h}{\partial t}\right|_{t=0}=\frac{1}{k_c}\frac{\partial F}{\partial t}=\frac{A_pE_p}{k_c c}\frac{\partial v_p}{\partial t}=v_{h0} \tag{12-9}$$

那么可以得到

$$\left.\frac{\partial v_p}{\partial t}\right|_{t=0}=\frac{k_c c}{A_pE_p}v_{h0} \tag{12-10}$$

考虑引入参数 $\omega=\sqrt{k_c/m_h}$,$\xi=k_c c/2\omega A_pE_p$ 和 $\omega_d=\omega\sqrt{1-\xi^2}$,对式(12-6)进行改写,忽略其等号右侧的惯性项并对其进行 Laplace 变换后得到

$$V(s)=\frac{2\omega\xi v_{h0}}{(s+\omega\xi)^2+\omega_d^2} \tag{12-11}$$

对式(12-11)进行 Laplace 反变换,即可得到

$$v_p=\frac{2\omega\xi v_{h0}}{\omega_d}e^{-\xi\omega t}\sin\omega_d t \tag{12-12}$$

将式(12－12)代入式(12－4),即可得到锤击力的表达式:

$$F(t)=\frac{A_pE_p}{c}v_p=\frac{k_cv_{h0}}{\omega_d}e^{-\xi\omega t}\sin\omega_d t \tag{12-13}$$

由式(12－13)可知,当 $t>\pi/\omega_d$ 时,$F(t)$将出现负值,但由于垫层的等效弹簧不能提供拉力,因此可以认为 $F(t)$的作用时间为 $0\sim\pi/\omega_d$ 。另将 $F(t)$对时间 t 求一阶导数并令其等于零,可以求解出锤击力的最大值 F_{max}与达到最大锤击力所需的时间 t^*:

$$F_{max}=\frac{k_cv_{h0}\xi}{\omega}e^{-\frac{\xi\omega}{\omega_d}\arctan\frac{\xi\omega}{\omega_d}} \tag{12-14}$$

$$t^*=\frac{1}{\omega_d}\tan^{-1}\frac{\omega_d}{\xi\omega} \tag{12-15}$$

从锤击力的表达式中还可以看出,影响锤击力的因素主要是锤芯的质量、发生撞击时锤芯的速度、垫层刚度以及桩身材料的属性。图 12－6 为不同垫层刚度时桩锤与桩撞击产生的锤击力时间曲线,可以看出当垫层刚度较大时,通过垫层传递给桩的锤击力也较大,相反若减小垫层的刚度,锤击力会相应减小,同时撞击力的持续时间会有所延长。因此,在实际沉桩时可以通过选择合适的桩垫对锤击力进行调整以保证沉桩过程的效率同时也可以避免桩与桩锤的破坏。

桩锤与桩的撞击过程是打桩能量由锤传递到桩的过程。对于液压气动锤来说,打桩能量来自液压锤冲程阶段锤芯重力和气体室氮气压力对锤芯做的功,因此不同锤芯重量的液压锤达到相同打桩能量时对桩的冲击速度 v_{h0}不同,而锤芯重量和速度对锤击力产生有直接影响。图 12－7 是不同型号的液压锤在打桩能量均为 90 kJ 时与桩撞击而产生的锤击力时间曲线。从图像上可以看出,小质量锤冲击产生的锤击力峰值较大质量锤更高,锤击力作用时间也较短,同时达到与大质量锤相当的打击能量需要更大的工作行程。在实际工程中"轻锤重击"容易产生过大的锤击力从而损坏桩身和桩锤,同时从 $F-t$ 曲线上可以看出轻锤沉桩产生的锤击力对时间的积分即锤击作用产生的冲击能量更少。因此出于安全性和经济性方面的考虑,应在能够保证产生的锤击应力足够克服沉桩阻力的前提下适当增加锤重以"重锤轻击"进行沉桩作业。

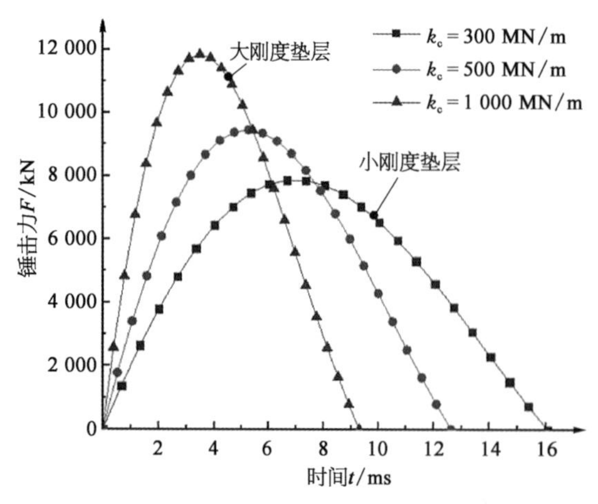

图 12－6　垫层刚度对锤击力的影响曲线

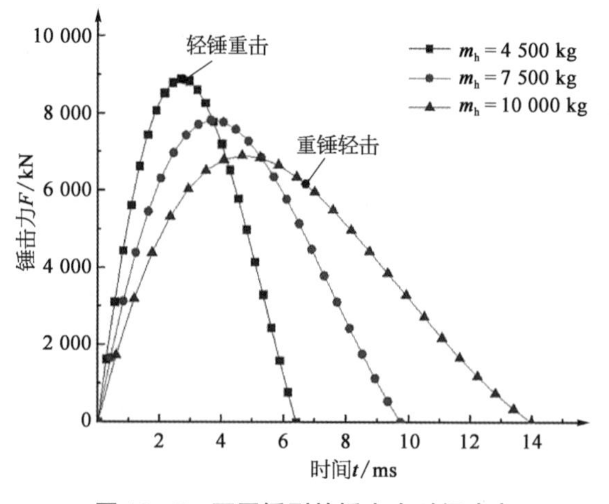

图 12－7　不同锤型的锤击力时间响应

2）桩-土作用模型

桩与土的相互作用关系比较复杂，为简化分析，本节将桩简化为一维均质弹性杆并对其作如下假设：沉桩过程中桩的横截面始终保持为平面即桩身截面间的相互作用只考虑均匀分布的轴向应力；忽略桩身的残余变形即认为桩的贯入度与桩顶的位移相等。锤击力作为一个瞬态冲击力施加于桩顶，它将使撞击界面上的质点产生扰动，该扰动将以应力波的形式沿桩身向下传播，桩身质点将随着应力波的传播作轴向运动且服从一维波动方程式(12-16)。其中，R 为土阻力项，x 为桩身截面的位置坐标，u 为 x 处截面上质点的位移，E 与 ρ 分别表示桩的弹性模量和桩身材料的质量密度：

$$\frac{\partial^2 u}{\partial t^2}=\frac{E}{\rho}\frac{\partial^2 u}{\partial x^2}\pm R \tag{12-16}$$

沉桩的过程是桩身质点在锤击力的作用下克服土体阻力不断贯入土体的过程，土阻力分布在沉入土层中的桩身周围和桩身底部，在研究中为了使问题简化，将土阻力全部移至桩底，并忽略桩周土阻力对应力波波形的影响。土阻力 R 包括与桩土相对位移有关的静阻力 R_s 和与桩土相对运动速度有关的动阻力 R_d。桩土之间的相互作用可以用如图 12-8 所示的模型表示。本节考虑静阻力为理想弹塑性模型，其与桩身质点位移 u 的关系如图 12-9a 所示，动阻力如图 12-9b 与桩身质点的速度成正比。图中 u_0 为桩端土的最大弹性变形量，R_0 为土的极限静阻力，c_s 为阻尼系数。

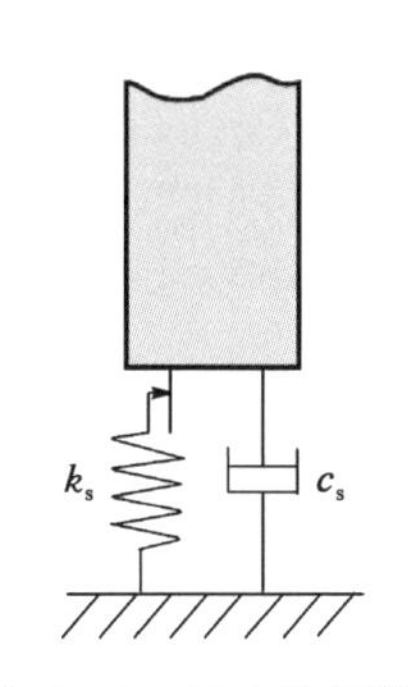

图 12-8　桩土作用模型

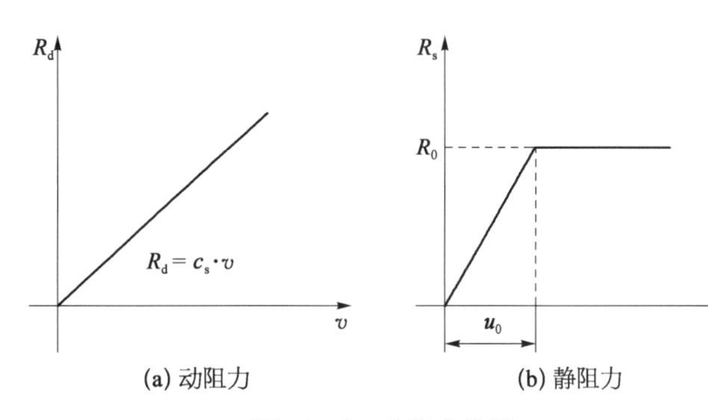

图 12-9　土阻力模型

因此土阻力可以表示为

$$R=R_d+R_s=\begin{cases}c_s v+Ku_p & u_p\leqslant u_1\\ c_s v+R_0 & u_p>u_1\end{cases} \tag{12-17}$$

3）锤-桩-土系统的动态响应

桩锤冲击桩产生的锤击力以应力波的形式在桩身中传播，当时间 $t=l_p/c$ 时，应力波传到桩底，考虑波在桩底截面上的反射，并根据一维波动理论，此时系统的波动方程可以描述为

$$\left.\begin{aligned}R&=P+Q\\ v&=v'+v''\\ P&=Z_p v'\\ Q&=Z_p v''\end{aligned}\right\} \tag{12-18}$$

式中 P、Q——在桩身中传播的下行波与上行波，对于桩底截面位置，P 与 Q 均为时间的函数；

v'、v''——上行波与下行波对应的质点运动速度；

v——桩身质点的实际运动速度；

$Z_p = E_p A_p / c$ ——桩的波阻抗。

为简化分析，本节仅考虑应力波传播到桩底的第一次反射情况，即不考虑经桩底反射的上行波对锤击力下行波的影响，那么沉桩系统的波动方程中下行波 P 即是锤击力波 $F(t)$。下面将应用一维波动理论分别对由刚性锤、弹性桩与黏弹性土组成的系统和由刚性锤、弹性桩与黏塑性土组成的系统进行沉桩过程的动力学分析。规定系统中压缩波为正值，质点速度的正方向向下，所以下行波的力波与质点速度同号均为正值，上行波的力波与质点速度为异号，由此沉桩系统的波动方程可以变形为

$$\left.\begin{aligned} R &= P + Q \\ v &= \frac{P}{Z_p} - \frac{Q}{Z_p} \end{aligned}\right\} \tag{12-19}$$

对于刚性锤-弹性桩-黏弹性土沉桩系统，土阻力模型为 $R = c_s \dfrac{\partial u}{\partial t} + K u_p$，因此可以由系统波动方程得到关于沉桩过程的微分方程：

$$\frac{\partial u_p}{\partial t} + \frac{K}{Z_p + c_s} u_p = \frac{2P}{Z_p + c_s} \tag{12-20}$$

对于刚性锤-弹性桩-黏弹性土沉桩系统，土阻力模型为 $R = c_s \dfrac{\partial u}{\partial t} + R_0$，同理由系统波动方程可以得到

$$\frac{\partial u_p}{\partial t} = \frac{2P - R_0}{Z_p + c_s} \tag{12-21}$$

那么将下行力波 $F(t)$ 代入求解对应的微分方程，并考虑初始条件 $t=0$，$u_p=0$，即可得到桩的动态响应。

为此可采用液压气动锤锤芯与替打有限元设计方法。图 12-10 所示为细长结构、短粗结构、变截面结构等三种锤芯打桩时的应力应变动态图，可根据应力应变以及疲劳寿命预测来设计锤芯的形状和结构。图 12-11 所示为打桩时某替打的应力应变动态图，可根据应力应变图来预测和确定易疲劳部位并进行结构设计。

双作用液压气动锤利用锤芯重力和活塞顶部的氮气压力共同作用，实现锤的快速打击并使桩贯入土层。基于冲击动力学原理和波动理论，分析沉桩施工过程中从锤与桩的撞击直至桩贯入土层的全过程，建立沉桩系统各部件间的相互作用关系模型，并通过拉氏变换推导出了打桩过程中锤击力的解析解。从理论方面对实际施工过程中“重锤轻击”的合理性进行验证，最后针对两种土体介质模型分别建立了锤-桩-土系统动力学方程。

(1) 通过对沉桩系统各部件间的相互作用进行动力学分析，建立了锤、垫层和桩三者间的作用模型并运用拉氏变换推导出了沉桩过程中的锤击力解析解，并运用其对实际工程中“重锤轻击”的合理性进行了验证。

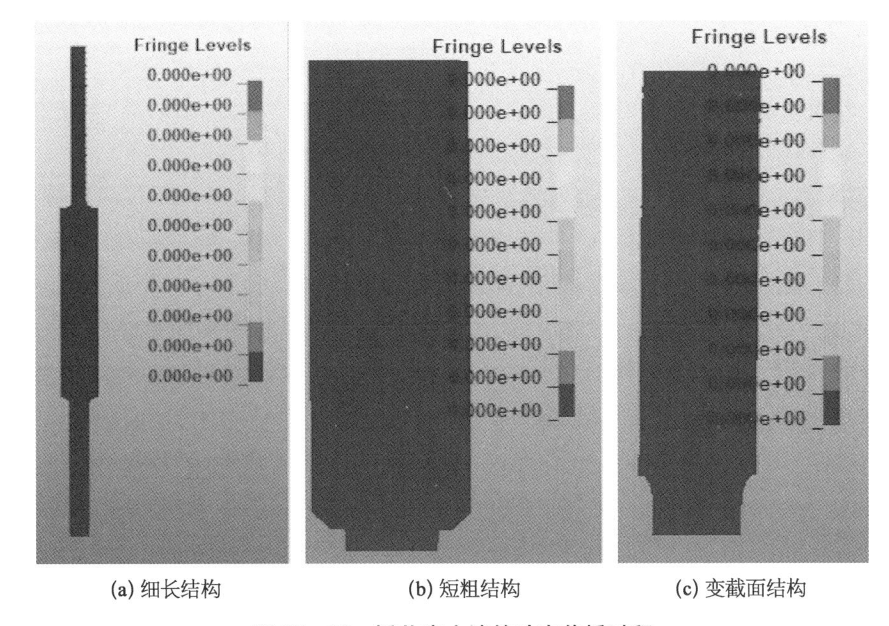

(a) 细长结构　　(b) 短粗结构　　(c) 变截面结构

图 12－10　锤芯应力波的动态传播过程

（2）分析垫层刚度对沉桩过程中锤击力的影响，结果表明垫层的刚度越大，产生的锤击力峰值越高，锤击力持续时间越短，指出可以通过选用合适的垫层对锤击力进行调整以提高沉桩效率并且能够避免沉桩过程中桩锤与桩的损坏。

（3）基于波动理论，针对两种土体介质模型，建立沉桩系统理论分析模型。

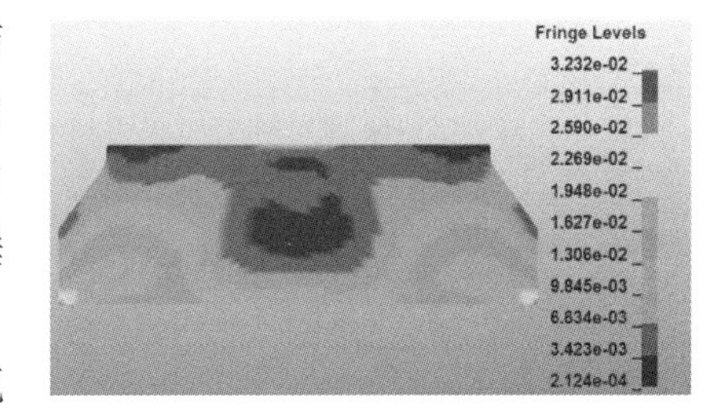

图 12－11　替打应力波的动态传播过程

12.1.2　液压气动打桩锤替打构件的分析与设计

各类建筑施工中，首先要进行地基施工。地基是指建筑物下面支撑基础的土体或岩体，分为以箱形地基为代表的浅地基和以桩基础为代表的深地基两种，其承受建筑物的全部荷载。桩基础的承载能力高，桩基变形小，因此其应用范围广、规模大。目前，国内外广泛使用的打桩设备主要有柴油打桩锤和液压打桩锤，液压打桩锤具有污染小、噪声低、维护与操作方便、能量传递率高等优点，应用较为普遍。我国最早应用的打桩锤是柴油打桩锤，20 世纪 90 年代末开始引进和开发液压打桩锤。近年来，海上风电、路桥等需要大型桩基础，桩直径越来越大，如直径 7 m 以上，桩基础的深度也突破了百米等级，世界各国竞相研制大型桩基础施工用液压气动打桩锤。如何提高打桩锤关键零部件的可靠性和使用寿命是研发的关键内容之一。

替打构件是打桩锤的重要组成部分，位于锤芯与桩体之间，将冲击能量传导至桩体，并防止锤芯因瞬时撞击力大而损坏桩体，还可增加冲击力的持续时间，提高沉桩效率，扩大桩锤的适用范围。为了更好地传递能量，实现锤芯和桩体的匹配，替打常常设计成凸台结构。大型桩需要的锤击能量大且锤击次数多，替打损坏率高，影响施工进度。

液压气动打桩锤是一种双作用式液压打桩锤。液压锤上升阶段，进油控制阀打开、回油控制阀关闭，活塞杆上升，上部氮气室体积减小，氮气被压缩，氮气压强升高，液压能转换为桩锤的重力势能和氮气的压力能。在桩锤提升至指定位置后，进油控制阀关闭、回油控制阀打开，液压锤进入下降阶段。这时，在氮气室内蓄积的气体压力能被释放，气体的压力能与锤芯的重力势能转化为桩锤的动能，在气体压力能和锤芯重力的复合作用下，锤芯以 1g 以上的加速度迅速下降。如图 12－12 所示，锤芯快速锤击替打构件，实现桩身的下沉。保压阶段，液压气动锤维持一定的保压时间，有效地防止桩的回弹现象。保压阶段结束后，桩锤进入下一个工作循环。打桩锤通常距离地面数十米高，液压泵站至基础桩之间的距离、打桩锤至基础桩地面之间的距离均达到 100 m 以上，液压锤在快速打桩过程中液压缸下腔排油流量大，通常达到例如 5 000 L/min 以上，来不及排油，因此设置低压蓄能器，将下腔液压油快速吸收至低压蓄能器，同时部分液压油通过百余米长的管路回油箱。这里假设等效节流口来模拟长管路的阻力损失。

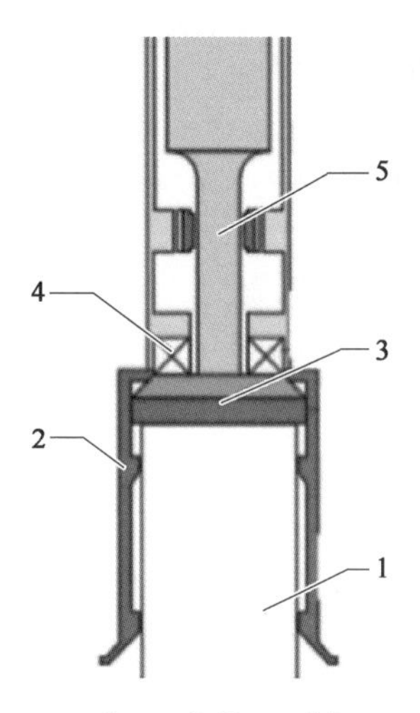

1—桩；2—桩帽；3—替打；4—缓冲垫；5—锤芯

图 12－12　液压气动打桩锤桩锤连接示意图

沉桩过程也是打桩能量的传递过程，能量以冲击的方式由锤芯、替打传递至基础桩，在冲击力的作用下，桩克服桩周土体的阻力不断贯入土层。锤击过程中锤、替打以及桩的受力复杂，对替打的强度和刚度提出了更高的要求。

12.1.2.1　替打的结构

液压气动打桩锤桩锤连接如图 12－12 所示。替打位于锤芯和桩体之间，用于传输能量，并改善作用于锤芯的冲击应力，避免峰值过大，同时增加冲击力的持续时间，尽可能保护桩头，替打是液压打桩锤的重要组成部分，应具有一定的抗冲击能力和足够长的使用寿命。替打作为传力部件，将来自锤芯的冲击能量有效地传递至桩体，通常做成凸形结构，连接锤芯和桩体。图 12－13 所示为液压锤各企业生产的不同结构的替打构件图。

(a) Menck替打　(b) Menck分体式替打　(c) 永安替打 Ⅰ

(d) 永安替打 Ⅱ　(e) IHC替打　(f) 力源替打

图 12－13　各企业的替打构件

12.1.2.2　替打构件有限元分析

有限元法也称有限单元法，将一个具有无限自由度的连续问题转化为具有有限自由度的离散问题，从而得到原始问题的近似解。在实际打桩过程中，替打所受到的冲击载荷不是固定的，与工况有关。一般来说，刚开始锤击时，桩基础的贯入度比较大，桩锤冲击桩体产生的冲击力较小，随着工程的进行，桩基础的贯入越来越困难，而当贯入度几乎为零时，桩体受到的锤击力达到最大值。因此选择贯入度接近零、即锤击力最大时，来分析替打构件的性能。随着深远海域风电场、路桥等基础桩的大型化，打桩机的能量也越来越大。替打构件台肩结构在能量传递过程中易发生局部能量集中，有可能在台肩处发生疲劳断裂。有限元分析时，对替打构件进行网格划分，设定材料密度、弹性模量和泊松比等属性数据，可得到其应力应变和疲劳寿命数据。

某液压锤采用带凸台的锥形替打，直径为 6 650 mm，高度为 1 800 mm，上方凸台直径为 1 200 mm，高度为 194 mm，图 12－14 所示为一个打桩周期内该替打的应力变化云图，图 12－15 所示为其俯视和仰视应力云图。可见，最大应力发生在凸台与锥面端过渡区域，呈对称分布，是替打最薄弱的部位，即危险位置 1，最大应力值为 630 MPa。替打底部加强筋与大直径外缘连接处的位置也出现了应力集中，即危险位置 2，应力可达 330 MPa，相对比较薄弱。

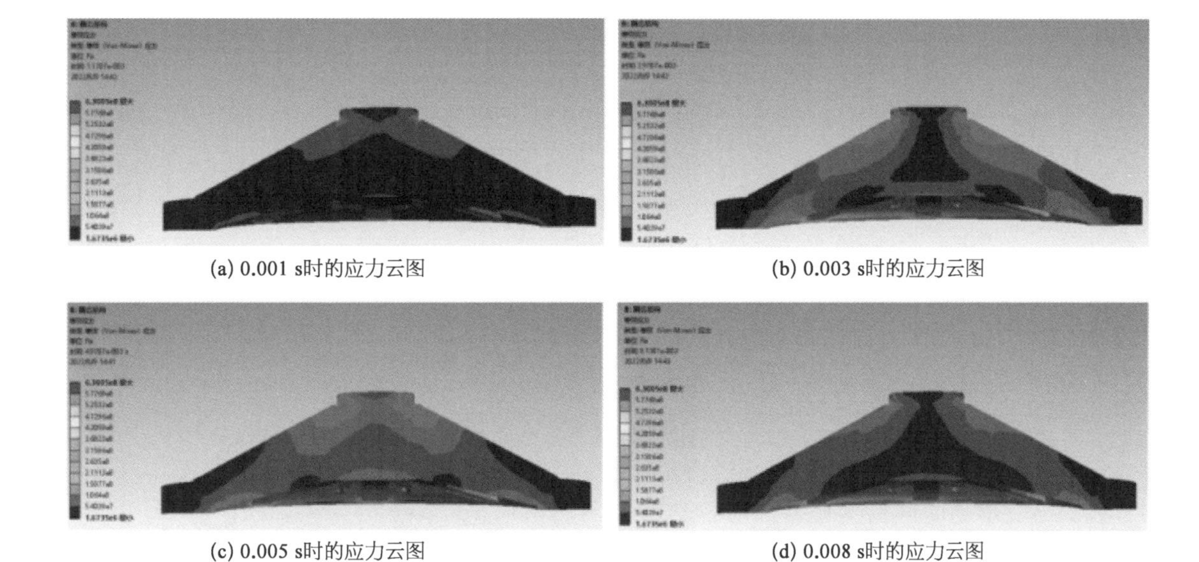

(a) 0.001 s时的应力云图　(b) 0.003 s时的应力云图

(c) 0.005 s时的应力云图　(d) 0.008 s时的应力云图

图 12－14　带凸台的锥形替打应力云图截面

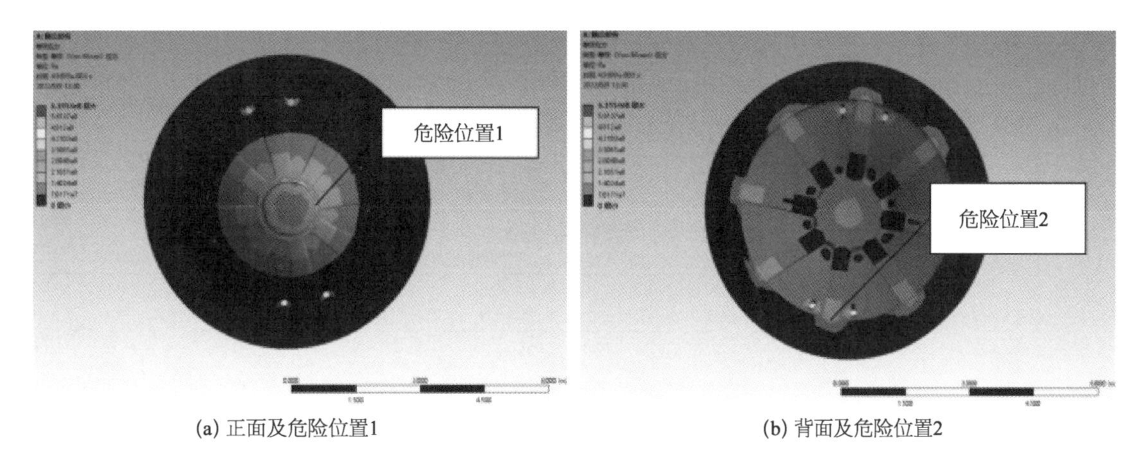

(a) 正面及危险位置1　(b) 背面及危险位置2

图 12－15　带凸台的锥形替打应力云图及危险位置

为此，专门设计制作了一种新型无凸台的锥形替打构件，如图 12-16 所示。与该替打配套的液压打桩锤锤芯质量为 220 t，行程 1.7 m，最大冲击能量 3 500 kJ。根据锤芯的动力学方程、位移方程和材料本构方程，可得锤击力 $F(t)$的表达式为

$$F(t)=\frac{A_{\mathrm{p}}E_{\mathrm{p}}}{c}v_{\mathrm{p}}=\frac{k_{\mathrm{c}}v_{\mathrm{h0}}}{\omega_{\mathrm{d}}}\mathrm{e}^{-\xi\omega t}\sin\omega_{\mathrm{d}}t \tag{12-22}$$

$$\omega=\sqrt{k_{\mathrm{c}}/m_{\mathrm{h}}},\xi=k_{\mathrm{c}}c/2\omega A_{\mathrm{p}}E_{\mathrm{p}},\omega_{\mathrm{d}}=\omega\sqrt{1-\xi^{2}}$$

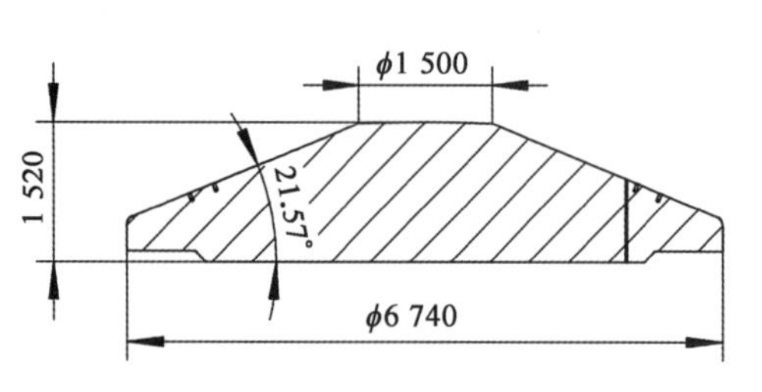

图 12-16 专门设计的无凸台的锥形替打构件尺寸图(单位：mm)

式中 k_{c}——替打的等效弹簧刚度；
v_{h0}——锤芯的速度；
ω——系统固有频率；
ξ——阻尼比；
ω_{d}——自然频率；
m_{h}——锤芯重量；
c——应力波在桩身中的传播速度；
A_{p}——桩横截面面积；
E_{p}——桩的弹性模量。

通过计算，最大锤击力为 640 MN。替打材料为高强度调质锰钢 40Cr，材料属性见表 12-1。图 12-17 所示为替打网格划分结果。

表 12-1 替打的材料属性

材 料	密度/($\mathrm{kg\cdot m^{-3}}$)	屈服强度/MPa	泊松比	弹性模量/($\times10^{9}$ Pa)
40Cr	7 870	785	0.254	207

图 12-18、图 12-19 所示为该替打的等效应力、总变形随时间的变化云图，其关键部位及其应力、应变的计算结果见表 12-2。最大应力为 292 MPa，发生在结构内部、上端面中心下方 582 mm 处的 A 点，材料屈服强度为 785 MPa，可见安全系数大于 2。最大应变为 1.84 mm，发生在冲击接触端面的中心 B 点。C 点为下端面的中心点，即替打与桩体的接触面，D 点为下端面的侧面。

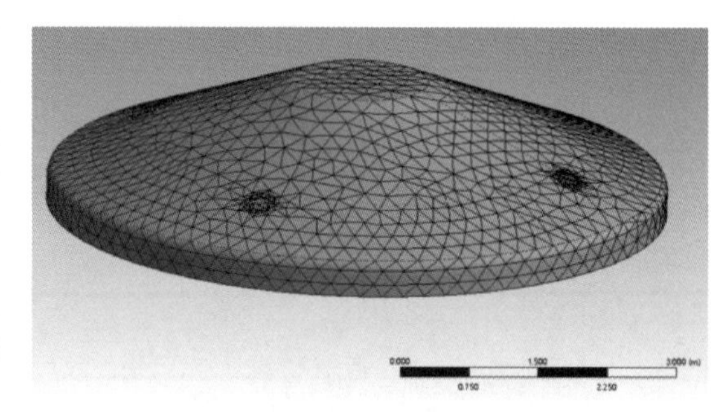
图 12-17 替打网格划分结果

表 12-2 替打关键部位及其应力和应变值

参 数	替打部位			
	A	B	C	D
应力/MPa	282	162	129	0.2
应变/mm	0.82	1.84	0	0

(a) 0.001 s时的应力云图

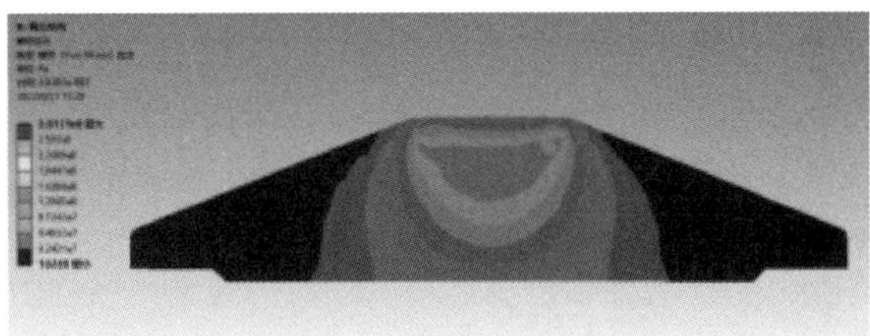

(b) 0.003 s时的应力云图

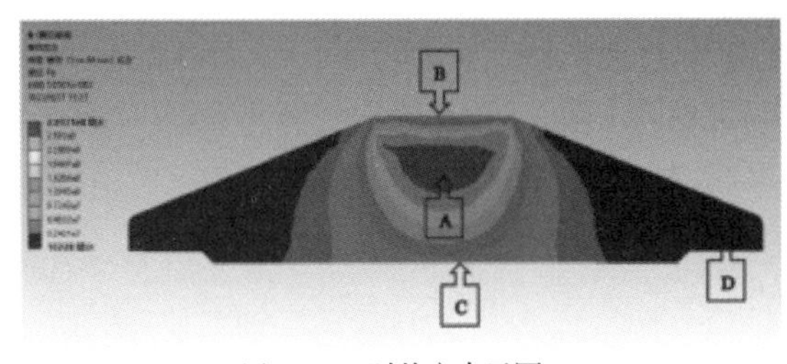

(c) 0.005 s时的应力云图

(d) 0.009 s时的应力云图

图 12-18　专门设计的无凸台的锥形替打构件应力云图

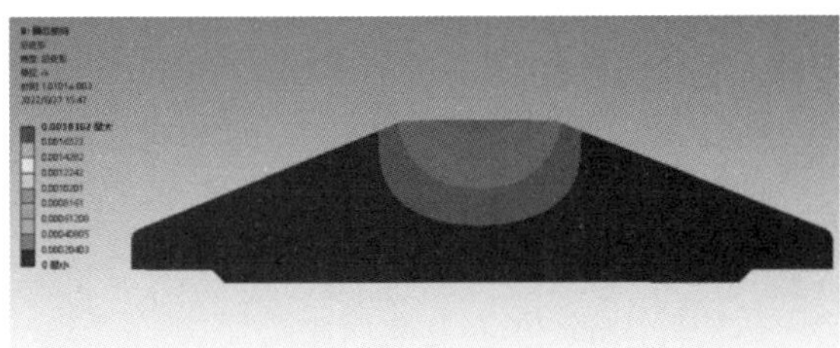

(a) 0.001 s时的应变云图

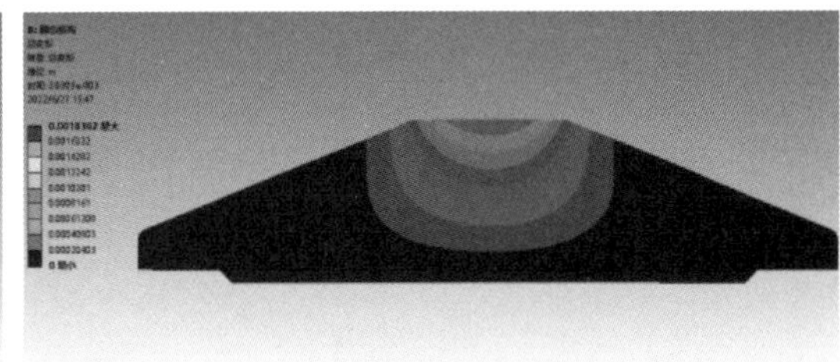

(b) 0.003 s时的应变云图

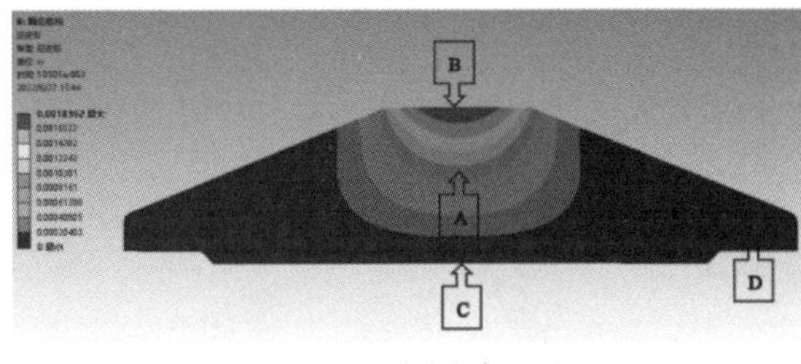

(c) 0.005 s时的应变云图

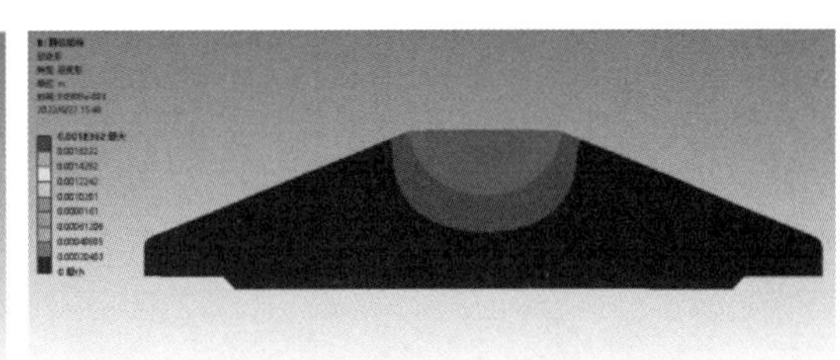

(d) 0.009 s时的应变云图

图 12-19　专门设计的无凸台的锥形替打构件应变云图

12.1.2.3　替打构件的疲劳寿命

打桩过程中交变载荷会导致替打疲劳破坏与失效。交变载荷将造成局部破坏和裂纹，并扩大直到完全断裂，此时交变载荷作用的总次数称为寿命。

1）线性疲劳累积损伤理论

线性疲劳累积损伤理论认为，循环荷载下疲劳破坏程度与重复次数呈直线关系，并且直线增长。其忽略各级载荷之间的影响和载荷施加顺序的影响，计算精度略低于非线性理论。假设应力 σ_1 作用 n_1 次，在该应力水平下材料达到破坏的总循环次数为 N_1。假设 D 为最终断裂时的损伤临界值，根据线性疲劳累积损伤理论，有

$$\frac{n_1 D}{N_1}+\frac{n_2 D}{N_2}+\ldots+\frac{n_n D}{N_n}=D \tag{12-23}$$

即

$$\sum_{i=1}^{n}\frac{n_i}{N_i}=1 \tag{12-24}$$

式中　n_i——第 i 级应力水平下的循环次数；

N_i——第 i 级应力水平下的疲劳寿命。

2) $S-N$ 曲线的估计

现有有限元软件没有包含高强度调质锰钢 40Cr 材料数据。因此根据材料极限强度 S_u 绘制 $S-N$ 曲线，其中 $S-N$ 曲线的幂指数形式表示为

$$S^m N=C \tag{12-25}$$

式中　C、m——常数。

替打承受压力载荷，高强度调质锰钢 40Cr 材料的极限强度为 980 MPa，可以得到材料的 $S-N$ 曲线估计图，如图 12-20 所示。

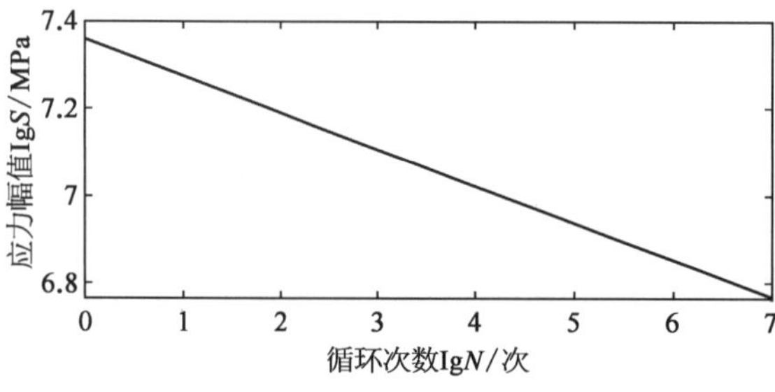

图 12-20　高强度调质锰钢 40Cr 的 $S-N$ 曲线估计图

3) 疲劳寿命计算结果

计算所得到的替打疲劳寿命云图和损伤云图如图 12-21 和图 12-22 所示。关键部位的疲劳寿命见表 12-3。计算结果显示，替打在受到桩锤冲击时的最大损伤发生在构件内部、位于上端面中心下方 582 mm 处的 A 点，对应疲劳寿命为 4.77×10^6 次即 477 万次，高于 100 万次的使用要求。

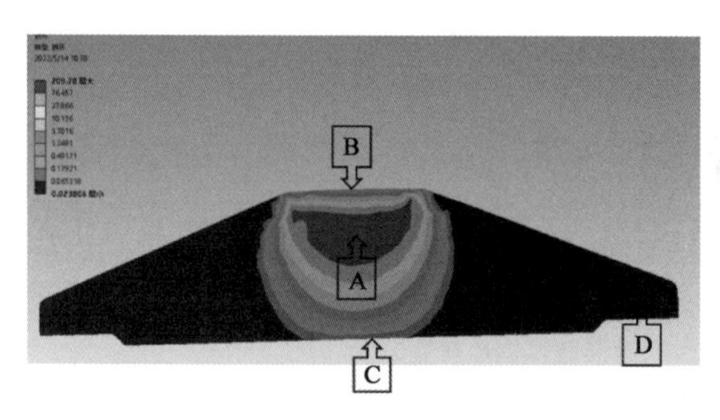

图 12-21　所设计的无台肩的锥形替打构件损伤云图

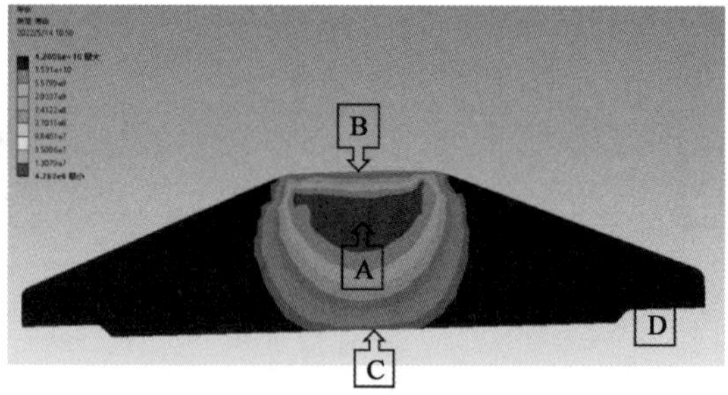

图 12-22　所设计的无台肩的锥形替打构件寿命云图

表 12-3　替打关键部位的疲劳寿命值

参　数	替打部位			
	A	B	C	D
疲劳寿命/($\times10^6$ 次)	4.77	2.72×10^2	5.58×10^3	4.20×10^4

12.1.2.4 试验结果与分析

1) 试验及出现的问题与措施

2020 年 7 月，永安机械生产的 YC－110 液压锤用于福建莆田平海湾海上风电场的桩基础施工。YC－110 液压锤的冲击能量 1 870 kJ，工作行程 1 700 mm，锤芯质量 110 t。桩直径 6 300 mm，锤体质量(不含桩帽)137 t，泵站流量 2 600 L/min。

在施工过程中，采用直径为 6 650 mm、带有直径 1 200 mm 凸台的锥形替打，仅仅击打 1 000 次，便出现了被打坏的情况。如图 12－24 所示，为现场施工中打坏的带凸台的锥形替打。从现场对裂纹扩展情况的分析看，首先在危险位置 1 处发生缺陷裂痕的，在高冲击应力的连续作用下裂纹迅速扩展，直至最终替打整体被打坏。

图 12－23 福建莆田平海湾海上风电场打桩施工现场

图 12－24 现场施工中打坏的凸形替打及其危险位置

从打桩施工现场看，在沉桩过程中，带凸台的锥形替打构件损坏的主要原因有：一是替打构件凸台与锥形过渡的构造不够合理；二是替打材料及工艺不能满足工程要求，导致危险部位出现超出材料强度极限的超大应力，从而产生裂纹甚至失效。带凸台的锥形替打有利于能量的传递，但是大小直径的过渡区域和底面与加强筋的连接位置也容易出现应力集中。从现场对裂纹扩展情况看，首先在危险位置 1 处发生缺陷裂痕的，在高冲击应力的连续作用下裂纹迅速扩展，直至替打整体被打坏。试验结果与理论分析结果一致。

图 12－25 所示为中交三航局承建的福建平潭风电项目施工现场。该项目基础桩长度为 78.6 m，桩直径 6 800 mm，地质情况为泥沙层，所使用的 YC－130 液压锤锤芯质量 130 t，最大冲击能量 2 200 kJ，锤体质量(不含桩帽)193 t。采用所设计的新型替打构件如图 12－26 所示，直径 6 150 mm，高度 1 380 mm，上方的凸台直径 1 190 mm，高度 300 mm。目前该替打击打次数累计 5 万余次，尚未出现损坏情况，项目顺利。

2) 新型替打构件

深远海域风电场、路桥等基础桩越来越大型化，要求打桩机的冲击能量越来越大。替打构件的任何台肩结构在能量传递过程中均易发生能量集中，有可能在台肩底部发生断裂破坏。为

图 12-25 福建平潭风电项目施工现场(浙江永安工程机械有限公司改进型液压锤)

图 12-26 所设计的超大型替打构件(福建平潭风电项目用)

此,作者设计制作了一种新型无台肩的锥形替打构件,如图 12-27 所示。其直径 6 740 mm,厚度 1 520 mm,材料为高强度调质锰钢 40Cr,适用于直径 8 m 的桩。该替打构件取消了凸台过渡区域,采用锥形外形,既保证了能量的高效传输,也不容易出现裂纹。与该替打配套的液压打桩锤的锤芯质量为 220 t,冲击能量为 3 500 kJ。新型替打构件所需传递的冲击能量更大,将用于海上风电桩基础施工。

液压气动打桩锤在氮气压力与锤芯自身重力的复合作用下,锤芯下落加速度超过重力加速度,可实现更大的打击能量。替打构件是打桩锤的重要组成部分,位于锤芯与桩体之间,将冲击能量有效地传递至桩体。

(1) 可采用有限元方法进行打桩过程中替打构件的应力、应变、疲劳寿命及其危险点的动态分析。研究结果表明,带凸台的锥形替打在凸台与锥形过渡区容易产生应力集中而破坏。冲击能量 3 500 kJ 的液压气动打桩锤,所设计制作的无凸台的锥形替打构件最大应力部位在构件内部、上端面中心下方 582 mm 处的 A 点,最大应力 292 MPa,最大应变在承受冲击的上端面,最大应变 1.84 mm,刚度和强度均符合冲击能量为 3 500 kJ 的工况要求,安全系数在 2 以上。

图 12－27　所设计的超大型锥形替打构件

(2) 可采用有限元方法，分析替打构件的疲劳寿命云图和损伤云图。某替打在受到桩锤冲击时的最小寿命为 477 万次，符合 100 万次的使用要求。本节提出的分析方法和研究结果可作为液压气动锤设计与分析的理论依据。

12.2　液压气动破碎锤锤芯动力学模型与结构优化

破碎锤是一种用于破碎、拆除岩石、混凝土或其他硬质材料的工程机械，因其高效、清洁、安全等优势常用于矿山开采、道路施工及基础施工等场合。液压气动破碎锤利用液压气动系统直接或间接快速驱动活塞打击钎杆产生冲击力，通过钎杆尖端将硬质物体破碎为较小的块或颗粒。液压气动破碎锤通常与挖掘机、装载机等配套，完成坚硬物的开采、破碎与拆除等作业。

液压破碎锤的研究始于 20 世纪 50 年代末。德国 Krupp 公司研制首台液压破碎锤；1970 年，法国 Montabert 公司研制并批量生产液压破碎锤。此后，瑞典、英国、美国、德国、日本等相继研制破碎锤产品。我国液压破碎锤研究始于 20 世纪 70 年代，如长沙矿冶研究院、北京科大、中南大学等单位。按照驱动方式，破碎锤可分为全液压式、氮爆式、液压气动式及重力式等方式。全液压式破碎锤通过液压系统提供的高压油带动活塞及钎杆运动；氮爆式破碎锤使用氮气作动力源，通过高压氮气产生的冲击力实现破碎作业；液压气动破碎锤将氮气和液压驱动相结合，通过气液混合驱动实现破碎；重力式破碎锤通过重锤的自由落体运动产生冲击力达到破碎效果。按照作用方式，破碎锤可分为振动破碎锤与冲击破碎锤。液压振动破碎锤基于交变应力波破碎理论，通过液压马达驱动齿轮带动偏心轮转动产生激振力实现破碎；液压冲击破碎锤则运用液压系统驱动活塞打击钎杆实现破碎。

随着矿山开采的规模化和基础施工、隧道掘进等工程的大型化，重型破碎冲击技术成为破碎锤研究的重点。近年来，人们研制了一种大中型液压气动破碎锤，整锤质量 15～20 t、最大打击能量 100～120 kJ。液压气动破碎锤破碎岩石时，锤芯需要承受较大的冲击载荷，钎杆容易发生断裂破坏。有文献分析基础施工用液压锤的阀组、锤体、缓冲垫、桩的力学性能，锤芯结构优化方法较少见。为适应岩石冲击载荷，需要对大中型液压气动破碎锤锤芯进行结构优化设计。

本节结合液压气动破碎锤构成和与破岩过程，建立液压气动破碎锤的三维有限元模型，采用动力学分析方法重点研究锤芯在冲击碎石过程中的基本特性，基于等效应力与疲劳特性探索锤芯的结构优化设计方法，为液压气动破碎锤的设计与分析提供参考。

12.2.1 液压气动破碎锤及岩石破碎过程

1）工作原理

本节所研究的气动式液压破碎锤整锤质量为 16 t，最大打击能量为 100 kJ，能够用于破碎硬质石灰岩与花岗岩，其液压气动系统图如图 12－28 所示。液压气动破碎锤的液压能源与挖掘机液压系统相连。工作时，液压系统溢流阀达到额定压力后，电磁开关阀打开，液压气动破碎锤进入工作状态。液压气动破碎锤的每个工作循环可以分为上升阶段、惯性上升阶段、下降阶段及保压阶段四个阶段：上升阶段，电磁换向阀处于图 12－28 所示上位状态，锤芯在高压蓄能器及液压泵的同时作用下快速上升，压缩氮气室内的高压气体。惯性上升阶段，电磁控制阀 1 切换至中位状态，锤体在惯性作用下继续上升。下降阶段，电磁换向阀切换至下位状态，锤体在氮气室压力及自重作用下快速下落，完成打击动作。保压阶段，电磁换向阀切换至状态，锤体在氮气室压力及自重作用下保持一段时间。保压阶段结束后，电磁换向阀切换至上位状态，开始新一轮工作循环。该原理与液压气动打桩锤原理相同。

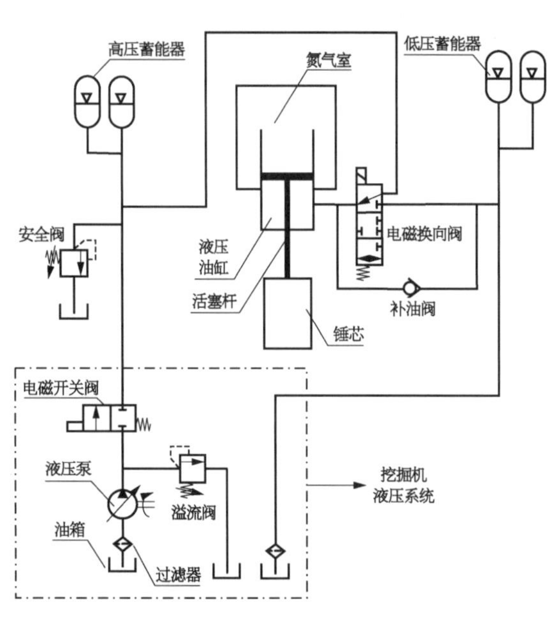

图 12－28　液压气动破碎锤的液压气动系统图

图 12－29　液压气动破碎锤的岩石破碎施工现场

图 12－29 所示为用于岩石破碎的液压气动破碎锤施工现场图。施工过程中，破碎锤一般与挖掘机配套使用，工作过程中通过挖掘机行驶可方便快捷地调整碎石区域，还通过调整挖掘机动臂与斗杆的位置方便地更改破碎锤碎石的位置与碎石的角度，提高破碎锤工作效率。

2）破碎锤的岩石破碎过程

图 12－30 所示为液压气动破碎锤结构示意图，其主要由氮气室、锤芯、替打、钎杆、外壳等组成。打击过程中，锤芯在气体压力及重力的双重作用下以一定初速度冲击至替打，通过替打将打击力传递至钎杆，带动钎杆运动完成冲击碎石工作。

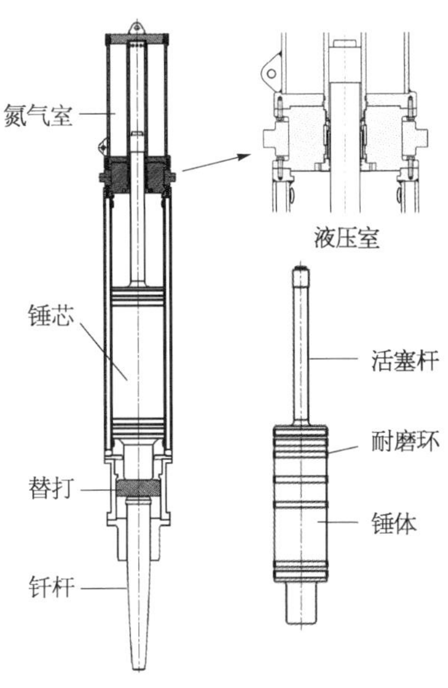

图 12－30　液压气动破碎锤结构示意图

液压气动破碎锤的工作过程是应力的产生、传播与耗散的过程。在这一过程中，液压气动破碎锤的结构对于应力传递与应力分布的影响不能忽视。破碎锤锤芯结构、替打及钎杆的材料、尺寸与形状直接影响冲击力在破碎锤内部的传递与分布形式，当部件应力过度集中在某一部位时，就容易使构件出现疲劳甚至开裂现象。

工作过程中，替打位于锤芯与钎杆之间，起到改善冲击应力的作用，其形状较为均匀，为扁平的凸字形结构，能够较好地承受轴向力，在打击过程中不易发生损坏；钎杆直接与岩石接触，工作时受到活塞冲击力和岩石的反作用力，但钎杆硬度较高，韧性、耐磨性和抗冲击性均较好，具有良好的抗打击性能，因此也不易发生损坏。

为改善锤芯冲击应力波波形，提高冲击效率，破碎锤锤芯一般设计成阶梯轴型式。如图 12－31 所示，锤芯结构由锤体和活塞杆两部分组成。根据波动理论，锤芯与替打撞击后，应力波从打击面出发沿锤芯向上传播，并在阶梯轴的截面突变部位发生反射叠加，因此锤芯的阶梯轴位置为危险位置。在现场施工中，整重为 16 t 以上的重型液压气动破碎锤曾发生锤芯断裂破坏现象，且破坏位置出现在锤体及活塞杆的过渡处，与理论应力集中部位吻合。

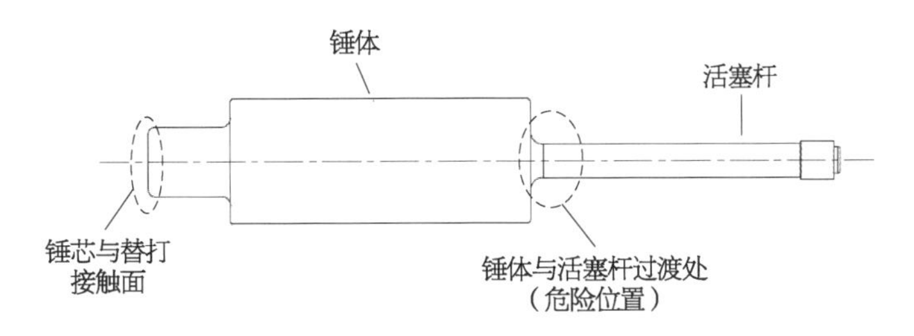

图 12－31　锤芯结构示意图

本节采用有限元分析方法对液压气动破碎锤进行锤芯结构优化，整锤质量为 16 t，打击能量为 100 kJ。有限元分析是一种数值计算方法，通过将复杂的结构分割为有限数量的小元素，然后对每个小元素进行力学计算，进而得出整个结构的应力和变形分布情况。使用有限元分析方法，可以模拟真实的工作载荷与边界条件，同时也能够考虑零件的几何形状对应力分布的影响。因此，通过有限元分析方法可对破碎锤锤芯进行结构优化，减轻应力集中、提高锤芯预期寿命。

12.2.2　计算模型及锤芯动力学分析

1）计算模型

液压气动破碎锤冲击碎石过程中，破碎锤外壳与桩帽主要起导向支撑作用，打击力的传递

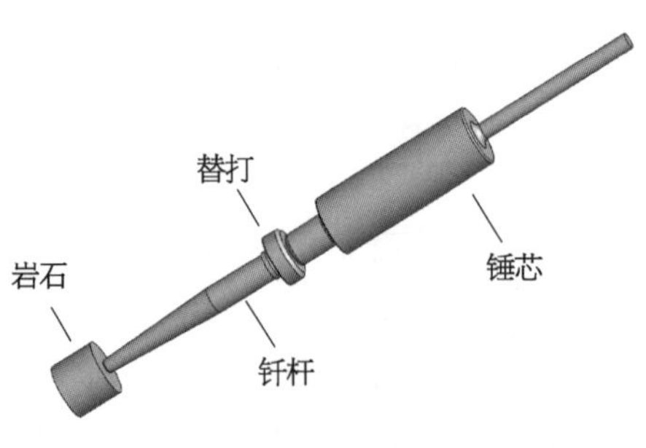

图 12-32 液压气动破碎锤冲击碎石模型

主要依靠锤芯、替打及钎杆完成。图 12-32 所示为所建立的液压破碎锤冲击碎石模型,模型由锤芯、替打、钎杆及岩石块组成。

计算例锤芯的轴向尺寸为 4 295 mm,径向最大尺寸为 633 mm,质量为 5 800 kg;替打的轴向尺寸为 200 mm,径向尺寸为 580 mm,质量为 400 kg;钎杆的轴向尺寸为 2 150 mm,径向尺寸为 290 mm,质量为 800 kg。锤芯的材料为 40CrNiMo,替打及钎杆的材料为 42CrMo,材料属性见表 12-4。

表 12-4 所研制的液压气动破碎锤主要结构件及其材料属性

属　性	锤　芯	替打与钎杆
材料	40CrNiMo	42CrMo
密度/(kg·m^{-3})	7 850	7 850
屈服强度/MPa	785	930
弹性模量/GPa	207	207
泊松比	0.3	0.3

在不同工作环境下,液压气动破碎锤破碎岩石对象的种类也不同,常见岩石弹性模量与泊松比见表 12-5。分析中,选取岩石种类为石灰岩,弹性模量取 40 GPa,泊松比取 0.3。

表 12-5 常见岩石弹性模量与泊松比

岩　石	弹性模量/GPa	泊 松 比
黏　土	0.3	0.38～0.45
致密泥岩		0.25～0.35
砂　岩	33～78	0.30～0.35
石灰岩	13～85	0.28～0.33
大理岩	39～92	
花岗岩	26～60	0.26～0.29

2) 锤芯动力学分析

液压气动破碎锤破碎岩石的过程为冲击过程,主要关注破碎锤各部件力学性能随时间变化的响应过程,因此采用动力学方法分析冲击碎石过程。

假设锤芯沿竖直方向下落,设置锤芯打击至替打前瞬间,锤芯的速度为 6.3 m/s,氮气室对活塞杆的压力为 19 bar。在钢材中,应力波的波速一般为 5 000～6 000 m/s,锤芯打击至替打时,应力波迅速通过替打传递至钎杆,同时迅速从锤芯与替打接触面出发向上传递,这一高速传播特性使得应力迅速到达峰值。因此,初步设置模型分析时间为 20 ms,提取锤芯上锤芯与替打接触面处所有单元点的等效应力数据，整理接触面处等效应力最大值随时间的变化，如图 12 - 33 所示。可知，液压破碎锤锤芯在 5.4 ms 时与替打发生分离。考虑到应力波在锤芯的传播与反射，进一步设置模型分析时间为 10 ms。此外，分析过程中，为精确捕捉应力波的传播与变化特性，设置分析步长为 200 步。

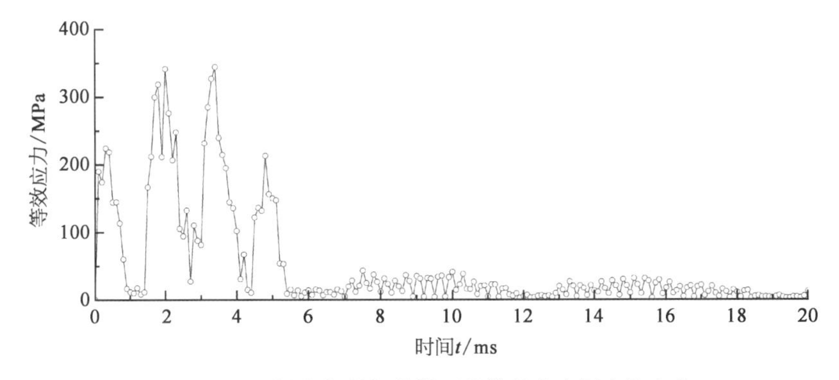

图 12 - 33 锤芯与替打接触面处等效应力最大值变化

通过有限元分析提取锤芯内每个单元点在 10 ms 内的等效应力数据，绘制锤芯的等效应力分布云图，如图 12 - 34 所示。打击过程中，锤芯内部的应力以波动形式从锤芯与替打的接触面向上传播，应力传播至锤芯与活塞杆过渡处出现应力集中现象，与波动理论中应力波在变截面发生反射叠加的现象相符。

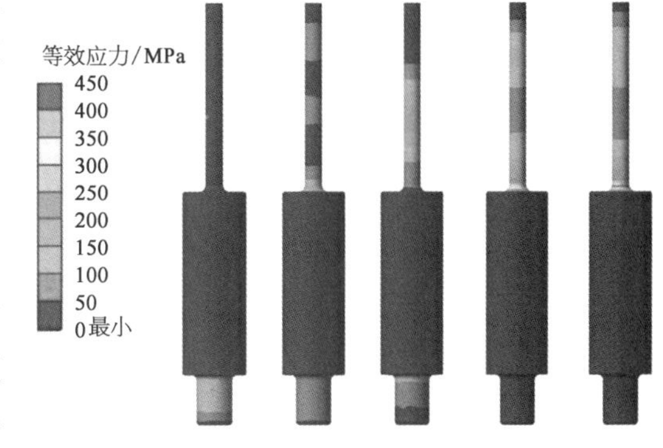

图 12 - 34 锤芯应力分布云图

由锤芯应力分布云图可知，锤芯锤体与活塞杆过渡处为危险区域，提取此区域内所有点的等效应力随时间变化的数据，绘制等效应力变化曲线如图 12 - 35 所示，其中应力最大值和应力最小值指区域内点的应力最值，应力均值指区域内所有点的应力值总和除以点的数量得到的值。

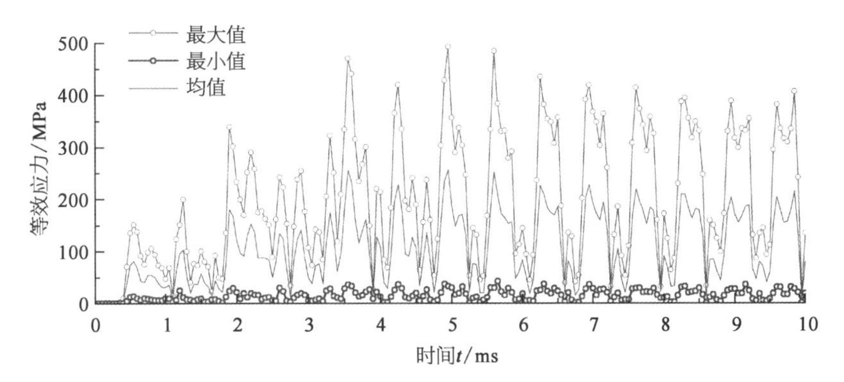

图 12 - 35 锤体与活塞杆过渡处的等效应力变化曲线

由图 12 - 35 可知，锤芯锤体与活塞杆过渡区域的等效应力峰值为 492.48 MPa，小于锤芯材料 40CrNiMo 对应的屈服极限 785 MPa，假设锤芯所受的应力为 492.48 MPa 的静态加载应力，计算得安全系数为1.59，可以认为其强度满足要求。但实际冲击碎石过程中，锤芯受到高频变幅应力加载，这会导致更复杂的应力分布和变形形式，引起材料内部微观缺陷的形成与扩展，造成疲劳寿命缩短与结构破坏，因此其在实际工作中会出现疲劳寿命短及断裂现象。

3）*疲劳寿命评估*

为更全面地评估锤芯性能，对锤芯的疲劳寿命进行研究。在疲劳寿命评估中，运用雨流计数法，将复杂的载荷历程分解成一系列循环应力，分析和评估疲劳性能。雨流计数法的基本原理如图12-36所示，取垂直向下的坐标表示时间，横坐标表示载荷大小，这种表示方式下，应力-时间历程类似于雨水从屋檐滴落的情景，通过对不同的“雨流”轨迹进行分解，将复杂的载荷历程简化成多个载荷循环，并从中提取循环载荷的均值与幅值，以便疲劳计算。

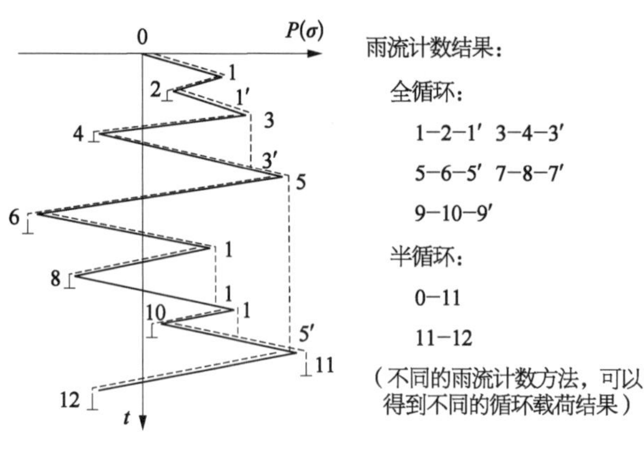

图12-36 雨流计数原理图

如图12-37a所示，在锤体与活塞杆过渡处任取一点A，提取其等效应力数据，绘制该点处等效应力随时间变化的曲线如图12-37b所示。基于图12-37所示雨流计数法，提取A点等效应力的应力特征，绘制雨流计数直方图如图12-38所示。

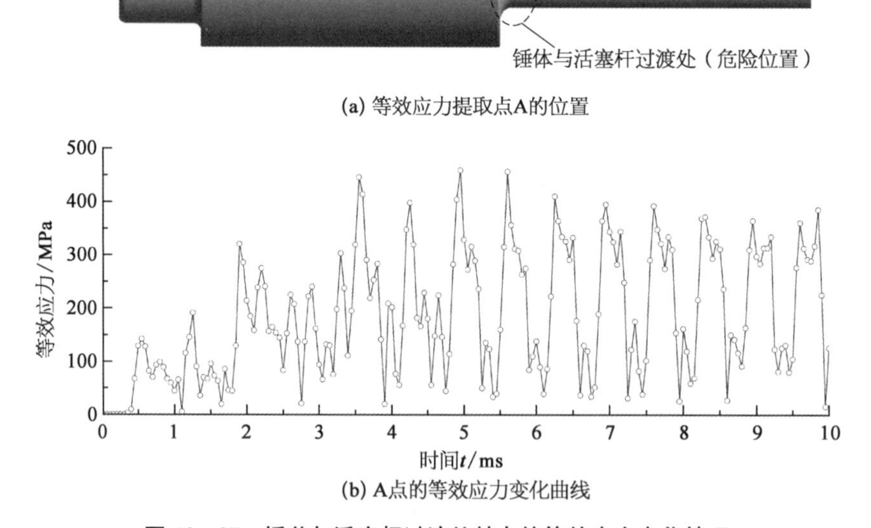

图12-37 锤芯与活塞杆过渡处某点的等效应力变化情况

如图12-38所示，通过雨流计数法将应力转换为多个简单的循环应力，并给出循环应力的幅值与均值。将复杂的变幅应力简化为多个简单的循环应力后，可通过平均应力修正将周期性载荷转换为等效恒定幅值应力。金属材料疲劳寿命计算常用的平均应力修正方法为Goodman修正，其表达式如下：

$$\sigma_{\alpha}=\sigma_{-1}\left(1-\frac{\sigma_{m}}{\sigma_{b}}\right) \tag{12-26}$$

式中　σ_{α}——应力幅值；

σ_{-1}——对称循环应力幅值；

σ_{m}——平均应力；

σ_{b}——抗拉强度。

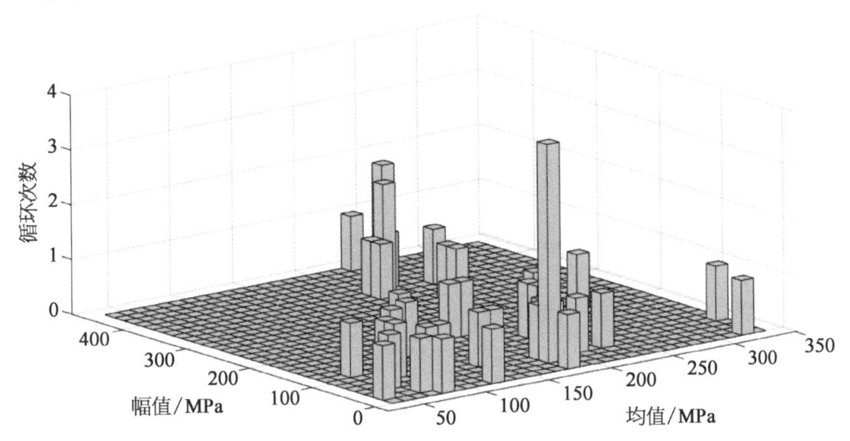

图 12-38　基于 A 点的等效应力变化绘制的雨流计数直方图

将通过平均应力修正得到的等效恒定幅值应力与材料的 $S-N$ 曲线结合，即可计算得到材料在给定应力水平下的预期疲劳寿命与疲劳损伤。计算得到锤芯在单个应力下的疲劳损伤后，通过线性疲劳累积损伤理论(Miners' Rule)对锤芯在多个应力下的疲劳损伤总和进行计算：

$$D=\sum_{i=1}^{n}D_i=\sum_{i=1}^{n}\frac{n_i}{N_i} \tag{12-27}$$

式中　D——损伤累计，其临界值一般取值为 1；

D_i——某应力水平 σ_{α} 下的疲劳损伤；

n_i——应力水平 σ_{α} 下的相应循环次数；

N_i——应力水平 σ_{α} 下的疲劳寿命。

基于有限元仿真分析，可以获得液压破碎锤锤芯内所有节点的应力随时间的变化情况。通过对每个点进行雨流计数与线性疲劳累积损伤计算，可以得到锤芯的疲劳累积损伤，并绘制锤芯疲劳损伤云图。疲劳损伤与疲劳寿命存在倒数关系，通过转换计算结果可进一步绘制锤芯寿命云图，疲劳寿命云图如图 12-39 所示。

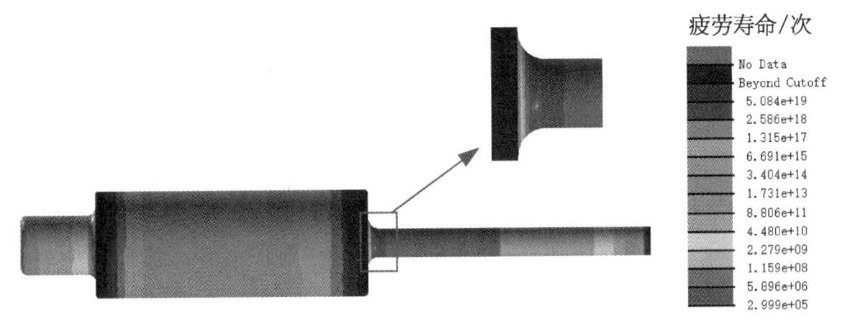

图 12-39　锤芯疲劳寿命云图

由疲劳寿命云图可知，锤芯锤体与活塞杆过渡区域为疲劳寿命最短区域，此处对应的最短疲劳寿命为 2.999×10^5 次，低于工程实践中 100 万次的使用要求。因此，需要进行结构优化。

12.2.3 锤芯结构优化

1）结构优化

影响锤芯疲劳强度的因素包括应力水平、几何形状、表面质量等。为提高锤芯的疲劳强度，可采取表面处理及结构优化的方式。

（1）表面处理。表面通常是疲劳裂纹的起始点，通过降低锤芯锤体及活塞杆过渡处的表面粗糙度，消除加工刀纹，能够提高锤芯的疲劳强度。

（2）结构优化。在原本的锤芯结构设计中，为减小锤芯锤体与活塞杆过渡处的应力集中，将过渡处设计为等径圆角形式。为进一步减小过渡处的应力变化梯度，对过渡处的几何形状进行优化设计。通过改变锤芯锤体与活塞杆过渡处的几何形状得到两种新的锤芯结构，如图 12－40 所示，原结构以圆角形式过渡，过渡圆角 $R_1=90$ mm，结构 1 将过渡圆角改为 $R_2=140$ mm，结构 2 将过渡形状改为两段过渡圆角 $R_3=100$ mm，$R_4=200$ mm 与一段锥度（圆锥角 $\alpha=40°$）组合的形式。

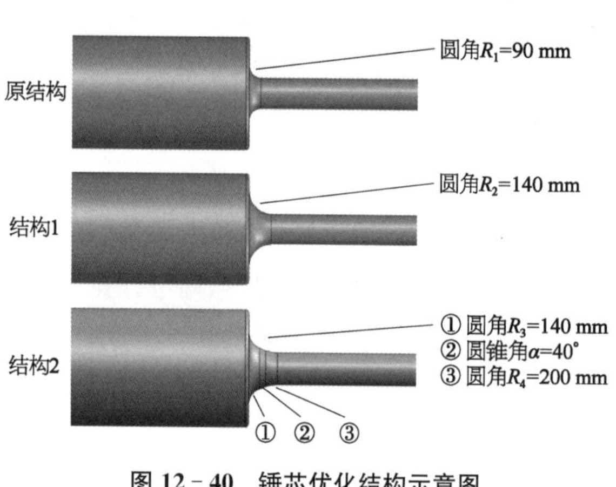

图 12－40 锤芯优化结构示意图

为验证结构优化方案的可行性，采用有限元分析方法建立使用新结构锤芯的液压破碎锤打击过程动力学模型，对比不同结构锤芯的应力分布和应力变化情况，并计算新结构锤芯的预期疲劳寿命。

2）动力学分析与疲劳寿命评估

分别建立两种新结构锤芯的液压破碎锤打击过程动力学模型，保持模型边界条件不变，保持网格划分及材料属性设置不变。通过有限元分析得到新结构锤芯锤体与活塞杆过渡处的等效应力数据，绘制原结构与新结构的等效应力最大值对比如图 12－41 所示。其中，原结构的等效应力峰值为 492.48 MPa，结构 1 的等效应力峰值为 404.28 MPa，结构 2 的等效应力峰值为 386.85 MPa，两种新结构均起到了减小应力集中，降低等效应力峰值的效果。

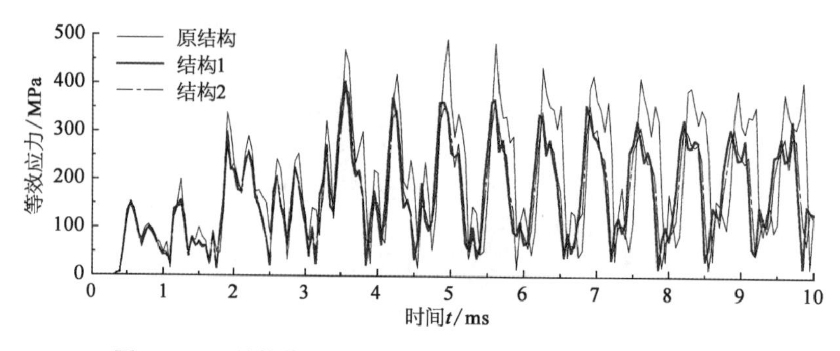

图 12－41 结构优化前后锤芯过渡处的等效应力最大值对比

依据锤芯的等效应力数据，绘制三种结构的疲劳寿命云图如图 12 - 42 所示，其中原结构的最短疲劳寿命为 2.99×10^{5} 次，结构 1 的最短疲劳寿命为 1.282×10^{6} 次，结构 2 的最短疲劳寿命为 1.388×10^{6} 次，两种新结构均起到了延长疲劳寿命的效果，且预期疲劳寿命均高于 100 万次的使用要求。

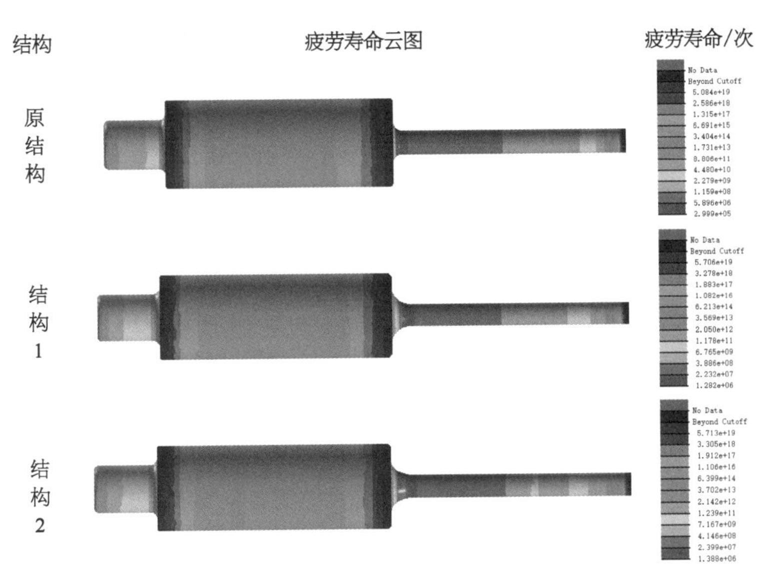

图 12 - 42　结构优化前后锤芯疲劳寿命对比

12.2.4　实践应用案例

结构优化前，液压气动破碎锤曾在广东梅州永安和石场进行岩石破碎施工，施工现场如图 12 - 43 所示。

图 12 - 43　液压气动破碎锤施工现场图

采用原结构锤芯的液压破碎锤现场工作一个月后，出现了锤芯断裂现象，锤芯断裂部位与有限元分析中原结构的危险部位吻合，如图 12 - 44 所示。

(a) 锤芯的断裂位置

(b) 锤芯的断裂截面

图 12-44　结构优化前的锤芯断裂部位

采用本节所提出的优化结构方案 2 对液压气动破碎锤锤芯进行了改进制造，并作了液压破碎锤功能测试(图 12-45)，厂内测试结果表明新结构液压气动破碎锤响应及时、功能正常。

自 2023 年 3 月起，所研制的改进型液压气动破碎锤重新在广东梅州永安和石厂的施工中投入施工，其在工作现场表现出色，能够开采花岗岩、白云岩、石灰石、青石等十种以上矿山岩石，且单日开采量为石灰石 1 500 t、花岗岩 1 900 t 或红砂岩石 2 500 t，施工现场如图 12-46 所示。多个现场施工后，液压气动锤无故障，满足现场复杂硬质岩石层的破碎要求。

图 12-45　所研制的改进型液压破碎锤功能测试现场图

图 12-46　所研制的改进型液压气动破碎锤施工现场图（广东力源液压机械有限公司）

液压气动破碎锤常用于矿山开采及基础施工。所研究的质量 16 t、最大打击能量 100 kJ 以上的液压气动破碎锤，根据提出的液压气动破碎锤岩石破碎过程中锤芯应力计算方法，建立破碎锤冲击碎石过程的动力学模型，可获得锤芯的冲击响应特性与预期疲劳寿命；通过结构优化，降低锤芯危险区域的等效应力峰值，提高锤芯预期疲劳寿命。

(1) 可通过有限元分析方法研究液压气动破碎锤冲击过程及其动力学性能，掌握液压气动破碎锤冲击碎石过程中的应力传递与应力分布情况，实现结构优化。

(2) 计算了某型液压气动破碎锤冲击碎石过程的等效应力，优化前锤芯的等效应力峰值为 492.48 MPa，载荷下的预期疲劳寿命计算值为 2.99×10^5 次，小于工程实践中 100 万次的使用要求。该破碎锤锤芯的危险区域出现在锤体与活塞杆的过渡处，应力波在变截面处发生发射叠加，实践曾发生断裂。变截面锤芯的结构设计时，采取多段过渡圆角的措施可消除截面过渡处的应力集中。

(3) 提出了两种降低应力梯度的结构优化方法。与原结构相比，优化后锤芯的等效应力峰值分别降低 17.90% 与 21.45%，预期疲劳寿命计算值为 1.282×10^6 次与 1.388×10^6 次，超过 100 万次的使用要求。改进型液压气动锤实践应用效果好。

12.3　桩基础施工用钢套管结构强度分析

桩基础能够为建筑物提供稳固的基础支撑，桩基础施工是土木工程的重要环节。钢套管作为成全套管钻机或旋挖钻机桩基础施工过程的关键结构部件，起支撑与防护作用，能够保证桩的成孔质量与沉桩质量，在施工过程中发挥着重要作用。全回转和旋挖钻钢套管钻机是一种机械性能好、成孔深和桩径大的新型桩工机械，它由主机、液压动力站、钢套管、取土装置、起重机或旋挖钻机等组成，集取土、成孔、护壁、安放钢筋笼和灌注混凝土等作业为一体，施工效率高，工序较少，辅助费用低。它所采用的钢套管施工法具有成桩质量好、无泥浆污染、绿色环保和减少混凝土充盈系数等特点，能有效解决城市高填方，以及喀斯特地貌采用灌注桩施工方法时出现的塌孔、缩颈和充盈系数高等危及施工人员安全问题。

全套管钻机和旋挖钻机等施工法近年来已经成为新型、环保和高效的桩基础施工技术，在特殊地质条件下桩基础工程、深基坑围护咬合桩、地下障碍物清理、水库水坝的加固以及斜桩等施工中得到了广泛应用。目前已有学者分析基础施工时的沉桩与沉管过程。由于国外尚没有相应的钢套管标准，国内各制造企业执行各自企业的钢套管制造标准，钢套管结构强度尚无可供参考的计算方法。本节基于全套管钻机用钢套管钻进过程，介绍钢套管在回转下入过程中的受力分析方法，分析土层对钢套管的阻力，建立钢套管的三维模型与有限元模型，采用静力学分析方法研究钢套管在施工设备及土体作用下的基本特性，为桩基础施工用钢套管的安全设计提供参考。

12.3.1　桩基础施工用钢套管工作原理

12.3.1.1　工作过程

全套管钻机用钢套管及其施工设备如图 12-47 所示，其原理是通过全套管钻机回转装置的回转使得钢套管与土层之间的摩擦阻力减小，装置在带动钢套管回转的同时对钢套管施加向下的压力，驱动钢套管完成钻孔掘削作业。在套管下入过程中，同时使用冲抓斗或旋挖钻机挖掘取土，直至套管达到目标深度。挖掘成孔完毕后，向套管内部放入钢筋笼，将混凝土导管竖立在钻孔中心，浇筑混凝土成桩，成桩后，可通过施工装置将钢套管取出，重复利用。

沉管过程中，钢套管需要承受来自施工设备和土层的荷载与应力。在实际施工中，常遇到钢套管接头变形、破裂及接头螺栓断裂等情况，这些问题会导致基础施工的中断或延误，严重影响施工质量与进度。

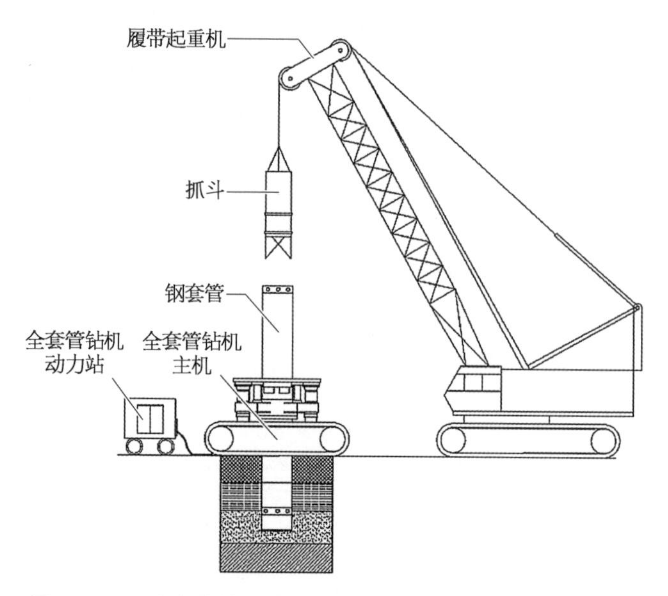

图 12 - 47　全套管钻机用钢套管及其施工设备的施工示意图

12.3.1.2　钢套管负载构成

钢套管在钻进过程中，其驱动力由全套管钻机提供，钻进阻力主要来自套管内外表面与土层的摩擦力，其运动过程可近似看作为水平的回转切削运动以及竖直的下入挤压运动的组合，钢套管在回转下入过程的受力如图 12 - 48 所示。图中，G 为钢套管的自重；F_{p} 为全套管钻机对套管的下压力；N 为土层对套管管端的支撑力；T_{up} 为全套管钻机对套管的驱动扭矩；T_{bl} 为套管管靴处的阻力矩；F_{N1} 与 F_{N2} 分别为土层对套管内外表面的径向压力；F_{f1a} 与 F_{f2a} 分别为土层对套管内外表面的轴向摩擦力；F_{f1t} 与 F_{f2t} 分别为土层对套管内外表面的切向摩擦力。其中，G、F_{p} 及 T_{up} 的数值由钢套管及其施工设备决定，套管下沉时的阻力参照静压桩沉桩阻力进行计算，考虑沉管过程中抓斗不断清除套管内部土塞，计算时需要乘以折减系数与衰减系数对阻力值进行修正。

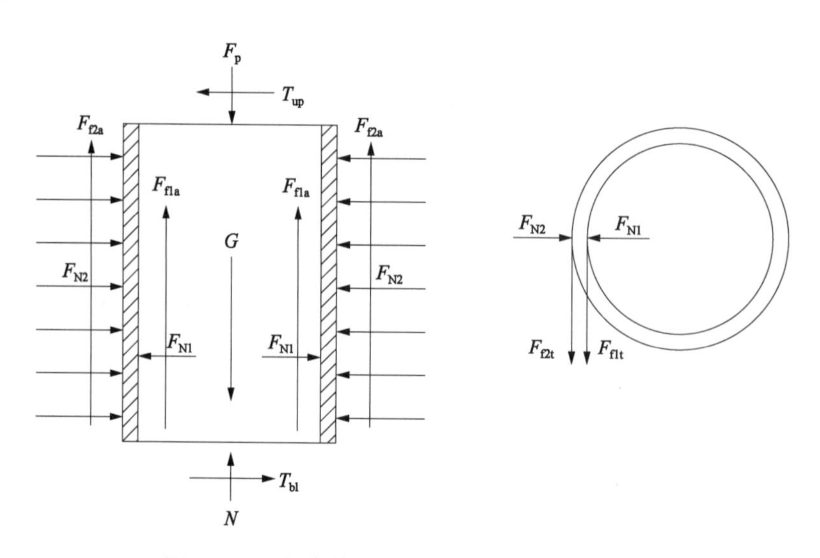

图 12 - 48　钢套管在回转下入过程的受力示意图

12.3.1.3　钢套管阻力模型

套管钻进过程中需要穿过不同的土层。本节以深圳某区域的土层为例，由上至下的土层分别为人工填土、黏土、中粗砂、砾性黏土及花岗岩，不同土层的物理力学性质有差别，套管在钻进过程中所受的土层阻力也随土层种类的变化有所差别。

钢套管沉管阻力除与土层性质相关外，也与套管的入土深度有关，假设钢套管的入土深度为 L，参照静力压桩的桩入土深度划分方法，将套管按照长度划分为 $L_1=0.3L$、$L_2=0.6L$ 及 $L_3=0.1L$ 三部分，如图 12－49 所示。其中，L_1 段土体对钢套管的阻力接近于 0；L_2 段套管内部不存在土塞，但外部土体对钢套管存在阻力；L_3 段位于套管底部，同时受到套管内部土塞及套管外部土体对钢套管的阻力。

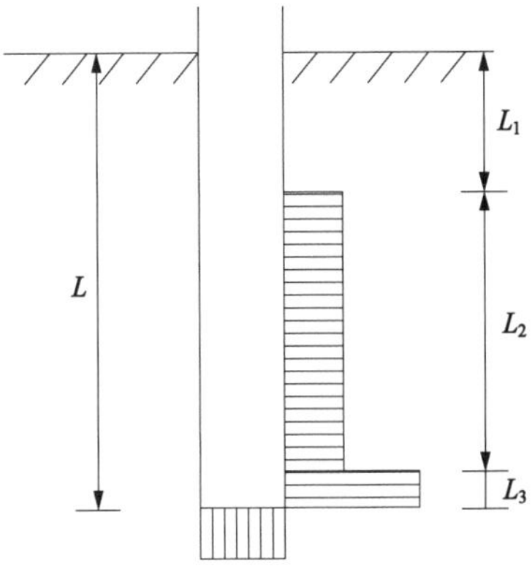

图 12－49　钢套管长度划分及沉管阻力分布示意图

土层对开口桩的摩阻力 F_{f1a}、F_{f2a}、F_{f1t}、F_{f2t} 的方向沿桩轴向或径向，其大小为

$$F_{f1a}=F_{f2a}=F_{f1t}=F_{f2t}=\lambda f_{ni} \tag{12-28}$$

式中　λ——折减系数，一般取 0.38；

f_{ni}——桩侧单位摩阻力。

考虑到挤土效应及钢套管内部土体特性，套管内外壁所受的单位面积的竖向摩擦力 F_{fa} 为

$$F_{fa}=\lambda f_{ni} \tag{12-29}$$

其中，套管处于 L_2 段深度时，需要额外乘以衰减系数 n_i，其取值见表 12－6。

表 12－6　摩阻力衰减系数 n_i 经验取值表

系　数	地　层		
	软土、浅层粉土、稍密砂土	可塑性土	硬土、密实砂土
n_i	0.2	0.3	0.4～0.5

套管内壁所受的单位面积的法相压力 F_{N1} 为

$$F_{N1}=\frac{G_S-P_S}{\tan\varphi\times A} \tag{12-30}$$

式中　G_S——管内土芯的重量；

P——管内土芯对持力层的压力；

A——土芯与套管内壁的接触面积；

φ——单位面积内土的等效内摩擦角。

套管外壁所受的单位面积的法相压力 F_{N2} 为

$$F_{N2}=\lambda f_{ni}/\tan\varphi \tag{12-31}$$

套管在 L_2 段深度时，外侧的摩擦阻力矩 T_2 为

$$T_2 = \lambda \times 2\pi R \int_0^{L_2} (n_i \times f_{2i}) dh \tag{12-32}$$

式中 R——套管外径；

f_{2i}——套管在 L_2 段深度对应土层的摩阻力。

套管在 L_3 段深度时，外侧的摩擦阻力矩 T_3 为

$$T_3 = \lambda \times 2\pi R \int_0^{L_3} f_{3i} dh \tag{12-33}$$

式中 f_{3i}——套管在 L_3 段深度的土层摩阻力。

内部土塞的摩擦阻力矩 T'_3 为

$$T'_3 = \lambda \times 2\pi r \int_0^{L_3} f'_{3i} dh \tag{12-34}$$

式中 r——套管内径；

f'_{3i}——土塞对钢套管的单位摩阻力。

管靴底部安装有刀头，因此管靴底部与土体有四个主要的接触面：底面，内侧边扇面，外侧边扇面和迎切面。

底面的阻力扭矩 T_A 为

$$T_A = \mu(F + G)r \tag{12-35}$$

式中 μ——管靴与土体的摩擦系数。

管靴壁厚相比直径较小，两侧边扇面阻力扭矩的 T_B 与 T_C 大致相等，即

$$T_B = T_C = n \times l \times h \times \tau \times r \tag{12-36}$$

式中 n——管靴刀头数量；

l、h、t——单个刀头的长、宽、高；

τ——持力层土体的抗剪强度。

迎切面的阻力扭矩 T_D 为

$$T_D = n \times t \times h \times \tau \times r \tag{12-37}$$

管靴处的阻力矩 T_{bl} 为

$$T_{bl} = T_A + T_B + T_C + T_D \tag{12-38}$$

到持力层后，土层对套管管端的支撑力 N 为

$$N = f_{ak} A_{bl} \tag{12-39}$$

式中 f_{ak}——端承载力特征值；

A_{bl}——管底面积。

12.3.2 钢套管数学模型及边界条件

12.3.2.1 钢套管几何尺寸、材料与计算模型

钢套管的结构如图 12-50 所示。单节套管由套管体、套管公接头及套管母接头组成，其

中套管体通过焊接的方式与公接头及母接头连接。如图 12 - 50a 所示，通过接头螺栓将一节钢套管的套管公接头与另一节钢套管的套管母接头连接，完成套管与套管之间的连接，达到延长套管长度的目的。如图 12 - 50b 所示，通过接头螺栓，将末节钢套管的套管母接头与套管靴连接，完成套管与管靴的连接。

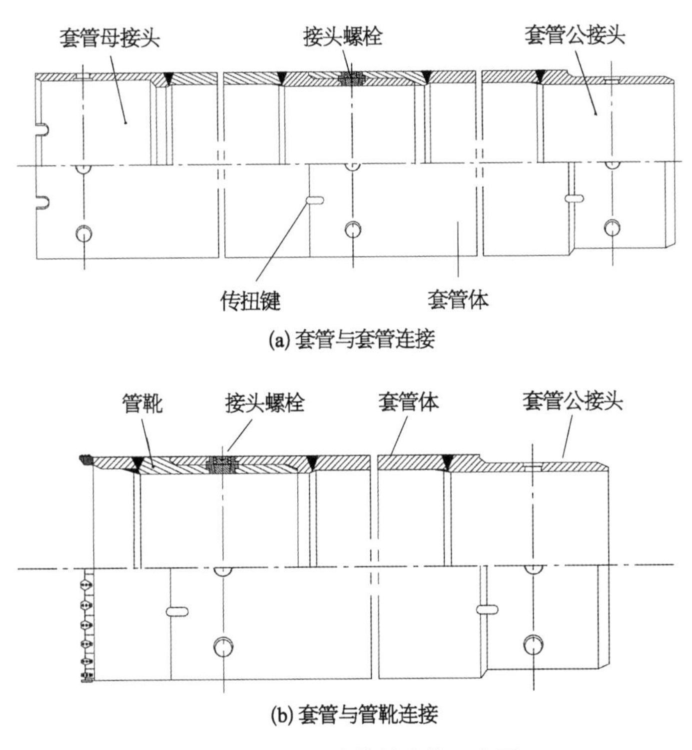

(a) 套管与套管连接

(b) 套管与管靴连接

图 12 - 50　钢套管的结构示意图

图中，接头螺栓由接头螺栓本体、O 形圈、套管芯及套管环组成，套管芯及套管环通过焊接的方式分别焊接在套管公接头与套管母接头的螺栓孔处。其中，接头螺栓上方通过螺纹孔与套管芯进行连接，接头螺栓下方通过锥面进行紧固，不易松动。

套管接头螺栓的结构示意图如图 12 - 51 所示。

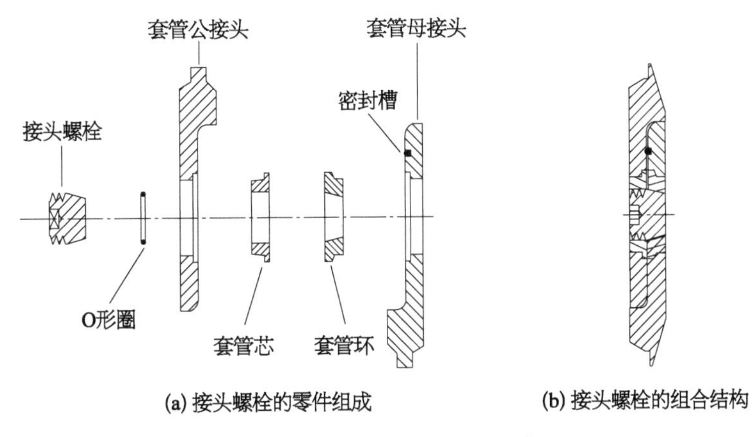

(a) 接头螺栓的零件组成　　(b) 接头螺栓的组合结构

图 12 - 51　接头螺栓的结构示意图

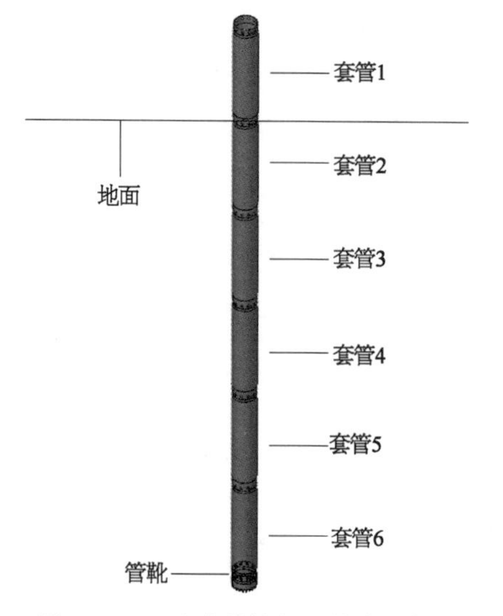

图 12-52　全套管钻机用单壁钢套管三维结构示意图

选取《建筑施工机械与设备　桩基础施工用钢套管》中的 ϕ1 200 全套管钻机用单壁钢套管进行建模分析，套管外径为 1 200 mm，套管接头内径为 1 120 mm，套管体壁厚为 20 mm，接头螺栓数量为 12 个，传扭键数量为 4 个，单节套管的工作长度取 5 m。为模拟套管的实际钻进过程，将六节套管与管靴进行装配，其中顶层套管位于地上部分，与全套管钻机连接，负责承受并传递来自全套管钻机的载荷，剩余套管位于地下部分，装配好的三维模型如图 12-52 所示，其总长度为 30.8 m，其中地下部分为 25.8 m。

钢套管的套管体、套管接头、接头螺栓及传扭键使用的材料分别为 Q355、20CrMo、40Cr，材料属性见表 12-7。

表 12-7　单壁钢套管主要结构件及其材料属性

属　性	套管体	套管接头	接头螺栓及传扭键
材料	Q355	20CrMo	40Cr
密度/(kg · m^{-3})	7 850	7 850	7 850
屈服强度/MPa	355	685	785
弹性模量/GPa	206	210	206
泊松比	0.3	0.3	0.3

全套管钻机驱动钢套管回转时，其转速一般为 1.5 r/min，转速较低，因此使用有限元软件 ANSYS 中的静态结构模块对钢套管进行分析。

12.3.2.2　土层负载条件

套管钻进过程中需要穿过多种不同土层，考虑计算时间，对土层进行简化，将土层简化为三层——人工填土层、中粗砂层和中风化花岗岩层，并将其深度分别取为 7.5 m，15 m 和 2.5 m，其岩土物理学性质见表 12-8。

表 12-8　土层岩土物理学性质

土　层	天然重度/(kN · m^{-3})	内摩擦角/(°)	桩侧单位摩阻力/kPa	管内单位摩阻力/kPa
人工填土	19.0	10	10～15	
中粗砂	20.0	25	30～45	
中风化花岗岩	26.2	45	45～50	22.38

依据钢套管的体积与材料属性计算得，钢套管的自重 G 为 200 kN；取全套管钻机对套管的下压力 F_p 为 900 kN。

回转钻进过程中，钢套管与土层之间的摩擦阻力减小，土层对钢套管管端的支撑力 N 也远小于到达持力层后的端承载力，在此处简化忽略。

依据式(12-28)～式(12-38)计算土层对钢套管的载荷，计算结果见表 12-9。

表 12-9　土层对钢套管的载荷

土　层	对应深度	对应载荷
人工填土	L_1	
中粗砂	L_2	$F_{fa}=2.85$ kN
中粗砂	L_2	$F_{N1}=0$
中粗砂	L_2	$F_{N2}=6.88$ kN
中粗砂	L_2	$T_2=322.3$ kN·m
中风化花岗岩	L_3	$F_{fa}=18.05$ kN
中风化花岗岩	L_3	$F_{N1}=18.1$ kN
中风化花岗岩	L_3	$F_{N2}=21.1$ kN
中风化花岗岩	L_3	$T_3=340.2$ kN·m
中风化花岗岩	L_3	$T_3=414.8$ kN·m
中风化花岗岩	L_3	$T_{bl}=612.7$ kN·m

要使钢套管在沉管过程中保持均匀转速状态，则全套管钻机对套管的驱动扭矩 T_{up} 应满足以下条件：

$$T_{up}=T_2+T_3+T_3'+T_{bl} \tag{12-40}$$

因此，取驱动扭矩为 1 690 kN·m。

12.3.2.3　边界条件设定

将全套管钻机对钢套管的驱动扭矩 T_{up} 与下压力 F_p 以分布力系的形式加载于钢套管—1 的外侧面；基于土层的 F_{fa}、F_{N1} 和 F_{N2} 计算土层对钢套管的总纵向摩擦力、总外侧正压力和总内层正压力，并将其以分布力系的形式加载至钢套管侧面；将土层对钢套管的阻力矩 T_2、T_3、T_3' 和 T_{bl} 以分布力系的形式加载至钢套管或管靴侧面。

12.3.3　钢套管静力学性能分析

12.3.3.1　应力分析

在有限元分析软件 ANSYS 中完成材料属性设置、边界条件设定、网格划分与求解设置后，得到 ϕ1 200 钢套管在给定条件下的应力分布云图如图 12-53 所示。由应力分析云图可知，钢套管所承受的最大等效应力为 275.25 MPa，且等效应力分布呈现中间大两头小的趋势。

套管体的应力分布云图如图 12-54 所示。根据现场施工经验，套管体的破坏常位于钢套管整体上部的 1/3 处，即 L_1 与 L_2 的交界处附近。由图 12-53 可知，套管体的等效应力主要集中在钢套管中上部，与实际情况相符。

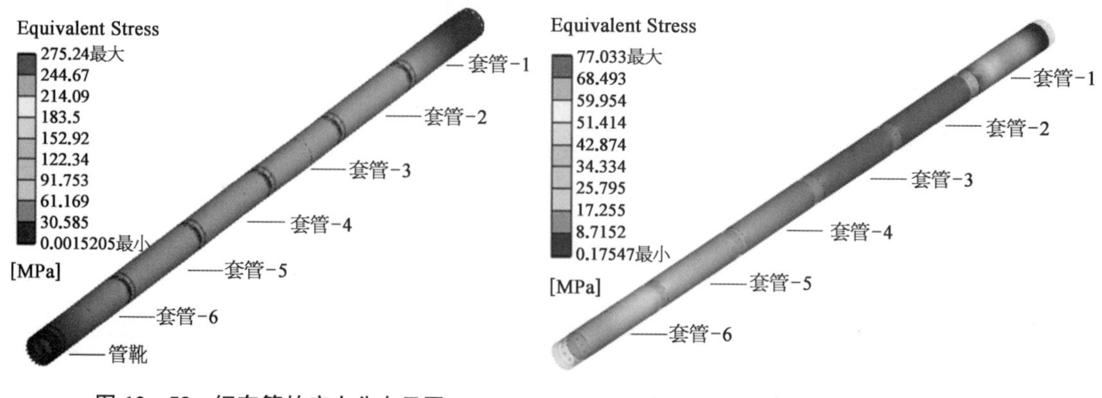

图 12－53 钢套管的应力分布云图

图 12－54 套管体的应力分布云图

除套管体破坏外，现场施工中常出现套管接头变形、断裂以及接头螺栓断裂的现象。在此分析中，套管接头及接头螺栓的应力分布云图分别如图 12－55、图 12－56 所示。

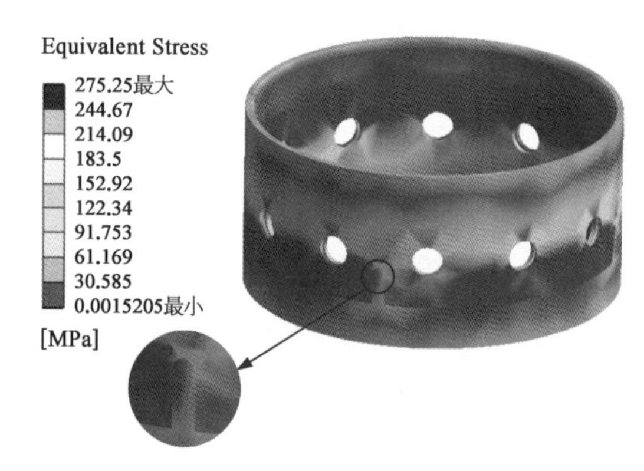

图 12－55 套管接头的应力分布云图

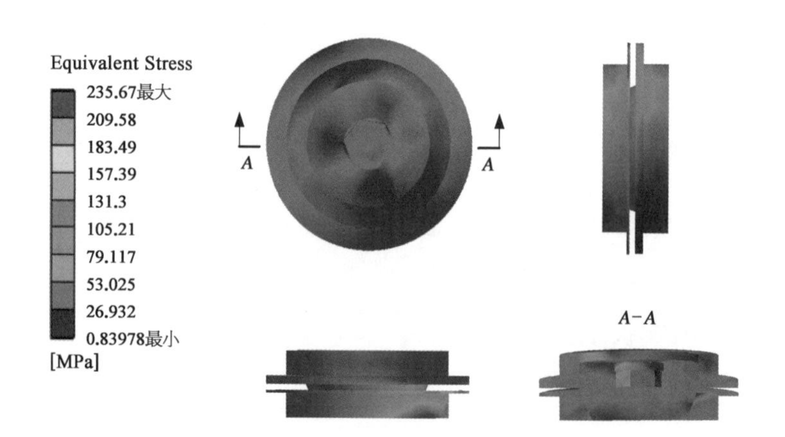

图 12－56 接头螺栓的应力分布云图

钢套管从上到下由多段钢套管接头及对应接头螺栓组成，对应部位的等效应力最大值见表 12－10。

钢套管接头的等效应力峰值为 275.25 MPa，接头螺栓的等效应力峰值为 235.67 MPa，均大于套管接头的等效应力峰值 77 MPa。套管接头及接头螺栓在套管钻进的过程中起到了传递扭矩的作用，因其具有不同的几何形状、尺寸与材料，应力集中现象在这些部件上更为明显。其中，套管接头的应力峰值位于套管公接头上的传扭键处，接头螺栓的应力峰值位于螺栓下方的套管环处。

表 12-10　钢套管接头及对应接头螺栓的等效应力

位　置	钢套管接头的等效应力最大值/MPa	接头螺栓的等效应力最大值/MPa
套管 1-2	275.25	216.53
套管 2-3	253.21	199.03
套管 3-4	227.38	235.67
套管 4-5	219.39	195.11
套管 5-6	203.54	217.85
套管 6-管靴	98.41	78.69

12.3.3.2　强度评估

钢套管套管体的材料为 Q355，套管接头的材料为 20CrMo，接头螺栓与传扭键的材料为 40Cr，三种材料均为韧性材料，因此采用第四强度理论对钢套管结构部件的强度进行校核。

第四强度理论为形状改变比能理论，其认为形状改变比能是引起材料塑性破坏的主要原因，与之对应的应力是 Mises 应力。根据此理论建立的在复杂应力状态下的强度条件为

$$\sigma_{r4}=\sqrt{\frac{1}{2}[(\sigma_1-\sigma_2)^2+(\sigma_2-\sigma_3)^2+(\sigma_3-\sigma_1)^2]}\leqslant[\sigma] \tag{12-41}$$

其中，$[\sigma]=\sigma_s/[n_s]$，σ_s 为屈服强度，$[n_s]$为许用安全系数。在机械设计中，安全系数的选择一般需要考虑设计要求、负载条件与材料特性等因素，其系数范围一般为 1.2～2.5。以轴的安全系数为例，其静强度与疲劳强度的许用安全系数分别见表 12-11、表 12-12。

表 12-11　静强度的许用安全系数

系　数	范	围		
σ_s/σ_b	0.45～0.55	0.55～0.7	0.7～0.9	铸件
$[n_s]$	1.2～1.5	1.4～1.8	1.7～2.2	1.6～2.5

注：σ_b 为抗拉强度。

表 12-12　疲劳强度的许用安全系数

$[n_s]$	选 取 条 件
1.3～1.5	载荷确定精确，材料性质较均匀
1.5～1.8	载荷确定不够精确，材料性质不够均匀
1.8～2.5	载荷确定不精确，材料性质均匀度较差

以下采用安全系数法对钢套管强度进行校核。钢套管体的危险区域出现在套管中上方部位，其安全系数 n_{s1} 为

$$n_{s1}=\frac{\sigma_{s1}}{\sigma_1}=\frac{355}{77}=4.61 \tag{12-42}$$

钢套管接头的危险区域出现在传扭键上方的圆弧过渡处，其安全系数 n_{s2} 为

$$n_{s2}=\frac{\sigma_{s2}}{\sigma_2}=\frac{785}{275.25}=2.85 \tag{12-43}$$

接头螺栓的危险区域出现在螺栓下方的套管环处，其安全系数 n_{s3} 为

$$n_{s3}=\frac{\sigma_{s3}}{\sigma_3}=\frac{785}{235.67}=3.33 \tag{12-44}$$

钢套管体、套管接头和接头螺栓的安全系数均满足

$$n_s > [n_s]_{max}=2.5 \tag{12-45}$$

因此，本节所分析的 ϕ1 200 的全套管钻机用单壁钢套管的结构强度满足要求。

12.3.3.3　应用案例

全套管钻机用 ϕ1 200 mm 单壁钢套管已在企业中进行生产，钢套管的制作工艺流程包括材料准备、管节制造、管节组对、成品检验和后处理五个阶段，流程中的部分过程如图 12－57 所示。

(a) 钢套管体成型

(b) 钢套管体外焊

(c) 组合套管接头

(d) 焊接管靴

图 12－57　钢套管制作工艺流程的现场图(江苏巨鑫石油钢管有限公司)

与全套管钻机用 ϕ1 200 mm 单壁钢套管同系列的 ϕ1 500 mm 单壁钢套管及 ϕ2 000 mm 单壁钢套管的性能已在现场实际工程项目中得到验证。

图 12 - 58 所示为中国铁建十二局在贵广高铁桩基础施工中采用全套管钻机用 ϕ1 500 mm 单壁钢套管及 ϕ2 000 mm 单壁钢套管的现场施工图。

图 12 - 59 所示为中国铁建三局在成兰高铁桩基础施工中采用全套管钻机用 ϕ1 500 mm 单壁钢套管的现场施工图。

图 12 - 58　贵广高铁桩基础施工现场图

图 12 - 59　成兰高铁桩基础施工现场图

在以上两个案例的施工过程中和施工结束后，钢套管均未出现破损、破裂、结构失效等质量事故，施工工程质量良好，施工工期顺利。

回转下入式钢套管在桩基础施工过程中起支撑与防护作用，其结构强度关系到施工安全和成本。结合钢套管随全套管钻机或旋挖钻机的钻进过程，分析了钢套管在回转下入过程中的受力情况，提出了沉管过程中土层对钢套管阻力的计算公式。以全套管钻机用 ϕ1 200 mm 单壁钢套管为例，计算钢套管的钻进阻力，并建立了有限元分析模型，采用静态结构分析模块分析了钢套管的静力学特性。

(1) 钢套管在回转下入过程中所受的土层阻力可参照开口桩模型进行计算。

(2) 钢套管在钻进过程中的等效应力可通过有限元分析方法进行计算，计算得到某型钢套管的等效应力峰值为 275.25 MPa，且整体等效应力分布呈现中间大两头小的趋势。

(3) 钢套管体的危险区域出现在套管整体中上方部位，套管接头的危险区域出现在传扭键上方的圆弧过渡处，接头螺栓的危险区域出现在螺栓下方的套管环处。在设计与生产钢套管的过程中应注意此处的应力分布规律，采取消除应力集中的措施。

(4) 本节所分析的 ϕ1 200 钢套管系列产品主要部件的安全系数均大于 2.5，结构强度满足要求。

参 考 文 献

[1] 闾耀保.高速气动控制理论和应用技术[M].上海：上海科学技术出版社，2014.

[2] 闾耀保，喻展祥，李文顶，林登，郭传新.气动液压锤锤击系统建模与分析[J].液压与气动，2021，45(6)：50 - 55.

[3] 闾耀保，侯冰柠，郭传新，林登，李海瑞，张剑.气动液压打桩锤替打构件的分析与设计[J].液压气动与密封，2023，43(7)：1 - 6.

[4] 闾耀保，胡宏涛，李海军，蔡春涛，华佳佳，何文坤，郭传新.桩基础施工用钢套管结构强度分析[J].基础工程，2023，14(4)：115 - 123.

[5] 闾耀保,胡宏涛,庞国达,魏智健,朱帅宇.气动液压破碎锤锤芯动力学分析与结构优化[J].基础工程,2023,14(5):76-85.
[6] 闾耀保,黄帅,王康景,郭传新.大直径气动潜孔锤动力学过程分析[J].中南大学学报(自然科学版),2014,45(3):721-726.
[7] 闾耀保,张昌钧,岑斌,郭传新.大直径气动潜孔锤钻头球齿与本体的过盈量分析[J].液压气动与密封,2013,33(12):17-21.
[8] 闾耀保,胡兴华,李玉杰,沈耀冲,陆鸣九.液压-气动复合锤数学建模与分析[J].中国工程机械学报,2010,8(4):379-384.
[9] 闾耀保,黄姜卿,王辉强,沈耀冲,郭传新.液压锤打桩过程的土壤与桩接触分析[J].中国工程机械学报,2011,9(4):379-385.
[10] 闾耀保,罗九阳,周国培,郭传新.四分圆组合钢套管粉喷桩拔桩工法研究[J].建筑机械,2007(10):71-74.
[11] 闾耀保,黄姜卿,张晓琪,郭传新,沈耀冲.液压气动复合锤工作过程分析[J].建筑机械,2012(4):67-71.
[12] 闾耀保,黄姜卿,胡兴华,郭传新.国外几种典型液压锤液压系统及性能比较[J].建筑机械化,2012(2):63-66.
[13] 闾耀保,梁之超,黄帅,郭传新.液压气动复合锤的快速下降过程分析[J].流体传动与控制,2012(2):10-13.
[14] 闾耀保,黄帅,李洪娟.气动潜孔锤用气动逆止阀的密封特性分析[J].流体传动与控制,2013(5):1-4.
[15] 闾耀保,俞凌霏,张慧颖,等.液压气动复合打桩锤:ZL201010601616.6[P].2016-04-20.
[16] 闾耀保,乌建中,乐韵斐.液压拔桩器装置:ZL200810201704.X[P].2012-07-04.
[17] 闾耀保,岑斌,张昌钧,郭传新.一种带套管钻的大直径气动潜孔锤:ZL201410218494.0[P].2016-04-06.
[18] 闾耀保,黄姜卿.一种液压打桩锤的液压系统:ZL201210335106.8[P].2014-10-22.
[19] 闾耀保,喻展祥.一种水下打桩作业用大型分体式替打:ZL202110371556.1[P].2022-09-16.
[20] YIN Y B, CHEN W Q. Analysis of hydraulic hammer capacity under different inclination[C]//World Conference on Mechanical Engineering and Intelligent Manufacturing. Shanghai, WCMEIM 2019:164-168.
[21] YIN Y B, HUANG J Q, XIONG W X, et al. Modeling and analysis of hydraulic pile hammer system[C]//Proceedings of the 2011 International Conference on Advances in Construction Machinery and Vehicle Engineering. 2012:90-94.
[22] YIN Y B, LUO J Y, GUO C X. Challenge of a powder injection pile-drawing device with a quadrant combination steel pipe[C]//Proceedings of the 2007 International Conference on Advances in Construction Machinery and Vehicle Engineering. Shanghai: Tongji University Press, 2007:257-261.
[23] GUO C X, YIN Y B, YE Y C, CUI X H. The status quo and development tendency of construction machinery and its hydraulic components in China[C]//Proceedings of 7th JFPS International Symposium on Fluid Power Toyama 2008. The Japan Fluid Power System Society, 2008:77-82.
[24] 何文坤,闾耀保,胡宏涛,等.建筑施工机械与设备:桩基础施工用钢套管:T/CMIF 194—2023[S].北京:中国机械工业联合会,2023.
[25] 郭传新.中国桩工机械现状及发展趋势[J].建筑机械化,2011,32(8):16-21.
[26] 郭传新,杨文军.液压锤及桩支承力的计算[J].建筑机械,2001(9):76-78.
[27] 丁问司,田丽,刘坤.液压冲击锤瞬态冲击动力特性分析[J].华南理工大学学报(自然科学版),2016(11):63-70.
[28] 荷兰 IHC 液压锤[Z],2010.
[29] 英国 BSP[Z],2010.
[30] Junttan hydraulic impact hammer[Z], 2010.
[31] 中华人民共和国住房和城乡建设部,中华人民共和国国家质量监督检查检疫总局.建筑地基基础设计规范:GB 50007—2011[S].北京:建筑工业出版社,2011.